HANDBUCH DER ANALYTISCHEN CHEMIE

HERAUSGEGEBEN

VON

W. FRESENIUS UND G. JANDER

WIESBADEN BERLIN

ZWEITER TEIL

QUALITATIVE NACHWEISVERFAHREN

BAND IX

VORPROBEN UND TRENNUNGEN DER KATIONEN UND ANIONEN

Springer-Verlag Berlin Heidelberg GmbH

1956

VORPROBEN UND TRENNUNGEN DER KATIONEN UND ANIONEN

ANALYSE DURCH VORPROBEN
LÖSEN UND AUFSCHLIESSEN
TRENNUNGSGÄNGE

BEARBEITET

VON

A. IEVIŅŠ · K. STEGEMANN

M. E. STRAUMANIS

MIT 20 ABBILDUNGEN

Springer-Verlag Berlin Heidelberg GmbH

1956

ISBN 978-3-662-30605-5 ISBN 978-3-662-30604-8 (eBook)
DOI 10.1007/978-3-662-30604-8

Ursprünglich erschienen bei Springer-Verlag OHG., Berlin · Göttingen · Heidelberg 1956
Softcover reprint of the hardcover 1st edition 1956

Inhaltsverzeichnis.

Verzeichnis der Zeitschriften und ihrer Abkürzungen.

Abkürzung	Zeitschrift
A.	LIEBIGS Annalen der Chemie; bis **172** (1874): Annalen der Chemie und Pharmacie.
Acc. Sci. med. Ferrara	Accadimie delle scienze mediche di Ferrara.
A. Ch.	Annales de Chimie; vor 1914: Annales de Chimie et de Physique.
Acta Comment. Univ. Tartu	Acta et Commentationes Universitatis Tartensis (Dorpatensis).
Acta med. Scand.	Acta Medica Scandinavica.
Agricultura	Agricultura.
Am. Chem. J. (*Am. Ch.*)	American Chemical Journal; seit 1917 vereinigt mit Am. Soc.
Am. Fertilizer	The American Fertilizer.
Am. J. Physiol.	American Journal of Physiology.
Am. J. Sci.	American Journal of Science.
Am. Soc.	Journal of the American Chemical Society.
Am. Soc. Test. Mater. (*Am. Soc. Testing Materials*)	American Society of Testing Materials.
Anal. Chem.	Analytical Chemistry, früher Ind. Eng. Chem. Anal. Edit.
Anal. chim. Acta	Analytica chimica acta.
Analyst	The Analyst.
An. Argentina	Anales de la asociación química Argentina.
An. Españ.	Anales de la sociedad espanola de física y química; seit 1941: Anales de fisica y quimica (Madrid).
An. Farm. Bioquim.	Anales de farmacia y bioquímica (Buenos Aires).
Angew. Ch.	Angewandte Chemie, vor 1932: Zeitschrift für angewandte Chemie.
Ann. Acad. Sci. Fenn.	Annales academiae scientiarum fennicae.
Ann. agronom.	Annales agronomiques.
Ann. Chim. anal.	Annales de Chimie analytique et de Chimie appliquée.
Ann. Chim. appl(ic).	Annali di chimica applicata.
Ann. Falsific.	Annales des Falsifications et des Fraudes.
Ann. Office nat. Combustibles liquides	Annales de l'Office National des Combustibles Liquides.
Ann. Phys.	Annalen der Physik (GRÜNEISEN und PLANCK).
Ann. Sci. agronom. Franç.	Annales de la Science agronomique française et étrangère; nach 1930: Annales agronomiques.
Ann. Soc. Sci. Bruxelles	Annales de la société scientifique de Bruxelles, Série A: Sciences mathématiques; Série B: physiques et naturelles.
Anz. Akad. Wiss. Wien, math.-naturwiss. Kl.	Anzeiger der Akademie der Wissenschaften in Wien, Mathematische-Naturwissenschaftliche Klasse.
Anz. Krakau. Akad.	Anzeiger der Akademie der Wissenschaften, Krakau.
Apoth.-Z.	Apotheker-Zeitung.
Ar.	Archiv der Pharmazie.
Arch. Eisenhüttenw.	Archiv für das Eisenhüttenwesen.
Arch. exp. Pathol.	Archiv für experimentelle Pathologie und Pharmakologie (NAUNYN-SCHMIEDEBERG).
Arch. Math. Naturvidensk (*Arch. F. Mathem. og Naturvid.*)	Archiv for Mathematik og Naturvidenskab.
Arch. Néerland. Physiol.	Archives Néerlandaises de Physiologie de l'Homme et des Animaux.
Arch. Phys. biol.	Archives de Physique biologique et de Chimie-Physique des Corps organisés.
Arch. Physiol.	Archiv für die gesamte Physiologie des Menschen und der Tiere (PFLÜGER).

Abkürzung	Zeitschrift
Arch. Sci. biol.	Archivio di science biologiche (Italy).
Arch. Sci. phys. nat. Genève	Archives des Sciences physiques et naturelles, Genève.
Atti Accad. Lincei	Atti della Reale Accademia nazionale dei Lincei.
Atti Accad. Sci. Torino	Atti della Reale Accademia delle Scienze di Torino.
Atti Congr. naz. Chim. pura applic.	Atti del congresso nazionale di chimica pura ed applicata.
Atti X Congr. int. Chim., Roma (Atti Congr. int. Chim. Roma)	Atti del X Congresso Internazionale di Chimica (Roma).
Austr. J. exp. Biol. med. Sci.	Australian Journal of Experimental Biology and Medical Science.
B.	Berichte der Deutschen Chemischen Gesellschaft.
Ber. dtsch. keram. Ges.	Berichte der Deutschen Keramischen Gesellschaft.
Ber. dtsch. pharm. Ges.	Berichte der Deutschen Pharmazeutischen Gesellschaft.
Ber. oberhess. Ges. Naturk.	Bericht der oberhessischen Gesellschaft für Natur- und Heilkunde.
Ber. Wien. Akad.	Sitzungsberichte der Akademie der Wissenschaften, Wien.
Betriebslab.	Betriebslaboratorium; russ.: Sawodskaja Laboratorija.
Biochem. J.	Biochemical Journal.
Biol. Bl.	Biological Bulletin of the Marine Biological Laboratory; seit 1930: Biological Bulletin.
Bio. Z.	Biochemische Zeitschrift.
Bl.	Bulletin de la Société chimique de France; vor 1907: Bulletin de la Société chimique de Paris.
Bl. Acad. Roum.	Bulletin de la section scientifique de l'Académie Roumaine.
Bl. Acad. Russie	Bulletin de l'Académie des Sciences de Russie; seit 1925: Bl. Acad. URSS.
Bl. Acad. Sci. Pétersb.	Bulletin de l'Académie impériale des Sciences, Pétersbourg; seit 1917: Bl. Acad. Russie.
Bl. Acad. URSS.	Bulletin de l'Académie des Sciences de l'U[nion des] R[épubliques] S[oviétiques] S[ocialistes].
Bl. Acad. URSS., Sér. chim.	Bulletin de l'Académie des Sciences de l'U[nion des] R[épubliques S[oviétiques] S[ocialistes], Sér. chimique.
Bl. agric. chem. Soc. Japan	Bulletin of the Agricultural Chemical Society of Japan.
Bl. Am. phys. Soc.	Bulletin of the American Physical Society.
Bl. Assoc. techn. Fonderie (Bull. [Ass.] techn. Fonderie)	Bulletin de l'Association Technique de Fonderie.
Bl. Biol. pharm.	Bulletin des Biologistes pharmaciens.
Bl. Bur. Mines Washington	Bulletin, Bureau of Mines, Washington.
Bl. chem. Soc. Japan	Bulletin of the Chemical Society of Japan.
Bl. Chim. pura apl. Bukarest (B. Chim. pura aplicata Bukarest)	Buletinul de Chimie Pură si Aplicată (al Societătii Romane de Chimie) Bukarest.
Bl. Inst. physic. chem. Res. (Abstr.) Tôkiô	Bulletin of the Institute of Physical and Chemical Research, Abstracts, Tôkyô.
Bl. Sci. pharmacol.	Bulletin des Sciences pharmacologiques.
Bl. Soc. chim. Belg.	Bulletin de la Société chimique Belgique.
Bl. Soc. Chim. biol.	Bulletin de la Société de Chimie biologique.
Bl. Soc. chim. Paris	Vgl. Bl.
Bl. Soc. Min.	Bulletin de la Société française de Minéralogie.
Bl. Soc. Mulhouse	Bulletin de la Société industrielle de Mulhouse.
Bl. Soc. Pharm. Bordeaux	Bulletin des Travaux de la Société de Pharmacie de Bordeaux.
Bl. Soc. România	Buletinul societatii de chimie din România.
Bodenkunde Pflanzenernähr.	Bodenkunde und Pflanzenernährung: 1. Folge (Band **1** bis **45**) heißt: Zeitschrift für Pflanzenernährung, Düngung und Bodenkunde.
Boll. chim. farm.	Bolletino chimico-farmaceutico.
Branntwein-Ind. (russ.)	Branntwein-Industrie (russisch).
Brit. chem. Abstr.	British Chemical Abstracts.
Bur. Stand. J. Res.	Bureau of Standards Journal of Research.
C.	Chemisches Zentralblatt.
Canad. Chem. Metallurgy (Can. Chem. Met.)	Canadian Chemistry and Metallurgy; ab Bd. **22** (1938): Canadian Chemistry and Process Industries.

Abkürzung	Zeitschrift
Canadian J. Res.	Canadian Journal of Research.
Časopis českoslov. Lékárn.	Časopis československého Lékárnictva.
Cereal Chem.	Cereal Chemistry.
Chem. Abstr.	Chemical Abstracts.
Chem. Age	Chemical Age.
Chem. Apparatur	Chemische Apparatur.
Chem. eng. min. Rev.	Chemical Engineering and Mining Review.
Chem. Ind.	Chemistry and Industry.
Chemisat. soc. Agric. (Chemisat. socialist. Agr.) (russ.)	Chemisation of Socialistic Agriculture (russisch).
Chemist-Analyst	The Chemist-Analyst.
Chem. J. Ser. A	Chemisches Journal Serie A, Journal für allgemeine Chemie; russ.: Chimitscheski Shurnal Sser. A, Shurnal obschtschei Chimii.
Chem. J. Ser. B	Chemisches Journal Serie B, Journal für angewandte Chemie; russ.: Chimitscheski Shurnal Sser. B, Shurnal prikladnoi Chimii.
Chem. Listy	Chemické Listy pro vědu a průmysl.
Chem. Metallurg. Eng. (Chem. Met. Engin.)	Chemical and Metallurgical Engineering.
Chem. N.	Chemical News.
Chem. Obzor	Chemický Obzor.
Chem. Reviews	Chemical Reviews.
Chem. social. Agric.	Chemisation of socialistic Agriculture; russ.: Chimisazia sozialistitscheskogo Semledelija.
Chem. Trade J. chem. Engr. (Chem. Trade J.)	Chemical Trade Journal and Chemical Engineer.
Chem. Weekbl.	Chemisch Weekblad.
Ch. Fabr.	Die chemische Fabrik.
Chim. e Ind. (Milano)	Chimica e Industria (Milano).
Chim. Ind.	Chimie & Industrie.
Chim. Ind. 17. Congr. Paris	Chimie & Industrie, 17. Congrès, Paris.
Ch. Ind.	Die chemische Industrie.
Ch. Z.	Chemiker-Zeitung.
Ch. Z. Chem. techn. Übersicht	Chemiker-Zeitung, Chemisch-technische Übersicht.
Ch. Z. Repert.	Chemiker-Zeitung, Repertorium.
Coll. Trav. chim. Tchécosl.	Collection des Travaux chimiques de Tchécoslovaquie.
C. r.	Comptes rendus de l'Académie des Sciences.
C. r. Acad. URSS.	Comptes rendus (Doklady) de l'académie des sciences de l'U[nion des] R[épubliques] S[oviétiques] S[ocialistes].
C. r. Carlsberg	Comptes rendus des Travaux du Laboratoire de Carlsberg.
C. r. Soc. Biol.	Comptes rendus de la Société de Biologie.
Current Sci.	Current Science.
Dansk Tidsskr. Farm.	Dansk Tidsskrift for Farmaci.
Dingl. J.	DINGLERS Polytechnisches Journal.
Dtsch. med. Wschr.	Deutsche medizinische Wochenschrift.
Dtsch. tierärztl. Wschr.	Deutsche tierärztliche Wochenschrift.
Eng. Min. Journ.	Engineering and Mining Journal.
E. P.	Englisches Patent.
Erzmetall	Zeitschrift für Erzbergbau und Metallhüttenwesen; neue Folge von „Metall und Erz".
Fenno-Chem.	Fenno-Chemica.
Finska Kemistsamfundets Medd.	Finska Kemistsamfundets Meddelanden; fortgesetzt unter der Bezeichnung: Fenno-Chemica.
Fortschr. Chem. Physik physik. Chem.	Fortschritte der Chemie, Physik und physikalischen Chemie.
Fr.	Zeitschrift für analytische Chemie (FRESENIUS).
G.	Gazzetta chimica italiana.
Gas- und Wasserfach	Das Gas- und Wasserfach; vor 1922: Journal für Gasbeleuchtung sowie für Wasserversorgung.
Gen. electr. Rev. (General Electric Rev.)	General Electric Review.

Abkürzung	Zeitschrift
Giorn. Biol. appl. Ind. chim. aliment. (*G. Biol. appl. Ind. chim.*)	Giornale di Biologia Applicata alla Industria Chimica ed Alimentare; ab Bd. **5** (1935): Giornale di Biologia Industriale Agraria ed Alimentare.
Giorn. Chim. ind. ed applic. (*Giorn. Chim. ind. appl.*)	Giornale di Chimica Industriale ed Applicata.
Glastechn. Ber.	Glastechnische Berichte.
Glückauf	Glückauf, berg- und hüttenmännische Zeitschrift.
H.	Zeitschrift für physiologische Chemie (HOPPE-SEYLER).
Helv.	Helvetica chimica acta.
Ind. Chemist (*chem. Manufacturer*) (*Ind. Chemist a. Chemical Manufacturer*)	Industrial Chemist and Chemical Manufacturer.
Ind. chimica	L'Industria chimica, mineraria e metallurgica.
Ind. eng. Chem.	Industrial and Engineering Chemistry.
Ind. eng. Chem. Anal. Edit.	Industrial and Engineering Chemistry, Analytical Edition.
Ing. Chimiste (*Bruxelles*)	Ingénieur Chimiste (Bruxelles).
Internat. Sugar J.	International Sugar Journal.
J. agric. Sci.	Journal of Agricultural Science.
J. Am. ceram. Soc.	Journal of the American Ceramic Society.
J. Am. Leather Chem.	Journal of the American Leather Chemists' Association.
J. Am. med. Assoc.	Journal of the American Medical Association.
J. Am. pharm. Assoc.	Journal of the American Pharmaceutical Association.
J. Am. Soc. Agron.	Journal of the American Society of Agronomy.
J. Am. Water Works Assoc.	Journal of the American Water Works Association.
J. anal. appl. Chem.	Journal of Analytical and Applied Chemistry.
J. Assoc. offic. agric. Chem.	Journal of the Association of Official Agricultural Chemists.
J. Biochem.	Journal of Biochemistry (Japan).
J. biol. Chem.	Journal of Biological Chemistry.
Jbr.	Jahresberichte über die Fortschritte der Chemie (LIEBIG und KOPP), 1847—1910.
Jb. Radioakt.	Jahrbuch der Radioaktivität und Elektronik.
J. chem. Educat.	Journal of Chemical Education.
J. chem. Ind.	Journal der chemischen Industrie; russ.: Shurnal Chimitscheskoi Promyschlennosti.
J. chem. Physics (*J. chem. Phys.*)	Journal of Chemical Physics.
J. chem. Soc.	Journal of the Chemical Society of London.
J. chem. Soc. Japan	Journal of the Chemical Society of Japan.
J. Chim. appl. (*J. chem. applic.*) (*russ.*)	Journal de Chimie Appliquée (russisch).
J. Chim. phys.	Journal de Chimie physique; seit 1931: ... et Revue générale des Colloides.
J. chos. med. Assoc.	Journal of the Chosen Medical Association (Japan).
Jernkont. Ann.	Jernkontorets Annaler.
J. ind. eng. Chem.	Journal of Industrial and Engineering Chemistry; seit 1923: Ind. eng. Chem.
J. Indian chem. Soc.	Journal of the Indian Chemical Society.
J. Indian Inst. Sci.	Journal of the Indian Institute of Science.
J. Inst. Brew.	Journal of the Institute of Brewing.
J. Inst. Petrol. Tech.	Journal of the Institution of Petroleum Technologists.
J. Iron Steel Inst.	Journal of the Iron and Steel Institute.
J. Labor clin. Med.	Journal of Laboratory and Clinical Medicine.
J. Landwirtsch.	Journal für Landwirtschaft.
J. of Hyg. (*Brit.*)	Journal of Hygiene (britisch).
J. opt. Soc. Am.	Journal of the Optical Society of America.
J. Pharm. Belg.	Journal de Pharmacie de Belgique.
J. Pharm. Chim.	Journal de Pharmacie et de Chimie.
J. pharm. Soc. Japan	Journal of the Pharmaceutical Society of Japan.
J. physic. Chem.	Journal of Physical Chemistry.
J. Physiol.	Journal of Physiology.
J. pr.	Journal für praktische Chemie.
J. Pr. Austr. chem. Inst.	Journal and Proceedings of the Australian Chemical Institute.

Abkürzung	Zeitschrift
J. Res. Nat. Bureau of Standards	Journal of Research of the National Bureau of Standards, früher: Bur. Stand. J. Res.
J. Russ. phys.-chem. Ges.	Journal der russischen physikalisch-chemischen Gesellschaft.
J. S. African chem. Inst.	Journal of the South African Chemical Institute.
J. Sci. Soil Manure	Journal of the Sciences of Soil and Manure (Japan).
J. Soc. chem. Ind.	Journal of the Society of Chemical Industrie (Chemistry and Industry).
J. Soc. chem. Ind. Japan (Suppl.)	Journal of the Society of Chemical Industry, Japan. Supplement.
J. Soc. Dyers Colourists	Journal of the Society of Dyers and Colourists.
J. Washington Acad. Sci.	Journal of the Washington Academy of Sciences.
J. Zucker-Ind.	Journal der Zuckerindustrie; russ.: Shurnal Sakharnoi Promyschlennosti.
Keem. Teated	Keemia Teated (Tartu).
Kem. Maanedsbl. nord. Handelsbl. kem. Ind.	Kemisk Maanedsblad og Nordisk Handelsblad for Kemisk Industri.
Klin. Wschr.	Klinische Wochenschrift.
Koks u. Chem. (russ.)	Koks und Chemie (russisch).
Kolloidchem. Beih.	Kolloidchemische Beihefte.
Kolloid-Z.	Kolloid-Zeitschrift.
Lantbruks-Akad. Handl. Tidskr.	Kungl. Lantbruks-Akademiens Handlingar och Tidskrift.
Lantbruks-Högskol. Ann.	Lantbruks-Högskolans Annaler.
L. V. St.	Landwirtschaftliche Versuchsstation.
M.	Monatshefte für Chemie.
Magyar Chem. Folyóirat	Magyar Chemiai Folyóirat (Ungarische chemische Zeitschrift).
Malayan agric. J.	Malayan Agricultural Journal.
Medd. Centralanst. Försöksväs. jordbruks., landwirtsch.-chem. Abt.	Meddelande från Centralanstalten för Försöksväsendet på Jordbruksområdet, landbrukskemi.
Medd. Nobelinst.	Meddelanden från K. Vetenskapsakademiens Nobelinstitut.
Med. Doswiadczalna i Spoleczna	Medycyna Doswiadczalna i Spoleczna.
Mem. Sci. Kyoto Univ.	Memoirs of the College of Science, Kyoto Imperal University
Metal Ind. (London)	Metal Industry (London).
Metallurgia ital. (Metallurg. Ital.)	Metallurgia Italiana.
Metallwirtschaft (Metallwirtsch., Metallwiss., Metalltechn.)	Metallwirtschaft, Metallwissenschaft, Metalltechnik.
Met. Erz	Metall und Erz.
Mikrochemie (Mikrochem.)	Mikrochemie, vereinigt mit Mikrochimica acta.
Mikrochim. A.	Mikrochimica acta.
Milchw. Forsch.	Milchwirtschaftliche Forschungen.
Mitt. berg- u. hüttenmänn. Abt. kgl. ung. Palatin-Joseph-Universität Sopron	Mitteilungen der berg- und hüttenmännischen Abteilung der königlich ungarischen Palatin-Joseph-Universität, Sopron.
Mitt. Forsch.-Anst. G. H. Hütte (Gutehoffnungshütte-Konzerns)	Mitteilungen aus den Forschungsanstalten des Gutehoffnungshütte-Konzerns.
Mitt. Geb. Lebensmitteluntersuch. Hyg.	Mitteilungen auf dem Gebiet der Lebensmitteluntersuchung und Hygiene.
Mitt. Kali-Forsch.-Anst.	Mitteilungen der Kali-Forschungsanstalt.
Mitt. K.W. I. Eisenforschg. (Düsseldorf)	Mitteilungen aus dem Kaiser-Wilhelm-Institut für Eisenforschung zu Düsseldorf.
Nachr. Götting. Ges.	Nachrichten der Kgl. Gesellschaft der Wissenschaften, Göttingen; seit 1923 fällt „Kgl." fort.
Nature	Nature (London).
Naturwiss.	Naturwissenschaften.
Natuurwetensch. Tijdschr.	Natuurwetenschappelijk Tijdschrift.
Nederl. Tijdschr. Geneesk.	Nederlandsch Tijdschrift voor Geneeskunde.
Neues Jahrb. Mineral. Geol.	Neues Jahrbuch für Mineralogie, Geologie und Paläontologie.

Abkürzung	Zeitschrift
New Zealand J. Sci. Tech.	New Zealand Journal of Science and Technology.
Öst. Ch. Z.	Österreichische Chemiker-Zeitung.
Onderstepoort J. Vet. Sci.	Onderstepoort Journal of Veterinary Science and Animal Industry.
P. C. H.	Pharmazeutische Zentralhalle.
Ph. Ch.	Zeitschrift für physikalische Chemie.
Pharm. Weekbl.	Pharmaceutisch Weekblad.
Pharm. Z.	Pharmazeutische Zeitung.
Phil. Mag.	Philosophical Magazine and Journal of Science.
Phil. Trans.	Philosophical Transactions of the Royal Society of London.
Phys. Rev.	Physical Review.
Phys. Z.	Physikalische Zeitschrift.
Plant Physiol.	Plant Physiology.
Pogg. Ann.	Annalen der Physik und Chemie, herausgegeben von POGGENDORF (1824—1877); dann Wied. Ann. (1877—1899); seit 1900: Ann. Phys.
Pr. Am. Acad.	Proceedings of the American Academy of Arts and Sciences, Boston.
Pr. Am. Soc. Test. Mater. (Pr. Am. Soc. for testing Materials)	Proceedings of the American Society for Testing Materials.
Pr. (chem. Soc.)	Proceedings of the Chemical Society (London).
Pr. Indian Acad. Sci.	Proceedings of the Indian Academy of Sciences.
Pr. internat. Soc. Soil Sci.	Proceedings of the International Society of Soil Science.
Pr. Leningrad Dept. Inst. Fert.	Proceedings of the Leningrad Departmental Institute of Fertilizers.
Pr. Roy. Soc. Edinburgh	Proceedings of the Royal Society of Edinburgh.
Pr. Roy. Soc. London Ser. A	Proceedings of the Royal Society (London). Serie A: Mathematical and Physical Sciences.
Pr. Roy. Soc. New South Wales	Proceedings of the Royal Society of New South Wales.
Pr. Soc. Cambridge	Proceedings of the Cambridge Philosophical Society.
Problems Nutrit.	Problems of Nutrition; russ.: Woprossy Pitanija.
Pr. Oklahoma Acad. Sci.	Proceedings of the Oklahoma Academy of Science.
Pr. Soc. exp. Biol. Med.	Proceedings of the Society for Experimental Biology and Medicine.
Pr. Utah Acad. Sci.	Proceedings of the Utah Academy of Sciences.
Przemysl Chem.	Przemysl Chemiczny.
Publ. Health Rep.	Public Heath Reports.
R.	Recueil des Travaux chimiques des Pays-Bas.
Radium	Le Radium, seit 1920: Journal de Physique et Le Radium.
Rep. Connecticut agric. Exp. Stat.	Report of the Connecticut Agricultural Experiment Station.
Repert. anal. Chem.	Repertorium der analytischen Chemie (1881—1887).
Répert. Chim. appl.	Répertoire de Chimie pure et appliquée (von 1864 ab: Bulletin de la Société chimique de France).
Rep. Invest. (Rep. Investig.)	United States Department Interior, Bureau of Mines, Report of Investigation.
Rev. brasil. chim. (Revista brasileira de chimica)	Revista Brasileira de Chimica (São Paulo).
Rev. Centro Estud. Farm. Bioquim.	Revista del centro estudiantes de farmacia y bioquímica.
Rev. Mét.	Revue de Métallurgie.
Rev. univ. des Min.	Revue universelle des Mines.
Roczniki Chem.	Roczniki Chemji.
Schweiz. Apoth. Z.	Schweizerische Apotheker-Zeitung.
Schweiz. med. Wschr.	Schweizerische medizinische Wochenschrift.
Schw. J.	SCHWEIGGERS Journal für Chemie und Physik (Nürnberg, Berlin 1811—1833, 68 Bde.).
Science	Science (New York).
Sci. Pap. Inst. Tôkyô	Scientific Papers of the Institute of Physical and Chemical Research Tôkyô.
Sci. quart. nat. Univ. Peking	Science Quarterly of the National University of Peking.

Abkürzung	Zeitschrift
Sci. Rep. Tôhoku (Imp. Univ.)	Science Reports of the Tôhoku Imperial University.
Skand. Arch. Physiol.	Skandinavisches Archiv für Physiologie.
Soc.	Journal of the Chemical Society of London.
Soc. chem. Ind. Victoria (Proc.)	Society of Chemical Industry of Viktoria, Proceedings.
Soil Sci.	Soil Science.
Spectrochim. Acta.	Spectrochimica Acta.
Sprechsaal	Sprechsaal für Keramik-Glas-Email.
Stahl Eisen	Stahl und Eisen.
Svensk Tekn. Tidskr.	Svensk Teknisk Tidskrift.
Sv. V.A.H. (SvVAH, Sv. Vet. Akad. Handl.)	Svenska Vetenskaps-Akademiens-Handlingar.
Techn. Mitt. Krupp	Technische Mitteilungen KRUPP.
Tôhoku J. exp. Med.	Tôhoku Journal of Experimental Medicine.
Trans. Am. electrochem. Soc.	Transactions of the American Electrochemical Society.
Trans. Am. Inst. min. metalling. Eng. (Trans. Am. Inst. Min. Eng.)	Transactions of the American Institute of Mining and Metallurgical Engineers.
Trans. Butlerov Inst. chem. Technol. Kazan	Transactions of the BUTLEROV Institute; (seit 1935: KIROV Institute) for Chemical Technology of Kazan.
Trans. ceram. Soc. England	Transactions of the Ceramic Society, England; ab Bd. 38 (1939): Transactions of the British Ceramic Society.
Trans. Dublin Soc.	Scientific Transactions of the Royal Dublin Society.
Trans. Faraday Soc.	Transactions of the FARADAY Society.
Trans. Roy. Soc. Edinburgh	Transactions of the Royal Society of Edinburgh.
Trans. sci. Inst. Fert.	Transactions of the Scientific Institute of Fertilizers and Insectofungicides (USSR.).
Trans. Sci. Soc. China	Transactions of the Science Society of China.
Trav. Inst. Etat Radium (russ.)	Travaux de l'Institut d'Etat de Radium (russisch).
Trav. Lab. biogéochim. Acad. Sci. URSS.	Travaux du laboratoire biogéochimique de l'académie des sciences de l'U[nion des] R[épubliques] S[oviétiques] S[ocialistes].
Uchen. Zapiski Kazan. Gosud. Univ.	Uchenye Zapiski Kazanskogo Gosudarstvennogo Universiteta (USSR.).
Ukrain. chem. J.	Ukrainian Chemical Journal (Journal chimique de l'Ukraine).
Union pharm.	Union pharmaceutique.
Union S. Africa Dept. Agric.	Union of South Africa. Department of Agriculture.
Univ. Illinois Bl.	University of Illinois, Bulletin.
U. S. Dep. Commerce Bur. Mines Bl. (U. S. Bur. Min. B.)	U. S. Department of Commerce, Bureau of Mines, Bulletin.
U. S. Dep. Interior Bur. (U. S. Mines Bull.)	United States Department of the Interior, Bureau of Mines, Bulletin.
U. S. Dept. Agric. Bl.	United States Department of Agriculture, Bulletins.
U. S. Geol. Surv. Bl.	United States Geological Survey Bulletin.
Verh. phys. Ges.	Verhandlungen der Deutschen physikalischen Gesellschaft.
Vorratspflege u. Lebensmittelforsch.	Vorratspflege und Lebensmittelforschung.
Washington Acad. Science	Journal of the Washington Academy of Sciences.
Wschr. Brauerei	Wochenschrift für Brauerei.
Wied. Ann.	Annalen der Physik und Chemie, herausgegeben von WIEDEMANN; s. Pogg. Ann.
Wien. klin. Wschr.	Wiener klinische Wochenschrift.
Wien. med. Wschr.	Wiener medizinische Wochenschrift.
Wiss. Nachr. Zucker-Ind.	Wissenschaftliche Nachrichten der Zuckerindustrie (ukrain.).
Wiss. Veröffentl. Siemens-Konzern	Wissenschaftliche Veröffentlichung aus dem SIEMENS-Konzern (seit 1935: aus den SIEMENS-Werken).
Z. anorg. Ch.	Zeitschrift für anorganische und allgemeine Chemie.
Zbl. Min. Geol. Paläont. Abt. A	Zentralblatt für Mineralogie, Geologie und Paläontologie, Abt. A.: Mineralogie und Petrographie.

Abkürzung	Zeitschrift
Z. Chem. Ind. Kolloide	Zeitschrift für Chemie und Industrie der Kolloide; seit 1913: Kolloid-Zeitschrift.
Z. Deutsch. Öl- u. Fettind.	Zeitschrift für Deutsche Öl- und Fettindustrie.
Z. El. Ch.	Zeitschrift für Elektrochemie.
Zentr. wiss. Forsch.-Inst. Leder-Ind.	Zentrales wissenschaftliches Forschungsinstitut für die Lederindustrie; russ.: Zentralny nautschno-issledowatelski Institut koshewennoi Promyschlennosti, Sbornik Rabot.
Z. ges. Brauw.	Zeitschrift für das gesamte Brauwesen.
Z. ges. Kältetechnik (-Industrie)	Zeitschrift für die gesamte Kältetechnik (-Industrie).
Z. Hygiene	Zeitschrift für Hygiene und Infektionskrankheiten.
Z. klin. Med.	Zeitschrift für klinische Medizin.
Z. Krist.	Zeitschrift für Kristallographie und Mineralogie.
Z. landw. Vers.-Wes. Österr.	Zeitschrift für das landwirtschaftliche Versuchswesen in Deutsch-Österreich; 1925—1933 genannt: Fortschritte der Landwirtschaft.
Z. Lebensm.	Zeitschrift für Untersuchung der Lebensmittel; bis 1925: Zeitschrift für Untersuchung der Nahrungs- und Genußmittel sowie der Gebrauchsgegenstände.
Z. Metallkunde	Zeitschrift für Metallkunde.
Z. Naturforschg.	Zeitschrift für Naturforschung.
Z. Oberschl. Berg- u. Hüttenmänn. Verb.	Zeitschrift des Oberschlesischen Berg- und Hüttenmännischen Verbandes.
Z. öffentl. Ch.	Zeitschrift für öffentliche Chemie.
Z. Pflanzenernähr. Düng. Bodenkunde	Vgl. Bodenkunde Pflanzenernähr.
Z. Phys.	Zeitschrift für Physik.
Z. pr. Geol.	Zeitschrift für praktische Geologie.
Zprávy česk. keram. společnosti	Zprávy československé keramické společnosti.
Z. techn. Phys. (russ.)	Zeitschrift für technische Physik (russ.).
Z. VDI (Z. Ver. dtsch. Ing.)	Zeitschrift des Vereins Deutscher Ingenieure.

Abkürzungen oft benutzter Sammelwerke.

Abkürzung	Sammelwerk
Berl-Lunge	BERL-LUNGE: Chemisch-technische Untersuchungsmethoden, 8. Aufl. Berlin 1931—1934. Bis zur 7. Aufl. „LUNGE-BERL“ genannt.
GM.	GMELINS Handbuch der anorganischen Chemie, 8. Aufl. Berlin.
Handb. Pflanzenanal.	Handbuch der Pflanzenanalyse (KLEIN).
Lunge-Berl	Vgl. BERL-LUNGE.
Schiedsverfahren	Analyse der Metalle. Erster Band: Schiedsverfahren. 2. Aufl. Berlin-Göttingen-Heidelberg 1949.

VORPROBEN UND TRENNUNGEN DER KATIONEN UND ANIONEN

Bedeutung und Ausmaße der Vorprobe.

Von **M. E. STRAUMANIS**, Rolla, Missouri, USA.

Mit 20 Abbildungen.

Inhaltsübersicht.

Einleitung.

Vielfach wird der Vorprobe, besonders durch die Studierenden, nicht die nötige Aufmerksamkeit gewidmet, sie wird als nicht besonders wichtig angenommen. Solchen Ansichten muß aber mit Entschiedenheit entgegengetreten werden, denn wenn auch Analysen ohne die Vorprobe durchgeführt werden können, so spart man doch durch die Vorprüfungen viel an Material und Reagenzien, *hauptsächlich aber an Zeit.* Die Vorprobe ist deshalb als ein unentbehrliches Glied im Gange der Analyse anzusehen und muß der Untersuchung auf Kationen und Anionen vorausgehen.

Wie eine Vorprobe durchzuführen ist, hängt in starkem Maße von der Zusammensetzung der Analysensubstanz ab und muß deshalb in jedem Fall dem Gefühl des Analytikers überlassen werden. Überhaupt stellt die Vorprobe sehr hohe Ansprüche an den Chemiker, denn je besser dieser zu beobachten imstande ist, je besser er seine chemischen Kenntnisse zu verwenden versteht, um so erfolgreicher und kürzer wird die Vorprobe und folglich auch die systematische Analyse. Ja, in vielen Fällen lassen sich die Analysen schon durch die Vorprobe erschließen, und die systematischen Trennungsgänge werden dann viel kürzer und können sogar vollständig vermieden werden, nur der Nachweis einzelner Kationen und Anionen durch die *Identitätsreaktionen* muß beibehalten werden. Eine gut entwickelte Beobachtungsgabe zusammen mit einer gründlichen Kenntnis der chemischen Vorgänge hat somit besonders in der chemischen Analyse eine Ersparnis von Material und Zeit direkt zur Folge.

Beim Durchführen der Vorprobe können alle Hilfsmittel, die dem Chemiker zur Verfügung stehen, und die er erdenken kann, verwandt werden. Außer den üblichen chemischen Untersuchungsmethoden kann sehr Verschiedenes mit der Analysenprobe angestellt werden: Liegt ein fester Stoff vor, so kann er unter dem Mikroskop beobachtet werden, einzelne Bestandteile können ausgesucht und geprüft werden; man kann das Pulver sieben, man kann es vorsichtig in die Bunsenflamme streuen und die Verbrennungserscheinungen beobachten, man kann den Geschmack der einzelnen Körner auf der Zunge feststellen (nur mit Vorsicht!) usw. Nur eins ist dabei nicht zu vergessen: man muß darauf achten, daß die angewandten Hilfsmittel *zum Ziel* führen, d. h. etwas über die Beschaffenheit und Zusammensetzung der Probe oder etwas zur Ausführung des systematischen Analysenganges beitragen und nicht in bloße Spielerei ausarten. Irgendwelche Vorschriften sind hier nicht zu geben, es muß wieder dem Gefühl des Chemikers überlassen werden, wie lange Zeit er der Vorprüfung widmet. Zuletzt darf man nicht vergessen, daß es Analysen gibt, zu deren erfolgreicher Durchführung die Vorprüfungen wenig beitragen. Auch das wird in der Vorprobe festgestellt, und diese wird dann möglichst schnell abgebrochen, um die Analyse zur Ausführung des systematischen Trennungsganges vorzubereiten.

Die Ergebnisse, zu denen man in der Vorprobe gelangt, können in positive und negative Aussagen eingeteilt werden. In den Vorprüfungen wird festgestellt 1. wie der zu analysierende Stoff in Lösung zu bringen ist, 2. ob Bestandteile vorhanden sind, die den systematischen Gang der Analyse stören können, was gleichbedeutend mit der Feststellung mancher Anionen ist [z. B. H_3PO_4, H_3BO_3, $(COOH)_2$, HF usw.], 3. man gewinnt Anhaltspunkte dafür, ob die systematischen Trennungsgänge vollständig durchzuführen sind [z. B. löst sich die Probe in verdünnter Salzsäure ohne Rückstand, so kann die erste analytische Gruppe übergangen werden, oder bei der Auflösung in verdünnter Schwefelsäure braucht man im Analysengang nach BÖTTGER nur noch nach $Mg^{\cdot\cdot}$ (und $Ca^{\cdot\cdot}$) zu suchen] und 4. kann die Anwesenheit mancher Verbindungen, Kationen, Anionen und Elemente erkannt werden (z. B. H_2O, Mn^{++}, NH_4^+, Na^+, Cr^{+++}, S, P, J, J^-, CO_2, NO_3^- usw.). In vielen Fällen erübrigt es sich dann, deren Nachweis später nochmals durchzuführen. Die Abwesenheit mancher Bestandteile, die ebenfalls mit ziemlicher Sicherheit erkannt werden kann, liefert den Ausschluß weiterer ähnlicher Verbindungen: Ist z. B. in der Substanz kein Schwefel nachgewiesen worden, so sind selbstverständlich alle Schwefelverbindungen ausgeschlossen; entwickeln sich beim Behandeln mit konzentrierter Schwefelsäure keine gefärbten Dämpfe, so ist die Anwesenheit von Nitraten und erst recht die von Nitriten wenig wahrscheinlich, ebenso wenig wahrscheinlich sind dann auch Bromide und Jodide.

Die Vorprobe liefert jedoch nicht vollständige Sicherheit, da hier keine Trennungen vorgenommen werden und der Nachweis mancher Ionen durch andere Bestandteile möglicherweise geschwächt oder vollständig maskiert wird. Der sichere Beweis vorhandener Ionen wird deshalb mit einigen Ausnahmen nur im systematischen Trennungsgang geliefert. Geht man dazu noch auf Spurensuche aus, so ist nur der letztere maßgebend, falls keine ganz spezifischen Reagenzien zum Nachweis der betreffenden Spuren vorhanden oder bekannt sind.

Die Analysensubstanz kann in festem, gelöstem oder gasförmigem Zustand eingeliefert werden. Es soll hier nur die Behandlung der festen Substanz besprochen werden, zumal sie aus den wäßrigen Lösungen leicht gewonnen werden kann.

In der Vorprobe wird das zu analysierende Material hauptsächlich folgenden Operationen unterworfen:

1. Äußere Betrachtung des Materials und mikroskopische Untersuchung.
2. Lösungsversuche in Wasser, verdünnter Salz-, Schwefel- oder Salpetersäure.
3. Einwirkung von konzentrierter Schwefelsäure.
4. Einwirkung von Natriumhydroxyd und Soda.
5. Schmelzversuche der Substanz in Gegenwart von Oxydationsmitteln (Oxydationsschmelzprobe).
6. Verbrennen der Substanz in Gegenwart von Cobaltnitrat (Cobaltnitratprobe).
7. Erwärmen im einseitig geschlossenen und im offenen Glasrohr (Glührohrprobe).
8. Erhitzen in der Lötrohrflamme mit und ohne Soda (Lötrohrprobe).
9. Andere Reduktionsproben.
10. Herstellung von Phosphorsalz- und Boraxperlen (Perlenprobe).
11. Färbung der Flamme des Bunsenbrenners (Flammenprobe).
12. Spezielle Prüfmethoden auf einzelne Bestandteile.

Vorliegende Reihenfolge der Prüfungen ist aus folgendem Grunde gewählt worden: Die Untersuchungen auf der Kohle, die Perlenprobe und teilweise auch das Erhitzen im Glühröhrchen, die früher im Vordergrund der Vorprobe standen, rücken jetzt mehr in den Hintergrund, da das *Erkennen* der einzelnen Bestandteile mit ihrer Hilfe im Vergleich zu den modernen Identitätsreaktionen doch *schwer ist* und zur sicheren Handhabung eine große Erfahrung und Beobachtungsgabe erfordert. Andererseits gibt es jetzt Analysengänge, bei denen auf die Vorprobe überhaupt verzichtet oder diese auf ein Mindestmaß eingeschränkt wird. Zu nennen wäre hier die Analyse seltener Erden nach NOYES und BRAY. Doch läßt sich auf keinen Fall die Untersuchung der festen Substanz auf Löslichkeit beim gewöhnlichen Analysengang umgehen. Hier werden deshalb Löslichkeitsuntersuchungen in den Vordergrund gestellt und zugleich mit der Prüfung auf manche Anionen mit verdünnter und konzentrierter Schwefelsäure vereinigt. Durch Erhitzen im Glühröhrchen werden dann die schon gefundenen Ergebnisse weiter bestätigt. Schreitet man jetzt zu den anderen Proben, z. B. zu denen auf der Kohle, so lassen sich die nun eintretenden Vorgänge auf der Grundlage des schon Gewonnenen besser verstehen; in vielen Fällen wird man dann auf diese und die Perlenproben ganz verzichten können. Übrigens kann sich ein jeder den Gang der Vorprobe so gestalten, wie er es für gut hält.

In Anbetracht dessen, daß die Vorprobe nicht Selbstzweck ist, sondern nur als Hilfsmittel zur erfolgreicheren und schnelleren Erledigung einer Analyse dient, sind hier *nur solche Untersuchungsmethoden* gewählt, die tunlichst *einfach und schnell* durchzuführen sind, sich schon eine lange Zeit bewährt haben und folglich einen möglichst sicheren Beweis des Vorhandenseins oder der Abwesenheit eines Bestandteiles liefern. Von Nachweisreaktionen wird deshalb meistens *nur eine* für einen Bestandteil angeführt; sind aber mehrere sichere vorhanden, so sind manchmal auch 2 oder 3 angeführt. Alle übrigen Reaktionen können in den speziellen Kapiteln des vorliegenden Handbuches gefunden werden.

Untersuchungsmethoden.

§ 1. Äußere Betrachtung des Materials und mikroskopische Prüfung.

I. Äußere Betrachtung des Analysenmaterials. Niemals ist es überflüssig, das Analysenmaterial genau zu durchmustern und die gemachten Beobachtungen zu notieren. Liegt eine Lösung vor, so muß man sich deren Geruch und Farbe merken, desgleichen die eines vorhandenen Niederschlages. Durch vorsichtiges Eindampfen der Lösung, Beobachtung des Verdampfungsvorganges, des Geruchs und der Farbe der Dämpfe lassen sich weitere Schlüsse ziehen. Auf das Vorhandensein oder die Bildung von NH_3, H_2S, SO_2, Cl_2, Br_2, J_2, NO_2, $HClO$, CH_3COOH in der Probe kann auf diese Weise geschlossen werden, allerdings nur, wenn sie darin einzeln vorkommen. Das Konstatieren bestimmter Gase im Gemische mehrerer wird wohl auf diesem Wege kaum gelingen. Der Bodenkörper bietet weniger Anhaltspunkte zu vorläufigen Feststellungen.

Dagegen liefert die Untersuchung eines trockenen Materials schon mehr. Es müssen hier die Farbe, die Durchsichtigkeit, der Geruch, die Schwere (spezifisches Gewicht), die Härte, womöglich das Lichtbrechungsvermögen usw. notiert werden, insbesondere wenn man mit Mineralien zu tun hat. Diese Kennzeichen erlauben schon, wichtige Schlüsse auf die Zusammensetzung des Materials zu ziehen, besonders wenn Tabellen mit Angaben der entsprechenden Eigenschaften der reinen Stoffe zur Hand stehen. Gelingt es, aus einem Gemische homogene Einzelbestandteile herauszusuchen, so versäume man niemals, diese mechanisch zu isolieren und zu Einzelproben zu verwenden (GUTBIER).

II. Mikroskopische Prüfung. Jede Analysensubstanz ist unter einem Mikroskop oder wenigstens unter einer Lupe genau zu untersuchen. Als besonders zweckentsprechend haben sich die Stereomikroskope erwiesen, die in den letzten Jahrzehnten von den führenden optischen Firmen auf den Markt gebracht worden sind. Ein Arbeiten mit diesen Mikroskopen ist sehr bequem, denn das von ihnen gelieferte Bild hat im Gegensatz zu den gewöhnlichen eine stark plastische, stereoskopische Wirkung, ist aufrecht und seitenrichtig gewendet und deshalb für Vorprüfungsarbeiten von besonderer Bedeutung. Das Gesichtsfeld ist groß, was ebenfalls das Durchmustern und Herauslesen einzelner Körner aus dem Material erleichtert. Die Vergrößerungen können schnell geändert werden. Zum Durchsuchen und Umwenden der Körner eignen sich besonders Nadeln mit geknicktem Ende; zum Herausheben einzelner Kristalle oder Körner — solche, deren Spitze mit etwas Plastilin bedeckt ist (Abb. 1). Durch Wenden der Nadel mit dem Kristall am Ende, kann dieser unter dem Stereomikroskop auch allseitig betrachtet und seine Form, sogar die mögliche Kristallklasse, erkannt werden. Durch Vergleiche der gefundenen Form mit denen in kristallographischen Werken abgebildeten (z. B. GROTH, Chemische Kristallographie) können die Kristalle, besonders wenn man die Anwesenheit mancher Verbindungen vermutet, unmittelbar bestimmt werden. Die Kenntnis weiterer Tatsachen, wie Löslichkeit, Lichtbrechungsvermögen (KOFLER), Verhalten beim Erhitzen usw., vergrößert natürlich die Sicherheit der Bestimmung. Daraus folgt, daß gründliche praktische Kenntnisse in der Mineralogie und besonders in der Kristallographie für jeden Analytiker, der schnell und erfolgreich arbeiten will, einfach unerläßlich sind.

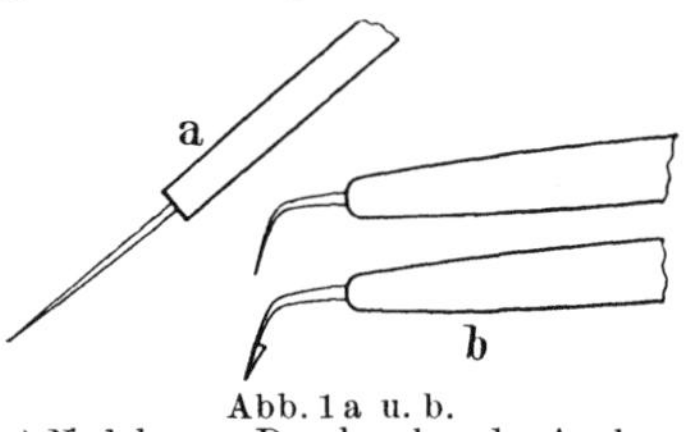

Abb. 1a u. b.
a) Nadeln zum Durchsuchen der Analyse.
b) Nadel mit Plastilin an der Spitze zum Herausheben einzelner Körner.

Aber auch ohne kristallographische Kenntnisse kann so manches unter dem Mikroskop gefunden werden. Man kann z. B. feststellen, ob das Pulver homogen ist oder nicht, es läßt sich sogar manchmal die Zahl der Bestandteile ermitteln; besonders leicht sind Metallkörner durch ihren Glanz zu erkennen usw.

Weitere Aufschlüsse über die mögliche Zusammensetzung der vorhandenen Kristalle oder des Kristallpulvers liefert das Polarisationsmikroskop. Hierzu sind aber kristalloptische Kenntnisse notwendig. Diese Methode erlaubt dem Geübten in einigen Minuten das Kristallsystem festzustellen, allerdings bedarf man hierzu geeigneter Kriställchen, die sich zudem noch in bestimmter Lage unter dem Mikroskop befinden müssen. Die Methode ist deshalb nicht immer anwendbar. Einen kurzen Überblick über die kristalloptische Arbeitsweise liefert das Buch von F. RAAZ und H. TERTSCH, „Geometrische Kristallographie und Kristalloptik“; eingehendere Werke sind von F. RINNE und M. BEREK, A. N. WINCHELL, GIBB u. a. verfaßt worden.

Hat man die Gelegenheit, von zu analysierenden Mineralien Dünnschliffe anfertigen zu können, so lassen sich alle im Schliffe vorhandenen Mineralien in kurzer Zeit auf kristalloptischem Wege bestimmen.

Allerdings liefert auch hier die endgültige Bestätigung des Gefundenen und der eventuell vorhandenen Beimengungen erst die systematische Analyse nach Aufschluß des zu analysierenden Materials.

III. Liegt die *Analysenprobe als Lösung* vor, so müssen, wie schon gesagt, deren Farbe und Geruch festgestellt werden, dann deren Reaktion, was sich am besten mit Lackmuspapier durchführen läßt. Sehr geringe Säuremengen können auch durch andere zweckentsprechende Indikatoren oder durch die Jodid-Jodat-Reaktion nachgewiesen werden, da eine Jodbildung nur in Gegenwart von Wasserstoffionen erfolgt (s. S. 17). Geringste Jodmengen lassen sich aber durch die Stärkereaktion nachweisen.

Weiter wird ein Teil der Analysenlösung vorsichtig zur Trockne verdampft, wobei, wie schon gesagt, einige Bestandteile konstatiert werden können. *Mit dem festen Rückstande werden die weiteren Vorprüfungen vorgenommen.* Erhält man nach dem Eindampfen keinen Rückstand, so besteht die Probe *nur aus flüchtigen Stoffen*, wie Wasser, Alkohol, flüchtigen Säuren, Ammoniak. Proben, die aus Säuren bestehen, werden mit Soda neutralisiert, die Lösung wird eingedampft und die Vorprüfungen werden fortgesetzt. Bleibt nach Eindampfen einer sauren Lösung ein Rückstand, so kann die Lösung außer Säuren noch eine große Anzahl von Salzen enthalten, oder sie enthält Salze, die sauer reagieren (hydrolysieren), wie Zinnchlorid, Aluminiumchlorid usw.

Reagiert die Ausgangslösung basisch und es bleibt nach dem Eindampfen ein Rückstand übrig, so können außer Ammoniak noch Hydroxyde und Peroxyde der Alkali- und der Erdalkalimetalle vorhanden sein, dann eine große Anzahl anderer Verbindungen, die sich in Wasser mit basischer Reaktion auflösen, wie Carbonate, Cyanide, Sulfide usw.

Nach Feststellung der Eigenschaften der Lösung schreitet man zur Untersuchung des trocknen Rückstandes.

§ 2. Lösungsversuche in Wasser, verdünnter Salz-, Schwefel- und Salpetersäure.

I. Lösungsversuche in Wasser. Bei den nun folgenden Beschreibungen verschiedener Versuche, die mit der Analysensubstanz durchzuführen sind, beachte man stets den Grundsatz, *für jeden Versuch so wenig wie nur möglich von der Substanz zu gebrauchen,* ebenso *sparsam* gehe man *mit den* zu verwendenden *Reagenzien* um. Hierbei wird ein dreifacher Vorteil erzielt: 1. spart man an der Analysensubstanz, 2. an Reagenzien und 3., was die Hauptsache ist, man spart an Zeit. Denn es ist ja ganz natürlich, daß zum Auflösen, Fällen, Filtrieren, Abdampfen größerer Mengen viel mehr Zeit notwendig ist, als wenn man mit kleinen Mengen arbeitet. Deshalb gewöhne man sich mit möglichst kleinen Mengen umzugehen, zumal die Sicherheit und Empfindlichkeit der verschiedenen Vorprüfungsreaktionen dadurch nicht beeinträchtigt wird. Ein annähernd semimikroskopisches Arbeiten ist daher sehr zu empfehlen (ARTHUR und SMITH).

Wichtig ist vor allem zu erfahren, wie die feste Ausgangssubstanz, die nicht durch Eindampfen einer wäßrigen Lösung gewonnen ist (oder ein Niederschlag), sich gegen Wasser verhält. Zunächst muß diese fein zerkleinert und zerrieben werden, um 1. allen Bestandteilen (durch unlösliche Substanzen womöglich eingeschlossen) den Zugang des Wassers zu gewähren und 2. damit der Lösungsvorgang durch Vergrößerung der Oberfläche möglichst rasch erfolge. Mineralien und Gesteine werden erst in einem Stahlmörser zerkleinert; das so erhaltene grobe Pulver wird in einer Achatreibschale in ein möglichst feines Pulver verwandelt; in vielen Fällen, besonders bei Silicaten, empfiehlt es sich, das erhaltene Pulver nochmals durch ein feinmaschiges Sieb zu schlagen und zu beuteln. Der richtige Feinheitsgrad ist erreicht, wenn man beim Reiben einer Probe zwischen den Fingern keine gröberen, sandigen Teile mehr verspürt.

Eine kleine Probe des Pulvers, etwa eine Messerspitze voll, wird nun in einigen ml Wasser, die sich in einem Probierröhrchen mit *vollständig reinen Wänden* befinden, geworfen und die eintretenden Prozesse werden beobachtet. Folgende Erscheinungen können dabei auftreten:

1. Die Substanz löst sich *restlos* ohne merkliche Wärmeentwicklung auf. Löst sich die Substanz nicht genügend schnell, so kann das Auflösen durch Schwenken und zuletzt durch leichtes Erwärmen beschleunigt werden. Dabei ist zu beachten, daß die unvollständige Lösung in Wasser nicht durch die Anwendung einer unzureichenden Menge des letzteren bedingt ist. Davon überzeugt man sich, indem man die erhaltene Lösung vom Rückstande abgießt und beobachtet, ob bei einem erneuten Lösungsversuch eine entsprechende Abnahme des Rückstandes eintritt. Trifft dieses zu, so sind in der Analysensubstanz nur *leicht lösbare Stoffe vorhanden.*

Es kann dabei je nach der *Farbe* der Lösung weiter unterschieden werden. Im Falle *farbloser Lösungen* kämen vor allem die nicht gefärbten, leicht löslichen

Nitrate, Chloride, Acetate und Sulfate in Frage; das Vorhandensein schwer löslicher Verbindungen, wie $CaSO_4$, $SrSO_4$, $BaSO_4$, AgCl, Hg_2Cl_2 usw., ist damit ausgeschlossen. Es ist hier natürlich unnötig, alle leicht löslichen Stoffe aufzuzählen, denn ein Verzeichnis solcher am häufigsten vorkommenden kann sich jeder im Falle des Bedarfs selbst anfertigen.

Ist die Lösung *gefärbt*, so ist natürlich das Vorhandensein von farblosen Salzen damit *nicht ausgeschlossen*. Aus der Färbung der Lösung können weitere Schlüsse über das Vorhandensein mancher Kationen gezogen werden: so deuten grüne Lösungen auf $Cu^{\cdot\cdot}$, $Ni^{\cdot\cdot}$ und $Cr^{\cdot\cdot\cdot}$, violette auf $Cr^{\cdot\cdot\cdot}$, rosa und rote auf $Mn^{\cdot\cdot}$, (auch auf MnO_4^-), $Co^{\cdot\cdot}$ usw. hin, wenn die Anwesenheit organischer Farbstoffe ausgeschlossen ist.

2. Löst sich das Ausgangsmaterial mit *erheblicher Wärmeentwicklung* auf, so deutet das auf das Vorhandensein von Alkalien, Peroxyden, Oxyden und anderen bei der Auflösung Wärme entwickelnden Substanzen hin. Mit Lackmuspapier orientiert man sich über die *Reaktion* der Lösung. Ist sie stark alkalisch, so ist die Anwesenheit obiger Verbindungen nicht nur gewiß, sondern es sind dabei Salze von Schwermetallen (außer den amphoteren) ausgeschlossen, da ja sonst die vollständige Auflösung des Niederschlags nicht eintreten könnte. Auch auf eine *Gasentwicklung* während der Auflösung in Wasser ist zu achten (s. Auflösung in HCl).

Das Beobachten der Lösung nach dem Erkalten kann auch von Nutzen sein, denn manche Verbindungen sind in heißem Wasser erheblich leichter löslich als in kaltem und scheiden sich beim Erkalten der Lösung in Kristallen aus, so z. B. das Bleichlorid; das Bleijodid scheidet sich unter ähnlichen Umständen in schön schillernden goldgelben Blättchen aus und kann daran sofort erkannt werden. Durch Auswaschen (mit kaltem Wasser), Auflösen der Kriställchen und Hinzufügen einiger Tropfen verdünnter Schwefelsäure oder von Kaliumchromat können die fraglichen Bleiverbindungen weiter identifiziert werden.

3. Geschieht die Auflösung der Substanz auch nach erfolgtem Sieden nur *teilweise*, so wird der Niederschlag abfiltriert und *Lösungsversuchen in Säuren unterworfen*.

4. Bemerkt man bei Lösungsversuchen in kaltem und heißem Wasser keine Abnahme des Volumens der Analysensubstanz, so liegen schwer oder sogar sehr schwer in Wasser lösliche Stoffe vor. Um sich jedoch zu überzeugen, daß keine wenn auch wenig löslichen Bestandteile vorhanden sind, wird ein Teil der klarfiltrierten Lösung auf einem Platinblech bzw. auf einem Uhrglas langsam verdampft. Um das Verspritzen der Lösung zu vermeiden, erwärmt man das Blech nicht unmittelbar über einer Flamme, sondern legt es auf ein Asbestdrahtnetz; die Größe der Flamme ist dabei in angemessener Weise zu verkleinern. Auch Sandbäder oder Heizplatten eignen sich zu diesem Zweck sehr gut. Sind im Analysenmaterial keine in Wasser löslichen Bestandteile vorhanden, so ist auf dem Platinblech (dem Uhrglase) kein deutlich sichtbarer Rückstand zu erkennen. Selbstverständlich ist zur Auflösung destilliertes Wasser zu verwenden, das beim Blindversuch auf dem Blech keinen Rückstand hinterläßt.

II. Lösungsversuche in verdünnten Säuren. Die in Wasser unlöslichen Rückstände werden weiter mit verdünnter Salz-, Schwefel- oder Salpetersäure, zuerst *in der Kälte, dann bei gelindem Erwärmen* behandelt. Zu den Vorproben werden gewöhnlich etwa 2 n Reagenzien gebraucht:

Salzsäure	etwa	73 g	im	Liter	
Salpetersäure	„	126 g	„	„	
Schwefelsäure	„	98 g	„	„	
Essigsäure	„	120 g	„	„	
Natriumhydroxyd	„	80 g	„	„	
Ammoniumhydroxyd	„	68 g	„	„	
Silbernitrat	„	17 g	„	„	(0,1 n)

Löst sich die Substanz restlos *ohne Gasentwicklung* auf, so kann die Lösung zum systematischen Trennungsgang nach weiteren Vorproben vorbereitet werden, wobei im Falle der Auflösung in Salzsäure die erste (Silber-) Gruppe wegfällt. Der glatte Auflösungsvorgang bietet keinen Anhaltspunkt zum Erkennen irgendwelcher in der Probe vorhandenen Substanzen. Dasselbe gilt auch für den Fall, daß die Probe sich in verdünnter Säure nicht löst, dieses aber beim Gebrauch eines Tropfens konzentrierter Säuren geschieht. Löst sich auch hierbei die Substanz nicht, oder löst sie sich unvollkommen, so ist das Vorhandensein einer Reihe von schwerlöslichen Stoffen möglich[1]. Zuletzt kann noch versucht werden, die Analysensubstanz in Königswasser zu lösen[1]. Es ist aber zu bemerken, daß man dieses Mittel aus analytischen Gründen möglichst wenig zu gebrauchen hat, da es schwerfällt, beim weiteren Gang der Analyse sich vollständig von diesem starken Oxydationsmittel zu befreien. Es gibt aber auch hier eine Reihe von Substanzen, die sich auch darin nicht lösen[1]. Bei negativem Ausfall auch des Versuchs mit Königswasser sind besondere Aufschlußverfahren zu gebrauchen, über deren Art man einigen Bescheid bei weiterem Durchführen der Vorproben erhält[1].

Das Verhalten der Analysensubstanz gegenüber Säuren muß man genau notieren, um nach der vollständigen Analyse imstande zu sein, das beobachtete Verhalten zu erklären.

Erfolgt jedoch das Auflösen der festen Substanz in den genannten Säuren *mit Gasentwicklung*, so gestaltet sich die Untersuchung als eine Vorprobe auf *Anionen* (Säuren) und *Metalle*.

Wenn an einer kleinen Menge der Probe Gasentwicklung festgestellt worden ist, so wird eine größere Menge, etwa 0,1 bis 0,5 g der Substanz in ein kleines Probierröhrchen nach Abb. 2 getan und mit verdünnter Schwefelsäure (oder Salzsäure beim Verdacht auf unedle Metalle) überschichtet. Die Probe wird zuerst in kaltem, dann in erwärmtem Zustande durchgeführt.

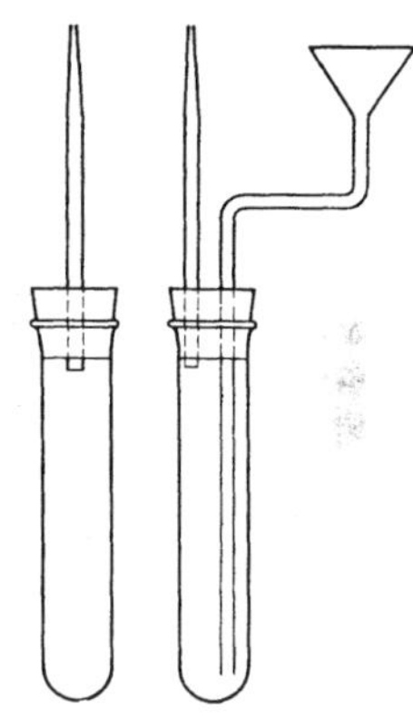

Abb. 2. Gefäße zur Gasentwicklung.

1. Ist das entweichende Gas *farb-* und *geruchlos* (letzteres tritt jedoch praktisch selten ein), so ist das Vorhandensein von *Wasserstoff*, *Methan*, *Sauerstoff*, *Stickstoff*, *Luft* und *Kohlendioxyd* möglich.

Wasserstoff (und Methan) läßt sich durch Verpuffen nachweisen, wenn er, mit Luft gemischt, angezündet wird. Zu diesem Zweck stülpt man ein trocknes Probierröhrchen auf eines der Gasableitungsröhrchen nach Abb. 2 und wartet einige Zeit ab, damit sich etwas Gas im aufgesetzten Rohr ansammelt. Dann hebt man es ab und hält das offene Ende (ohne zu kippen) in eine Bunsenflamme. Erfolgt ein Verpuffen oder sogar eine Explosion, so sind die erwähnten Gase beide oder nur eines von ihnen vorhanden.

Wasserstoff kann sich bilden durch Auflösen von *unedlen Metallen*, die sich in der Spannungsreihe oberhalb des Wasserstoffs befinden. Dabei ist zu beachten, daß sich die Metalle Be, Mg, Al, Mn, Zn, Fe und auch Sn, besonders wenn sie nicht sehr rein sind, verhältnismäßig schnell auflösen, z. B.

$$Mg + 2H^{\cdot} \rightarrow Mg^{\cdot\cdot} + H_2.$$

Das entweichende Gas ist aber nicht ganz geruchlos, da geringe Beimengungen oder Teilchen der mitgerissenen Säure einen Beitrag zum Geruch des Gases liefern. Auf das Vorhandensein der Alkali- und Erdalkalimetalle wird man schon beim Behandeln der Proben mit Wasser aufmerksam geworden sein; dasselbe bezieht sich

[1] Näheres s. S. 73 des Handbuches: „Inlösungbringen der Substanzen".

auf möglicherweise vorhandene *Hydride*. Schwerer lösen sich aber schon Cd und Cr, noch schwerer Pb, Co und Ni. Die im Vergleich zum Wasserstoff edleren Metalle reagieren mit den genannten verdünnten Säuren nicht.

Methan entsteht, wenn in der Probe Carbide, wie Al_4C_3 oder auch Be_2C vorhanden sind; die Reaktion erfolgt wie mit Säuren, so auch mit Wasser:

$$Al_4C_3 + 12H_2O \rightarrow 3CH_4 + 4Al(OH)_3.$$

Im Falle von HCl entsteht das lösliche $AlCl_3$. Das entweichende Gas ist jedoch ebenfalls nicht ganz geruchlos, da es etwas NH_3 enthält, das nicht vollständig durch die Säure absorbiert wird. Ein Methan-Luft-Gemisch explodiert ähnlich dem Wasserstoffgemisch, nur läßt sich in den Verbrennungsprodukten CO_2 nachweisen (usw.). Da das Vorhandensein freier Metalle auch auf andere Weise (mikroskopisch, Erhitzen im Glührohre) nachgewiesen werden kann, so ist die Feststellung, ob sich neben Methan auch Wasserstoff befindet, nicht immer wichtig. Ein Gemisch von H_2 und CH_4 liefern die Carbide Fe_3C, Mn_3C, Ni_3C.

Sauerstoff entwickelt sich, wenn einige Peroxyde der Alkalien und Erdalkalien mit Säure oder Wasser in Berührung kommen:

$$K_2O_4 + 2H_2O \rightarrow 2KOH + H_2O_2 + O_2$$
$$BaO_2 + H_2SO_4 \rightarrow BaSO_4 + H_2O_2.$$

Ein glimmender Span entzündet sich, wenn man ihn in das Röhrchen einführt, in dem die Gasentwicklung erfolgt. Wie ersichtlich, bildet sich in der Lösung auch H_2O_2, das leicht nachzuweisen ist (s. S. 58). Die Bildung von H_2O_2 erfolgt aber aus allen Peroxyden, wie aus der zweiten Reaktion ersichtlich, beim Einwirken von Säure oder Wasser. Ozonhaltiger Sauerstoff entwickelt sich langsam aus wäßrigen Lösungen von Persulfaten. Verdünnte Schwefelsäure wirkt ebenso wie Wasser. Viel schneller erfolgt die Zersetzung beim Erhitzen:

$$S_2O_8^{--} + H_2O \rightarrow O + 2HSO_4^-.$$

Der Sauerstoff wird sofort molekular, wobei ein Teil sich auch zu *Ozon* vereinigt. Letzterer ist an seinem Geruch und am Bläuen des Kaliumjodidstärkepapiers zu erkennen:

$$2J^- + O_3 + H_2O \rightarrow J_2 + O_2 + 2OH^-.$$

Ammonpersulfat in verdünnten Lösungen scheidet indessen bei gewöhnlicher Temperatur *keinen* Sauerstoff aus.

Stickstoff entsteht, wenn in der Probe Verbindungen zugegen sind, die in Anwesenheit von Wasser oder verdünnter Säure beim Erwärmen miteinander reagieren:

$$NaNO_2 + NH_4Cl \rightarrow NH_4NO_2 + NaCl$$
$$NH_4NO_2 \rightarrow 2H_2O + N_2.$$

Wegen der chemischen Trägheit des Stickstoffs ist dessen Vorhandensein durch die einfachen Mittel der Vorprobe nicht zu beweisen. Es sind deshalb negative Kriterien zu verwenden: Stickstoff brennt nicht und unterhält auch nicht die Verbrennung.

Beim Auflösen mancher Stoffe in Säuren bemerkt man, besonders wenn sie nicht zerkleinert sind, zwar eine Gasentwicklung, ein bestimmtes Gas ist jedoch nicht nachzuweisen. Hier hat man also mit Luft zu tun, die im festen Körper oder im Pulver einfach eingeschlossen war, beim Auflösen des festen Stoffes frei wurde und aus der Flüssigkeit in Blasen entwich.

In den meisten Fällen wird man hier aber mit *Kohlensäure* zu tun haben, denn verdünnte Salz- und Schwefelsäure zersetzen schon in der Kälte die meisten Carbonate, Bicarbonate und basischen Carbonate; nur einzelne in der Natur vorkommende Mineralien, wie Magnesit, Dolomit, Siderit u. a., lösen sich erst beim Erwärmen. Die Entwicklung von Kohlensäure erfolgt dabei stürmisch, unter *Aufbrausen*:

$$MgCO_3 + 2H^{\cdot} \rightarrow Mg^{\cdot\cdot} + H_2O + CO_2.$$

Zum Nachweis von CO_2 wird dasselbe Röhrchen nach Abb. 2 gebraucht, das entweichende CO_2 aber in ein Röhrchen mit einer *vollständig* klaren Lösung von *Kalk-* oder *Barytwasser* geleitet. Beobachtet man eine Trübung, auch die leichteste, so ist im Gase CO_2 vorhanden:

$$Ba(OH)_2 + CO_2 + H_2O \rightleftarrows BaCO_3 + 2H_2O.$$

Kleine Mengen von CO_2 lassen sich auch einfacher (nach RÖSSLER) nachweisen. Man benutzt hierzu eine in der Abb. 3 veranschaulichte Einrichtung, die mit einfachsten Mitteln herzustellen ist. Die zu untersuchende Substanz wird in das trockne Schnabelrohr gebracht und der Capillartrichter eingesetzt, der so weit mit klarem Barytwasser gefüllt ist, daß dieses durch die doppelte Oberflächenspannung festgehalten wird. Dann hängt am unteren Ende des Trichters ein kleiner Tropfen der Flüssigkeit, ohne zum Abfallen zu neigen. Man spannt den kleinen Apparat in einen Halter ein und taucht den unteren Teil der Schnabelröhre in verdünnte Säure. Hierbei fließt etwas Säure durch die Capillare zur Substanz und bewirkt die Entwicklung von Kohlendioxyd, das an dem Barytwasser eine Trübung hervorruft. Bringt man durch einen kurzen Schlag auf die Öffnung des Capillartrichters den Tropfen zum Abfallen, so tritt ein neuer Tropfen an seine Stelle und trübt sich, wenn er mit dem Gase in Berührung kommt. Über weitere CO_2-Nachweisreaktionen kann man sich in dem speziellen Teil des Handbuches unterrichten.

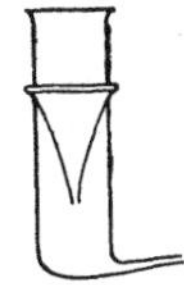

Abb. 3. CO_2-Nachweisapparat nach O. RÖSSLER.

Kohlendioxyd braucht sich nicht nur aus den eingangs genannten Verbindungen zu bilden, sondern Carbonate können auch aus anderen Stoffen beim *Lagern* der Substanz entstehen, z. B. aus Kaliumcyanat:

$$2KCNO + 4H_2O \rightarrow K_2CO_3 + (NH_4)_2CO_3.$$

Aus den Cyanaten kann sich auch CO_2 beim Einwirken von verdünnter Schwefelsäure entwickeln:

$$H^{\cdot} + CNO^- \rightarrow HCNO; \qquad 2HCNO + 2H^{\cdot} + 2H_2O \rightarrow 2CO_2 + 2NH_4^{\cdot}.$$

Beim Auswerten der Analysenergebnisse sind ähnliche Umstände natürlich in Betracht zu ziehen.

2. Sind die entweichenden Gase *farblos*, aber durch einen *eigentümlichen Geruch* ausgezeichnet, so sind zwar die unter 1. genannten Gase nicht ausgeschlossen, es kommen aber noch hinzu: *Phosphor-*, *Arsen-*, *Bor-*, *Silicium-* und *Germaniumwasserstoff*, *Acetylen*, *Ammoniak*, *Schwefeldioxyd*, *Schwefel-*, *Selen-* und *Tellurwasserstoff*, *Cyanwasserstoff* und *Essigsäure*. Da die meisten dieser Gase sehr giftig sind, so muß bei Riechproben sehr vorsichtig verfahren werden.

Die ersten 6 Gase zeichnen sich dadurch aus, daß sie brennbar sind und sich in Gegenwart von Phosphor- oder Siliciumwasserstoff nach dem Übergießen der Analysenprobe mit Wasser oder verdünnten Säuren *von selbst entzünden*. Auf das Vorhandensein von P, B, As, Si und Ge kann indessen aus anderen Proben sicherer geschlossen werden (s. S. 57). Erfolgt aber die Entwicklung der genannten Gase, so ist das nur dann möglich, wenn in der Analyse *Phosphide*, *Arsenide*, *Boride* und *Silicide* der Erdalkalien und der leichteren Metalle zugegen sind, z. B.:

$$Ca_3P_2 + 6H_2O \rightarrow 3Ca(OH)_2 + 2PH_3 \quad (\text{auch } P_2H_4)$$
$$Ca_3P_2 + 6HCl \rightarrow 3CaCl_2 + 2PH_3.$$

Beim Einwirken von Säure auf Mg_3B_2 entwickelt sich ein Gas, bestehend aus Wasserstoff und einem Gemisch von Borhydriden zusammen mit verschiedenen

Verunreinigungen, wie H_2S, SiH_4, PH_3, falls das Mg-Borid nicht rein ist. Arsenwasserstoff entsteht außerdem, wenn sich in der Substanz ein leichtlösliches Metall, z. B. Zink, neben Arsenverbindungen befindet.

Die Phosphide, Boride usw. der edleren Metalle haben im allgemeinen ein metallartiges Aussehen und werden durch verdünnte Säuren nur schwer angegriffen.

Acetylen brennt mit rußender heller Flamme, riecht meist infolge der Verunreinigung mit Phosphorwasserstoff nach diesem Gase und bildet beim Einleiten in eine ammoniakalische Lösung von Kupfer(I)-chlorid einen *roten* Niederschlag von Acetylenkupfer Cu_2H_2, der in trocknem Zustande auf Schlag oder beim Erwärmen heftig explodiert. Das Auftreten von Acetylen deutet darauf hin, daß in der Analysenprobe die Carbide Na_2C_2, K_2C_2, CaC_2, SrC_2, BaC_2, Cu_2C_2, Ag_2C_2 zugegen sein können:

$$CaC_2 + 2HCl \rightarrow H_2C_2 + CaCl_2.$$

Ein Gemisch von Kohlenwasserstoffen, bestehend hauptsächlich aus Acetylen und einigen ungesättigten Kohlenwasserstoffen, liefern z. B. UC_2, LaC_2, NdC_2. Außerordentlich schwer angreifbar sind die Carbide: TiC, ZrC, HfC, TaC, W_2C, WC, Mo_2C, MoC.

Entweichendes *Ammoniak* fällt natürlich durch seinen höchst charakteristischen Geruch auf. Außerdem bläuen die Dämpfe rotes Lackmuspapier. Empfindlicher ist schon die Reaktion mit Hämatoxylinpapier, das durch Befeuchten eines Filtrierpapierstreifens mit einer alkoholischen Hämatoxylinlösung hergestellt und dann getrocknet wird: sofort oder nach einigen Minuten färbt sich der Streifen violett. Die Bildung und das Entweichen von NH_3 aus einer wäßrigen oder sogar sauren Lösung ist möglich, wenn in der Analysensubstanz *Nitride* vorhanden sind:

$$AlN + 3H_2O \rightarrow Al(OH)_3 + NH_3.$$

Bei der ziemlich stürmisch verlaufenden Reaktion entweicht ein Teil des NH_3 ungebunden und kann deshalb außerhalb der Lösung nachgewiesen werden. Die Nitride Mn_3N_2 und W_2N_3 reagieren mit Wasser nur langsam. Ganz anders verhalten sich die Nitride des Bors BN, Chroms CrN, Zirkons ZrN usw. Sie sind außerordentlich beständig, werden weder von Wasser noch von verdünnten Säuren und Alkalien zersetzt.

Auch die *Metallamide* reagieren unter NH_3-Abgabe:

$$NaNH_2 + H_2O \rightarrow NaOH + NH_3.$$

Schwefeldioxyd, SO_2, bildet ein farbloses Gas von eigentümlichem stechendem Geruch, den man auch beim Verbrennen von Schwefel bemerkt. Beim Einleiten des Gases in Wasser (Gasentwicklung nach Abb. 2) löst es sich dort ziemlich leicht zu einer farblosen Flüssigkeit mit demselben Geruch. Das Gas trübt z. B. im Apparat von Rössler Barytwasser:

$$Ba^{\cdot\cdot} + SO_3^{--} \rightarrow BaSO_3.$$

Das Bariumsulfit löst sich jedoch leicht in Säuren unter SO_2-Entwicklung auf. Zur Identifizierung von SO_2 in der Vorprobe können folgende Reaktionen empfohlen werden, da SO_2 oder H_2SO_3 als starkes Reduktionsmittel wirkt:

a) Das entweichende Gas wird in Barytwasser geleitet; der Niederschlag filtriert, ausgewaschen und ein Tropfen J-Lösung hinzugefügt:

$$BaSO_3 + J_2 + H_2O \rightarrow BaSO_4 + 2H^{\cdot} + 2J^{-}.$$

Die Bildung des weißen, unlöslichen $BaSO_4$ und die Entfärbung von J zeigen Schwefeldioxyd an.

b) Kürzer durchführbar, aber weniger eindeutig (es stört Schwefelwasserstoff) ist die Zinknitroprussidprobe.

Die Zinknitroprussidsuspension wird folgendermaßen hergestellt: etwa 0,5 g $Na_2[Fe(CN)_5NO]$ werden in 5 ml Wasser gelöst, und es wird Zinksulfat (0,5 g in 5 ml Wasser) hinzugefügt. Die Lösung wird vom entstehenden lachsfarbenen Zinknitroprussid abgegossen, 2mal mit kleinen Wassermengen dekantiert und das letzte Wasser mit einer Pipette oder mit einem Filtrierpapierstreifen entfernt. In die Suspension taucht man jetzt das Ende eines Glasstabes, hält dieses dann eine kurze Zeit über NH_3-Dämpfen und setzt es zuletzt der Wirkung des zu untersuchenden Gases aus, indem man den Stab in den oberen Teil des Reagensrohres einführt. Bei Anwesenheit von SO_2 vertieft sich die Farbe des Niederschlages auf dem Ende des Stabes: sie wird rosa bis dunkelrot (C. BOEDECKER, K. A. HOFMANN). Beim Austrocknen des Niederschlages, dessen Zusammensetzung unbekannt ist, wird die Farbe noch besser sichtbar (E. EEGRIWE). Zum Entwickeln des Gases eignet sich in diesem Fall ein Apparat der Abb. 4 nach FEIGL besser: der Glaskopf des Verschlusses wird hier mit einer dünnen Schicht der Suspension bedeckt. Wie schon gesagt, stört H_2S die Reaktion.

Abb. 4. Apparat zum Nachweis von SO_2 mit Zinknitroprussidnatrium.

Ist die Anwesenheit von SO_2 festgestellt worden, so deutet das darauf hin, daß in der Probe *Sulfite, Bisulfite, Hyposulfite, Thiosulfate, Dithionate, Polythionate* oder ähnliche Verbindungen vorhanden sind. Es kann jedoch unterschieden werden, ob man mit Sulfiten oder Thiosulfaten zu tun hat. Zu diesem Zweck löst man etwas von der Substanz in Wasser und fügt zur klaren Lösung etwas Salzsäure hinzu: entweicht SO_2 ohne Trübung der Lösung, so sind Sulfite oder Bisulfite zugegen, beobachtet man aber eine gleichzeitige Trübung (Ausscheidung von Schwefel), so sind Thiosulfate anwesend. Charakteristisch ist die Reaktion indessen für die Thiosulfate nicht, da eine Mischung von Monosulfid und Sulfit auf Zusatz einer Säure Schwefeldioxyd entweichen lassen kann, während ein Teil des letzteren sich mit dem aus dem Sulfid entwickelten H_2S umsetzt, wobei Schwefel ausgeschieden wird. Thiosulfate lassen sich auch durch die Natriumacid-Jod-Reaktion nachweisen (s. S. 14).

Zuletzt sei noch darauf hingewiesen, daß SO_2 sich ziemlich leicht oxydiert und bei längerem Stehen der Lösungen auch verschwinden kann:

$$2H_2SO_3 + O_2 \rightarrow 2H_2SO_4.$$

Eine Lösung von $BaSO_3$ trübt sich deshalb mit der Zeit, da unlösliches $BaSO_4$ gebildet wird. Noch wirksamer sind natürlich Oxydationsmittel. Das Vorhandensein von etwas Sulfat neben Sulfit ist in der Analysensubstanz infolgedessen möglich, und es ist dieser Umstand in Betracht zu ziehen.

Alle Schwefelverbindungen liefern die *Heparprobe* (s. S. 36).

Entweichender *Schwefelwasserstoff* kann an seinem Geruch erkannt werden. Einen weiteren sicheren Nachweis von H_2S bietet die Reaktion mit Blei- oder Cadmiumpapier. Diese werden durch Tränkung von Filtrierpapierstreifen mit einer Bleiacetat-, Natriumplumbit- oder Cadmiumacetatlösung und nachträgliches Trocknen der Streifen hergestellt. Der betreffende Streifen wird der Wirkung des sich entwickelnden Gases ausgesetzt: ist Schwefelwasserstoff auch nur in sehr kleinen Mengen zugegen, so bemerkt man das am Verfärben des Papiers: Bleipapier wird je nach den vorhandenen H_2S-Mengen hellbraun oder dunkelbraun (oft mit metallischem Glanz, wenn der Streifen naß ist), das Cadmiumpapier dagegen gelblich bis gelb gefärbt.

Der entweichende Schwefelwasserstoff ist auf das Vorhandensein von *Sulfiden, Hydrosulfiden, Polysulfiden* und *Sulfoverbindungen* in der Probe zurückzuführen. Auch Zn mit HCl reduziert anwesendes Thiosulfat zu H_2S. Durch Einwirkung von Salzsäure werden nicht nur die in Wasser löslichen Sulfide (die der Alkali- und

Erdalkalimetalle) zersetzt, sondern auch der größte Teil der unlöslichen. Sehr schwer löslich sind die Sulfide: HgS, As_2S_3, As_2S_5. Auch NiS und CoS sind schwer löslich, wenn sie einige Zeit an der Luft gestanden haben. Auch das Sulfid des zweiwertigen Goldes und zum Teil die Sulfide der Platinmetalle sind in Säuren sehr schwer löslich: PtS_2 löst sich zwar noch in konzentrierten Säuren, Rh_2S_3 und OsS_4 aber nur in Königswasser. Auch PdS_2 ist in Salpetersäure nur schwierig löslich. Ferner zeichnen sich die Vanadiumsulfide durch Unlöslichkeit aus. Auf das Vorhandensein von natürlichen Schwermetallsulfiden kann aus den fast *metallisch glänzenden* Kristallen und Kristallaggregaten geschlossen werden: so sieht z. B. Bleiglanz (PbS) silberähnlich, Pyrit (FeS_2), Millerit (NiS) messinggelb, Greenockit (CdS) gelb, Molybdänglanz (MoS_2) bleigrau, graphitartig aus. Nur wenige, heller gefärbte, besitzen diesen Metallglanz nicht.

Die Anwesenheit von sulfidartig gebundenem Schwefel kann indessen auch direkt in der Analysensubstanz (nach FEIGL) festgestellt werden. Der Nachweis beruht darauf, daß Lösungen von Natriumacid (NaN_3) und Jod aufeinander ohne Einwirkung sind, durch Eintragen eines Kriställchens von Natriumsulfid, Thiosulfat oder Rhodanid sofort aber eine stürmische Entwicklung von elementarem Stickstoff unter Verbrauch von Jod erfolgt:

$$2N_3^- + J_2 \rightarrow 2J^- + 3N_2.$$

Das S^{--} erscheint hier nicht als Reaktionsteilnehmer, sondern beeinflußt nur den Ablauf der Reaktion katalytisch. Feste *Metallsulfide jeder Art*, sowohl natürlich vorkommende als auch künstlich hergestellte, können auf diese Weise neben Sulfaten, freiem Schwefel usw. erkannt werden. Außerordentlich kleine Mengen *fester Sulfide*, z. B. in Stäubchen eines Pulvers, lassen sich auf diese Weise erkennen, wenn man in eine Capillare oder in ein EMICHsches Spitzröhrchen einen Tropfen einer Na-Azidlösung einbringt und nun mit der Spitze eines Platindrahtes in den hängenden Tropfen ein Stäubchen oder einen Mikrotropfen der zu untersuchenden Substanz einführt (Abb. 5). Bei Anwesenheit von Sulfid steigen in der Capillare Gasblasen auf, die mit bloßem Auge oder mit einer Lupe deutlich erkennbar sind. Auch beim Auftragen eines Tropfens der Lösung auf *sulfidhaltiges* Gestein erfolgt nach FEIGL die Reaktion, wodurch dieses erkannt wird. Bei der Durchführung der Reaktion wird die *Abwesenheit* von Thiosulfaten und Rhodaniden vorausgesetzt. Das Reagens wird bereitet, indem man 3 g Natriumazid in 100 ml einer 0,1 n Jodlösung (in Jodkalium) löst. Die Lösung ist haltbar.

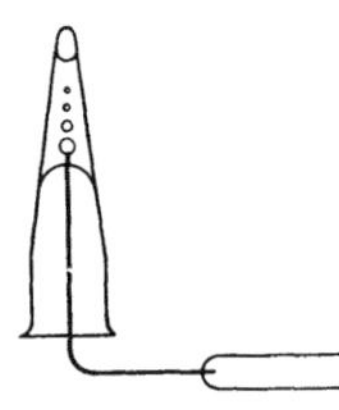

Abb. 5. Feststellung von Sulfiden.

Selenwasserstoff H_2Se, ist ebenfalls ein farbloses, giftiges und brennbares Gas, wird aber durch seinen Geruch nach faulem Rettich erkannt. *Tellur*wasserstoff riecht ähnlich dem Schwefelwasserstoff, ist ebenfalls sehr giftig und brennt mit blauer Farbe. Beide Gase sind unbeständiger als Schwefelwasserstoff und lösen sich leichter als dieser in Wasser; die wäßrige Lösung reagiert schwach sauer. Beim Einleiten von SO_2 in diese erfolgt der Umsatz des H_2Se zu gelbem Schwefelselen, H_2Te zu schwarzbraunem Tellur, der Schwefel enthält:

$$2H_2Se + SO_2 \rightarrow SSe_2 + 2H_2O$$

$$2H_2Te + SO_2 \rightarrow 2Te + S + 2H_2O.$$

Beim Stehen an der Luft oxydieren sich die Lösungen von Selenwasserstoff zu rotem Selen. Die Entwicklung der beiden Gase erfolgt, wenn in der Probe *Selenide* und *Telluride*, wie Na_2Se, FeSe, ZnSe, zugegen sind. Das Vorhandensein der beiden Elemente kann weiter auch durch andere Vorproben festgestellt werden.

Entweichender *Cyanwasserstoff*, HCN, kann an seinem Geruch nach bitteren Mandeln erkannt werden. Die Entwicklung erfolgt schon beim Übergießen mit kalter, verdünnter Schwefelsäure, noch besser jedoch beim Erwärmen. Da Cyanwasserstoff äußerst giftig ist, so ist größte Vorsicht bei den Arbeiten und Versuchen einzuhalten. Das Gas kann in den Vorprüfungen am besten dadurch nachgewiesen werden, daß man es aus dem Gasentwicklungsgefäß (Abb. 2) in kaltes Wasser einleitet. Cyanwasserstoff mischt sich mit Wasser in allen Verhältnissen. Die erhaltene Flüssigkeit wird jetzt bis zu schwach alkalischer Reaktion mit etwas KOH versetzt, ein Tropfen Eisen(II)-sulfat hinzugesetzt, gelinde erwärmt, dann noch einige Tropfen Eisen(III)-chlorid hinzugefügt und zuletzt mit HCl angesäuert: Blausäure bildet hierbei einen Niederschlag von Berliner Blau; bei Spuren von HCN entsteht nur eine blaugrüne Lösung, aus der sich bei längerem Stehen blaue Flocken ausscheiden. Zum Beweis von HCN kann man sich auch der Eisen(III)-rhodanidprobe bedienen: Die zu prüfende Lösung wird mit wenig *gelbem* Schwefelammonium versetzt, auf dem Wasserbade zur Trockne eingedampft und der Rückstand mit verdünnter Säure durchgerührt; nach dem Abfiltrieren des ausgeschiedenen Schwefels färbt sich das Filtrat *braunrot*, wenn etwas Eisen(III)-chlorid hinzugefügt wird, und wenn im Gase HCN vorhanden war.

Das Entweichen von HCN unter den angeführten Umständen der Vorprobe erfolgt immer, wenn in der Probe *Cyanide* oder einige lösliche *komplexe Cyanide* vorhanden sind:

$$H^{\cdot} + KCN \rightarrow HCN + K^{\cdot}$$

$$2K_4[Fe(CN)_6] + 6H^{\cdot} \rightarrow K_2Fe[Fe(CN)_6] + 6K^{\cdot} + 6HCN.$$

Essigsäure kann durch ihren Geruch erkannt werden. Zu diesem Zweck erhitzt man in einem Porzellanschälchen die Analysensubstanz mit verdünnter Schwefelsäure ganz allmählich und läßt die Mischung mit einem Uhrglas bedeckt 5 bis 10 Minuten stehen. Der festgestellte Geruch deutet auf das Vorhandensein von *Acetaten* hin. Weiterer Nachweis der Essigsäure s. S. 57.

3. Treten nach dem Übergießen einer Probe mit verdünnter Schwefelsäure und dem Erwärmen aus dem Probierrohre *gefärbte, charakteristisch riechende Gase* oder Dämpfe hervor, so kommen möglicherweise zu den unter 1. und 2. genannten noch folgende Gase hinzu: *Stickoxyde*, *Chlor*, *Brom* (*Bromwasserstoff*), *Jod*.

Sind die austretenden Gase *braun* gefärbt, so hat man es in erster Linie mit Stickoxyden NO, NO_2 und N_2O_4 zu tun. Diese sind wie durch ihren Geruch, so auch durch ihre Farbe und ihre oxydierenden Eigenschaften zu erkennen. Leitet man die Gase in kaltes Wasser oder verdünntes NaOH, so lösen sie sich dort auf:

$$2NO_2 + 2NaOH \rightarrow NaNO_2 + NaNO_3 + H_2O,$$

wobei vorhandenes NO schon im Probiergläschen zu NO_2 durch die Luft oxydiert wird. Die gebildeten Nitrate und Nitrite können jetzt leicht nachgewiesen werden (s. S. 22). Weiter lassen sich Nitrite folgendermaßen feststellen: In die braunen Dämpfe wird ein Glasstab eingeführt, an dessen Ende ein Tropfen einer in Wasser gesättigten Benzidinlösung hängt (1 g Benzidinchlorid in 100 ml Wasser). Der gelb gewordene Tropfen wird nun mit einem Tropfen einer gesättigten β-Naphthollösung (0,04 g des Salzes in 100 ml Wasser) auf einer Porzellanplatte gemischt und ein Tropfen Ammoniak hinzugefügt; Violett- oder Dunkelviolettfärbung zeigt NO_2 an. Zum Nachweis der salpetrigen Säure kann auch eine mit H_2SO_4 schwach angesäuerte Safraninlösung (0,03 g Safranin T in 100 ml Wasser) dienen: in Gegenwart von Nitrit geht die rote Farbe in Violett oder Blau über.

Die Entwicklung von Stickoxyden deutet darauf hin, daß in der Substanz *Nitrite* vorhanden sind:

$$3NaNO_2 + 3H_2SO_4 \rightarrow 3NaHSO_4 + 3HNO_2$$

$$3HNO_2 \rightarrow HNO_3 + 2NO + H_2O.$$

Stickoxyde können auch auftreten, wenn *Nitrate* in Gegenwart von reduzierenden Körpern, wie unedlen Metallen, Sulfiten, Ferrosalzen u. ähnl. zugegen sind:

$$2\,NO_3^- + 2\,Zn + 4\,H^{\cdot} \rightarrow 2\,NO_2^- + 2\,Zn^{\cdot\cdot} + 2\,H_2O.$$

Die sich bildende salpetrige Säure zersetzt sich dann weiter, wie oben erwähnt. Doch erfolgen diese Prozesse in sichtbarem Maße nur dann, wenn die verwandte Schwefelsäure stärker ist [besonders die Reduktion durch Eisen(II)-sulfat]. Wird dagegen vorschriftsgemäß verdünnte Säure gebraucht, so ist das Auftreten von Stickoxyden auch beim Erwärmen kaum zu erwarten.

Ist das entweichende Gas *grünlich* gefärbt und mit einem durchdringenden, sehr unangenehmen Geruch behaftet, so hat man es mit *Chlor* zu tun. Chlor löst sich ziemlich gut in Wasser und kann dort durch seine oxydierenden Eigenschaften, z. B. durch Bläuen von Jodidstärkepapier, nachgewiesen werden. Jodlösung wird bei längerer Einwirkung entfärbt. Die Anwesenheit von Chlor kann weiter durch folgendes Reagens festgestellt werden: 8 g Phenol und 1 g Anilin werden in 200 ml Wasser gelöst und einige ml der Flüssigkeit im Probiergläschen bis fast zum Sieden erwärmt. In diese heiße Flüssigkeit wird nun das Ende eines Glasstabes eingeführt, an dem ein Tropfen NaOH hängt, der vorher mit dem Glasstabe über das Gläschen gehalten wurde, aus dem sich Cl entwickelt, und umschwenkt. In Anwesenheit von Chlor färbt sich die Flüssigkeit blau; es stört Brom (EEGRIWE). Über die Flammenfärbung durch Chloride s. S. 49.

Die Entwicklung von Chlor erfolgt aus *Hypochloriten* und *Chloraten* beim Einwirken von Salzsäure, auch der verdünnten:

$$Cl^- + 2\,H^{\cdot} + ClO^- \rightarrow Cl_2 + H_2O$$
$$ClO_3^- + 6\,H^{\cdot} + 5\,Cl^- \rightarrow 3\,Cl_2 + 3\,H_2O.$$

Aus Chloriden kann Chlor nur in Gegenwart von *Oxydationsmitteln* befreit werden (auch die gebrauchte Salzsäure liefert unter diesen Umständen freies Cl!). Beim Arbeiten mit verdünnten Säuren ist das aber auch beim Erwärmen nur in geringem Maße möglich.

Brom ist durch die *rotbraune Farbe* seiner Dämpfe und durch den höchst unangenehmen Geruch leicht erkennbar. Wie andere oxydierende Gase, weist es fast dieselben Reaktionen wie Chlor auf, z. B. in bezug auf Jodkalium. Brom färbt Stärkemehl oder einen mit Stärkelösung befeuchteten und mit etwas Stärkepulver bestreuten Streifen von Filtrierpapier gelb. Brom kann auch mit Hilfe von Fuchsinpapier nachgewiesen werden: ein Streifen, in die Dämpfe einige Zeit gehalten, färbt sich in Gegenwart von Brom *violett*. Das Papier wird zu diesem Zweck folgendermaßen hergestellt: 0,1 g Fuchsin wird in 100 ml Wasser gelöst und tropfenweise eine wäßrige Lösung von SO_2 hinzugefügt, bis Entfärbung eintritt (statt SO_2 können auch 0,8 ml einer gesättigten Bisulfitlösung mit 1 ml konz. Salzsäure vermengt, gebraucht werden). Mit der Lösung sind Filtrierpapierstreifen zu imprägnieren.

Beim Erwärmen des Analysenmaterials mit verdünnter Schwefelsäure kann gelegentlich auch *Bromwasserstoff* entweichen. Dieser ist erkennbar an seinem stechenden Geruch, durch die Rötung von blauem Lackmuspapier, durch die Nebelbildung beim Einwirken von Ammoniak und durch die Bildung eines leicht gelblichen Niederschlages, wenn man einen Tropfen Silbernitrat am Ende eines Glasstabes in die entweichenden Dämpfe hängt. Das Vorhandensein von Bromion läßt sich jedoch besser mit einem Tropfen konzentrierter Schwefelsäure beweisen. S. w. u.!

Das Auftreten von Brom oder Bromwasserstoff deutet auf die Gegenwart von *Bromiden* im Analysenmaterial hin. Brom tritt auch in den Fällen auf, wenn in der Analysensubstanz Oxydationsmittel vorhanden sind, z. B. MnO_2, PbO_2, $K_2Cr_2O_7$, $KBrO_3$ u. a.:

$$5\,Br^- + 6\,H^{\cdot} + BrO_3^- \rightarrow 3\,Br_2 + 3\,H_2O.$$

Auch aus Bromaten kann Brom bei Anwesenheit von Reduktionsmitteln entstehen:

$$2\,BrO_3^- + 5\,SO_2 + 4\,H_2O \rightarrow Br_2 + 5\,SO_4^{--} + 8\,H^{\cdot}.$$

Beim Überschuß von SO_2 wird Brom weiter zu Bromwasserstoff reduziert. Um *Bromide* in *Gegenwart* von *Chloriden* nachzuweisen, verwendet man ein Gemisch von Bleidioxyd und Essigsäure, das in der Hitze wohl mit Bromiden unter Abspaltung von Brom reagiert, nicht aber mit den Chloriden (G. VORTMANN).

Das Auftreten *violett* gefärbter Dämpfe aus dem Probierrohr kann nur durch das Vorhandensein von *Jodverbindungen* erklärt werden. Durch die Farbe der Dämpfe ist das Jod leicht erkennbar; eine weitere sichere Reaktion ist das Bläuen von Stärkepapier, wenn es in den Dampf eingeführt wird. Auch die Violettfärbung von Schwefelkohlenstoff oder Chloroform, zusammen mit verdünnter Schwefelsäure ins Probierröhrchen auf etwas Analysensubstanz gegossen und umgeschwenkt, zeigt Jod an. Allerdings wird diese Reaktion durch Chlor (Entfärbung), $[Fe(CN)_6]^{---}$ und $S_2O_3^{--}$, SO_3^{--} oder $[Fe(CN)_6]^{----}$ gestört.

Unter den Umständen der Vorprüfung tritt Jod immer dann auf, wenn in der Analyse *Jodide* ohne oder bei Anwesenheit von Oxydationsmitteln oder Jodate in Gegenwart von reduzierenden Stoffen vorhanden sind:

$$3\,H_2SO_4 + 4\,KJ \rightarrow 2\,HJ + J_2 + SO_2 + 2\,K_2SO_4 + 2\,H_2O$$

$$5\,J^- + JO_3^- + 6\,H^{\cdot} \rightarrow 3\,J_2 + 3\,H_2O$$

$$2\,JO_3^- + 2\,H^{\cdot} + 5\,H_2S \rightarrow J_2 + 5\,S + 6\,H_2O.$$

Das entstandene Jod kann durch einen Überschuß des Reduktionsmittels weiter reduziert werden.

Wie die einzelnen in § 2 erwähnten Gase in einem Gemisch zu erkennen sind, das überschreitet schon die Grenze der Vorprobe, und es muß auf den systematischen Analysengang zum Auffinden von Anionen verwiesen werden.

III. Lösungsversuche mit verdünnter Salpetersäure. Verdünnte Salpetersäure wird in den Vorproben zum Erkennen der einzelnen Bestandteile nur wenig gebraucht. So liefert sie z. B. beim Erwärmen mit *Rhodaniden* eine vorübergehende *rote* Färbung, dann tritt lebhafte Gasentwicklung ein, wobei das Rhodanion unter Bildung von Schwefelsäure vollständig zerstört wird.

Als Lösungsmittel dient Salpetersäure dagegen häufig. Das Auftreten von Stickoxyden in solchen Fällen deutet auf das Vorhandensein reduzierender Stoffe hin, insbesondere auf einige unedle *freie Metalle*, hauptsächlich Zink, Magnesium u. a.

§ 3. Einwirkung von reiner konzentrierter Schwefelsäure allein oder in Gegenwart von Alkohol und von Eisen(II)-sulfat.

I. Einwirkung von konzentrierter Schwefelsäure. In vielen Fällen wird auch diese Probe über die Natur der zu untersuchenden Substanz einigen Aufschluß geben. Es treten hierbei fast alle schon im § 2 erwähnten Erscheinungen ein, einige treten aber hinzu. Um die unterschiedlichen Wirkungen der verdünnten und konzentrierten Schwefelsäure kennenzulernen, werden zu einer geringen Menge der zerriebenen Analysensubstanz einige Tropfen verdünnter Säure hinzugegeben, bis keine wahrnehmbare Wirkung mehr stattfindet. Dann fügt man vorsichtig tropfenweise 1 bis 2 ml, manchmal auch mehr, konzentrierter Säure hinzu. Meist erfolgt hierbei eine ziemlich starke Wärmeentwicklung. Man beobachte gleichzeitig, ob die Flüssigkeit nicht *gelb* oder *orangerot* wird. Ist das der Fall, so sind möglicherweise chlorsaure Salze zugegen; beim weiteren Erwärmen ist deshalb größte Vorsicht geboten, um der explosionsartigen Zersetzung des *Chlordioxyds* vorzubeugen. Tritt keine Gelbfärbung ein, so kann mehr Säure hinzugefügt und auch erwärmt werden (jedoch nicht bis zum Siedepunkt der Schwefelsäure 330°, da hierbei Dämpfe mit stechendem Geruch auftreten und als Anlaß zu Verwechslungen dienen könnten). Dabei kann sich eine Menge von Gasen und Dämpfen entwickeln, die einzeln an ihrer Farbe, ihrem Geruch und ihrem chemischen Verhalten erkannt werden können.

1. Sind *die entweichenden Gase farb- und geruchlos,* so bestehen sie hauptsächlich aus *Kohlenmonoxyd, Kohlenoxysulfid, Kohlendioxyd* oder allen drei gleichzeitig. Auch die in § 2, II, 1 erwähnten Gase sind dabei nicht ausgeschlossen.

Entweichendes *Kohlenmonoxyd* CO (sehr giftig!) verbrennt mit blauer Farbe zu Kohlendioxyd und *schwärzt* einen mit einer Lösung von Wasserstoffpalladium(II)-chlorid befeuchteten Filtrierpapierstreifen unter Abscheidung von *metallischem* Palladium:

$$[PdCl_4]^{--} + CO + H_2O \rightarrow Pd + CO_2 + 4Cl^- + 2H^{\cdot}.$$

Desgleichen erfolgt eine Schwärzung beim Einleiten des Gases in eine ammoniakalische Silbernitratlösung:

$$2[Ag(NH_3)_2]^{\cdot} + CO + 3H_2O \rightarrow 2Ag + CO_2 + 4NH_4^{\cdot} + 2(OH)^-.$$

Kohlenoxyd kann sich unter den Umständen der Schwefelsäureprobe aus *Formiaten, Oxalaten* und anderen organischen Verbindungen entwickeln, wobei meistens ein Aufschäumen stattfindet. Den gebildeten freien Säuren entzieht die konzentrierte Schwefelsäure das Wasser unter Zersetzung:

$$HCOOH \rightarrow CO + H_2O$$

$$(COOH)_2 \rightarrow CO + CO_2 + H_2O.$$

Aus Citronensäure entweicht unter Gelbfärbung der Flüssigkeit ebenfalls Kohlenoxyd. Über den Nachweis des entstehenden Kohlendioxyds s. S. 11. Auch Cyanide und Eisen(III)-cyanide können in der Probe vorhanden sein:

$$Fe(CN)_2 + 2H_2SO_4 + 2H_2O \rightarrow 2CO + (NH_4)_2SO_4 + FeSO_4$$

$$K_4[Fe(CN)_6] + 6H_2SO_4 + 6H_2O \rightarrow 6CO + 3(NH_4)_2SO_4 + FeSO_4 + 2K_2SO_4.$$

Entstehendes *Kohlenoxysulfid* COS ist daran zu erkennen, daß das ursprünglich geruch- und farblose Gas beim Verbrennen SO_2 und CO_2 entwickelt:

$$2COS + 3O_2 \rightarrow 2CO_2 + 2SO_2.$$

COS entsteht beim Einwirken von fast konzentrierter Schwefelsäure auf vorhandene *Rhodanide*:

$$KCNS + H_2SO_4 + H_2O \rightarrow COS + NH_4KSO_4.$$

Meistens ist aber das entweichende COS, wenn ganz konzentrierte Säure gebraucht wird, durch Schwefeldioxyd und Schwefelkohlenstoff verunreinigt. Letzterer kann in Alkohol aufgefangen und nach Feigl durch die Natriumacid-Jodkalium-Reaktion nachgewiesen werden (s. S. 14).

2. Sind die entwickelten *Gase* und *Dämpfe farblos* und durch einen *charakteristischen Geruch* ausgezeichnet, so bestehen sie aus *Chlorwasserstoff, Fluorwasserstoff* (auch *Siliciumtetrafluorid*) und *Schwefeldioxyd.* Dabei sind natürlich die Gase nach Punkt 1 nicht ausgeschlossen.

Chlorwasserstoff, HCl, ist ein an Luft und besonders in Gegenwart von Ammoniak stark rauchendes Gas mit eigentümlich stechendem Geruch, rötet blaues Lackmuspapier, ist leicht löslich in Wasser (Salzsäure). Ein mit Silbernitrat befeuchteter Glasstab überzieht sich mit einem weißen Niederschlag von AgCl, wenn man den Stab in die HCl-haltigen Dämpfe am Ende des Probierröhrchens hält. Der Niederschlag löst sich leicht schon in verdünntem Ammoniak:

$$AgCl + 2NH_3 \rightarrow [Ag(NH_3)_2]Cl.$$

Das Auftreten von Chlorwasserstoff ist mit der Anwesenheit von *Chloriden* in der Analyse verbunden, denn konzentrierte Schwefelsäure zersetzt *alle Metallchloride* mit Ausnahme des Quecksilber(I)- und Quecksilber(II)-chlorids.

Fluorwasserstoff, HF, ist oberhalb 20° ein farbloses, an der Luft rauchendes, stark ätzend wirkendes und daher sehr giftiges Gas, leicht löslich in Wasser (Flußsäure). Da der Fluorwasserstoff alle Silicate und auch Glas angreift (die Glasoberfläche wird matt), so dient die sogenannte Ätzprobe nach DANIEL zum Nachweis von Fluorwasserstoff:

a) Man übergießt in einem Platin- oder Bleitiegel die fein zerriebene Analysensubstanz mit konzentrierter Schwefelsäure und verrührt die Mischung zu einem dünnen Brei. Der Tiegel wird dann mit einem Uhrglase bedeckt, das mit einer Wachs- oder Paraffinschicht überzogen ist, und in die einige Schriftzeichen, ohne das Glas zu verletzen, eingeritzt sind. Der überdeckte Tiegel bleibt einige Zeit kalt stehen und wird dann ganz gelinde erwärmt, jedoch *nicht* so hoch, daß die Überzugsschicht zu schmelzen beginnt. Enthielt die Probesubstanz Fluoride, so erscheinen nach Wegnahme des Wachses (durch schwaches Erwärmen des Uhrglases und Abreiben der flüssig gewordenen Schicht mit einem Tuch oder mit Filtrierpapier) die aufgetragenen Schriftzeichen in das Glas *eingeätzt*, da das HF mit dem SiO_2 des Glases reagiert:

$$CaF_2 + H_2SO_4 \rightarrow 2\,HF + CaSO_4$$
$$SiO_2 + 4\,HF \rightarrow SiF_4 + 2\,H_2O.$$

Sind aber in der Probe auch Silicate in größeren Mengen vorhanden, so entweicht aus dem Tiegel nach obiger Reaktion nicht HF, sondern ein anderes farbloses Gas, *Siliciumtetrafluorid*, SiF_4; ist wenig Silicat zugegen, z. B. wenn man die Reaktion in Glasgefäßen durchführt, so entsteht auch *Kieselfluorwasserstoffsäure*:

$$SiO_2 + 6\,HF \rightarrow H_2SiF_6 + 2\,H_2O.$$

Wird somit durch die entweichenden Gase das Uhrglas nicht angegriffen, SiH_4 reagiert nicht mit SiO_2, so führt man die Siliciumtetrafluoridprobe durch:

b) Man erhitzt ein Gemisch des trocknen Analysenmaterials mit Sand in einem Reagensglase mit einigen ml konzentrierter Schwefelsäure und senkt in dieses einen Glasstab, dessen Ende schwarz lackiert ist, und an dem ein Wassertropfen hängt, so hinein, daß die sich entwickelnden Dämpfe mit dem Tropfen in Berührung kommen; statt dessen kann man die Dämpfe auch in ein weiteres, innen *angefeuchtetes* Reagensglas übertreten lassen (AUTENRIETH-ROJAHN). Ist die Analysensubstanz *fluorhaltig*, so trübt sich der Wassertropfen, oder er erstarrt zu einer Gallerte, oder es bedeckt sich das Reagensglas an den angefeuchteten Stellen mit einer Schicht gallertartiger Kieselsäure, da das entweichende Siliciumtetrafluorid mit Wasser $H_2[SiF_6]$ bildet:

$$3\,SiF_4 + 3\,H_2O \rightarrow H_2SiO_3 + 2\,H_2[SiF_6].$$

An Stelle der Proben nach a) und b) kann auch das folgende, etwas modifizierte Verfahren zum Nachweis von HF und Si (SiF_4) angewendet werden: Man verwendet statt des Glasstabes mit schwarzlackiertem Ende oder des von innen feuchten Probierrohres ein schwarzes, angefeuchtetes Filtrierpapier (Lieferfirma Schleicher & Schüll); dieses wird auf den Bleitiegel, der mit einem durchlochten Bleideckel verschlossen ist, gelegt und darauf noch feuchtes, zusammengefaltetes, gewöhnliches Filtrierpapier (zur Verhinderung des Eintrocknens des schwarzen). Erscheint auf dem schwarzen Papier gegenüber der Öffnung, nachdem man den Tiegel einige Minuten lang gelinde erhitzt hat, eine weißliche Abscheidung, so zeigt das die Anwesenheit von Kiesel- bzw. Flußsäure an (W. BILTZ). Störend könnte nur Borsäure wirken, wenn sie in größeren Mengen vorhanden ist, kann aber leicht erkannt werden.

Der positive Ausfall beider Proben zeigt *Fluoride* in der Probe an. Gelingt diese Probe auch ohne Sand, sie muß in diesem Fall aber im Platin- oder Bleitiegel durchgeführt werden, so sind im Analysenmaterial außerdem noch Silicate bzw. SiO_2 vorhanden.

Wird *Schwefeldioxyd* ohne Ausscheidung von Schwefel nachgewiesen (s. S. 12) und erfolgte beim Übergießen der Substanz mit *verdünnter* Schwefelsäure keine SO_2-Entwicklung, so ist das Entstehen des Gases aus der Schwefelsäure selbst durch das Vorhandensein reduzierender Stoffe, wie *Kohle, nichtflüchtiger organischer Verbindungen, Metalle, Sulfide, Schwefel, Natriumhypophosphit* u. a. zu erklären. Sulfide und Hypophosphite reagieren ebenfalls mit gleichzeitiger Schwefelabscheidung.

3. Besitzen die entweichenden Gase oder Dämpfe *einen Geruch* und sind zudem noch *gefärbt*, so können sie aus verschiedenen Gemischen von *Chlordioxyd, Chlor, Brom* (Bromwasserstoff), *Jod, Stickstoffdioxyd, Chromylchlorid* und *Manganheptoxyd* oder den einzelnen Dämpfen bestehen.

Färbt sich eine kleine Menge der Analysensubstanz beim Zusatz eines Tropfens konzentrierter Schwefelsäure gelblich, so kann sich *Chlordioxyd* gebildet haben. Man muß deshalb das Vorhandensein dieses Gases feststellen. Das geschieht, indem man die Mischung mit heißem Kupferdraht von oben im Probiergläschen berührt oder die Probe weiter erwärmt: erfolgt Explosion, so ist ClO_2 anwesend. Das Gas bildet sich aus *Chloraten*, die folglich in der Analyse anwesend sein müssen:

$$3KClO_3 + 3H_2SO_4 \rightarrow 2ClO_2 + HClO_4 + 3KHSO_4 + H_2O.$$

Auch im Falle des Auftretens *violetter* Dämpfe ist Vorsicht geboten, da das violett gefärbte Mangan(VII)-oxyd, von trocknen *Permanganaten* stammend, ebenfalls unter Zersetzung in Mangan(IV)-oxyd und Sauerstoff explodieren kann. Durch Anwesenheit organischer Substanzen wird die Zersetzung sehr gefördert.

Sind somit Chlorate und Permanganate *nicht* anwesend, so darf man größere Mengen der Substanz mit konzentrierter Schwefelsäure übergießen und auf höhere Temperaturen erwärmen.

Entweicht dabei *Chlor*, so ist damit auf die Anwesenheit von *Chloriden* und *oxydierenden Substanzen* hingewiesen.

Dasselbe bezieht sich auch auf die braunen Dämpfe des *Broms*. Die Entwicklung von Brom kann aber auch *ohne* die Anwesenheit von oxydierenden Stoffen erfolgen, da die konzentrierte Schwefelsäure in der Wärme selbst als Oxydationsmittel wirkt:

$$KBr + H_2SO_4 \rightarrow HBr + KHSO_4$$

$$2HBr + H_2SO_4 \rightarrow Br_2 + SO_2 + 2H_2O.$$

Hier tritt neben Brom auch stets Bromwasserstoff auf. Durch Zersetzung von *Bromaten* erscheint ebenfalls Brom:

$$4KBrO_3 + 4H_2SO_4 \rightarrow 2Br_2 + 5O_2 + 4KHSO_4 + 2H_2O.$$

Die Bildung violetter Dämpfe des *Jods* (Nachweis s. S. 17) deutet stets auf die Anwesenheit von Jodiden hin. Es brauchen hierbei durchaus nicht, ebenso wie im Falle des Broms, Oxydationsmittel zugegen zu sein, da der entstandene Jodwasserstoff die Schwefelsäure bis zu SO_2, S und sogar H_2S reduziert. Diese treten deshalb meist gleichzeitig mit den Joddämpfen auf.

Erscheinen im Probierglase *gelbbraune* bis *rotbraune* Dämpfe, so hat man es mit *Stickoxyden* zu tun (s. S. 15). Der Unterschied der Farbe gegenüber Br_2-Dämpfen ist allerdings gering, ein Unterschied besteht aber im Geruch. Stickoxyde entwickeln sich, wenn in der Analysensubstanz *Nitrate* und *Nitrite* zugegen sind.

Ist das Auftreten von Stickoxyden beim Einwirken von verdünnter Schwefelsäure *nicht* beobachtet worden, so ist die Anwesenheit von Nitriten wenig wahrscheinlich.

Rotbraune Dämpfe können auch dem *Chromylchlorid* angehören. Diese Verbindung kann nachgewiesen werden, indem man die Dämpfe in eine NaOH-Lösung leitet und mit dieser die Wasserstoffperoxydreaktion auf Chrom ausführt (s. S. 24). CrO_2Cl_2 bildet sich dann, wenn trockne Alkalichromate oder andere Chromate zusammen mit Chloriden in der Probe vorhanden sind:

$$K_2Cr_2O_7 + H_2SO_4 \rightarrow K_2SO_4 + 2CrO_3 + H_2O$$
$$4H_2SO_4 + 4NaCl \rightarrow 4NaHSO_4 + 4HCl$$
$$2CrO_3 + 4HCl \rightarrow 2CrO_2Cl_2 + 2H_2O.$$

Kann somit Chrom auf die genannte Weise nachgewiesen werden, so sind gleichzeitig *Chromate* und *Chloride* vorhanden.

4. Entwickelt sich beim Einwirken von konzentrierter Schwefelsäure auch beim Erwärmen *kein Gas* oder *kein Dampf*, so können in der vorliegenden Substanz noch vorhanden sein: *Sulfate* (s. S. 57), *Phosphate* (s. S. 57), *Borate* (s. S. 21), *Arsenate* (s. S. 57), *Silicate* (s. S. 19) und andere beständige Verbindungen in höchster Oxydationsstufe, so daß sie nicht mehr imstande sind, die Schwefelsäure zu reduzieren.

II. Einwirkung von konzentrierter Schwefelsäure in Gegenwart von Alkohol. Das Vorhandensein von Acetaten und Boraten kann zwar auch auf andere Weise genügend sicher nachgewiesen werden, doch wird in vielen Fällen noch der Nachweis von ***Essigsäure***, besonders aber der von ***Borsäure*** mit konzentrierter Schwefelsäure und Alkohol durchgeführt.

Setzt man zur Mischung einer Analysenprobe mit konzentrierter Schwefelsäure einige Tropfen Alkohol hinzu und erwärmt gelinde, so entwickelt sich Essigsäureäthylester, erkennbar an seinem angenehmen obstartigen Geruch, falls in der Probe *Acetate* vorhanden sind:

$$CH_3COOH + C_2H_5OH \rightarrow CH_3 \cdot COO \cdot C_2H_5 + H_2O.$$

Die ganz ähnliche Reaktion auf Borsäure beruht darauf, daß die leicht flüchtigen *Borsäuremethylester* mit *grüner Farbe* verbrennen (Th. Rosenbladt). Der Nachweis kann am besten folgendermaßen geführt werden: a) nach A. Gutbier. Man rührt die feingepulverte Analysensubstanz in einer Porzellanschale mit etwa 10 ml Methylalkohol an und fügt dem Gemische etwa 10 Tropfen konzentrierter Schwefelsäure hinzu. Zündet man hierauf die Flüssigkeit an, so erhält man, namentlich beim Umrühren des Schaleninhalts, eine deutlich *grün umsäumte Flamme.* b) Bei kleinen Borsäuremengen kann dieselbe Probe nach W. Stahl empfindlicher gestaltet werden: Führt man die Esterdämpfe mit Hilfe eines Luftstromes und des Apparates der Abb. 6 in eine entleuchtete Gasflamme hinein, oder nähert man vorsichtig die Flamme dem Austrittsrohr der Dämpfe, so färbt sich die Flamme oder deren Rand grün. Zur Ausführung der Reaktion benutzt man eine Mischung, bestehend aus 83 ml hochprozentigen Methylalkohols und 17 ml Schwefelsäure. Etwas von der Analysensubstanz wird ins Röhrchen der Abb. 6 getan, 5 ml der Mischung werden hinzugefügt, einige Zeit wird gewartet und geschüttelt, dann gelinde erwärmt und der Luftstrom hineingelassen.

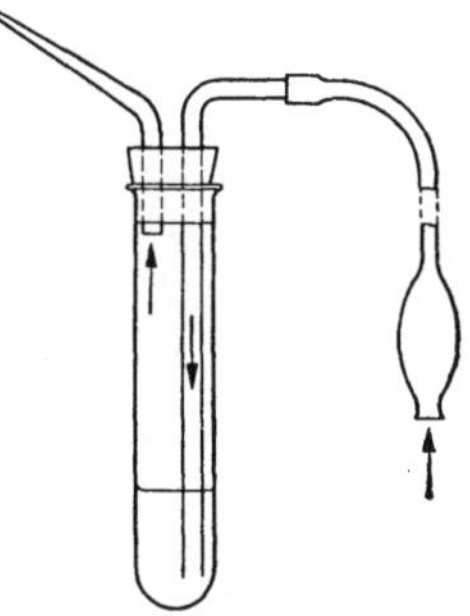

Abb. 6. Apparat zum Nachweis von Borsäure.

Während die Grünfärbung der Flamme unter a) außer durch Borsäure noch durch *Bariumsalze, Kupfersalze* und *Chloride* (s. S. 49) hervorgerufen wird (Alkylchloride brennen ebenfalls mit grün umsäumter Flamme), so ist die Probe unter b) vollständig eindeutig. Erscheint hier eine grüne Färbung, so ist auf Anwesenheit von *Borsäure* oder auf die *Alkali-* oder *Erdalkalisalze* dieser Säure zu schließen.

III. Einwirkung von konzentrierter Schwefelsäure in Gegenwart von Eisen(II)-sulfat. Diese Probe wird durchgeführt, um die Analysenprobe auf etwa vorhandenes *Nitrat* (oder *Nitrit*) zu prüfen. Sie beruht darauf, daß ein Teil des verwendeten Eisen(II)-sulfats die durch die Schwefelsäure ausgeschiedene Salpetersäure zu NO reduziert:

$$2\,HNO_3 + 6\,FeSO_4 + 3\,H_2SO_4 = 2\,NO + 3\,Fe_2(SO_4)_3 + 4\,H_2O\,.$$

Das Gas löst sich dann unmittelbar im überschüssigen Ferrosulfat mit *tiefbrauner* Farbe, eine unbeständige Verbindung [Fe (NO) SO_4] bildend. Die Probe wird am zweckmäßigsten folgendermaßen durchgeführt: Eine frisch bereitete kalte Eisen(II)-sulfatlösung wird mit der konzentrierten Lösung der Analysensubstanz gemischt (denn alle Nitrate mit Ausnahme einiger basischer Salze, z. B. des Wismuts, lösen sich in Wasser), das Probierröhrchen etwas geneigt und dann vorsichtig mit konzentrierter, reiner Schwefelsäure unterschichtet, indem man letztere längs der inneren Wand des Röhrchens langsam einfließen läßt. In Gegenwart von *Nitrat* oder *Salpetersäure* bildet sich an der Berührungsstelle beider Flüssigkeiten eine *braune Schicht.* Ist die Menge der Nitrate gering, so ist die Zwischenschicht nur *rötlich* gefärbt. Beim Erwärmen zersetzt sich diese NO-Eisensulfatverbindung, und die Farbe verschwindet.

Dieselbe Reaktion liefern auch *Nitrite.* Zum Unterschied färbt sich jedoch beim Unterschichten die ganze überstehende Eisen(II)-sulfatlösung braun, und die Reaktion kann auch durch *verdünnte Schwefelsäure* hervorgerufen werden. Liefert somit verdünnte Schwefelsäure keine Färbung des Eisen(II)-sulfats, tritt aber eine braungefärbte Schicht beim Gebrauch konzentrierter Säure auf, so hat man es mit Salpetersäure oder *Nitraten* zu tun. Sind Nitrite zugegen, so lassen sich auch immer Nitrate (entstanden durch Oxydation oder Zersetzung der Nitrite), wenn auch in geringen Mengen, nachweisen.

Die Sicherheit des Nitratnachweises durch die Eisen(II)-sulfatreaktion wird beeinträchtigt von Eisen(II)- und Eisen(III)-cyaniden (Bildung blauer Niederschläge), Chromaten (Grünfärbung), Jodiden, Bromiden (Ausscheidung von Br oder J) und Chloraten (Bildung von ClO_2).

§ 4. Einwirkung von Natriumhydroxyd und Soda.

I. Einwirkung von Natriumhydroxyd. Auch eine verdünnte Lösung von NaOH läßt sich zur Ausführung von Vorproben benutzen. Zu diesem Zweck nimmt man 0,5 bis 1 ml der klaren Lösung der Substanz und fügt vorsichtig tropfenweise Natriumhydroxyd hinzu.

1. Entsteht dabei *kein Niederschlag,* so sind entweder *keine* Kationen vorhanden, oder nur solche, deren *Hydroxyde leicht löslich* sind, wie z. B. die Salze der Alkalimetalle, die des Bariums, Strontiums usw.

2. Entsteht beim Hinzufügen von NaOH ein *weißer Niederschlag,* der sich aber im überschüssigen Fällungsmittel leicht in der Kälte oder beim Erwärmen *auflöst,* so können außer den Kationen unter 1 noch die amphoterer Elemente (Chrom ausgenommen) vorhanden sein: $Be^{\cdot\cdot}$, $Zn^{\cdot\cdot}$, $Al^{\cdot\cdot\cdot}$, $Sn^{\cdot\cdot}$ und $Sn^{\cdot\cdot\cdot\cdot}$, $Pb^{\cdot\cdot}$, $Si^{\cdot\cdot\cdot\cdot}$, $Sb^{\cdot\cdot\cdot}$.

3. Wird das Entstehen eines *weißen Niederschlages* beobachtet, der sich aber im Überschuß des Fällungsmittels nicht oder nur teilweise löst, so ist außer den genannten Möglichkeiten noch das Vorhandensein von Kationen wahrscheinlich, die *weiße, in Laugen unlösliche Hydroxyde* bilden: $Mg^{\cdot\cdot}$, $Cd^{\cdot\cdot}$, $Bi^{\cdot\cdot\cdot}$.

4. Werden beim Einwirken mit NaOH farbige Oxyde oder Hydroxyde gefällt, so ist die Probe kaum zum Erkennen von Kationen zu gebrauchen, soweit das entsprechende Element nicht direkt durch die Farbe der Fällung erkannt werden kann, da ja viele Elemente zugegen sein können.

5. Auch die Gase, die beim Einwirken von NaOH auf eine *trockne* Analysenprobe (beim Erwärmen) entstehen, sollen untersucht werden. Das Auftreten von Ammoniak deutet dabei auf das Vorhandensein von Ammoniumsalzen hin (s. S. 27). Auch manche andere organische Basen verflüchtigen sich bei dieser Probe (Methylamin, Pyridin usw.).

Kann zuletzt Wasserstoff nachgewiesen werden, so müssen in der Analyse in Basen lösliche Metalle (Zn, Al, Si, Legierung von Devarda) vorhanden sein, wenn die Gegenwart von Alkalimetallen ausgeschlossen ist.

Im Falle der Wasserstoffentwicklung kann entweichendes Ammoniak nicht nur aus Ammoniumsalzen, sondern auch aus *Nitraten* oder *Nitriten* entstehen:

$$NaNO_3 + 4Zn + 3NaOH + 6H_2O \rightarrow NH_3 + 4Na[Zn(OH)_3].$$

Letztere Reaktion kann somit zum Erkennen von *Nitraten* verwandt werden, wenn in der Analyse weder reduzierende Metalle noch Ammoniak vorhanden sind. Zu diesem Zweck fügt man zu einer Messerspitze der Analysensubstanz etwa zweimal so viel Devarda-Legierung hinzu, übergießt mit NaOH und prüft auf Ammoniak.

II. Prüfung auf Cyanverbindungen und Rhodanide. Zur Prüfung auf die genannten und andere Anionen wird meistens nach Abschluß der Kationenanalyse ein Sodaauszug hergestellt; doch läßt sich schon an dieser Stelle die Prüfung auf Eisen(II)-, Eisen(III)-cyanide, Cyanide und Rhodanide durch weitere Ausnutzung der eben erhaltenen Reaktionsprodukte anschließen. Die Prüfung ist auch deswegen notwendig, weil die genannten Anionen den regelmäßigen Analysengang stören können.

Zu diesem Zweck wird das unter 1 erhaltene Reaktionsprodukt einige Zeit unter Ergänzung des verdampfenden Wassers mit NaOH, dem einige Tropfen gesättigter NaCl-Lösung zugefügt sind, in einer Prozellanschale weitergekocht. Dadurch werden die Anionen unlöslicher Verbindungen ganz oder teilweise in lösliche Na-Salze übergeführt:

$$Cu_2[Fe(CN)_6] + 4OH^- \rightarrow 2CuO + [Fe(CN_6)]^{----} + 2H_2O.$$

Dann verdünnt man etwas die Lösung, filtriert, neutralisiert sie mit HCl *sorgfältig*, filtriert nochmals, falls sich Niederschläge gebildet haben, und teilt das Filtrat in 4 Teile (Autenrieth-Gojahn).

1. *Prüfung auf Eisen(II)-cyanide.* Der erste Teil der Lösung wird mit HCl angesäuert und zur Hälfte davon eine frisch hergestellte Lösung von $FeCl_3$ hinzugefügt. Entstehender *blauer* Niederschlag zeigt *Eisen(II)-cyanide* an. Zur Kontrolle fügt man der anderen Hälfte Kupfer(II)-sulfat hinzu: es muß sich dann ein dunkelbrauner Niederschlag von $Cu_2[Fe(CN)_6]$ bilden.

2. *Prüfung auf Eisen(III)-cyanide.* Zum zweiten angesäuerten Teil der Lösung setzt man eine frisch hergestellte Eisen(II)-sulfatlösung hinzu; ein entstehender ebenfalls *blauer* Niederschlag zeigt Eisen(III)-cyanide an.

3. *Prüfung auf Cyanide.* Zum dritten Teil der Lösung tropft man Eisen(II)-sulfat, dann nach Umschwenken eine Eisen(III)-chloridlösung und säuert stark mit HCl an. *Blaufärbung* oder blauer Niederschlag zeigt *Cyanwasserstoff* an (s. S. 14), vorausgesetzt, daß nicht gleichzeitig Eisen(II)- und Eisen(III)-cyanide vorhanden sind.

4. *Prüfung* auf *Rhodanide.* Eisen(III)-chlorid ruft im mit HCl angesäuerten letzten Teil der Lösung eine *blutrote* Färbung hervor, die beim Schütteln mit Äther in diesen übergeht.

Befinden sich mehrere der genannten Anionen nebeneinander, so fällt deren Erkennen schon außerhalb der Vorproben.

Sind Verbindungen des *Quecksilbers* zugegen, so muß vor der Prüfung auf Cyanverbindungen der heiß bereitete wäßrige Auszug der Analysensubstanz durch Schwefelwasserstoff vom Hg befreit werden. Das Filtrat wird dann, wie schon beschrieben, auf Cyanverbindungen geprüft.

§ 5. Die Oxydationsschmelzprobe.

Die Oxydationsschmelzprobe wird durchgeführt, um die Analysensubstanz auf etwa vorhandene Verbindungen des *Chroms* und des *Mangans* zu prüfen. Die Probe wird ausgeführt, indem man etwas Analysensubstanz auf einem Platinblech (im Öhr eines Platindrahtes) oder einfach auf einer Porzellanscherbe (Magnesiastäbchen, -rinne) mit etwas Na-Carbonat oder Kaliumnitrat (auch Kaliumchlorat) auf einem Gebläse erhitzt. In diesem Fall reagieren alle Chrom- und Manganverbindungen unter Bildung von *gelben* Alkalichromaten und *grünen* Manganaten:

$$KNO_3 + MnO_3 + Na_2CO_3 \rightarrow Na_2MnO_4 + CO_2 + KNO_2.$$

Das Zusammenschmelzen kann auch auf Nickelblech mit Natriumperoxyd erfolgen:

$$Cr_2O_3 + 3\,Na_2O_2 \rightarrow 2\,Na_2CrO_4 + Na_2O.$$

Die erhaltene Schmelze wird in einem Probierröhrchen in Wasser gelöst und, falls die Lösung gelblich erscheint, mit Schwefelsäure angesäuert, mit einer Amylalkohol-Ätherlösung (1 : 20) überschichtet, und es werden einige Tropfen Wasserstoffperoxyd hinzugefügt. Färbt sich nach Umschütteln die Ätherschicht *blau* (Chromperoxyde), so ist damit Chrom sicher nachgewiesen.

Ähnliche Schmelzen werden auch in Gegenwart von Verbindungen anderer Elemente erhalten, die jedoch durch ihre Farbe vom Chromat unterschieden werden können und zudem die letztbeschriebenen Reaktionen *nicht* liefern: Uran (schwach gelbrot), Vanadin (fast farblos), Eisenoxyd (unlöslich, braunschwarz), Bleisalze (hellgelb).

Erscheint die Schmelze *grün*, so löst man sie ebenfalls in wenig Wasser auf und säuert mit Essigsäure an. Schlägt dabei die grüne Farbe in *Violett* um (Bildung von Permanganaten), wobei sich gleichzeitig ein brauner Niederschlag abscheidet, so sind Manganverbindungen in der Substanz vorhanden:

$$3\,MnO_4^{--} + 4\,H^{\cdot} \rightarrow 2\,MnO_4^{-} + MnO(OH)_2 + H_2O.$$

Die Probe erlaubt, geringe Mengen von Mangan mit Sicherheit zu erkennen.

Die grüne Lösung des Manganats kann auch Chromat enthalten, da dessen Farbe durch die des Manganates maskiert wird. Der Nachweis des Chromates durch die Wasserstoffperoxydreaktion wird aber durch anwesendes Manganat nicht gestört.

Schwefelhaltige Verbindungen (Na_2S) werden durch die Oxydationsschmelzprobe, besonders durch Na_2O_2, zu *Natriumsulfat* oxydiert. Dieses Anion kann durch das Entstehen eines weißen, unlöslichen Niederschlags nachgewiesen werden, wenn man zur Lösung etwas Bariumchloridlösung hinzufügt.

Durch die Oxydationsschmelzprobe können auch Molybdän, Wolfram, Vanadin, Niob und Titan nachgewiesen werden; doch erfordert das längeres Arbeiten, der Nachweis ist nicht ganz eindeutig und eignet sich deshalb nicht für Vorprüfungen.

§ 6. Die Kobaltnitratprobe.

Diese Probe wird gelegentlich verwandt, um Al, Zn und auch Mg nachzuweisen. Die Beweiskraft der Probe ist nicht überzeugend und kann nur bei Substanzen angewandt werden, die beim Glühen in der Oxydationsflamme eine vollkommen oder nahezu weiße Farbe besitzen. Durch Salze gefärbter Oxyde wird die Eindeutigkeit erheblich gestört. Die Probe führt man am besten aus, indem man einen Streifen Filtrierpapier in einer Platinspirale befestigt, mit der zu prüfenden Lösung, dann mit einer 10%igen Kobaltnitratlösung *befeuchtet* und zuletzt das Ganze in einer oxydierenden Bunsenflamme stark erhitzt. Ist die Asche des Papiers nach dem Erkalten *blau* gefärbt, so deutet das auf das Vorhandensein von Aluminaten oder *Aluminium* hin:

$$Al_2O_3 + CoO \rightarrow CoAl_2O_4 \quad \text{(Thénards Blau).}$$

Erscheint dagegen eine *Grünfärbung*, so ist eine *Zinkverbindung* (Rinmanns Grün) zugegen.

Bei der Probe muß ein Überschuß der Kobaltnitratlösung vermieden werden, da sich $Co(NO_3)_2$ beim Glühen zersetzt unter Ausscheidung von schwarzem Kobaltoxyd und dadurch die Farbe der Asche verdeckt. Ferner muß darauf geachtet werden, daß die zu erhitzenden Massen *unschmelzbar* sind, da alle geschmolzenen Gläser durch Kobalt blau gefärbt werden.

Auch mit fester Substanz kann die Probe durchgeführt werden, indem man jene zerreibt, mit der Kobaltlösung anrührt, den dünnen Brei auf Kohle streicht und erhitzt (Plattner). Statt der Kohle kann man auch Filtrierpapier in einer Platinspirale mit der gepulverten Substanz beschicken, mit verdünnter Salpetersäure befeuchten und erwärmen, damit sich die Substanz womöglich löst und ins Papier sickert. Nach Befeuchten mit Kobaltnitratlösung wird erhitzt. Die Masse nimmt nun nach Abkühlung, je nachdem, welche Metalloxyde geglüht wurden, folgende Färbungen an (nach Kolbeck-Plattner):

a) braunrot von BaO,
b) fleischrot von MgO, Ta_2O_5,
c) violett von $ZrO_2(GeO_2)$, auch von Boraten, Phosphaten und Arsenaten des Magnesiums,
d) blau von Al_2O_3 (SiO_2, GeO_2),
e) grün von ZnO, TiO_2, Sb_2O_5 (schmutzig bläulichgrün),
f) grau von SrO, CaO, (BaO).

In Gegenwart anderer Oxyde erhält man gewöhnlich eine graue bis schwarze Masse.

§ 7. Die Glührohrprobe.

Diese Probe wird unternommen, um das Verhalten der festen Analysensubstanz beim Erwärmen zu studieren. Man unterscheidet hierbei zwei Fälle: das Erhitzen bei geringem Luftzutritt, also fast ohne Oxydation, und das Erhitzen bei vollem Luftzutritt in offenem Rohr.

Die Glührohrprobe erlaubt folgende Feststellungen über das Verhalten der Substanz zu machen: Es werden beobachtet und notiert

1. Änderungen im Aggregatzustande und im äußeren Ansehen der Substanz, wie z. B. Schmelzen, Dekrepitieren, Luminescenz, Feuererscheinung, Farbenänderung usw.

2. Entwicklung von Gasen, wie SO_2, NH_3, HF, CO_2, O_2 u. a.

3. Bildung von Sublimaten und Niederschlägen im oberen Teil des Glühröhrchens.

Außerdem können im Glühröhrchen noch spezielle Proben unternommen werden.

I. Erhitzen der Analysensubstanz in einseitig geschlossenem Glasrohr.

Dazu verwendet man Glühröhrchen, Röhrchen aus schwerschmelzbarem Glas, 7 bis 8 cm lang, 5 bis 8 mm weit, mit einer geringen Erweiterung am abgeschmolzenen Ende (Abb. 7). Die Röhrchen müssen vor dem Gebrauch *sorgfältig gereinigt* und *getrocknet* werden, damit die Probe, von der man eine kleine Messerspitze voll einbringt, nicht an den Wandungen anklebt und dadurch die Beobachtungen stört. Das Einfüllen der fein gepulverten Substanz kann auch geschehen, indem man diese auf ein glattes in der Mitte gefaltetes Papier streut und dann die Substanz längs der Falte vorsichtig ins Röhrchen schüttelt. Beim Arbeiten werden die Glühröhrchen fast horizontal gehalten, und man beginnt das Glühen des unteren Teiles, wo sich die Substanz befindet, zunächst mit ganz kleiner Flamme. Die Temperatur darf nur ganz allmählich gesteigert werden, damit alle sich vollziehenden Veränderungen bequem beobachtet werden können. Treten schließlich keine neuen Erscheinungen mehr auf, so kann zuletzt sogar auf dem Gebläse erhitzt werden.

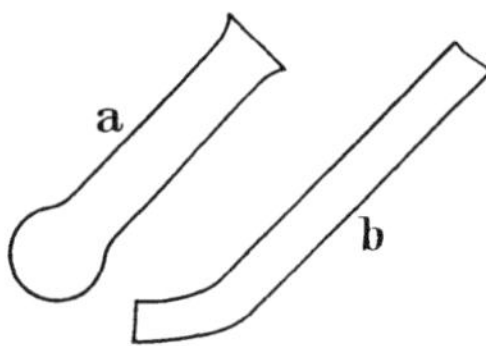

Abb. 7 a u. b. Glühröhrchen a) geschlossenes, b) offenes

An der erhitzten festen Analysensubstanz können nun nach und nach folgende Beobachtungen gemacht und Schlüsse über die Anwesenheit entsprechender Elemente und Verbindungen gezogen werden:

1. Die Substanz bleibt unverändert, ohne zu schmelzen. Es sind dann in der Substanz möglicherweise vorhanden: Viele Silicate, Oxyde der alkalischen Erden und der Erdmetalle, viele ihrer Salze, wie $BaSO_4$. Als ausgeschlossen gelten alle flüchtigen Stoffe, organische Verbindungen und solche, deren Erhitzen mit Farbänderungen verbunden ist.

2. Die Substanz schmilzt, ohne ihre Farbe zu ändern: Vorhanden sind dann verschiedene Salze, auch die der Alkalimetalle. Es ist in Betracht zu ziehen, daß viele Salze beim Erhitzen sich in ihrem eigenen Kristallwasser lösen. Erst beim weiteren Erhitzen verdampft das Wasser, und man erhält die wasserfreie, feste Verbindung (z. B. $Na_2SO_4 \cdot 10\, H_2O$).

3. Die Substanz erleidet eine vorübergehende oder bleibende Farbenveränderung. Viele Oxyde besitzen erhitzt eine andere Farbe als bei Zimmertemperatur: ZnO und manche Zinksalze sind gelb in der Hitze, weiß in der Kälte; PbO und manche Bleisalze gelb bis gelbbraun und gelblich bis weiß; Bi_2O_3 und manche Wismutsalze orange bis rotbraun und hellgelb; Fe_2O_3 und manche Salze rot bis schwarz und rötlich-braun; SnO_2 braun und hellgelb; Chromate sind in der Hitze dunkler als bei Zimmertemperatur. Die Alkalirhodanide schmelzen und färben sich beim Erhitzen zuerst gelb, dann braun, grün und schließlich blau. Die Schmelze erstarrt zu einer weißen Masse.

Eine *bleibende Färbung* tritt ein, wenn die Verbindungen sich unter Abgabe von Gasen und Dämpfen *zersetzen*. Hierher gehören vor allem die Carbonate, Nitrate, Hydroxyde der Schwermetalle. Die entsprechenden Kupfersalze werden schwarz, Bleisalze gelb, Quecksilbersalze rotbraun, Cadmiumsalze braun usw.

Zersetzt sich die Substanz unter *Schwärzung* und gleichzeitiger Abgabe von Dämpfen mit *brenzligem* Geruch, so sind verschiedene organische Verbindungen zugegen, wie Weinsäure, Malonsäure usw. Der schwarze Rückstand verbrennt in diesem Fall auf einem Platinblech, mit Alkalinitrat oder -chlorat gemischt, unter lebhaftem Erglühen.

4. Die Substanz gibt Wasser ab, das sich an den kühleren Wänden des Röhrchens in feineren oder gröberen Tröpfchen kondensiert. Ist in der Verbindung wenig Wasser vorhanden, so werden die kälteren Stellen nur matt (anhaftende

Feuchtigkeit, Spuren von Wasser, Adsorptionswasser). *Dekrepitiert* die Substanz, so hat man es mit NaCl zu tun; durch Verreiben des Salzes kann die Erscheinung vermieden werden. Größere abgegebene Wassermengen deuten auf *kristallwasserhaltige* Salze hin, z. B. $CuSO_4 \cdot 5\,H_2O$, manche *Ammoniumsalze* (NH_4NO_2, NH_4NO_3), Oxalsäure und andere organische Stoffe (s. auch Punkt 2).

Da zugleich mit der Wasserabgabe auch eine Zersetzung des Analysenmaterials eintreten kann, so sind die Wassertröpfchen auf *saure* oder *basische* Reaktion sorgfältig zu prüfen. Reagiert das Wasser sauer, so sind leicht zersetzliche Salze flüchtiger Säuren anwesend, z. B. $AlCl_3 \cdot 6\,H_2O$, da sie hydrolysieren und in der Wärme HCl abspalten. Reagiert das Wasser basisch, so hat eine Zersetzung von Ammoniumverbindungen unter Abspaltung von Ammoniak stattgefunden:

$$NH_4H_2PO_4 \rightarrow HPO_3 + NH_3 + H_2O.$$

5. Die Substanz sublimiert vollständig. a) *Das Sublimat ist weiß.* Die Tatsache deutet vor allem auf das Vorhandensein von Ammoniumverbindungen hin. Ob sie tatsächlich vorhanden sind, läßt sich auch durch andere Proben feststellen (s. S. 23).

Ein weißes Sublimat liefern ferner Quecksilber(I)- und Quecksilber(II)-chlorid. Welches von den Salzen vorliegt, kann durch Betupfen mit NaOH entschieden werden: wird das Sublimat dabei schwarz, so ist Hg_2Cl_2 zugegen (Ausscheidung von Hg und HgO), wird es aber gelb bis gelbrot (HgO), so hat man es mit $HgCl_2$ zu tun.

Auch Arsen(III)-oxyd kann als solches sublimieren, oder es kann sich auch aus dem geschmolzenen Arsen(V)-oxyd bilden. Durch Einwirken von starker HCl und dann von H_2S auf Sublimat wird es gelb, falls As_2O_3 zugegen ist.

Zur weiteren Prüfung auf die genannten Verbindungen kann das Glühen in Gegenwart einer etwa 3fachen Menge kalzinierter Soda (mit der Probe innig gemischt) vorgenommen werden: im ersten Fall entwickelt sich *Ammoniak*, im zweiten erfolgt die Bildung eines grauen Anfluges von *Quecksilber* an den kühleren Stellen des Röhrchens und im dritten erscheint ein glänzend schwarzer *Arsenspiegel*, der sich leicht in Natriumhypochlorit löst:

$$2\,As + 5\,ClO^- + 3\,H_2O \rightarrow 2\,AsO_4^{---} + 6\,H^{\cdot} + 5\,Cl^-.$$

Es sublimiert natürlich noch eine Reihe anderer, seltenerer Verbindungen, wie MoO_3, OsO_4.

Selendioxyd liefert ein weißes, kristallin erscheinendes Sublimat, das oft durch rotes, elementares Selen umrahmt ist. Das Sublimat zerfließt in einem Tropfen Wasser.

b) *Das Sublimat ist gelb.* Schwefel, Schwefelverbindungen, Mineralien mit einem Überschuß von Schwefel (FeS_2, CuS) liefern einen Anflug, der in geschmolzenem Zustande als aus *gelbbraunen* und zähen Tröpfchen bestehend erscheint. Diese erstarren beim Abkühlen langsam zu einer gelben Masse unter Bewahrung der ursprünglichen Form.

Weiter liefern manche *Sulfide* als solche *gelbe* Sublimate, z. B. die Sulfide des Arsens, die auch durch ihre leichte Löslichkeit in Alkalilaugen erkannt werden können. Gelb sublimiert auch Quecksilber(II)-jodid. Beim Reiben des gelben Anfluges (Nadeln) mit einem Glasstab wird Rotfärbung beobachtet.

Ist in der Analysenprobe gelber oder roter Phosphor vorhanden, so sublimiert er beim Erhitzen und kondensiert sich an kälteren Wänden in gelblichen Tropfen. Die Dämpfe riechen stark und brennen an der Luft.

c) *Das Sublimat ist grau.* In der Probe sind in diesem Fall entweder Verbindungen, die sich beim Erhitzen in metallisches *Quecksilber* zersetzen [HgO, auch $Hg(CN)_2$], oder es ist freies Metall zugegen. Der Anflug besteht aus aneinandergereihten feinen

Quecksilbertröpfchen, die sich beim Reiben mit dem Glasstab zu größeren Kügelchen vereinigen lassen. Auch liefert *Arsen* graue bis schwarzgraue Sublimate.

d) *Das Sublimat ist schwarzgrau bis schwarz.* Anflüge dieser Art werden von anwesendem *Quecksilber*, *Arsen*, *Jod*, *Selen* erzeugt. Die ersten beiden können, wie schon beschrieben, erkannt werden, Jod liefert violette Dämpfe, Selen wird durch Reiben rot und verbreitet, bei Luftzutritt erhitzt, den Geruch nach faulem Rettich.

6. Die Substanz sublimiert vollständig unter Kondensation von Wasser. Vorhanden sind dann manche *Ammoniumverbindungen* und *Oxalsäure*, die beim vorsichtigen Erhitzen in weißen Nadeln sublimiert, bei stärkerem Glühen sich jedoch teilweise zersetzt, wobei sich das Wasser in Tropfen an den kälteren Stellen des Glührohres kondensiert:

$$H_2C_2O_4 \rightarrow CO + CO_2 + H_2O.$$

7. Die Substanz sublimiert schwer. Bei starkem Erhitzen sublimieren sehr viele Verbindungen teilweise auch ohne sich zu zersetzen. So liefern z. B. NaCl, Sb, Sb_2O_3 weiße, PbO gelbe, Cd graue bis schwarzgraue Sublimate. Wegen der großen Zahl von Möglichkeiten ist diese Probe für die Vorprüfung schwer zu gebrauchen.

8. Die Substanz zersetzt sich unter Entwicklung von Gasen und Dämpfen. a) *Die Gase sind farb- und geruchlos. Sauerstoff* entsteht beim Erhitzen sehr vieler *sauerstoffhaltiger* Verbindungen, vor allem aus Peroxyden (BaO_2), Oxyden edlerer Metalle (HgO, Ag_2O, CrO_3), Chloraten, Perchloraten, Bromaten, Jodaten, Nitraten, Permanganaten u. a. Auftretender Sauerstoff wird mit einem glimmenden Span nachgewiesen.

Kohlendioxyd entwickelt sich aus *Carbonaten* und *Bicarbonaten*, *Oxalaten*. Nachweis s. S. 11.

Kohlenoxyd entsteht aus *Formiaten* und *Oxalaten*; Nachweis s. S. 18.

Stickstoff entweicht aus *cyanhaltigen* Verbindungen, z. B. $K_4[Fe(CN)_6]$. Ammoniumbichromat zersetzt sich unter Feuererscheinung:

$$(NH_4)_2Cr_2O_7 \rightarrow N_2 + Cr_2O_3 + 4\,H_2O.$$

b) *Die Gase sind farblos, jedoch durch einen Geruch ausgezeichnet. Schwefeldioxyd* entsteht durch Zersetzung von *Bisulfiten*, *Thiosulfaten* und Gemischen, bestehend aus *Sulfiten* und *Sulfiden*. Alle sauren Gase bläuen Jodatstärkepapier; Nachweis des SO_2 s. S. 12.

Manche Fluoride, in Gegenwart von Wasser (Kristallwasser) erhitzt, entwickeln *Fluorwasserstoff*; das Reagensglas wird dabei stark angegriffen (s. S. 19). Auch HCl kann unter ähnlichen Umständen aus Chloriden entstehen.

Schwefelwasserstoff entweicht aus wasserhaltigen *Sulfiden*, Nachweis s. S. 14.

Essigsäure entwickelt sich aus Acetaten; Nachweis s. S. 57.

Dicyan (*Cyan*) entsteht durch Zersetzung von Cyaniden, nebenbei kann hier auch Stickstoff auftreten (s. beim N). Zündet man das entweichende Cyan an, so verbrennt es mit pfirsichblütenfarbiger Flamme, die von einem blauen Saum umgeben ist. Zwar ist Dicyan in reinem Zustande ein geruchloses Gas, ist aber unter den Umständen der Vorprobe mit Cyanwasserstoff verunreinigt (Nachweis s. S. 14).

Ammoniak bildet sich beim Zersetzen mancher Ammoniumverbindungen (s. S. 27, Nachweis s. S. 23). Ammoniakgeruch kann auch von feuchten Eisencyanverbindungen herrühren. Das *Ammoniumrhodanid* schmilzt beim Erwärmen und spaltet bei höherer Temperatur CS_2, H_2S und NH_3 ab. Die Erdalkalirhodanide entwickeln beim Glühen CS_2, N_2, SO_2 und $(CN)_2$; die Rhodanide der übrigen Metalle (Alkalirhodanide s. S. 24) ebenfalls CS_2, N_2, $(CN)_2$.

Phosphorwasserstoff scheidet sich beim Glühen von Hypophosphiten und Phosphiten aus:

$$2Ca(H_2PO_2)_2 \rightarrow 2PH_3 + Ca_2P_2O_7 + H_2O$$

$$8Na_2HPO_3 \rightarrow 2PH_3 + 4Na_3PO_4 + Na_4P_2O_7 + H_2O.$$

Weiße Dämpfe mit *brenzligem* (empyreumatischem) Geruch entwickeln sich aus *organischen* Verbindungen. Weinsäure und ihre Dämpfe verbreiten einen Geruch nach verbranntem Zucker (Karamelgeruch).

Knoblauchgeruch entsteht beim Erhitzen von Arsenverbindungen.

c) *Die Dämpfe sind gefärbt und durch einen Geruch ausgezeichnet. Gelbgrünes* Chlor entwickelt sich aus manchen Metallchloriden in höherer Oxydationsstufe:

$$PtCl_4 \rightarrow PtCl_2 + Cl_2.$$

Braune Brom- und *violette* Joddämpfe entstehen aus Bromiden und Jodiden in Gegenwart von Oxydationsmitteln, auch aus Jodaten und Perjodaten (ohne oxydierende Stoffe).

Erscheinen *gelbbraune* bis *rotbraune* Dämpfe, so sind Nitrate oder Nitrite von Schwermetallen oder beide gleichzeitig zugegen:

$$2Pb(NO_3)_2 \rightarrow 2PbO + 4NO_2 + O_2.$$

9. Prüfung des Glührückstandes. Es empfiehlt sich, den verbleibenden Glührückstand näher zu prüfen. Man notiert nicht nur dessen Farbe und Aussehen, sondern untersucht auch die Reaktion.

a) Ist die Reaktion *basisch*, so rührt das her von den Oxyden und den ganz oder teilweise zersetzten Carbonaten der Alkali- und Erdalkalimetalle, desgleichen von den zersetzten Salzen organischer Säuren derselben Metalle.

b) Sind *Kügelchen freier Metalle* zu sehen, so konnte die Reduktion nur stattfinden, wenn *Reduktionsmittel* in der Probe vorhanden sind, z. B. Kohle, KCN. Man versuche den Regulus zu isolieren, zu lösen und nach Eindampfen der Flüssigkeit auf Metalle zu untersuchen.

II. Erhitzen der Substanz in einem offenen Glasrohr.

Die Analysensubstanz, die man in geschlossenem Glasrohr geprüft hat, kann auch im offenen Rohr erhitzt werden, da hierdurch mehrere Bestandteile mit Sicherheit nachgewiesen werden können.

Im offenen Rohr wird die Substanz bei freiem vollem Luftzutritt erhitzt. Die Luft tritt durch das kurze Ende des Rohres ein (s. Abb. 7), streicht über die Probe, die sich am Knick befindet, und verläßt das Rohr durch das lange Ende, das gewissermaßen zur Beschleunigung des Luftzuges dient. Deshalb wird das Rohr beim Arbeiten fast senkrecht mit dem langen Ende nach oben mit Hilfe einer Klemme gehalten. Es kann auch in einem Stativ befestigt werden. Die fein gepulverte Substanz wird in die Krümmung des Rohres vorsichtig eingeführt. Dann beginnt man mit dem Erwärmen, indem man zuerst das reine Rohr oberhalb der Probe erhitzt und dann allmählich die Flamme senkt, die Probe selbst erwärmt und zuletzt die Flamme aufs Rohr gleich unterhalb der Probe richtet. Unter diesen Umständen wird die Reaktion bei gleichmäßigem Luftzug in einer optimal oxydierenden Atmosphäre durchgeführt. Um der Verstopfung des Rohres vorzubeugen, und um eine möglichst vollständige Oxydation zu erzielen, muß man stets mit kleinen Substanzmengen arbeiten.

Im allgemeinen werden bei dieser Probe dieselben Erscheinungen beobachtet und dieselben Gase entwickelt, wie schon unter I besprochen. Ein weißes, gelbes, graues oder schwarzes Sublimat liefern je nach Verbindung mehrere Elemente:

a) *Quecksilberhalogenide* sind sehr flüchtig und sublimieren als solche Quecksilberoxyde, -carbonate, -amalgame, das Sulfid usw. zersetzen sich unter Bildung eines grauen metallischen Sublimats (s. S. 27).

b) *Cadmium* liefert ein silberweißes metallisches Destillat, das in ein braunes Sublimat von Cadmiumoxyd übergeht.

c) *Arsen* und Arsenide, die so viel As enthalten, daß beim Erhitzen noch Arsen frei wird (z. B. natürliches Arsennickel und natürlicher Arsenkobalt), gehen in ein kristallines Sublimat von weißem As_2O_3 über, das sich, weil es sehr flüchtig ist, ziemlich weit von der Probe rings um das Glas ansetzt. Wendet man eine zu große Probe an, so kann es vorkommen, daß neben dem weißen Beschlag noch ein schwarzer von As oder zusammen ein grauer entsteht. Bei gleichzeitiger Anwesenheit von Schwefel ist bei starkem Erhitzen ein rotes oder gelbes Sublimat von Schwefelarsen zu beobachten.

d) Metallisches *Antimon*. Antimonreiche Legierungen, Antimonsulfid oder Sulfide anderer Metalle, die dieses enthalten, oxydieren sich und stoßen einen weißen Rauch aus, der anfangs aus Sb_2O_3 besteht, in starker Hitze aber und bei genügendem Luftzutritt in das Tetroxyd (nicht flüchtig und schwer schmelzbar) übergeht. Das Antimontrioxyd zieht sich in Gestalt eines weißen Rauches durch die ganze Glasröhre und setzt sich an die nach oben gewandte Seite der Röhre mit weißer Farbe an. Mitgerissenes Antimonsulfid färbt manche Stellen des weißen Beschlages rötlich oder bräunlich.

e) Auch *Wismut* verbrennt teilweise unter den Umständen der Probe und liefert einen dunkelbraunen Anflug von Wismut(III)-oxyd, der beim Erkalten eine gelbliche Farbe annimmt.

f) *Schwefel* entsteht aus schwefelreichen Sulfiden (s. S. 27), wenn man die Probe zu schnell und zu stark erhitzt oder zu viel von der Substanz verwandt hat; es entweicht SO_2.

g) *Selen*, Selenide und Substanzen, die Selen selbst nur in geringen Mengen enthalten, entwickeln im Rohr gasförmiges Selendioxyd, das den Geruch von verfaultem Rettich besitzt. In größeren Mengen vorhanden, setzt sich elementares Selen in der Nähe der Probe kristallinisch und stahlgrau ab, in weiterer Entfernung rot. Noch weiter scheidet sich das sehr flüchtige Selendioxyd in eisblumenartigen Kristallen ab.

h) *Tellur* und die meisten Telluride bilden beim Erhitzen im offenen Rohr Tellurdioxyd, das wie die Oxydationsprodukte des Antimons sich als weißer Rauch in der Röhre hinzieht und sich auch zum größten Teil bald an die Wandung anlegt, besonders an der nach unten gewandten Seite. Wird diese Stelle der Glasröhre stärker erhitzt, so schmilzt das Sublimat zu kleinen Tröpfchen zusammen und kann dadurch von den Oxyden des Antimons unterschieden werden. Bei sehr starkem Erhitzen erhält man manchmal auch ein schwaches Sublimat von graubraunem elementarem Tellur.

i) *Molybdän*, Molybdänsulfid liefert in der Nähe der Probe ein Sublimat von MoO_3 in feinen, dünnen gelblichen Kristallen.

§ 8. Die Lötrohrprobe.

I. Das Zubehör der Lötrohrprobe. Die Lötrohrprobe erlaubt die Anwesenheit einer Reihe von Metallen (Kationen) in der Analysensubstanz direkt festzustellen. Deshalb ist die Probe für die Vorprüfung wichtig. Zur Durchführung der Lötrohrprobe bedarf man einer *Stichflamme*, die mit Hilfe eines Lötrohres und einer Bunsenflamme erzeugt werden kann. Letztere ist auch für andere Proben notwendig.

Es soll deshalb zuerst mit der Beschreibung der Flammenzonen eines Bunsenbrenners begonnen werden.

1. Die Bunsenflamme. Die Lötrohrflamme ist in mehreren Beziehungen ähnlich der Bunsenflamme. Bei beschränktem Luftzutritt brennt der Bunsenbrenner mit leuchtender Flamme, da unverbrannter Kohlenstoff zum Glühen gelangt. Werden dagegen die Zuglöcher des Brenners geöffnet, so mischt sich das Gas mit der Luft und verbrennt an der Röhrenöffnung mit heißer und wenig leuchtender Flamme, die an hineingebrachten kalten Gegenständen keinen Ruß absetzt. An einer solchen Flamme sind deutlich zwei Teile zu unterscheiden (Abb. 8): ein innerer grünblauer Kegel und eine äußere blaue Hülle, die den Kegel einschließt, der Mantel.

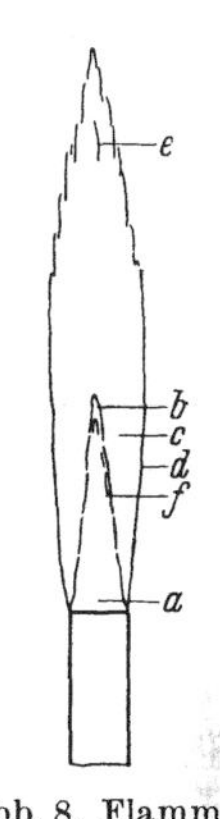

Abb. 8. Flamme des Bunsenbrenners.

Der *innere Kegel* besitzt eine niedrige Temperatur, da hier nur die Zerstörung der einzelnen Bestandteile des Leuchtgases stattfindet, die eigentliche Verbrennung erfolgt hier nicht. In der *äußeren Zone* wird dagegen die eingeleitete Verbrennung zu Ende geführt. Der *Kegel* wirkt deshalb *reduzierend* auf hineingebrachte Stoffe, der äußere Rand der Hülle, wo ein Überschuß von Sauerstoff vorhanden ist, dagegen *oxydierend*. Noch ein sichtbarer Reaktionsraum entsteht, wenn man die Zuglöcher des Brenners etwas schließt und den Gaszustrom vermindert: an der Spitze des inneren Kegels bei *b* bildet sich dann eine *kleine leuchtende Zunge*, die bei einem normal brennenden Brenner nicht vorhanden ist.

Innerhalb dieser drei Teile lassen sich nun nach Bunsen (s. W. Ostwald) 6 Reaktionsräume unterscheiden, die für die Zwecke der chemischen Analyse ausgenutzt werden können:

Die *Flammenbasis a* ist infolge des Luftstromes und der erst beginnenden Verbrennung der kälteste Teil der Flamme. Hier kann die Flammenfärbung leicht flüchtiger Stoffe studiert werden.

Der *Schmelzraum c* — der heißeste Teil — befindet sich in der Höhe etwa eines Drittels der ganzen Höhe der Flamme. Das ist der Ort, wo man die Analysensubstanz am besten zum Schmelzen bringen kann.

Der *untere Oxydationsraum d* befindet sich direkt am äußeren Teile des Schmelzraumes. Er ist klein und heiß.

Der *Oxydationsraum e* ist im oberen Teil der nichtleuchtenden Flamme zu finden und wird für Oxydationsreaktionen bei nicht zu hoher Temperatur gebraucht.

Der *untere Reduktionsraum f* wirkt schwächer, da hier noch unverbrauchte Luft vorhanden ist. Manche Stoffe werden deshalb hier leicht reduziert.

Der *obere Reduktionsraum* ist die leuchtende Zunge *b* mit niedriger Temperatur. Er zeichnet sich durch einen Überschuß von reduzierendem Kohlenstoff aus. Infolgedessen verlaufen hier alle Reduktionsreaktionen viel intensiver als im unteren Raum.

2. Das Lötrohr. Das Lötrohr wird auch jetzt noch besonders zur Untersuchung von Erzen und Hüttenprodukten und in den Vorproben gebraucht (Kolbeck-Plattner). Doch muß die Feststellung gemacht werden, daß der Glanzpunkt, das Zeitalter des Lötrohres, schon vorüber ist. Das gewöhnliche Lötrohr (Abb. 9) ist insofern unbequem, als die in der Röhre sich ansammelnde Feuchtigkeit schließlich durch das Blasen hinausgetrieben wird und in der Flamme Störungen verursacht. Durch die Verbindung des Rohres mit einem

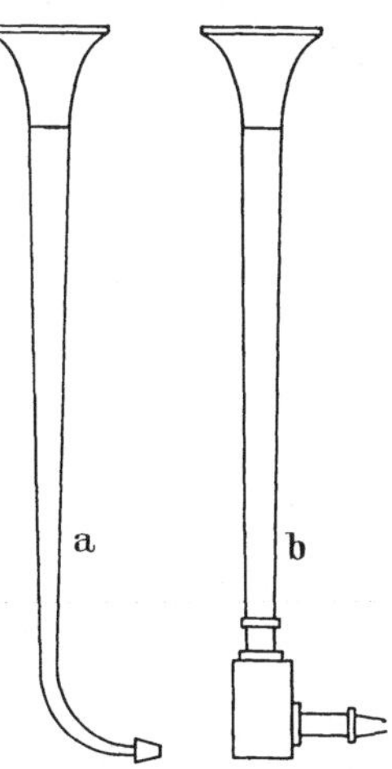

Abb. 9a u. b. a) gewöhnliches Lötrohr. b) Lötrohr mit Wassersack.

Wassersack, einem Hohlraume, der zur Aufnahme der Feuchtigkeit dient, wird dieser Übelstand vermieden.

Das Rohr (Abb. 9b) besteht aus vier Teilen: dem leicht konischen Metallstück aus Messing, dem Mundstück aus Holz, Glas, Horn oder Kautschuk, dem Wassersack und der Spitze, die beiden letzten ebenfalls aus Messing. Die Luft tritt durch ein etwa 0,4 bis 0,6 mm weites rundes Loch aus, das mit Sorgfalt in der Spitze gebohrt ist. Bei guten Lötrohren ist das Ende der Spitze aus Platin, oder nach Angaben von PLATTNER aus Nickel angefertigt. Auf die Messingspitze können auch Aufsätze aus Platin mit verschieden weiten Bohrungen gestülpt werden. Ist die Öffnung zu eng, so kann sie mittels eines feinen Stahlbohrers (Reibahle), wie sie von den Uhrmachern gebraucht wird, aufgeweitet werden. Zu weit gebohrte Lötrohrspitzen sind nur in wenigen Fällen tauglich. Die Länge des Rohres (in der Regel 10 bis 15 cm, aber auch länger) muß den Augen des Arbeitenden angemessen sein. Statt dieses einfachen Lötrohres können auch Gebläselampen mit Zuführung für Leuchtgas und komprimierte Luft ausgestattet, gebraucht werden.

Zur Erhöhung der Temperatur sind weitere Lötrohre (Gebläselampen) konstruiert worden, die mit heißer Luft oder sogar mit Sauerstoff bedient werden. In einer solchen Flamme können auch sehr schwer schmelzbare Stoffe untersucht werden.

3. Die Flamme. Zur Erzeugung der Lötrohrflamme dient im Laboratorium eine Bunsenflamme. Jeder Bunsenbrenner läßt sich sehr leicht in eine eigentliche Lötrohrlampe umwandeln, indem man auf einen gewöhnlichen Brenner einen Aufsatz der Abb. 10 stülpt. Unter Luftabschluß und entsprechend verminderter Gaszufuhr kann dann eine leuchtende, zu den Untersuchungen passende Flamme erzeugt werden.

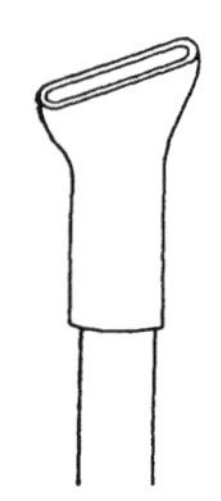
Abb. 10. Aufsatz für Bunsenbrenner zu Lötrohruntersuchungen.

Da Leuchtgas Schwefelverbindungen enthält, so kann man es nicht zum Schwefelnachweis durch Erhitzen der Reaktionsmischung in offener Flamme verwenden. In diesen Fällen und auch beim Fehlen von Leuchtgas kann ein Spiritusbrenner gebraucht werden, der mit einer Mischung von Spiritus und Benzol oder Terpentin im Verhältnis 20 bis 10 zu 1 gespeist wird. Im äußersten Fall kann man sich für die Zwecke der Vorprobe auch einer Stearin- oder Ceresinkerze bedienen.

In die Flamme wird nun mit Hilfe des Lötrohres Luft eingeblasen. In Laboratorien, wo Preßluft vorhanden ist, kann diese verwandt werden: In solchen Fällen wird das Lötrohr in zweckentsprechender Stellung in ein Stativ eingeklemmt. Meistens aber, bei einer größeren Anzahl von Arbeitenden, wird man zum Blasen den Mund verwenden müssen.

Nach PLATTNER-KOLBECK darf das Blasen *nicht* mit den Lungen geschehen, weil man dann nicht lange blasen und einen ununterbrochenen Luftstrom nur auf eine sehr kurze Zeit hervorbringen kann. Man holt deshalb durch die Nase Atem, füllt den Mund mit Luft und drückt diese mit Hilfe der Wangenmuskeln durch das Lötrohr. Während des Blasens verschließt man mit dem Gaumen die Verbindung zur Brusthöhle so lange, wie der Mund hinreichend mit Luft gefüllt ist und läßt nun das Ein- und Ausatmen bloß durch die Nase erfolgen. Nimmt die Spannung der Wangenmuskeln ab, so läßt man beim nächsten Ausatmen durch den Schlund wieder Luft ein und spannt mit ihr die Wangen von neuem, ohne das Blasen dabei zu unterbrechen. Indessen ist es zwecklos, das Blasen noch näher zu beschreiben, da es nur durch Übung erlernt werden kann. Gleichzeitiges Blasen und Beobachten ist jedoch, besonders bei wenig Übung, schwierig. Man kann sich deshalb, wenn Preßluft nicht vorhanden ist, eines doppelten Gummiballgebläses bedienen. Der Kenner wird jedoch die eigene Bedienung des Lötrohres, die eine vielseitige Gestaltung der Luftzufuhr gestattet, stets dem Arbeiten mit dem Gebläse vorziehen (W. BILTZ).

Zu Lötrohrproben bedarf man einer Oxydations-, einer Reduktions- und einer breiten Flamme mit möglichst hoher Temperatur. Bläst man, wie aus Abb. 11 hervorgeht, so in die leuchtende Bunsenflamme, daß die Lötrohrspitze ungefähr bis auf den dritten Teil der Aufsatzbreite in die Flamme hineinreicht, sich unmittelbar über dem Aufsatz befindet und genau durch die Mitte der Flamme geht, einen mäßig starken Luftstrom, so erhält man eine Oxydationsflamme. Hierbei lassen sich dieselben Zonen unterscheiden wie in der Flamme eines entleuchteten Bunsenbrenners: der innere dunkle Teil *a b* enthält noch unverbrannte Gase und entspricht dem inneren Kegel der Bunsenflamme; der Reduktionskegel, Kohlenoxyd enthaltend, ist als eine kurze Zunge bei *b* zu sehen; die vollständige Verbrennung bei reichlichem Sauerstoffzutritt erfolgt im äußeren Kegelmantel *c* (gestrichelt), der als ganz schwach leuchtende Hülle die Flamme umgibt. Die höchste Temperatur erreicht die Flamme in einem Punkte etwa 2 bis 4 mm vor der Spitze des blauen Kegels bei *d*. Die beste oxydierende Wirkung läßt sich erzielen, wenn eine nicht sehr hohe Temperatur erforderlich ist, indem man die Probe vor die Spitze der Saumflamme hält.

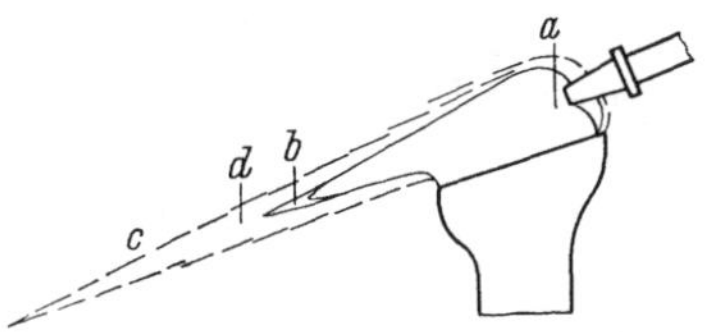

Abb. 11. Oxydationsflamme.

Um sich zu überzeugen, ob man eine hinreichend starke Oxydationsflamme hervorzubringen imstande ist, versuche man das Ende eines 0,1 mm starken Platindrahtes durch dessen Einführen bei *d* zu schmelzen. In einer hinreichend starken Flamme bemerkt man dann bald die Bildung eines Kügelchens (Schmelzpunkt des Platins 1771° C).

Eine gute Reduktionsflamme ist schwieriger hervorzubringen. Zu diesem Zweck bläst man, wie aus Abb. 12 zu sehen ist, so mit Hilfe des Lötrohres den Luftstrom in die Gasflamme, daß sich das Ende des Rohres außerhalb der Flamme befindet. Die übrigen Umstände sind ebenso einzuhalten wie im vorigen Fall, nur muß der Luftstrom schwächer sein und sich etwas höher über dem Aufsatz befinden. Unter diesen Umständen verlängert sich der Reduktionskegel bei *b*, der jetzt fein ausgeschiedenen, bis zum Weißglühen erhitzten Kohlenstoff enthält und die Reduktionsflamme darstellt, deren wirksamster Teil sich bei *b* befindet. Der erhitzte Kohlenstoff verbrennt zuletzt in der äußeren Flamme, die bei *c* deutlich sichtbar ist. Die reduzierende Wirkung der Reduktionszone ist groß: so können z. B. metallische Kupferkügelchen aus dessen Sulfiden, Zinn aus Kassiterit erhalten werden usw.

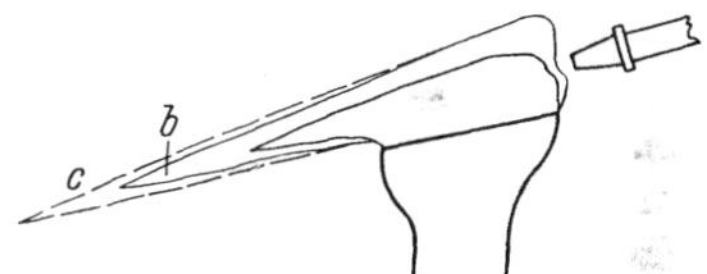

Abb. 12. Die Reduktionsflamme.

Führt man das Ende des Lötrohres in solcher Stellung in die Flamme, daß ein starker Luftstrom sich quer nach oben begibt, so erfolgt eine energische, rauschende Verbrennung: man erhält eine ziemlich breite Flamme mit hoher Temperatur.

4. Die Unterlage. Wenn die Probe der Wirkung der Lötrohrflamme ausgesetzt werden soll, so ist hierzu eine Unterlage notwendig, die sich während des Glühens und Schmelzens der Probe weder mit ihr verbindet, noch im Falle, wenn sie verbrennlich ist, die Resultate der Untersuchung unkontrollierbar beeinflußt. Als beste Unterlage hat sich gut ausgekohlte, hellklingende Holzkohle von Fichtenholz erwiesen, bei der die Jahresringe dicht beieinander stehen. Aus der Kohle schneidet man mit einer Säge etwa 80 bis 100 mm lange parallelepipedische Stücke aus und glättet sie mit Sandpapier. Zur Aufnahme der Probe bohrt man in die Kohle Grübchen etwa 4 bis 5 mm vom Rande des Stückes entfernt.

Statt Kohleprismen werden auch solche aus *Ton* gebraucht, an deren Enden sich die Vertiefungen zur Aufnahme der Probe befinden. Die Oberfläche wird vor dem Versuch mit Ruß überzogen. Auch entsprechend geformte *Gipstäfelchen* können zur Ausführung der Vorprobe dienen; auch diese werden mit Ruß belegt.

II. Die Vorbereitung der Probe zur Untersuchung und deren Durchführung. Durch die Prüfung auf der Kohle wird nicht nur die Anwesenheit einer Reihe von Metallen, insbesondere die von Schwermetallen erkannt, sondern man unterrichtet sich auch über das *Verhalten* der Substanz, wenn diese plötzlich in einer oxydierenden oder reduzierenden Atmosphäre erhitzt wird. Bei der Lötrohrprobe notiert man infolgedessen die Resultate, die durch bloßes Erhitzen der Substanz auf der Kohle beobachtet werden, dann die in der Oxydations- und zuletzt die in der Reduktionsflamme.

Besteht die zu prüfende Substanz aus einer festen Masse, die sich ohne zu dekrepitieren erhitzen läßt, so wendet man zur Probe ein kleines Bruchstück an; meist muß sie aber möglichst fein pulverisiert und mit Wasser zu einem steifen Brei angerührt werden. Die Masse wird dann in die erwähnten Grübchen der Unterlage gelegt.

Zuerst leitet man auf die Probe die Spitze einer schwachen Oxydationsflamme, hält dabei die Kohle horizontal oder nur wenig gegen die Flamme geneigt und bläst kurze Zeit, jedoch so lange, bis man irgendwelche Veränderungen, wie Aufglühen, Verpuffen, Verbrennen, Anschwellen, Schmelzen, Sublimieren, Beschlagbildung, Flammenfärbung usw., bemerkt. Im Augenblick der Unterbrechung des Blasens überzeugt man sich durch den Geruch von der Gegenwart flüchtiger Stoffe. Von Bedeutung ist ferner die Farbe des Beschlages in der Hitze und in der Kälte, dessen Abstand von der Probe auf der Kohlenoberfläche und dessen Flüchtigkeit. Von letzterer Eigenschaft überzeugt man sich, indem man die Flamme auf den Beschlag richtet und beobachtet, ob er langsam oder schnell verschwindet; auch die Färbung des äußeren Flammenkegels muß in diesen Fällen notiert werden.

Die Durchführung der Reduktionen gelingt wesentlich besser, wenn man der Analysensubstanz Soda beimengt; hierbei geschieht die Reduktion sehr vollkommen und man vermag dann das ausgeschiedene Metall an seinen Eigenschaften zu erkennen. Gewöhnlich wird die zu analysierende, fein gepulverte Substanz mit der zwei- bis dreifachen Menge von entwässerter Soda vermengt und mit einigen Tropfen Wasser angefeuchtet. Das geschieht, damit die Substanz nicht gleich zu Anfang beim Einbringen in die Flamme fortgeblasen wird. Die Reduktion gelingt noch besser, wenn der Soda etwas Borax und Holzkohlenpulver zugesetzt wird. Als energisches Reduktionsmittel kann in Fällen schwer reduzierbarer Oxyde auch Kaliumoxalat oder Cyankalium verwandt werden (W. Böttger).

Nach erfolgter Reduktion fällt es manchmal schwer, die in der Schmelze gebildeten Metallkörner zu erkennen; man ist dann genötigt, die ganze mit Soda durchzogene Stelle der Kohle loszubrechen, in einem Achatmörser mit wenig Wasser zu zerreiben und dann unter Zusatz einer größeren Menge von Wasser zu schlämmen.

Die Eigenschaften der erhaltenen Körner, aus reinen Metallen oder Legierungen bestehend, werden dann festgestellt, indem man sie auf Geschmeidigkeit, Härte (Schneiden mit dem Messer), Sprödigkeit, Magnetisierung, Auflösung in Säuren usw. prüft und auch ihre Farbe notiert.

III. Die Ergebnisse der Lötrohrprobe. Man erhitzt zunächst eine geringe Menge der Analysensubstanz ohne irgendwelchen Zusatz auf der Kohle vor dem Lötrohre und stellt fest, ob *Verpuffung* eintritt oder nicht. Ist das der Fall, so können in der Analyse zugegen sein: *Nitrite, Nitrate, Chlorate, Perchlorate, Bromate, Jodate* u. a. sauerstoffreiche Stoffe.

Weiter wird die Analysensubstanz in die Oxydationsflamme gebracht, und es werden die sich bildenden *Beschläge* beobachtet. Vor der Reduktionsflamme sucht man in einer Mischung mit Soda zu *Metallkörnern* zu gelangen. Je nachdem, welche Beobachtungen gemacht werden, können folgende Bestandteile der Probe erkannt werden (Einteilung nach A. GUTBIER):

1. Es bildet sich ein Metall ohne Beschlag. a) das Metallkorn ist *dehnbar* und *weiß* (glänzend): *Zinn,* in stärkerem Oxydationsfeuer — ein flüchtiger weißer Beschlag (in der Wärme gelb) dicht um die Probe. *Silber* rein, oder mit Gold unter 44%; in starkem Oxydationsfeuer — schwach rotbrauner Beschlag.

b) Das Metallkorn ist *dehnbar* und *gelb* (glänzend): *Gold,* auch mit Silber legiert.

c) Das Metallkorn ist *dehnbar* und *rot*: *Kupfer.*

Die Körner der erwähnten vier Metalle lassen sich im Achatmörser zu Blättchen zerdrücken.

d) Das Metall erscheint in Form unschmelzbarer, *nicht* magnetischer Teilchen von *grauer* oder *hellgrauer* Farbe: *Platin, Palladium, Iridium, Rhodium, Wolfram.*

e) Das Metall wird in Form grauer *magnetischer* Flitter erhalten: *Eisen, Nickel, Kobalt*; die Metallflitter lassen sich mit Hilfe eines Magneten entfernen.

2. Es bildet sich ein Metall mit Beschlag. a) *Weißer Beschlag*: dehnbares Korn — *Thallium*; der Beschlag ist flüchtig; die das Metallkorn berührende Flamme wird grün gefärbt; auch dunkle rotbraune Beschläge können erscheinen. *Zinn* — ein weißer schwer flüchtiger, dicht an der Probe sitzender Beschlag erscheint erst nach längerem Blasen.

Sprödes Metallkorn: Antimon; der Beschlag ist weiß, in dünnen Lagen bläulich und flüchtig. Das Korn läßt sich im Achatmörser zu Pulver verreiben. *Molybdän* — liefert unschmelzbare Metallteilchen (Pulver) und einen weißen Beschlag (gelb in der Hitze), der in der Nähe der Probe zu durchsichtigen Kristallen anwächst. Beim Berühren des Beschlages mit der Reduktionsflamme erscheint vorübergehend eine Blaufärbung. *Germanium* stößt einen braunen Rauch aus und liefert einen weißen Beschlag, der ein auffällig geglättetes Aussehen, wie angeschmolzen, besitzt.

b) *Gelber Beschlag*: Dehnbares Metallkorn — *Blei,* große duktile Metallkugeln mit schwefelgelbem, die Flamme bläulich färbendem Beschlag. Ist auch noch *Antimon* zugegen, so erscheint neben einem flüchtigen weißen Beschlag von Antimontrioxyd näher an der Probe ein eidottergelber Beschlag von Bleiantimonit, der weder mit dem Bleioxyd- noch mit dem Wismutoxydbeschlag verwechselt werden kann. *Indium* — sehr leicht schmelzbar, liefert einen nahe an der Probe liegenden Beschlag, der in der Wärme dunkelgelb, in der Kälte aber gelblichweiß ist.

Sprödes Metallkorn: *Wismut,* rötlichweiße Metallkugeln; der Beschlag ist in der Wärme dunkel orangegelb, nach dem Erkalten zitronengelb und hat oft einen gelblichweißen Saum. Das Metall läßt sich im Achatmörser zu Pulver verreiben.

Alle diese Angaben beziehen sich natürlich nur auf die Reduktion reiner Metalle. Liegen in der Analysenprobe mehrere auf Kohle reduzierbare Metalle vor, so kann sich das Erscheinungsbild vollständig ändern. Das Erkennen der einzelnen Bestandteile nach den Eigenschaften der erhaltenen Legierung ist natürlich schwer; am besten werden dann die Metallkörner aufgelöst, und die Lösung wird auf die möglicherweise vorhandenen Kationen untersucht (s. w. u.).

3. Es bildet sich ein Beschlag ohne Metall. a) *Weißer Beschlag,* sehr flüchtig: *Arsen*; weit von der Probe setzt sich ein weißer Beschlag an, zugleich ist ein Knoblauchgeruch wahrzunehmen. Sämtliche Arsenide, Arsenate und Sulfide des Arsens liefern in Gegenwart von Soda diese Reaktion. Einen in der Kälte weißen, nicht flüchtigen Beschlag liefert *Zink*; es entzündet sich dabei im Oxydationsfeuer und verbrennt mit einer stark leuchtenden, grünlich-weißen Flamme, die

einen dicken, weißen Rauch verbreitet. Der Beschlag befindet sich unmittelbar an der Probe und ist in der Hitze gelb.

b) Weißer Beschlag mit braunem Saume: Enthält das Zink größere Mengen von *Cadmium*, so ist das weiße Zinkoxyd mit braunem Saume umgeben. *Tellur* schmilzt leicht, raucht bei dem Verbrennen und beschlägt die Kohle in nicht sehr großer Entfernung von der Probe mit weißem Tellurdioxyd; der Beschlag besitzt zuweilen eine bräunliche oder dunkelgraue Kante (von elementarem Te) und ist leicht flüchtig.

c) Stahlgrauer Beschlag, flüchtig: *Selen*; schmilzt leicht, entwickelt braunen Rauch und liefert einen schwach metallisch glänzenden Beschlag, an den sich häufig ein brauner Saum anschließt; ein starker Geruch nach verdorbenem Rettich ist während der Durchführung der Probe wahrzunehmen.

d) Brauner Beschlag: *Cadmium*; schmilzt leicht, brennt im Oxydationsfeuer mit dunkelgelber Farbe unter Entwicklung von braunem Rauch; der Beschlag ist in der Nähe der Probe dicht, kristallinisch, von sehr dunkler, fast schwarzer Farbe, weiter rotbraun und endlich in dünnen Lagen orangegelb.

4. Es entstehen weiße, unschmelzbare, stark leuchtende Massen: *Magnesium, Strontium, Calcium, Aluminium.* Beim Zusammenschmelzen mit Soda entstehen aus den in der Probe vorhandenen Verbindungen ihre Oxyde, die unschmelzbar sind und die Eigenschaft besitzen, bei höherer Temperatur stark zu leuchten.

5. Die Massen färben sich, mit Cobalt(II)-nitrat befeuchtet und von neuem stark geglüht:

a) Es bilden sich unschmelzbare Massen: blaue — *Aluminium, Erdalkaliphosphate, -silicate, -borate*; grüne — *Zink*; fleischrote — *Magnesium*; violette —*Magnesiumphosphat, -arsenat.*

b) Es entstehen geschmolzene *blaue Gläser*: *Alkaliphosphate, -silicate, -borate.*

6. Die Massen liefern die Heparreaktion: alle *schwefelhaltigen* Verbindungen. Durch Erhitzen der Analysenprobe mit Soda auf Kohle werden alle in der Probe vorhandenen Schwefelverbindungen in Natriumsulfid umgewandelt, z. B.:

$$BaSO_4 + Na_2CO_3 + 2C \rightarrow Na_2S + 2CO_2 + BaCO_3.$$

Bringt man dann die Schmelze nach dem Erkalten auf ein blankes Silberblech (Münze) und betupft mit etwas Wasser, so erscheint auf dem Silber der *Heparfleck*, ein brauner bis schwarzer Fleck von Silbersulfid:

$$2Na_2S + 4Ag + 2H_2O + O_2 \rightarrow 2Ag_2S + 4NaOH.$$

Diese *Heparreaktion* vollzieht sich somit nur in Gegenwart von Sauerstoff (adsorbierter oder aus der Luft). Der Schwefel kann aber auch aus der Flamme stammen (s. S. 32).

Die Reduktion läßt sich ebenfalls in einer Platinöse oder als Kohlensodastäbchenprobe (s. S. 41) oder als HEMPELsche Natriumprobe (s. S. 41) durchführen.

Erhält man die Heparreaktion und Metallkörner, so sind natürlich Schwefelverbindungen entsprechender Metalle in der Analyse zu vermuten.

Die Heparreaktion kann auch durch anwesende *Selen*- und *Tellur*verbindungen vorgetäuscht werden. Doch gibt es mehrere andere Proben, durch die beide genannten Elemente sicher erkannt werden können.

7. Weitere Behandlung der Produkte der Lötrohrprobe. Wie schon erwähnt, müssen besonders die Metallkörner isoliert, gelöst und zu Beweisreaktionen der entsprechenden Elemente verwandt werden. Hierzu schneidet man die gesamte Schmelzmasse aus der Kohle, befreit sie von den anhaftenden Kohleteilchen, zerreibt die Masse, schlemmt Kohle- und andere Teilchen ab und kommt so

schließlich zu den schweren Metallkörnern. Es wird zuerst versucht, diese in Salzsäure zu lösen; erfolgt die Auflösung zu langsam, so geht man zu Salpetersäure über (zuerst verdünnter, dann konzentrierter), in der sich die Metallkörner und Flitter meistens auflösen. Bleibt ein weißer Niederschlag übrig, so deutet er auf das Vorhandensein von *Zinn* oder *Antimon* (unlösliche Zinn- und Antimonsäure hin). Löst sich das Korn auch in Salpetersäure nur schwierig, so gebraucht man Königswasser. In den erhaltenen Lösungen werden dann die betreffenden Kationen auf nassem Wege nachgewiesen, z. B. in salpetersauren Lösungen Ag mit HCl,P b¨ mit H_2SO_4.

Die von der Kohle ausgesogene Schmelze wird meistens verworfen. Handelt es sich um eine unlösliche Analysensubstanz, so wird diese durch das Schmelzen mit Soda zuerst *aufgeschlossen* (s. S. 97 des vorliegenden Bandes) und kann weiter behandelt werden, wenn man dazu gedrängt ist.

IV. Störungen bei der Lötrohrprobe. Die Ergebnisse der Untersuchung mit dem Lötrohre, insbesondere die der Beschlagprobe, sind natürlich nicht vollständig eindeutig, da auch andere Verbindungen, die in der Probesubstanz vorhanden sind, sich beim Erhitzen auf der Kohle verflüchtigen und Anflüge verschiedener Farben liefern, was Täuschungen und Verwechslungen hervorrufen kann. Gewisse Sulfide, Chloride, Bromide und Jodide liefern einen *weißen* Beschlag. Von den Sulfiden sind es vor allem die der Alkalimetalle; der Beschlag entsteht nur bei *längerem* Blasen, da dann das gebildete oder vorhandene Sulfid zu Sulfat oxydiert wird, das sublimiert und den Beschlag erzeugt; ähnliches ist, wenn auch ebenfalls nur in geringem Maße, mit anderen Sulfiden möglich. Einen weißen Beschlag mit abnehmender Stärke erzeugen ferner die Chloride des Kaliums, Natriums und Lithiums; die Chloride des Ammoniums, Quecksilbers, Antimons verflüchtigen sich ohne zu schmelzen; die Chloride des Zinks, Bleies, Wismuts und Zinns schmelzen erst und geben dann 2 Beschläge, einen weißen flüchtigen vom Chlorid und einen weniger flüchtigen vom Oxyd des Metalles. Werden Chloridbeschläge mit der Reduktionsflamme angeblasen, so verschwinden sie zum Teil unter Flammenfärbung. Bleichlorid und Wismutchlorid hinterlassen um die bis zum Glühen erhitzte Stelle einen gelben Ring von Oxyd. Kupferchlorid ist ebenfalls flüchtig, färbt aber die Flamme grün.

Die Bromide und Jodide von Kalium und Natrium, ferner die Jodide von Blei und Wismut schmelzen auf der Kohle, ziehen in sie hinein und verflüchtigen sich darauf mit einem weißen Rauche, der zum Teil ziemlich weit von der Probe einen Beschlag auf der Kohle bildet. Beim Berühren der Beschläge mit der Reduktionsflamme wird diese durch die vorhandenen Metalle gefärbt. Eine Reihe anderer Metalle liefert farbige Jodidniederschläge, die zum Teil charakteristischere Farben aufweisen als die entsprechenden Oxyde (s. S. 39).

V. Prüfung auf Schmelzbarkeit. Die Schmelzprobe erlaubt nicht, einzelne in der Analysensubstanz vorhandene Bestandteile zu erkennen. Sie wird aber in der Mineralanalyse gebraucht, um die Substanzen in bezug auf ihre Schmelzbarkeit in Gruppen einzuteilen. Für die Vorprüfungen läßt sich daraus wenig Nutzen ziehen, und sie kann deshalb übergangen werden.

§ 9. Andere Reduktionsproben.

Außer der Reduktion mit dem Lötrohr können Reduktionsproben auch auf andere Weise durchgeführt werden. Zur Betrachtung sollen hier gelangen: die Beschlagprobe, die Kohlensodastäbchen- und die Natriumprobe nach Hempel.

I. Die Beschlagprobe. Unter den Beschlagproben können unterschieden werden: die Metall-, die Oxyd-, die Jodid- und die Sulfidbeschlagproben.

1. Die Metallbeschlagprobe. Die Reduktionszone einer Bunsenflamme kann verwandt werden, um eine Reihe von Verbindungen bis zum Metall zu reduzieren. Sind die reduzierten Stoffe *flüchtig*, so kann man nach R. BUNSEN deren Dämpfe sehr leicht auf gekühlten Flächen auffangen, die gebildeten Beschläge beobachten und mit ihnen bequem verschiedene Untersuchungen und Reaktionen anstellen. Erfolgt die Abkühlung *unmittelbar nach der Reduktion*, so scheidet sich das reduzierte Element als *Metallbeschlag* ab. Befindet sich aber die gekühlte Oberfläche ein Stückchen oberhalb der Reduktionsflamme, so verbrennt der Dampf des reduzierten Elementes in der äußeren Oxydationszone zum Oxyd und auf der Oberfläche erhält man in diesem Fall einen *Oxydbeschlag*. Dementsprechend wird die Metallbeschlagprobe folgendermaßen durchgeführt: Man stellt eine von außen glasierte Porzellanschale, etwa 10 cm im Durchmesser, mit kaltem Wasser gefüllt oder ein Becherglas auf einen Ring (auch können mit Wasser gefüllte Probiergläser verwandt werden) und stellt darunter die nicht leuchtende und bis auf 3 bis 4 cm verkleinerte Flamme eines Bunsenbrenners so, daß die Spitze der Reduktionszunge nach Abb. 13 die kalte Fläche fast berührt. Hierbei ist auch eine Verminderung der Luftzufuhr (s. S.31) notwendig. Man muß sich aber überzeugen, daß die Schale *nicht* durch die Flamme *berußt* wird. Erst dann führt man die zu untersuchende Substanz an der Spitze eines Asbestfadens oder Magnesiastäbchens in die Reduktionszone ein und beobachtet die Ausbildung des Beschlages. Durch Erneuerung der Substanz und der Auffangflächen kann man größere Mengen von Metallbeschlägen herstellen. Diese können jetzt zu verschiedenen Reaktionen verwandt werden. Man kann die Beschläge z. B. in Säuren lösen und die Lösungen auf das Vorhandensein entsprechender Ionen prüfen. Der Nachweis von *Selen* und *Tellur* vollzieht sich z. B. folgendermaßen: Man schabt einen Teil des Niederschlages von der Unterlage ab, was auch mit Hilfe eines Glasstabes geschehen kann, und steckt dann diesen mit dem anhaftenden Niederschlag in stark konzentrierte Schwefelsäure. *Selen* löst sich hierbei mit *grüner* Farbe, *Tellur* jedoch mit *karminroter*. Beim Verdünnen der Säure scheidet sich im ersten Fall rotes Selen aus, schwarzes Tellur jedoch im zweiten.

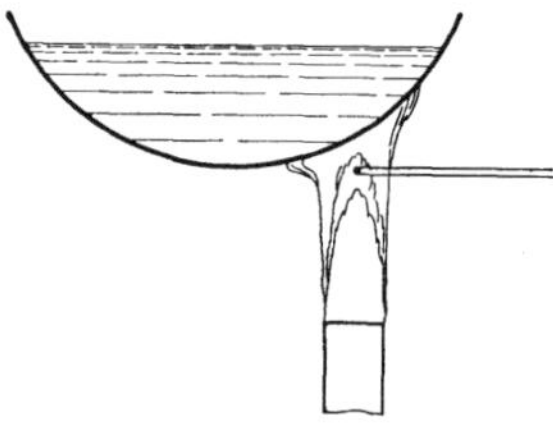

Abb. 13. Die Metallbeschlagprobe.

Der durch Zinkverbindungen hervorgerufene Niederschlag ist glänzend schwarz, von einem braunen Anfluge umgeben, und löst sich leicht in 20%iger Salpetersäure auf.

Die übrigen möglichen Ergebnisse der Beschlagprobe sind in der Tabelle auf S. 40 zu finden.

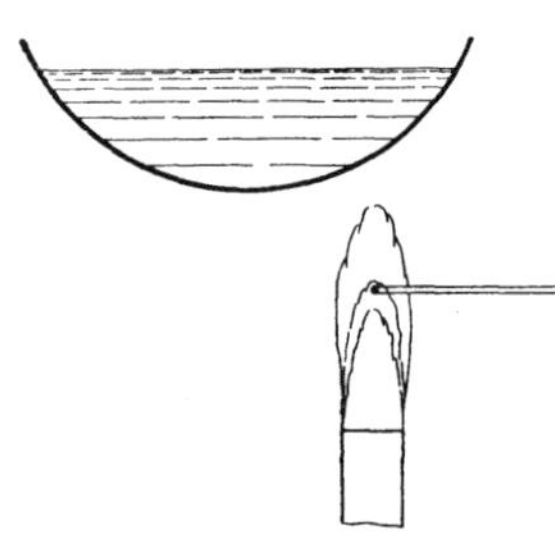

Abb. 14. Die Oxydbeschlagprobe.

2. Die Oxydbeschlagprobe. Wird die Porzellanschale in einer Entfernung von etwa 1 cm über der Flammenspitze befestigt (Abb. 14), so verbrennt der Dampf der reduzierten Metalle zu Oxyd und man erhält jetzt einen *Oxydbeschlag*. Ebenso wie im vorigen Fall können nun die Oxyde nicht nur nach ihrer Farbe erkannt werden, sondern man kann mit ihnen auch verschiedene Reaktionen anstellen. Als Reagenzien kommen nach GUTBIER in Betracht die Lösungen von Stannochlorid, Alkalistannit und Silbernitrat mit Ammoniak. Einen Tropfen der Lösung verteilt man mit einem Glasstabe gleichmäßig über den Oxydbeschlag und beobachtet die Wirkung. Bestand der Tropfen aus einer Silbernitratlösung, so erzeugt man Ammoniakdampf, indem man dem Beschlage den mit Ammoniak benetzten Glasstöpsel der Flasche nähert und Ammoniakdampf auf die Probe bläst. Die dann eintretenden Veränderungen sind in der Tabelle S. 40 zusammengefaßt.

3. Die Jodidbeschlagprobe. Diese Probe kann auch auf der Kohle nach Merz ausgeführt werden, indem man die Oxyd- in Jodidbeschläge überführt. Dazu vermengt man gleiche Volumteile von Jodkalium und Schwefel auf der Kohle mit der Analysensubstanz und erhitzt anfangs *sehr schwach*, bis sich keine blaue Farbe von brennendem Schwefel mehr zeigt, worauf man stärker zu blasen beginnt. Die erhaltenen Jodidbeschläge auf der Kohle weisen zum Teil charakteristischere Farbe auf als die der entsprechenden Oxyde.

Der Niederschlag kann indessen auch auf der Porzellanschale folgendermaßen durch Umwandlung des Oxydbeschlages erhalten werden: man befestigt einige Asbestfasern an einem Platindrahte und tränkt diese mit einer alkoholischen Jodlösung, dann zündet man sie unter dem Oxydbeschlage der mit Wasser angefüllten Porzellanschale an; der sich dabei entwickelnde *Jodwasserstoff* überführt das Oxyd in Jodid. Meist ist der Jodidbeschlag durch das gleichzeitig abgeschiedene Jod *bräunlich*. Man entfernt es durch mäßiges Erwärmen am einfachsten so, daß man das Wasser aus der Schale ausgießt und den inneren Schalenboden in einiger Entfernung über eine *kleine* Flamme hält und auf den äußeren Schalenboden leicht bläst. Der Jodidbeschlag läßt sich ebenfalls weiter untersuchen, meistens auf seine Löslichkeit in Wasser und auf sein Verhalten gegen Ammoniak. Zu diesem Zweck haucht man den Beschlag an. Die geringe, auf diese Weise zugeführte Wassermenge genügt, um Farbenänderungen oder Lösung herbeizuführen, und ist andererseits so gering, daß sie schnell wieder verdunstet und den ursprünglichen Beschlag wieder auftreten läßt. Zur Untersuchung mit Ammoniak bläst man in der schon erwähnten Weise Ammoniakgas über den Beschlag. Die Resultate dieser Probe findet man ebenfalls in der Tabelle der S. 40.

4. Die Sulfidbeschlagprobe. Diese Probe kann nach Landauer durch Erhitzen von Metalloxyden mit Natriumthiosulfat im geschlossenen Glasröhrchen durchgeführt werden: das gepulverte Salz wird mit der zu prüfenden Substanz vermengt und allmählich erhitzt; da das Natriumthiosulfat viel Wasser enthält, muß das Röhrchen beim Erhitzen nahezu horizontal gehalten werden, damit nicht das kondensierte Wasser hinunterläuft und das Röhrchen springt. Durch einen in das Röhrchen eingeschobenen Filtrierpapierstreifen kann das Wasser fast ganz entfernt werden. Die eigentliche Sulfidbildung wird in vielen Fällen durch einen geringen Zusatz von Oxalsäure beschleunigt, auch kann man bei gewissen Metalloxyden (CdO, Sb_2O_3, As_2O_3) statt des Thiosulfats geringe Mengen pulverisierten Schwefels gebrauchen. Die verschiedenen Färbungen zeigen nun die in der Tabelle 1 verzeichneten Metalle an; außerdem ergeben

grüne Färbung:	Mangan- und Chromoxyd,
braune Färbung:	Molybdänsäure und Zinnoxyd,
schwarze Färbung:	Eisen-, Kobalt-, Nickel-, Uran-, Kupfer-, Thallium-, Blei-, Wismut-, Quecksilberoxyd (auch Silber-, Gold- und Platinoxyde).

Die schwarze Farbe der letzteren verdeckt natürlich alle übrigen Färbungen.

In sehr einfacher Weise läßt sich aber auch der Jodidbeschlag auf der Porzellanschale in einen Sulfidbeschlag überführen, indem man die Schale mit dem Beschlage auf ein Becherglas setzt, dessen Boden mit wenig Ammoniumsulfidlösung (Schwefelwasserstoffwasser) bedeckt ist. Der entweichende Schwefelwasserstoff wandelt dabei die Jodide in Sulfide um. Der Sulfidbeschlag läßt sich durch Bestreichen mit Ammoniumsulfid auf seine Löslichkeit in diesem Mittel untersuchen. Durch die verschiedenen Beschlagproben können die in der Tabelle 1 angeführten Bestandteile der Analysensubstanz erkannt werden.

Tabelle 1. Ergebnisse der Beschlagproben. (Nach A. GUTBIER.)

	Metallbeschlag			Oxydbeschlag				Jodidbeschlag		Sulfidbeschlag	
	Farbe	Anflug	In 20%iger HNO_3	Farbe	Wird mit $SnCl_2$	Wird mit Na_2SnO_2	Wird mit $AgNO_3$ und NH_3	Farbe	Verhalten gegen NH_3	Farbe	Verhalten gegen $(NH_4)_2S$
Zn	Schwarz	Braun	Leicht löslich	Weiß	Weiß	Weiß	Weiß	Weiß	Weiß	Weiß	Nicht verschwindend
Hg	Grau, nicht zusammenhängend		Schwer löslich					Karminrot und zitronengelb, nicht verhauchbar	Vorübergehend verblasbar	Schwarz	Nicht verschwindend
Pb	Schwarz	Braun	Leicht löslich	Hellockergelb	Weiß	Weiß	Weiß	Eigelb bis zitronengelb, nicht verhauchbar	Vorübergehend verblasbar	Durch braunrot in schwarz	Nicht verschwindend
Bi	Schwarz	Rußbraun	Schwer löslich	Gelblichweiß	Weiß	Schwarz	Weiß	Bläulichbraun, Anflug hellrot, vorübergehend verhauchbar	Rot bis eigelb, trocken kastanienbraun	Umbrabraun, Anflug kaffeebraun	Nicht verschwindend
Cd	Schwarz	Braun	Leicht löslich	Schwarz in braun mit weißem Anflug	Weiß	Weiß	Der Anflug wird blauschwarz	Weiß	Weiß	Zitronengelb	Nicht verschwindend
As	Schwarz, löslich in NaOCl	Braun	Sehr schwer löslich	Weiß	Weiß	Weiß	Zitronengelb od. braunrot lösl. in NH_3	Eigelb, vorübergehend verhauchbar	Dauernd verblasbar	Zitronengelb	Vorübergehend verschwindend
Sb	Schwarz	Braun	Sehr schwer löslich	Weiß	Weiß	Weiß	Schwarz	Orangerot, vorübergehend verhauchbar	Dauernd verblasbar	Orange	Vorübergehend verschwindend

II. Die Kohlensodastäbchenprobe. Diese Reduktionsprobe ist sehr einfach in ihrer Durchführung, ersetzt in vielen Fällen die Reduktion auf der Kohle mit dem Lötrohr und ist deshalb für Vorprüfungen zu empfehlen.

Das Kohlensodastäbchen wird nach einer Vorschrift von F. HENRICH hergestellt. Einige etwa erbsengroße Körner von kristallisierter Soda werden auf eine gereinigte, ebene Glasplatte gelegt und dann schräg von oben mit einer entleuchteten Flamme eines Bunsenbrenners so lange berührt, bis sich das Salz in seinem eigenen Kristallwasser löst. In der auf diese Weise erhaltenen Natriumcarbonatlösung wälzt man entköpfte, nicht imprägnierte Streichhölzer oder ähnliche Stäbchen auf einer Länge von etwa 2 cm von einem Ende so lange, bis sie allseitig, insbesondere aber an den Spitzen mit der Flüssigkeit bedeckt sind. Das überschüssige Wasser wird jetzt entfernt, indem man das Stäbchen in der Bunsenflamme so lange dreht und hin und her schwenkt (Entzünden und Glimmen müssen vermieden werden!), bis es sich mit einer weißen Kruste überzogen hat. Das Tränken in der Sodalösung und das Trocknen werden wiederholt, da man auf dem Zündholz eine ununterbrochene Kruste erhalten muß. Jetzt hält man das Ende des so präparierten Hölzchens in einer Länge von etwa 1 bis 1,5 cm in den heißesten Teil der entleuchteten Gasflamme und dreht es ganz langsam, bis die Kruste schmilzt. Sollte das Stäbchen dabei an einer Stelle zu brennen oder gar zu glimmen anfangen, so muß man diese Stelle vorsichtig, damit das Stäbchen nicht abbricht, mit der Sodalösung bestreichen oder in diese tauchen und dann weiter erhitzen. Wenn das geschmolzene Natriumcarbonat den oberen verkohlten Teil des Hölzchens als Glasur umgibt, so ist das Kohlensodastäbchen zum Gebrauche fertig.

Zur Ausführung der Proben bringt man eine geringe Menge der Substanz, etwa eine kleine Messerspitze auf eine Glasplatte, legt daneben einen Sodakristall, schmilzt diesen, befeuchtet das Kohlensodastäbchen mit der erhaltenen Lösung und nimmt damit vorsichtig, ohne zu drücken die Substanz von der Glasplatte auf. Dann trocknet man sie, wie schon beschrieben, und erhitzt zuletzt so lange im heißesten Teil der Flamme und im Reduktionsraume, bis heftiges Aufwallen infolge der Entwicklung von Kohlendioxyd stattfindet. Die Reaktion ist beendet, wenn die Masse ruhig schmilzt. Handelt es sich um die Reduktion von Oxyden, so läßt man das Stäbchen vorsichtigerweise im inneren Flammenkegel erkalten.

Das Ende des Stäbchens wird dann aufmerksam durch eine Lupe betrachtet und festgestellt, ob man es mit einer *Schlacke* oder mit kleinen Metallkörnern zu tun hat. Im ersten Fall notiert man die Farbe der Schlacke, im zweiten aber können die Kügelchen isoliert, gelöst und, ebenso wie im Falle der Reduktion auf Kohle, mikrochemische Reaktionen damit durchgeführt werden. Hierzu kneift man das Ende des Stäbchens ab und zerreibt es vorsichtig mit einigen Tropfen Wasser in einer kleinen Reibschale, am besten in einer solchen von Achat. Hierauf schlämmt man die Kohleteilchen ab, sammelt die Metallkügelchen auf einem Uhrglase und versucht, sie in einigen Tropfen verdünnter Salpetersäure zu lösen (s. S. 36). Mit der Lösung werden dann Reaktionen auf die betreffenden Metalle angestellt.

Übrigens erlaubt die Kohlensodastäbchenprobe dieselben Schlüsse zu ziehen wie die Lötrohrprobe auf Kohle im Falle der Bildung von Metallkörnern, nur daß hier der Beschlag nicht beobachtet werden kann (s. S. 35).

III. Die HEMPELsche Probe. Unter den HEMPELschen Proben versteht man die Reaktion der Analysensubstanz mit *Natrium*, *Magnesium* oder *Aluminium*. Durch diese Probe wird hauptsächlich auf das Vorhandensein von *Schwefelverbindungen* und *Silicaten* geprüft. Als Reduktionsmittel dient metallisches Natrium; soll dabei weiter noch auf Natrium durch Flammenfärbung geprüft werden, so wird statt Natrium Magnesium oder Aluminium verwandt.

Alle schwefelhaltigen Verbindungen liefern beim Erhitzen mit Natrium Natriumsulfid, das entweder durch die Heparreaktion oder andere Reaktionen identifiziert werden kann.

Die HEMPELsche Natriumprobe wird folgendermaßen angestellt: Man schneidet von einem Stück metallischem Natrium ein kleines Scheibchen so ab, daß beide Seiten blank sind, legt es auf ein etwa 4 cm^2 großes Filtrierpapierblättchen und drückt es mit einer Messerklinge, die vorher in Petroleum getaucht worden ist, platt, so daß es fast nur Papierstärke besitzt. Jetzt bringt man etwas von der zu untersuchenden, pulverisierten, getrockneten Substanz auf das Natrium, faltet dann Papier und Natriumscheibe in der Mitte zusammen und rollt es zu einem kleinen Zylinder auf, so daß das Natrium mit einer doppelten Lage Papier bedeckt ist. Man schneidet dann mit einer Schere das überschüssige Papier an den Enden der Rolle ab und bewickelt diese ziemlich eng mit einer Spirale von Blumendraht. Jetzt bringt man die Rolle mit der einen Seite in die reduzierende Flamme eines Bunsenbrenners; das Papier entzündet sich und die Einwirkung des Natriums auf die Substanz vollzieht sich zwar unter Feuererscheinung, jedoch noch so langsam, daß die zu untersuchende Masse im Inneren der Spirale bleibt. Die Reaktion ist in einigen Augenblicken zu Ende, wobei sich, einerlei aus welchen Schwefelverbindungen, Na_2S bildet:

$$Na_2S_2O_3 + 8Na \rightarrow 2Na_2S + 3Na_2O.$$

Um die Spirale vor Oxydation zu schützen, bringt man sie sofort nach Ablauf der Reaktion in den Reduktionskegel der Flamme und senkt sie dann allmählich ins Innere des Brennerrohres, wo sie durch das nachströmende Leuchtgas in kurzer Zeit vollständig abgekühlt wird. Hierauf schließt man den Gashahn und kann nunmehr das Produkt näher untersuchen, indem man zuerst den Draht abwickelt und die zurückgebliebene Masse in einem Achatmörser mit etwas Wasser betupft. Das gebildete *Natriumsulfid* und *-oxyd* lösen sich in kurzer Zeit auf, und in der Lösung kann nun das Sulfid nachgewiesen werden (s. S. 13).

Sind in der Analyse auch Silicate zugegen, so erfolgt die Reduktion zu *Silicium*:

$$SiO_2 + 4Na \rightarrow Si + 2Na_2O$$

$$3SiO_2 + 4Al \rightarrow 3Si + 2Al_2O_3.$$

Der Rückstand wird nun weiter mit Wasser und dann mit etwas Salzsäure behandelt. Durch Schlämmen werden Beimengungen (Kohle vom Papier) vom Silicium entfernt, und dieses wird auf einem Platinblech über der Flamme geglüht. Kohle verbrennt innerhalb weniger Sekunden vollständig, das Silicium aber nur *teilweise* zu *weißem* und unschmelzbarem SiO_2. Das Silicium wird somit nach W. HEMPEL dadurch erkannt, daß nach dem Erhitzen ein leicht erkennbares Gemisch von *dunkelbraunem* Si neben *weißem*, nicht schmelzbarem SiO_2 zurückbleibt.

Dasselbe wird aber auch in Gegenwart von Borverbindungen beobachtet, nur verbrennt das reduzierte Bor nur teilweise zu weißem *schmelzbarem* Bortrioxyd. Es bleibt somit nach dem Glühen ein Gemisch von *braunem Bor* neben geschmolzenem Bortrioxyd zurück.

§ 10. Die Perlenproben.

Als Vorproben auf die Metalle der Schwefelammoniumgruppe eignen sich die Perlenproben. Diese bestehen darin, daß viele Metalloxyde in geschmolzenem Natriummetaphosphat oder -borat gelöst, der Schmelze eine charakteristische Farbe verleihen. Als Ausgangsstoff zu diesen Proben werden sekundäres Natriumammoniumphosphat $NaNH_4HPO_4 \cdot 4\,H_2O$ oder Borax $Na_2B_4O_7 \cdot 10\,H_2O$ verwandt (KOLBECK-PLATTNER, FRESENIUS, LUTZ). Die Probe kann sowohl auf Kohle als auch am Platindraht durchgeführt werden. Letztere Methode ist der größeren Bequemlichkeit wegen vorzuziehen.

Man erhitzt einen in ein Glasstäbchen eingeschmolzenen, etwa 3 cm langen und 0,5 mm starken, reinen und glatten Platindraht in einer entleuchteten Bunsenflamme und taucht den heißen Draht in das feste obengenannte Phosphorsalz oder in Borax; etwas vom Salz bleibt am Drahte haften. Das angeschmolzene Salz wird jetzt in der Flamme vorsichtig erhitzt, es findet Aufschäumen statt, da sich die Verbindung unter Wasser- und Ammoniakabspaltung zersetzt:

$$NaNH_4HPO_4 \cdot 4\,H_2O \rightarrow NaNH_4HPO_4 + 4\,H_2O$$
$$NaNH_4HPO_4 \rightarrow NaPO_3 + NH_3 + H_2O.$$

Borax verliert ebenfalls Wasser. Die noch heiße Masse wird von neuem in das Ausgangssalz getaucht und dann wieder erhitzt. Das wird so lange wiederholt, bis am Platindraht ein Tropfen der Schmelze hängt. Der Tropfen hält sich besser in einem Drahtöhr. Die Schmelze muß vollständig *durchsichtig* und farblos sein. Erst jetzt berührt man mit dem am Draht hängenden Tropfen die pulverisierte Analysensubstanz: es braucht nur etwas von dieser an der geschmolzenen Masse haftenzubleiben. In der Flamme von neuem erhitzt, reagieren jetzt die Verbindungen der Probe mit der Schmelze, wobei in vielen Fällen eine Färbung eintritt. So färbt sich z. B. der Tropfen in Gegenwart von Co-Salzen blau:

$$3\,NaPO_3 + 3\,CoSO_4 \rightarrow Na_3PO_4 + Co_3(PO_4)_2 + 3\,SO_3$$
$$NaPO_3 + CoSO_4 \rightarrow NaCoPO_4 + SO_3.$$

Im Falle von Borax erhält man aber ein Metaborat:

$$Na_2B_4O_7 + CoSO_4 \rightarrow 2\,NaBO_2 + Co(BO_2)_2 + SO_3.$$

Der am Draht hängende gefärbte Tropfen erstarrt nach seinem Erkalten zu einem Glas und stellt die „Perle“ dar. Es lösen sich in den Metaphosphat- und Boratschmelzen nicht nur Oxyde, sondern sie vermögen auch, wie aus den Reaktionen ersichtlich, leichter flüchtige Säuren zu verdrängen.

Die Farbe der Perle kann verschieden sein, je nachdem, ob man sie in der *Oxydations*- oder in der *Reduktions*flamme herstellt. Der Unterschied in den Färbungen rührt von den verschiedenen Wertigkeitsstufen der zu untersuchenden Kationen ab, da im ersten Fall immer die höchste, im zweiten aber die niedrigste unter den bei gegebenen Verhältnissen möglichen, erreicht wird.

Die Oxydationsperle wird im Oxydationsraume einer entleuchteten Bunsenflamme hergestellt. Die Reduktionsperle dagegen in der Reduktionszone über der Spitze des inneren Kegels. Damit weiter keine Oxydation eintritt, kühlt man die Perle im Inneren des Brennerrohres ab (s. S. 31).

Tritt keine oder eine nur schwache Färbung der Perle ein, so wiederhole man die Versuche mit derselben Perle (durch Eintauchen in die Substanz und Erwärmen), bis deutliche Färbung eintritt, da die Menge der färbenden Substanz sich auf diese Weise in der Perle konzentrieren läßt. Langsames Vorgehen ist deswegen notwendig, weil überschüssiges Material eine zu dunkle Färbung hervorrufen könnte und die Farbe deswegen nicht deutlich zu erkennen wäre. In solchen Fällen empfiehlt es sich nach Biltz, die noch heiße, weiche Perle mit einer Pinzette rasch platt zu drücken. In der Durchsicht können dann die Farben der Scheibchen gut beurteilt werden. Die Farbe der Perlen ist wie im kalten so auch im heißen Zustande zu notieren.

Selbstverständlich treten bei der Anwesenheit mehrerer Elemente Mischfarben auf, oder es verdecken kleine Mengen intensiv gefärbter Elemente (z. B. Co) die Farben anderer. Darin besteht der Nachteil dieser und auch anderer Vorproben. Zum sicheren Erkennen der reinen Färbungen ist es zweckmäßig, eine Perlensammlung, bestehend aus Perlen, die durch bekannte Oxyde verschiedener Elemente gefärbt sind, herzustellen, um in der Lage zu sein, die Farbe einer erhaltenen Perle mit denen der Sammlung zu vergleichen.

Im allgemeinen weisen die Phosphorsalz- und die Boraxperlen die gleichen Färbungen auf. Jene zeichnen sich vor diesen dadurch aus, daß sie durchschnittlich reinere und in manchen Fällen, bei Anwesenheit kleiner Mengen, *deutlichere* Färbungen liefern. Andererseits haften die Boraxperlen infolge ihrer größeren Zähflüssigkeit besser am Platindraht.

Nach Durchführung der Versuche kann der Platindraht dadurch gereinigt werden, daß man die Perle erhitzt und dann vom Draht abschleudert; durch Erzeugen und Abschleudern neuer Tropfen aus reinem Salz erreicht man zuletzt, daß sich der geschmolzene Tropfen überhaupt nicht mehr färbt. Nachdem auch dieser abgeschleudert ist, wird der Draht mit konzentrierter Salzsäure behandelt und ausgeglüht.

Als Platinersatz können nach WEDEKIND Magnesiastäbchen gebraucht werden. Die Herstellung der Perlen erfolgt in ganz derselben Weise, und die Farbe der Schmelze kann, solange sie heiß ist, gut auf der weißen Unterlage erkannt werden. Beim Erkalten erhält die Masse Risse.

Eine Reihe von Elementen liefert farblose Perlen (oder fast farblose, bei größeren Mengen) in der Oxydationsflamme, vor allem die Alkalimetalle, die Erdalkalimetalle, dann Zn, Cd, Pb, Al, Bi, Sb, Sn, Mo, W, Ti, Ta und die seltenen Erden. Werden aber die Verbindungen der Metalle Al, Ba, Pb, Ca, Mg, Zn in der heißen Perle in *größeren* Mengen gelöst, so erhält man weiße, undurchsichtige Perlen. Desgleichen liefert auch Zinndioxyd (SnO_2) eine weiße, emailleartige Perle. Farblose Perlen können durch geringe Zusätze auch *angefärbt* werden, z. B. die *Sn*-Perle durch geringe Cu-Beimengungen (rubinrot); Kupfer allein erzeugt keine so intensive Färbung.

Von besonderer Bedeutung ist die Phosphorsalzperle zur Erkennung von *Kieselsäure,* z. B. in den natürlich vorkommenden Silicaten. Erhitzt man einen Splitter eines solchen Silicats in der Perle, so werden dessen Metalloxyde gelöst, und es wird gleichzeitig das Siliciumdioxyd ausgeschieden, das als *weiße, ungelöst* bleibende Masse in der geschmolzenen Perle umherschwimmt und das sogenannte Kieselsäureskelett bildet:

$$3\,CaSiO_3 + 3\,NaPO_3 \rightarrow 3\,SiO_2 + 3\,NaCaPO_4.$$

Die erkaltete Perle ist dann mit weißen, undurchsichtigen Stellen durchsetzt. Sind in der Analysensubstanz nur Spuren von Kieselsäure vorhanden, so werden diese bei längerem Erhitzen von der Phosphorsalzperle *gelöst*; auch manche Silicate lösen sich sogar als größere Körner in der Perle klar auf, z. B. die aus der Gruppe der Zeolite (Natrolith, Chabasit, Analcim, Stilbit, Prehnit, Apophyllit). Ebenso verhalten sich manche schwefelsäure- und chlorhaltige Mineralien, wie Nosean, Eudialyth, Sodalith, Hauyn. Nach J. HIRSCHWALD gibt es aber auch solche, die *keine* Kieselsäure enthalten, sich jedoch in der Perle *nicht* klar auflösen und hierdurch Silicate vortäuschen, z. B. Diaspor, Apatit, Monazit, Chrysoberyll, Wavellit, Spinell. Die Perlenprobe auf Silicate ist deshalb *nicht als ganz eindeutig* zu betrachten. Handelt es sich deshalb um den Nachweis von Kieselsäure in Mineralien, so verwende man niemals fein gepulvertes Material, sondern nehme stets einen *Kristallsplitter* des zu prüfenden Minerals. Borax ist zum Nachweis der Kieselsäure *nicht* zu gebrauchen.

Eine Anzahl der übrigen Elemente färbt die Perlen mehr oder weniger intensiv und charakteristisch. Zur leichteren Übersicht über die Farben, die die verschiedenen Elemente den Perlen in der Oxydations- und Reduktionsflamme, in kaltem wie in heißem Zustande verleihen, dient die nachstehende Zusammenstellung (Tab. 2). Auch das Entstehen von Mischfarben ist in manchen Fällen angedeutet. Es bedeuten sch.g. schwach gesättigt, st.g. stark gesättigt; mit Bx ist die Boraxperle gemeint.

Tabelle 2. Färbung der Phosphorsalzperlen.

Färbung	In der Oxydationsflamme		In der Reduktionsflamme	
	heiß	kalt	heiß	kalt
Farblos	Li, Na, K, Rb, Cs, Be, Ca, Sr, Ba, Mg, Seltene Erden, Hg, W		Li, Na, K, Rb, Cs, Be, Mg, Ca, Sr, Ba, Seltene Erden	
		Ti, Ta	Cu sch. g., Mn, Ce	Mn, Ce, Fe
Farblos mit Skelett	Manche Silicate, Kieselsäure		Manche Silicate, Kieselsäure	
Grau	Rh (Bx) in auffallendem Licht			Ag, Tl, Pb, Bi, Cd, Ni, Zn, In, Sn, Sb sch. g. Te
Gelb	Fe sch. g., Ni, V, U, Ce, Ti st. g. Cd, Zn, Ta st. g. Nb, W st. g. Bi, Sb Ag st. g. (gelblich)	Fe st. g. Mo (gelbgrün) U st. g. (gelbgrün)	Fe sch. g. Ti st. g. Nb, V	
Braun	Ni st. g. Mo (gelbbraun), V sch. g. Rh (Bx), Pt (Bx), Os (Bx)	Ni (heller) V st. g. (braungelb), Fe st. g. (rotbraun)	Mo Rh (Bx), Pt (Bx), Os (Bx)	Fe + Nb (braunrot) Fe + Ti (braunrot) Fe + W (blutrot)
Rot	Sn + Cu, Au st. g. auch blau	Sn + Cu, Au st. g.	Cu (rotbraun), Au st. g.	Cu (undurchsichtig), Cu + Sn sch. g. (rubinrot, durchsichtig), Nb + Fe SO_4, Mo + $FeSO_4$
Grün	Cr, Cu (grünlich), Fe + Co, Fe + Cu, Ni + Cu	Cr, } hellgrün, blau oder gelb, je nach Mengenverhältnissen	Cr, U, V st. g. (bräunlich), Fe st. g.	Cr, U, V st. g. (bräunlich), Fe st. g.
Blau	Co	Co, Cu	Co	Co, W
Violett	Mn	Mn	Nb st. g.	
Schwarz	Pd (Bx), Ru (Bx)		Pd (Bx), Ru (Bx)	

Da sich, wie schon gesagt, die Färbungen der Boraxperlen wenig von denen der Phosphorsalzperlen unterscheiden, so kann hier auf die Wiedergabe einer besonderen Tabelle der Boraxperlen verzichtet werden, zumal doch die hellere oder tiefere Färbung einer Perle noch stark von deren Sättigung mit der Substanz abhängt. Es ist aber ganz unmöglich, den Grad der Sättigung unter den Umständen der Vorprobe anzugeben. Einigermaßen eindeutig lassen sich manche Elemente erkennen, wenn sie *einzeln* als Oxyde oder Salze zugegen sind, wie z. B. Co, Cr, Mn. Liegen aber Mischungen vor, so wird, wie schon gesagt, der Nachweis sehr unbestimmt. Dabei existieren ja noch andere, sicherere Methoden der Vorprobe, die in ebenso kurzer Zeit zu eindeutigeren Resultaten zu kommen erlauben, z. B. die Oxydationsschmelzprobe auf Mn und Cr, die Reduktion auf Kohle von Fe-, Ni-, Co-Verbindungen mit darauffolgendem mikrochemischem Nachweis.

Diejenigen Elemente, die am charakteristischsten die Perlen färben, und die somit durch die Perlenprobe ziemlich sicher nachgewiesen werden können, sind in der Tab. 3 zusammengestellt. Die Farbangaben beziehen sich besonders auf ein Ausgangsmaterial, das in Form von Sauerstoffverbindungen vorliegt und auf kalte, abgekühlte Proben bei mittlerer Sättigung.

Tabelle 3. Perlenfärbungen der am intensivsten färbenden Elemente.
(Nach KOLBECK-PLATTNER.)

Färbende Substanzen (als Oxyde)	Phosphorsalzperle		Boraxperle	
	Oxydationsflamme	Reduktionsflamme	Oxydationsflamme	Reduktionsflamme
Mo	Farblos-gelbgrün	Grün	Farblos-schwachgelb	Graubraun-schwarz.
W	Farblos-schwachgelb	Saphirblau (mit Fe_2O_3 blutrot)	Farblos-schwachgelb	Farblos-schwachgelb
Ti	Farblos-schwachgelb	Ametystfarben (mit Fe_2O_3 blutrot)	Farblos-schwachgelb	Farblos-schwachgelb
U	Farblos-gelb	Smaragdgrün	Gelb	Flaschengrün
Fe	Farblos-grünlich-gelb	Rauchgrau-rauchbraun	Gelb-rötlichgelb	Flaschengrün; + Sn vitriolgrün
V	Gelb	Grün	Gelb-braungelb	Grün
Cr	Smaragdgrün	Smaragdgrün	Gelbgrün	Smaragdgrün
Cu	Himmelblau	+ Sn rot	Himmelblau	Rot bis farblos
Co	Smalteblau	Smalteblau	Smalteblau	Smalteblau
Mn	Ametystfarben	Farblos	Rot (almandinrot)	Farblos-schwachrosa
Ni	Goldgelb	Goldgelb	Rotbraun	Häufig silberweißer Nickelschwamm

Mit dem Feststellen anwesender Elemente durch die Farbe der Perlen ist meistens die Perlenprobe abgeschlossen. Doch können die Perlen vom Draht abgestoßen und auf nassem Wege weiter untersucht werden. Hierzu müssen sie pulverisiert und dann in verdünnter oder konzentrierter Salzsäure gelöst werden. Auf die Anwesenheit der schon durch die Farbe der Perlen angedeuteten Elemente kann man dann auf nassem Wege durch eindeutige analytische Reaktionen prüfen. Das hat jedoch nur dann einen Sinn, wenn die Analysensubstanz selbst aus irgendwelchen Gründen der weiteren Prüfung nicht mehr zugänglich ist.

§ 11. Die Flammenfärbungsprobe.

Erhitzt man nicht- oder schwerverdampfende Substanzen auf hohe Temperaturen, z. B. innerhalb der äußeren Zone der Flamme eines entleuchteten Bunsenbrenners, so ist die Aussendung von *weißem* Licht zu sehen, einerlei, ob sich der glühende Körper im festen oder flüssigen Zustande befindet und unabhängig von dessen Zusammensetzung. Wird das ausgesandte Licht durch ein Prisma (im Spektrographen) zerlegt, so beobachtet man ein kontinuierliches oder *ununterbrochenes* Spektrum. Andere Erscheinungen treten aber auf, wenn die Substanzen verdampfen und in glühende Dämpfe oder Gase übergehen. Diese strahlen nicht weißes Licht, sondern meist solches von *bestimmter Wellenlänge* aus, das für jeden Dampf und jedes Gas charakteristisch ist. Zerlegt man ein derartiges Licht durch ein Prisma, so sieht man auf dem Schirm ein diskontinuierliches oder ein *unterbrochenes* Spektrum, häufig auf kontinuierlichem Grund. Je nachdem, welche Teile des Spektrums (Wellenlängen des ausgesandten Lichts) besonders intensiv erscheinen, erteilen diese der Flamme eine charakteristische Färbung. Letztere kann somit dazu benutzt werden, um umgekehrt, nach den Flammenfärbungen die Bestandteile der verdampfenden Substanz festzustellen. Darauf gründet sich das Erkennen der in der Analysensubstanz vorhandenen Kationen und mancher Verbindungen durch die Vorprüfung (R. BUNSEN).

I. Einfachste Durchführung und Resultate der Flammenfärbungsprobe. Um durch die Flammenfärbung einzelne Bestandteile der Analysensubstanz zu erkennen, sind nur ein guter Bunsenbrenner, ein Platindraht oder ein Magnesiastäbchen, einige gefärbte Gläser und konzentrierte Salzsäure notwendig.

Vor der Ausführung der Versuche muß zuerst dafür gesorgt werden, daß der Platindraht vollständig rein ist. Man erkennt das daran, daß der Draht, in den äußeren Mantel der entleuchteten Bunsenflamme eingeführt, die *Flamme überhaupt nicht färbt.* Ist das der Fall, so taucht man das Ende des Drahtes in konzentrierte Salzsäure und bringt es dann in die Flamme. Durch Behandeln mit der Säure bilden sich flüchtige Chloride, die in der Flamme viel schneller als manche andere Verbindungen verdampfen. Das Eintauchen und Ausglühen wiederholt man so lange, bis die Bunsenflamme überhaupt nicht mehr gefärbt wird. Das einmal gebrauchte Ende eines Magnesiastäbchens wird einfach so weit abgebrochen, daß das Ende des zurückgebliebenen Teiles die Flamme nicht mehr färbt. Erst dann kann man zur Durchführung der Probe schreiten.

Mit dem mit verdünnter Salzsäure benetzten Ende des Platindrahtes wird jetzt die Substanz berührt, so daß von ihr am Draht oder am Magnesiastäbchen nur ein Körnchen oder Splitterchen haftenbleibt. Statt Salzsäure kann auch in manchen Fällen Schwefelsäure verwandt werden. Jetzt führt man das Ende des Drahtes in den äußeren Mantel der Flamme (in den Schmelzraum *c* Abb. 8) und beobachtet *gleichzeitig* die Färbung. Manche Substanzen färben die Flamme intensiv und andauernd, z.B. Natriumverbindungen, und die Feststellung eines Ergebnisses bietet keine Schwierigkeiten. Andere Verbindungen aber, wie die des Kaliums oder Strontiums, färben die Flamme nur auf kurze Zeit; durch Eintragen einer neuen Probe kann der Effekt wiederholt werden. Zuweilen beobachtet man nicht eine ununterbrochene Färbung, die sich vom Draht nach oben zieht, sondern man sieht auf der betreffenden Seite der Bunsenflamme an einzelnen Stellen *farbiges Aufleuchten* von kurzer Dauer (rot im Falle des Strontiums). Es läßt sich hier öfter eine bessere Färbung erhalten, wenn man den äußeren Saum der Flamme mit der Probe nur streift. Alle diese Erscheinungen müssen natürlich besonders studiert werden, damit man später in der Lage ist, die färbenden Elemente zu erkennen.

Als Ersatz für Platindraht können außer den Magnesiastäbchen noch dünne *Quarzstäbe* oder harte *Graphitstäbchen* aus Bleistiften verwandt werden (L. KOPA). Auch *Chromnickeldraht* läßt sich mit Erfolg gebrauchen. Alle diese Träger der zu untersuchenden Substanz können weiter einfach durch einen *Filtrierpapierstreifen* ersetzt werden, dessen Ende man mit der zu prüfenden Lösung tränkt. Bei festen unlöslichen Salzen wird der Streifen in verdünnte Salzsäure getaucht und mit dem Salz bestreut. Das feuchte Ende bringt man nun an den Rand der Flamme. Die so erzeugten Flammenfärbungen sind rein und halten so lange an, bis das Papier durch die Feuchtigkeit vor dem Verbrennen geschützt ist; leichtes Verkohlen soll hierbei ohne Nachteil sein (A. EHRINGHAUS).

Besonders intensive Flammenfärbungen liefern die Salze der Alkali- und Erdalkalimetalle. Vergleicht man die verschiedenen Salze eines und desselben Metalles, so findet man, daß sie die Flamme auf gleiche Art, jedoch mit verschiedener Intensität färben, und zwar die mehr flüchtigen am stärksten. So färbt das stark flüchtige Kaliumchlorid die Flamme stärker als das Kaliumcarbonat. Durch Steigerung der Temperatur (Gebläseflamme!) kann die Intensität erhöht werden. Nicht selten läßt sich die Flammenfärbung auch dadurch *verstärken*, daß man dem Stoffe eine diesen zersetzende schwerflüchtige Verbindung hinzufügt. So kann man in Silicaten, die nur wenige Prozent Kalium enthalten, Kalium nur schwer nachweisen; die Flamme wird aber ohne weiteres gefärbt, wenn man dem Silicate etwas Gips zugibt, weil eben durch die Bildung von Calciumsilicat flüchtiges Kaliumsulfat frei wird, oder man schließt die Silicate mit Na oder Mg nach HEMPEL auf. Ähnlich wirkt auch der Gebrauch der Salzsäure, wie schon erwähnt. Das allein hilft jedoch nicht bei den Sulfaten (leichtflüchtige ausgenommen); diese müssen durch Reduktion mit Kohle im Reduktionsraume der Bunsenflamme in Sulfide umgewandelt werden; Sulfide setzten sich aber leicht mit Salzsäure zu Chloriden um. Die Probe kann auch auf Kohle in Gegenwart von einer Spur Soda erfolgen. Allerdings stört dann das Natrium die Beobachtungen stark (s. S. 49).

Die eigenartigsten Färbungen, die einzelne Elemente oder deren Verbindungen liefern, sind folgende:

Gelb, mit einem Stich ins Rötliche, wird von allen *Natriumverbindungen* erzeugt. Die Färbung ist so intensiv, daß sie auch in Gegenwart großer Mengen anderer Salze erkannt werden kann.

Violett wird die Flamme in Gegenwart von *Kaliumsalzen* (bor- und phosphorsaueres Kalium ausgenommen). Eine ähnliche Färbung rufen auch die selten vorkommenden Salze von *Rubidium*, *Caesium* (blau), *Indium* (blau) und *Gallium* hervor.

Rot wird die Flamme durch die Anwesenheit von *Lithium*-, *Strontium*- und *Calcium*verbindungen. *Lithium* färbt die Flamme karminrot, am stärksten Lithiumchlorid, *Strontium* erzeugt eine purpurrote Farbe, wobei diese durch die Mineralien Strontianit ($SrCO_3$) und Cölestin ($SrSO_4$) zuerst schwach gelblich, dann purpurrot gefärbt wird. In Silicaten läßt sich die Gegenwart von Strontium auf diese Weise nicht erkennen. *Calcium* färbt die äußere Flamme gelblichrot (ziegelrot). Kalkspate und Flußspat bringen anfangs eine gelbliche Färbung hervor, die dann, sobald die Kohlensäure der ersteren entwichen ist, in eine rötliche Färbung übergeht. Werden mit Salzsäure befeuchtete Splitter untersucht, so tritt die charakteristische Färbung viel deutlicher auf. Von den Silicaten bringt nur der Wollastonit die rote Färbung schwach hervor.

Grün wird die Flamme durch *Barium*, *Thallium*, *Tellur*, *Kupferoxyd*, *Borsäure*, dann auch durch *Molybdänsäure*, *Phosphorsäure*, *Antimon* und *Vanadin* gefärbt. Die Färbung durch *Barium* ist gelblichgrün und wird am intensivsten durch das Chlorid erzeugt, schwächer wirken das Carbonat und das Sulfat. In Silicaten läßt sich Barium durch die Flammenreaktion nicht erkennen. Die Gegenwart von Calcium stört den Nachweis von Barium nur wenig. *Thallium* färbt die Flamme intensiv grün und ist auch leicht bei der Reduktion auf Kohle zu erkennen (s. S. 35). *Tellur*dioxyd schmilzt, raucht und färbt die Flamme grünlich. Auch *Kupferoxyd* ruft eine smaragdgrüne Färbung hervor (Molekülspektrum); befindet es sich in Mineralien oder in anderen Verbindungen, so färben diese ebenfalls die Flamme intensiv grün. Diese Färbung liefern auch metallisches Kupfer und dessen Halogenide. Die Flammenfärbung durch *Borsäure* ist apfelgrün; die gleiche Farbe erzeugen auch manche die Säure enthaltenden Mineralien, wie Datolith, Boracit. Andere zeigen diese Reaktion erst, wenn sie in feingepulvertem Zustande entweder mit Schwefelsäure erhitzt werden, oder wenn man sie mit einem Gemenge von Kaliumbisulfat und Flußspat schmilzt oder mit Glycerin zu einem dicken Brei anrührt. Ist Natrium zugegen, so erscheint zuerst die grüne Farbe und dann erst die gelbe. *Molybdänsäure* färbt, während sie sich verflüchtigt, die Flamme gelbgrün, und zwar noch mehr zur gelben Seite hin, wie das Barium. Molybdänglanz liefert dieselbe Erscheinung, da es in der Flamme zu Molybdän(VI)-oxyd verbrennt. *Phosphorsäure* und Phosphate (erst nach Befeuchten mit Schwefelsäure) erteilen der Flamme eine bläulichgrüne Färbung, die allerdings nur kurze Zeit andauert. Am besten benutzt man zum Phosphorsäurenachweis fein gepulvertes Material, das man mit Schwefelsäure zu einer teigigen Masse mischt und dann mit dem Platindraht aufnimmt. Beim Schmelzen von metallischem *Antimon* oder von dessen Sulfiden auf Kohle umgibt sich die flüssige Kugel mit einem fahlgrünlichen Schein. Auch der weiße Beschlag färbt die Flamme auf dieselbe Art. *Vanadium* liefert eine fahlgrüne Farbe. Nach T. YOSIMURA erteilen durch HCl angreifbare, mehr als 10% enthaltende *Manganmineralien*, mit HCl angefeuchtet, der Bunsenflamme eine grüne Flammenfärbung (ähnlich dem Ba). Dieselbe Färbung liefern folgende Mineralien: Mn-Oxyde und Oxydhydrate, Alabandin, Rhodochrosit, Mn-Calcit, Tephroit, Inesit. Keine Flammenfärbung ist mit Mn-haltigem Limonit, Rhodonit, Spessartit, Mn-Axinit zu erhalten. Weiter liefern *Rhenium*verbindungen fahl-bläulichgrüne Färbungen. Endlich färben auch manche *Ammonium*verbindungen, so das Nitrat und Chlorid oder gewisse *Cyan*verbindungen, die Flamme, ähnlich wie Phosphorsäure, bläulichgrün, wenn man sie an der Spitze eines reinen Platindrahtes in die Flamme einführt.

Blau wird die Flamme in Anwesenheit von *Caesium, Indium, Blei, Selen, Arsen* und *Kupferchlorid* oder *-bromid* gefärbt. Beim Einschmelzen von *Blei* auf Kohle mit dem Lötrohr umgibt sich das flüssige Metall mit einem blauen Scheine. Ebenso wird die Flamme durch das flüchtige Oxyd gefärbt. Dieselbe Färbung beobachtet man auch beim Eintragen der meisten Bleisalze in die entleuchtete Bunsenflamme. *Selen*, auf der Kohle geschmolzen, verflüchtigt sich mit einem intensiven kornblumenblauen Scheine. Ebenso verhalten sich auch der Selenbeschlag und viele Selenide. Metallisches *Arsen*, dessen Oxyde, Arsenate, färben die Flamme hellblau (fahlblau), desgleichen arsenhaltige Mineralien, wie Rotnickelkies, Speiskobalt, Nickelblüte, Eisensinter, auf der Kohle erhitzt, wenn sie keine anderen intensiv färbende Bestandteile enthalten. In manchen Fällen findet selbst dann eine hellblaue Färbung statt, wenn die Base ebenfalls Färbung verursacht, z. B. Calciumarsenat. Natürliches und synthetisches *Kupferchlorid* und *-bromid* färben anfangs die Flamme intensiv azurblau (etwas mehr grünlich beim Kupferbromid), später aber grün infolge der Bildung von Kupferoxyd; kupferhaltige Substanzen, z. B. Metalloxyde und Schlacken, im fein gepulverten Zustand mit Salzsäure befeuchtet und in die entleuchtete Flamme gebracht, färben diese auf kurze Zeit azurblau. Diese Reaktion kann auch zum *Kupfernachweis* in Legierungen benutzt werden: ein Streifen Sandpapier wird mit einer Lösung von NH_4Cl getränkt (10 g NH_4Cl auf 30 ml Wasser), getrocknet und das zu untersuchende Metall gegen den Streifen so lange gerieben, bis ein deutlicher Metallfleck zu sehen ist; bringt man jetzt den Streifen in die Flamme, so färbt sie sich bläulich oder grünlich, wenn Kupfer in der Legierung vorhanden ist.

Die Beobachtung des farbigen Lichts, das durch einzelne Elemente in der Flamme ausgesandt wird, kann nach BUNSEN, wenn es schwach ist, folgendermaßen verschärft werden. Fällt z. B. schwaches, durch Na-Salze ausgesandtes Licht auf einen Kristall oder eine Lösung von Kaliumbichromat, so erscheinen diese hell- bis dunkelgelb, während sie, im Tageslicht betrachtet, orangerot aussehen. Dieser Unterschied dient zum Erkennen geringster Na-Mengen.

Die überaus große Färbungsfähigkeit der Natriumverbindungen erschwert oft die Feststellung, ob in der zu untersuchenden Substanz Natrium überhaupt vorhanden ist, denn infolge der sehr starken Verbreitung dieser Verbindungen in der Natur zeigt ja eine jede Probe eine schwache, d. h. eine sehr rasch vorübergehende Reaktion auf Natrium. Man ist also berechtigt, auf die Anwesenheit von Natrium als Bestandteil der Analysensubstanz nur dann zu schließen, wenn die gelbe Färbung wenigstens *einige Sekunden* lang anhält (W. BÖTTGER).

Das anwesende Natrium, auch in sehr kleinen Mengen, erschwert infolge der Intensität seiner Flammenfärbung die Erkennung der Anwesenheit anderer Elemente.

Sind nämlich mehrere Metalle vorhanden, die die Flamme färben, so verdecken sich häufig die Einzelfärbungen mehr oder weniger. Dabei muß beachtet werden, daß die verschiedenen Metalle und deren Chloride nicht im gleichen Grad flüchtig sind; infolgedessen treten die verschiedenen Färbungen, welche der Flamme erteilt werden, häufig nacheinander auf; daher empfiehlt es sich immer, die Platindrähte, an denen sich die betreffenden Substanzen befinden, *längere Zeit* in die Flamme zu halten und die eintretenden Farbänderungen zu beobachten. So läßt sich Kalium nach BUNSEN auch noch in sehr kleinen Mengen durch die Flammenfärbung nachweisen, doch wird die blau-violette Färbung der Kaliumsalze schon durch geringe Natriummengen vollständig verdeckt. Auch viele andere Stoffe, namentlich organische, die mit Kohleausscheidung verbrennen, stören das Erkennen der Kaliumsalze. Um die Störung durchs Natriumlicht zu beseitigen, betrachtet man die Flamme durch ein Glas, das die Natriumstrahlen absorbiert. Hierzu eignet sich am besten *Kobaltglas* oder eine *Indigolösung*, in ein Hohlprisma gefüllt. Die Lösung wird durch Auflösen von etwa 1 g Indigo in 8 g konzentrierter Schwefelsäure und Verdünnen auf 1500 bis 2000 ml Wasser hergestellt (R. BUNSEN). Auch blaue sogenannte Kobaltgelatine, aufs Glas gegossen und zum Schutz gegen Feuchtigkeit lackiert, kann verwandt werden (Kobaltfilter der Lifa-Lichtfilter-Fabrik in Augsburg). Die blaue Farbe des entleuchteten Bunsenbrenners ist durch die erwähnten Gläser kaum zu erkennen, auch die Färbung, durch Natrium hervorgerufen, ist nicht zu sehen. Werden nun aber in die Flamme kaliumhaltige Verbindungen eingeführt, so erscheint das Kaliumlicht durchs Kobaltglas karminrot. Wird die Natriumflamme nicht vollständig absorbiert, so ist ein doppeltes Glas zu verwenden. In dieser Hinsicht ist das Indigoprisma besser, denn man kann hier mit dünnen Schichten beginnend zu dickeren übergehen: die Kaliumflamme erscheint zuerst himmelblau, dann violett oder karminrot. Auf dieselbe Weise kann auch *Lithium* neben Natrium und neben Kalium entdeckt werden. Dasselbe bezieht sich auch auf *Strontium*.

Außer dem blauen Kobaltglas wird noch hauptsächlich ein Glas gebraucht, das durch Eisenoxyd und Kupferoxyd grün gefärbt ist. Die im Handel vorkommende Sorte, wie sie zur Verzierung von Fenstern gebraucht wird, hat in der Regel den nötigen Farbton. Die gelbrote Calciumflamme, durch dieses Glas betrachtet, erscheint *zeisiggrün*, zum Unterschied von Strontium, das unter gleichen Umständen ein verschwindend schwaches Gelb liefert (MERZ). Bei Gegenwart von Barium tritt die Reaktion nur dann ein, wenn man die mit Salzsäure befeuchtete Probe eben in die Flamme bringt. Die reine Bariumflamme erscheint, durch ein grünes Glas betrachtet, blaugrün.

Manchmal werden auch violette und rote Gläser zur Unterscheidung verschiedener Flammenfärbungen gebraucht. Doch ist die Sicherheit der Feststellungen hier noch geringer als im Falle der grünen Gläser. Es empfiehlt sich deshalb, zum Nachweis der einzelnen färbenden Elemente in der Flamme, die bei weitem sicherste Methode zu gebrauchen, nämlich die spektroskopische. Da hierzu nur ein Handspektroskop notwendig ist und die ganze Bestimmung in wenigen Minuten durchgeführt werden kann, so gehört die Methode zu den wichtigsten, bequemsten und sichersten der Vorprobe.

II. Nachweis mit dem Handspektroskop. 1. Die Spektralbrenner. Zur erfolgreichen spektroskopischen Untersuchung des von der Bunsenflamme ausgesandten gefärbten Lichtes ist es wesentlich, daß die Flamme eine Zeitlang gleichmäßig und hinreichend stark gefärbt ist. Zu diesem Zweck wird das freie Ende eines Platindrahtes zu einem kleinen Öhr gebogen, gereinigt, erhitzt und unmittelbar darauf mit dem festen Salz in Berührung gebracht und das aufgenommene Salz, wenn notwendig, zu einer Perle geschmolzen. Der Glashalter des Drahtes wird jetzt so in ein Stativ geklemmt, daß man die Perle in die heißeste Stelle der Bunsenflamme einführen kann. Auch der schon erwähnte Filtrierpapierstreifen kann verwandt werden, indem man dessen Ende in die zu untersuchende Salzlösung taucht, das andere Ende aber in die Bunsenflamme reicht. Leichtes Verkohlen ist ohne Nachteil. Wesentlich günstigere Resultate werden jedoch durch Zerstäuben der Lösungen nach E. BECKMANN und H. RIESENFELD erzielt. Die bequemste Einrichtung ist ein Brenner mit chemischem Zerstäuber (Abb. 15). Das auf einen gewöhnlichen Brenner *a* aufgestülpte Gefäß *b*-*d* enthält in der U-förmigen Vertiefung *e* 3 bis 5 ml verdünnte Salzsäure und die zu prüfende Substanz. Dann werden in die Säure einige Stückchen verkupferten Zinks hineingebracht. Durch die nun einsetzende Wasserstoffentwicklung wird ein feiner Sprühregen erzeugt, wobei die Tröpfchen durch den Luftzug des Brenners in die Flamme befördert werden und deren Färbung hervorurfen. Eine zu kräftige Wasserstoffentwicklung ist nachteilig. Aus diesem Grunde verwende man keine konzentrierte Säure und mäßige die Reaktion, falls sie zu heftig ist, durch Zusatz von etwas Wasser oder durch Eintauchen des Teiles *f* in kaltes Wasser. Dieses Verfahren der Zerstäubung ist insofern vorteilhaft, als der Brenner nicht verunreinigt wird und der Zerstäuber selbst sich leicht mit Wasser ausspülen und reinigen läßt, so daß dieselbe Portion Zink zur Untersuchung verschiedener Lösungen verwandt werden kann. Explosionen im Zerstäuber sind bei vollbrennender Flamme nicht zu befürchten; treten sie aber ein, so verlaufen sie gefahrlos. Die gefärbte Flamme verschwindet sofort, sobald man den Glasaufsatz vom Brenner abnimmt.

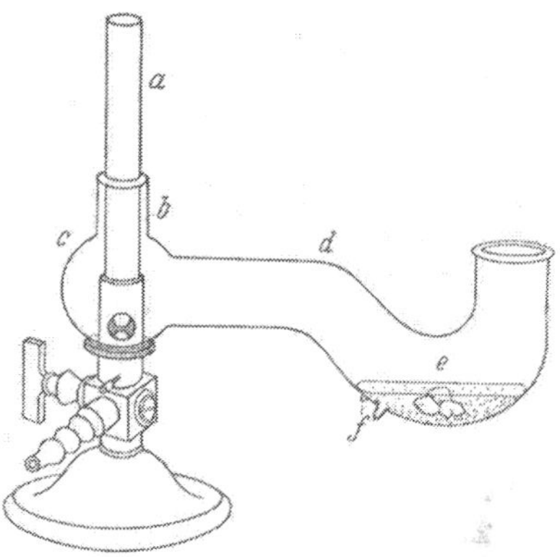

Abb. 15. Bunsenbrenner mit chemischem Zerstäuber nach E. BECKMANN

Der durch die Wasserstoffentwicklung erzeugte Sprühregen kann auch auf andere Weise in den Brenner befördert werden; man kann z. B. selbst einen Brenner aus Porzellan oder Kaliglas nach nebenstehendem Schema (Abb. 16) herstellen, wobei hier die nötige Luft über das Versuchsgefäß mit Lösung strömt und die Salzteilchen aufnimmt; dasselbe kann auch in einem Brenner geschehen, dem die Luft von unten zugeführt wird, und der mittels eines durchbohrten Pappdeckels über eine Schale gestellt ist, in welcher die Lösung durch Wasserstoff zerstäubt wird (Abb. 17); die Lösung kann sich auch in einem besonderen Behälter eines Brenners aus Porzellan befinden. Ein besonders wirksamer Spektralbrenner ist von RIESENFELD und WOHLERS konstruiert worden. Bei diesem wird die Lösung innerhalb des Brenners an Platin-Iridium Elektroden elektrolytisch versprüht, was sich besonders zum Nachweis von Erdalkalien bewährt hat. Die elektrolytische Versprühung läßt sich nach BECKMANN auch dadurch erreichen, daß man Elektroden im schon erwähnten Glasaufsatz befestigt (Abb. 18) und hierdurch fast die gleiche Intensität der Flammenfärbung erreicht wie im Spektralbrenner nach RIESENFELD. Statt

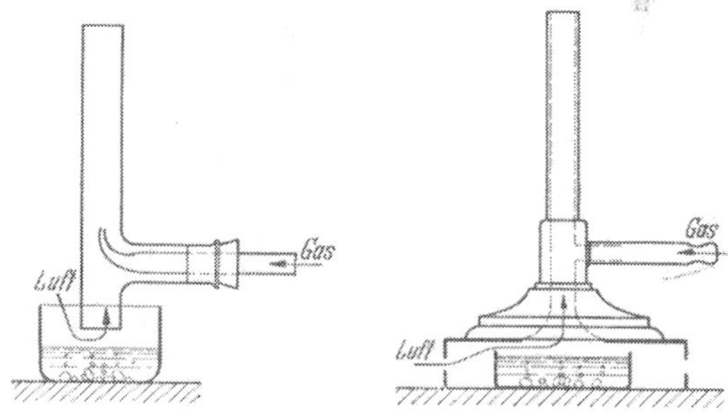

Abb. 16. Brenner aus Porzellan oder Kaliglas.

Abb. 17. Brenner mit Luftzufuhr von unten.

der erwähnten Vorrichtungen zur Färbung der Flamme kann auch ein Winkelzerstäuber, zuerst von BECKMANN beschrieben, angewandt werden. Nach Abb. 19 kann das Ende des Zerstäubers direkt in ein Zugloch des Bunsenbrenners münden.

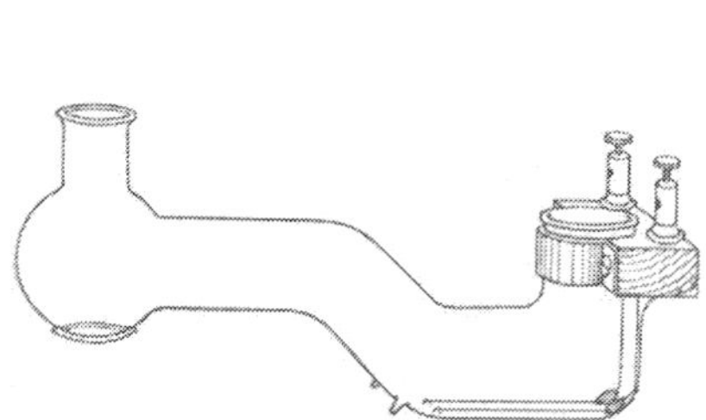

Abb. 18. BECKMANNscher Aufsatz mit elektrolytischer Zerstäubung der Lösung.

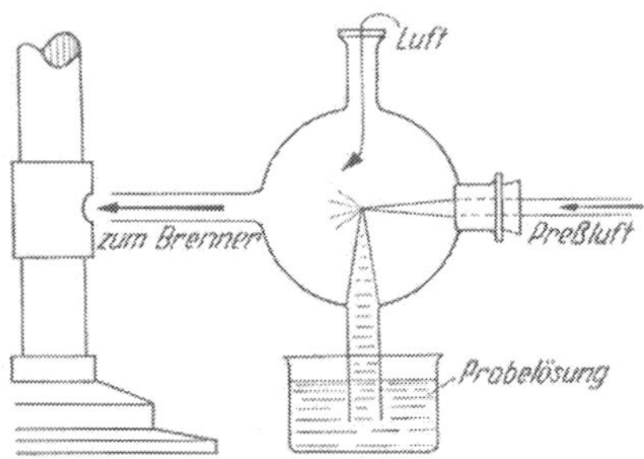

Abb. 19. Winkelzerstäuber am Bunsenbrenner.

Alle diese Hilfsmittel erlauben eine genügend intensive und genügend lange andauernde gefärbte Flamme zu Untersuchungen mit dem Handinstrument zu erzeugen.

2. Die Handspektroskope. Ein sehr bequemes Hand- oder Taschenspektroskop zu qualitativen Untersuchungen ist zuerst von H. W. FOGEL angegeben worden. Das Instrument wurde von E. BECKMANN durch Anbringen einer beleuchteten Wellenlängenskala weiterentwickelt. Ein modernes Handspektroskop mit Wellenlängenteilung und Vergleichsprisma ist im vorliegenden Handbuch beschrieben. Das Instrument ist nicht für feinere Messungen bestimmt, sondern dient vor allem zur Gewinnung eines Überblickes über das ganze Liniensystem. Da letzteres genügend hell und scharf erscheint, so können mit dem Instrument auch ungefähre Wellenmessungen durchgeführt werden, worauf sich auch dessen Verwendung in der qualitativen Analyse zur Bestimmung einzelner Bestandteile gründet (s. auch F. P. TREADWELL).

Außer den Prismenspektroskopen sind auch Hand-Gitter-Spektroskope im Gebrauch. Mit diesen Instrumenten erreicht man eine dreimal größere Genauigkeit als mit jenen. Das ganze Spektrum in der Länge von 4000 bis 7700 Å läßt sich hier ebenfalls mit einem Blick übersehen, und das Instrument besitzt außerdem noch den großen Vorzug, daß man jeden Strich der Wellenlängenteilung in der Farbe seines Spektralbezirkes frei von Parallaxe ablesen kann.

Der Spektralbrenner wird etwa 5 cm vor dem Spalte der Instrumente aufgestellt. Dieses muß etwa senkrecht zur Flamme stehen und sich oberhalb des blauen Flammenkegels befinden, da man sonst ein typisches Bandenspektrum, das in Gegenwart unverbrannter C-Verbindungen auftretende SWANspektrum beobachtet.

3. Nachweis der einzelnen Bestandteile. Auf spektralanalytischem Wege werden in der Vorprobe nur diejenigen Substanzen bestimmt, die ein charakteristisches Bild im sichtbaren Teil des Spektrums liefern, zu dessen Erzeugung man die einfachsten Hilfsmittel gebrauchen kann. Unter diesen Umständen können folgende Elemente erkannt werden: die *Alkali-* und *Erdalkalimetalle* (Mg ausgenommen), *Indium, Gallium, Thallium,* dann die flüchtigen Verbindungen des *Bors, Kupfers* und *Mangans,* zuletzt die *Edelgase, Wasserstoff* und *Quecksilberdampf.* Allerdings sind letztere erst elektrisch in Geislerröhren anzuregen, und ihr Nachweis soll hier deshalb nicht mehr näher besprochen werden.

Die Alkalien werden im Flammenspektrum durch folgende Linien erkannt (in ÅE):

Li: 6708 (rot) und 6103 (gelborange, schwach).
Na: 5896 und 5890 (gelb, bei kleiner Dispersion nicht auflösbar).
K: 7699 und 7665 (rot, nicht auflösbar), 6939 und 6911 (rot, schwach, nicht auflösbar), 4047 und 4044 (violett, schwach, nicht auflösbar).
Rb: 7950 und 7806 (rot), 6299 (rot), 4216 und 4202 (violett, nicht auflösbar).
Cs: 4555 und 4593 (blau).

Es sind im sichtbaren Spektrum der erwähnten Elemente auch noch andere Linien vorhanden, erscheinen jedoch in der Flamme des Bunsenbrenners gewöhnlich nicht. Da die Na-Linie schon bei unwägbaren Spuren auftritt, so ist Natrium nur dann nachgewiesen, wenn die Flamme andauernd gelb gefärbt ist.

Die Erdalkalielemente liefern komplizierte Molekülspektren (Bandenspektren), die anders aufgebaut sind, je nachdem, ob ein Oxyd, Chlorid, Jodid in der Flamme zur Verdampfung gelangt. Trotzdem können die Elemente nach folgenden Linien erkannt werden:

Ca: 6220 (rot) und 5533 (grün), 4227 (Atomlinie, violett, schwach).
Sr: eine Schar roter Linien zwischen 6500 und 6000 Å, eine blaue bei 4608.
Ba: eine Schar grüner Linien, unter denen auffallend 5242 und 5536; außerdem noch rote Linien.

Charakteristisch ist für das Calcium, daß die roten und grünen Linien ziemlich genau gleich entfernt zu beiden Seiten der gelben Natriumlinie (5893) liegen und in fast gleicher Stärke und zu gleicher Zeit auftreten. Werden im Spektrum keine Bariumlinien gefunden, so bedeutet das nicht, daß auch auf chemischem Wege Ba in der Analyse nicht zu finden wäre: der chemische Nachweis ist hier *empfindlicher* als der spektroskopische. Da die Erdalkalien schwer flüchtig sind, so müssen diese möglichst in Chloride übergeführt werden. Die Sulfate müssen dagegen, wie schon erwähnt, in der Reduktionszone der Bunsenflamme oder auf Kohle bis zum Sulfid reduziert werden.

Durch ihr Linienspektrum lassen sich ferner erkennen:

Tl: 5351, prächtig grün.
In: 4512, blau.
Ga: 4172, violett, 4033, violett.

Außerdem senden manche Verbindungen charakteristische Bandenspektren aus:

Cu: die *Halogenide* des Kupfers liefern viele schwache, grüne Banden; die blaue Cu-Linie (Atomlinie) 4651 ist jedoch schwer zu erkennen. Das Oxyd liefert ein schwaches Spektrum.
B als Borsäure liefert grüne, verschwommene Banden, die jedoch viel schärfer sind als die der Kupferhalogenide. Es treten die gelben und grünen Linien 5481 5440, 5193, 4912 hervor.
Mn als Chlorid — grüne Banden zwischen 6000 und 5000 Å.

Die von den übrigen Elementen im sichtbaren Teil erzeugten Flammenspektra sind wenig charakteristisch und können deshalb hier zum Erkennen der Elemente nicht verwandt werden.

4. Nachweis durch das Absorptionsspektrum. Läßt man *weißes* Licht durch einen absorbierenden Körper hindurchgehen, so ist das kontinuierliche Spektrum von schwarzen Linien oder Banden durchzogen. Dieses „Absorptionsspektrum“ erscheint also als schwarzes Spektrum auf hellem Grunde und ist, da es für den betreffenden Körper, Lösung oder Gas immer an derselben Stelle auftritt, für diesen höchst charakteristisch. Durch ihr Absorptionsspektrum können somit Verbindungen erkannt werden, was um so sicherer erfolgt, je bestimmter und schärfer begrenzt die dunklen Streifen auftreten. In einzelnen Fällen, z. B. bei der Erkennung des *Kohlenoxyds* im Blut, ist die Untersuchung des Absorptionsspektrums von großer Bedeutung.

Zur Untersuchung von Flüssigkeiten können dieselben schon erwähnten Handspektroskope verwandt werden, indem man zwischen das Spektroskop und die Lichtquelle die zu untersuchende Flüssigkeit (in Probierröhrchen oder in Gefäßen mit planparallelen Wänden) einschaltet.

Lösungen vieler Salze zeigen kein charakteristisches Absorptionsspektrum. FORMANEK bewies aber, daß durch Zusatz mancher Stoffe zu diesen Lösungen ihnen ein charakteristisches Absorptionsspektrum verliehen werden kann. Das Absorptionsspektrum erweist sich auch als äußerst bequem zur Feststellung der Anwesenheit *seltener Erden*, sowohl in Lösung als auch in festem Zustande. Man braucht nur das Handspektroskop auf das von der Sonne bestrahlte Gestein (z. B. Monazitsand) zu richten und erkennt mit einem Blick an den dunklen Streifen, die meistens im Gelb, nahe der Natriumlinie liegen, die Anwesenheit der Mineralien der seltenen Erden. Das Absorptionsspektrum hebt sich dabei scharf hervor, da es auf dem farbigen Grund des kontinuierlichen Spektrums liegt. Passiert das weiße Licht auf dem Wege zum Spektroskop zuerst ein Gefäß mit Lösungen der seltenen Erden, so sind ganz ähnliche Absorptionsspektren zu sehen. Zu deren Wiedergabe trägt man zweckmäßig (nach F. WEIGERT) die Intensität der Schwärzungen (den Extinktionskoeffizienten oder besser dessen Logarithmus) auf die Ordinate in Abhängigkeit von den betreffenden Wellenlängen (Abszisse) auf. Die erhaltenen Kurvenzüge kennzeichnen zahlenmäßig einen Stoff, mit dem dann zwecks Identifizierung die Absorptionsspektren der zu prüfenden Stoffe verglichen werden können. In Abb. 20 sieht man die Absorptionskurven (Spektra) der Lösungen einiger seltener Erden und deren Mischungen. An Hand dieser Kurven sind in gegebenen Lösungen die entsprechenden seltenen Erden zu erkennen.

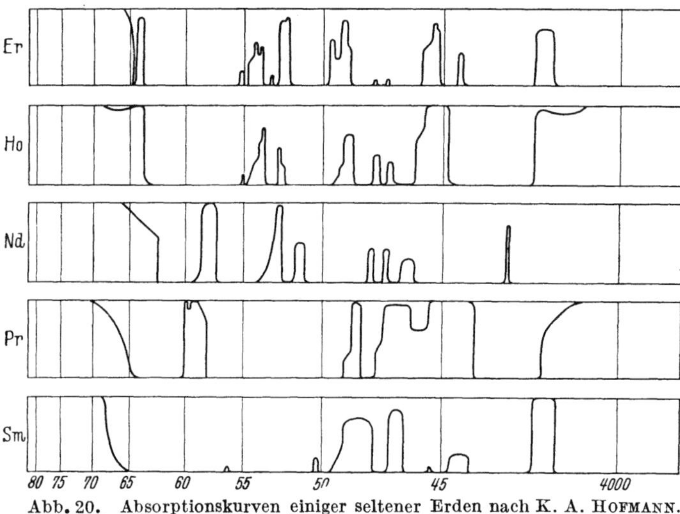

Abb. 20. Absorptionskurven einiger seltener Erden nach K. A. HOFMANN. Alle Lösungen sind *Nitrate*, ungefähr 5% Oxyd enthaltend.
1. Erbiumlösung, holmiumhaltig. 2. Holmiumreichere Fraktion von Erbiumnitrat. 3. Neodymlösung. 4. Praseodymlösung. 5. Samariumlösung.

§ 12. Einige weitere Reaktionen, die für die Vorprobe geeignet sind.

I. Curcumareaktion auf Borsäure. Durch die sogenannte Curcumareaktion kann Borsäure auch in Gegenwart vieler anderer Stoffe nachgewiesen werden, und sie eignet sich deshalb für die Vorprüfung. Ein Streifen Curcumapapier wird mit der zu prüfenden Lösung befeuchtet; zuerst sind keine Änderungen zu bemerken, beim Austrocknen (bei 100° auf dem Uhrglase) färbt sich jedoch das Papier bei Anwesenheit von Borsäure rötlich bis rotbraun. Die Färbung verschwindet nicht, wie das bei der durch Alkalilauge hervorgerufenen Bräunung des Curcumapapiers der Fall ist, wenn man den Streifen in verdünnte Salz- oder Schwefelsäure eintaucht (H. ROSE). Wird die Anwesenheit von Boraten vermutet, so säuert man die Probe schon zuvor mit Salzsäure an. Wird jetzt das trockne Papier mit Alkalilauge oder Sodalösung betupft, so wird es an diesen Stellen bei Gegenwart von Borsäure graublau oder braunschwarz bis grünschwarz. Der Streifen färbt sich wieder bräunlich rot, sobald er mit überschüssiger Salzsäure in Berührung kommt (A. VOGEL, H. LUDWIG). Die Reaktion ist sehr empfindlich, wird aber durch anwesende salzsaure Lösungen von Zr, Ti, Ta, Nb, Fe, auch Molybdänsäure, die ebenfalls Curcuma bräunen, gestört. Auch oxydierende Substanzen, wie Nitrate, Nitrite, Chromate, Chlorate, höhere Oxyde usw., ferner Jodide, verhindern die Curcumareaktion und müssen vor Anstellung des Nachweises entfernt werden.

In letzter Zeit ist die Curcumareaktion durch F. MICHEL zu einem für Borsäure sehr spezifischen Nachweis umgebildet worden, bei dem sie durch keine anderen vom genannten Autor geprüften Substanzen hervorgerufen wird. Die Farbreaktion wird folgendermaßen ausgeführt: Zu einer Spur freier Borsäure oder mit HCl sauer gemachter Boratlösung setzt man 1 bis 2 Tropfen alkoholische 0,1%ige Curcumalösung (Curcumin aus Curcuma longa L. hergestellt), sowie *einige Tropfen* reinen Alkohol und fügt dann eine geringe Menge (Messerspitze) Salicylsäure hinzu, ferner einen Tropfen Salzsäure (D = 1,10), rührt das Gemisch mit einem Glasstäbchen oder Platindraht in einem kleinen Porzellanschälchen um und dampft auf dem Wasserbade ein. Bei Gegenwart auch geringster Mengen von *Borsäure* im Untersuchungsobjekt bleibt ein mehr oder weniger *intensiv gefärbter* Fleck zurück. Man löst den Fleck in einigen Tropfen Alkohol und dampft erneut auf dem Wasserbade ein, wobei bei nicht allzu geringer Menge Borsäure der Fleck meist grünlich fluoresziert. Man löst erneut in einigen Tropfen reinem Alkohol und fügt zu der erhaltenen rosaroten oder roten Lösung einige Tropfen verdünntes Ammoniak (D = 0,96) hinzu, wobei sich die Lösung *kornblumenblau* färbt.

II. Nachweis von Lanthan. Das dreiwertige farblose Ion des Lanthans kann nach W. BILTZ durch folgende besonders charakteristische Reaktion nachgewiesen werden: Die Lösung von Lanthanacetat bzw. die Analysensubstanz mit hinzugefügtem Natriumacetat wird mit etwas J-Lösung versetzt und tropfenweise mit so viel Ammoniak, daß die Lösung noch durch Jod braungelb gefärbt ist. Beim Erwärmen fällt in Gegenwart von Lanthan ein dunkelblauer Niederschlag aus, der Färbung nach der Jodstärke ähnlich, bei sehr geringen Mengen nimmt die Lösung nur eine *blaue* Farbe an.

III. Nachweis von Kohlenstoff. 1. Nachweis von Kohlenstoff in Metallen und Legierungen. In erster Linie wird es sich hierbei um den Nachweis von Kohlenstoff in Eisen und dessen Legierungen handeln. Der Kohlenstoff tritt in Metallen in zwei Formen auf, als ausgeschiedener Kohlenstoff in kristalliner (Graphit) oder amorpher Form (sogenannte Temperkohle) oder chemisch gebunden mit dem Grundmetall als feste Lösung oder als Carbid. Das äußert sich beim Auflösen des Metalls in Säuren. Während ersterer als schwarzer in Säuren unlöslicher Rückstand zurückbleibt, entweicht der Kohlenstoff in letztem Fall in Form von Wasserstoffverbindungen (s. S. 10). Löst sich der Rückstand z. B. in verdünnter Salzsäure nicht, so muß er mit konzentrierteren Säuren behandelt werden, da z. B. die Carbide des Mo, W und Fe sehr schwer angreifbar sind.

Der bei der Auflösung von Metallen zurückgebliebene schwarze Niederschlag braucht nun nicht immer aus Kohlenstoff zu bestehen. So bleiben bei der Auflösung von Zink alle edleren Metalle als schwarze Niederschläge zurück. Ein solcher Rückstand löst sich aber in konzentrierterer Säure auf, besonders leicht in Salpetersäure. Besteht der Rückstand aus Kohlenstoff, so löst er sich sogar in warmer Salpetersäure nur schwer. Der Nachweis von Kohlenstoff erfolgt dann am besten durch Verbrennen auf einem Platinblech (s. S. 26); verbrennt der Rückstand hierbei vollständig, so ist die Anwesenheit von Kohlenstoff erwiesen. Bleiben dabei heller gefärbte Substanzen zurück, so sind diese besonders zu untersuchen.

Kommt es vor, daß der schwarze Rückstand sehr schwer verbrennt, so schmilzt man nach GUTBIER etwas Kaliumchlorat in einem dickwandigen Reagensrohr, fügt die Probe hinzu und beobachtet, ob *Verpuffen* oder *Aufglimmen* zu bemerken ist, oder man schmilzt die Probe mit Kaliumnitrat auf dem Platinblech. Tritt dabei Verpuffung und Bildung von *Kaliumcarbonat* auf, so ist Kohlenstoff zugegen. *Graphit* läßt sich nur durch starkes Erhitzen im Sauerstoffstrome vollständig verbrennen.

2. Nachweis von Kohlenstoff in organischen Substanzen. Wie schon auf S. 26 hingewiesen, sind organische Substanzen durch Erhitzen im Glühröhrchen oder beim Behandeln mit konzentrierter Schwefelsäure am Verkohlen zu erkennen. Es gibt aber Substanzen, die sich diesen Proben dadurch entziehen, daß sie sublimieren oder durch Schwefelsäure nicht zersetzt werden. In solchen Fällen kann der *Kohlenstoff* und gleichzeitig auch der gebundene Wasserstoff dadurch nachgewiesen werden, daß man die trockne Substanz in einem sorgfältig getrockneten Reagensglase der Abb. 2 mit ebensolchem Kupfer(II)-oxyd mischt, das Gemenge mit dem Oxyd bedeckt, das Glas, wie in Abb. 2 gezeigt, verschließt und stark erhitzt. Kann im Gase Kohlendioxyd nachgewiesen werden, so sind organische Substanzen zugegen. Die gleichzeitig an kälteren Stellen erscheinenden Wassertröpfchen zeigen gebundenen *Wasserstoff* an.

IV. Nachweis von Silicium in Metallen und Legierungen. Ebenso wie Kohlenstoff kann in den Metallen auch Silicium vorhanden sein. Es wird nachgewiesen, indem man die Metalle, meistens durch Behandlung mit Salpetersäure, auflöst, die Lösung in einer Porzellanschale auf dem Wasserbade möglichst vollständig eindampft, dann auf freier Flamme unter ständigem Umrühren trocknet und zuletzt erhitzt, bis sich alle Nitrate zersetzt haben, was daran zu erkennen ist, daß sich keine braunen Dämpfe mehr entwickeln. Nach dem Erkalten behandelt man das Produkt eine Zeitlang mit konzentrierter Salzsäure unter Erwärmen und dampft dann die Lösung zur Trockne ein. Diese Operation des Lösens in konzentrierter Salzsäure und Abdampfens kann einigemal wiederholt werden, denn ihr Zweck ist, die ausgeschiedene Kieselsäure in eine besser filtrierbare Form überzuführen. Zuletzt wird das Produkt nochmals mit Salzsäure befeuchtet und nach einigen Minuten mit Wasser verdünnt und die Lösung vom Niederschlag abfiltriert. In diesem läßt sich dann in üblicher Weise Kieselsäure feststellen (s. S. 19).

Liegen schwerlösliche Silicide vor, wie Eisen(II)-silicium oder Siliciumcarbid, so müssen diese erst aufgeschlossen werden (S. 89 des vorliegenden Bandes), erst dann folgt der Siliciumnachweis.

V. Zinnachweis durch die Leuchtprobe. Eine sehr bequeme und zuverlässige Reaktion auf Zinn ist von SCHMATOLLA beschrieben worden. Zu der auf Zinn zu prüfenden festen Substanz gibt man in einem Porzellantiegel einige Körnchen Zink und 5 ml fast konzentrierte Salzsäure. Die Reduktion durch Zink hat den Zweck, etwa vorhandenes 4wertiges Zinn in 2wertiges überzuführen. Jetzt taucht man in die Lösung ein mit kaltem Wasser halbgefülltes Reagensglas, zieht es aus der Lösung heraus und hält das Ende in eine Bunsenflamme. Bei Anwesenheit von Zinn entsteht an den benetzten Stellen des Glases eine *blauweiße* Fluoreszenz. Die Reaktion kann auch mit einem Magnesiastäbchen durchgeführt werden, Platin eignet sich hierzu nicht. Nach FEIGL (s. auch H. MEISSNER) wird auf das Stäbchen ein Tropfen der zu prüfenden Flüssigkeit gebracht und diese durch Halten in einer Entfernung von etwa $^1/_2$ cm über der kleingestellten Flamme eines Bunsenbrenners eingedampft. Der trockne Rückstand wird dann mit einem Tropfen konzentrierter Salzsäure befeuchtet und in die Reduktionszone einer Mikroflamme gebracht. Bei Gegenwart von Zinn entsteht rings um das Magnesiastäbchen ein blauer Flammenmantel. Die Färbung kann durch Eintauchen desselben Stäbchens in Salzsäure mehrmals wiederholt werden. Die Reaktion wird durch andere Elemente außer Arsen nicht gestört, bei kleinen Arsenmengen wird sie abgeschwächt, durch größere sogar aufgehoben. Der Nachteil dieser Probe ist ihre sehr hohe Empfindlichkeit (0,03 γ) für vorliegende Zwecke.

VI. Phosphornachweis. 1. Freier Phosphor kann nach J. SCHERER folgendermaßen nachgewiesen werden: Man bringt die Analysensubstanz, die keine reduzierenden Substanzen, wie Ameisensäure, Formaldehyd, auch keinen Arsen-, Antimon- oder Schwefelwasserstoff enthalten und entwickeln darf, mit Wasser und verdünnter Schwefelsäure zu einem dünnflüssigen Brei angerührt, in einen Erlenmeyer-Kolben und hängt in den Hals mittels eines lose aufzusteckenden Korks 2 Filtrierpapierstreifen, der eine mit neutraler Silbernitrat-, der andere mit Bleiacetatlösung befeuchtet, hinein. Dann erwärmt man den Kolbeninhalt auf 30 bis 40° C. Ist Phosphor zugegen, so verdampft er und schwärzt das Silbernitratpapier, da sich das gebildete Silberphosphid Ag_3P unter Silberausscheidung zersetzt. Der Bleiacetatstreifen ist nur zur Kontrolle auf etwa vorhandenen Schwefelwasserstoff notwendig. Phosphor ist somit anwesend, wenn sich *nur* der Silbernitratstreifen schwärzt. Im allgemeinen ist jedoch nur der negative Ausfall der Probe maßgebend.

2. Der in Metallen (Kupfer, Eisen) vorhandene Phosphor wird durch Auflösung der Drehspäne der Legierung in Salpetersäure in Phosphorsäure übergeführt und mit Hilfe der Molybdatreaktion oder durch Bildung von Ammoniummagnesiumphosphat nachgewiesen. Ammoniummolybdat fällt Phosphorsäure als gelbes Ammoniumphosphormolybdat $(NH_4)_3PO_4 \cdot 12\,MoO_3 \cdot 2\,H_2O$ in salpetersaurer Lösung. Das Ammoniummolybdatreagens wird erhalten, indem man 150 g des Salzes unter Erwärmen in 1 Liter Wasser löst und dann 1 Liter Salpetersäure (D = 1,2) hinzufügt. Zur konzentrierten, auf Phosphorsäure zu prüfenden Lösung (etwa 1 ml) werden dann einige ml der Molybdatlösung hinzugefügt und gelinde erwärmt. Ein entstehender *gelber Niederschlag* zeigt Phosphorsäure an. Besteht der Verdacht, daß sich im Metall auch noch Silicium oder Arsen befindet, so kann die obige Reaktion doch durchgeführt werden, da die betreffenden Arsen- und Kieselsäureverbindungen in Säuren löslich sind (mit gelber Farbe!). Um jedoch einer jeglichen Bildung der letztgenannten Verbindungen vorzubeugen, kann zur Lösung Weinsäure hinzugefügt werden (FEIGL); unter solchen Umständen scheidet sich allein das gelbe Phosphorsalz aus. Nur das Erscheinen eines *Niederschlags* ist für die Gegenwart von Phosphorsäure beweisend.

3. Phosphor in organischen Verbindungen kann nachgewiesen werden, indem man diese mit roter, rauchender Salpetersäure aufschließt. In diesem Fall oxydiert sich vorhandener Phosphor zu Phosphorsäure, die nun gemäß 2. nachgewiesen werden kann.

Ist in der Substanz auch *Schwefel* vorhanden, so entsteht unter genannten Umständen Schwefelsäure, die durch Hinzufügen einer Bariumchloridlösung nachgewiesen werden kann. Erscheint in saurer Lösung ein weißer unlöslicher Niederschlag ($BaSO_4$), so ist Schwefelsäure bzw. Schwefel in der Analyse vorhanden.

VII. Arsennachweis. 1. Durch die Kakodylprobe. Sollen Arsenverbindungen durch die Kakodylprobe nachgewiesen werden, so wird die Analysensubstanz scharf getrocknet, mit entwässertem Natriumacetat und ebensolchem Carbonat vermischt und im Glühröhrchen erhitzt. Es reagieren dann die Arsenverbindungen, insbesondere die dreiwertigen, unter Bildung von Kakodyloxyd, eines außerordentlich widerwärtig riechenden, giftigen Gases:

$$As_2O_3 + 4\,CH_3COONa \rightarrow As(CH_3)_2O \cdot As(CH_3)_2 + 2\,Na_2CO_3 + 2\,CO_2.$$

Dieselbe Probe kann auch zum *Nachweis von Acetaten* dienen. In diesem Fall mischt man die trockne Analysensubstanz mit Arsentrioxyd und entwässerter Soda oder Natriumhydroxyd. Die Probe ist sehr empfindlich, jedoch nicht eindeutig, da auch andere organische Säuren, wie Buttersäure und Valeriansäure, ähnlich übelriechende Gase entwickeln.

2. Durch die Reaktion nach MARSH. Für die Zwecke der Vorprobe bedient man sich eines vereinfachten Arsen- und Antimonnachweises nach MARSH. Zu diesem Zweck kann sehr gut das Probierröhrchen der Abb. 2 (rechts) gebraucht werden. Es ist gut, wenn man auf das Gasabführungsrohr eine kurze Calciumchloridröhre stülpt, deren oberes Ende mit einer spitz abgezogenen Glasröhre endet. Man bringt die zu untersuchende Probe ins Probierröhrchen, fügt einige Körner Zink hinzu, verschließt das Röhrchen und gießt verdünnte Salpetersäure durch das Trichterrohr hinzu. Nach Verdrängung der Luft entzündet man den entweichenden Wasserstoff. Ist viel Arsen in der Probe, so bemerkt man das sofort an der bläulichen Farbe der Flamme. Die Flamme erzeugt aber auch bei geringen Arsen- und Antimonmengen auf einer kalten Porzellanschale einen dunklen Beschlag (s. S. 38). Erhitzt man mit der Mikroflamme die Schale an der Stelle des Beschlages von der Innenseite, so verflüchtigt sich dieser, wenn er aus Arsen besteht; besteht er aber aus Antimon, so schmilzt er zu kleinen Kügelchen, die mit der Lupe zu beobachten sind. Der Arsenniederschlag löst sich ferner zum Unterschied von Antimon in Hypochloritlösungen leicht (s. S. 27).

VIII. Nachweis von Vanadium. Eine ausgezeichnete Vorprobe auf Vanadium beruht nach W. JANDER auf der leichten Bildung und Flüchtigkeit des Vanadylchlorids. Man mischt die auf Vanadium zu prüfende Substanz mit einer 4- bis 5fachen Menge Ammoniumchlorids und füllt das Gemisch in ein trockenes Reagensrohr. Dieses wird dann mit einem Glaswollebausch, der mit verdünnter Salpetersäure angefeuchtet ist, verschlossen. Wird jetzt kräftig erhitzt, so verflüchtigt sich das Vanadium zusammen mit dem Ammoniumchlorid und scheidet sich an der Glaswand bis vor dem Wattebausch ab. Nach 5 Minuten ist die Reaktion beendet. Die nun unter der Glaswolle vorhandene Masse wird in verdünnter Schwefelsäure gelöst, vom unlöslichen Teil abfiltriert, auf ein kleines Volumen eingedampft und mit einigen Tropfen 30%igen Wasserstoffperoxyds versetzt. Eine entstandene rotbraune Farbe (Peroxyvanadate) zeigt vorhandenes Vanadium an. Übergehendes (mitgerissenes) Titan kann durch Zusatz von Natriumfluorid zur Lösung maskiert werden.

IX. Nachweis von Wasserstoffperoxyd bzw. **Peroxyden.** Wasserstoffperoxyd und dessen Salze lassen sich am besten durch Titanylsulfat nachweisen. Zu diesem Zweck dient eine mit Schwefelsäure (5%ig) angesäuerte Lösung von Titanylsulfat (1 g TiO_2 im Liter). Fügt man zum Reagens die zu prüfende Lösung hinzu, so entsteht in Gegenwart von Wasserstoffperoxyd eine gelbe bis orange Färbung, die von gebildetem Peroxytitanylsulfat herrührt:

$$[TiO]SO_4 + H_2O_2 \rightarrow [Ti(O \cdot O)]SO_4 + H_2O .$$

Die Reaktion wird verhindert durch anwesende Fluoride, außerdem stören große Mengen von Chloriden, Bromiden, Nitraten, Acetaten und farbige Ionen. Chromate, Vanadate, Molybdate und Cersalze, die mit Wasserstoffperoxyd ähnliche Färbungen wie $Ti(SO_4)_2$ liefern, dürfen natürlich nicht zugegen sein.

Persulfate geben die Reaktion nicht, Percarbonate nur eine schwache Gelbfärbung.

Die Reaktion kann umgekehrt zum Nachweis von Ti-Ionen dienen, wenn man als Reagens Wasserstoffperoxyd verwendet.

X. Vorprüfung organischer Stoffe auf Halogen- und Stickstoffgehalt. Da die Halogene in organischen Verbindungen meist nicht ionogen gebunden sind, so mißglückt deren Nachweis auf gewöhnlichem Wege.

Die Vorprobe auf Halogene ermöglicht die BEILSTEINsche Probe. Zu diesem Zweck umwickelt man ein Stäbchen Kupferoxyd mit einem dünnen Platindraht und erhitzt es in einer entleuchteten Bunsenflamme so lange, bis die Flamme sich nicht mehr färbt. Nach Abkühlung streut man eine Spur der zu untersuchenden Substanz auf das Stäbchen und schiebt es vorsichtig, es am Drahte haltend, in die äußersten Teile der Flamme. Hierbei ruft der Kohlenstoff nach erfolgter Verkohlung der Substanz ein vorübergehendes Aufleuchten der Flamme hervor. Es wird aber auch bald eine blaugrüne Färbung der Flamme, durch das entstandene *Kupferhalogenid* bewirkt, sichtbar (s. S. 49).

Zur weiteren Prüfung auf Halogen kann die trockne Analysensubstanz entweder mit *halogenfreiem* Kalk oder mit Natrium erhitzt werden (s. S. 41 des vorliegenden Bandes). Das noch heiße Reagensglas wirft man dann nach A. GUTBIER in kaltes Wasser, damit das Glas zerspringt, und fügt reine Salpetersäure bis zur sauren Reaktion hinzu. Die Lösung enthält die Halogene als lösliche Calciumsalze, die dann weiter untersucht werden können. Im zweiten Fall (Na) erhält man die Lösungen der Natriumhalogenide.

Enthält die organische Substanz gleichzeitig *Stickstoff*, so bildet sich bei dieser Reaktion neben Alkalihalogenid auch *Alkalicyanid*. Letzteres wird auf die schon früher beschriebene Art nachgewiesen (s. S. 14).

Eine Sammlung weiterer, moderner Reaktionen, die auch in der Vorprüfung gebraucht werden können, enthält das Buch von WENGER und DUCKERT.

Literatur.

ARTHUR, P., and O. M. SMITH: Semimicro Qualitative Analysis. New York 1952. — AUTENRIETH u. C. A. ROJAHN: Qualitative chemische Analyse. 1935.

BECKMANN, E.: Z. physik. Ch. **57**, 641, 646 (1907); **40**, 471 (1902); B. **36**, 1984 (1903). — BILTZ, W.: B. **37**, 719 (1904). — BÖTTGER, W.: Qualitative Analyse. 1925. — BUNSEN, R.: A. **111**, 266 (1859).

DANIEL, K.: Z. anorg. Ch. **38**, 257 (1904).

EEGRIWE, E.: Nachweisreaktionen der qualitativen chemischen Analyse. Riga 1925 (in lettischer Sprache). — EHRINGHAUS, A.: Z. Min. Geol. **1919**, 192.

FEIGL, F.: Qualitative Analyse mit Hilfe von Tüpfelreaktionen. 1931. — FEIGL, F.: Chemistry of Specific, Selective and Sensitive Reactions. New York 1949. — FRESENIUS, C. R.: Anleitung zur qualitativen chemischen Analyse. 1919. — FORMANEK: Fr. **39**, 409 (1900).

GIBB, T. R. P.: Optical Methods in Chemical Analysis. New York 1942. — GUTBIER, A.: Lehrbuch der qualitativen Analyse. 1921.

HEMPEL, W.: Z. anorg. Ch. **16**, 24 (1898). — HIRSCHWALD, J.: Fr. **29**, 318 (1890). — HOFMANN, K. A.: Lehrbuch der anorganischen Chemie. 1924.

JANDER, W.: Lehrbuch fürs anorganisch-chemische Praktikum. 1942.

KOFLER, L., A. KOFLER u. A. MAYRHOFER: Mikroskopische Methoden in der Mikrochemie. 1939. — KOFLER, L.: Mikrochemie **22**, 241 (1932). — KOLBECK, F.: Plattners Probierkunst mit dem Lötrohre. 1927. — KOPA, L.: Ch. Z. **37**, 1506 (1913).

LANDAUER: B. **5**, 406. — LUTZ, O.: Fr. **47**, 1 (1908).

MCALPINE, R. K., u. B. A. SOULE: Qualitative Chemical Analysis. 1933. — MEISSNER, H.: Fr. **80**, 247 (1930). — MERZ: J. prakt. Ch. **101**, 269. — MICHEL, F.: Mikrochemie **29**, 63 (1941).

NOYES, A. A., u. W. C. BRAY: Analyse seltener Erden. New York 1927.

OSTWALD, Wi.: Grundlagen der anorganischen Chemie. 1922.

RAAZ, F., u. H. TERTSCH: Geometrische Kristallographie und Kristalloptik. 1939. — RINNE, F., u. M. BEREK: Anleitung zur optischen Untersuchung mit dem Polarisationsmikroskop. 1934. — RIESENFELD, E. H., u. H. E. WOHLERS: B. **39**, 2628 (1906); Ch. Z. **30**, 704 (1906). — RÖSSLER, O.: B. **20**, 2629 (1887). — ROSENBLADT, Th.: Fr. **26**, 18 (1887).

SCHERER, J.: Fr. **39**, 478 (1900). — SCHMATOLLA, O.: Ch. Z. **25**, 468 (1901). — STAHL, W.: Fr. **101**, 348 (1935), auch **83**, 268, 340 (1931).

TREADWELL, F. P.: Kurzes Lehrbuch der analytischen Chemie. 1923.

VOGEL, H. W.: B. **8**, 1534 (1875); **9**, 1645 (1876); **10**, 1428 (1877). — VORTMANN, G.: Fr. **22**, 565 (1883); **25**, 172 (1886).

WEIGERT, F.: B. **49**, 1496 (1916). — WINCHELL, A. N.: The Microscopic Charakters of Artificial Inorganic Solid Substances or Artificial Minerals. New York 1931. — WENGER, P. E., and R. DUCKERT: Reagents for Qualitative Inorganic Analysis. New York, London 1948.

YOSIMURA, T. J.: Fac. Sci. Hokkaido Imp. Univ. Ser. IV, **4**, 113 (1938).

Inlösungbringen von Substanzen einschließlich Aufschlußverfahren.

Von A. Ieviņš, Riga/Lettland, und M. E. Straumanis, Rolla/Missouri, USA.

Inhaltsverzeichnis.

§ 1. Die Vorbereitung der Analysensubstanz zum Auflösen und Aufschließen.

Allgemeines.

Die systematische Durchführung einer qualitativen chemischen Analyse ist nur dann möglich, wenn die zu analysierende Substanz in wäßriger Lösung vorliegt. Deshalb ist es unbedingt notwendig, die Bestandteile auch in Wasser unlöslicher Substanzen zum Zwecke der Analyse auf irgendeine Art in Lösung zu bringen. Die Methoden, nach denen das geschehen kann, sollen in diesem Abschnitt ausführlich beschrieben werden.

Die Löslichkeit verschiedener Stoffe ist sehr verschieden, und sie kann deshalb noch in anderer Hinsicht nützlich sein: das Auflösen ist nämlich ein wirksames Mittel zur Trennung verschiedener Stoffe voneinander, da es sich z. B. auf einen Stoff erstreckt, auf einen anderen jedoch nur in sehr beschränktem Maße, oder es erfolgt umgekehrt während des Auflösens die Ausscheidung eines durch die Reaktion gebildeten schwerlöslichen Stoffes in fester Form oder in Gasform. Auch diese Möglichkeiten sollen hier berührt werden.

Auf welche Weise das Inlösungbringen einer Substanz erzwungen wird, ist gleichgültig; es muß aber bei der Auswertung der Analysenresultate in Betracht gezogen werden, daß sich zwei Arten des Auflösungsvorganges unterscheiden lassen. Im einfachsten Falle, z. B. bei der Auflösung von Natriumchlorid in Wasser, kann der aufgelöste Stoff durch Verdunsten des Lösungsmittels unverändert wiedergewonnen werden. Diese Art der Auflösung nennt man häufig physikalische Lösung. Es kann aber auch zwischen dem aufgelösten Stoffe und dem Lösungsmittel eine chemische Reaktion eintreten, so daß dann beim Entfernen des Lösungsmittels ein anderer Stoff erhalten wird als der ursprünglich aufgelöste, z. B. entsteht, wenn Kalk oder ein unedles Metall in Salzsäure gelöst wird, eine Flüssigkeit, bei deren Eindampfen Calciumchlorid oder das entsprechende Metallchlorid zurückbleibt. Einen solchen Vorgang bezeichnet man häufig als chemische Lösung (FRESENIUS).

Für die analytische Praxis ist es weiter von erheblicher Bedeutung, daß das Auflösen sich genügend schnell und vollständig vollzieht. Die Auflösungsgeschwindigkeit hängt aber von einer Reihe von Faktoren ab, unter anderem steigt sie mit der Größe der Oberfläche der aufzulösenden Substanz. Eine Vergrößerung der Oberfläche kann aber durch Zerkleinerung erreicht werden. Deshalb ist es von großer Wichtigkeit, besonders bei den durch die gebräuchlichsten Reagenzien sehr schwer angreifbaren Stoffen, diese so fein wie möglich zu erhalten. In einigen Fällen ist die Zerkleinerung auch das einzige Mittel, das uns zur Verfügung steht, die Geschwindigkeit des Auflösungsvorgangs zu beeinflussen.

A. Die Zerkleinerung der zu analysierenden Substanz.

Bevor die Zerkleinerung von unbekannten Stoffen vorgenommen wird, ist es immer ratsam, diese, besonders in Zweifelsfällen, auf Explosivität zu prüfen. Zu diesem Zweck nimmt man eine kleine Menge der Analysensubstanz und reibt sie kräftig in einer Porzellanreibschale. Treten keine explosionsartigen Geräusche hierbei auf, so kann man die Zerkleinerung des Stoffes sicher vornehmen.

Während diese Operation mit leicht bröckelnden, spröden, nicht besonders harten Stoffen in einer Porzellanreibschale oder besser in einer solchen aus Achat mit Leichtigkeit durchgeführt werden kann, so verursachen harte und zähe Stoffe schon merkliche Schwierigkeiten, und man bedarf hierzu besonderer Einrichtungen (s. den betreffenden Bd. des Handbuches). Erfolgt beim Zerkleinern oder Zerreiben die Oxydation der Analysensubstanz und muß diese vermieden werden, wie z. B. bei der Feststellung von zweiwertigem Eisen in Mineralien, so kann das Zerkleinern in einem nicht oxydierenden Medium, wie absolutem Alkohol oder anderen leicht verdampfenden Flüssigkeiten, vorgenommen werden. Von diesen wird nur so viel gebraucht, daß sie das Pulver durchweg bedecken, und sie werden nach Bedarf beim Verdunsten des Mittels durch neue kleine Portionen ersetzt (HILLEBRAND and LUNDELL).

1. Die Zerbröckelung.

Liegt die Analysensubstanz in großen spröden Stücken vor, so ist es am bequemsten, diese zuerst in kleinere aufzuteilen. Das geschieht, indem man einzelne Stücke auf eine Stahlplatte mit sorgfältig gehärteter Oberfläche legt und dann das Material mit einem ebenso bearbeiteten Hammer einfach zerschlägt.

Die auf diese Weise erhaltenen, etwa erbsengroßen Stücke werden in Stahlmörsern besonderer Konstruktion weiterbearbeitet. Diese Mörser besitzen ebene oder sphärische Böden. Der Stempel paßt entweder sehr gut zum Mörser (das Zerkleinern erfolgt in diesem Fall mit dem Hammer), oder er ist frei beweglich. In den letztgenannten Mörsern nach C. W. ELLIS (HILLEBRAND-LUNDELL) kann die Zerbröckelung, ohne einen Hammer zu Hilfe zu nehmen, nur mit der Hand und dem Stempel bis zu solcher Feinheit durchgeführt werden, daß das nach dem Durchsieben erhaltene Pulver sich ohne weiteres, z. B. ohne Achatreibschalen zu gebrauchen, zur Durchführung der Analyse eignet.

Die Zerkleinerung des Stoffes in Stahlmörsern ist immer so weit zu führen, daß beim weiteren Reiben des groben Pulvers in Achatschalen keine Partikelchen wegspringen.

Um die Verunreinigung der Analysensubstanz durch das Material der Stahlmörser möglichst zu vermeiden (s. Punkt 4), sind mit dem Stempel keine drehenden oder reibenden Bewegungen durchzuführen: die Zerkleinerung erfolgt durch senkrechte Schläge. In diesem Fall wird das Material der Mörser nur sehr unbedeutend mitgenommen, auch wenn man mit sehr harten Stoffen zu tun hat.

Zur Beschleunigung der Zerkleinerung ist es ratsam, besonders bei größeren zu verarbeitenden Mengen, die sich im Mörser befindliche Masse von Zeit zu Zeit durch ein Sieb zu treiben und den gröberen Rückstand für sich zu pulvern. Dadurch wird die Arbeit stark beschleunigt.

Mangels eines Stahlmörsers kann man sich oft in folgender Weise helfen: Man wickelt Stückchen der Substanz in zähes nicht leicht faserndes Papier ein und bearbeitet das Ganze mit einem schweren Hammer auf harter Unterlage. Dabei geht allerdings etwas Substanz verloren, die in das Papier hineingeschlagen wird, so daß man sie nicht gut ohne Mitnehmen von Fasern herauslösen kann.

2. Die endgültige Zerkleinerung.

Sie erfolgt in einer Achatreibschale mit einem Durchmesser von meist 12 bis 15 cm durch Reiben mit der Hand. In Laboratorien, wo Zerkleinerungen oft vorgenommen und größere Mengen bearbeitet werden müssen, sind Achatmörser mit Motorantrieb sehr zu empfehlen (Mathesius, Hillebrand und Lundell).

In den Fällen, wo das Analysenmaterial nicht mit dem Eisen der Mörser in Beruhrung kommen darf, muß die endgültige Zerkleinerung auch von gröberer Substanz in Achatreibschalen vorgenommen werden. Um das Material durch Wegspringen während des Zerkleinerns vor Verlusten zu schützen, bedeckt man die Reibschale mit einem Stück 0,2 bis 0,5 mm dicken Cellophans oder eines anderen durchsichtigen Materials, im äußersten Fall mit Papier, in dessen Mitte ein rundes Loch für das Pistill geschnitten ist. Mit leichten Schlägen des Pistills gegen das Material werden die Körner so weit zerkleinert, daß man zuletzt mit dem Reiben, ohne Verluste zu befürchten, beginnen kann.

Die auf diese Weise erzielte Zerkleinerung ist indessen noch nicht befriedigend, da unter feinem Material sich auch noch gröberes befinden wird. Dieser Umstand ist im weiteren Gange der Analyse nachteilig, insofern gröbere Körner langsamer angegriffen werden. Es müssen deshalb die feineren von den gröberen durch *Sieben* oder *Beuteln* getrennt und die gröberen so lange einer weiteren Zerkleinerung unterworfen werden, bis die *ganze in Arbeit genommene Menge* einen bestimmten, gleichmäßigen Feinheitsgrad erlangt hat.

Die Trennung der gröberen von den feineren Teilchen besorgt man auf folgende Weise: Ein weithalsiges, mit einem Rande versehenes Glas wird mit Seidengaze (Müllergaze) von geeigneter Feinheit des Gewebes (30 bis 60 Maschen auf 1 cm) überbunden, das zu beutelnde Pulver darauf gestreut und mit Gummistoff überbunden. Durch gelindes Aufklopfen auf die Membran oder das Glas, am besten mit einem elastischen Gegenstand, läßt sich die Trennung der gröberen von den feineren Teilchen wirksam befördern. Die auf der Seidengaze verbliebenen größeren Körner werden erneut gerieben und dazu gebeutelt, bis das ganze Material die Poren der Seidengaze passiert hat.

Auch metallische Siebe können verwandt werden, jedoch nicht aus dem Metall, dessen Ionen in der Analyse festgestellt werden sollen.

3. Zerkleinerung von Metallen und Legierungen.

Ist das zu untersuchende Metall spröde und die zu verarbeitende Masse klein, so kann man sich, wie schon beschrieben, eines Stahl-, sogar eines Achatmörsers bedienen.

Plastische Metalle werden auf einer Drehbank durch Spanabheben, durch besondere Bohrer, durch Sägen oder Feilen zerkleinert (über das Abnehmen einer Probe mittlerer Zusammensetzung s. den entsprechenden Bd. des Handbuches).

Bei weichen Metallen ist es vorteilhaft, sie in eine dünne Folie auszuwalzen und diese mit einer Schere in kleine Stückchen zu zerschneiden.

Ist das zu analysierende Material (Späne, Feilicht, Blechstückchen) mit Öl verunreinigt, so ist dieses zuvor durch Behandeln mit Tetrachlorkohlenstoff oder Benzol zu entfernen.

4. Verunreinigung des Materials beim Zerkleinern.

Bei präzisen Analysen ist immer der Umstand in Betracht zu ziehen, daß beim Zerkleinern der Probe diese durch das Material der Zerkleinerungswerkzeuge verunreinigt werden kann. So gelangt z. B. Kieselsäure, Eisen, Aluminium u. a. vom Mörsermaterial in die Probe. Je nach der Härte der zerkleinerten Substanz und der Zerkleinerungsdauer, findet man in der Analyse 0,1 bis 0,5% der genannten Verunreinigungen (HEMPEL).

Auch das Eisen von Bohrern und Feilen, die für die Zerkleinerung gebraucht wurden, läßt sich in der Probe nachweisen. Sogar Werkzeuge aus härtestem Material helfen hier nicht. Es wird manchmal empfohlen, das beigemengte Eisen mit Hilfe eines Magneten zu entfernen, doch ist diese Maßregel nicht immer zuverlässig.

B. Die Gefäße zum Auflösen und Aufschließen.

1. Glas- und Porzellangefäße zum Auflösen.

Die Auflösung der Substanz erfolgt gewöhnlich in Glasgefäßen: Reagensgläsern, kleineren und größeren ERLENMEYER-Kolben, Bechergläsern, auch in solchen aus Porzellan oder in Porzellanschälchen. Bei der Auswahl der Größe der Gefäße richtet man sich nach der aufzulösenden Menge der Substanz. Beim Gebrauch von ERLENMEYER-Kolben sind gewöhnlich solche von 100 ml auf 0,5 bis 1 g der Substanz zu wählen. Weiter ist darauf zu achten, daß alle Glasgefäße, die mit den bei der Analyse zu verwendenden Flüssigkeiten in Berührung kommen, aus *widerstandsfähigen* Glassorten angefertigt sind. Trotzdem muß man bei Ausführung feinerer Versuche darauf vorbereitet sein, daß auch die widerstandsfähigsten Glassorten mehr oder weniger durch fast alle Lösungen angegriffen werden. Im allgemeinen ist die Einwirkung saurer Flüssigkeiten erheblich schwächer als die alkalischer: es gelangen dabei die Bestandteile des Glases, namentlich Alkalien und Kieselsäure in die Lösung und führen unter Umständen zu Irrtümern (WALKER und SMITHER). Als beständigste Glassorten sind zu empfehlen: Jenaer Geräteglas 20, mit guten chemischen und thermischen Eigenschaften und Pyrexglas, außerdem noch mit guten mechanischen Eigenschaften, da die Gefäßwände ziemlich dick sind.

In besonderen Fällen, wo z. B. organische Stoffe zum Nachweis von möglicherweise vorhandenem Arsen zerstört werden müssen, sind Gefäße aus Quarz oder aus arsenfreiem Glas zu verwenden (LOCKEMANN).

Auch bei Alkalibestimmungen muß in Betracht gezogen werden, daß das Alkali teilweise oder ganz vom Glasgefäß stammen kann.

Überall da, wo aus irgendwelchen Gründen für analytische Arbeiten Glasgefäße nicht verwendbar sind, können solche aus Porzellan gebraucht werden. Letzteres ist gegenüber Flüssigkeiten, auch alkalischen, bei weitem beständiger (WATERS). Deshalb sind Porzellangefäße solchen aus Glas immer dann vorzuziehen, wenn Lösungen lange in den Gefäßen verbleiben müssen, besonders im Falle höherer Temperaturen.

Handelt es sich um Abdampfen von Wasser aus Lösungen, die vor Verunreinigung durch Alkalimetalle geschützt werden müssen, so leisten Quarz- oder Platingefäße die besten Dienste.

2. Gefäße für Arbeiten mit Fluorwasserstoffsäure.

Glas-, Quarz- und Porzellangefäße erweisen sich bei Arbeiten mit Flüssigkeiten, die Fluorwasserstoffsäure enthalten, als ungeeignet, da letztere die Gefäße stark angreift. Statt dessen können solche aus Platin, Bakelit oder Ebonit gebraucht werden. Im äußersten Fall kann man sich auch von innen paraffinierter Glasgefäße bedienen. Zum Aufbewahren, Eingießen und Abmessen fluorwasserstoffhaltiger Flüssigkeiten sind besonders bequem Flaschen, Gläser, Trichter, Meßzylinder, Pipetten und Tropfflaschen aus durchsichtigem Kunstharz (z. B. Polyäthylen). Das Erwärmen erwähnter Flüssigkeiten darf jedoch *nur in Platingefäßen* erfolgen.

3. Gefäße für Aufschlußarbeiten.

Während die Auswahl der Gefäße aus geeignetem Material für Auflösungsarbeiten eigentlich keine Schwierigkeiten verursacht, so entstehen diese sofort, sobald man zum *Aufschluß* von Substanzen übergeht. Das ist auch verständlich, da der Aufschluß oft bei hohen Temperaturen erfolgt, wo die Reaktionsgeschwindigkeit der Substanz mit dem Material des Gefäßes wesentlich höher ist. Der Aufschluß erfolgt gewöhnlich in Tiegeln, die aus sehr verschiedenem Material hergestellt werden: Platin, Tantal, Silber, Nickel, Eisen, Porzellan, Quarz, gesintertem Aluminiumoxyd, Magnesiumoxyd, Zirkondioxyd usw. Das steht damit im Zusammenhang, daß es kein für alle Aufschlußarten geeignetes Tiegelmaterial gibt: für jeden Aufschluß muß das zweckentsprechendste Gefäßmaterial gewählt werden. Bei dieser Auswahl sind folgende 2 Gesichtspunkte von ausschlaggebender Bedeutung: 1. der Tiegel muß durch den Aufschlußprozeß möglichst wenig angegriffen werden, was besonders bei solchen aus teurem Material, wie Platin, ins Gewicht fällt, da hierdurch dessen Lebensdauer verlängert wird, und 2. ist dafür zu sorgen, daß die Analyse möglichst wenig durchs Material des Tiegels verunreinigt wird, da die weitere Abscheidung der eingeschleppten Beimengungen unnütze Arbeit verursacht und man in vielen Fällen doch nicht imstande ist, festzustellen, ob diese vom Tiegel stammen oder schon vorher in der Probe vorhanden waren. Zur Verlängerung der Lebensdauer der Tiegel und zur Erleichterung der Auswahl seien hier die Eigenschaften der entsprechenden, in der qualitativen Analyse gebräuchlichen Tiegelmaterialien beschrieben:

a) **Platin.** Die wertvollsten Eigenschaften dieses Materials bestehen darin, daß es einen hohen Schmelzpunkt besitzt (1770° C), sich beim Erhitzen an der Luft bis auf höchste Temperaturen chemisch nicht ändert und äußerst widerstandsfähig gegen die Mehrzahl der chemischen Reagenzien ist. Besonders bedeutungsvoll ist der Umstand, daß Platin der Wirkung *geschmolzener Alkalicarbonate* und der von Flußsäure widersteht. Da Platin eine sehr gute Wärmeleitfähigkeit besitzt, so wird weiter das Erreichen hoher Reaktionstemperaturen stark gefördert. Bei hohen Temperaturen wird jedoch das Metall für verschiedene Gase *durchlässig*, besonders für Wasserstoff. Dieser Umstand muß in Betracht gezogen werden, wenn in Platintiegeln leicht reduzierbare Stoffe erhitzt werden müssen; die reduzierenden Gase können durch die Tiegelwand ins Innere aus der Flamme diffundieren.

Besonders wertvoll erweist sich Platin bei Silicatanalysen. In Platingefäßen können nicht nur Zusammenschmelzungen mit Alkalicarbonaten vorgenommen werden, sondern auch mit Pyrosulfaten; auch lassen sich darin die Analysensubstanzen bequem mit Fluorwasserstoffsäure bearbeiten.

Beim Gebrauch von Platingefäßen muß man sich folgendes merken:

Da Platin ein *weiches* Metall ist, so müssen die Erzeugnisse aus diesem Metall vor Deformationen, z. B. fallen lassen, geschützt werden. Zum Reinigen darf man sich ferner niemals harter, spitzer und scharfer Werkzeuge (Messer) bedienen, weil man hierbei leicht tiefe Kratzer oder sogar Löcher im Tiegel erzeugen kann.

Infolge der *leichten Legierungsfähigkeit* darf Platin niemals im Kontakt mit anderen Metallen erhitzt werden. Deshalb dürfen Platintiegel zum Ausglühen nur auf Unterlagen (Dreiecken) aus Platin, Porzellan, Quarz u. a. gestellt werden. Die Tiegelzangen müssen mit Platin- oder Porzellanspitzen versehen sein.

Folgende Substanzen dürfen ferner in Platintiegeln *nicht erhitzt* werden:

1. Substanzen, die durch von außen diffundierende Gase leicht reduziert werden können und dabei Ag, Pb, Hg, Cu, Bi, Cd, As, Sb, Sn ausscheiden. Diese Metalle liefern mit Pt leicht schmelzbare Legierungen.

2. Hydroxyde, Peroxyde des Na, K, Li, Ba und ferner deren Carbonate in Gegenwart von *Schwefel*; auch *nicht* die Nitrate, Nitrite, Cyanate und Sulfide der Alkalimetalle.

3. Phosphate und Arsenate in Gegenwart organischer oder anderer reduzierender Stoffe, da hierdurch leicht Phosphide und Arsenide des Platins entstehen, die auf den Tiegel äußerst zerstörend wirken (J. Fischer).

4. Verbindungen, die Chlor oder Brom entwickeln.

Endlich dürfen Platingefäße nur durch *entleuchtete* Gasflammen erhitzt werden und dabei so, daß die Spitze des inneren Kegels *nicht* mit dem Metall in Berührung kommt. Werden diese Maßregeln nicht beachtet, so ist die Bildung von Platinkarbid leicht möglich, das infolge der entstandenen Risse die Gefäße stark brüchig macht.

Sollen Platingefäße gereinigt werden, so sind sie entweder mit reiner Salzsäure oder reiner Salpetersäure, *niemals* aber mit einer Mischung beider zu bearbeiten. Ein ganz vortreffliches Reinigungsmittel ist gefällte Kieselsäure (eventuell auch feiner abgerundeter Sand), mit dem man, am besten nach Befeuchten mit Salzsäure, unter leichtem Druck die Tiegelwand abreibt. Wenn auf diese Weise keine völlige Reinigung erzielt wird, so schmilzt man im Tiegel einige Minuten lang Kaliumpyrosulfat und bringt die erkaltete Schmelze mit Wasser und falls nötig mit Salzsäure in Lösung.

b) **Silber** besitzt einen ziemlich niedrigen Schmelzpunkt (960° C), und Erzeugnisse aus diesem Metall müssen deshalb vorsichtig erhitzt werden. Silbertiegel und -schalen werden praktisch einzig für Zusammenschmelzungen verschiedener Substanzen mit Ätznatrium oder -kalium gebraucht. An der Berührungsstelle der Schmelze mit der Luft wird die Tiegelwandung gewöhnlich stark angegriffen, was auf die Bildung von Peroxyden zurückgeführt werden kann, da durch diese Verbindung Silbergefäße schnell zerstört werden (s. S. 101).

c) **Nickel** oxydiert sich zwar in der Wärme an der Luft, Tiegel aus diesem Metall werden jedoch sehr oft gebraucht. Am häufigsten werden diese zu Aufschlußschmelzen mit Alkalicarbonaten, mit -hydroxyden und sogar mit -peroxyden verwandt. Es gibt zwar nur einige Metalle, die der Einwirkung des Natriumperoxyds widerstehen, Nickel hält aber die zerstörende Wirkung des Peroxyds verhältnismäßig gut aus, besonders, wenn man nach der Methode von Muehlberg arbeitet (s. S. 100). Natürlich darf man beim Arbeiten mit Nickeltiegeln nicht vergessen, daß immer etwas vom Metall in die Schmelze oder die Lösung übergeht.

d) **Eisentiegel** können statt solchen aus Nickel sogar beim Zusammenschmelzen mit Natriumperoxyd gebraucht werden. Zwar sind sie weniger dauerhaft, sind aber dafür billiger. Tiegel aus reinem Metall, z. B. Armcoeisen, sind unbedingt vorzuziehen.

e) **Quarztiegel** werden infolge des hohen Schmelzpunktes des Quarzes besonders geschätzt. Sie werden aber schnell durch Alkalihydroxydschmelzen angegriffen. Sehr gut eignen sich jedoch die Tiegel zur Durchführung von Pyrophosphatschmelzen, da hierbei sehr wenig SiO_2 in Lösung geht. Zu diesem Zweck werden sie deshalb viel gebraucht.

f) **Porzellantiegel** sind zwar immer leicht zugänglich, eignen sich aber für Schmelzoperationen selten, da man immer damit rechnen muß, daß in die Probe SiO_2 oder Al_2O_3 des Tiegelmaterials übergeht. Zieht sich die Schmelzoperation etwas in die Länge, so kommt es beim Gebrauch von Alkalicarbonaten oder von Natriumperoxyd vor, daß die Tiegel durchgeschmolzen werden. Das Zusammenschmelzen mit Pyrosulfaten halten Porzellantiegel verhältnismäßig gut aus.

g) **Sintertiegel** aus verschiedenen Oxyden werden in letzter Zeit ebenfalls gebraucht. Es fallen hier hauptsächlich solche aus 2 Oxyden ins Gewicht:

1. Tiegel aus Sinterkorund (Al_2O_3) und 2. solche aus Zirkondioxyd (ZrO_2). Die ersteren eignen sich für viele Aufschlüsse und werden in der qualitativen Analyse oft statt Platin gebraucht. Sinterkorund ist gut beständig gegen Schmelzen von Na_2O_2 (500° C)[1], NaOH (500° C), Na_2CO_3 (1000° C), B_2O_3 (1250° C), KCN (700° C), $K_2S_2O_7$ (500° C), Glas (1300° C). Der Schmelzpunkt des Sinterkorunds beträgt etwa 2050° C, dessen Wärmeleitfähigkeit ist mehrfach höher als die anderer feuerfester Stoffe und nähert sich der der Metalle; verhältnismäßig günstig liegt auch die Beständigkeit gegen Temperaturwechsel. Konzentrierte Säuren, HCl, HNO_3, H_2SO_4, 40%ige HF und 20%iges NaOH greifen Sinterkorund fast gar nicht an (Gerdien, Ryschkewitsch).

Zirkondioxydtiegel sind gegen die Einwirkung von Reagenzien fast ebenso beständig wie die aus Sinterkorund (Winzer).

C. Lösungsmittel für anorganische Verbindungen, deren Auswahl und Eigenschaften.

Allgemeines. Um eine systematische Analyse durchzuführen, ist es notwendig, den zu analysierenden Stoff *in Lösung* überzuführen. Ein entsprechendes Lösungsmittel, d. h. ein solches, in dem die Substanz restlos löslich ist und sich im Gang der Analyse möglichst störungslos verhält, ist deshalb aufzufinden. Das idealste Lösungsmittel ist natürlich Wasser. Löst sich aber der zu analysierende Stoff im Wasser nur unvollkommen oder gar nicht, so müssen verdünnte Säuren wie HCl, HNO_3, konzentrierte Säuren, dann Königswasser, seltener Schwefelsäure, in einzelnen Fällen auch HF, HBr und zuletzt Alkalien wie NaOH oder KOH zu Hilfe genommen werden. Löst sich die Substanz auch in diesen Reagenzien nicht, so ist sie als schwer löslich oder sogar als unlöslich zu betrachten. Um diese in eine Lösung überzuführen, muß sie *aufgeschlossen* werden, wovon später die Rede sein wird.

1. Wasser als Lösungsmittel.

Wenn irgend möglich, ist Wasser als Lösungsmittel der zu analysierenden Substanz zu gebrauchen. Die Vorzüge des Wassers gegenüber anderen Reagenzien bestehen darin, daß der zu analysierende Stoff beim Lösen in Wasser *am wenigsten* chemischen Änderungen unterworfen ist, da hier meistens nur eine physikalische Auflösung stattfindet. Damit wird natürlich die Beantwortung der Frage über die Zusammensetzung der Analysensubstanz stark erleichtert. Beim Auflösen in Säuren kann man wohl die Anwesenheit der vorhandenen Ionen konstatieren, doch schwerer ist dann die Antwort auf die Frage zu geben, in welcher Weise die einzelnen im Gang der Analyse festgestellten Bestandteile einer Mischung in dem Untersuchungsobjekt zu Salzen verbunden sein mögen.

Für Arbeiten analytischen Charakters ist nur destilliertes Wasser zu gebrauchen, und den Eigenschaften dieses Wassers ist in jedem Institut besondere Sorgfalt zuzuwenden. Da der Wasserverbrauch bei analytischen Arbeiten ziemlich groß ist,

[1] Die eingeklammerten Werte entsprechen den Temperaturen, bei welchen im Laufe von 15 min noch keine Einwirkung des Tiegelinhalts auf dessen Wandung festgestellt werden kann.

so können auch Spuren von Beimengungen im Wasser sich ungünstig auf die Analysenresultate auswirken.

In destilliertem Wasser pflegen nun folgende Beimengungen, sogar bis zu einigen mg im Liter, am häufigsten vorzukommen (KOLTHOFF und SANDELL):

a) **Feste Substanzen,** die im Wasser schon vor der Destillation vorhanden waren und ins Destillat auf mechanischem Wege durch Verspritzen oder Mitreißen durch den Dampf infolge zu schneller Verdampfung übergeführt worden sind. Infolgedessen findet man häufig im Destillat die Ionen des *Calciums* und *Magnesiums*, aber auch andere, je nach Zusammensetzung des Ausgangswassers.

b) **Substanzen,** die durch den sich kondensierenden Dampf (Wasser) *aus dem Material der Kühler* oder dem der Aufbewahrungsgefäße ausgelaugt werden. Als bestes Kühlermaterial haben sich Platin, Silber, Quarz und Zinn erwiesen; doch haben diese Materialien, besonders die ersten drei, ihres hohen Preises wegen keine ausgedehnte Verbreitung bezüglich der Destillationsanlagen, die große Laboratorien mit destilliertem Wasser versorgen, erlangt. Aus den Destillationsanlagen, die gewöhnlich aus Kupfer bestehen, treten nun ins Wasser *Kupferionen* und aus den Wasserleitungsröhren häufig noch *Bleiionen* hinzu. Destilliertes Wasser, das lange in Glasgefäßen, auch aus den widerstandsfähigsten Glassorten bestehend, gestanden hat, wird immer in mehr oder minder hohem Maße *Bestandteile des Glases* in gelöster Form enthalten. Deshalb gebrauche man immer frisch hergestelltes Wasser.

c) Destilliertes Wasser enthält ferner **gelöste Gase** und verschiedene suspendierte Stoffe, z. B. *Staub*. Diese Beimengungen stören, beeinflussen jedoch wenig den Analysengang und die Resultate.

Ein für die Analysen genügend reines Wasser läßt sich durch zweimalige Destillation erreichen, wobei das letzte Mal Kühler aus Silber oder Spezialglas verwandt werden müssen (über Destillationsapparate s. den betreffenden Bd. des Handbuches). In manchen Fällen ist solches Wasser unbedingt notwendig, z. B. beim Nachweis mit Ditizon, und auch immer dann, wenn sich Zweifel bezüglich eines in der Probe vorhandenen Ions erheben. Weiter ist bei verantwortungsvollen Analysen der Zusammensetzung des gebrauchten destillierten Wassers besondere Sorgfalt zu schenken. Selbstverständlich bezieht sich das dann auch auf andere verwandte Reagenzien.

2. Verdünnte Säuren als Lösungsmittel.

In Wasser unlösliche Stoffe werden weiter mit Säuren behandelt, wobei mit *verdünnten* begonnen werden muß. Es dienen hierzu in erster Linie alle starken Mineralsäuren, wie schon erwähnt, in einer Verdünnung, bei der sie fast vollständig dissoziiert sind, also 2 bis 3 n. Doch ist der Begriff „verdünnte Säure" sehr unbestimmt, und verschiedene Autoren verstehen darunter Säuren, die sich bezüglich der Verdünnung voneinander stark unterscheiden. Als Beispiel sei hier die Salzsäure angeführt:

BÖTTIGER	CURTMAN	FRESENIUS	Deutsches Arzneibuch, 6. Aufl.
2 n	2 n	Spez. Gew. 1,12 ∼ 7,3 n	Spez. Gew. 1,060 ∼ 3,5 n

In folgendem soll immer unter „verdünnter Säure" (HCl, HNO_3, H_2SO_4 u. a.) eine 2 n- oder vereinzelt eine 3 n-Säure verstanden werden.

Zu den Verbindungen, die in Wasser nicht oder nur spärlich gelöst werden, dagegen in *Salz-* oder *Salpetersäure* (verdünnter oder konzentrierter), gehören:

a) **Die Oxyde der Schwermetalle** (auch das Magnesiumoxyd). Ausnahmen: Zinn- und Antimonsäure werden *nicht* von Salpetersäure gelöst; weiter die natürlichen oder geglühten Oxyde des Aluminiums, Chroms, Eisens bzw. Nickels und manche seltener vorkommende Oxyde (s. S. 93).

b) **Die höheren Oxyde von Blei, Mangan;** von Salpetersäure werden sie jedoch nur spärlich gelöst.

c) **Die Cyanide, Carbonate, Borate, Arsenate, Phosphate, Sulfide, Oxalate, Tartrate,** kurz alle Salze, die mit einer stärkeren Säure eine wenig dissoziierte Säure bilden können. Eine Ausnahme von dieser Regel tritt nur dann ein, wenn die Verbindungen in Wasser besonders schwer löslich sind.

Ob in einem gegebenen Fall besser Salz- oder Salpetersäure anzuwenden ist, wird am einfachsten durch Vorversuche entschieden. Unter den Säuren als Lösungsmitteln ist immer der *Salzsäure* der Vorzug zu geben, da diese am wenigsten die Wertigkeiten der Ionen ändert, auch dann, wenn man manchmal durch Salpetersäure schneller zum Ziel kommen kann. Die mit Salzsäure bereiteten Lösungen enthalten, wie gesagt, die Metallionen meistens in dem Wertigkeitszustande, in welchem sie ursprünglich vorhanden waren. Ausnahmen bilden Oxydationsmittel, wie Peroxyde, denselben nahestehende höhere Oxyde, ferner Quecksilber(I)-verbindungen, weil Quecksilber(I)-chlorid, andauernd mit Salzsäure gekocht, sich allmählich in Quecksilber und das zweiwertige Chlorid umbildet, und einige andere Verbindungen.

Stellt man aber Lösungen mit Salpetersäure her, so treten dabei oft Oxydationen ein, in Abhängigkeit von den Eigenschaften der sich lösenden Substanz und der Konzentration der Säure. So oxydiert z. B. Salpetersäure Schwefelwasserstoff zu Schwefel, der sich ausscheidet, infolgedessen eignet sich Salzsäure zur Fällung mit Schwefelwasserstoff ungleich besser.

Dessenungeachtet besitzen salpetersaure Lösungen auch ihre Vorteile: deren Salze lösen sich z. B. fast alle sehr gut in Wasser, weshalb sie auch zur Auflösung von Metallen und Sulfiden, wo gerade die oxydierenden Eigenschaften der Säure ausschlaggebend sind, verwandt werden.

Verdünnte *Schwefelsäure* (2 bis 3 n) erinnert als Lösungsmittel sehr an die Salzsäure, da sie sich in diesen Konzentrationen *nicht* als Oxydationsmittel betätigt. Nachteilig für die Schwefelsäure ist, daß sie mit mehreren Metallen, Pb, Ca, Sr, Ba, schwer lösliche Sulfate bildet.

3. Konzentrierte Säuren als Lösungsmittel.

Löst sich eine Substanz in verdünnten Säuren nicht, so wird die Konzentration der Säure vergrößert, indem man ins Probiergläschen nach und nach konzentrierte Säure hinzutropft. Natürlich darf das Volumen der verdünnten Säure nicht groß sein (einige ml). Die Reaktionsgeschwindigkeit steigt nicht nur durch die erfolgte Vergrößerung der Wasserstoffionenkonzentration, sondern es spielen hier noch andere Umstände eine Rolle: da das Auflösen gewöhnlich durch Erwärmen beschleunigt wird, so erlaubt die konzentrierte Säure, infolge ihres höheren Siedepunktes, eine höhere Reaktionstemperatur zu erreichen. Unter diesen Umständen wirkt die Salpetersäure und auch die konzentrierte Schwefelsäure stark oxydierend, wodurch der Auflösungsprozeß in vielen Fällen erheblich gefördert wird.

Ist der schwerlösliche Stoff das Salz einer flüchtigen Säure, so darf man nicht vergessen, daß nichtflüchtige Säuren (H_2SO_4) jene während des Lösungsprozesses verdrängen, z. B. $CaF_2 + H_2SO_4 = CaSO_4 + H_2F_2$. Die flüchtige Säure verläßt dabei bei der erhöhten Temperatur den Reaktionsraum.

Manche schwer löslichen Stoffe, wie AgCl, $PbSO_4$, $BaSO_4$, lösen sich in konzentrierten Säuren unter Komplex- oder Bisulfatbildung, was jedoch von geringem Werte ist, da beim Verdünnen der starken Lösungen die ursprünglichen Salze sich wieder ausscheiden.

Erfolgt das Lösen in Säuren (HCl, HNO_3) bei erhöhter Temperatur und dauert dazu noch eine längere Zeit, wie das oft in der Praxis vorkommt, so ändert sich inzwischen die Konzentration der Säure, und zwar in dem Sinne, daß sich ihre Zusammensetzung der des azeotropischen Punktes nähert: ist die Säure stärker als die des konstanten Siedepunktes, so wird sie schwächer durch Verflüchtigung des Säureträgers beim Erwärmen; ist sie aber schwächer, so verdampft Wasser und die Konzentration der Säure steigt, bis die Zusammensetzung des konstanten Siedepunktes erreicht ist.

Wird zum Auflösen konzentrierte Salzsäure, spez. Gew. 1,19, mit ungefähr 37% HCl oder etwa 12 n, gebraucht, so entweicht beim Erwärmen HCl so lange, bis sich eine Konzentration von 20,24% oder 6,3 n einstellt. Letztere Lösung besitzt einen konstanten Siedepunkt von 110° C.

In konzentrierter *Salzsäure* lösen sich mehrere Verbindungen, z. B. MnO_2, PbO_2, Sb_2O_5, H_2SnO_3 und noch manche andere, auf die verdünnte Salz- und auch konzentrierte Salpetersäure wirkungslos sind. Erfolgt aber die Einwirkung der Salzsäure in Gegenwart von $Ag^{\cdot}$ und $Hg^{\cdot}$, so entsteht natürlich ein neuer unlöslicher Niederschlag des HgCl oder AgCl.

Weiter muß auf den Umstand verwiesen werden, daß eine mit Salzsäure bereitete Lösung in den Fällen nicht weitgehend, jedenfalls *nicht bis zur Trockne* eingedampft werden darf, wenn die Vorproben die Anwesenheit von Quecksilber, Zinn, Arsen angezeigt haben, da das entstandene Quecksilber(II)-chlorid, Zinn(IV)-chlorid und Arsen(III)-chlorid die Eigenschaft besitzen, sich zusammen mit der Salzsäure zu verflüchtigen.

Konzentrierte *Salpetersäure* vom spez. Gew. 1,49, 69,8% HNO_3 oder etwa 15 bis 16 n, verliert beim Erwärmen nur wenig HNO_3 und destilliert als Säure konstanter Zusammensetzung bei 123° C über. Diese Säure ist ein sehr gutes Lösungsmittel, da es, wie schon erwähnt, oxydierend (unter Ausstoßen von Stickoxyden) wirkt, z. B.

$$8\,HNO_3 + 3\,Cu = 3\,Cu(NO_3)_2 + 2\,NO + 4\,H_2O\,.$$

Offenbar wird das Kupfer zuerst durch die Säure oxydiert, die dann das gebildete Oxyd auflöst. Bemerkenswert ist, daß einige Metalle, wie Eisen, Chrom und Legierungen mit höherem Chromgehalt, die sich in verdünnten Säuren gut auflösen, der Einwirkung von konzentrierter Salpetersäure jedoch widerstehen (Passivierung). Ferner lösen sich die Metalle Zinn, Antimon und sehr reines Aluminium schwer. Auch höhere Oxyde, wie z. B. PbO_2, Sb_2O_5, SnO_2, lösen sich in Salpetersäure nicht.

Beim Auflösen von Sulfiden wird Schwefel frei, der dann durch den Überschuß der Säure in der Wärme schnell zu Schwefelsäure oxydiert wird:

$$3\,PbS + 8\,HNO_3 \rightarrow 3\,Pb^{\cdot\cdot} + 6\,NO_3' + 3\,S + 2\,NO + 4\,H_2O$$
$$S + 2\,NO_3' \rightarrow SO_4'' + 2\,NO\,.$$

Die letztere Reaktion ruft die Ausscheidung von Sulfaten hervor, wenn in der Lösung vorher $Sr^{\cdot\cdot}$, $Ba^{\cdot\cdot}$ oder $Pb^{\cdot\cdot}$ vorhanden waren.

Als Oxydationsmittel oxydiert die Salpetersäure die Ionen niedriger Wertigkeit, wie $Hg^{\cdot}$, $Sn^{\cdot\cdot}$, $Sb^{\cdot\cdot\cdot}$, $As^{\cdot\cdot\cdot}$, $Fe^{\cdot\cdot}$ u. a., was ebenfalls als Nachteil der Salpetersäure anzusehen ist. Hieraus ergibt es sich, daß das Hg in der Schwefelwasserstoffgruppe ausgeschieden wird, daß Sn und Sb in Form unlöslicher Niederschläge H_2SnO_3 und Sb_2O_5 ausfallen, daß das gebildete AsO_4''' durch Schwefelwasserstoff schwer gefällt wird und daß das $Fe^{\cdot\cdot\cdot}$ beim Behandeln mit Schwefelwasserstoff diesen zu Schwefel oxydiert.

Konzentrierte *Schwefelsäure* löst manche in anderen Säuren unlösliche Oxyde, wie ThO_2, ZrO_2, TiO_2. Offenbar ist hier der hohe Siedepunkt der Schwefelsäure von Bedeutung (Sdp. bei konstanter Zusammensetzung bei 338° C, der einer Säure vom spez. Gew. 1,84, 98,3% H_2SO_4 oder 36 n entspricht).

4. Königswasser als Lösungsmittel.

Gelingt es in keinem der erwähnten Lösungsmittel das Analysenmaterial zu lösen, so versucht man zuletzt, Königswasser zu gebrauchen, da es als das energischste Lösungsmittel gilt. Königswasser ist ein Gemenge von 1 Volum konzentrierter Salpetersäure (1,42) und von 3 bis 5 Volumina konzentrierter Salzsäure (1,19), jedenfalls ist letztere in erheblichem Überschuß. Seine energische Wirkung schwerlöslichen Stoffen gegenüber verdankt es der bei der Oxydation von Salzsäure durch Salpetersäure erfolgten Bildung von *Chlor* und *Nitrosylchlorid*:

$$HNO_3 + 3\,HCl = 2\,H_2O + NOCl + Cl_2.$$

Königswasser ist also Chlorwasser, mit dem Unterschied, daß das Chlor sich in nascierendem Zustande befindet; damit erklärt sich auch die energischere Wirkung des Königswassers gegenüber dem gewöhnlichen Chlorwasser.

Königswasser eignet sich sehr gut zum Auflösen verschiedener Metalle, besonders aber von Edelmetallen wie Au, Pt und deren Legierungen und von schwerlöslichen Sulfiden.

Die Reaktion von Königswasser mit Platin kann folgendermaßen geschrieben werden:

$$Pt + 4\,NO_3' + 8\,H^{\cdot} + 6\,Cl' \rightarrow [PtCl_6]'' + 4\,NO_2 + 4\,H_2O.$$

Beim Einwirken von Königswasser auf Sulfide bildet sich das entsprechende Metallchlorid unter Entwicklung von NO und Ausscheidung von Schwefel:

$$3\,HgS + 6\,HCl + 2\,HNO_3 \rightarrow 3\,S + 2\,NO + 3\,Hg^{\cdot\cdot} + 6\,Cl' + 4\,H_2O.$$

Der Schwefel, der sich bei dieser Reaktion ausscheidet, ist immer mit kleinen Mengen des Sulfids umhüllt und daher gefärbt. Bei länger fortgesetzter Behandlung mit Königswasser gehen diese geringen Mengen von Sulfid in Lösung. Schließlich verschwindet auch der Schwefel, da er, ebenso wie im Falle der Salpetersäure, zu Schwefelsäure oxydiert wird.

Es läßt sich oft beobachten, daß Unerfahrene eine ziemlich große Vorliebe zum Gebrauch von Königswasser als einem sehr wirksamen Auflösungsmittel besitzen, da sie hierdurch möglichst rasch zum Ziel zu gelangen glauben. Vor einer solchen allgemeinen Anwendung des Königswassers sei jedoch ausdrücklich gewarnt: es fällt nämlich schwer, den Überschuß der Säure zu entfernen, der sich später häufig als ein Hindernis zur glatten Ausführung der Analyse erweist. Außerdem werden nicht selten Komplikationen herbeigeführt, die bisweilen erst unter ziemlich großem Zeitaufwand beseitigt werden können. Wann aber die Benutzung von Königswasser nicht zu umgehen ist, darüber findet man Näheres auf S. 81.

5. Sonstige Lösungsmittel.

a) **Fluorwasserstoffsäure.** Diese Säure wird fast nur zum Auflösen von Silicaten gebraucht und auch nur in dem Falle, daß diese *nicht* durch Salzsäure zersetzt werden. Beim Einwirken von Flußsäure auf Silicate entweicht Silicium(IV)-fluorid, die metallischen Bestandteile bleiben als Fluoride zurück:

$$6\,HF + CaSiO_3 \rightarrow SiF_4 + CaF_2 + 3\,H_2O.$$

Eine gewisse Bedeutung besitzt die Flußsäure auch beim Lösen von Ti-, Zr-, Nb- und Ta-Verbindungen.

Nachteilig für den Gebrauch dieser Säure ist, daß sie *Störungen* im Gange der Analyse hervorruft, weshalb die gebildeten Fluoride zersetzt und die Flußsäure *entfernt* werden muß. Außerdem darf nur in Platin-, Kunstharz- oder Hartgummigefäßen gearbeitet werden (s. S. 67).

Die gewöhnliche Flußsäure ist 40 bis 48%ig (spez. Gew. 1,130 bis 1,15 und 22,5 bis 26,5 n). Beim Erwärmen verliert sie HF, bis eine Konzentration von 35,4%

erreicht ist; von nun an verdampft eine Säure konstanter Zusammensetzung, Siedepunkt 120° C.

b) **Überchlorsäure.** Die Vorzüge dieser Säure bestehen darin, daß die Mehrzahl ihrer Salze *leicht löslich* ist. Zu Auflösungsversuchen wird eine Säure von 60 bis 70% mit dem spez. Gew. 1,54 bis 1,67 (9 bis 11,6 n) gebraucht, die sich vor der wasserfreien durch eine größere Stabilität auszeichnet. Beim Eindampfen wäßriger Lösungen steigt die Konzentration der Säure bis auf 72,3% (Siedepunkt 203°), und es destilliert von nun ab eine Säure mit konstanter Zusammensetzung. In der Regel oxydiert die Überchlorsäure nur bei Temperaturen, die sich deren Siedepunkt (203° C) nähern. Der hohe Siedepunkt ermöglicht weiter, daß die Säure imstande ist, vollständig die Salpeter-, Fluß- und andere flüchtige Säuren aus deren Salzen zu verdrängen (Willard). In Gegenwart organischer oder leicht oxydierbarer anorganischer Stoffe können gelegentlich Explosionen vorkommen. Um diese zu vermeiden, muß die Analysensubstanz zuerst mit einer Mischung von Überchlor- und Salpetersäure bei einer 100° C nicht übersteigenden Temperatur behandelt werden (s. S. 115, 138).

c) **Alkalihydroxyde.** Die Anwendbarkeit von NaOH und KOH zu Auflösungszwecken ist sehr beschränkt. So löst sich z. B. Silicium in wäßrigen Lösungen der erwähnten Hydroxyde gut, während es der Einwirkung von Säuren, $HF + HNO_3$ ausgenommen, widersteht. Auch wird NaOH manchmal zum Auflösen von Aluminium und dessen Legierungen gebraucht, desgleichen zum Inlösungbringen von Sulfosalzen (As, Sb, Sn).

6. Auswahl des geeignetsten Lösungsmittels.

Um das geeignetste Lösungsmittel und die günstigsten Lösungsumstände zu finden, wird zuerst das Verhalten des Versuchsstoffs verschiedenen Lösungsmitteln gegenüber untersucht. Man führt hier also gewissermaßen eine Vorprüfung aus.

Kleine Mengen, etwa 0,1 g, der fein verriebenen Analysensubstanz werden im Probiergläschen mit 5 bis 10 ml Wasser begossen und unter Beobachtung geschüttelt; löst sich dabei der Stoff nicht, so wird erwärmt. Löst er sich dabei auf, so fallen natürlich alle übrigen Löslichkeitsversuche weg. Bei unvollständiger Auflösung wird von dem nicht gelösten Teil abfiltriert, und einige Tropfen des Filtrats werden auf einem Platinbleche, Uhrglase oder in einer kleinen Schale verdampft. Verluste durch Verspritzen können hierbei dadurch vermieden werden, daß man das Schälchen (einen Platindeckel) auf ein Asbestdrahtnetz stellt und dieses von unten mit einer Bunsenflamme unter verminderter Gaszufuhr vorsichtig erwärmt.

Enthält die Analysensubstanz erhebliche Mengen in Wasser löslicher Stoffe, so ist ein sehr deutlich erkennbarer Rückstand an Stelle des Tropfens zu sehen. Wird jedoch dieses Abdampfen auf einem Platinblech über freier Flamme vorgenommen, so können leicht schmelzende Stoffe, wie Alkalisalze, oft übersehen werden, wenn man nicht genau im Augenblick des Erstarrens oder Schmelzens beim Abkühlen oder Wiedererhitzen die Stelle des Tropfens beobachtet. Auch in Porzellangefäßen eingedampfte farblose Stoffe können bei Ausführung des Versuchs über freier Flamme und in kleinem Maßstabe leicht übersehen werden, wofern man nicht eine innen dunkel glasierte Schale benutzt.

Um sich davon zu überzeugen, daß die unvollständige Lösung durch Wasser nicht infolge Mangels an letzterem hervorgerufen worden ist, gießt man die zunächst erhaltene Lösung von dem Rückstand ab und beobachtet, ob bei einem erneuten Lösungsversuch eine entsprechende Abnahme des Rückstandes eintritt. Ist Ähnliches nicht zu bemerken, so hat man es mit einem schwerlöslichen Stoffe zu tun.

Weiter wird vom unlöslichen Teil die Lösung abgegossen und der Rückstand mit verdünnter Salzsäure überschichtet und für den Fall, daß er sich nicht löst, erwärmt. Erfolgt auch hierbei keine Auflösung, so wird der Versuch mit verdünnter Salpetersäure wiederholt. Verläuft auch dieser Versuch ergebnislos, so kann man zu konzentrierten Säuren übergehen, indem man die Lösung vom Rückstande abgießt und zu diesem etwa 1 ml der entsprechenden konzentrierten Säure hinzufügt. Ist auch hierbei keine Auflösung festzustellen, oder löst sich die Analysensubstanz nur unvollkommen, so versucht man zuletzt Königswasser als Lösungsmittel anzuwenden. Am besten wirkt ein Gemisch von konzentrierter Salzsäure und konzentrierter Salpetersäure im Verhältnis 3:1 oder auch 5:1; jedenfalls aber Salzsäure in erheblichem Überschuß. Um in Zweifelsfällen einen Anhaltspunkt darüber zu gewinnen, ob überhaupt Auflösung erfolgt ist, verfährt man ebenso wie im Falle des Wassers: ein Teil des mit konzentrierter Salzsäure behandelten unlöslichen Niederschlags wird abfiltriert, ausgewaschen und der Wirkung einer möglichst kleinen Menge von Königswasser ausgesetzt; durch Eindampfen der abgegossenen klaren Flüssigkeit wird zuletzt festgestellt, ob Inlösunggehen stattgefunden hat oder nicht. Bleibt auch nach Behandlung mit Königswasser noch ein Rückstand übrig, so ist dieser als sehr schwer oder *unlöslich* zu betrachten, der zur Durchführung der Analyse *aufgeschlossen* werden muß (s. S. 89).

7. Die zur Auflösung notwendige Säuremenge.

Ist auf diese Weise das geeignetste Lösungsmittel festgestellt worden, so schreitet man zur Auflösung der für die Analyse notwendigen Menge (Näheres darüber im nächsten Abschnitt). Hierbei sei, ebenso wie schon beim Königswasser erwähnt (s. S. 73), darauf verwiesen, daß unnötig große Mengen der zum Auflösen verwandten Säure nur störende Verzögerungen herbeiführen und deshalb möglichst zu vermeiden sind. Zur Orientierung über die zu verwendende Säuremenge sei ein Beispiel nach BÖTTGER angeführt, das zeigt, welche Mengen 2 n Salzsäure zum Auflösen von 1 g folgender Zinksalze notwendig sind:

1 g Zink als	-carbonat,	-oxalat,	-tartrat.	-phosphat,	-cyanid,	-sulfid	
löst sich in rund	8	7	5	8	9	10	ml 2n HCl.

Metallsalze mit *kleinerem* Äquivalentgewicht brauchen natürlich zum Auflösen eines Gramms mehr Säure. Mit dieser theoretischen Menge kommt man allerdings nicht aus. Wird aber ein doppeltes Volumen (höchstens 25 ml) angewandt, so müßte sich die erwähnte Menge darin ohne Schwierigkeiten lösen. In vielen Fällen ist es aber nützlich, statt des großen Volumens verdünnter ein kleineres konzentrierterer Säure zu wählen. Das wird erreicht, indem man zum theoretischen Volumen der 2 n Säure etwas konzentrierte (1 bis 2 ml) hinzugibt und nach erfolgter Auflösung das Ganze mit Wasser verdünnt; sollte hierbei eine Trübung auftreten, so beseitigt man diese durch einen oder einige Tropfen konzentrierter Säure. Im Falle sich langsam lösender Stoffe kann auch ein kleines Volumen nur konzentrierter Säure gebraucht werden. Auf diese Weise kommt man schnell zum Ziel, ohne dabei ein nachteilig großes Volumen der Säure zu verwenden.

D. Die zur Durchführung einer Analyse notwendige Substanzmenge.

Bevor die Auflösung der Analysensubstanz durchgeführt wird, muß sorgfältig erwogen werden, eine wie große Menge in Lösung zu bringen wäre, um zu einer richtigen Auskunft über die Zusammensetzung der Substanz zu gelangen. Eine falsch gewählte Menge kann entweder unnütze Arbeit verursachen, oder sie führt zu ungenügend genauen Resultaten, da die in geringerem Maße vorhandenen Ionen übersehen werden können. Die zu wählende Menge der Analysensubstanz ist deshalb von mehreren Faktoren abhängig: 1. von der Zusammensetzung der Analysensubstanz, 2. von der Fragestellung und 3. von der ausgewählten Analysenmethode.

1. In Abhängigkeit von der Zusammensetzung der Analysensubstanz.

1. Man kann mit einer um so kleineren Menge der Substanz auskommen, je *weniger* Ionen in der Analyse vorhanden sind (darüber liefern die Vorproben Anhaltspunkte) und je kleiner das Verhältnis zwischen den dominierenden und den sich in Minderheit befindenden Bestandteilen ist. Am leichtesten sind solche Aufgaben zu lösen, bei denen das Verhältnis 1:1 zwischen einzelnen Bestandteilen besteht, man kommt hier mit den geringsten Analysenmengen aus. Schon viel schwieriger wird die Analyse und größer die zu wählende Menge bei einem Verhältnis 1:1000 oder sogar 1:10000. Nun erlauben die im gewöhnlichen Analysengang verwendbaren Identitätsreaktionen, wenn der Analytiker die nötigen Kenntnisse und Erfahrungen besitzt, noch 1 mg und sogar noch weniger unzweifelhaft nachzuweisen, ohne spezielle Mikroreaktionen zu verwenden (Böttger, Biltz, Noyes und Bray); infolgedessen können bei einer Ausgangsmenge von 0,5 bis 1 g noch Bestandteile konstatiert werden, die sich in der Analysensubstanz in einer Menge von 0,1, sogar bis zu einigen Hundertstel Prozent hinab befinden. Nur in den Ausnahmefällen, wo das Verhältnis der Bestandteile noch ungünstiger ist, oder deren Identitätsreaktionen bei einer gewissen Kombination der Elemente sich als nicht genügend empfindlich erweisen, müssen größere Mengen, so 2 bis 3 g der Analysensubstanz, gewählt werden.

Etwas kleinere Ausgangsmengen sind zur Durchführung von Metallanalysen (Legierungen) notwendig: es genügen meist vollkommen 0,25 bis 0,5 g, wenn keine in sehr geringer Menge vorhandenen Bestandteile zu bestimmen sind.

Der Anfänger meint gewöhnlich, daß bei Verwendung einer größeren Menge der Ausgangssubstanz die einzelnen Bestandteile der Analyse sich sicherer und leichter ermitteln lassen werden. Hierbei übersieht er vollständig die Schwierigkeiten, die ihn bei der Durchführung einer solchen Analyse erwarten: bei großen zu verarbeitenden Mengen wird viel Zeit auf die Auflösung, den Aufschluß, das weitere Auflösen, Fällen, Dekantieren, Filtrieren, Einengen der großen Volumina usw. verwandt; außerdem ist der Verbrauch an Reagenzien und Wasser groß; zuletzt können bei ungenügender Aufmerksamkeit des Analytikers, was bei der Durchführung langwieriger Analysen öfter vorkommt, verschiedene Stoffe in die Analyse eingeschleppt werden; teilweise ist das auch auf den Gebrauch der großen Volumina der Reagenzien zurückzuführen, da diese doch nicht ideal rein sind. Bei einer Spurensuche sind deshalb die geeigneten Methoden und reinste Reagenzien zu verwenden. Aus allem diesem ergibt sich, daß es vorteilhaft ist, möglichst kleine Mengen der Analysensubstanz zu lösen.

Häufig läßt sich auch beobachten, daß zur Abkürzung der Analysendauer nicht die gesamten Niederschläge oder Lösungen weiter verarbeitet werden. Hierdurch ergibt sich, daß man bei der Prüfung auf die Kationen der letzten Gruppen nur einen Bruchteil der anfänglichen Menge in den Händen haben wird. Ist beispielsweise nur immer die Hälfte des Filtrats von den Niederschlägen der ersten bis vierten Gruppe auf die folgende Gruppe verarbeitet worden, so enthält der auf die Bestandteile der fünften Gruppe zu prüfende Teil nur $^1/_{16}$ der gesamt vorhandenen Menge. Die häufig auftretenden Schwierigkeiten bei der Untersuchung auf Alkalien, von denen oft nur Spuren gefunden werden, sind in der Mehrzahl der Fälle auf diesen *Fehler* zurückzuführen, viel seltener auf die zu klein gewählte Substanzmenge (Böttger).

Noch aus anderen Gründen ist dieser Weg der Abkürzung der Analysendauer falsch: praktisch ist es, die Aufgabe einer fast jeden qualitativen Analyse, außer der Zusammensetzung auch noch eine Übersicht über die Mengenverhältnisse der einzelnen Bestandteile zu liefern. Das ist jedoch nur dann möglich, wenn bis zur Identitätsreaktion die *Gesamtmengen* der Gruppenfiltrate und der Niederschläge weiter verarbeitet werden. Arbeitet man hierbei mit Reagenzien bestimmter

Konzentration und vergleicht die erhaltenen Niederschläge oder die Färbungen mit denen mit bekannten Mengen erhaltenen, so wird es sich feststellen lassen, ob in der Analyse 0,1, 1 oder 10 mg eines Stoffes vorhanden sind.

2. In Abhängigkeit von der Fragestellung.

Die zur Analyse notwendige Menge muß vergrößert werden, wenn die Absicht besteht, vorhandene *geringe Beimengungen* oder *Spuren* in einer reinen Substanz nachzuweisen. Solche Fälle kommen bei der Analyse von Reinmetallen, 99,9 und mehr Prozent enthaltend, vor, wie z. B. beim Kupfer, Blei, Zink, Silber, Antimon, Aluminium u. a. Dasselbe bezieht sich auch auf Mineralanalysen, die so geringe Mengen entsprechender Beimengungen besitzen, daß sie durch eine gewöhnliche Analyse nicht entdeckt werden. Soll im Rahmen der qualitativen Analyse auf Nebenbestandteile untersucht werden, während ein anderer Bestandteil sehr stark überwiegt, so ist es nach Biltz notwendig, sich zunächst über die wesentlichen Bestandteile in dem Maßstabe der gewöhnlichen qualitativen Analyse zu unterrichten und dann erst mit einer größeren Substanzmenge die vollständige Analyse auszuführen. Die Menge der Ausgangssubstanz muß hier, je nach Umständen 10, 100 g und sogar noch mehr betragen. Natürlich müssen bei der Analyse solcher Mengen alle schon erwähnten Schwierigkeiten in Kauf genommen werden. Indessen ist es auch hier durch Wahl eines geeigneteren Analysenganges möglich, schneller zum Ziel zu kommen.

3. In Abhängigkeit von der Analysenmethode.

Nachfolgendes bezieht sich besonders auf Analysen, die keine so extreme Zusammensetzung besitzen. Während man zur Durchführung eines gewöhnlichen Analysenganges und auch eines erweiterten nach Noyes und Bray etwa 0,5 bis 1 g Substanz braucht, sind in letzter Zeit durch manche Autoren Methoden veröffentlicht worden, die noch mit viel kleineren Mengen zu arbeiten erlauben. So genügt zum Analysengang nach Fischer und Dietz schon eine Menge von 0,2 g, wobei dazu noch eine größere Zahl von Elementen erfaßt wird als im gewöhnlichen Gang; einzelne Bestandteile in der Menge von 0,05 bis 0,03% können dabei noch bestimmt werden (Lohrer). Nach Biltz genügen für eine qualitative Analyse sogar 0,1 g, liegen aber gediegene Metalle vor, so noch weniger. Der unnötige Gebrauch größerer Mengen wird von Biltz als „analytische Stilwidrigkeit" betrachtet. Von Davis werden 0,3 g empfohlen und die Nachweise durch Tüpfelreaktionen erbracht. Der größte Teil der Autoren aber, der die Tüpfelanalyse bevorzugt (Feigl, Gutzeit, Heller, Heller und Krumholz, Tananajew, Winkley, Yanowski und Hynes), empfiehlt eine 10 bis 50 mg große Ausgangssubstanzmenge, hierbei soll es möglich sein, alle Bestandteile nachzuweisen. Werden Mikroanalysen durchgeführt, so sind nur einige Milligramm, oder sogar nur Bruchteile vom Milligramm notwendig.

Die erwähnten Analysenmethoden werden jedoch nicht immer zu gebrauchen sein, und man wird nicht immer zu solchen Resultaten gelangen, die durch die gewöhnliche Analysenmethode erreicht werden können; doch ist durch sie in vielen Fällen die Möglichkeit geboten, mit einer kleineren Ausgangsmenge auszukommen bzw. eine solche in Lösung zu bringen.

§ 2. Die Auflösung des zu analysierenden Stoffes im gewöhnlichen Analysengang.

Allgemeines. Es hängt nicht nur die Menge der zur Analyse zu gebrauchenden Substanz, sondern auch die Auflösungsart vom gewählten Gang der Analyse ab. So besteht z. B. ein großer Unterschied in der Auflösung der Analysensubstanz, je nachdem, ob man den gewöhnlichen Analysengang nach Böttger, Biltz, Gutbier,

Fresenius, Treadwell, Curtman, Mc Alpine und Soule u. a. wählt oder den erweiterten nach Noyes und Bray (s. S. 88 des vorliegenden Bandes). Im letzten Fall ist das Auflösen mit der Trennung der Kationen in einzelne Gruppen vereinigt, weshalb dann auch hier das Auflösen streng systematisch erfolgt. Das ist aber beim Arbeiten nach dem gewöhnlichen Analysengang nicht notwendig, die Auflösungsverfahren ändern sich aber in Abhängigkeit von der Zusammensetzung der Analysensubstanz; hier ist es fast gleichgültig, welche Lösungsmittel gewählt werden, um die Substanz in Lösung zu bringen, nur dürfen diese im späteren Gang keine Störungen hervorrufen.

Schon aus den Vorproben (s. S. 5 des vorliegenden Bandes) erhält man eine Vorstellung über die Natur der zu analysierenden Substanz. Steht man nun vor der Aufgabe, die zur Analyse notwendige Menge in Lösung überzuführen, so besteht hierbei in Abhängigkeit davon, ob sie nichtmetallischen (freie unmetallische Elemente wie S, P, Oxyde, Salze) oder metallischen (Gemenge einzelner Metalle, Legierung) Charakters ist, ein gewisser Unterschied.

Nach dem Verhalten der nichtmetallischen Stoffe Lösungsmitteln gegenüber können diese (nach Fresenius) in 3 Gruppen eingeteilt werden:

I. in Wasser lösliche Stoffe,

II. in Wasser praktisch unlösliche oder schwer lösliche, in Salzsäure, Salpetersäure oder Königswasser hingegen lösliche Stoffe und

III. in Wasser sowie Salzsäure, Salpetersäure und Königswasser praktisch unlösliche oder schwer lösliche Stoffe.

Diese Einteilung besitzt keine theoretischen Grundlagen, sondern erfolgt lediglich aus praktischen Gründen; eine scharfe Scheidung zwischen den Substanzen der einzelnen Gruppen besteht deshalb nicht, wobei die größte Unbestimmtheit von denen auf der Grenze liegenden herrührt. Am schwierigsten ist es, genau festzustellen, welche Stoffe man als in Wasser löslich und welche als unlöslich zu betrachten hat, da die Zahl der in Wasser unlöslichen besonders groß ist, völlig unlösliche Stoffe überhaupt nicht vorkommen und die Übergänge sehr allmählich sind. Nach Fresenius könnte man das Calciumsulfat (1 Teil in etwa 450 Teilen Wasser löslich) als auf der Grenze der beiden Stoffgruppen stehend betrachten, da beide Ionen $Ca^{\cdot\cdot}$ und SO_4'' in wäßriger Lösung noch mit großer Sicherheit durch die entsprechenden Reagenzien erkannt werden können.

Beim Auflösen der Analysensubstanz ist es empfehlenswert, den Reaktionsablauf zu beobachten, denn man kann auf diese Weise noch zu Erkenntnissen kommen, die in der Vorprobe infolge der kleinen Materialmenge der Beobachtung entgangen sind. So kann z. B. die Entwicklung von Kohlensäure und anderer Gase, wenn in der Analysensubstanz die entsprechenden Verbindungen in kleiner Menge vorhanden sind, hier mit größerer Sicherheit beobachtet werden, da etwa 1 g zur Auflösung kommt.

1. Die Analysensubstanz ist weder ein Metall noch eine Legierung.

a) **Die Auflösung in Wasser.** Schon durch die Vorproben wird ermittelt, worin sich der zu analysierende Stoff löst (s. S. 7). Löst er sich in Wasser teilweise oder vollständig, so wird etwa 1 g des entsprechend vorbereiteten Stoffes in einem 100 ml-Erlenmeyer-Kolben oder in einem Becherglas derselben Größe mit etwa 20 ml Wasser übergossen, umgeschwenkt und einige Minuten lang gekocht; das verdampfende Wasser ist ständig zu ergänzen. Hat sich in dieser Zeit der Stoff noch nicht gelöst, so läßt man nach etwa 15minutigem Kochen absetzen und filtriert die noch heiße Flüssigkeit vom Rückstande, der nach Möglichkeit vollständig im Gefäß bleiben soll, durch ein Faltenfilter ab. Man kocht den Rückstand dann wiederholt mit neuen Anteilen Wasser, um die in Wasser löslichen Bestandteile möglichst vollständig in Lösung überzuführen. Ist die erhaltene Lösung zu verdünnt, so kann sie bis zu einem gewissen Grad eingedampft und dann weiter zur Analyse vorbereitet werden.

Bemerkungen. 1. Enthält die Analysensubstanz in Wasser schwer lösliche Stoffe, wie Calciumsulfat oder Bleichlorid, so genügt ein viermaliges Auskochen, weil sich ein vollständiges Ausziehen der wasserlöslichen Teile nur schwer erreichen läßt. Die Anwesenheit des schwerlöslichen Bleichlorids wird nach dem Abkühlen der Lösung durch die charakteristische Form der sich bildenden Kristalle erkannt.

2. Löst sich die Substanz gemäß der Vorprobe nur zum Teil in Säuren, so ist es nach den Anschauungen der meisten Analytiker immer richtiger, die verwandte Menge der Analysensubstanz zuerst, wie beschrieben, durch Wasser auszulaugen, den unlöslichen Rest in Säure zu lösen (s. folgenden Abschnitt) und dann die beiden Lösungen *getrennt zu analysieren.* Der damit verbundene Mehraufwand an Zeit und Arbeit wird, wie aus den Betrachtungen auf S. 74 bis 77 hervorgeht, durch den vollständigen Aufschluß über die Zusammensetzung des zu analysierenden Stoffes aufgewogen.

3. Über die Erscheinungen, die beim Auflösen der Substanz in Wasser oder Säuren zu beobachten sind, s. das Kapitel „Vorproben", S. 7 des vorliegenden Bandes.

b) **Die Auflösung in Salzsäure.** I. Die Analysensubstanz löst sich vollständig. Man hat hier also mit den zur zweiten Löslichkeitsgruppe gehörenden Substanzen zu tun. Die in Wasser unlösliche oder die mit Wasser möglichst ausgelaugte Substanz, die man durch Dekantieren oder Filtrieren von der Lösung getrennt hat, übergießt man weiter mit 10 bis 20 ml verdünnter (2 n) Salzsäure; erfolgt hierbei nur eine unvollständige oder gar keine Auflösung, so erhitzt man bis zum Sieden. Löst sich die Substanz auch hierbei nicht vollständig, so gießt man die Flüssigkeit in ein anderes Kölbchen ab, kocht den Rückstand mit etwa 1 bis 15 ml konzentrierter Säure und vereinigt, falls Auflösung erfolgt, diese mit der abgegossenen Flüssigkeit. Wie schon erwähnt, versuche man mit möglichst geringen Mengen konzentrierter Säure auszukommen und vergesse dabei nicht, daß manche Substanzen erst bei länger fortgesetztem Kochen mit der Säure in Lösung überzugehen pflegen. Geht man nach BILTZ von 0,1 g aus, so sollen nach dem Auflösen 5 bis 6 ml Flüssigkeit vorhanden sein ($^1/_4$ des großen Reagenzglases).

Die erhaltene klare Lösung (Komplikationen s. Bemerkungen 1) enthält natürlich kein $Ag^{\cdot}$ und $Hg^{\cdot}$ ($Pb^{\cdot\cdot}$ kann nur in geringer Menge vorhanden sein) und kann deshalb direkt zur Analyse für die Schwefelwasserstoffgruppe vorbereitet werden.

Bemerkungen. 1. Hat die Vorprobe das Vorhandensein von Kieselsäure ergeben, so ist zu erwarten, daß sich sofort oder nach einiger Zeit aus der klaren Lösung gallertartige Kieselsäure ausscheiden wird. Da die Auflösung in Salzsäure vollständig war, so hat man offenbar allein mit durch Säuren zersetzbaren Silicaten zu tun. Die Kieselsäure wird *entfernt*, indem man die Lösung mit konzentrierter Salzsäure – zur vollständigen Ausfällung des Kolloids – zur Trockne nach S. 127 eindampft, den Rückstand mit Salzsäure befeuchtet und von der Flüssigkeit abfiltriert. Das Filtrat wird zur Analyse auf weitere Gruppen vorbereitet, der Rückstand (SiO_2) aber weiter daraufhin untersucht, ob er nicht noch andere in Säure unlösliche Substanzen enthält.

2. Scheidet sich beim Auflösen Schwefel aus, der an seiner kolloiden Beschaffenheit und der fast weißen Farbe zu erkennen ist, so wird so lange gekocht, bis sich der Schwefel zusammenballt; alsdann wird abfiltriert. Es muß jedoch auch hier untersucht werden, ob der Niederschlag nicht auch noch andere ausgeschiedene Stoffe enthält.

3. Erfolgt Trübung beim Verdünnen der Lösung, was auf Wismut- oder Antimonverbindungen hindeutet (möglichenfalls auch auf Zinn- oder Bleiverbindungen), so wird diese durch Zusatz einiger Tropfen Salzsäure beseitigt.

II. Die Analysensubstanz löst sich unvollständig. Bleibt ein unlöslicher Rückstand zurück, so wird die Flüssigkeit abgegossen und versucht, ob dieser nicht durch Hinzufügen von Salpetersäure oder Königswasser zu lösen ist, wie schon auf S. 71 bis 73 beschrieben. Es gehört jedoch hierzu eine gewisse Erfahrung, um festzustellen, ob das Inlösunggehen überhaupt erfolgt. Zu diesem Zweck behandelt man die mit Salzsäure ausgelaugte Substanz mit Königswasser, trennt den unlöslichen Rückstand von der Flüssigkeit und stellt durch Abdampfen fest, ob diese etwas von der Substanz aufgenommen hat. Zur Prüfung empfiehlt es sich, nicht die ganze Menge der mit konzentrierter Salzsäure behandelten Substanz zu verwenden, sondern nur einen Teil davon abzufiltrieren, auszuwaschen und der weiteren Behandlung zu unterwerfen. Da das Eindampfen von Königswasserlösungen zur Vertreibung des Säureüberschusses insofern bedenklich ist, als dabei flüchtige Chloride, z. B. Quecksilber(II)-, Zinn(IV)- und Arsen(III)-Chlorid, sich wenigstens teilweise verflüchtigen können, so ist von vornherein zur Auflösung keine größere Menge der Säurenmischung zu verwenden, als eben erforderlich (s. S. 73). Die Anwesenheit von Kaliumchlorid wirkt der Verflüchtigung von $HgCl_2$ und $SnCl_4$ beim Eindampfen entgegen (BILTZ, CURTMAN).

Häufig kommt es aber vor, daß weder die Salpetersäure, noch das Königswasser etwas vom Rückstand auflösen. Dann begnügt man sich mit dem, was durch die Salzsäure aufgelöst worden ist, untersucht die Lösung auf Kationen und behandelt den unlöslichen Rückstand nach S. 87 weiter.

Löst sich der Rückstand in Königswasser ganz oder teilweise auf, so ist zur Fortsetzung der Analyse die salzsaure Lösung mit letzterer zu vereinigen, da eine gesonderte weitere Bearbeitung hier weder notwendig noch zweckmäßig ist.

Der als unlöslich befundene Rückstand wird dagegen durch Aufschließen (s. S. 89) weiter bearbeitet.

Bemerkungen. 1. Zuweilen löst sich die Substanz in konzentrierter Salzsäure deswegen nicht auf, z. B. Bariumverbindungen, weil sich das gebildete Chlorid schwer in konzentrierter Säure löst. Beim Verdünnen mit Wasser tritt dann vollständige Lösung ein.

2. Enthält die Analysensubstanz organische Säuren, wie Benzoë- oder Salicylsäure, so können diese ebenfalls durch Salzsäure aus der Lösung gefällt werden. Hier hilft ein Schütteln mit Äther, da sich dann die genannten organischen Verbindungen in der Ätherschicht leicht auflösen.

3. Die Begleiterscheinungen, die sich beim Auflösen der Substanz in Säuren abspielen, können zur Kontrolle der in der Vorprobe gewonnenen Erkenntnisse verwandt werden.

c) **Die Auflösung in Salpetersäure.** I. Die Analysensubstanz löst sich vollständig. Hat Salzsäure die in Wasser unlösliche oder damit möglichst ausgelaugte Substanz nicht vollständig gelöst, so kann auch versucht werden, die Substanz statt in Königswasser noch vorerst in Salpetersäure zu lösen. Solche vereinzelten Fälle, wo es nicht gelingt, die Substanz in konzentrierter Salzsäure, dagegen leicht in verdünnter Salpetersäure aufzulösen, kommen z. B. im Falle von Silber-, Quecksilber(I)- und Bleiverbindungen vor. Hier leistet somit die verdünnte Salpetersäure gute Dienste. Löst sich die Substanz auch in dieser Säure nicht, so kocht man sie langsam mit etwa 10 ml konzentrierter Salpetersäure. Geht auch hierbei die Substanz nicht vollständig in Lösung, so versucht man das Lösen mehrfach mit kleinen Portionen der Säure durchzuführen. Nach erfolgter Bearbeitung mit konzentrierter Säure empfiehlt es sich, ebenso wie im vorigen Falle, die Lösung zu verdünnen, da sich hierdurch die in der Säure schwer löslichen Salze, wie z. B. $Ba(NO_3)_2$, $Pb(NO_3)_2$, auflösen. Fällt dagegen beim Verdünnen einer klaren Lösung ein Niederschlag aus, so handelt es sich meistens um basisches Wismutnitrat, das durch einige Tropfen der konzentrierten Säure wieder in Lösung zu bringen ist. Überhaupt versuche man auch hier mit möglichst geringen Mengen Säure auszukommen, übersehe aber nicht, daß manche Verbindungen, wie schon bei der Salzsäure erwähnt, erst bei länger andauerndem Sieden vollständig in Lösung gebracht werden können.

Da größere Mengen freier Salpetersäure bei der späteren Kationenanalyse Störungen verursachen (s. S. 72), so ist die überschüssige Säure durch Eindampfen auf ein kleines Volumen möglichst vollständig zu entfernen.

Bemerkungen. 1. Scheidet sich aus der salpetersauren Lösung sofort oder nach einiger Zeit kolloide Kieselsäure aus, so ist diese ebenso wie im Falle der Salzsäure durch Kochen mit konzentrierter Salpetersäure zu entfernen (Näheres darüber S. 126). Das Filtrat wird dann zur Untersuchung auf Kationen vorbereitet.

2. Verbleibt ein gelblicher, manchmal auch grauer, zusammengeballter Rückstand, so ist er auf Schwefel zu untersuchen, der sich unter der Einwirkung der Säure aus Metallsulfiden (s. S. 72) abgeschieden haben kann. Man filtriert, wäscht den Rückstand mit Wasser gründlich aus und erhitzt ihn auf dem Platinblech. Verbrennt hierbei das Produkt vollständig oder auch teilweise mit blauer Flamme unter Entwicklung von Schwefeldioxyd, so ist die Gegenwart von Schwefel erwiesen. Bei längerem Kochen in konzentrierter Salpetersäure wird der Schwefel zu Schwefelsäure oxydiert (Störungen s. S. 71).

II. Die Analysensubstanz löst sich unvollständig. In diesem Fall wird der unlösliche Rückstand der Wirkung von Königswasser unterworfen.

d) **Die Auflösung in Königswasser.** Als letztes Glied der nacheinander anzuwendenden Lösungsmittel ist Königswasser zu betrachten. Das schon Gesagte kann folgendermaßen zusammengefaßt werden: Löst sich der zu analysierende Stoff teilweise in Wasser, der Rückstand dagegen nur in Königswasser, so sind beide Lösungen getrennt zu analysieren; eine getrennte Weiterverarbeitung der Lösungen in verdünnter Salz- und Salpetersäure und des Rückstandes in Königswasser erweist sich schon seltener als nützlich, die entsprechenden Lösungen in konzentrierter Säure und in Königswasser sind aber stets zusammenzugießen und somit auch weiter zusammen zu behandeln.

In den Fällen, wo man mit der zu analysierenden Substanz sparsam umgehen muß, werden auch die Lösungsrückstände vorausgegangener Versuche verwandt (Fresenius). Man mischt den Inhalt des Kölbchens, in welchem das Auflösen in konzentrierter Salpetersäure versucht worden ist, mit dem Inhalt dessen, wo die Lösung mit konzentrierter Salzsäure erfolgte, erhitzt langsam, zuletzt zum Sieden, gießt, wenn vollständige Lösung nicht stattfand, die klare Flüssigkeit ab und erhitzt den Rückstand mit konzentriertem Königswasser (s. S. 73) mäßig. Löst sich der Rückstand nur schwer, so wird er mehrfach mit kleinen Portionen des Lösungsmittels behandelt. Ist auch hierbei die Auflösung nicht vollständig, so verdünnt man die Flüssigkeit mit Wasser, kocht etwas und filtriert. Das Verdünnen hat doppelten Zweck: es lösen sich manche in der konzentrierten Säure nicht löslichen Chloride, und es wird der Angriff des Filtrierpapiers durch die starke Säure verhindert. Der auf dem Papier verbliebene Rückstand muß gehörig, am besten mit heißem Wasser, ausgewaschen werden. Die erhaltenen Flüssigkeiten werden nun zusammengefügt, zum Vertreiben der überschüssigen Säure bis auf einige Kubikzentimeter eingedampft (Verluste durch flüchtige Verbindungen s. S. 72) und dann zum Weiteranalysieren mit Wasser verdünnt. Erfolgt hierbei Trübung durch Hydrolyse von Wismut- und Antimonchloride, so wird diese in gewohnter

Weise beseitigt. Eine Trübung kann auch bei der Vereinigung der Königswasser- und Salpetersäureauszüge, wenn in letzteren Elemente der Silbergruppe vorhanden sind, stattfinden.

Bemerkungen. 1. Leichte gelbe, graue und sogar schwarze Niederschläge deuten auf Schwefel hin, der sich bei der Behandlung von Sulfiden mit Königswasser bildet (s. S. 73). Die Schwefelniederschläge, die bei der Einwirkung des Königswassers auf Sulfide entstehen, sind fast immer mit kleinen Mengen des Sulfids umhüllt und daher auch gefärbt. Bei länger fortgesetzter Behandlung mit Königswasser gehen diese geringen Mengen von Sulfid in Lösung. Der Schwefel bleibt zunächst in Form gelber Tröpfchen in der Flüssigkeit zurück und verschwindet allmählich, da er zu Schwefelsäure oxydiert wird.

2. Scheiden sich aus der sauren Lösung beim Erkalten nadelartige Kriställchen aus, so sind diese in der Regel Bleichlorid. Oft ist es dann zweckmäßig, die Kriställchen von der Lösung zu trennen und diese wie jene getrennt weiter zu untersuchen.

3. Hat sich beim Kochen mit Königswasser Metastannylchlorid gebildet, löslich in Wasser, unlöslich in starken Säuren, so trübt sich das auflösende Waschwasser beim Eintröpfeln in die erst abgelaufene stark saure Flüssigkeit. Man fängt alsdann das Waschwasser in einem besonderen Gefäß auf, behandelt beide Lösungen gesondert mit Schwefelwasserstoff, filtriert aber dann durch ein und dasselbe Filter.

e) **Die in Königswasser unlöslichen Substanzen.** Hat *Königswasser* beim Erhitzen einen Rückstand gelassen, so können in diesem folgende Substanzen enthalten sein:

1. Elemente C, Si, Rh, Ru, Os, Ir, Ta, Nb und deren Legierungen mit unedlen und edlen Metallen. S und P werden langsam zu Schwefel- und Phosphorsäure oxydiert und gelöst.

2. Ausgeglühte Oxyde oder natürliche Mineralien, die folgende Oxyde enthalten: Al_2O_3, BeO, Cr_2O_3, $FeCr_2O_4$ (Eisenchromit), Fe_2O_3, Fe_3O_4, SnO_2, Sb_2O_4, Nb_2O_5, Ta_2O_5, TiO_2, ZrO_2, ThO_2, WO_3 und SiO_2.

3. Fluoride: CaF_2, AlF_3 (wasserfreies), ThF_4 u. a.

4. Chloride, Bromide und Jodide, AgCl, AgBr, AgJ (die beiden letzteren, auch die Cyanide und komplexen Cyanide werden durch Kochen mit Königswasser in das unlösliche Silberchlorid verwandelt), $CrCl_3$ (violettes), $CrBr_3$.

5. Sulfate: $SrSO_4$, $BaSO_4$, $PbSO_4$, $Cr_2(SO_4)_3$ (wasserfreies).

6. Cyanide: AgCN, $Ag_3[Fe(CN)_6]$, u. a. (Übergang in AgCl).

7. Chromate: $PbCrO_4$ (geschmolzenes).

8. Silicate und

9. manche Carbide, Silicide, Nitride und Boride.

Um diese in Königswasser unlöslichen Substanzen in Lösung zu bringen, müssen sie zuerst, wie auf S. 89 beschrieben, aufgeschlossen werden.

2. Vorzüge der aufeinander folgenden Anwendung mehrerer Lösungsmittel.

Das Ziel der qualitativen Analyse ist ja die möglichst vollständige Feststellung der Stoffe, aus denen sich die zu analysierende Substanz zusammensetzt. Da nun die systematische Analyse mit der in Lösung gebrachten Substanz durchgeführt wird, so erhält man zuletzt nur eine Antwort darauf, welche Ionen die Lösung enthält. Weniger leicht ist die Frage zu beantworten, in welcher Weise die gefundenen Ionen in der Analysensubstanz zu Salzen kombiniert sind. In vielen Fällen ist es aber möglich, wie das weiter unten aus manchen angeführten Beispielen ersichtlich sein wird, diese Frage zu beantworten, wenn man den zu analysierenden Stoff *nacheinander* mit den schon in Punkt 1, S. 78 erwähnten Lösungsmitteln bearbeitet und dann die unvermengten Auszüge analysiert. Den größten Erfolg erzielt man hier mit Wasserauszügen, dann mit solchen, die mit verdünnten Säuren erhalten worden sind. Die Bedeutung dieser stufenweisen Auflösung der Substanz für die Wahl des weiteren Analysenganges (Vereinfachung) und für die endgültige Deutung der Resultate sei an Hand folgender Beispiele besprochen:

Liegt z. B. (nach BÖTTGER) zur Analyse ein Gemisch von Natriumsulfat und Bariumcarbonat vor, und würde man zum Auflösen direkt Salzsäure verwenden, so würde eine Umsetzung zu in Säuren unlöslichem Bariumsulfat, das aufgeschlossen werden müßte, erfolgen, und nur der im Überschuß vorhandene Stoff würde in Lösung bleiben. Behandelt man aber zuerst das Gemisch mit Wasser, so läßt sich das Natriumsulfat durch Auflösen und Filtrieren vom Bariumcarbonat trennen. Allerdings würde hierbei eine Umsetzung zu Bariumsulfat nicht ganz ausbleiben, was sich in einem in Säuren unlöslichem geringen Rückstande bemerkbar machen würde. Die vorausgehende Behandlung mit Wasser würde aber erlauben, die Bestandteile des Gemisches Na_2SO_4 und $BaCO_3$ richtig zu erkennen.

Eine solche Verminderung der Arbeit ist in allen den Fällen möglich, wenn schon durch Auflösen in Wasser die sonst in Lösung miteinander unter Bildung schwerlöslicher Stoffe reagierenden Teile weitgehend voneinander getrennt werden.

Noch einleuchtender ist der Vorteil der aufeinanderfolgenden Anwendung mehrerer Lösungsmittel, wenn eine aus Natriumchlorid, Calciumtriphosphat und Bariumsulfat bestehende Mischung vorliegt. Beim Bearbeiten mit Wasser wird dem Gemisch das NaCl vollständig entzogen; in der Lösung können $Na^{\cdot}$ und Cl' nachgewiesen werden. Durch Auflösen des mit Wasser ausgespülten Rückstandes in Salz- oder Salpetersäure wird das Calciumtriphosphat abgetrennt und dessen Ionen können ebenfalls nachgewiesen werden. Der nirgends sich lösende Rückstand ist aufzuschließen und in der nachträglich entsprechend bearbeiteten Schmelze lassen sich dann $Ba^{\cdot\cdot}$ und SO_4'' feststellen. Man kann es als eine oft zutreffende Regel ansehen, daß auf die Ionen der Alkalimetalle nur die wäßrige Lösung untersucht zu werden braucht, da ja fast alle Alkalisalze in Wasser mit Ausnahme einiger (einige Silicate, Kryolith, manche Cyanide u. a.) leicht löslich sind. Man kann deshalb annehmen, daß die Ionen der Alkalien sich praktisch vollständig in der wäßrigen Lösung befinden werden, wenigstens in solchen Mengen, daß sie durch die üblichen Hilfsmittel leicht zu erkennen sind.

Ein anderes Beispiel, welches den Vorzug der getrennten Analyse mehrerer Lösungen auch deutlich hervortreten läßt, ist folgendes (nach BÖTTGER): In einem Gemisch von Quecksilberoxyd, Bleioxyd und Mangandioxyd ist festzustellen, ob auch ein Dioxyd vorliegt, und welchem Metall, dem Blei oder dem Mangan oder beiden von ihnen, es angehören könnte. In der salzsauren Lösung des Gemisches können $Hg^{\cdot\cdot}$, $Pb^{\cdot\cdot}$ und $Mn^{\cdot\cdot}$ nachgewiesen werden. Da sich beim Auflösen Chlor entwickelt, so ist es klar, daß sich im Gemisch auch Dioxyd befindet. Um festzustellen, welches Metall als Dioxyd vorliegt, löst man zuerst das Gemisch in verdünnter Salpetersäure, da sich hier die Oxyde viel leichter lösen als die Dioxyde, den Rest aber in konzentrierter Salzsäure. Es läßt sich nun feststellen, daß die salpetersaure Lösung $Hg^{\cdot\cdot}$, $Pb^{\cdot\cdot}$ und wenig $Mn^{\cdot\cdot}$, die salzsaure Lösung aber hauptsächlich $Mn^{\cdot\cdot}$ enthält. Wie ersichtlich, ist das Analysenresultat nicht ganz eindeutig, weil eben in der verdünnten Salpetersäure außer den Oxyden des Bleies und Quecksilbers sich auch etwas Mangandioxyd löst. Durch mehrfaches Ausziehen mit verdünnter Salpetersäure versucht man deshalb, dem Gemische die Oxyde zu entziehen; die salzsaure Lösung des Rückstandes wird dann das Dioxyd in reinerer Form enthalten. Auf dem Wege gelingt es, diese und ähnliche Fragen mit einer großen Wahrscheinlichkeit richtig zu beantworten.

Die aufeinanderfolgende Anwendung mehrerer Lösungsmittel verliert ihre Bedeutung auch dann nicht, wenn während des Lösens eine Umtauschreaktion zwischen den einzelnen Komponenten der Probe stattfindet. Es sei beispielsweise ein Gemenge, bestehend aus Nickelchlorid, Kupfercarbonat und Natriumcarbonat zu analysieren. Auf Grund der Analyse einer einzigen mit verdünnter Salzsäure hergestellten Lösung läßt sich zunächst nur aussagen, daß die Lösung die Kationen $Ni^{\cdot\cdot}$, $Cu^{\cdot\cdot}$ und $Na^{\cdot}$ enthält, dagegen nichts über die Kombination dieser Bestandteile mit den Anionen Cl' und CO_3''. Zu weiteren Resultaten gelangt man aber, wenn dazu noch der wäßrige Auszug analysiert wird. Beim Erwärmen des Gemisches mit Wasser setzen sich bekanntlich $NiCl_2$ und Na_2CO_3 zu unlöslichem Nickelcarbonat und löslichem Natriumchlorid um. Da in der bei weitem überwiegenden Mehrzahl der Fälle die beiden Salze nicht gerade in entsprechend stöchiometrischen Mengen vorhanden sein werden, so wird man aus der Tatsache, daß die Lösung $Ni^{\cdot\cdot}$ enthält und nicht alkalisch reagiert, auf das Vorhandensein eines löslichen Nickelsalzes, also $NiCl_2$, schließen müssen. Ferner kann man aus der Tatsache, daß die Lösung kein $Cu^{\cdot\cdot}$ oder nur sehr wenig enthält, obwohl eine zur Fällung der Gesamtmenge von $Cu^{\cdot\cdot}$ und $Ni^{\cdot\cdot}$ unzureichende Menge von CO_3'' vorhanden ist, da die wäßrige Lösung $Ni^{\cdot\cdot}$ enthält und nicht alkalisch reagiert, folgern, daß im Gemisch kein lösliches Kupfersalz zugegen ist. Findet man dagegen, daß die wäßrige Lösung kein $Ni^{\cdot\cdot}$ oder $Cu^{\cdot\cdot}$ enthält und alkalisch reagiert, so ist umgekehrt im Gemisch mehr lösliches Carbonat, also ein Überschuß von Na_2CO_3, als dem Nickel- und Kupfersalz entspricht, vorhanden. Mit welchem Carbonat und Chlorid man aber im letzteren Fall zu tun hat, läßt sich durch qualitative Versuche überhaupt nicht entscheiden, wenn nicht weitere Hilfsmittel zur Trennung der einzelnen Salze herangezogen werden.

Von der getrennten Analyse kann abgesehen werden, wenn die Versuche ergeben, daß das Analysenmaterial entweder durch Wasser nur in sehr geringem Maße oder nahezu vollständig aufgelöst wird. Durch eine getrennte Analyse würde man hier in den meisten Fällen nur sehr wenig gewonnen haben. Es ist deshalb vorzuziehen, das Material im ersten Fall direkt in Säure zu lösen, im zweiten dagegen — in Wasser, wobei man versucht, durch einige Tropfen Säure den unlöslichen Rest in Lösung zu bringen. *Auf keinen Fall darf* aber *dieser geringfügige Rest* ohne weiteres *verworfen werden*: vielmehr muß er abfiltriert, ausgewaschen und so lange aufbewahrt werden, bis die Analyse auf Kationen und Anionen vollständig durchgeführt ist. Läßt sich nun aus den Resultaten der Analyse das Auftreten eines geringen unlöslichen Niederschlages erklären, so überzeugt man sich am besten von dem Vorliegen dieses Stoffes; eine zusätzliche Prüfung auf die in Königswasser unlöslichen Verbindungen (s. S. 82) kann aber niemals schaden.

3. Die Analysensubstanz ist ein Metall oder eine Legierung.

Allgemeines. Obgleich die Metalle, die Alkalimetalle ausgenommen, in Wasser unlöslich sind, empfiehlt es sich doch, zu untersuchen, wie sich das Metall, besonders wenn es in Pulverform vorliegt, gegenüber Wasser verhält. Entwickelt sich hierbei schon in der Kälte oder erst beim Erwärmen *Wasserstoff*, so besteht die Möglichkeit, daß die Substanz Alkali- oder Erdalkalimetalle enthält. Die Lösung nimmt in diesem Fall eine alkalische Reaktion an. Wasserstoff entwickeln außerdem fein zerriebenes *Mangan* und mit Quecksilber aktiviertes *Aluminium*.

Ein zweiter Sonderfall könnte durch Bestimmung des Schmelzpunktes festgestellt werden. Schmilzt das Metall unterhalb 100° wovon man sich überzeugt, indem man das Reagensgläschen mit einer Probe in siedendes Wasser senkt, so hat man es mit den leicht schmelzenden Legierungen nach Rose, Wood, Lipowitz, d'Arcet zu tun, die gewöhnlich *Blei*, *Wismut*, *Zinn* und *Cadmium* enthalten. Ein direktes Schmelzen der Legierung auf der Bunsenflamme ist nicht ratsam, weil hierbei das Reagensgläschen meistens springt. Diese beiden Vorproben dienen zur

Wahl der entsprechenden Lösungsmittel, sobald es sich erweisen sollte, daß einer der genannten Sonderfälle vorliegt.

Nach dem Verhalten eines Metalls oder einer Legierung Salz- und Salpetersäure gegenüber, kann man sich ungefähr ein Urteil bilden, ob es sich um eine Metalllegierung mit unedlen oder edlen Bestandteilen handelt. Jene werden bekanntlich leicht durch Salzsäure gelöst, während diese nur von oxydierenden Säuren (Salpetersäure) angegriffen werden. Doch ist eine derartige Unterscheidung oft irreführend, da sich auch manche unedle, aber sehr reine Metalle, in Salzsäure, auch konzentrierter, sehr langsam lösen, z. B. reinstes Aluminium, Eisen, Cadmium, auch Zink. Zu beachten ist ferner, daß Legierungen verschiedener Metalle sich Lösungsmitteln gegenüber bisweilen anders verhalten als die Metalle für sich. So sind z. B. Chrom und Eisen einzeln in Salzsäure löslich, Ferrochrom ist aber nur äußerst schwer in Lösung zu bringen. Noch widerstandsfähiger sind gewisse Legierungen, die Kobalt, Chrom, Eisen, Molybdän und Wolfram enthalten. Ein anderes Beispiel bilden die Gold-Silberlegierungen. Ist in einer Gold-Silberlegierung auf 1 Teil Gold nicht wenigstens die etwa 2- bis $2^1/_2$fache Menge Silber vorhanden, so löst sich mit Salpetersäure das Silber nur unvollkommen aus ihr heraus. Kommen auf 1 Teil Gold nur 0,6 Teile Silber, so ist die Legierung überhaupt von Salpetersäure unangreifbar. Durch Erhitzen mit konzentrierter Schwefelsäure, bis zur Entwicklung weißer Dämpfe, kann Silber als Silbersulfat aus beliebig zusammengesetzten Goldlegierungen herausgelöst werden.

Als bequemstes Lösungsmittel für die Mehrzahl von Metallen und Legierungen hat sich die *Salpetersäure* erwiesen. Doch ist in allen den Fällen, wo die Auflösung in Salzsäure erfolgt, diese zu gebrauchen, weil deren schon erwähnten Vorzüge selbstverständlich auch bei der Analyse von Legierungen verbleiben.

Zur Auflösung wählt man gewöhnlich 0,1 bis 0,5 g des gut zerkleinerten Metalls; ist aber das Verhältnis der Komponenten ungünstiger, so müssen 1 bis 3 g gelöst werden (s. S. 75).

a) **Auflösung in Salpetersäure.** I. Die Auflösung des Metalls oder der Legierung ist vollständig. Die Probe, $\sim$0,5 g, wird mit 20 ml Salpetersäure (1 Teil HNO_3 1,42 und 2 Teile H_2O) in einem 100 ml fassenden ERLENMEYER-Kolben oder in einem Becherglas erwärmt. Statt der verdünnten kann auch konzentrierte Säure gewählt werden, da hierdurch die lösende Wirkung verstärkt wird. Selbstverständlich ist in diesem Fall die zu gebrauchende Menge geringer. Wird während des Auflösungsprozesses beobachtet, daß sich die Auflösung infolge der Bildung von Salzkrusten auf der Metalloberfläche vermindert, z. B. Bildung von $Pb(NO_3)_2$ beim Auflösen von Pb und dessen Legierungen, oder sich in starken Säuren unlösliches Salz ausscheidet, so ist die Lösung mit Wasser etwas zu verdünnen. In manchen Fällen, so namentlich bei Eisenlegierungen, Chrom, Zinn, Wolfram u. a. kann bei Verwendung zu konzentrierter Salpetersäure *Passivierung* eintreten, was am plötzlichen Aufhören der Entwicklung von gasförmigen Reaktionsprodukten und folglich auch der Auflösung zu erkennen ist. Beim Aluminium und Zinn bildet sich auf dem Metall eine sichtbare Oxydschicht, welche die Einwirkungsgeschwindigkeit der Säure herabsetzt.

Bei der Analyse von Legierungen kommt es aber auch sehr häufig darauf an, die in kleinen Mengen vorhandenen nichtmetallischen Bestandteile zu ermitteln. Es kann sich hierbei nur um *Kohlenstoff*, *Silicium*, *Schwefel*, *Phosphor* und *Bor* handeln. Deshalb hat man bei der Auflösung des Metalls in Säuren (hierbei fällt allerdings mehr die *Salzsäure* ins Gewicht) besonders darauf zu achten, ob nicht eigentümlich riechende, gasförmige Produkte, Kohlenwasserstoffe oder andere Wasserstoffverbindungen, vom Silicium, Schwefel, Phosphor rührend, entweichen. Beobachtet man hierbei auch lokale Entflammungen, die durch selbstentzündliche Gase hervorgerufen werden, so erhitzt man die Legierung zuvor unter Zutritt von Luft, um die Verbindungen, durch die die Erscheinung hervorgerufen wird, zu oxydieren. Danach vollzieht sich die Auflösung in der Regel bei weitem ruhiger.

Bei diesen Untersuchungen, wo Nichtmetalle als gasförmige Wasserstoffverbindungen entweichen können, sind unter Umständen Vorkehrungen zu treffen, diese Umsatzprodukte aufzufangen (BÖTTGER). Das geschieht am besten, indem man die entweichenden Dämpfe durch konzentrierte Salpetersäure treten läßt. Die Lösung wird alsdann auf einem Wasserbade eingedampft und der Rückstand auf die Oxydationsprodukte, Kiesel-, Schwefel-, Phosphorsäure, untersucht. Einfacher ist es jedoch, und man kommt dadurch in vielen Fällen zum Ziel, ein solches Metall schon von vornherein mit konzentrierter Salpetersäure (spez. Gew. 1,4) oder bromhaltiger Salzsäure zu behandeln, wodurch die nichtmetallischen Beimengungen (außer Kohlenstoff) oxydiert werden. Nach Vertreiben der überschüssigen Reagenzien auf dem Wasserbade hat man die Lösung auf PO_4''', SO_4'', BO_2' zu prüfen. Die Kieselsäure bleibt nach wiederholtem Eindampfen mit Salz- oder Salpetersäure in Gestalt körniger Teilchen zurück.

Weniger einfach ist die Prüfung auf Kohlenstoff, wenn bei der Auflösung in Salpetersäure oder bromhaltiger Salzsäure nicht Kohleteilchen zurückbleiben (hierüber s. S. 55 des vorliegenden Bandes).

Abschließend läßt sich sagen, daß eine Legierung *durch Salpetersäure dann vollständig gelöst wird*, wenn sie *kein* Platin, Gold, Antimon, Zinn oder andere auf S. 85 erwähnten Metalle enthält. Die klare Lösung wird bis etwa 5 ml eingedampft, um die überschüssige Säure zu vertreiben, mit Wasser verdünnt und zur Kationenanalyse verwandt. Es ist aber genau darauf zu achten, daß in der gewonnenen Lösung keine festen Teilchen enthalten sind. Diese sind immer abzufiltrieren, auch dann, wenn es sich um geringe Mengen handelt, und gesondert zu untersuchen.

Bemerkung. Legierungen von Silber und Platin mit geringem Platingehalt lösen sich in Salpetersäure. Sehr kleine Mengen von Antimon (bis 0,03% nach CLASSEN) und Zinn gehen auch oft vollständig in die Lösung über.

II. Die Auflösung des Metalls oder der Legierung ist unvollständig. Bleibt nun nach der Auflösung der Hauptmasse ein unlöslicher Rückstand übrig, so kann dieser aus edlen Metallen, aus Nichtmetallen, wie SnO_2, Sb_2O_5, SiO_2, WO_3 u. a., oder einer Mischung von beiden bestehen. Die Lösung wird nun zur Konzentration und zur Vertreibung des Überschusses der Salpetersäure bis auf etwa 5 ml eingeengt, und es werden dann 20 ml konzentrierter Salzsäure hinzugefügt. Löst sich der metallische Rückstand auch hierbei nicht, so fügt man frisches Königswasser hinzu und erwärmt gelinde mehrere Minuten und auch noch länger, denn es kommt vor, daß die Auflösung längere Zeit dauert, besonders wenn im Niederschlag Platin oder dessen Legierungen vorhanden sind. In ähnlichen Fällen empfiehlt es sich, von der Lösung, wenn sie noch andere Kationen in größeren Mengen enthält, den Niederschlag abzufiltrieren und diesen getrennt mit frischem Königswasser zu bearbeiten. Hierbei braucht man die Lösung nicht unbedingt bis zum Sieden zu erhitzen, denn es genügt schon eine Temperatur von etwa 60°.

Erfolgt vollständige Auflösung, so wird die Lösung bis auf 5 ml eingedampft, mit Wasser verdünnt und zur Kationenanalyse vorbereitet.

Ist dagegen die Auflösung unvollständig, so wird ebenfalls bis auf 5 ml eingedampft, es werden dann etwa 30 ml kalten Wassers hinzugefügt (s. Bem. 3), und zuletzt wird umgeschwenkt und filtriert. Im Rückstand befinden sich die durch Königswasser ungelösten Metalle (Legierungen), auch verschiedene Verbindungen, wie $AgCl$, $PbCl_2$, SiO_2, WO_3 u. a., die später durch Aufschließen in Lösung zu bringen sind.

Bemerkungen. 1. Trübt sich die salpetersaure Lösung beim Hinzufügen der Salzsäure (die Probe enthält Ag, Pb), so ist es vorteilhafter, die Lösung vom Niederschlag abzufiltrieren, diesen auszuwaschen und dann gesondert mit Königswasser zu bearbeiten.

2. Silberlegierungen, z. B. goldhaltige, die sich in Salpetersäure nicht lösen, werden auch durch Königswasser wegen Ausbildung einer schwer löslichen Silberchloridschutzschicht auf den Metallkörnern nur sehr langsam gelöst. Der Auflösungsprozeß kann beschleunigt werden, wenn möglichst feines Metallpulver verwandt wird; es empfiehlt sich auch, ständig die sich lösende Masse mit einem Glasstab durchzurühren, da hierdurch die lose haftende Silberchloridschicht von den Metallkörnern abgebröckelt wird.

3. Beim Bearbeiten von Sn- und Sb-Legierungen mit Salpetersäure scheidet sich erstere als Metazinnsäure[1], letztere als hydratisiertes Sb_2O_5 aus. Bei nachträglichem Einwirken mit konzentrierter Salzsäure geht Sb_2O_5 in Lösung; bei längerem Kochen bildet sich auch aus der Zinnsäure Metastannylchlorid, unlöslich in Salzsäure, aber leicht löslich in kaltem Wasser. Zur Verhinderung der Ausscheidung von SbOCl beim Verdünnen, wird der Lösung nach CURTMAN etwa 1,5 g Weinsäure hinzugegeben. Da das Tartrat Störungen in der Schwefelammoniumgruppe hervorruft, muß es zuvor vernichtet werden.

III. Die Behandlung des unlöslichen nichtmetallischen Rückstandes. Dieser kann, wie schon erwähnt, aus H_2SnO_3, Sb_2O_5, SiO_2, WO_3, C bestehen. Befand sich außerdem in der Legierung noch Phosphor, z. B. Phosphorbronze und Zinn in genügenden Mengen (1 Teil P_2O_5 auf 6 bis 8 Teile Sn), so scheidet sich auch ersterer als Zinn(IV)-phosphat aus, das sich in Salpetersäure nicht löst (CLASSEN). War in der Legierung noch Arsen vorhanden, so wird auch dieses ganz oder nur teilweise im Zinniederschlag wiederzufinden sein. Außerdem werden an die Zinnsäure adsorptiv viele Kationen, wie $Pb^{\cdot\cdot}$, $Cu^{\cdot\cdot}$, $Bi^{\cdot\cdot\cdot}$, $Zn^{\cdot\cdot}$, $Fe^{\cdot\cdot\cdot}$ u. a., gebunden. Durch längere getrennte Bearbeitung dieses Niederschlages oder der bis auf etwa 5 ml eingeengten Lösung, zusammen mit dem Rückstand, mit konzentrierter Salzsäure gelingt es zuletzt, das Sb_2O_5 und H_2SnO_3 und die durch letztere gebundenen Beimengungen (P, As, Pb..) in Lösung überzuführen (s. Bem. 3, S. 80). Soll die Lösung zur vollständigen Abscheidung von SiO_2 und WO_3 mit Salzsäure bis zur Trockne abgedampft werden, so empfiehlt es sich, zuvor etwas KCl hinzuzufügen, da hierdurch die Verflüchtigung von $SnCl_4$ durch Komplexbildung verhindert wird. Statt KCl kann auch $KClO_3$ gewählt werden, wenn befürchtet wird, daß die Salpetersäure zu verdünnt war, um dreiwertiges Arsen zu fünfwertigem zu oxydieren. Zuletzt wird die Lösung auf einem Wasserbad bis zur Trockne eingedampft, mit Wasser aufgenommen und SiO_2 zusammen mit WO_3 abfiltriert (s. S. 128).

Der noch unlöslich verbliebene Rückstand kann durch Zusammenschmelzen mit Soda und Schwefel nach S. 110 aufgeschlossen und weiterverarbeitet werden.

Zur Analyse des von Salpetersäure ungelösten Rückstandes wird von TREADWELL folgendes Schema vorgeschlagen:

Rückstand. SnO_2, Sb_2O_3, Sb_2O_5, P_2O_5, Bi_2O_3 nebst Spuren von Cu, Pb, Fe usw. Man wäscht mit Wasser, fügt KOH bis zur alkalischen Reaktion hinzu und hierauf 5 bis 10 ml einer farblosen konzentrierten K_2S-Lösung, erwärmt längere Zeit im Wasserbad und filtriert:

<table>
<tr><th>Rückstand</th><th colspan="2">Lösung</th></tr>
<tr><td rowspan="3">Bi_2S_3, PbS, CuS usw.
wird in HNO_3 aufgelöst, vom ausgeschiedenen Schwefel abfiltriert und mit dem in HNO_3 zuerst gelösten Teil vereinigt</td><td colspan="2">K_2SnS_3, K_3SbS_3, K_3SbS_4, K_3PO_4
Man verdünnt mit Wasser, säuert mit verdünnter HCl schwach an und filtriert</td></tr>
<tr><td>Niederschlag</td><td>Lösung</td></tr>
<tr><td>SnS_2, Sb_2S_3 oder Sb_2S_5</td><td>KH_2PO_4, KCl</td></tr>
</table>

Die weitere Untersuchung erfolgt wie gewöhnlich.

[1] Bei Anwesenheit von viel Eisen geht die Zinnsäure mit in Lösung.

b) **Andere Auflösungsmöglichkeiten.** I. An Stelle von Königswasser kann manchmal, wie schon erwähnt, mit bestem Erfolg bromhaltige Salzsäure verwandt werden, besonders wenn antimonhaltige Legierungen zu lösen sind.

II. Aluminium und manche Aluminiumlegierungen lösen sich nur schwer in Salpetersäure. Zur Auflösung dieses Metalls gebraucht man deshalb Salzsäure oder auch eine Mischung von Salpeter- und Schwefelsäure (H_2SO_4, spez. Gew. 1,6, HNO_3, spez. Gew. 1,4) im Verhältnis $\sim 1:1$. Die erwähnten Metalle lösen sich aber auch in konzentrierterem wäßrigen Natriumhydroxyd leicht. Dabei können allerdings auch noch andere Metalle, deren Hydroxyde amphoteren Charakter besitzen (Zn, Pb, Sn, Si) in Lösung gehen. Dieses Verhalten erleichtert namentlich die Untersuchung auf die in kleinen Mengen vorkommenden Bestandteile (Cu, Bi, Cd, Fe, Ni, Mn, Ti, Ca, Mg u. a.), die in Alkalilauge nicht gelöst werden. Zur Auflösung wählt man gewöhnlich 1 bis 3 g der Legierung und löst sie in 20%igem NaOH. Das erfolgt am besten in einer Nickel- oder Silberschale, damit keine Kieselsäure durch die Gefäße in die Analyse eingeschleppt werden kann. Nach erfolgter Neutralisation der Lösung können zur weiteren Bearbeitung Porzellan- oder Glasgefäße gebraucht werden.

Auch metallisches Silicium, das sich in Säuren, mit Ausnahme der HF- und HNO_3-Mischung, nicht löst, löst sich leicht und schnell in Natriumhydroxyd unter Wasserstoffentwicklung und Bildung von Natriumsilicat:

$$Si + 2NaOH + H_2O \rightarrow Na_2SiO_3 + 2H_2.$$

Nach Neumann erfolgt die Auflösung zweckmäßig in einer Silberschale und in etwa 10%igem NaOH.

Der größte Teil der Silicide geht dagegen auf diesem Wege nicht in Lösung.

III. Unabhängig von der Zusammensetzung des Analysenmaterials beginnen Noyes und Bray die Auflösung mit konzentrierter (48% oder 9 n) Bromwasserstoffsäure, die nach ihrer Wirkung der Salzsäure vollständig gleichzustellen ist. Die Bromide einiger Elemente (Se, As, Ge) sind jedoch leichter flüchtig, als die entsprechenden Chloride, was auch von den Autoren ausgenützt wird, um die Bromide dieser Elemente durch Destillation von den übrigen zu trennen. Löst sich die Analysensubstanz in der genannten Säure nicht, so wird flüssiges Brom hinzugefügt (statt Brom kann auch Wasserstoffperoxyd verwandt werden), dieses oxydiert die in der Säure unlöslichen Metalle und Sulfide. Durch die Bearbeitung des unlöslichen Rückstandes mit 48%iger (~ 27 n) Flußsäure werden weiter die vorhandenen Silicate zersetzt. Die an diese gebundenen Kationen gehen in Lösung oder bilden unlösliche Fluoride, die Kieselsäure aber wird als SiF_4 abgedampft. Um die störende Flußsäure zu vertreiben und die unlöslichen Fluoride zu zersetzen, wird jetzt die Probe mit 60%iger (~ 9 n) Überchlorsäure behandelt, die beim Erwärmen im Laufe von 10 bis 15 Minuten die Fluoride zersetzt, ohne unlösliche Verbindungen zu bilden.

Gleichzeitig mit der Auflösung erfolgt die Aufteilung der in der Probe vorhandenen Kationen in einzelne Gruppen. Durch das angeführte Behandeln mit Säure wird nun erreicht, daß nur in seltenen Fällen ein unlöslicher Rückstand übrigbleibt. Dieser wird zuletzt durch Zusammenschmelzen mit Kaliumpyrosulfat und der auch hier noch nicht zersetzte Rückstand mit Natriumperoxyd aufgeschlossen. Hierdurch wird eine vollständige Auflösung erreicht.

Der Lösungsgang nach Noyes und Bray ist für eine erweiterte Analyse gedacht, die alle Elemente erfaßt. In einzelnen Fällen eignen sich aber die empfohlenen Auflösungsverfahren auch sehr gut zur Durchführung gewöhnlicher Analysen. Näheres hierzu s. S. 74 des vorliegenden Bandes.

Literatur.

BÖTTGER, W.: Qualitative Analyse, 7. Aufl. Leipzig 1925.

CLASSEN, A.: Handbuch der analytischen Chemie, II. Teil, 7. Aufl. Stuttgart 1920. — CURTMAN, L. J.: Qualitative Chemical Analysis. New York 1934.

DAVIES, W. C.: J. Chem. Educ. **17**, 231 (1940).

FEIGL, FR.: Qualitative Analyse mit Hilfe von Tüpfelreaktionen, 2. Aufl. Leipzig 1935. Chemistry of Specific Selective and Sensitive Reactions. New York 1949. — FISCHER, W., u. W. DIETZ gemeinsam mit K. BRÜNGER u. H. GRIENEISEN: Angew. Ch. **49**, 719 (1936). — FRESENIUS, C. R.: Anleitung zur qualitativen chemischen Analyse, 17. Aufl. Braunschweig 1919.

GERDIEN, H.: Z. El. Ch. **39**, 13 (1933). — GUTBIER, A.: Lehrbuch der qualitativen Analyse. Stuttgart 1921. — GUTZEIT, G.: Helv. **12**, 829 (1929).

HELLER, K.: Mikrochim. A. **8**, 33 (1930). — HELLER, K., u. P. KRUMHOLZ: Mikrochim. A. **7**, 213 (1929). — HEMPEL, W.: Angew. Ch. **14**, 843 (1901). — HILLEBRAND, W. F.: Am. Soc. **30**, 1120 (1908); Chem. N. **98**, 205 (1908). — HILLEBRAND, W. F., u. G. E. F. LUNDELL: Applied Inorganic Analysis. New York 1929 and 1953.

KOLTHOFF, I. M., u. E. B. SANDELL: Textbook of Quantitative Inorganic Analysis. New York 1936 and 1943.

LOCKEMANN, G.: Fr. **100**, 20 (1935); **103**, 81 (1935). — LOHRER, W.: Fr. **124**, 1 (1942).

MATHESIUS, W. Ch.: Z. **38**, 1015 (1914). — MC ALPINE, R. K., u. B. A. SOULE: Qualitative Chemical Analysis. London 1933.

NOYES, A. A., u. W. C. BRAY: A System of Qualitative Analysis for the rare Elements. New York 1927.

RYSCHKEWITSCH, E.: Ch. Fabr. **9**, 12 (1936).

TANANAJEW, N. A.: Kapelnij metod. Kiev 1934. — TREADWELL, F. P.: Kurzes Lehrbuch der analytischen Chemie. Leipzig I. Bd. 1919, II. Bd. 1930.

URECH, P.: Chemische Analysen-Methoden für Aluminium und Aluminium-Legierungen, 1. Aufl.

WALKER, P. H., u. F. W. SMITHER: Bur. Stand., Techn. Paper Nr. 107 (1918); J. ind. eng. Chem. **9**, 1090 (1917). — WATERS, C. E.: Bur. Stand., Techn. Paper Nr. 105 (1917). — WILLARD, H. H.: Am. Soc. **34**, 1480 (1912). — WINKLEY, J. H., L. K. YANOWSKI u. W. HYNES: Mikrochim. A. **21**, 102 (1936). — WINZER, R.: Angew. Ch. **45**, 429 (1932).

§ 3. Feststellung des Charakters aufzuschließender Substanzen durch Vorproben. Auswahl des Aufschlußmittels.

Allgemeines. Um Stoffe, die sich in den schon angeführten gewöhnlichen Lösungsmitteln nicht lösen, in Lösung zu bringen, werden besondere Methoden verwandt, die man unter dem Namen „*Aufschlußverfahren*" zusammenfaßt. Diese Verfahren unterscheiden sich stark voneinander, dienen aber alle demselben Zweck. Mit Hilfe dieser Verfahren wird gewöhnlich ein unlöslicher Stoff in einen anderen, in den gewöhnlichen Lösungsmitteln (Wasser, Säuren, Basen) löslichen, übergeführt. In diesen Lösungen können dann die vorhandenen Kationen und Anionen ohne Schwierigkeiten nachgewiesen werden.

Zwischen dem Aufschließen und dem Auflösen wird — in Anbetracht des gemeinsamen Zweckes — meistens kein großer Unterschied gemacht, weshalb oft ein und dieselbe Operation von einem Autor mit „Auflösung" vom anderen aber mit „Aufschluß" bezeichnet wird. Öfter wird letztere Bezeichnung statt der ersteren gebraucht, indem man z. B. über den Aufschluß von Sulfiden mit Königswasser oder das Aufschließen von Silicaten mit Flußsäure spricht. Das Ziel der Operation ist natürlich das Inlösungbringen der in der Substanz vorhandenen Bestandteile. Eine scharfe Grenze zwischen beiden Definitionen läßt sich jedoch nicht ziehen.

Der Aufschluß von Substanzen erfolgt gewöhnlich mit Reagenzien, die wie Na_2CO_3, NaOH, Na_2O_2, $KHSO_4$, KCN bei hohen Temperaturen, meistens oberhalb ihres Schmelzpunktes, lösend, oxydierend, reduzierend oder anderweitig wirken. Dementsprechend ist die Wirksamkeit der Aufschlußmittel zurückzuführen 1. auf den doppelten Umsatz im Rahmen des Massenwirkungsgesetzes, z. B. Aufschluß des $BaSO_4$ durch Erhitzen mit Na_2CO_3; 2. auf die basischen oder sauren Eigenschaften dieser (NaOH, $KHSO_4$), wodurch nach der Reaktion mit dem Stoff sich lösliche Verbindungen bilden können; 3. auf die oxydierende (Na_2O_2, KNO_3) oder reduzierende (KCN) Fähigkeit der Aufschlußmittel, da hierdurch aus der Substanz ebenfalls leicht lösliche neue Verbindungen oder Elemente entstehen können.

Schon daraus ist ersichtlich, daß für eine ganze Gruppe von Stoffen, ja sogar für einzelne Substanzen, ein anderes, besonderes, zweckentsprechendes Aufschlußmittel zu gebrauchen ist. Die erfolgreiche Durchführung eines Aufschlusses hängt somit in hohem Maße davon ab, wie weit der Charakter der vorliegenden Substanz richtig erkannt worden ist. Ein allgemein anzuwendendes Verfahren zum Aufschluß eines „unlöslichen" Rückstandes existiert leider nicht. Man muß deshalb vorerst wissen, zu welcher Gruppe der aufzuschließende Stoff gehören könnte, um imstande zu sein, das wirksamste und geeignetste Aufschlußmittel zu wählen; es kann sogar vorkommen, daß man zum endgültigen Aufschluß einer Mischung mehrere Aufschlußmittel nacheinander braucht. Auch hier sind keine Methoden darüber entwickelt, wie man bestimmt zum Ziel kommen könnte. Zu ziemlich sicheren Resultaten gelangt man aber, wenn man den Weg geht, der von Noyes und Bray in ihrem erweiterten Analysengang empfohlen worden ist. Man schmilzt den unlöslichen Stoff mit $K_2S_2O_7$ (nach S. 95) und führt dadurch die Verbindungen basischer Natur und einen Teil der neutralen unlöslichen Stoffe in Lösung. Der noch unaufgeschlossene Rückstand wird dann mit Na_2O_2 (nach S. 100) weiter behandelt: jetzt gehen die sauren, oxydationsfähigen Stoffe und ein Teil der neutralen in Lösung. Sollte auch bei solch einer Behandlung der Aufschluß nicht 100%ig erfolgen, so wird doch von einem jeden Bestandteil der Analysensubstanz so viel in Lösung gegangen sein, daß dessen Nachweis nicht mehr schwerfällt. Bei jetzt bekannter Zusammensetzung des Stoffes kann nötigenfalls ein zweckdienlicheres Aufschlußmittel gewählt werden.

Der zweite systematische Weg führt über Vorproben, die den Charakter der Substanz zu erkennen erleichtern sollen. Alle einfachsten und meistgebräuchlichsten Vorprüfungen sind im Abschnitt „die Vorprobe" näher beschrieben. Zum bequemen Durchführen der entsprechenden Vorproben sind weiter unten diejenigen aufgezählt, die hier am sichersten zum Ziel führen. Im Anschluß daran ist erwähnt, wie sich die verschiedenen zu untersuchenden Stoffgruppen zu den allgemein anwendbaren Aufschlußmitteln verhalten.

Die Aufschlußverfahren können nämlich in solche von allgemeiner und solche von spezieller Anwendbarkeit eingeteilt werden. Zu den ersteren gehören z. B. Kaliumhydrosulfat, Natriumcarbonat, nötigenfalls mit oxydierend wirkenden Zusätzen, wie Kaliumnitrat oder Natriumperoxyd versehen, und Natriumhydroxyd. Durch Verwendung eines der genannten Aufschlußmittel kommt man in den meisten Fällen zum Ziel. Natürlich bleiben auch dann oft Fragen offen, zu deren Beantwortung besondere Maßnahmen notwendig sind, um zuletzt in erschöpfender Weise Klarheit über die Zusammensetzung des Analysenmaterials zu erhalten.

1. Vorproben zum Bestimmen der Natur aufzuschließender Substanzen.

Die Aufgabe der Vorprüfungen ist hier eine doppelte: a) es muß festgestellt werden, mit welcher Gruppe unlöslicher Substanzen man zu tun hat und b) ist es der Mühe wert, die unlösliche Verbindung selbst zu bestimmen. Läßt sich die erste, besonders aber die letzte Aufgabe lösen, so bestehen keine Schwierigkeiten mehr, das geeignetste Aufschlußmittel zu wählen.

Der Schwerlöslichkeit der Substanz wegen fallen natürlich fast alle Vorproben weg, die mit Lösungsmitteln arbeiten, es bleiben daher nur die im festen Zustande durchführbaren übrig. Die letzteren Methoden reichen aber bei vielen Stoffen nicht aus, um sie zu erkennen; deren Einreihen in bestimmte Gruppen kann aber mit ziemlicher Sicherheit erfolgen.

Mit den unlöslichen Stoffen und Rückständen werden gewöhnlich die weiter unten angeführten Vorproben angestellt.

I. Makroskopische Untersuchung. Die Farbe des unlöslichen Stoffes erlaubt oft, über dessen Beschaffenheit Schlüsse zu ziehen. Hierzu ist aber folgendes zu bemerken: Von den auf S. 82 erwähnten schwerlöslichen Substanzen, die ja eigentlich alle sehr reine, chemische Individuen sind, besitzt der größte Teil eine *weiße Farbe*. Kommen dagegen dieselben Verbindungen als natürliche Mineralien vor, so wird deren Farbe oft durch Beimengungen stark beeinflußt. Beim Vergleich der Farben fällt außerdem noch die Korngröße des Präparats ins Gewicht: die Tiefe der Farbe nimmt nämlich mit der Korngröße stark ab. So werden grobkristalline, intensiv gefärbte Stoffe nach dem Zerreiben erheblich heller; dunkle Mineralien nehmen in Pulverform eine graue bis hellgraue Farbe an; hellere grobkristalline Stoffe liefern sogar fast weißes Pulver.

Von den schwerlöslichen Stoffen, die sich durch eine genügend eigentümliche Färbung auszeichnen, sind zu erwähnen:

a) weiße Verbindungen: BeO, Al_2O_3, SnO_2, Sb_2O_4, TiO_2, ZrO_2, Nb_2O_5, Ta_2O_5, CaF_2, AlF_3, ThF_4, $AgCl$, $SrSO_4$, $BaSO_4$, $PbSO_4$, $AgCN$ u. a.

b) gelbliche und gelbe Verbindungen: $AgBr$, AgI, WO_3, S.

c) rote oder braune Substanzen: Fe_2O_3, Fe_3O_4, P, Si (amorph), $PbCrO_4$, $Cr_2(SO_4)_3$ (rosa oder grau).

d) grüne Verbindungen: Cr_2O_3.

e) violette Verbindungen: $CrCl_3$.

f) Verbindungen in verschiedener Farbe: komplexe Cyanide, Silicate usw.

Die Metalle und deren Legierungen besitzen, wenn sie in größeren Stücken oder als grobkörniges Material vorliegen, ebenfalls ein charakteristisches Aussehen, durch Farbe und Glanz gekennzeichnet. Diese gehen aber verloren, wenn die Metalle in sehr feiner Form als Pulver eingeliefert werden. Die Wolframbronzen aber, obgleich sie metallische Eigenschaften besitzen, sind weder Metalle noch Legierungen (Wöhler, Hägg, Straumanis).

Außer der Farbe geben auch noch andere physikalische Eigenschaften, wie Härte, Sprödigkeit, Duktilität, Glanz, spez. Gewicht, Geruch u. a., einen Aufschluß über die Zusammensetzung der Substanz.

II. Mikroskopische Prüfung. Liegt die Analysensubstanz nicht in zu feiner Form vor, so kann häufig mikroskopisch festgestellt werden:

1. ob der Stoff homogen oder inhomogen ist, und aus wieviel Bestandteilen er im letzten Fall besteht und 2. ob Körner, Kristallite, Kristallaggregate oder Kristalle vorliegen. Durch Bestimmung der Eigenschaften der Kristalle, wie Form, Doppelbrechung, Brechungskoeffizient usw., können weitere Schlüsse über deren Zusammensetzung gezogen werden.

III. Flammenfärbung. Die mit Salzsäure befeuchtete Probe der Substanz wird am Ende eines Platindrahtes in den oberen Teil der Flamme eines entleuchteten Bunsenbrenners gebracht und die Flammenfärbung beobachtet. Es kommen hierbei nur folgende Färbungen in Betracht: a) gelbgrün: Bariumsulfat, b) fahlblau: Blei- und Antimonverbindungen, c) karminrot: Strontiumsulfat.

IV. Glührohrprobe. Bei Durchführung dieser Probe kann folgendes festgestellt werden: a) die Substanz schmilzt und verbrennt mit blauer Flamme unter Bildung von Schwefeldioxyd: Schwefel.

b) Die Substanz schmilzt nicht, destilliert aber in farblosen Tropfen, die Dämpfe verbrennen unter Rauchentwicklung: Phosphor.

c) Die Substanz verbrennt oder verglimmt, in einzelnen Fällen schwerer oder sogar sehr schwer: Kohlenstoff, Silicium, einige Metalle und Legierungen. Silicium verbrennt teilweise unter Bildung einer nicht geschmolzenen weißen Masse.

V. Perlenprobe. Die in der Oxydationsflamme erzeugte Perle ist: a) smaragdgrün, die schwerlösliche Substanz enthält dann vermutlich Chromioxyd; b) gelb — Eisen(III)-oxyd; c) die Perle weist ein Skelet auf — Siliciumdioxyd, Silicate.

VI. Oxydationsschmelzprobe: Erhält man eine gelbe Schmelze, in der sich Chrom nachweisen läßt, so hat man mit unlöslichen Chromverbindungen zu tun.

VII. Reduktionsproben. Durch Verwendung einer der Reduktionsproben auf Kohle, Kohlensodastäbchen oder nach HEMPEL (a) können folgende metallische Bestandteile der unlöslichen Substanzen nachgewiesen werden: Ag, Pb, Co, Fe, Sn, Sb. Der Identitätsnachweis erfolgt gewöhnlich nach Auflösen der Körner in Salpetersäure. Glaubt man aber, daß die Körner Sn oder Sb enthalten könnten, so muß die Auflösung, um die Bildung von SnO_2 und Sb_2O_5 zu vermeiden, in Königswasser erfolgen. Durch die Heparprobe kann festgestellt werden, ob sich in der Substanz Schwefel befindet.

Die Prüfung auf leicht reduzierbare Metalle, wie Ag, Pb, Sn, Sb, ist auch insofern wichtig, weil sie gestattet, das entsprechende Tiegelmaterial für den Aufschluß zu wählen.

VIII. Die Bestimmung des Anions. Sind die Anionen der aufzuschließenden Substanz bestimmt worden, so können daraus weitere Schlüsse über die Anwesenheit mancher Kationen gezogen werden. Die Feststellung der Anionen erfolgt dabei ziemlich leicht: Durch Kochen der Substanz mit einer konzentrierten Sodalösung wird diese, wenn auch manchmal nur in kleinen Mengen, in Lösung gebracht, in der die Anionen dann auf gewöhnlichem Wege nachgewiesen werden können. Noch sicherer ist es, etwas von der Analysensubstanz mit der 8- bis 10fachen Menge Soda in einem Porzellantiegel zusammenzuschmelzen und die Schmelze mit Wasser auszulaugen (s. S. 97). In diesem Auszug sind dann die fraglichen Anionen zu finden.

Die Vorprüfungen auf Silicate und Fluoride sind, wie im Kapitel „Die Vorprobe“ auf S. 19 näher beschrieben, durchzuführen.

Nach sorgfältigem Durchführen der hier genannten Vorproben, gewinnt man einen ziemlich klaren Überblick über die Natur der aufzuschließenden Substanz.

2. Einordnung der unlöslichen Substanz in eine bestimmte Gruppe. Vorproben auf einzelne Verbindungen.

Alle unlöslichen Substanzen können nun, wie weiter unten aufgezählt, in Gruppen eingeteilt werden. Zu welcher Gruppe die zu untersuchende Substanz gehören könnte, läßt sich an Hand der durchgeführten Vorproben entscheiden. Am Ende der Beschreibung einer jeden Gruppe findet man das geeignetste Aufschlußmittel genannt. Wie das Aufschließen selbst in jedem Fall durchzuführen ist, wird an anderer Stelle unter Angabe der Seite beschrieben.

I. Gruppe: Einzelne nichtmetallische Elemente; unlösliche Metalle und Legierungen. Die Anwesenheit der hier in Betracht kommenden Elemente, wie C, S, P, Si, wird durch die beschriebenen Vorproben bestimmt; Metalle werden durch ihr äußeres Aussehen erkannt, wofern sie nicht als sehr feines Pulver vorliegen.

Aufschlußmittel: Natriumperoxyd oder Alkalicarbonate mit einer Beimengung von Kaliumnitrat oder Natriumperoxyd. In einzelnen Fällen kann auch Kaliumpyrosulfat gebraucht werden (s. S. 94).

II. Gruppe: unlösliche Oxyde. Hat die Vorprobe ergeben, daß in der Aufschlußschmelze (mit $NaKCO_3$) oder im Sodaauszug keine Anionen vorhanden sind, so ist es sehr wahrscheinlich, daß die aufzuschließende Substanz aus Oxyden besteht. Natürlich dürfen auch andere Vorproben nicht gegen diese Möglichkeit sprechen. Weiter gibt gewöhnlich die Durchmusterung unter dem Mikroskop darüber Bescheid, ob ein einziges Oxyd vorliegt oder ein Gemisch mehrerer; aus der Farbe kann gefolgert werden, ob auch farbige Oxyde zugegen sind; die Reduktionsproben auf Kohle erlauben über die Anwesenheit von SnO_2 oder Sb_2O_4 (auch Sb_2O_5) zu entscheiden. Obgleich die Oxyde Al_2O_3, Fe_2O_3, Sb_2O_4 sehr schwer löslich sind, lösen sie sich doch etwas nach längerem Kochen in konzentrierter Salzsäure, so daß in den Lösungen die entsprechenden Kationen durch empfindliche Reaktionen nachgewiesen werden können. Dasselbe läßt sich auch über die Dioxyde ZrO_2, TiO_2, ThO_2 nach Behandeln dieser mit konzentrierter Schwefelsäure behaupten. In Chromiten, Chromoxyden, auch in Bleichromat, kann das Chrom durch die Oxydationsschmelzprobe nachgewiesen werden, wobei der Probeaufschluß in einem Öhr des Platindrahtes durchgeführt werden kann.

Aufschlußmittel: Kaliumbisulfat, Alkalicarbonate, Natriumperoxyd (s. S. 106).

III. Gruppe: Fluoride. Diese werden durch die Ätz- oder Siliciumtetrafluoridprobe nachgewiesen.

Aufschlußmittel. Zersetzung durch Säuren oder Zusammenschmelzen mit Alkalicarbonaten (s. S. 114).

IV. Gruppe. Chloride, Bromide und Jodide. Die Anwesenheit dieser Gruppe kann konstatiert werden: 1. Durch Reduktion nach Hempel; es folgen dann Auslaugen des Reaktionsproduktes mit Wasser, Ansäuern mit Salpetersäure und Nachweis des Cl′, Br′ oder J′. 2. Durch Reduktion mit metallischem Zink; der Stoff wird einige Minuten mit verdünnter Schwefelsäure in Gegenwart von Zinkpulver erwärmt und das Anion in der Lösung nachgewiesen, das Kation aber im zinkhaltigen Niederschlag.

Anwesende Blei- und Silberchloride werden nach Befeuchten mit $(NH_4)_2S$ schwarz. $CrCl_3$ wird beim Kochen mit Na_2CO_3-Lösung, wenn auch in geringem Maße, zersetzt. Zum Nachweis von Chrom läßt sich aber am besten die Oxydationsschmelzprobe durchführen.

Aufschlußmittel. Abkochen mit Soda oder Kaliumhydroxyd (mit Natriumthiosulfat): Zusammenschmelzen mit Soda; Reduktion mit Schwefelsäure und Zink (s. S. 116).

V. Gruppe: Sulfate. Zum Nachweis von Sulfaten können folgende Reaktionen verwandt werden: Schwefelnachweis durch die Heparprobe nach erfolgter Reduktion auf Kohle oder nach Hempel; Barium- oder Strontiumnachweis durch die Flammenfärbung; Bleinachweis durch Befeuchten der Substanz mit $(NH_4)_2S$; Chrom durch die Oxydationsschmelzprobe.

Aufschlußmittel. Gewöhnlich Abkochen oder Zusammenschmelzen mit Soda (s. S. 119).

VI. Gruppe: Sulfide. Anwesende Sulfide lassen sich konstatieren: leichter lösliche durch die Entwicklung von H_2S beim Begießen mit HCl; schwer lösliche, wie z. B. Zinn(IV)-sulfid, sogenanntes Musivgold, durch Säure und hinzugefügtes gekörntes oder geraspeltes Zink (es entweicht H_2S); durch die Natriumacid-Jod-Reaktion (s. S. 14 der „Vorprobe“); durch die Heparreaktion.

Aufschlußmittel. Kochen mit Salpetersäure oder Königswasser; Zusammenschmelzen mit Soda und beigemengtem Oxydationsmittel, z. B. Natriumperoxyd (s. S. 121).

VII. Gruppe: Cyanide. Cyanide werden durch Erwärmen mit verdünnter Schwefelsäure am entweichenden Cyanwasserstoff erkannt; beim Erwärmen im Glühröhrchen entweicht oft Ammoniak.

Aufschlußmittel. Abrauchen mit konzentrierter Schwefelsäure; Schmelzen mit Kaliumpyrosulfat oder mit Alkalicarbonaten (s. S. 123).

VIII. Gruppe: Silicate. Vorhandene Silicate können nachgewiesen werden durch das Kieselsäureskelet in der Perle und die Siliciumtetrafluoridprobe. Vor dem Aufschluß ist es aber vielfach notwendig zu wissen, ob das Silicat *Alkalien* enthält. Darüber kann man sich durch folgende Vorproben überzeugen:

a) Das Silicat wird nach HEMPEL (a) mit Magnesium oder Aluminium reduziert. Dann versetzt man den Reaktionsrückstand mit etwas verdünnter Salzsäure und benutzt die saure Lösung zur Prüfung auf Flammenfärbung.

b) Eine geringe Menge des feinst gepulverten Materials wird auf dem Platinblech mit zwei Tropfen reiner Flußsäure und einem Tropfen Schwefelsäure abgeraucht und der Rückstand auf Flammenfärbung geprüft.

c) Man versetzt eine Probe der feingepulverten Substanz mit etwas alkalifreiem Calciumsulfat und erhitzt am Platindraht im Schmelzraume der entleuchteten Gasflamme. Hierbei findet die Bildung von Calciumsilicat und Alkalisulfat statt, letzteres ruft die charakteristische Flammenfärbung hervor.

Aufschlußmittel. Sind in der Substanz Alkalien nicht nachzuweisen, so geschieht das Aufschließen durch Zusammenschmelzen mit Alkalicarbonaten (s. S. 129). Sollen außerdem noch im Schmelzkuchen Alkalien nachgewiesen werden, so kann der Aufschluß mit Flußsäure erfolgen (s. S. 130). Seltener verwendbare Aufschlußmittel sind auf S. 131 zu finden.

§ 4. Die Ausführung des Aufschlusses mit den allgemeinen Aufschlußmitteln.

Allgemeines. Der größte Teil der Aufschlußmittel sind feste Stoffe, die ihre Wirkung erst oberhalb der Schmelztemperatur entfalten. Zum Gelingen des Aufschlusses ist folgendes zu bemerken: Zu den besten Ergebnissen gelangt man, wenn vor dem Zusammenschmelzen die zerkleinerte Probe in Form eines *sehr feinen Pulvers* mit dem ebenfalls gut zerriebenen Aufschlußmittel sorgfältig gemischt wird. Das Mischen läßt sich meistens im Tiegel mit Hilfe eines Glasstabes gut besorgen.

Liegt ein unlöslicher Rückstand vor, so wird er auf dem Filter zunächst auf Anwesenheit von Silber- und Bleiverbindungen geprüft, wie das auf der S. 79 beschrieben ist. Man trocknet das Filter, faltet es nach dem vollständigen Trocknen zusammen und glüht es in einem Porzellantiegel, wobei die organische Filtersubstanz verbrennt und der zu prüfende unorganische Rest zurückbleibt. Genau so verfährt man, wenn es sich beim Auflösen einer Aufschlußschmelze zeigt, daß der Aufschluß unvollständig war und unangegriffene Substanz zurückbleibt. Man filtriert diese ab, trocknet das Filter und wiederholt mit der nach dem Veraschen übriggebliebenen Substanz den Aufschluß.

Das Tiegelmaterial muß dem Aufschlußmittel so angepaßt sein, daß dieses bei den hohen Temperaturen die Wandung des Tiegels möglichst wenig angreift. Zum Vermeiden von Verspritzen und Überlaufen der Schmelze darf die Füllung nicht mehr als die Hälfte des Tiegelvolumens ausmachen. Der Tiegel ist während der ganzen Zeit des Schmelzens mit dem Deckel bedeckt zu halten. Das Erhitzen muß anfangs sehr vorsichtig erfolgen, damit die vorhandene Feuchtigkeit störungslos und ohne feste Teilchen des Pulvers mitzureißen entweichen kann. Die Glühtemperatur darf nicht höher als notwendig gesteigert werden, um ein Anfressen der Tiegelwandung und des Bodens möglichst zu vermeiden (z. B. die eines Nickeltiegels beim Zusammenschmelzen mit Natriumhydroxyd). Ist das Zusammenschmelzen zu Ende geführt, so läßt man den Tiegel etwas abkühlen, indem man ihn, während die Schmelze noch flüssig ist, mit einer Zange faßt und ihm eine kreisrunde Bewegung gibt, wobei die Schmelze längs des Bodens und der Wandung in dünner Schicht erstarrt. Die so erhaltene dünne Kruste läßt sich meist sehr leicht vom Tiegel entfernen, und deren Zersetzung durch Wasser oder Säure wird bedeutend abgekürzt.

Ein anderes sehr empfehlenswertes Verfahren besteht darin, daß man nach Abschluß des Schmelzens den noch flüssigen Inhalt *sofort* in eine Platin-, Silber- oder Nickelschale, die in kaltes Wasser gestellt ist, vollständig entleert. In Ermangelung dieser kann auch ein altes Porzellanschälchen oder sogar eine größere Porzellanscherbe gebraucht werden; Wasserkühlung hilft hier nicht. Die ausgegossene Schmelze erstarrt augenblicklich, ohne an der Wandung des Gefäßes zu kleben. Porzellanschälchen springen dabei oft.

Die erstarrte Schmelze läßt sich leicht zerbröckeln und auflösen. Der an der Wandung des Tiegels verbliebene Teil, er ist gering, wenn man mit dem schnellen Ausgießen nicht zögert, kann ebenfalls leicht abgelöst werden. Bleibt dagegen der ganze Schmelzkuchen im Tiegel, so schreitet die Auflösung sehr langsam vorwärts.

1. Aufschluß mit Kaliumpyrosulfat oder -hydrogensulfat.

Zur Herstellung von Sulfatschmelzen dienen am besten als Ausgangsstoffe die Bisulfate und Pyrosulfate des Kaliums oder Natriums. Die Wirksamkeit der Bisulfate beginnt erst beim Erwärmen über 300°, wenn sie unter Wasserabgabe in Pyrosulfate übergehen:

$$2KHSO_4 \rightarrow K_2S_2O_7 + H_2O.$$

Aus diesem Grunde geben HILLEBRAND-LUNDELL und andere bei Aufschlüssen direkt den Pyrosulfaten den Vorzug. Bisulfate sind noch in der Hinsicht unbequem, daß man mit dem Erwärmen wenigstens anfangs sehr vorsichtig verfahren muß, denn aus der Schmelze entweicht Wasserdampf, der die aufzuschließende Substanz mitreißt; außerdem schäumt die schmelzende Masse stark und hebt sich bis zum Deckel des Tiegels. Das Zusammenschmelzen mit Pyrosulfaten erfolgt dagegen viel ruhiger. Sind Pyrosulfate nicht zur Hand, so können Bisulfate durch Zusammenschmelzen in einer Platinschale leicht in diese übergeführt werden; das Erhitzen ist nach Beendigung des Aufschäumens bis zum Erscheinen weißer Dämpfe fortzusetzen. Die Schmelze wird dann in dünner Schicht in kalte Schalen, auch in solche aus Porzellan, gegossen, so daß es leicht fällt, die erstarrte Masse von den Wandungen zu trennen. LAWRENCE SMITH (a) bevorzugt das Natriumbisulfat, da es in vielen Fällen zu befriedigenden Resultaten führt (SEARS, ERBER): Es schmilzt schneller und bildet leichter lösliche Komplexsalze mit Aluminium und einigen anderen Elementen als das $K_2S_2O_7$; der Nachteil des Natriumsalzes besteht aber darin, daß es infolge der Bildung von Krusten auf der Oberfläche der Schmelze schwerer mit dem aufzuschließenden Material reagiert.

Als Tiegelmaterial kommen besonders Quarz, auch Porzellan und Sinterkorund in Betracht, die sogar wiederholt zu einer Schmelze mit Kaliumpyrosulfat verwendet werden können. Der Tiegel ist aber nach einer jeden Schmelze genau daraufhin zu untersuchen, ob er nicht angegriffen worden ist. Ist das einmal geschehen, so erfolgt der Angriff bei weiterer Verwendung erheblich stärker. Übrigens leiden Quarztiegel verhältnismäßig wenig, besonders wenn das Schmelzen bei möglichst niedrigen Temperaturen durchgeführt wird, infolgedessen sind sie sogar zu quantitativen Arbeiten brauchbar.

Will man nun sicher sein, daß die Schmelze nicht durch das Tiegelmaterial, besonders im Falle von Porzellan, verunreinigt wird, so empfiehlt es sich nach BÖTTGER, den trocknen Tiegel vor und nach dem Schmelzen zu wägen. Gegebenenfalls muß ein Befund von kleinen Mengen Aluminium und Kieselsäure mit Vorsicht beurteilt und in Zweifelsfällen der Aufschluß im Platintiegel wiederholt werden.

Diese Tiegel sollte man aber nur in den Fällen verwenden, bei denen sich das Arbeiten in einem Quarz- oder Porzellantiegel unbedingt verbietet. Platintiegel werden durch Pyrosulfatschmelzen um so stärker angegriffen, je länger sich das Zusammenschmelzen hinzieht. Es muß damit gerechnet werden, daß bei einer jeden Schmelzung der Tiegel durchschnittlich 0,5 g bis 3 g Platin verliert (HILLEBRAND-LUNDELL, NOYES und BRAY [a]). Nähere Angaben hierüber, auch über das Verhalten anderer Metalle, findet man in der Arbeit von WEBSKY.

Ausführung des Aufschlusses. Das gut zerkleinerte Material wird mit der acht- bis zehnfachen Menge Kaliumpyrosulfat gut vermischt. Nur manche schwer aufschließbare Mineralien (s. S. 112) bedürfen einer größeren Pyrosulfatmenge, sogar bis zu 1:35 (SEARS und QUILL). Das Gemisch erhitzt man in einem bedeckten Tiegel, wobei die Temperatur nur allmählich, wenn nötig bis zur Rotglut, zu steigern ist. *Zu starkes und zu rasches Erhitzen*, so daß weiße Dämpfe in großen Mengen entweichen, ist zwecklos, weil sich dabei das entstehende Schwefeltrioxyd ohne auf das Material einzuwirken verflüchtigt.

$$K_2S_2O_7 \rightarrow K_2SO_4 + SO_3.$$

Sehr schwaches Erhitzen führt dagegen auch nicht zum Ziel, da die Wirkung des Kaliumpyrosulfats gerade auf der Abgabe des SO_3 an die Substanz bei höheren Temperaturen beruht. Man hat also einen Mittelweg zu beschreiten, die optimale Temperatur schwankt je nach Umständen zwischen 650 bis 900°. Wesentlich ist ferner, daß die Dauer der Einwirkung nicht zu kurz bemessen wird, denn es könnte dann bei vielen Stoffen der Umsatz nur unvollständig verlaufen, während ein längeres Erhitzen (30 bis 60 min) die Beendigung der Aufschlußreaktion gewährleistet, was sich am Durchsichtigwerden der Schmelze erkennen läßt.

Ob dieser Punkt schon tatsächlich erreicht worden ist, kann nicht immer so leicht beantwortet werden. In Zweifelsfällen wird der Tiegel ans Licht getragen und langsam erkalten gelassen; hierbei läßt sich ein Augenblick erfassen, in dem der Inhalt sich aufklärt und der Tiegelboden ohne Rückstand deutlich sichtbar wird, dann ist die Aufschlußreaktion beendet.

Kann ein völliger Aufschluß nicht so schnell erzielt werden, so wird es manchmal notwendig, die Schmelze etwas abzukühlen, einen oder einige Tropfen konzentrierte Schwefelsäure hinzuzufügen, den Tiegel vorsichtig zu erwärmen und dann das Schmelzen fortzusetzen. Durch den Zusatz von Schwefelsäure wird nämlich die Aktivität des Aufschlußmittels, das bei lang andauernden Schmelzungen in Sulfat übergegangen sein könnte, erneuert.

Der Tiegel mit der Schmelze wird dann weiter behandelt, wie schon oben (s. S. 94) erwähnt. Man kann auch das völlig erkaltete Produkt, wenn es beim Umkehren des Tiegels und nach gelindem Klopfen nicht herausfällt, durch Erwärmen mit etwas Wasser aufweichen. Trockne Schmelzen werden zerkleinert und durch Erwärmen mit Wasser zu lösen versucht; ist die Auflösung unvollständig, so kann man durch Zusatz von einigen Millilitern konzentrierter Salz- oder Schwefelsäure (s. Bemerkung 1) versuchen, die Auflösung zu erzwingen. Die so erhaltene Lösung wird in der üblichen Weise auf Kationen untersucht (vgl. Bemerkung 2). In einem etwa verbliebenen Rückstand können folgende Stoffe, die seltener vorkommenden ausgenommen, enthalten sein: schwer angreifbare Metalle und Legierungen (Ir, Si u. a.), Kieselsäure (vgl. Bemerkung 3), Silicate, Siliciumcarbid und andere Silicide, WO_3, SnO_2, Sb_2O_4, $BaSO_4$, $SrSO_4$, $PbSO_4$, $Cr_2(SO_4)_3$ u. a.

Bei einigen sehr schwer angreifbaren Stoffen, z. B. manchen Mineralien, kann es vorkommen, daß der unaufgeschlossene Rückstand noch einmal mit frischem Pyrosulfat zusammengeschmolzen werden muß, bis man ihn endgültig in Lösung bringt. Dazu können aber auch andere zweckentsprechendere Aufschlußmittel gebraucht werden, nur muß dann die Natur des Rückstandes nach S. 90 ungefähr ermittelt werden.

Beim Aufschließen von *Arsen*- und *Quecksilberverbindungen* sind Verluste durch Verflüchtigung zu erwarten. Einem Nachweis nach erfolgtem Zusammenschmelzen werden sich diese Verbindungen jedoch nur dann entziehen, wenn das Erhitzen übertrieben stark und lange dauerte, so daß eine starke Verflüchtigung eintreten konnte. Ferner ist darauf zu achten, ob beim Schmelzen nicht Dämpfe von *Jod* oder *Brom* entweichen. Findet das statt, so ist auf diese Bestandteile eine besondere Untersuchung nach S. 116 anzustellen.

Bemerkungen. 1. Zum Auflösen der Schmelze wird meistens konzentrierte Salzsäure verwandt, da sich diese hierzu besser eignet als Schwefelsäure. Liegen aber Silberverbindungen vor, so muß es allerdings zum Abscheiden von Silberchlorid kommen. Davon, ob dieser Fall zu erwarten ist, kann man sich sehr leicht in üblicher Weise durch Ausziehen des ausgewaschenen unlöslichen Rückstandes mit Ammoniak und Fällen des Silberions überzeugen (s. S. 99).

2. Das Inlösunggehen von Barium und Strontium ist kaum möglich; dagegen muß man damit rechnen, besonders wenn Salzsäure verwandt worden ist, daß Blei- und Calciumsulfat sich in nachweisbarer Menge lösen. Auch ein Teil des Zinns und des Antimons geht in die Lösung über.

3. Enthält das aufgeschlossene Material Kieselsäure oder durch Pyrosulfate zersetzbare Silicate, so befindet sich sämtliche Kieselsäure nach dem Zusammenschmelzen fast vollständig im unlöslichen Rückstand. Da nun durch die nachfolgende Behandlung mit Säure nur sehr wenig der Kieselsäure gelöst wird, erübrigt es sich, die Abscheidung dieser aus der Lösung vorzunehmen.

4. Durch Schmelzen mit Kaliumpyrosulfat wird Wolframsäure in Kaliumwolframat übergeführt:

$$WO_3 + K_2S_2O_7 \rightarrow K_2WO_4 + 2\,SO_3.$$

Behandelt man die Schmelze mit Wasser, so geht in der Regel gar kein Wolfram in Lösung, weil die Schmelze neben Kaliumwolframat stets überschüssiges Kaliumpyrosulfat enthält, welches das Wolframat durch Fällen unlöslicher Wolframsäure zersetzt. In den Fällen aber, wo die Schmelze nicht genügend überschüssiges Kaliumpyrosulfat enthält, wird das Wolfram beim Behandeln der Schmelze mit Wasser teilweise gelöst. Das erfolgt aber nicht, wenn das Wasser mit Schwefel- oder Salzsäure etwas angesäuert ist. Durch dieses Verhalten läßt sich Wolfram vom Titan trennen. Setzt man jedoch dem Wasser Ammoniumcarbonat hinzu, so geht alle Wolframsäure in Lösung und kann von der Kieselsäure getrennt werden.

2. Aufschluß mit Alkalicarbonat.

a) **Aufschließen mit reinen Carbonaten.** Als Aufschlußmittel wird in diesem Fall meistens ein Gemisch in etwa äquivalenten Mengen entwässerter Carbonate des Kaliums und des Natriums verwandt. Der Gebrauch eines solchen Gemisches erfolgt aus dem Grunde, weil es bei tieferer Temperatur schmilzt als die Einzelkomponenten. Das Kaliumcarbonat schmilzt nämlich bei 860° C, das des Natriums bei 820°, das oben angeführte Gemisch beider jedoch bei etwa 700° C. Mit sehr gutem Erfolg kann aber auch reines Natriumcarbonat verwandt werden. HOLTHOFF empfiehlt Natriumbicarbonat zu gebrauchen, da diese Verbindung leichter in reinem Zustande zu erhalten ist und beim Schmelzen weniger spritzt. Der Nachteil besteht darin, daß das Bicarbonat in zweimal größerer Menge einzuwägen ist als das normale Carbonat.

Ausführung des Aufschlusses. Ungefähr 0,5 g der fein gepulverten unlöslichen Substanz werden in einem Platintiegel (s. Bemerkung 1) mit der 6- bis 10fachen Menge wasserfreien Natrium- oder Natrium-Kaliumcarbonats innig vermengt. Das erfolgt am besten mit einem Glasstäbchen mit rundgeschmolzenem Ende, um beim Mischen nicht den Tiegel durch Kratzer zu beschädigen. Es muß sich zuletzt eine vollständig homogene Masse ergeben, wobei besonders darauf zu achten ist, daß auf dem Boden nicht unvermengte Substanz übrigbleibt. Nach Aufsetzen des verschlossenen Tiegels auf ein Porzellandreieck wird mit dem Erwärmen, zuerst auf einer kleinen Flamme, behutsam begonnen. Nach 5 bis 10 min kann die Erhitzungstemperatur so weit gesteigert werden (durch Vergrößerung der Flamme oder Annähern an den Tiegel), daß der Tiegelboden schwach rot zu glühen anfängt;

dann wird die Flamme noch weiter vergrößert, bis der Inhalt langsam zu schmelzen beginnt. Mit dieser allmählichen Steigerung der Temperatur wird ein Verspritzen des Tiegelinhalts durch die zu rasche Kohlendioxydentwicklung vermieden. Sobald diese aufgehört hat und die Masse vollständig geschmolzen ist, erhitzt man noch etwa $^1/_4$ Stunde lang vor dem Gebläse, über einem Teclu- oder Mékerbrenner. Erscheint dann die Schmelze vollständig homogen und durchsichtig ohne körniges Material auf dem Boden, oder ist dort nur ein leichter, flockiger Niederschlag sichtbar, so ist der Aufschluß als abgeschlossen zu betrachten.

Jetzt wird der Tiegel mit einer Zange gefaßt, behutsam und langsam gedreht, damit die geschmolzene Masse die Wandung benetzt und dort in dünner Schicht erstarren kann. Der noch schwach rotglühende Tiegel wird alsdann vorsichtig in destilliertes Wasser getaucht, doch muß darauf geachtet werden, daß *Wasser nicht ins Innere des Tiegels gelangt*. Das Abschrecken erleichtert das Herausnehmen der Schmelze wesentlich, die gewöhnlich beim Umkehren des Tiegels und bei gelindem Klopfen aus diesem herausfällt. Als sehr vorteilhaft erweist sich auch das Ausgießen der Schmelze, wie auf S. 94 beschrieben.

Nach Zerkleinerung der Masse wird diese in einem Becherglas oder einer Porzellanschale einigemal mit kleinen Mengen Wasser ausgekocht, in einzelnen Fällen auch mit dem ganzen Tiegel, falls es nicht gelingt, diesen von der Schmelze zu trennen. Der verbleibende Rückstand wird abfiltriert und mit heißem Wasser so lange ausgewaschen, bis nach Ansäuern des Waschwassers mit Salzsäure auf Zusatz von Bariumchlorid (s. S. 120) keine Fällung mehr entsteht.

Ein Teil des auf diese Weise gewonnenen wäßrigen Auszuges wird vorsichtig mit Salpetersäure neutralisiert. Dabei können 2 Fälle vorkommen: es entsteht kein Niederschlag, oder es bildet sich ein solcher. Im ersten Fall wird die neutrale Flüssigkeit zum Aufsuchen von Anionen verwandt. Entsteht dagegen ein Niederschlag, so rührt dieser von vorhandenen amphoteren Elementen, Blei, Antimon, Zinn, Aluminium, Zink, Beryllium in Form von Hydroxyden oder auch Sulfiden, z. B. dessen des Zinns, und von ausgeschiedener Kieselsäure her; außerdem kann der Niederschlag Wolframsäure und die seltener vorkommenden Tantal- und Niobsäuren (s. S. 113) enthalten. Der Niederschlag wird abfiltriert, gelöst und auf Kationen untersucht. Liegt Kieselsäure vor, so ist nach S. 126 weiter zu verfahren. Die durch das Filter gegangene neutrale Flüssigkeit kann zum Nachweis der darin vorhandenen Anionen verwandt werden.

Sicherheitshalber wird die Untersuchung auf Kationen auch dann durchgeführt, wenn beim Ansäuern des wäßrigen Auszuges keine Abscheidung zu beobachten ist. In diesem Fall kann die Untersuchung gemeinsam mit der Lösung des in Wasser unlöslichen, jedoch in 2 n Salz- oder Salpetersäure gelösten Rückstandes der Schmelze, durchgeführt werden, falls beim Vermischen beider Lösungen *nicht* wieder, wie bei Sulfaten, *die Bildung eines Niederschlags eintritt*.

Der nach Aufschluß der Substanz verbliebene, auch in Säuren unlösliche Rückstand setzt sich aus solchen Verbindungen zusammen, die sich mit geschmolzenem Alkalicarbonat unvollständig umsetzen, wie z. B. einige stark ausgeglühte Oxyde oder natürliche Mineralien, wie Al_2O_3, SnO_2. Im Rückstand können sich auch die während des Schmelzprozesses reduzierten Metalle, wie Ag, Pb, Sn, Sb u. a. befinden. Man versucht diese durch Hinzufügen einiger Tropfen konzentrierter Säure in Lösung zu bringen. Im Falle des Zinns und Antimons gehen diese bei Behandlung mit Salpetersäure in einen weißen Rückstand über (s. S. 72), der entweder in Königswasser gelöst oder auch nach S. 109 bis 111 aufgeschlossen werden kann.

Bemerkung. 1. Beim Gebrauch von Platintiegeln zum Aufschluß sind die Platinverluste bei vernünftiger und behutsamer Arbeit nicht groß, sie betragen durchschnittlich etwa 0,2 bis 1 mg auf jede Schmelzung. Platintiegel dürfen *nicht* verwendet werden, wenn das mit Alkalicarbonat aufzuschließende Material leicht reduzierbare Verbindungen, wie die des Zinns, Antimons, Bleies und des Silbers enthält. Ob das der Fall ist, kann durch eine sorgfältig angestellte Vorprobe, z. B. auf Kohle, leicht entschieden werden. Sind die genannten Elemente zugegen, so muß ein Tiegel aus Eisen, Nickel, Porzellan oder Sinterkorund gebraucht werden.

Während des Aufschlusses in Porzellantiegeln gehen immer etwas Aluminium und Kieselsäure vom Tiegelmaterial in die Schmelze über; im Falle der Verwendung von Sinterkorund findet das ebenfalls mit dem Aluminium, jedoch in noch kleineren Mengen statt. Ist aber wegen anderer Erwägungen der Gebrauch von Platintiegeln unumgänglich, so müssen vor dem Schmelzen *die Silber-* und *Bleiverbindungen* entfernt werden. Man erhitzt hierzu die Substanz mit einer konzentrierten Lösung von schwach saurem Ammoniumacetat auf etwa 70°, gießt die Lösung durch ein Filter ab und wiederholt diese Operationen, bis alles Bleisalz ausgezogen ist. Zur Abscheidung des Silbers behandelt man die nunmehr bleifreie Substanz wiederholt mit konzentrierter Kaliumcyanidlösung bei gelinder Wärme, bei Anwesenheit von Schwefel in der Kälte, so lange, bis alles Silbersalz gelöst und entfernt ist. Durch Betupfen geringer Mengen des Materials mit Ammoniumsulfid, können durch Schwärzung noch Spuren beider möglicherweise noch vorhandener Metalle festgestellt werden.

b) **Aufschluß mit Kalium-Natriumcarbonat in Gegenwart von Oxydationsmitteln.** In vielen Fällen erfolgt der Aufschluß mit Kalium-Natriumcarbonat viel leichter, wenn der Schmelze Oxydationsmittel beigefügt sind. Diese können immer dann hinzugegeben werden, wenn das zu bearbeitende Material unlösliche, aber oxydierbare Substanzen enthält, wie z. B. schwer angreifbare Legierungen, Wolframbronzen, Chromeisenstein, Sulfide usw. Als Oxydationsmittel werden gewöhnlich Kaliumnitrat, Natriumperoxyd und Kaliumchlorat gebraucht. Zum Aufschluß nimmt man ebenso, wie bisher angegeben, etwa 0,5 g der feingepulverten unlöslichen Substanz, die mit einer ungefähr 10fachen Menge von Natrium- Kaliumcarbonat, das Oxydationsmittel schon enthaltend, zu vermengen sind. Das Gewicht des oxydierenden Stoffes beträgt normalerweise etwa den zehnten Teil des Carbonates; in besonderen Fällen kann es aber auch $^1/_3$ bis $^1/_2$ ausmachen. Bei höherem Anteil des Oxydationsmittels läuft die Reaktion stürmischer ab, wobei auch das Tiegelmaterial stärker leidet (s. Bemerkung). Das Gemisch wird gewöhnlich in einem bedeckten Porzellan-, Nickel- oder Platintiegel bis zum Aufhören der Abgabe von Wasser zunächst gelinde, dann stärker und schließlich über einem Teclu- oder Mékerbrenner bzw. über einem Gebläse bis zum Schmelzen erhitzt. Die Temperatur wird so geregelt, daß möglichst weitgehende Verflüssigung erzielt wird. Das Erhitzen dauert 10 bis 15 min.

Der Inhalt des Tiegels wird dann, während er noch flüssig ist, entleert, wie auf S. 94 beschrieben. Der an den Tiegelwänden haftende Teil der Schmelze läßt sich entfernen, indem man den mit Wasser gefüllten und auf ein Asbestdrahtnetz gestellten Tiegel vorsichtig erwärmt. Dieser Rückstand wird nun zusammen mit dem gepulverten Schmelzkuchen mit heißem Wasser behandelt, um die löslichen Bestandteile auszuziehen. Die weitere Verarbeitung der Lösung und des Rückstandes erfolgt in derselben Weise, wie die einer ohne Zusatz von oxydierenden Mitteln mit Alkalicarbonat durchgeführten Schmelze.

Bei der Diskussion der Analysenresultate ist natürlich in Betracht zu ziehen, daß während des Aufschließens eine Oxydation stattgefunden hat.

Bemerkung. Für das eben besprochene Aufschlußverfahren gilt hinsichtlich der Verwendbarkeit von Platintiegeln dasselbe wie für den Aufschluß mit Kalium-Natriumcarbonat allein; jedoch ist die Gefahr, daß es dabei zur Bildung von freien Metallen kommen könnte, viel geringer. Andrerseits wirken aber die oxydierenden Zusätze, besonders bei größeren Mengen und längerer Schmelzdauer, merklich aufs

Platin ein. Am unangenehmsten ist in dieser Hinsicht das Natriumperoxyd; zu solchen Aufschlüssen muß ein Nickeltiegel verwandt werden, während im Falle kleiner Zugaben von Kaliumnitrat oder -chlorat noch Platintiegel gebraucht werden können.

Beim Arbeiten mit Porzellan- oder Nickeltiegeln ist mit dem Übergang des Tiegelmaterials in die Analyse zu rechnen. Deshalb sind die Tiegel vor und nach der Verwendung auf ihre Beschaffenheit zu prüfen, und es ist ein festgestellter Angriff bei der Beurteilung der Ergebnisse in Rechnung zu ziehen.

3. Aufschluß mit Natriumperoxyd.

Natriumperoxyd zersetzt und oxydiert sehr energisch viele der unlöslichen Stoffe (Hempel, b). Einige Unbequemlichkeiten bestehen aber darin, daß es sehr stark aufs Tiegelmaterial einwirkt (s. Bemerkung 1). Der Aufschluß mit Natriumperoxyd wird nach zwei Verfahren durchgeführt.

a) 0,5 g des feingepulverten Materials werden sorgfältig mit 5 bis 10 g trocknen Natriumperoxyds gemischt, in einen Nickel- oder Eisentiegel gebracht, darauf wird noch eine Schicht von 1 bis 2 g des Peroxyds gestreut und das Ganze 5 bis 10 min lang erwärmt, um vorhandenes Wasser zu vertreiben. Dann wird der Tiegelinhalt vorsichtig zum Schmelzen gebracht, indem man den Tiegel mit der Zange festhält und ihn langsam um den äußeren Teil der Bunsenflamme so lange führt, bis der Tiegelinhalt sich schmelzend ruhig zu Boden senkt. Ein zu schnelles Steigern der Temperatur ist hierbei zu vermeiden, um ein Spritzen zu verhindern. Dann ist der Tiegel so zu drehen und zu kippen, daß durch die Flüssigkeit die noch nicht zersetzten Materialteilchen auf dem Boden und auf der Wandung erfaßt und zersetzt werden. Das Erhitzen wird 5 min und länger bei etwa 600° fortgesetzt, dann wird die Temperatur eine kurze Zeit (1 min) bis auf 700° gesteigert und erkalten gelassen. Das Entfernen des Schmelzkuchens erfolgt ebenso wie auf S. 96 erwähnt. Durch diese Art des Aufschlusses leidet jedoch das Tiegelmaterial stark.

b) Durch Muehlberg ist folgendes einfaches Verfahren des Aufschlusses mit Natriumperoxyd empfohlen worden, bei welchem die Nickeltiegel nur wenig angegriffen werden: Die aufzuschließende Substanz wird mit Zuckerkohle und Natriumperoxyd gemischt und in einem durch Wasser gekühlten Tiegel zum Schmelzen gebracht. Die energisch einsetzende Reaktion dauert nur sehr kurze Zeit, wobei in der Mischung eine Temperatur von 1450° C erreicht wird. Das führt nach Marvin und Schumb zu einem vollkommenen Aufschluß auch der schwerst zersetzbaren Mineralien und künstlichen Erzeugnisse. Es werden z. B. vollständig aufgeschlossen: Kassiterit, Korund, Carborund u. a. Die Methode ist deshalb empfehlenswert.

0,5 g des feingepulverten Materials und 0,7 bis 1 g Zuckerkohle, durch Verbrennen von Kristallzucker in einem geschlossenen Porzellantiegel hergestellt, werden in einen geräumigen Nickeltiegel gebracht (Höhe 50 mm, Inhalt etwa 60 ml). Dann schüttet man in diesen 10 bis 15 g frischen Natriumperoxyds. Die Kohle muß etwa 7% des Peroxydgewichtes betragen. Der vollständig trockne Inhalt des Tiegels wird gut durchgemischt, zusammengestampft und mit einem Deckel bedeckt, in dessen Mitte sich ein Loch von 5 bis 6 mm Durchmesser befindet. Den Tiegel stellt man jetzt bis zu $^2/_3$ seiner Höhe in kaltes Wasser und entzündet den Inhalt mit einem brennenden etwa 10 cm langen Baumwollfaden, den man an einem Ende mit der Zange hält und durchs Loch im Deckel in das Innere des Tiegels einführt. Durch die stürmische Reaktion kommt der Inhalt zum Schmelzen. Obgleich die Möglichkeit einer Explosion nicht groß ist, empfiehlt es sich doch, vor dem Anzünden eine Schutzbrille zu gebrauchen (General Safety Committee). Nach Abkühlung läßt sich der Schmelzkuchen leicht aus dem Tiegel entfernen, im äußersten Fall durch leichtes Klopfen auf den Boden.

Die Schmelze wird dann in ein Becherglas von 500 ml übertragen, mit etwa 50 ml Wasser begossen und nach Beendigung der stürmischen Reaktion noch etwa 10 min auf dem Wasserbade zur Zersetzung des übriggebliebenen Peroxyds erwärmt. Die Lösung filtriert man jetzt vom Niederschlag ab, wäscht diesen mit heißem Wasser und löst ihn zuletzt in verdünnter Salz- oder Salpetersäure. Nach dem Auflösen bleibt häufig noch ein geringer Rückstand von etwa 2 bis 5 mg übrig, der von unaufgeschlossener Substanz herrührt, die zu Anfang der Reaktion in Tröpfchen an die kalten Wände des Tiegels geschleudert worden ist. Der Rückstand kann von neuem aufgeschlossen werden, das kann aber in den meisten Fällen unterbleiben. Die erhaltene Lösung wird weiter ebenso bearbeitet, wie schon bei dem Carbonataufschluß auf S. 97 näher beschrieben.

Auch hier ist bei der Deutung der Ergebnisse in Betracht zu ziehen, daß beim Schmelzen Oxydation eingetreten sein kann, daß also die gefundenen Bestandteile nicht als solche vorgelegen zu haben brauchen.

Bemerkung. Für das Zusammenschmelzen wird gewöhnlich ein Nickel- oder Eisentiegel gebraucht, obgleich diese beim Arbeiten nach dem a-Verfahren stark angefressen werden. So verliert beim Schmelzen mit 5 g Natriumperoxyd im Laufe von 20 min bei Rotglut ein 17 g schwerer Nickeltiegel von seinem Gewicht 1 g; ein Silbertiegel unter denselben Umständen etwa 0,9 g (Noyes und Bray). Es können aber auch Platintiegel gebraucht werden, wenn man zur Vermeidung eines zu starken Angriffs folgendermaßen verfährt: Die innere Wandung des Tiegels wird mit einer geschmolzenen Schicht von Natriumcarbonat bedeckt, darauf kommt eine dünne geschmolzene Natriumperoxydschicht; das Zusammenschmelzen ist in dem so präparierten Tiegel bei möglichst niedriger Temperatur und in möglichst kurzer Zeit durchzuführen. Bei der Arbeit nach dem Muehlbergschen Verfahren werden dagegen die Nickel- und Eisentiegel sehr wenig angegriffen und können viele Male verwandt werden.

4. Aufschluß mit Natriumhydroxyd.

Die Natriumhydroxyd-Schmelze eignet sich besonders zum Aufschluß von Silicaten und oxydischen Verbindungen. Sie gehört, richtig ausgeführt, zu den elegantesten und vielseitigsten Aufschlußmethoden in der analytischen Chemie (Brunck und Höltje). Grundsätzlich ist das Natriumhydroxyd dem Kaliumhydroxyd vorzuziehen, vor allem, weil ersteres bei niedrigerer Temperatur schmilzt. Wasserfreies NaOH schmilzt bei 318°, KOH bei 360°. Auch greift NaOH den Tiegel weniger an als KOH. Natriumhydroxyd, aus metallischem Natrium hergestellt, kommt in der für analytische Zwecke sehr bequemen Tropfenform in den Handel. Ein Tropfen wiegt durchschnittlich 0,2 g. Daher erübrigt sich das Abwägen des Aufschlußmittels, wodurch das Anziehen von Feuchtigkeit vermieden wird. Die Menge des zum Aufschluß notwendigen Hydroxyds beträgt das 4- bis 10fache der Substanz. Beim Aufschluß von oxydischen Verbindungen empfiehlt sich häufig ein Zusatz von oxydierenden, z. B. Na_2O_2 oder KNO_3 beim Chromeisenstein, oder von reduzierenden Stoffen (KCN beim Zinnstein).

Es ist nicht notwendig, Silbertiegel zu verwenden. Tiegel aus Reinnickel genügen auch bei der exakten Analyse. Unterhalb 500° wird Nickel von geschmolzenem Natriumhydroxyd kaum angegriffen, das geschieht erst oberhalb 600°. Meist vollzieht sich der Aufschluß bei 400°. Temperaturen über 550°, also dunkle Rotglut, sind nie erforderlich. Selbstverständlich ist es nicht notwendig, diese Temperaturen genau einzuhalten. Es genügt, wenn man bei abgeblendetem Licht sichtbare Rotglut vermeidet.

Bei der Ausführung des Aufschlusses wird das Natriumhydroxyd zur vollständigen Entwässerung stets zuerst im Tiegel eingeschmolzen. Auf die erstarrte, aber noch warme Schmelze gibt man die gepulverte Substanz und erhitzt bei bedecktem Tiegel zunächst bis zum Sintern. Hierbei ist Vorsicht geboten, da sonst der während des Aufschlusses gebildete Wasserdampf beim Entweichen Teile der Substanz mitreißt. Wenn die Masse gesintert ist, steigert man die Temperatur bis zum Schmelzen und hält sie 10 bis 15 min unterhalb sichtbarer Rotglut. Zweckmäßig hängt man den Tiegel so in eine durchlochte Asbestscheibe, daß er unten nur wenige Millimeter herausragt. Dadurch erreicht man, daß der obere Teil des Tiegels kälter bleibt und ein Emporkriechen der Schmelze vermieden wird. Mitunter kann es vorkommen, daß Teile der Substanz von der Schmelze nicht benetzt werden. Dem kann man durch kräftiges Umschwenken des Tiegels abhelfen.

Nach dem Abkühlen stellt man den Tiegel mit der Schmelze in ein Becherglas und begießt mit etwa 50 ml Wasser. Die Schmelze löst sich leicht und wird weiterbearbeitet, wie auf S. 98 näher dargelegt.

5. Sonstige Aufschlußmittel.

Außer den unter 1 bis 4 genannten Aufschlußmitteln, die auf Substanzen vieler Gruppen unlöslicher Stoffe einwirken und folglich zum Inlösungbringen aller auf S. 91 angeführten unlöslichen Stoffe dienen können, sind noch viele andere Aufschlußmittel bekannt, deren Anwendungsbereich jedoch erheblich enger ist. Dieser bezieht sich entweder auf eine oder einige Gruppen oder sogar nur auf einzelne Substanzen. Der Gebrauch solcher Aufschlußmittel ist deshalb oft mit verschiedenen Unbequemlichkeiten verbunden.

Es sind z. B. folgende Aufschlußmittel im Gebrauch: die Hydroxyde des Kaliums und Bariums, Borax, Bortrioxyd, Bleioxyd, Wismuttrioxyd, Natriumcarbonat mit Schwefelzugaben, saure Fluoride, Flußsäure u. a. Die Arbeitsverfahren mit diesen Aufschlußmitteln, sobald sie sich von den beschriebenen unterscheiden, werden weiter unten beim Betrachten des Aufschlusses einzelner Verbindungen gegeben werden.

§ 5. Aufschluß von Metallen und Legierungen.

Der größte Teil der Metalle geht nach dem auf S. 102 bis 105 angeführten Arbeitsverfahren in Lösung. Es kommen jedoch Fälle vor, wo das Inlösungbringen auf eine so einfache Art nicht mehr durchgeführt werden kann, und man muß dann zum Aufschließen schreiten. Als einer der Gründe der Unlöslichkeit von Metallen tritt hier der Umstand auf, daß es nicht gelingt, besonders bei plastischen Metallen, das Analysenmaterial genügend zu zerkleinern; vom Zerkleinerungsgrad aber hängt auch hier, ebenso wie bei anderen Substanzen, die Auflösungsgeschwindigkeit ab. Es müssen deshalb energischer wirkende Reagenzien; als es die gewöhnlichen Aufschlußmittel sind, verwandt werden. Aber auch hier kommt es vor, daß infolge der Grobkörnigkeit des Materials, die Aufschlußoperation wiederholt werden muß. Besonders einige Legierungen der Metalle der Platingruppe lassen sich nur schwer aufschließen, und deswegen müssen spezielle Verfahren angewandt werden.

A. Die gewöhnlichen Aufschlußverfahren.

Diese können im Falle von Metallen in drei Gruppen eingeteilt werden: 1. Aufschluß mit konzentrierter Schwefelsäure, 2. Zusammenschmelzen mit Kaliumpyrosulfat und 3. Zusammenschmelzen mit alkalischen, oxydierend wirkenden Flußmitteln, wie Natriumperoxyd oder Alkalicarbonaten und Hydroxyden mit einer Beimengung von Salpeter. In schwierigeren Fällen ist dem Natriumperoxyd der Vorzug zu geben.

1. Aufschluß mit konzentrierter Schwefelsäure und anderen Säuren.

Heiße konzentrierte Schwefelsäure wirkt als gutes Oxydationsmittel und kann mit bestem Erfolge zum Aufschluß von Legierungen, die Arsen, Antimon und Zinn enthalten, verwendet werden (NISSENSON und CROTOGINO). Zinn geht vierwertig, Antimon und Arsen gehen dreiwertig als Sulfate in Lösung. Weder Arsen noch Antimon geht durch Verdampfen verloren. Bei der Verwendung von Salpetersäure zum Auflösen solcher Legierungen bleibt immer ein unlöslicher aus SnO_2 und Sb_2O_5 bestehender Rückstand zurück. Auf 1 g Probegut läßt man etwa 15 bis 20 ml konzentrierte Schwefelsäure zufließen. Man erhitzt unter dem Abzuge auf einem Asbestdrahtnetze, ohne die Temperatur bis zum deutlichen Sieden der Säure zu steigern. Die Salze bilden sich meist in Form unlöslicher Sulfate. Gegen Schluß läßt man möglichst viel von der Säure wegrauchen. Nach dem Erkalten wird mit Wasser verdünnt und, wenn nötig, einige Minuten gekocht, um die beim Aufschluß gebildeten wasserfreien Sulfate in Lösung zu bringen. Bleisulfat bleibt ungelöst zurück.

Zum Aufschluß von Al-Si-Legierungen kann auch ein Gemisch von H_2SO_4, H_3PO_4 und HNO_3 gebraucht werden (LISAN, KATZ, NORWITZ).

Moderne nichtrostende Stähle lassen sich auch durch Lösen in Königswasser und Perchlorsäure aufschließen (IKENBERG).

Thorium wird durch Säuren nur sehr langsam angegriffen, löst sich aber allmählich in konzentrierter HNO_3 auf (STRAUMANIS, a). Thorium-Chrom-Legierungen können im Gemisch von konzentrierter HNO_3 und H_2SiF_6 abgebaut werden (SIGGIA).

2. Aufschluß mit Kaliumpyrosulfat.

Die Operation wird durchgeführt, wie schon auf S. 95 erwähnt. Dabei kommt es auch bei den Legierungen des Zinns und Antimons, wenn nur die Schmelzung sachgemäß durchgeführt wird, nicht zur Abscheidung von Antimon- oder Zinnsäure. Die Schmelze geht in der Regel bei Anwendung von Salz- oder Schwefelsäure glatt in Lösung (BÖTTGER). Von den Metallen der Platingruppe gehen beim Zusammenschmelzen mit Pyrosulfat Pd und Pt in Lösung (WADA und NAKAZONO); Iridium wird dagegen zu Ir_2O_3 oxydiert, das dann in Königswasser gelöst werden kann.

3. Aufschluß durch Zusammenschmelzen mit Natriumperoxyd, Alkalicarbonaten oder Hydroxyden in Gegenwart von Salpeter.

Das erfolgt ebenso, wie schon auf S. 97 bis 101 angegeben. Die Wirkung dieser Aufschlußmittel, besonders die des Natriumperoxyds, ist so stark, daß sogar schwer aufschließbare Legierungen, wie die des Siliciums, Wolframs, Niobiums, Tantals, der Platinmetalle, wenn sie genügend zerkleinert sind, in Lösung gebracht werden können (ZIEGLER, SCHWARZ). Der Einwirkungsgrad des Natriumperoxyds auf manche Metalle und Legierungen ist aus den Zahlen der Tabelle 1 S. 106 zu ersehen.

B. Aufschluß der Metalle der Platingruppe und deren Legierungen.

Von den 6 Metallen der Platingruppe lösen sich nur 2, nämlich Palladium und Osmium merklich in Säuren. Sind diese beiden Metalle genügend zerkleinert, so können sie leicht in Salpetersäure aufgelöst werden. Durch Königswasser werden Palladium, Platin und Osmium gelöst, es wirkt jedoch wenig auf die Metalle Rhodium, Iridium und Ruthenium, auch auf Osmium, wenn es in kompakter Form vorliegt. Befinden sich aber die letzteren in kleineren Mengen in Legierung mit anderen Platinmetallen, so können sie ebenfalls in Lösung gebracht werden.

Die Geschwindigkeit der Auflösung, z. B. des Platins, wird durch die Anwesenheit der genannten schwer angreifbaren Metalle stark herabgesetzt; erreichen diese einen Gehalt von 30%, so wird die Legierung durch Königswasser praktisch unangreifbar.

1. Wenn die Platinmetalle in kompakter Form vorliegen, so lassen sie sich, wie schon gesagt, nicht ohne weiteres in Lösung bringen. Das möglichst fein zerkleinerte Metall, Feilspäne, Sägespäne, Schnitzel, sehr dünn ausgewalzte Streifen usw., wird in diesem Fall mit *Königswasser* behandelt, wodurch der größte Teil des Platins und Palladiums nebst geringen Mengen Rhodium und Iridium in Lösung gehen. Der Rückstand, der Osmium, Ruthenium, Rhodium, Iridium und auch noch Platin sowie Palladium enthalten kann, wird getrocknet und mit der *zehnfachen Menge Blei* oder *Zink* in einem aus gereinigter Retortenkohle hergestellten Tiegel (auch solche aus Porzellan können gebraucht werden) 1 bis 2 Stunden lang bei etwa 1000° C erhitzt (GILCHRIST, BEAMISH). Um jede Oxydation zu vermeiden, bettet man den Tiegel in einen mit Holzkohle ausgefüllten Tontiegel ein. Recht bequem läßt sich diese Aufschließung mit Blei (nicht Zink) in einer gewöhnlichen Tonpfeife ausführen (TREADWELL). Man leitet durch den Stiel der Pfeife Leuchtgas ein und zündet das beim Pfeifenkopf entweichende Gas an. Dadurch, daß das Gas fortwährend durch die geschmolzene Legierung perlt, wird letztere in ständiger Bewegung erhalten, wodurch die Metalle gleichmäßig gemischt werden. Erfolgt die Zusammenschmelzung im Tiegel, so ist die Flüssigkeit von Zeit zu Zeit mit einem Graphitstift durchzurühren. Die Platinmetalle werden hierbei durch das Blei (Zink) gelöst. Nach dem Erkalten wird der Bleiregulus so lange mit verdünnter Salpetersäure erhitzt (bei Zink mit Salzsäure), bis keine Gasentwicklung mehr zu bemerken ist. Das Blei ist dann in Lösung gegangen, während die Platinmetalle in feinverteiltem Zustand zurückgeblieben sind.

Die so erhaltene Lösung enthält nun etwa 98,4% des verwandten Bleies, dann alles Palladium, kleine Mengen von Platin und Rhodium und unedlere Metalle, wie Eisen, Kupfer usw. Im rückständigen schwarzen Metallpulver, das abfiltriert und gewaschen werden muß, befindet sich dagegen der Rest des Rhodiums und Platins und alles Ruthenium, Iridium und Osmium. Das Blei wird durch Schwefelsäure als Bleisulfat gefällt, und im Filtrat werden zuletzt die Metalle Platin, Palladium und Rhodium nachgewiesen.

Der in Salpetersäure (Salzsäure) ungelöste Rückstand wird getrocknet, in ein Porzellanschiffchen gebracht und in einem Rohr von schwer schmelzbarem Glase bei dunkler Rotglut im Sauerstoffstrome erhitzt. Etwa vorhandenes Osmium entweicht zum größten Teil als Osmiumtetroxyd, das in Natronlauge aufgefangen und, wie im Gange der Analyse zur Auffindung der Platinmetalle angegeben (MYLIUS, DIETZ, MAZZUCHELLI), nachgewiesen wird. Der nach dem Entfernen des Osmiums verbliebene Rückstand ist mit Kochsalz innig zu mischen und in einem feuchten Chlorstrom zu erhitzen. Die entstandenen Chloride werden dann in Wasser gelöst, und die Lösung wird zum weiteren Gange der Analyse und zum Nachweis der einzelnen Ionen verwandt (WOGRIN).

2. Legierungen, wie osmiumhaltiges Iridium und andere, die Ruthenium, Osmium, Rhodium und Iridium, jedoch keine größere Mengen von Platin oder Palladium enthalten, lassen sich besser durch Zusammenschmelzen mit *basischen Oxydationsmitteln* in Lösung überführen (HILLEBRAND und LUNDELL, LEIDIÉ und QUENNESSEN). Als einfachstes Verfahren erweist sich in der Mehrzahl der Fälle das Aufschließen bei Rotglut mit Hilfe einer Mischung von *Natriumhydroxyd* und *-peroxyd* im Verhältnis von nicht weniger als drei zu eins auf ein Teil der Analysensubstanz. Das Zusammenschmelzen kann in einem Eisen-, Nickel-, oder am besten in einem Silbertiegel durchgeführt werden. Arbeitet man nach der

Methode von MUEHLBERG, so kann man sehr gut die ersten beiden Tiegel verwenden.

Die oben angeführten Legierungen reagieren jedoch sehr langsam mit dem Aufschlußmittel. Es empfiehlt sich deshalb, das Metall durch Zusammenschmelzen mit Blei oder Zink und weiteres Bearbeiten, wie schon auf S. 104 erwähnt, in Pulverform überzuführen. Erst mit dem erhaltenen Pulver erfolgt der Aufschluß am bequemsten; jedoch kommen sogar auch hier noch Fälle vor, wo es nicht gelingt, die Substanz vollständig aufzuschließen, der Rückstand muß deshalb wiederholt mit der alkalischen Mischung zusammengeschmolzen werden, bis vollständige Zersetzung eintritt.

Die alkalische Schmelze wird dann mit Wasser ausgelaugt. Osmium und Ruthenium gehen dabei fast vollständig als Na_2OsO_4 und Na_2RuO_4 in Lösung; allerdings erfolgt beim Stehen, besonders aber beim Erwärmen der Lösungen, Ausscheidung von Hydrolyseprodukten. Ein Teil des Iridiums geht ebenfalls in Lösung, der größte Teil bleibt jedoch, ebenso wie das Rhodium in Form von Oxyden und basischen Salzen im Rückstand. Dieser wird weiter mit Salzsäure bearbeitet, wodurch die Chloride des Iridiums und Rhodiums entstehen. Der in der Säure unlösliche Rückstand muß, wie schon erwähnt, von neuem zusammengeschmolzen werden. Enthält dieser aber in großen Mengen Rhodium, so führt auch dieses Verfahren nicht immer zum Ziel. In solchen Fällen muß das Metallpulver sorgfältig mit Natriumchlorid zerrieben und im Chlorstrom bis zu beginnendem Schmelzen erhitzt werden. Man erhält auf diese Weise die in Wasser löslichen Natriumsalze der Chloride der Platinmetalle. Das Natriumchlorid ist in zweifachem Überschuß in bezug auf die Bildung dieser Salze zu verwenden.

3. Zur Analyse von *Platinerzen* werden nach WUNDER und THÜRINGER etwa 3 g der Substanz in einem 200 ml fassenden ERLENMEYER-Kolben aus Jenaer Glas mit einem Gemisch von 10 ml konzentrierter *Salpetersäure* und 10 ml *Salzsäure behandelt*. Der Kolben wird mit einem kleinen Trichter bedeckt und das Erz durch leichtes Schwenken gleichmäßig auf dem Boden des Gefäßes verteilt. Dann stellt man den Kolben auf ein Sandbad, dessen Temperatur 60 bis 70° beträgt. Allmählich, jedesmal nach Verlauf einiger Stunden, bringt man noch einige Milliliter Salzsäure hinzu; die gesamte Menge dieser Säure belaufe sich auf 40 bis 50 ml. Die Behandlung mit Königswasser nimmt manchmal 2 bis 3 Tage in Anspruch, da das Auflösen so lange fortgesetzt werden muß, bis nichts mehr in Lösung geht. Das läßt sich feststellen, indem man den mit frischem Königswasser erhaltenen letzten Auszug fast zur Trockne verdampft und den Rückstand mit verdünnter Salpetersäure aufnimmt; ist die Flüssigkeit nur sehr schwach gefärbt, so deutet das auf eine genügende Behandlung hin. Die vom möglicherweise vorhandenen Rückstand abfiltrierte Lösung in Königswasser wird dann mehrfach mit konzentrierter Salzsäure stark eingeengt, jedoch nicht bis zur Trockne, um die Salpetersäure zu vertreiben, und analysiert.

Der auf dem Filter verbliebene Rückstand, bestehend aus Osmiridium, Kieselsäure, Gangart usw., wird getrocknet, vom Filter genommen, und dieses wird in einem Porzellantiegel bei *beginnender Rotglut* verbrannt. Zur Entfernung der Platinmetalle aus der Asche und dem Rückstand werden diese unter Borax in einem mit Borax glasierten feuerfesten Tiegel mit 5 bis 6 g Feinsilber zusammengeschmolzen. Das Silberkorn, welches alle metallischen Bestandteile enthält, muß jetzt nach Zerschlagen des Tiegels von der Schlacke getrennt und mit 1%iger Schwefelsäure behandelt werden. Das so gereinigte Korn kommt dann zum Auflösen in verdünnte Salpetersäure. Das Osmiridium bleibt dabei ungelöst im Rückstand. Dieser kann weiter, wie bei 1 oder 2 erwähnt, behandelt werden.

Wie das in diesem Paragraphen oft angeführte Natriumperoxyd auf verschiedene Metalle und Legierungen einwirkt, ist der Tabelle 1 zu entnehmen.

Tabelle 1. Einwirkung des Natriumperoxyds auf Metalle und Legierungen.

Das Material und dessen Beschaffenheit	Einwaage in mg	Erhitzungsdauer in Minuten	Wäßriger Auszug		Die Ergebnisse des Erwärmens des Rückstandes mit HCl
			mg	Farbe	
Pt metallisch	500	75	0	sehr schwach gelblich	Dichter gelber Niederschlag Lösung nur gelblich
Ir metallisch	500	75	0,5	sehr schwach gelblich	Vollständige Auflösung, Lösung blau, in dunkelrot übergehend
Ir metallisch	500	20	—	sehr schwach gelblich	Vollständige Auflösung
Rh metallisch	100	20	etwas	sehr schwach gelblich	Fast vollständige Auflösung Lösung in dunkler orange bis gelber Farbe
Pd metallisch	50	5	2—3	sehr schwach gelblich	Vollständige Auflösung, Lösung braun
Os metallisch	200	20	viel	dunkel orange	Vollständige Auflösung
Ru metallisch	500	20	viel	dunkel orange bis rot	Vollständige Auflösung
Leg: 32% As, 50% Ir, 10% Ru und 4% Pt	1000	15	—	dunkel	Vollständige Auflösung
Osmiridium	500	20	—	—	Vollständige Auflösung
Platinerz: Pt, Pd, Os, Ir	500	5—20	—	—	Vollständige Auflösung
Ferrosilicium: 87% Fe, 13% Si	500	5—20	—	—	Vollständige Auflösung
Ferrochrom	500	5—20	—	—	Vollständige Auflösung
Karborund SiC ..	500	5—20	—	—	Fast vollständige Auflösung geringer schleimiger Niederschlag

Die in der Tabelle genannten Mengen der verschiedenen Materialien wurden zu den im Nickeltiegel geschmolzenen 5 g Na_2O_2 hinzugefügt. Das Schmelzen dauerte die in der Tabelle angegebene Zeit. Die Schmelze wurde in 75 bis 100 ml Wasser gelöst.

Im Falle des Platins blieb nach dem Bearbeiten mit HCl, dann mit HCl und HNO_3 ein dichter, gelber Rückstand übrig, der aus Pt_2O_3 bestand. Dieser wurde über Nacht in mit Schwefelwasserstoff gesättigtem Wasser stehen gelassen, wodurch er in das Sulfid überging. Letzteres löst sich aber leicht in Königswasser (Noyes und Bray).

§ 6. Der Aufschluß von Oxyden.

Allgemeines. Die Gegenwart von Oxyden wird durch die Vorprüfungen festgestellt. Alle auf S. 92 in der Gruppe der unlöslichen Oxyde angeführten Substanzen sind mehr oder weniger dann in Säuren löslich, mit Ausnahme der typisch sauren Oxyde, wenn sie aus wäßrigen Lösungen gefällt und behutsam entwässert worden sind. Die Oberfläche der auf diese Weise erhaltenen Niederschläge ist groß, da ein äußerst feines Korn vorhanden ist, das dem Angriff von Lösungsmitteln die günstigsten Umstände bietet. Werden aber dieselben Stoffe erhitzt, so kommt ein wohlausgebildetes Gitter zustande, die Korngröße wächst (Verminderung des Dispersionsgrades), und es vermindert sich zugleich die Angriffsfläche, wodurch auch der Stoff schwer löslich oder fast unlöslich wird. In noch höherem Maße findet das alles statt, wenn ein Zusammenschmelzen des Stoffes stattgefunden hat. Befinden sich die genannten Oxyde als Bestandteile in natürlichen Mineralien, so kommen sie dort fast immer in Form mehr oder weniger gut ausgebildeter Kristalle vor, da ja das langsame Wachstum, zudem noch oft bei hohen Temperaturen in dieser Hinsicht sehr günstig wirkt. Solche Kristalle sind aber äußerst säurebeständig. Daraus folgt, daß zur Beschleunigung der Auflösung und zum schnellen Aufschluß immer feingepulvertes Material zu verwenden ist.

Ihrer chemischen Beschaffenheit nach können fast alle in Rede stehenden Oxyde in 2 Gruppen eingeteilt werden: in amphotere und saure. Dementsprechend werden auch zum Inlösungbringen zweierlei Art von Aufschlußmitteln gebraucht: saure ($K_2S_2O_7$) und basische (Na_2CO_3, Na_2O_2). Die amphoteren Oxyde lassen sich ebenso gut wie durch die sauren, so auch durch die basischen aufschließen, dagegen die typisch sauren — nur durch basische Aufschlußmittel.

Liegen aber beiderlei Arten von Oxyden vor, so muß ein solches Mittel gewählt werden, das auf alle Oxyde einwirkt. Ist das jedoch nicht möglich, so muß das Material mit mehreren Aufschlußmitteln nacheinander behandelt werden usw., bis vollständige Auflösung eingetreten ist. Ein unvollkommener Aufschluß kann hierbei aus zweierlei Gründen eintreten, entweder durch Verwendung eines unangemessenen Aufschlußmittels oder infolge einer zu kurzen Behandlungszeit. Beispielsweise sei festgestellt worden, daß die aufzuschließende Substanz Aluminiumoxyd ist, nach dem Zusammenschmelzen mit Natrium-Kaliumcarbonat bleibt jedoch ein ziemlich großer, in Säure unlöslicher Rückstand übrig. Da sich nun ausgeglühtes Al_2O_3 leicht durch $KNaCO_3$ aufschließen läßt, so ist es möglich, daß man es entweder mit geschmolzenem Al_2O_3 oder mit natürlichem Korund zu tun hat, da diese durch Carbonat viel langsamer angegriffen werden. Hier muß somit ein nochmaliges Aufschließen mit $KNaCO_3$ oder mit Na_2O_2 vorgenommen werden. Richtiger wäre es jedoch gewesen, von vornherein wirksamere Methoden, z. B. die nach MUEHLBERG mit Na_2O_2 zu verwenden.

Allgemeine Aufschlußmittel für Oxyde. Mit Pyrosulfaten oder Bisulfaten, Alkalicarbonaten und Natriumperoxyd lassen sich vollständig oder nur teilweise in Abhängigkeit von den Eigenschaften des Materials, der Aufschlußdauer, der Erhitzungstemperatur usw. folgende Oxyde aufschließen:

1. Mit *Kalium-* oder *Natriumpyrosulfat* (Bisulfat): Al_2O_3 und die natürlichen Aluminiumoxyde; BeO, Cr_2O_3 und die natürlichen Chromite; Fe_2O_3, Fe_3O_4, TiO_2 und die natürlichen Mineralien des Titandioxyds; Ta_2O_5 und Nb_2O_5 sowie die natürlichen Tantalate und Niobate.
2. Mit *Alkalicarbonaten* oder Alkalicarbonaten mit einer Zugabe von Oxydationsmitteln: Al_2O_3 und die natürlichen aluminiumoxydhaltigen Mineralien (einige schwer); Cr_2O_3 und die natürlichen Chromite; TiO_2, Ta_2O_5 und Nb_2O_5 einschließlich der Tantalate und der Niobate; SiO_2, WO_3 und andere leicht aufschließbare saure Oxyde.
3. Mit *Natriumperoxyd*: Alle bei den Alkalicarbonaten genannten, außerdem noch SnO_2 einschließlich der natürlichen Kassiterite. Na_2O_2 wirkt energischer, und es fällt deshalb das Aufschließen viel sicherer und vollständiger aus, als bei Verwendung von Alkalicarbonaten.

Die Ausführung des Aufschlusses und die weitere Bearbeitung der Schmelze erfolgt nach § 4 S. 94. Über die in manchen Fällen zu empfehlenden Änderungen ist Näheres bei der Betrachtung der entsprechenden Oxyde zu finden.

Aufschließen der einzelnen Oxyde.

1. Aluminiumoxyd.

Stark geglühtes Aluminiumoxyd, einige natürliche Mineralien (Korund, Schmirgel), geschmolzenes Al_2O_3 (künstliche Korunde) und manche Industrieerzeugnisse, z. B. Al_2O_3-reiche feuerfeste Stoffe, lösen sich in Säuren praktisch nicht und können sogar mit Carbonaten nicht immer gut aufgeschlossen werden. Folgende Aufschlußmittel sind zu empfehlen:

a) **Mit Kaliumpyrosulfat.** Materialien, die zum größten Teil oder fast vollständig aus reinem Al_2O_3 bestehen, werden beim Zusammenschmelzen mit diesem Flußmittel vollständig aufgeschlossen. Die entstandene Schmelze enthält nach vollendeter Reaktion Aluminium als Aluminiumsulfat neben Kaliumsulfat:

$$3K_2S_2O_7 + Al_2O_3 = Al_2(SO_4)_3 + 3K_2SO_4.$$

Die Schmelze kann leicht durch Behandeln mit Wasser, nötigenfalls durch Zusatz von Salz- oder Schwefelsäure, in Lösung gebracht werden. Obgleich in manchen Fällen auch ein kleiner unaufgeschlossener Rückstand zurückbleibt, der ein nochmaliges Zusammenschmelzen erfordert, ist dieses Verfahren doch besser, als die Verwendung von Alkalicarbonaten (HILLER, NOYES und BRAY). Die im Material vorhandene Kieselsäure geht nur sehr wenig in Lösung. Befindet sich im Material aber mehr Kieselsäure, so ist das folgende Aufschlußverfahren besser.

b) **Mit Natriumperoxyd.** Zum Aufschluß des Aluminiumoxyds wird das Aufschließen nach MUEHLBERG mit Na_2O_2 (s. S. 100) als ein besonders angemessenes Verfahren betrachtet. Es ergeben sich hier gute Resultate sowohl bei Al_2O_3-Mineralien, als auch bei künstlichen Erzeugnissen, auch bei solchen, die größtenteils aus Silicaten bestehen, wie feuerfeste Stoffe (MARVIN und SCHUMB). Die Reaktion läuft folgendermaßen ab:

$$Al_2O_3 + Na_2O_2 = 2NaAlO_2 + {}^1/_2O_2.$$

In Lösung wird dabei auch die Kieselsäure gebracht, die bei der Fortsetzung der Analyse nach S. 127 abzutrennen ist.

c) **Mit Borax.** Zum Zusammenschmelzen schwer aufschließbarer künstlicher Korunde läßt sich nach HILLER entwässerter Borax verwenden. Es werden zuerst etwa 5 g davon im Platintiegel geschmolzen, nach Abkühlung wird etwa 0,5 g der feingepulverten Probe hinzugefügt und nunmehr so lange geschmolzen, bis man eine vollständig klare Schmelze erhält. Borax ist überhaupt ein sehr wirksames Flußmittel auch anderen schwer aufschließbaren Mineralien gegenüber (ARCHIBALD, MCLEOD), doch ist die Anwesenheit der Borsäure lästig, da sie Störungen im weiteren Gang der Analyse verursachen kann.

d) **Mit Alkalihydroxyden.** Aluminiumoxyd läßt sich auch durch Schmelzen mit ätzenden Alkalien (s. S. 101) aufschließen:

$$Al_2O_3 + 2KOH = 2KAlO_2 + H_2O.$$

Man nimmt diese Operation in einem Silber- oder Nickeltiegel vor, weil Platintiegel stark angegriffen werden. Das Alkalihydroxyd wird gewöhnlich in 5fachem Überschuß verwandt. Zugleich kommen auch die im Mineral vorhandenen Silicate und die Kieselsäure zum Aufschluß. Die Schmelze wird weiter ebenso bearbeitet, wie schon beim $NaKCO_3$ auf S. 97 erwähnt. Andere Beispiele siehe z. B. BAKER und MARTIN.

2. Berylliumoxyd.

Die Löslichkeit dieses Oxyds in Säuren hängt ebenfalls von dessen Ausglühungsgrad ab. Ein stark ausgeglühtes Oxyd löst sich, die Flußsäure ausgenommen, in Säuren sehr schwer. Ein solches Oxyd wird zum Aufschließen mit Kaliumpyrosulfat, wie auf S. 95 erläutert, zusammengeschmolzen, wobei leicht lösliches Berylliumsulfat entsteht:

$$BeO + K_2S_2O_7 = BeSO_4 + K_2SO_4.$$

3. Chromoxyd.

Die Aufschlußbedingungen sind bei diesem Oxyd im allgemeinen dieselben, wie beim Aluminiumoxyd. Ausgeglühtes Oxyd, natürliche Chromite und chromoxydhaltige feuerfeste Materialien sind in Säuren unlöslich. Zu deren Aufschluß ist eine Reihe von Verfahren ausgearbeitet worden, von denen hier nur die wichtigsten erwähnt werden sollen.

a) **Mit Kaliumpyrosulfat.** Durch Zusammenschmelzen mit Kaliumpyrosulfat im Quarz- oder Platintiegel (s. S. 95) werden nicht nur die Chromoxyde, sondern auch Eisenchromite (NOYES und BRAY), die gewöhnlich Al_2O_3, SiO_2 und MgO, außerdem manchmal noch Ca, Mn und Ni enthalten, aufgeschlossen. Von ERBER wird statt des Kaliumsalzes das $Na_2S_2O_7$ empfohlen, da sich in diesem Fall die Schmelze besonders nach Ansäuern in Wasser leichter löst. Die Schmelze enthält das Chrom als Chrom(III)-sulfat:

$$Cr_2O_3 + 3Na_2S_2O_7 = Cr_2(SO_4)_3 + 3Na_2SO_4.$$

b) **Mit Alkalicarbonaten.** Zum Aufschluß von Chromiten benutzt man sehr oft das Zusammenschmelzen mit Alkalicarbonaten, die häufig einige Zugaben, wie Borax oder, noch besser, bestimmte Oxydationsmittel (KNO_3) enthalten (s. S. 99). In diesen Fällen bilden sich die in Wasser leicht löslichen Alkalichromate:

$$Cr_2O_3 + 2Na_2CO_3 + 1^1/_2O_2 = 2Na_2CrO_4 + 2CO_2.$$

c) **Mit Natriumperoxyd.** Mit sehr guten Erfolgen kann der Aufschluß von Chromoxyden und Chromiten auch mit Natriumperoxyd in gewöhnlicher Ausführung oder nach MUEHLBERG (s. S. 100) vorgenommen werden. Diese Aufschlußart mit Alkaliperoxyden hat gewisse Vorteile (RÜDISÜLE): Die Operation selbst verläuft glatt und kann in Eisen-, Nickel-, Sinterkorund- und sogar in Platintiegeln durchgeführt werden; in letztem Fall allerdings unter Einhaltung der nötigen Vorsichtsmaßregeln. Beim Gebrauch von Porzellantiegeln werden in die Schmelze SiO_2 und Al_2O_3 vom Tiegelmaterial eingeschleppt.

d) **Mit Alkalihydroxyden.** Auch diese können ebenso wie beim Aluminium zum Aufschluß von Chromoxyd durch dessen Zusammenschmelzen mit einer fünffachen Gewichtsmenge Alkalihydroxyd ohne eine KNO_3-Zugabe oder mit dieser verwandt werden [FRESENIUS (a), BERL, MORSE und DAY]:

$$Cr_2O_3 + 4KOH + 1^1/_2O_2 = 2K_2CrO_4 + 2H_2O.$$

Bemerkung. Die alkalischen Flußmittel, denen ein oxydierender Stoff beigemengt ist, führen auch die in Säuren unlöslichen *Chloride* und *Sulfate des Chroms* in lösliche Chromate über.

Zum Aufschluß des *geschmolzenen Bleichromats* kann Natrium- Kaliumcarbonat, Alkalihydroxyd oder Natriumperoxyd verwandt werden. Durch Kochen mit Sodalösung wird das geschmolzene Bleichromat nur teilweise aufgeschlossen.

4. Eisenoxyd.

Zum Inlösungbringen ausgeglühter, in Säuren unlöslicher Eisenoxyde sowie mancher natürlicher eisenhaltiger Mineralien eignet sich sehr gut das Zusammenschmelzen mit Kaliumpyrosulfat (FERGUSON, J. B.) in Quarz-, Sinterkorund- oder Platintiegeln (s. S. 95). Auch durch Zusammenschmelzen mit Soda gelingt es, das Eisen in Säuren in Lösung zu bringen (MC. ALPINE und SOULE).

5. Zinndioxyd.

Das geglühte Zinndioxyd und ebenso das natürlich vorkommende (Zinnstein, Kassiterit) sind in Säuren außerordentlich schwer löslich und lassen sich auch durch Schmelzen mit Natrium- und Kaliumcarbonat nicht vollständig aufschließen. Man führt Substanzen dieser Art nach einem der folgenden Verfahren in lösliche Form über.

a) **Mit Alkalihydroxyden** oder **Natriumperoxyd.** Man schmilzt nach Brunck und Höltje den Zinnstein mit der 7- bis 8fachen Menge NaOH in der auf S. 101 beschriebenen Weise zusammen und erhitzt etwa 5 bis 10 min bis nahe zur beginnenden Rotglut. Dann wirft man 50 bis 100 mg eines vorher geschmolzenen Natriumcyanids in kleinen Stückchen ein und bedeckt den Tiegel sofort, worauf eine lebhafte Gasentwicklung beginnt. Es empfiehlt sich, den Brenner auf kurze Zeit vor der Zugabe des Cyanids zu entfernen, damit die Gasentwicklung nicht zu lebhaft wird. Schon geringe Mengen Natriumcyanid, 0,1 g und weniger, genügen, den Aufschluß vollständig zu machen. Die Schmelze enthält alles Zinn als Stannat:

$$SnO_2 + 2NaOH = Na_2SnO_3 + H_2O$$

und kann nach dem Abkühlen leicht in Wasser gelöst werden. Statt der Ätzalkalien läßt sich mit guten Erfolgen auch Natriumperoxyd ohne Kohlezugabe oder mit dieser verwenden [Angenot (a), Wenger und Rogovine]. Die Schmelze wird nach Vorschrift auf S. 102 weiterbearbeitet.

b) **Mit Cyankalium.** Die Probe wird mit der drei- bis vierfachen Menge Cyankalium im bedeckten Porzellantiegel einige Minuten bei Rotglut geschmolzen, bis das reduzierte Zinn zu einem Regulus zusammenfließt (Hart):

$$SnO_2 + 2KCN = Sn + 2KCNO.$$

Nach dem Erkalten behandelt man die Schmelze mit Wasser und filtriert die Lösung vom Zinn ab. Es kommt vor, daß das SnO_2 Phosphor als Zinnphosphat, Arsen und andere Beimengungen (s. S. 87) enthält. In diesem Fall gehen die metallischen und metallähnlichen Beimengungen beim Bearbeiten mit KCN ins metallische Zinn über; die Phosphorsäure geht aber beim Behandeln der Schmelze mit Wasser zusammen mit unzersetztem KCN und dem KCNO in Lösung (Oettel). Das KCN wird mit HCl zersetzt und das HCN abgedampft; die in der Lösung verbleibenden Kationen werden dann auf dem gewohnten Wege nachgewiesen. Auch das WO_3, das sich häufig im SnO_2 befindet, geht als K_2WO_4 in die wäßrige Lösung über.

c) **Mit Wasserstoff.** Man bringt das gepulverte Material in einen unglasierten Rosetiegel, den man mit einem durchlochten Deckel verschließt, oder man bringt die Substanz in ein Porzellanschiffchen, führt dieses in eine beiderseits offene Röhre von schwer schmelzbarem Glas, leitet in der Kälte bis zur völligen Entfernung der Luft einen mit konzentrierter Schwefelsäure getrockneten Wasserstoffstrom ein und erhitzt auf dunkle Rotglut, bis kein Wasser mehr abgegeben wird:

$$SnO_2 + 2H_2 = Sn + 2H_2O.$$

Das bei der Reduktion gebildete Metall wird in Salzsäure gelöst (Hampe, Müller). Um heftige Explosionen zu vermeiden, ist niemals zu versäumen, sich davon zu überzeugen, daß die Luft aus der Apparatur vollständig durch Wasserstoff verdrängt ist, indem man das entweichende Gas in einem umgekehrten Reagensröhrchen sammelt und von unten anzündet; es darf dabei keine Explosion stattfinden.

d) **Mit Soda und Schwefel.** Ein häufig empfohlenes Verfahren ist das Zusammenschmelzen mit Natriumcarbonat und Schwefel. Es läßt sich gleich gut wie zum Aufschluß von SnO_2, so auch zum Aufschluß von Sb_2O_4 und manchen anderen As-, Sb- und Sn-haltigen Erzen und Legierungen verwenden (H. Biltz und W. Biltz). Die Oxyde werden hierbei in wasserlösliche Sulfoverbindungen übergeführt (Rose). Das Verfahren besitzt jedoch im Vergleich zu den schon aufgezählten Methoden keine wesentlichen Vorteile.

Das gut zerkleinerte Material wird mit der zehnfachen Menge eines Gemisches von gleichen Teilen entwässerter Soda oder Kalium-Natriumcarbonat und Schwefelblume gründlich verrieben und in einem bedeckten Porzellantiegel erhitzt, nachdem noch eine Schicht Carbonat, um das zu rasche Herausdestillieren des Schwefels zu verhindern, auf die Mischung gestreut worden ist. Dabei ist darauf zu achten und das Erhitzen so zu regeln, daß der Schwefel nur in geringem Maße entweicht. Die Bildung der Sulfosalze kann nämlich nur dann in dem erforderlichen Ausmaße zustande kommen, wenn der Schwefel zusammen mit dem Carbonat hinreichend lange auf den aufzuschließenden Stoff einwirkt:

$$2\,SnO_2 + 2\,Na_2CO_3 + 9\,S = 2\,Na_2SnS_3 + 3\,SO_2 + 2\,CO_2$$

und beim Antimon

$$2\,Sb_2O_4 + 6\,Na_2CO_3 + 23\,S = 4\,Na_3SbS_4 + 6\,CO_2 + 7\,SO_2\,.$$

Da die natürlichen Verbindungen, namentlich Zinnstein, ziemlich langsam angegriffen werden (HOFFMANN), so muß das Erhitzen etwa 30 min und wenn nötig, auch noch länger fortgesetzt werden. Ist der Aufschluß trotzdem unvollständig, so kann an Stelle von Soda und Schwefel eine Mischung von Natriumcarbonat mit 2 Teilen Natriumthiosulfat, das sich für diesen Zweck besonders gut eignet, verwandt werden (DONATH, BÖTTGER nach Versuch von AHRENS). Es ist Sorge zu tragen, daß in den Tiegel während des Schmelzens möglichst wenig Luft gelangt. Das Erhitzen muß anfangs, solange noch das Kristallwasser des Thiosulfats entweicht, langsam durchgeführt werden. Die eigenartige Wirkung des Thiosulfats beruht möglicherweise darauf, daß der Schwefel während der Reaktion in feinster Verteilung zur Wirkung kommt.

Dann wird die erkaltete Schmelze wie gewöhnlich zerkleinert, wenn nötig vorher mit Wasser aufgeweicht, und mit Wasser so lange wiederholt erwärmt, bis alles Auflösbare in Lösung gebracht worden ist. Der noch verbliebene Rückstand wird abfiltriert und gut ausgewaschen. Das Filtrat enthält jetzt die obigen Metalle in Form von löslichen Sulfosalzen, die nunmehr durch Salzsäure unter Ausscheidung der Sulfide zersetzt werden können. Der erhaltene Niederschlag wird abfiltriert und auf die Kationen der Sulfogruppe untersucht, das Filtrat aber auf die der Ammoniumsulfid-Gruppe.

In dem nach Ausziehen der Schmelze mit Wasser verbliebenen Rückstand können folgende Stoffe vorhanden sein: Sulfide der Schwefelwasserstoffgruppe, die sich nicht in Alkalisulfiden lösen, Sulfide der Schwefelammoniumgruppe und schwerlösliche Oxyde und Silicate. Die Sulfide werden in Salpetersäure aufgelöst und weiter wie üblich bearbeitet, der unlösliche Rückstand wird aber nach Feststellung der Zusammensetzung und Auswahl des geeignetsten Aufschlußmittels, aufgeschlossen.

Ist der Aufschluß bei möglichst niedriger Temperatur, wie das bei diesem Prozeß notwendig ist, durchgeführt worden, so geht die Kieselsäure nicht in Lösung, auch wird die Glasur der Porzellantiegel nicht angegriffen (CLASSEN). Es sind aber natürlich Fälle nicht ausgeschlossen, bei denen die Kieselsäure gelöst und zusammen mit dem Zinnsulfid ausgefällt wird. Die Kieselsäure kann abgetrennt werden (s. S. 129); ist man jedoch nicht sicher, daß sie nicht aus dem Tiegelmaterial stammt, so ist es doch besser, eines der vorher beschriebenen Aufschlußverfahren zu verwenden.

6. Antimontetroxyd.

Dieses bildet sich beim Erhitzen von Antimonverbindungen und ist in Säuren praktisch unlöslich. Zu dessen Aufschluß können alle beim Zinndioxyd angeführten Verfahren verwandt werden.

7. Titandioxyd.

Ausgeglühtes Titandioxyd und manche natürlichen Titanmineralien lösen sich in Säuren nicht, außer in Flußsäure und heißer konzentrierter Schwefelsäure, in der die Auflösung jedoch langsam erfolgt. Zum Aufschluß sind folgende Verfahren brauchbar:

a) **Mit Pyrosulfaten.** Durch Zusammenschmelzen mit $K_2S_2O_7$ nach S. 96 bildet sich lösliches Titan(IV)-Sulfat:

$$TiO_2 + 2K_2S_2O_7 = Ti(SO_4)_2 + 2K_2SO_4.$$

Zum Aufschluß natürlicher Titanverbindungen empfehlen SEARS und QUILL (s. auch RAHM) das Natriumsalz und zudem in größeren Mengen als gewöhnlich, z. B. zum Aufschluß von Rutil nicht weniger als 1:12,5 und von Titanit ($CaSiTiO_5$) 1:35. Das Schmelzen kann in Quarztiegeln erfolgen.

b) **Mit Alkalicarbonaten, -hydroxyden oder Natriumperoxyd.** Durch Zusammenschmelzen mit Alkalicarbonaten (natürliches Mineral: Alkalicarbonat = 1:20) bilden sich die entsprechenden Titanate:

$$TiO_2 + Na_2CO_3 = Na_2TiO_3 + CO_2,$$

die sich in kaltem Wasser nicht, dagegen leicht in Säuren lösen. Durch heißes Wasser werden sie unter Abspaltung von Metatitansäure zersetzt, die in verdünnten Säuren schwer löslich ist. Durch Digerieren mit konzentrierter Salz- oder Schwefelsäure geht sie allmählich in Lösung.

Zum Schmelzen eignet sich sehr gut auch Natriumhydroxyd (BAKER, MARTIN) oder -peroxyd. Schmilzt man eine Titanverbindung im Nickeltiegel mit Natriumperoxyd (WALTON), so geht beim Behandeln der Schmelze mit Wasser Titan in Lösung. Säuert man diese Lösung stark mit Schwefelsäure an, so tritt die orangerote Farbe des Peroxytitanyl- Sulfats ($[TiO\text{-}O]SO_4$) deutlich auf.

c) **Mit Kaliumhydrogenfluorid.** Beim Schmelzen von Titandioxyden (auch natürlicher Mineralien) mit der drei- bis vierfachen Menge Kaliumhydrofluorid, bildet sich Kaliumfluortitanat $K_2(TiF_6)$, welches sich in verdünnter Salzsäure in der Wärme leicht löst (HILLEBRAND und LUNDELL). Das Schmelzen muß zuerst langsam auf kleinem Feuer erfolgen, bis die überschüssige Flußsäure vertrieben worden ist (s. S. 131).

8. Zirkondioxyd.

In seinem Verhalten den verschiedenen Aufschlußmitteln gegenüber ist es dem TiO_2 sehr ähnlich. Die Löslichkeit in Säuren ist vom Ausglühungsgrad abhängig. Das schwach geglühte Dioxyd, löst sich noch in Mineralsäuren, z. B. in konzentrierter Schwefelsäure, das stark geglühte oder die natürlichen Dioxyde, z. B. Baddeleyit, dagegen nur sehr langsam oder gar nicht, werden jedoch von Flußsäure gelöst. Das Aufschließen kann folgendermaßen erfolgen:

a) **Mit Pyrosulfaten.** Durch Zusammenschmelzen des ZrO_2 (auch des natürlichen Baddeleyits) mit Kalium- oder Natriumpyrosulfat (s. S. 96) entsteht in Wasser lösliches Zirkon(IV)-sulfat (POWELL und SCHOELLER, FERGUSON, J. D.):

$$ZrO_2 + 2K_2S_2O_7 = Zr(SO_4)_2 + 2K_2SO_4.$$

b) **Mit Alkalicarbonaten, -hydroxyden oder Natriumperoxyd.** Diese Aufschlußmittel liefern in Wasser unlösliche Alkalizirkonate:

$$ZrO_2 + Na_2CO_3 = Na_2ZrO_3 + CO_2.$$

Durch Behandeln mit Wasser werden die Zirkonate unter Bildung von NaOH und Abscheidung von unlöslichem Zirkonoxydhydrat, das sich jedoch beim Erwärmen in Säuren löst, hydrolytisch zersetzt. Das natürliche Dioxyd (Baddeleyit) wird unter diesen Umständen nur schwer aufgeschlossen und erfordert eine längere Erhitzungszeit. Von TRAVERS wird hierzu das Natriumperoxyd empfohlen.

c) **Mit Borax.** Von LUNDELL und KNOWLES wird das Zusammenschmelzen im Platintiegel mit der zehnfachen Menge entwässertem Borax als ein gutes Aufschlußverfahren betrachtet. Nach einer $^1/_2$ Stunde ist der Aufschluß beendet, und die Schmelze kann dann in verdünnter Salzsäure gelöst werden.

d) **Mit Kaliumbifluorid.** Zirkonoxyde und die natürlichen Zirkonmineralien können mit gutem Erfolg mit KHF_2, ebenso wie schon beim TiO_2 erwähnt, aufgeschlossen werden. Zum Schmelzen kann auch eine Mischung von Kaliumhydrogenfluorid und -pyrosulfat im Verhältnis 1:10 zur Verwendung kommen. Im Reaktionsprodukt befindet sich dann das in Wasser gut lösliche Kaliumfluorzirkonat $K_2(ZrF_6)$. Zur Auflösung wird gewöhnlich stark verdünnte Schwefelsäure gebraucht.

9. Thoriumdioxyd.

Das kristalline oder stark ausgeglühte Dioxyd löst sich in den gewöhnlichen Lösungsmitteln nicht. Es kann aber durch Behandeln mit siedender konzentrierter Schwefelsäure oder durch Zusammenschmelzen mit Kaliumpyrosulfat (s. S. 96) in Lösung gebracht werden:

$$ThO_2 + 2\,K_2S_2O_7 = Th(SO_4)_2 + 2\,K_2SO_4.$$

Die Schmelze löst sich in verdünnter Salzsäure [Hintz und Weber (a), Benz]. Der Aufschluß mit Alkalicarbonaten oder -hydroxyden ist dagegen erfolglos.

10. Die Pentoxyde des Niobiums und Tantals.

Die ausgeglühten Pentoxyde des Niobiums und Tantals sowie die natürlichen Niobate und Tantalate lösen sich mit Ausnahme von Flußsäure in keiner Säure. Zum Aufschluß kann dienen das Zusammenschmelzen:

a) **Mit Kaliumpyrosulfat.** Tantal- und Niobpentoxyde werden durch Schmelzen mit Kaliumpyrosulfat völlig zersetzt. Die Schmelze ist in flüssigem Zustande vollständig klar. In kaltem Wasser gehen die Tantalate und Niobate in Lösung, scheiden sich aber beim Erhitzen als unlösliche Säuren größtenteils wieder aus, können jedoch wieder leicht in Lösung gebracht werden (Weiss und Landecker).

b) **Mit Alkalicarbonaten, -hydroxyden und Natriumperoxyd.** Zum Schmelzen eignen sich hier besser das Kaliumcarbonat oder -hydroxyd, da sich die gebildeten Verbindungen leichter in Wasser lösen. Auch die natürlichen Niobate und Tantalate können auf diesem Wege aufgeschlossen werden. Es bilden sich hierbei die Orthosalze:

$$Nb_2O_5 + 3\,K_2CO_3 = 2\,K_3NbO_4 + 3\,CO_2.$$

Diese gehen beim Auflösen der Schmelze in Wasser in Hexaniobate ($K_3Nb_6O_{19}$) oder -tantalate über. Das Carbonat wird in 4fachem, das Hydroxyd dagegen in 10- bis 12fachem Überschuß des Gewichts der aufzuschließenden Substanz verwandt. Zu guten Resultaten gelangt man auch nach Simpson, Weiss und Landecker bei Anwendung von Natriumperoxyd.

11. Wolframtrioxyd.

Wolframtrioxyd ist in Wasser und verdünnten Säuren unlöslich und nur wenig löslich in konzentrierter Salzsäure und Flußsäure. Sehr leicht löst es sich beim Erwärmen in Kalium- oder Natriumhydroxyd, auch im Ammoniak. Durch Behandlung mit konzentrierter Salzsäure oder mit Königswasser werden die in Wasser unlöslichen Wolframate, auch der größte Teil der natürlichen, zersetzt. Geschieht das nicht, so muß man folgendermaßen zum Aufschließen schreiten:

a) **Mit Alkalicarbonaten, -hydroxyden oder Natriumperoxyd.** Es entstehen hierbei die in Wasser leicht löslichen Alkaliwolframate [Bornträger, Angenot (a)]

$$WO_3 + Na_2CO_3 = Na_2WO_4 + CO_2.$$

Nach Ansäuern des Wasserauszuges scheidet sich wieder die Wolframsäure aus. Diese wird ähnlich der Kieselsäure durch Eindampfen mit HCl oder HNO_3 abgetrennt.

b) **Mit Kaliumpyrosulfat.** Wolframate lassen sich auch durch Zusammenschmelzen mit Kaliumpyrosulfat aufschließen. Nach Ausziehen der Schmelze mit angesäuertem Wasser bleibt die Wolframsäure im Rückstand, aus dem sie dann durch Auslaugen mit Alkalihydroxyden entfernt werden kann.

Bemerkung. Wolframbronzen, die ja viel WO_3 enthalten, können glatt durch Kochen mit konzentrierter Schwefelsäure und Ammoniumsulfat aufgeschlossen werden [SCOTT (a)].

12. Siliciumdioxyd.

Zu dessen Aufschluß werden dieselben Verfahren wie im Falle von Silicaten gebraucht (s. S. 126).

§ 7. Aufschluß von Halogeniden.

A. Aufschluß von Fluoriden.

Allgemeines. Die Zersetzung von Fluoriden ist auch in den Fällen notwendig, wenn die Analysensubstanz löslich ist, da durch die Anwesenheit von Fluoriden der regelmäßige Gang der Analyse gestört wird. Die Verflüchtigung des Fluorwasserstoffs wird durch Erwärmen mit Schwefelsäure oder Überchlorsäure erreicht. Zum Aufschluß unlöslicher Fluoride können angewandt werden: 1. Behandlung mit konzentrierter Schwefelsäure oder Überchlorsäure und 2. Zusammenschmelzen mit Alkalicarbonaten. Die Einwirkungen der angeführten Säuren beruht darauf, daß sie die Flußsäure aus ihren Salzen verdrängen und diese dann bei höherer Temperatur aus der Lösung entweicht; energischer wirkt natürlich, ihres höheren Siedepunktes wegen, die konzentrierte Schwefelsäure, dann folgt die Überchlorsäure, und zuletzt kann auch eine Mischung von Salpetersäure und Siliciumdioxyd (NOYES und BRAY) verwandt werden. Der Nachteil der Schwefelsäure ist, daß als Folge ihrer Einwirkung neue unlösliche Verbindungen (Sulfate) entstehen können.

Beim Zusammenschmelzen mit Na_2CO_3 geht zuvor das Fluor in Lösung als NaF, die Kationen der Substanz werden aber beim Auflösen der Schmelze in Wasser als Carbonate ausgeschieden.

1. Aufschluß mit Schwefelsäure.

Etwa 1 g der aufzuschließenden Substanz wird mit 2 bis 3 ml konzentrierter Schwefelsäure begossen, 10 bis 20 min lang auf dem Luftbade erwärmt und dann vorsichtig auf freier Flamme so erhitzt, daß kein Verspritzen eintritt. Die Fluoride gehen dann leicht in Sulfate über:

$$CaF_2 + H_2SO_4 = CaSO_4 + 2\,HF.$$

Das Erhitzen ist so lange fortzusetzen, bis die Hauptmenge der Schwefelsäure unter Aussenden schwerer, weißer Dämpfe entwichen ist. Der Gebrauch eines zu großen Schwefelsäurevolumens ist zu vermeiden (s. Bemerkung 1), da das Vertreiben eines Überschusses davon eine lästige und zeitraubende Operation darstellt. Auf das gründliche Abrauchen mit Schwefelsäure ist besonders bei Prüfung auf kleine Mengen von Aluminium großer Wert zu legen. Bei unvollständiger Zersetzung von Aluminiumfluorid (s. Bemerkung 2) ist mit der Möglichkeit zu rechnen, daß das Metall bei der späteren Untersuchung übersehen oder in der Schwefelammoniumgruppe unvollständig ausgefällt wird (BÖTTGER).

Das Reaktionsprodukt wird nach dem Abkühlen mit 10 bis 20 ml Wasser aufgenommen. Tritt dabei nicht vollständige Auflösung ein, so wird einige Minuten bis zum Sieden erhitzt. Manche Sulfate gehen nur langsam in Lösung. Die Auflösung kann durch eine Zugabe von etwas konzentrierter Salzsäure beschleunigt werden.

Falls zu stark erhitzt worden ist, hat man mit der Möglichkeit zu rechnen, daß basische Salze entstanden sind, diese werden jedoch von Salzsäure leichter gelöst als von Schwefelsäure.

Bleibt ein sich nicht lösender Rückstand übrig, so kann dieser von unlöslichen Sulfaten herrühren, im Falle des Zusatzes von Salzsäure von entstandenem AgCl, $PbCl_2$ oder TlCl. Das Quecksilber geht beim Abrauchen gewöhnlich in den zweiwertigen Zustand über, und ein unlöslicher Rückstand tritt hier selten auf. Zum Aufschluß des Rückstandes wird in Abhängigkeit von dessen Zusammensetzung ein entsprechendes Aufschlußmittel gewählt.

Bemerkungen. 1. Das Vertreiben der Flußsäure kann in Porzellan- oder Platinschalen oder -tiegeln durchgeführt werden. Auch Bleigefäße können im Notfalle zur Verwendung kommen. Dabei ist aber zu beachten, daß Blei von konzentrierter Schwefelsäure bei höherer Temperatur angegriffen wird. Deshalb darf ein Bleigerät nur dann verwandt werden, wenn auf Blei nicht untersucht zu werden braucht. Wird die Zersetzung in einem Porzellangefäß vorgenommen, so geht auch etwas Aluminium von den Wänden in die Lösung über, was bei der Kationenanalyse in Betracht zu ziehen ist. Platingefäße sind deshalb angemessener.

2. Die angegebene Schwefelsäuremenge (2 bis 3 ml) ist vollständig ausreichend. Wenn für die Berechnung der erforderlichen Menge der Säure das Fluorid mit dem kleinsten Äquivalentgewicht (BeF_2) zugrunde gelegt wird, so ergibt sich, daß für 1 g Material etwa 2 g oder 1,1 ml konzentrierte Schwefelsäure zur Überführung in das Sulfat erforderlich sind. Die obige Säuremenge wird deshalb immer erlauben, das Ziel zu erreichen.

3. Das in Wasser unlösliche wasserfreie Aluminiumfluorid AlF_3 läßt sich durch Kochen mit konzentrierter H_2SO_4 sehr schwer zersetzen (Hinrichsen). Ist diese Verbindung dabei in der Probe noch in größeren Mengen vorhanden, so wird der Aufschluß mit Schwefelsäure nur unvollkommen sein. In diesen Fällen empfiehlt sich der Aufschluß mit einem Gemisch von K_2CO_3 und SiO_2 (Spielhaczek).

Die wasserhaltigen Aluminiumfluoride $AlF_3 \cdot 3^1/_2H_2O$ und $2\,AlF_3 \cdot HF \cdot 8\,H_2O$ sind dagegen in Wasser löslich und werden durch Schwefelsäure leicht zersetzt (Treadwell).

2. Aufschluß mit Überchlorsäure.

Diese Methode wird von Noyes und Bray empfohlen. Etwa 0,5 bis 1 g der feingepulverten Substanz werden in einem Platingefäß mit 3 ml 9 n (etwa 60%) Überchlorsäure und 2 ml 16 n (spez. Gew. etwa 1,42) Salpetersäure übergossen und so lange unter Vermeidung des Verspritzens der Lösung erwärmt, bis weiße Dämpfe der $HClO_4$ auszutreten beginnen. Dann bedeckt man die Schale mit einem Uhrglas und setzt das Erwärmen noch ungefähr 5 min fort. Die Verdampfung der Säure darf jedoch nicht zu stürmisch erfolgen. Hat inzwischen keine Auflösung stattgefunden, so ist das Erwärmen noch 5 bis 10 min unter Ergänzung der verdampften Säure mit 60%iger fortzusetzen, dann ist die Flüssigkeit bis fast zur Trockne einzudampfen, und zuletzt sind 10 ml Wasser hinzuzufügen. Unter solchen Umständen wird von allen Fluoriden nur das Thoriumfluorid ThF_4 unvollständig zersetzt. Der Vorzug der Methode besteht darin, daß sich hier *keine unlöslichen Salze bilden*, wie z. B. die unlöslichen Pb-, Sr-, Ba- und Cr-Sulfate beim Aufschluß mit Schwefelsäure.

Das Arbeiten kann in Platinschale oder -tiegel erfolgen. Die Mischung von Überchlor- und Salpetersäure mit Flußsäure greift das Metall nicht an.

Noyes und Bray haben versucht, statt der Überchlorsäure nur konzentrierte Salpetersäure (1,42) zu gebrauchen. Mit dieser Säure muß das Eindampfen etwa 3mal erfolgen, zudem in Gegenwart von etwa 1 g ausgefällter und ausgeglühter Kieselsäure. Letztere ist zur vollständigen Zersetzung der Fluoride notwendig.

Ihre Aufgabe besteht darin, daß sie das frei werdende HF zu H_2SiF_6 bindet. Obgleich sich auf diese Weise befriedigende Resultate erzielen lassen, geben die angeführten Autoren doch der Überchlorsäure den Vorzug.

3. Aufschluß mit Alkalicarbonaten.

Die Probe wird in einem Platintiegel mit der 6- bis 8fachen Menge von Natrium-Kaliumcarbonat zusammengeschmolzen. Unter diesen Umständen wird jedoch CaF_2 nicht vollständig aufgeschlossen (TREADWELL, SCOTT). Der wäßrige Auszug der Schmelze enthält zwar immer beträchtliche Mengen Fluor, jedoch nicht dessen Gesamtmenge. Mischt man aber das Fluorid mit der $2^1/_2$fachen Menge Kieselsäure und schmilzt dann mit Natrium-Kaliumcarbonat, so geht der größte Teil der Kieselsäure und alles Fluor in Lösung, während das Calcium in Carbonat übergeführt wird. Durch die Anwesenheit der Kieselsäure geht das Calciumfluorid in Kieselfluorcalcium und Calciumsilicat über, die dann beide durch die Soda vollständig zersetzt werden:

$$3\,CaF_2 + 3\,SiO_2 = CaSiF_6 + 2\,CaSiO_3;$$
$$CaSiF_6 + 4\,Na_2CO_3 = CaCO_3 + Na_2SiO_3 + 3\,CO_2 + 6\,NaF.$$

Das Erhitzen der Mischung muß sehr langsam fortschreiten, weil sonst wegen der starken Kohlensäureentwicklung die Masse leicht überschäumt. Der geschmolzene dünnflüssige Inhalt des Tiegels verwandelt sich bald in einen dicken Teig, oder es kommt überhaupt nicht zum Schmelzen, sondern nur zum Sintern. Durch Steigern der Hitze läßt sich die zusammengesinterte Masse kaum mehr schmelzen, was auch nicht nötig ist. Die Beendigung des Aufschlusses ist an dem Aufhören der Kohlensäureentwicklung zu erkennen. Laugt man jetzt die Schmelze mit Wasser aus, so gehen Fluornatrium und Natriumsilicat in Lösung, während im Rückstand, der gründlich mit Wasser gewaschen wird, das Calcium und andere Kationen als Carbonate und ein Teil der Kieselsäure ungelöst zurückbleiben. Dieser Rückstand wird nach S. 126 in Salzsäure gelöst, die Kieselsäure abgetrennt und die Lösung auf Kationen analysiert.

Im Filtrat der wäßrigen Lösung befindet sich alles Fluor zusammen mit anderen Anionen, wenn solche in der Analysensubstanz vorhanden waren, und viel Kieselsäure als Alkalisilicat. Zur Abtrennung der Kieselsäure wird das Filtrat vorsichtig mit HNO_3 neutralisiert, 4 g festes Ammoniumcarbonat werden hinzugefügt, und eine Zeitlang wird auf 40° erwärmt. Nachdem der voluminöse Kieselsäureniederschlag einige Zeit gestanden hat, kann filtriert werden. Im Filtrat bleiben dann nur sehr kleine Kieselsäuremengen, und es kann auf Anionen untersucht werden.

Die Methode ist in den Fällen gut anwendbar, wo Fluor in Silicaten nachgewiesen werden muß, diese aber mit Schwefelsäure nicht zu zersetzen sind. Der Aufschluß kann dann auch ohne Hinzufügen von Kieselsäure durchgeführt werden, da diese doch nur dann notwendig ist, wenn der Aufschluß mit Schwierigkeiten erfolgt.

B. Aufschluß von Chloriden, Bromiden und Jodiden.

Nach Behandlung der Analysensubstanz mit Königswasser bleiben als unlösliche Chloride die des Silbers, des Bleies, falls es in größeren Mengen vorhanden ist, und des Chroms übrig; vorhandene Bromide und Jodide haben sich während der Behandlung in Chloride umgesetzt. Ist dagegen zur Auflösung nicht Königswasser gebraucht worden, so kann als unlöslicher Rückstand noch das Quecksilber(I)-chlorid vorhanden sein, letzteres löst sich jedoch, wenn auch langsam, in konzentrierter Salpetersäure.

Zum Aufschluß unlöslicher Chloride werden folgende Verfahren verwandt: 1. Abkochen mit Soda oder Kaliumhydroxyd; 2. Abkochen mit Kaliumhydroxyd und Thiosulfat; 3. Reduktion mit Zink in schwefelsaurer Lösung und 4. Zusammenschmelzen mit Alkalicarbonaten.

1. Aufschluß durch Abkochen mit Soda.

In einem konischen Jenaer Glaskolben wird 1 g der Analysensubstanz mit 50 ml einer gesättigten Sodalösung 10 bis 15 min lang langsam gekocht. Hierbei werden alle Chloride mit Ausnahme der des Silbers zersetzt:

$$Hg_2Cl_2 + Na_2CO_3 = Hg_2O + CO_2 + 2NaCl.$$

Man filtriert, löst den mit Wasser ausgewaschenen Rückstand in verdünnter Salpetersäure und prüft die Lösung auf Kationen. Das Filtrat wird mit verdünnter Salpetersäure angesäuert und zum Nachweis des Anions mit Silbernitratlösung versetzt.

Wie schon gesagt, wird beim Abkochen mit Soda das Silberchlorid nicht zersetzt, und vom Chrom(III)-chlorid wird nur ein verhältnismäßig kleiner Teil aufgeschlossen.

2. Aufschluß durch Abkochen mit Kaliumhydroxyd.

Die Substanz, 1 g, wird mit 20 bis 30 ml 2 n Kaliumhydroxyds gekocht. Das Ätzkalium wirkt energischer als Soda, und auch das Silberchlorid wird in diesem Fall zersetzt:

$$2AgCl + 2KOH = Ag_2O + 2KCl + H_2O.$$

Das gebildete schwarze Oxyd wird abfiltriert, die Lösung mit verdünnter HNO_3 neutralisiert und das fragliche Anion nachgewiesen. Der Rückstand auf dem Filter kann nach Bedarf nach dessen Auswaschen auf Kationen untersucht werden.

Dieses Verfahren führt indessen in manchen Fällen nicht zum Ziel und ist deshalb nicht allgemein anwendbar. Störungen verursachen nämlich Bleisalze, da diese durch Bildung von Plumbition (PbO_2'') in die alkalische Lösung übergehen und bei der Neutralisation als Hydroxyd wieder erscheinen, letzteres muß natürlich abfiltriert werden. Außerdem gehen die Bromide und Jodide des Silbers nur sehr unvollkommen, ihrer geringen Löslichkeit wegen, in das Oxyd über. Der Rückstand löst sich deshalb in Salpetersäure nicht vollständig auf. Das $CrCl_3$ wird dagegen nach längerem Kochen mit KOH vollkommen aufgeschlossen.

3. Aufschluß mit Kaliumhydroxyd und Thiosulfat.

Während der Aufschluß mit Kaliumhydroxyd nicht immer zu befriedigenden Resultaten führt, können diese durch Thiosulfatbeigaben erheblich verbessert werden. Von Böttger wird (nach Versuchen von Bube) folgendes Verfahren empfohlen: 0,5 bis 1,0 g Material wird mit 20 bis 30 ml 2 n Kalilauge, in der auf 100 ml 25 g Natriumthiosulfat, $Na_2S_2O_3 \cdot 5H_2O$, gelöst sind, 5 bis 10 min zum Sieden erhitzt. Dabei findet vollständige, wenigstens aber weitgehende Auflösung statt. Die lösende Wirkung des Thiosulfats ist auf die Bildung komplexer Ionen zurückzuführen. Bei gleichzeitiger Gegenwart von Alkalilauge erfolgt die Auflösung durch Bildung komplexer Ionen viel rascher. Bisweilen tritt auch schon während dieser Zeit eine schwarze Abscheidung von Sulfiden (Ag_2S, PbS), vermengt mit Oxyden und eventuell ungelösten Halogeniden, ein. Ohne Abfiltrieren wird dann in die Flüssigkeit 10 min lang Schwefelwasserstoff eingeleitet, nachdem etwa das gleiche Volumen 2 n Ammoniumchloridlösung hinzugegeben worden ist. Dadurch soll verhindert werden, daß Quecksilbersulfid infolge der Wirkung des Kaliumsulfids unvollständig ausfällt. Der entstandene Niederschlag wird abfiltriert und gut ausgewaschen. Das Filtrat ist auf Arsen, Antimon und Zinn zu untersuchen (vgl. Bemerkung 1).

Der ausgewaschene Niederschlag wird einige Minuten mit verdünnter Salpetersäure erhitzt. Dabei gehen etwa vorhandenes Silber- und Bleisulfid in Lösung. Außer den genannten Kationen kann sich darin auch Wismut befinden (vgl. Bemerkung 2). Die erhaltene Lösung ist auf Kationen zu untersuchen. Der bei der

Behandlung mit Salpetersäure verbliebene Rückstand wird ausgewaschen und mit Königswasser erwärmt. Die so erhaltene Lösung prüft man nach Vertreiben der farbigen Gase auf Quecksilber. In dieser Lösung können auch Antimon bzw. Zinn auftreten (vgl. Bemerkung 1).

Bisweilen bleibt auch nach der Behandlung mit Königswasser noch ein Rest. Dieser kann aus Schwefel bzw. sehr geringen Mengen von Bleisulfat, Bleichlorid oder Silberchlorid bestehen. Um auf diese zu prüfen, zieht man den ausgewaschenen Rückstand nacheinander mit heißem Wasser ($PbCl_2$), Ammoniak ($AgCl$), Ammoniumtartrat und Ammoniak ($PbSO_4$) bzw. Schwefelkohlenstoff (S) aus.

Um auf die Bestandteile der Zinngruppe zu prüfen, wird das erste Filtrat (s. oben) mit Salzsäure angesäuert und der etwa entstehende flockige Niederschlag auf die Kationen der Zinngruppe untersucht. Man beachte, daß beim Ansäuern immer eine Fällung entstehen wird, da Thiosulfate mit Säuren eine Abscheidung von Schwefel geben. In dem Filtrat von diesem Niederschlag können sich auch die Kationen befinden, deren Hydroxyde sauren Charakter haben (Aluminium, Chrom). Es wird daher in der üblichen Weise auf Bestandteile der Ammoniumsulfidgruppe untersucht.

Zur Untersuchung auf Anionen ist eine besondere Lösung vorzubereiten, da es ziemlich umständlich wäre, aus dem Filtrate das Thiosulfation und andere störende Bestandteile zu entfernen. Hierzu eignet sich besser das 4. Aufschließverfahren mit Zink und Schwefelsäure. Eine besondere Probe wird deshalb dazu vorbereitet.

Bemerkungen. 1. Daß im Filtrate die Kationen der Zinngruppe auftreten können, ist darauf zurückzuführen, daß diese Bestandteile mit Thiosulfation leicht lösliche Komplexe bilden. Infolge dieses Umstandes werden selbst so spärlich lösliche Verbindungen wie Metazinnsäure bei Behandlung mit alkalischer Thiosulfatlösung in merklichem Betrage gelöst. Aus dieser Lösung lassen sich die Bestandteile durch Schwefelwasserstoff nicht fällen, weil in alkalischer Lösung in Wasser leicht lösliche Alkalisalze der Sulfosäuren dieser Metalle entstehen.

Die Bestandteile der Zinngruppe könnten daher unter Umständen übersehen werden, wenn man das Filtrat nicht in der beschriebenen Weise verarbeiten würde: nämlich dann, wenn die schwerlöslichen Verbindungen jener Gruppe bei der Behandlung mit alkalischer Thiosulfatlösung vollständig in Lösung gegangen sind.

2. Wismut kann an dieser Stelle vorkommen, wenn das Material vorher nicht oder ungenügend mit Säure ausgezogen worden ist.

4. Aufschluß mit Zink und Schwefelsäure.

Die Analysensubstanz wird wenigstens mit derselben Menge Zinkpulver vermischt, mit verdünnter Schwefelsäure begossen und einige Minuten erwärmt. Das mit dem Halogen verbundene Kation wird hierbei zum Metall reduziert und bleibt im Niederschlag, während das Anion in Lösung geht (FISCHER, N. W.):

$$2\,AgBr + Zn = 2\,Ag + ZnBr_2.$$

Statt des Pulvers kann auch ein Stückchen reines Zink verwandt werden, nur ist dafür zu sorgen, daß der Niederschlag mit dem Metall in Berührung bleibt[1]. Statt des Zinks kann auch Aluminium verwandt werden.

Zum Aufschluß von Silberhalogeniden wird von TREADWELL empfohlen, diese zuerst in einem Tiegel zum Schmelzen zu bringen, abzukühlen, mit verdünnter Schwefelsäure zu übergießen und dann Stückchen reines Zink hinzuzufügen.

Nach erfolgter Reduktion wird der ausgeschiedene Niederschlag abfiltriert und gut ausgewaschen. Er löst sich leicht in Salpetersäure, und die erhaltene Lösung

[1] Man beachte, daß bei diesem Verfahren Cyanwasserstoff entweichen kann, wenn Cyanide vorliegen.

kann auf Kationen untersucht werden. Die Anionen werden dagegen im Filtrat nachgewiesen.

Bei energischer Reduktion geht auch das Chrom(III)-chlorid in Lösung, reduziert sich jedoch nicht bis zum Metall. Sollte die Substanz noch andere unlösliche Stoffe enthalten haben, so bleiben diese durch die Salpetersäure ungelöst und können, in Abhängigkeit von ihrer Zusammensetzung, weiter zweckentsprechend bearbeitet werden.

5. Aufschluß durch Zusammenschmelzen mit Alkalicarbonaten.

Dieses Verfahren eignet sich gut zum Nachweis von Kationen und Anionen in der unlöslichen Substanz. Diese wird in einem Porzellantiegel mit der 4- bis 6fachen Menge Kalium-Natriumcarbonat zusammengeschmolzen:

$$2\,AgCl + Na_2CO_3 = 2\,Ag + 2\,NaCl + CO_2 + {}^1/_2\,O_2.$$

Unter solchen Umständen reduziert sich das Bleichlorid nur in Gegenwart eines Reduktionsmittels (Kohle) bis zum Metall, sonst entsteht aber Bleioxyd oder Plumbit.

Besteht der Verdacht, daß sich in der Substanz Chrom(III)-chlorid befinden könnte, so empfiehlt es sich, dem Carbonat eine Menge von etwa $^1/_8$ des Gewichts Kaliumnitrat hinzuzufügen, wodurch eine glatte Oxydation des Chrom(III)-ions zu löslichem Chromat erzielt wird (s. S. 24 und 99).

Nach Abkühlen wird die Schmelze mit Wasser ausgezogen, der ungelöste Rückstand gut ausgewaschen, in Salpetersäure gelöst und auf Kationen untersucht. Die Anionen sind im Filtrat zu finden, wobei im Falle der Anwesenheit von Blei ($PbCl_2$ in der Substanz) auch dieses hier teilweise als PbO_2'' vorhanden sein wird.

Enthält die Analysensubstanz noch andere unlösliche Verbindungen, so gehen auch diese ganz oder teilweise in die Schmelze über. Bei deren weiterer Behandlung sind deshalb die auf S. 97, 98 gegebenen Anweisungen in Betracht zu ziehen.

§ 8. Aufschluß von Sulfaten.

Die aufzuschließenden Stoffe, die hier in Betracht kommen, sind Barium-, Strontium-, Blei- und wasserfreies Chrom(III)-sulfat. Das hier oft eingereihte Calciumsulfat löst sich ziemlich gut in Wasser und Säuren.

Zur Zersetzung der Sulfate werden meistens zwei Verfahren gebraucht: 1. Abkochen mit einer Sodalösung oder 2. Zusammenschmelzen mit Kalium-Natriumcarbonat. Das letztere Verfahren führt sicherer zum Ziele, ist aber umständlicher. Da es nur eigentlich bei Barium- und Chrom(II)-sulfat angewendet werden muß, wenn vollständiger Aufschluß erzielt werden soll, so ist man berechtigt, für gewöhnlich das erstere Verfahren zu bevorzugen.

1. Aufschluß durch Kochen mit Natriumcarbonat.

Die einzelnen Sulfate verhalten sich in Abhängigkeit von ihrer Löslichkeit in Wasser verschieden. So werden Blei- und Calciumsulfate beim Gebrauch genügend konzentrierter Alkalicarbonatlösungen vollständig zersetzt; dasselbe geschieht auch mit Strontiumsulfat, wenn auch schon schwerer; das Bariumsulfat wird nur teilweise, etwa zu 80 bis 90% in das Carbonat umgewandelt, während mit dem wasserfreien Chromsulfat unter gleichen Umständen das nur in einer Menge von 3 bis 5% erfolgt, der übrige Teil bleibt natürlich unangegriffen [Noyes und Bray (b)].

Die beim Abkochen stattfindende Reaktion

$$MeSO_4 + CO_3'' \rightleftharpoons MeCO_3 + SO_4''$$

ist umkehrbar. In wie hohem Maße der Aufschluß gelingen wird, hängt von der Konzentration der Komponenten ab. Je höher die anfängliche Konzentration des

Natriumcarbonats und zugleich die des Carbonations, um so weiter erfolgt der Umsatz nach rechts. Der Einfluß der Löslichkeit des schwerlöslichen Sulfats oder des entstehenden Carbonats äußert sich so, daß die Aufschließbarkeit mit der Löslichkeit des Sulfats steigt, mit der des entstandenen Carbonats aber fällt. Der Umfang der Umsetzung wird durch das Verhältnis der Konzentrationen des Carbonat- und Sulfations $\frac{[CO_3'']}{[SO_4'']}$ bestimmt. Nach MEYERHOFFER ist dieser Koeffizient unter 100° C unterhalb 4. Kommt es aber in der Praxis vor, daß bei einer 3- bis 4fach höheren Konzentration des Carbonations, als theoretisch erforderlich, der Umsatz doch nicht vollständig ist, so ist das dadurch zu erklären, daß hierzu die praktisch zugängliche Abkochzeit viel zu kurz ist, da sich zu Ende der Reaktion die Reaktionsgeschwindigkeit stark vermindert und das Gleichgewicht so schnell nicht erreicht werden kann.

Zur *Ausführung* wird etwa 1 g der feinstgepulverten Substanz in einem konischen Jenaer Kolben mit 50 ml einer gesättigten Sodalösung, 9,8 g trocknes Na_2CO_3 enthaltend, übergossen und 10 bis 15 min gelinde gekocht. Das Kölbchen muß die ganze Zeit bewegt oder geschwenkt werden, damit sich der Niederschlag nicht dicht absetzen kann, da sonst Überhitzung und Verspritzen des Inhalts eintritt. Nach dem Abkochen wird absitzen gelassen und filtriert. Das Auswaschen des Niederschlags wird am besten mit heißem Wasser durchgeführt, da das Gleichgewichtsverhältnis $[CO_3''] : [SO_4'']$ mit steigender Temperatur sinkt und zugleich auch die Gefahr, daß beim Auslaugen Rückverwandlung eintritt. Das Waschen wird so lange fortgesetzt, bis das ablaufende, mit Salzsäure angesäuerte Wasser mit $BaCl_2$ *keinen Niederschlag mehr liefert.* Den auf dem Filter verbliebenen Rückstand löst man dann in warmer, verdünnter Salzsäure und untersucht auf Kationen, das Filtrat aber auf Anionen.

Befand sich in der Analysensubstanz Bariumsulfat, so erhält man nach dem Auflösen des Niederschlages einen Rückstand. Diesen gelingt es aber, soweit er aus $BaSO_4$ besteht, bei nochmaligem Abkochen fast vollständig ins Carbonat überzuführen.

Beim Abkochen mit Soda werden auch andere unlösliche Stoffe ganz oder teilweise aufgeschlossen. Mit der Möglichkeit, daß sich in den Lösungen noch andere Kationen und Anionen außer den hier erwähnten befinden werden, ist deshalb zu rechnen.

2. Aufschluß durch Schmelzen mit Kalium-Natriumcarbonat.

Zum Aufschluß des Bariumsulfats durch Zusammenschmelzen ist nur eine äquivalente Menge des Alkalicarbonats notwendig (MEYERHOFFER). Um aber zu verhindern, daß beim Auslaugen der Schmelze das gebildete $BaCO_3$ nicht wieder teilweise in $BaSO_4$ übergeht, ist wenigstens ein so starker Überschuß an Alkalicarbonat zu verwenden, daß das Verhältnis zwischen den Konzentrationen der Carbonat- und Sulfationen nicht kleiner als 4:1 ausfällt. Dieses Verhältnis ist in der Praxis noch höher, und zum Aufschließen eines Teiles der Substanz wählt man gewöhnlich die 4- bis 5fache Menge des Kalium-Natriumcarbonats.

Wird die Anwesenheit von Chromsulfat vermutet, oder ist es nachgewiesen worden, so empfiehlt es sich, KNO_3 in einer Menge von $^1/_8$ des $KNaCO_3$ hinzuzufügen, um die Oxydation zu Chromat zu erzwingen:

$$Cr_2(SO_4)_3 + 3\,KNO_3 + 5\,Na_2CO_3 = 3\,KNO_2 + 2\,Na_2CrO_4 + 3\,Na_2SO_4 + 5\,CO_2.$$

Der Aufschluß kann im Platintiegel durchgeführt werden, wenn in der Substanz keine Bleiverbindungen vorhanden sind. Wie Bleisulfat entfernt werden kann, ist auf S. 99 zu finden.

Den bedeckten Tiegel erhitzt man zunächst gelinde, dann aber steigert man allmählich die Temperatur, bis die Masse in leichten Fluß gerät und erhält sie etwa

$^1/_4$ Stunde bei dieser Temperatur. Das Entleeren des Tiegels ist auf S. 94, 95 näher beschrieben. Die zerbröckelte Schmelze wird dann mit wenig Wasser so lange erwärmt, bis sie ganz zergeht und keine harten Klümpchen mit dem Glasstab mehr zu fühlen sind; dann filtriert man den Rückstand ab. Im Filtrate befindet sich die Schwefelsäure als Natriumsulfat, im Rückstand bleiben die entstandenen Carbonate. Diese wäscht man mit etwa 5%iger Sodalösung, bis im Filtrat keine Schwefelsäure mehr (mit $BaCl_2$) nachgewiesen werden kann, und dann mit heißem Wasser. Der Rückstand auf dem Filter wird in Salzsäure gelöst und auf Kationen untersucht.

Es kommt gelegentlich vor, daß versucht wird, die Schmelze aus Unkenntnis oder Versehen vor dem Ausziehen mit Wasser in Säure zu lösen. In diesem Fall erfolgt die Rückbildung des unlöslichen Sulfats. Aus demselben Grund muß auch der ausgelaugte Niederschlag gut mit Wasser gewaschen werden.

Tritt nun beim Behandeln des Niederschlages mit Säure keine vollständige Auflösung ein, so ist ein Teil des Sulfats nicht in Carbonat übergegangen, oder es liegt noch eine andere durch Schmelzen mit Alkalicarbonat unaufgeschlossene Verbindung vor. Da sich teilweise der Aufschluß auch dieser vollzieht, so sind ebenso wie im vorigen Fall noch andere Kationen und Anionen in den Lösungen zu erwarten.

§ 9. Aufschließung von Sulfiden.

Gefällte Sulfide lassen sich in Säuren und Königswasser lösen. Von den sehr schwer löslichen Sulfiden sind zu nennen: sublimiertes Zinn(IV)-sulfid (Musivgold) und einige natürliche Sulfid-Mineralien, wie Molybdänglanz, MoS_2. Zum Inlösungbringen der Bestandteile der Sulfide können diese behandelt werden: 1. mit Säuren, 2. durch Zusammenschmelzen mit Soda in Gegenwart von Oxydationsmitteln und 3. durch Zusammenschmelzen mit Kaliumpyrosulfat.

1. Sulfidaufschluß mit Säuren.

Von Böttger wird folgendes Verfahren empfohlen: das zerkleinerte Material wird mit Salpetersäure (spez. Gew. 1,2, 10 bis 20 ml auf 1 g Substanz) etwa 10 min gekocht, bis keine sichtbare Veränderung mehr stattfindet. Quecksilbersulfid bleibt dabei ungelöst zurück; aus Antimon- oder Zinnsulfid entsteht weiße Antimon- oder Zinnsäure. Die anderen Sulfide gehen größtenteils in Lösung.

Der etwa verbleibende Rückstand, der außerdem noch Schwefel und andere durch Salpetersäure nicht auflösbare Stoffe (vgl. unten) enthalten kann, wird nach Verdünnen der Flüssigkeit auf etwa das doppelte Volumen abfiltriert und mit Wasser ausgewaschen. Das Filtrat wird in der üblichen Weise auf Kationen untersucht und der Rückstand mit 10 bis 15 ml Königswasser gekocht. Wenn dabei keine vollständige Auflösung eintritt, versucht man, ob auf Zusatz von etwas mehr Salzsäure und danach von einigen Millilitern konzentrierter Salpetersäure nicht stärkere Wirkung erzielt werden kann.

Die Flüssigkeit wird erhitzt, bis keine farbigen Dämpfe mehr entweichen. Danach wird auf das 2- bis 3fache Volumen verdünnt und der etwa gebliebene Rückstand abfiltriert. Bei der Untersuchung dieses Filtrats ist besonders darauf zu achten, daß die Kationen mittels Schwefelwasserstoff vollständig ausgefällt werden.

In dem von Königswasser nicht gelösten Rückstand können sich dann noch befinden: Silberchlorid, Bleisulfat (entstanden aus $Pb^{\cdot\cdot}$ und dem zu Schwefelsäure oxydierten Schwefel), Musivgold und andere durch Königswasser unauflösbare Verbindungen (s. S. 82). Silberchlorid kann man dem ausgewaschenen Rückstande mittels Ammoniak entziehen, Bleisulfat durch eine Lösung von Ammoniumtartrat und Ammoniak oder nach einem Verfahren nach S. 99. Musivgold geht beim Erhitzen mit einem Gemisch von Salpetersäure, spez. Gew. 1,42, und Salzsäure, spez. Gew. 1,19, zu gleichen Volumina glatt in Lösung. Der noch verbleibende Rest wird in Abhängigkeit von seiner Zusammensetzung mit einem passenden Aufschlußmittel behandelt.

Handelt es sich um die Untersuchung der Analysensubstanz auf Arsen, Antimon und Zinn, so kann man der Behandlung mit Säuren eine solche *durch Kochen mit Alkalilauge oder Erwärmen mit Polysulfid* vorausgehen lassen. Mit einer vollständigen Entziehung der erwähnten Sulfide, besonders des des Zinns, kann dabei nicht mit Sicherheit gerechnet werden. Eine erhebliche Vereinfachung der weiteren Untersuchung läßt sich dadurch aber trotzdem erzielen.

Beim Aufschluß von natürlichen Sulfiden findet wohl das Königswasser die allgemeinste Verwendung, wobei man auf 0,5 g der Substanz 10 bis 12 ml des Säuregemisches wählt [HINTZ und WEBER (b)]. Meistens beginnt die Zersetzung sofort unter starker Entwicklung von braunen Stickstoffdioxyddämpfen. Erfolgt das aber nicht so schnell, so erwärmt man gelinde und entfernt dann die Flamme. In der Regel löst sich das Sulfid rasch ohne Abscheidung von Schwefel. Scheidet sich dennoch Schwefel ab, so bringt man diesen durch Zusatz einer Messerspitze voll Kaliumchlorat in Lösung. An Stelle von $KClO_3$ können auch einige Tropfen Brom gebraucht werden. Nach Zersetzung des Sulfids wird auf einem Wasserbade bis zur Trockne eingedampft, um den Überschuß der Salpetersäure zu vertreiben. Es empfiehlt sich sogar, die Salpetersäure durch nochmaliges Eindampfen mit 5 ml konzentrierter Salzsäure vollständig zu entfernen. Dann befeuchtet man den Rückstand mit Salzsäure und laugt ihn mit Wasser aus. Im Falle der Gegenwart von $PbSO_4$ und AgCl sei auf das schon früher Gesagte verwiesen. Der unlösliche Rückstand, der keine Sulfide mehr enthält, wird durch Zusammenschmelzen mit dem entsprechenden Flußmittel aufgeschlossen.

Zum Aufschluß arsen-, antimon- und zinnführender sulfidischer Erze und Hüttenprodukte ist der Schwefelsäure-Aufschluß sehr gut geeignet, dessen Ausführung auf S. 103 beschrieben ist. Das Ende der Umsetzung erkennt man daran, daß der Löserückstand (Gangart) keine dunklen Teile mehr enthält. Bei schwer aufschließbaren Erzen (Fahlerze, Rotnickelerze u. a.), welche durch Schwefelsäure allein nur langsam oder kaum aufgeschlossen werden, empfiehlt es sich, eine Behandlung mit konzentrierter Salpetersäure vorauszuschicken.

Über den Aufschluß sulfidischer Gesteine berichten weiter GOETZ, DIEHL und HACH.

2. Aufschluß mit Soda in Gegenwart von Oxydationsmitteln.

Als Oxydationsmittel können gebraucht werden: Salpeter (FRESENIUS), Kaliumchlorat (BÖCKMANN), Natriumperoxyd (GLASER, HOEHNELL) u. a.; auch reines Na_2O_2 kann zum Aufschluß gebraucht werden (NOYES und BRAY). Bei schwefelreichen Proben geht die Umsetzung mit diesem manchmal heftig, explosionsartig, vonstatten, wobei sich beispielsweise folgende Reaktion vollzieht:

$$2\,FeS_2 + 15\,Na_2O_2 = Fe_2O_3 + 4\,Na_2SO_4 + 11\,Na_2O.$$

Zur Milderung einer solchen zu heftig verlaufenden Reaktion verdünnt man das Natriumperoxyd mit wasserfreiem Natriumcarbonat. Der Anteil des Oxydationsmittels in der Mischung beträgt $^1/_3$ bis $^1/_{10}$ in Abhängigkeit von der Sulfidmenge in der Analysensubstanz. Das Zusammenschmelzen dieser mit dem Flußmittel erfolgt in Nickel-, Korund- oder Porzellantiegeln; in einzelnen Fällen läßt sich auch Platin verwenden. Mit den Sulfiden gleichzeitig werden natürlich auch verschiedene andere Verbindungen aufgeschlossen, wie z. B. Silicate, Oxyde, Chloride usw., wenn sie in der Probe vorhanden sind. Einzelheiten über das Zusammenschmelzen sind auf S. 100 zu finden. Die noch flüssige Schmelze wird auf einen Porzellanscherben oder in den Deckel eines Porzellantiegels gegossen, nach Abkühlung zerkleinert und mit Wasser ausgezogen. Der unlöslich gebliebene

Rückstand ist weiter gut auszuwaschen und in verdünnter Salz- oder Salpetersäure zu lösen. Bei der Analyse der erhaltenen Lösungen auf Kationen und Anionen ist das auf S. 97 bis 99 Gesagte zu berücksichtigen.

3. Aufschluß mit Kaliumpyrosulfat.

Dieser Aufschluß ist sehr wirkungsvoll und auch im Falle der Anwendung auf Sulfide sehr einfach (Böttger). Über die Durchführung s. S. 95 bis 96.

§ 10. Aufschluß von Cyaniden.

Die Gegenwart von Cyaniden ruft im Gange der Analyse Schwierigkeiten hervor, die nicht allein durch die Schwerlöslichkeit mancher komplexer Cyanverbindungen bedingt sind: Da das Cyanion mit vielen Kationen Komplexe bildet, ist mit der Möglichkeit zu rechnen, daß die betreffenden Kationen bei der systematischen Untersuchung der Beobachtung entgehen. Es können auch andere Störungen eintreten. Deshalb ist es notwendig, Cyanide vor Inangriffnahme der Untersuchung auf Kationen zu zerstören. Die Zersetzung kann erreicht werden: 1. durch Abkochen mit Natrium- oder Kaliumhydroxyd, 2. durch Kochen mit Quecksilberoxyd, 3. durch Abrauchen mit konzentrierter Schwefelsäure, 4. durch Zusammenschmelzen mit Kaliumcarbonat, 5. durch Ausglühen und noch durch andere Maßnahmen.

1. Aufschluß durch Abkochen mit Alkalilauge.

Hierdurch wird es möglich, nicht nur die unlöslichen komplexen Cyanide zu zersetzen, sondern auch zugleich die im komplexen Anion vorhandenen metallischen Elemente festzustellen. Um das zu erreichen, vermeidet man das vorherige Behandeln der gegebenenfalls von in Wasser löslichen Stoffen befreiten Analysensubstanz mit Säuren, welche die komplexen Cyanide unter Blausäureentwicklung zum Teil oder völlig zerstören.

Die Probe wird in einer Porzellanschale mit frisch angefertigtem, starkem 10- bis 15%igen Natrium- oder Kaliumhydroxyd gekocht. Von Schmidt und Rassow wird Kaliumhydroxyd, weil es energischer wirkt, vorgezogen. Nachdem die Lösung einige Minuten gekocht hat, empfiehlt Fresenius noch etwas Natriumcarbonat hinzuzufügen und noch eine Zeitlang das Kochen fortzusetzen, da hierbei bei vielen möglicherweise beigemengten Salzen die Trennung der Kationen von den komplexen Anionen besser gelingt.

Der bei dieser Behandlung unlöslich verbleibende Rückstand enthält die meisten Kationen der ursprünglichen Substanz als Hydroxyde und Carbonate:

$$Fe_4[Fe(CN)_6]_3 + 12\,KOH = 4\,Fe(OH)_3 + 3\,K_4[Fe(CN)_6].$$

Die Lösung wird verdünnt, vom Niederschlag abfiltriert und dieser ausgewaschen. Der jetzt cyanidfreie Niederschlag, mit Ausnahme des Falles, wo Silbercyanid zugegen ist, wird in Säuren gelöst und auf gewöhnlichem Wege auf Kationen untersucht.

Die Lösung, welche die komplexen Cyanide enthält, kann auch andere Anionen, die beim Kochen von ihren Basen getrennt worden sind, und endlich solche Metalle in Form von Anionen enthalten, deren Hydroxyde sich in Alkalihydroxyd lösen (Zn, Al u. a.). Diese müssen nun vor der Anionenanalyse durch Hinzufügen von Natriumsulfid, dann durch Ansäuren und Durchleiten von Schwefelwasserstoff abgetrennt werden (Fresenius). Am besten überzeugt man sich an Hand einer kleinen Probe, ob sich nach Hinzufügen obiger Reagenzien überhaupt ein Niederschlag bildet. Ist das der Fall, so fügt man zur alkalischen Lösung Natriumsulfid tropfenweise hinzu, bis keine Vergrößerung des Niederschlags mehr stattfindet; ein Überschuß ist zu vermeiden. Die ausgeschiedenen Sulfide (PbS, ZnS u. a.)

werden abfiltriert und ausgewaschen. Das Filtrat wird weiter mit verdünnter Schwefelsäure bis zur deutlich sauren Reaktion versetzt und, falls die Flüssigkeit noch nicht oder nicht stark nach Schwefelwasserstoff riecht, solcher hinzugefügt, als wäßrige Lösung, oder als Gas eingeleitet. Dann filtriert man vom entstandenen Niederschlag ab und untersucht auf Quecksilber-, Antimon- und andere Sulfosalze bildende Kationen.

Die von den durch Natriumsulfid oder Schwefelwasserstoff fällbaren Metallen befreite Flüssigkeit ist nun noch einerseits auf Anionen, speziell komplexe Cyanionen, und andererseits auf die in solchen komplexen Cyanionen etwa vorhandenen Metalle Eisen, Kobalt, Mangan, Chrom sowie auf Aluminium zu prüfen.

Bei der Prüfung auf Anionen ist das Kochen der angesäuerten Flüssigkeit zur Entfernung des Schwefelwasserstoffes zu vermeiden, weil sonst die komplexen Cyanionen zerstört werden, sondern es ist das Entfernen mit Hilfe eines rasch durchgeleiteten Luftstromes vorzunehmen. Die Prüfung der mit Schwefelsäure angesäuerten Flüssigkeit auf einzelne Anionen muß ungesäumt durchgeführt werden (vgl. Bemerkung 2).

Die Prüfung auf die im Komplexe vorhandenen Metalle kann auch so erfolgen, daß man eine weitere Probe des angesäuerten Filtrats fast zur Trockne verdampft und mit konzentrierter Schwefelsäure, um die komplexen Cyanide zu zersetzen, abraucht (s. weiter unten). Den Rückstand löst man in Wasser und etwas Salzsäure und prüft auf die fraglichen Metalle, Fe, Mn, Co, Cr und Al.

In die Lösung können beim Abkochen auch andere Anionen, wie Cl', SO_4'' usw. (s. Bemerkung 3) übergehen. Auch diese sind festzustellen. Zu diesem Zweck kann ein Teil der mit Na_2S und H_2S unbehandelten, filtrierten alkalischen Abkochung verwandt werden, aus der, wenn nötig, zuerst das Blei durch Einleiten eines Kohlensäurestromes zu entfernen ist.

Über den Nachweis von Alkalien in komplexen Cyaniden s. weiter unten.

Bemerkungen. 1. Nicht alle unlöslichen komplexen Cyanide scheiden bei der Behandlung mit Kalilauge das Metall als Hydroxyd ab. So gibt Uranyleisen(II)-cyanid unlösliches Kaliumuranat und lösliches Kaliumeisen(II)-cyanid; Molybdän- und Zinkeisen(II)-cyanide lösen sich in Alkalilauge glatt auf. Die in Lösung gegangenen Kationen lassen sich trotzdem durch Na_2S und H_2S fällen.

2. Wegen der leichten Reduzierbarkeit der Eisen(III)-cyanwasserstoffsäure ist es oft schwer, manchmal unmöglich, deren Anwesenheit zu erkennen, besonders wenn sie als unlösliches Salz vorliegt. Im Filtrat reduziert sich nämlich nach dem Behandeln mit Schwefelwasserstoff das Eisen(III)-cyan- zum Eisen(II)-cyanion. Ersteres ist deshalb im Filtrat vor der Bearbeitung mit Schwefelwasserstoff zu suchen.

3. Da sich manche Salze, wie z. B. Phosphate, Fluoride, auch beim Kochen mit Natriumcarbonat nicht mit Sicherheit, jedenfalls nicht vollständig umsetzen, muß man je nach dem Ergebnis der Prüfung auf Kationen unter Umständen auch noch einen Teil des unlöslichen Rückstandes auf Anionen prüfen.

2. Aufschluß mit Quecksilberoxyd.

Durch Kochen mit Quecksilberoxyd werden die schwer löslichen und komplexen Cyanide leicht zerlegt unter Bildung von außerordentlich wenig dissoziiertem Quecksilbercyanid. Durch Zusatz von verdünnter Schwefelsäure (Böttger) kann man die Zersetzung noch erheblich fördern. Der Vorgang ist z. B. für das Zinkeisen(II)-cyanid folgender:

$$Zn_2[Fe(CN)_6] + 3\,HgO + 3\,H_2SO_4 = 2\,ZnSO_4 + FeSO_4 + 3\,Hg(CN)_2 + 3\,H_2O.$$

Die Lösung enthält die Kationen aller Metalle, die vorher mit dem Cyan in Verbindung gestanden haben.

Auf 1 g Material werden 4 g Quecksilberoxyd und so vielverdünnte Schwefelsäure angewendet, daß völlige Auflösung des Quecksilberoxyds eintritt. Von HÜNERLEIN wird das Arbeiten in einer alkalischen Lösung und der Gebrauch von Quecksilber(II)-acetat empfohlen. Dieses reagiert in der Wärme mit dem Cyanid, ohne Quecksilber(II)-oxyd entstehen zu lassen. Ionen, die wenig dissozierte Quecksilber(II)-verbindungen liefern, sind dem Reaktionsgemisch fernzuhalten, vor allem also Chloride.

Natürlich muß man sich vor dem Gebrauch des Quecksilberverfahrens davon überzeugen, daß die Analysensubstanz nicht schon Quecksilber enthält. Das kann durch Untersuchung mit Schwefelwasserstoff eines mit Salzsäure bereiteten Auszuges erfolgen. Konzentrierte Salzsäure löst, besonders in Gegenwart von Brom, auch die schwerlöslichen Sulfide des Quecksilbers und auch die einwertigen Halogenide.

Verwendet man dieses Zersetzungsverfahren auch zum Nachweis von Alkaliionen, so ist darauf zu achten, daß das Quecksilberoxyd alkalifrei ist.

3. Zerstörung durch Abrauchen mit konzentrierter Schwefelsäure.

Durch Abrauchen mit konzentrierter Schwefelsäure werden alle komplexen Cyanverbindungen zersetzt. Hierbei gehen die vorhandenen Metalle in Sulfate, der Stickstoff des Cyans in Ammoniumsulfat über, während der Kohlenstoff des Cyans als Kohlenoxyd entweicht (KNUBLAUCH).

$$Cu_2[Fe(CN)_6] + 6H_2SO_4 + 6H_2O = 2CuSO_4 + FeSO_4 + 3(NH_4)_2SO_4 + 6CO.$$

Das Abrauchen führt man am besten durch vorsichtiges Erhitzen in einem Platintiegel so lange aus, bis sich keine Dämpfe von Schwefelsäure mehr entwickeln. Der erkaltete Rückstand ist nur schwierig durch reines Wasser, aber leicht durch Salzsäure in Lösung zu bringen, indem man die wasserfreien Sulfate zunächst bei gewöhnlicher Temperatur mit konzentrierter Salzsäure digeriert, dann erwärmt und allmählich Wasser hinzufügt. Das Verfahren eignet sich auch sehr gut, wenn Alkaliionen in den komplexen Cyaniden nachgewiesen werden sollen. Das Ausziehen mit Wasser allein ist bei schwer auflösbaren komplexen Cyaniden ein unsicheres Mittel, um die Alkalisalze in Lösung zu bringen, da es schwer lösliche komplexe Cyanide gibt, die Alkali enthalten.

4. Zerstörung durch Schmelzen mit Kaliumcarbonat.

Man mischt die Analysensubstanz mit der gleichen Menge Kaliumcarbonat und erhitzt im Porzellantiegel zum ruhigen Schmelzen. Auf diesem Wege erhält man ein Gemisch, das aus in Wasser löslichem Kaliumcyanid und -cyanat besteht, während die im Komplex vorhandenen Schwermetalle bis zum Metall reduziert werden:

$$K_4[Fe(CN)_6] + K_2CO_3 = 5KCN + KCNO + CO_2 + Fe.$$

Man laugt die Schmelze mit Wasser aus und löst den zurückbleibenden metallischen Rückstand in Säure.

5. Zerstörung durch Glühen.

Durch Glühen zersetzen sich die komplexen Cyanide, wobei meistens Alkalicyanid, Metallcarbid oder auch freie Metalle zurückbleiben, während Stickstoff, manchmal auch Dicyan entweicht. Silbereisen(II)-cyanid zersetzt sich z. B. folgendermaßen:

$$Ag_4[Fe(CN)_6] = 4Ag + FeC_2 + N_2 + 2(CN)_2.$$

Es empfiehlt sich weiter, den Glührückstand mit Salpetersäure zu befeuchten und nochmals auszuglühen, um die sehr widerstandsfähigen komplexen Cyanide möglichst vollständig zu zerstören. Dann wird der Glührückstand in starker Salzsäure oder auch Salpetersäure gelöst und auf Kationen untersucht (SCHMIDT und RASSOW).

§ 11. Aufschluß von Silicaten.

Allgemeines. Die meisten Silicate sind in Wasser praktisch unlöslich. Durch Behandeln mit Wasser können nur die Alkalisilicate in Lösung gebracht werden, die übrigen müssen aufgeschlossen werden.

Die Untersuchung der Silicate weicht vom gewöhnlichen Gange eigentlich nur in Hinsicht auf die vorbereitende Behandlung ab, der sie zu unterwerfen sind, um das Silication von den Kationen zu trennen und letztere in Lösung zu bekommen.

Sämtliche Silicate zerfallen ihrem Verhalten Säuren gegenüber in zwei Gruppen:

1. in durch Säuren zersetzbare Silicate, von denen sich zahlreiche durch Salzsäure oder durch Salpetersäure, andere durch Schwefelsäure zerlegen lassen, und

2. in durch Säuren nicht oder nicht vollständig zerlegbare Silicate, zu deren Zersetzung andere Aufschlußmethoden, wie Zusammenschmelzen mit Alkalicarbonaten, Bearbeiten mit Flußsäure u. a., gebraucht werden.

Um sich zu überzeugen, zu welcher Gruppe ein gegebenes Silicat gehört, pulvert man es aufs feinste und behandelt eine Probe der Substanz im Reagensglase mit konzentrierter Salzsäure, indem man sie einige Minuten lang bis beinahe zum Sieden erhitzt. Wird das Silicat dadurch nicht zerlegt, so versucht man eine zweite Probe durch längeres Erhitzen mit einer Mischung von 3 Teilen konzentrierter Schwefelsäure und 1 Teil Wasser zu zerlegen. Liegt ein durch Säuren zersetzbares Silicat vor, so ist das Filtrat in den meisten Fällen durch die Gegenwart von Eisen(III)-salzen gefärbt, und an Stelle des sandigen Pulvers, das beim Umrühren mit dem Glasstabe zu knirschen pflegt, hat sich im Reagensglase gallertartige oder flockige Kieselsäure abgeschieden. Die überstehende Flüssigkeit wird abfiltriert und das Filtrat mit Natriumphosphat und Ammoniak bis zur alkalischen Reaktion versetzt. An der Stärke eines etwa dabei entstehenden Niederschlages (Al-, Fe-, Cu-Phosphat u. a.) kann man die Angreifbarkeit der Substanz durch Salzsäure beurteilen (KOLBECK).

Es ist eine größere Anzahl von Silicataufschlußverfahren bekannt, die ebenfalls in 2 Gruppen eingeteilt werden kann: zur ersten gehören die allgemeinen und zur zweiten die speziellen Aufschlußverfahren. Die ersteren können zum Nachweis fast aller Bestandteile des Silicats dienen und werden deshalb auch am häufigsten gebraucht. Es gehören hierzu: 1. Zersetzen durch Säuren (HCl, HNO_3, H_2SO_4), 2. Aufschließen mit Alkalicarbonaten oder Na_2O_2 und 3. Aufschließen mit Flußsäure. Die speziellen Verfahren werden entweder in manchen Sonderfällen gebraucht oder um einzelne Bestandteile nachzuweisen. Hierzu kann man folgende Aufschlußverfahren rechnen: 1. mit Ammoniumfluorid oder Kaliumbifluorid, 2. mit Calciumcarbonat und Ammoniumchlorid, 3. mit Bariumcarbonat oder -hydroxyd, 4. mit Wismutoxyd, 5. mit Bleioxyd, 6. mit Borsäureanhydrid oder Borax.

Die Wahl des zweckentsprechenden Verfahrens ist abhängig: 1. von der Natur des zu analysierenden Stoffes, 2. von der Frage, welche Bestandteile nachzuweisen sind, und 3. von den dem Analytiker zur Verfügung stehenden Möglichkeiten. Der Vorzug ist aber immer den einfacheren Verfahren zu gewähren, und das sind die allgemein brauchbaren. Läßt sich z. B. das Silicat durch Säuren zersetzen, so ist auch dieses Verfahren als einfachstes anzuwenden und führt am schnellsten zum Ziel.

A. Aufschluß durch Säuren zersetzbarer Silicate.

1. Zerlegung durch Salzsäure.

Eine Menge der in der Natur vorkommenden Silicate und eine Reihe von technischen Produkten (künstliche Silicate) werden durch Eindampfen mit Salzsäure zersetzt. Das mit der Kieselsäure gebundene Metall liefert hierbei das entsprechende

Chlorid, die erstere koaguliert aber allmählich, verliert ihr Wasser beim Eindampfen und geht zuletzt in die unlösliche Form über:

$$Na_2SiO_3 + 2\,HCl = 2\,NaCl + H_2SiO_3.$$

Ausführung. Man rührt das feinst gepulverte und gebeutelte Silicat, etwa 0,5 bis 1 g, mit Wasser zu einem dicken Brei an, setzt überschüssige 20 bis 30 ml konzentrierte Salzsäure hinzu und erwärmt das Gemisch auf dem Wasserbade unter öfterem Umrühren mit dem Glasstabe, bis vollständige Zersetzung eingetreten ist. Die Operation wird gewöhnlich in Porzellanschalen vorgenommen.

Die vollständige Zerlegung zeigt sich bei Substanzen, die keine Gangart enthalten, dadurch an, daß das Material die sandige Beschaffenheit verliert und beim Umrühren mit dem Glasstabe nicht mehr knirscht. Etwa unangegriffen verbleibende Gangart, Quarz u. a., und beigemengtes, durch Säuren nicht zersetzbares Silicat stören insofern nicht weiter, als die schließlich zurückbleibende Kieselsäure grundsätzlich auf Reinheit geprüft wird und Verunreinigungen dieser Art dann doch untersucht werden (GUTBIER).

Man filtriert einen kleinen Teil der salzsauren Flüssigkeit ab, um ihn auf die Anwesenheit von Arsenverbindungen zu untersuchen. Etwa vorhandenes Arsenat- oder Arsenition würde sich beim Abdampfen mit Salzsäure verflüchtigen und sich dadurch dem Nachweise entziehen.

Die Hauptmasse wird dann unter häufigem Umrühren mit dem Glasstabe auf dem Wasserbade zur Trockne eingedampft, wobei man die sich bildenden Klümpchen mit dem Glasstabe zerdrückt. Das Eindampfen zur Trockne mit Salzsäure wird noch mindestens 1- bis 2mal wiederholt, bis das Material als staubtrockenes Pulver vorliegt. Das mehrmalige Eindampfen mit konzentrierter Salzsäure hat den Zweck, die abgeschiedene Kieselsäure in einen weniger löslichen Zustand überführen. Zu demselben Zwecke wird schließlich der Rückstand etwa 1 Stunde lang im Trockenschrank auf 110 bis 120° C erhitzt. Stärkeres Erhitzen ist zu vermeiden.

Nach dem Erkalten wird der Rückstand in der Schale mit konzentrierter Salzsäure befeuchtet und 10 bis 15 min bei gewöhnlicher Temperatur stehengelassen. Die Behandlung mit Salzsäure ist unbedingt nötig, damit sich die bei dem Eindampfen und Trocknen gebildeten basischen Salze und gegebenenfalls entstandenen Metalloxyde wieder lösen könnten. Der Inhalt der Schale wird dann mit heißem Wasser verdünnt, gut durchgemischt und, sobald sich die Kieselsäure einigermaßen abgesetzt hat, filtriert. Der Rückstand wird mit heißer, verdünnter Salzsäure (1 : 99) ausgewaschen.

Das auf diese Weise erhaltene Filtrat ist noch nicht vollständig kieselsäurefrei. Es bleiben nach den Beobachtungen HILLEBRANDs u. a. dort noch 1 bis 3% der in der Analysensubstanz vorhandenen Kieselsäure. Muß diese vollständig entfernt werden, so dampft man das Filtrat nochmals bis zur Trockne ein, erwärmt den Trockenrückstand auf 110 bis 120° und nimmt ihn von neuem in Salzsäure auf, wie schon beschrieben. Für die Ziele der qualitativen Analyse genügt indessen fast immer eine einmalige Abscheidung der Kieselsäure (s. Bemerkung 1).

Man unterlasse nie, die so abgeschiedene Kieselsäure auf Reinheit zu prüfen. Zu diesem Zweck bringt man den gut gewaschenen Niederschlag samt Filter in einen Platintiegel, stellt diesen schräg auf ein Dreieck so, daß die zur Verbrennung des Filters erforderliche Luft hinzutreten kann, und verascht sorgfältig. Den erhaltenen Glührückstand versetzt man mit etwa 2 ml Wasser, 1 bis 2 Tropfen konzentrierter Schwefelsäure und 5 ml reiner Flußsäure. Der flüssige Inhalt des Tiegels wird auf dem Luft- oder Wasserbade bis auf einen geringen Rest eingedampft und der Überschuß an Schwefelsäure durch sorgfältiges Erhitzen über freier Flamme vertrieben. Geringe Mengen von reinem Siliciumdioxyd lassen sich auf diese Weise leicht und vollständig verflüchtigen. Größere Mengen verlangen dagegen zweimalige Wiederholung der Behandlung mit dem angegebenen Gemisch.

War die Kieselsäure rein, so bleibt nach dem Vertreiben der Schwefelsäure nichts übrig. Meistens bleibt aber ein sehr kleiner Rückstand von Aluminium- oder Eisenoxyd, den man vernachlässigen kann (vgl. Bemerkung 2). Ein größerer Rückstand aber, der auch bei wiederholter Behandlung mit Fluß- und Schwefelsäure nicht verschwindet, muß weiter untersucht werden. Man schmilzt ihn mit der zehnfachen Menge Kaliumpyrosulfat (s. S. 95) und behandelt die Schmelze mit kaltem Wasser. Bleibt hierbei ein Rückstand, so wird er abfiltriert und auf unlösliche Sulfate geprüft. Enthält das zu bearbeitende Material Wolframsäure, so bleibt nach Durchführung der eben beschriebenen Behandlung sämtliche Wolframsäure bei der Kieselsäure. Nach dem Vertreiben dieser mit HF bleibt jene als nicht flüchtiger Niederschlag übrig. Beim darauffolgenden Zusammenschmelzen mit $K_2S_2O_7$ bleibt sie ebenfalls im unlöslichen Rückstand übrig, wo sie nun unschwer nachgewiesen werden kann.

Enthalten die Silicate Eisen, wie das die Regel ist, so hat man manchmal noch zu untersuchen, ob dieses in zwei- oder dreiwertiger Form oder in beiden Wertigkeitsstufen vorhanden ist. Man bringt zu diesem Zwecke die Substanz in einen Kochkolben, aus dem die Luft durch Einleiten von sauerstofffreiem Kohlendioxyd verdrängt worden ist, übergießt sie mit mäßig konzentrierter Salzsäure und verschließt den Kolben mit einem Gummistopfen mit Bunsenventil (s. Bemerkung 3). Dann wird so lange erwärmt, bis sich das Silicat zersetzt hat. In einem ununterbrochenen Kohlensäurestrom kann auch ohne Bunsenventil erwärmt werden. Nach Abkühlen verdünnt man den Kolbeninhalt mit etwas ausgekochtem kaltem Wasser und prüft auf Anwesenheit von Eisen(II)- und Eisen(III)-verbindungen.

In den mit Säure zersetzbaren Silicaten kommen außer Kieselsäure oft noch andere Anionen vor. Um diese nicht zu übersehen, ist folgendes während der Analyse zu beachten: a) Carbonate und Sulfide machen sich schon während der Auflösung bemerkbar; sind sie aber in kleinen Mengen vorhanden, so müssen entsprechend empfindliche Reaktionen gebraucht werden; b) Sulfat- und Phosphationen werden in dem Teil der Lösung nachgewiesen, der zum Nachweis von Arsen abgeteilt worden ist (s. Bemerkung 4); c) Chloride sind im Auszuge mit verdünnter Salpetersäure zu suchen (s. Bemerkung 4); d) Borationen lassen sich am besten durch eine besondere Probe feststellen und e) Fluorionen, die häufig in Silicatmineralien vorkommen, werden ebenfalls in einer besonderen Probe nachgewiesen.

Bemerkungen. 1. Der größte Teil der in Lösung verbliebenen Kieselsäure scheidet sich in der Ammoniumsulfidgruppe aus. Da gefällte Kieselsäure eine Ähnlichkeit mit Aluminiumhydroxyd besitzt, könnte Aluminium vorgetäuscht werden. In Zweifelsfällen ist deshalb der Niederschlag in Salzsäure aufzulösen, zur Trockne einzudampfen und weiter zu bearbeiten, wie bei der Kieselsäure beschrieben.

2. Die Handelsflußsäure ist häufig verunreinigt. In wichtigen Fällen ist deshalb eine mit Permanganat destillierte Säure zu gebrauchen. Sollte eine solche aber nicht zugänglich sein, so muß wenigstens festgestellt werden, einen wie großen Rückstand diejenige Menge der Säure liefert, die zum Verflüchtigen der Kieselsäure notwendig ist, und welche Bestandteile sich in diesem Rückstande befinden. Übrigens kann man statt Fluorwasserstoffsäure mit Erfolg auch reines Fluorammonium verwenden.

Über die Vorsichtsmaßregeln beim Arbeiten mit Fluorwasserstoffsäure s. Bemerkung 1 auf S. 131.

3. Das Bunsenventil besteht aus einem 6 bis 7 mm Glasrohr, auf dessen Ende ein etwa 3 bis 4 cm langes Gummischlauchstückchen gestülpt ist, das man zuvor mit einem glatten, länglichen Schnitte versehen und dessen Ende mit einem ab-

gerundeten Glasstäbchen luftdicht verschlossen hat. Das Ventil gestattet der atmosphärischen Luft keinen Eintritt, wohl aber den Austritt der im Kolben sich entwickelnden Gase.

4. Die in Lösung gegangene Kieselsäure kann auch Störungen beim Aufsuchen der Anionen verursachen. Um solche zu verhindern, versetzt man die fast neutralisierte Lösung mit Ammoniumcarbonat, erwärmt gelinde, läßt 12 Stunden stehen und filtriert dann das ausgeschiedene Kieselsäurehydrat ab. Soll noch der Rest der Kieselsäure entfernt werden, so versetzt man die Lösung mit etwas Zinkoxydammoniak (s. weiter unten), kocht, bis die Lösung nicht mehr nach Ammoniak riecht, filtriert den aus Zinksilicat und Zinkoxyd bestehenden Niederschlag ab, säuert das Filtrat an und prüft auf Anionen (Treadwell).

Das Zinkoxydammoniak bereitet man durch Lösen von reinem Zink in Salpetersäure, Versetzen der Lösung mit reinem Kaliumhydroxyd bis zur neutralen Reaktion und Lösen des filtrierten und gewaschenen Niederschlags von Zinkhydroxyd in Ammoniak.

2. Zerlegung durch Salpetersäure.

Der Aufschluß von Silicaten durch Salpetersäure wird ebenso durchgeführt, wie das schon beim Salzsäureaufschluß beschrieben worden ist. Die Salpetersäure wird gebraucht, wenn sich in der Analysensubstanz Silber- oder Bleiverbindungen befinden. In allen übrigen Fällen ist die Salzsäure vorzuziehen.

3. Zerlegung durch Schwefelsäure.

Man erhitzt das sehr feine Pulver mit einer Mischung von 3 Teilen konzentrierter Schwefelsäure und 1 Teil Wasser. Manchmal ist es zweckmäßiger, die Zersetzung mit konzentrierter Salzsäure zu beginnen und erst dann, wenn das Silicat schon teilweise zersetzt ist, Schwefelsäure hinzuzufügen. Dann wird das Gemenge unter Umrühren mit dem Glasstabe über freier Flamme erhitzt, bis die Schwefelsäure zum größten Teil verdampft ist. Den Rückstand erhitzt man mit Salzsäure, verdünnt mit heißem Wasser, filtriert und wäscht die Kieselsäure mit heißem, mit Salzsäure angesäuertem Wasser aus. Der Rückstand auf dem Filter und das Filtrat werden in der unter 1. beschriebenen Weise weiter behandelt. Zusammen mit der Kieselsäure können sich im Rückstand auch die unlöslichen Sulfate der Erdalkalimetalle und des Bleies befinden, was bei der weiteren Bearbeitung des Rückstandes in Betracht zu ziehen ist. Im Falle der Bildung unlöslicher Sulfate ist es jedoch vorteilhaft, statt der Schwefel- die Überchlorsäure zu gebrauchen, denn diese besitzt außerdem noch den Vorteil, daß die Kieselsäure unter solchen Umständen in erheblich geringerem Maße in Lösung geht (Willard und Cake).

Verfahren, die außer reiner H_2SO_4 auch HF (Bacon, Elvig, Sandell) oder HNO_3 und HF (Sandell, a), oder $HClO_4$ und HF (Corcey) zum Aufschluß von Gesteinen gebrauchen, sind ebenfalls veröffentlicht worden.

B. Aufschluß der durch Säuren nicht zersetzbaren Silicate.

Zu dieser Gruppe gehören der größte Teil der natürlichen Silicate sowie auch viele Industrieerzeugnisse. Zum Aufschluß derartiger Stoffe sind verschiedene Methoden ausgearbeitet worden, von denen in der qualitativen Analyse folgende am besten verwandt werden können: 1. Aufschluß mit Alkalicarbonaten oder Natriumperoxyd und 2. Aufschluß mit Flußsäure. Der Anwendungsbereich der übrigen Methoden ist viel enger und beschränkt sich nur auf einzelne Fälle.

1. Aufschluß mit Alkalicarbonat.

Allgemeines. Der Aufschluß von Silicaten und Glas durch schmelzendes Alkalicarbonat stellt das am meisten angewandte Verfahren dar, das mit guten Erfolgen bei allen Silicaten fast ohne Ausnahme verwandt werden kann (HILLEBRAND und LUNDELL, OPLINGER), versagt aber selbstverständlich da, wo es sich gleichzeitig darum handelt, einen Alkaligehalt im Material nachzuweisen. Zu solchen Nachweisen ist eine der auf S. 130 bis 134 angeführten Methoden zu gebrauchen. Die Methode besteht darin, daß durch Zusammenschmelzen des Silicats mit Alkalicarbonaten in Wasser lösliche Alkalisilicate gebildet werden, die mit der Kieselsäure gebundenen Metalle aber gewöhnlich in Carbonate übergehen:

$$CaAl_2Si_2O_8 + 3Na_2CO_3 = 2Na_2SiO_3 + CaCO_3 + 2NaAlO_2 + 2CO_2.$$

Ist das betreffende Carbonat bei dieser Temperatur nicht beständig, so geht es ganz oder teilweise in das Oxyd über. In allen Fällen entsteht eine Schmelze, die durch Säure unter Abscheidung der Kieselsäure zersetzt wird und sich also wie ein durch Säuren zersetzbares Silicat verhält. Zur Förderung des Aufschlusses werden manchmal zu den Alkalicarbonaten auch -borate hinzugesetzt (FOWLER).

Ausführung. Die feingepulverte und durchgesiebte Analysensubstanz, 0,5 bis 1 g, mit der 6- bis 8fachen Menge von Natrium-Kaliumcarbonat und etwa 0,1 g Kaliumnitrat vermengt, wird nach Vorschrift der S. 97 zusammengeschmolzen. Den noch flüssigen Inhalt des Tiegels gießt man dann in eine Platin-, Silber- oder Nickelschale oder in eine gebrauchte Porzellanschale und zerkleinert den Schmelzkuchen. Der eine Teil der Schmelze wird auf Anionen untersucht (s. S. 128), den Hauptteil bringt man aber in eine Porzellanschale oder in ein Kochglas, übergießt mit Wasser, erwärmt gelinde bis die Masse zerfällt und fügt dann nach und nach Salzsäure hinzu, bis sie im Überschuß vorhanden ist. Der Aufschluß ist gut gelungen, wenn alle harten Körner verschwunden sind und in der Lösung nur Kieselsäureflocken schwimmen (s. Bemerkung 1). Setzt sich aber am Boden ein schweres, beim Reiben mit einem Glasstabe sandig anzufühlendes Pulver ab, so ist das ein Zeichen für einen unvollkommenen Aufschluß. Der Rückstand muß dann von neuem aufgeschlossen werden.

Mit der Lösung wird zur Abscheidung der Kieselsäure und deren Prüfung auf Reinheit weiter verfahren, wie auf S. 127 näher beschrieben.

Bemerkungen. 1. Ist in der Schmelze beim Prüfen auf Anionen das Sulfation nachgewiesen worden, so werden sich beim Lösen in Säure die Pb-, Sr- und Ba-Sulfate zurückbilden. In solchen Fällen ist deshalb vor der Säurezugabe der in Wasser unlösliche Rückstand abzufiltrieren, auszuwaschen und für sich zu analysieren.

2. In der Analysensubstanz eventuell vorhandene Niobium- und Tantalverbindungen werden zusammen mit der Kieselsäure ausgeschieden. Nach Vertreiben dieser mit HF wird der Rückstand mit $K_2S_2O_7$ aufgeschlossen, wobei Niobium und Tantal in Lösung übergehen und nicht mit dem Aluminium zu verwechseln sind.

2. Aufschluß mit Natriumperoxyd.

An Stelle der Alkalicarbonate kann auch das Natriumperoxyd gebraucht werden. Der Aufschluß läßt sich auf gewöhnlichem Wege oder nach MUEHLBERG im Nickeltiegel nach S. 100 durchführen. Die Weiterbearbeitung erfolgt ebenso wie nach Zusammenschmelzen mit Alkalicarbonaten. Das Natriumperoxyd ist im Falle des Aufschlusses mancher schwer zersetzbarer Silicate vorzuziehen.

3. Aufschluß mit Flußsäure.

Allgemeines. Dieses Verfahren wird gewöhnlich gebraucht, wenn in Silicaten Alkalien nachzuweisen sind (über die Feststellung der Alkalien s. S. 93). Flußsäure ist ein sehr wirksames Aufschlußmittel, und man kann damit fast alle Silicate zersetzen (s. Bemerkung 2). Das Verfahren, von BERZELIUS vorgeschlagen, gründet sich darauf, daß Silicate beim Einwirken von Fluß- und Schwefelsäure unter vollständiger Verflüchtigung von Siliciumtetrafluorid in die betreffenden Metallsulfate verwandelt werden:

$$2\,KAlSi_3O_8 + 24\,HF + 4\,H_2SO_4 = 6\,SiF_4 + Al_2(SO_4)_3 + K_2SO_4 + 16\,H_2O.$$

Bei vielen Mineralien wird das Aufschließen mit Flußsäure wesentlich erleichtert, wenn sie zuvor in feingepulvertem Zustande andauernd geglüht worden sind (HERRMANN, RAMMELSBURG und MOHR).

Ausführung. 1 g des feingepulverten Silicats wird in einer Platinschale oder einem Tiegel mit 3 ml verdünnter Schwefelsäure (1 ml konzentrierte H_2SO_4 und 2 ml H_2O) zu einem gleichmäßigen Brei angerührt. Dann werden zum Inhalt unter dem Abzuge 5 ml reiner 40- bis 48%iger Flußsäure[1] aus einem Meßzylinder aus Kunstharz hinzugefügt und Schale oder Tiegel werden auf einem Wasserbade unter zeitweiligem Umrühren mit einem dicken Platindraht so lange erwärmt, bis der Geruch von Flußsäure nicht mehr wahrgenommen wird. Hierauf fügt man noch 5 ml Flußsäure hinzu und engt auf dem Wasserbade ein. Schließlich wird die Schwefelsäure durch vorsichtiges Erhitzen über freier Flamme zum größten Teil verjagt. Es ist dabei wesentlich, daß die Fluoride vollständig in Sulfate verwandelt werden. Doch ist das Erhitzen bis zur Rotglut jedenfalls zu vermeiden, da hierdurch manche Sulfate in schwerlösliche Oxyde übergehen können. Nach dem Erkalten behandelt man den Tiegelinhalt mit Wasser unter Zusatz einiger Tropfen konzentrierter Salzsäure. Man erwärmt einige Zeit auf dem Wasserbade, wobei meistens alles in Lösung geht.

Bemerkungen. 1. Das Arbeiten mit HF erfolgt am besten unter einem Abzug, weil wegen der starken Giftigkeit der Dämpfe das Einatmen dieser verhindert werden muß. Die Flußsäure greift auch die Haut an, indem dort sehr langsam heilende Wunden entstehen; deshalb muß man besonders darauf achten, daß die Säure nicht auf die Hände spritzt. Zur Einschränkung dieser Gefahr empfiehlt es sich, die Hände vor der Arbeit mit Vaseline einzureiben, falls Gummihandschuhe nicht vorhanden oder zu unbequem sind, damit die Säure nicht direkt mit der Haut in Berührung kommt. Fällt aber trotzdem ein Tropfen der Säure auf die ungeschützte Hand, so ist dieser sofort mit Wasser abzuspülen und die betroffene Stelle der Haut mit einer konzentrierten Natriumbicarbonatlösung zu betupfen.

2. Nach Angaben von NOYES und BRAY werden manche natürliche Mineralien, wie Turmalin (Al_2O_3, RO, R_2O, SiO_2, F), Beryll ($Be_3Al_2Si_6O_{18}$), Zirkon (ZrO_2SiO_2), Andalusit, Sillimanit, Disthen (alle drei der Zusammensetzung $Al_2O_3 \cdot SiO_2$), Topas [$Al_2(F, OH)_2SiO_4$] u. a. nur teilweise zersetzt.

4. Sonstige (spezielle) Aufschlußverfahren.

a) Aufschluß mit Ammoniumfluorid oder Kaliumbifluorid. Statt der Flußsäure wird manchmal auch Ammoniumfluorid gebraucht, das in reinem Zustande leichter zugänglich ist. Zudem wirkt es noch auf manche Silicate wie Andalusit, Disthen, Topas, Turmalin ein, die durch Flußsäure nicht zersetzt werden. Das sehr feingepulverte und scharf getrocknete Silicat mischt man in einem Platintiegel mit der 4fachen Menge reinen Ammoniumfluorids, befeuchtet mit konzentrierter Schwefelsäure und erhitzt auf einem Wasserbad so lange, bis sich sämtliches Siliciumtetrafluorid verflüchtigt hat und das Gemisch nicht mehr nach HF riecht. Dann fügt man noch etwas Schwefelsäure hinzu, erhitzt auf freier Flamme, bis der größte Teil der Säure vertrieben ist und verfährt weiter, wie schon oben erwähnt (HOFFMANN).

[1] Bezüglich der Reinheit der zu gebrauchenden Flußsäure s. Bemerkung 2 S. 128.

Kaliumbifluorid wird zum Aufschluß mancher schwer zersetzbarer Mineralien, wie Zirkon, Beryll, sowie zum Aufschluß von Niobaten und Tantalaten gebraucht. Das Zusammenschmelzen ist in Platintiegeln mit der 4fachen KHF_2-Menge bei möglichst niedriger Temperatur vorzunehmen (MARIGNAC, GIBBS).

b) Aufschluß mit Calciumcarbonat und Ammoniumchlorid. Diese von LAWRENCE SMITH vorgeschlagene Methode wird hauptsächlich dann verwandt, wenn Alkalien in Silicaten nachzuweisen sind. Natürlich lassen sich hierbei auch andere Bestandteile, mit Ausnahme des Calciums, nachweisen. Das Verfahren beruht darauf, daß man die Substanz mit einem Gemische von 1 Teil Ammoniumchlorid und 8 Teilen Calciumcarbonat erhitzt. Dabei gehen die Alkalien in Chloride über, die übrigen Metalle in Oxyde und die Kieselsäure in säurelösliches Calciumsilicat etwa nach dem Schema:

$$2\,KAlSi_3O_8 + 6\,CaCO_3 + 2\,NH_4Cl = 6\,CaSiO_3 + 6\,CO_2 + Al_2O_3 + 2\,KCl + 2\,NH_3 + H_2O.$$

Beim Auslaugen der zusammengesinterten Masse mit Wasser gehen die Alkalien nebst Calciumchlorid in Lösung, die übrigen Bestandteile bleiben ungelöst zurück.

Ausführung. 1 g des feingepulverten Silicats wird in einer Achatreibschale mit 1 g sauber sublimiertem NH_4Cl zu einer gleichförmigen Masse verrieben. Alsdann werden 8 g *alkalifreies* $CaCO_3$ hinzugefügt, und die Masse wird von neuem sorgfältig gemischt. Die erhaltene Mischung wird nun in einen Platintiegel von etwa 30 ml Inhalt gebracht, auch eines Eisen- oder Nickeltiegels kann man sich bedienen, mit einem Deckel zugedeckt und sehr behutsam auf einer kleinen Flamme erhitzt. Es beginnt sofort eine lebhafte Ammoniakentwicklung, die nach etwa $^1/_4$ Stunde aufhört. Nun erhitzt man $^3/_4$ Stunden lang kräftig mit einem Teklubrenner und läßt dann erkalten. Die Masse sintert, schmilzt jedoch nicht. Der zusammengesinterte Kuchen läßt sich durch leichtes Klopfen von dem Tiegel trennen. Der Kuchen wird in einer Porzellanschale mit Wasser erwärmt und mit einem Glasstab so lange gedrückt, bis er vollständig zerfällt. Nach einstündigem Stehen und gelegentlichem Umrühren kann filtriert und der Niederschlag einigemal mit heißem Wasser ausgewaschen werden, wobei die Waschwässer mit dem Filtrat zu vereinigen sind. In dieser Flüssigkeit wird nun das Calcium durch Ammoniumcarbonat gefällt. Indessen bleibt in der Lösung noch etwas Calcium; diese wird deshalb bis zur Trockne eingedampft, die Ammoniumsalze werden durch Erhitzen vertrieben und zuletzt die Reste von Calcium in einem kleinen Volumen mit Ammoniumoxalat gefällt. Nach Abfiltrieren vom Niederschlag wird die Flüssigkeit in einer Platinschale oder einem Tiegel bis zur Trockne eingedampft, ausgeglüht (zum Vertreiben der Ammoniumsalze) und auf gewöhnlichem Wege auf die Anwesenheit von Alkalien geprüft.

Der mit Wasser ausgelaugte Rückstand des Schmelzkuchens kann in Salzsäure gelöst und nach Abscheidung der Kieselsäure zum Nachweis der übrigen Bestandteile der Analysensubstanz verwandt werden.

Statt des Carbonats läßt sich auch reines Calciumchlorid zum Aufschluß gebrauchen, indem man es mit dem feingepulverten Silicat bei Rotglut zusammenschmilzt (MÄKINEN).

c) Aufschluß mit Bariumcarbonat oder -hydroxyd. Das feingepulverte Mineral wird mit dem 6fachen Gewicht an Bariumcarbonat innig zusammengerieben und im Platintiegel über dem Gebläse etwa 35 bis 40 min lang der stärksten Rotglut ausgesetzt, nachdem der Tiegelinhalt zuvor über dem Bunsenbrenner zum Zusammensintern gebracht worden ist. Die grobkörnige Masse läßt sich durch Umkehren des Tiegels in der Regel vollständig ausschütten (WERTHER).

Sollen Alkalien allein nachgewiesen werden, so begießt man die Masse mit einer Lösung von Ammoniumcarbonat und Ammoniak und dampft auf einem Wasserbade mehrfach zur Trockne ein, bis die ganze Masse in feines weißes Pulver übergegangen ist. Durch dessen Behandlung mit Wasser können die Alkalien in Lösung gebracht werden. Im nicht gelösten Rückstand lassen sich aber die übrigen Kationen nach dessen Auflösen in Salzsäure und Abtrennen der Kieselsäure nachweisen.

Bei leichter zerlegbaren Mineralien erreicht man denselben Zweck auf bequemere Weise durch Anwendung von Bariumhydroxyd, das von seinem Kristallwasser befreit worden ist. Man nimmt auf ein Teil des Minerals 4 bis 5 Teile Bariumhydroxyd und überdeckt das Gemenge mit Bariumcarbonat. Das Aufschließen kann über dem gewöhnlichen Bunsenbrenner ausgeführt werden. Am besten geschieht es in Silbertiegeln, da Platintiegel angegriffen werden (FRESENIUS).

d) Aufschluß mit Wismutoxyd. Zum Aufschluß wird gewöhnlich nicht das Oxyd, sondern das basische Carbonat oder Nitrat verwandt. Das Oxyd bildet sich erst beim Erhitzen. Die Methode kann zum Nachweis aller Bestandteile des Silicats mit Ausnahme des Wismuts verwandt werden (HEMPEL). Der Aufschluß kann ohne jede Gefahr für das Gefäß in einem Platintiegel vorgenommen werden, wenn man dafür sorgt, daß der Tiegel sich nicht in einer reduzierenden Atmosphäre befindet.

Ausführung. Die feingepulverte Analysensubstanz wird mit der 20fachen Menge basischen Wismutnitrats vermischt und langsam bis zum Aufhören der Stickstoffdioxydentwicklung (braune Dämpfe) erwärmt. Dann steigert man die Temperatur und hält die Schmelze etwa 10 min lang in flüssigem Zustande. Zuletzt wird sie zum Abkühlen in eine Platin- oder eine gebrauchte Porzellanschale gegossen, zerkleinert und mit starker Salzsäure behandelt. Nach Abscheidung der Kieselsäure nach dem schon beschriebenen Verfahren (S. 127) verdünnt man das Filtrat mit Wasser; hierbei scheidet sich der größte Teil des Wismuts als Oxychlorid aus, das abfiltriert wird. Dann sättigt man die Lösung zur vollständigen Abscheidung des Wismuts mit Schwefelwasserstoff. Der Vorteil des zweifachen Niederschlagens besteht darin, daß sich das Oxychlorid leichter auswaschen läßt als große Wismutsulfidmengen. Im wismutfreien Filtrat können dazu die nach der erwähnten Behandlung noch übriggebliebenen Kationen auf gewöhnlichem Wege nachgewiesen werden.

e) Aufschluß mit Bleioxyd. Die Methode eignet sich zum Nachweis von Alkalien und anderer Bestandteile mit Ausnahme des Bleies (JANNASCH und LOCKE, BONG). An Stelle des Bleioxyds, das nicht immer genügend rein ist, kann auch das Carbonat verwandt werden. Letzteres ist durch Fällen einer heißen Bleiacetatlösung mit der entsprechenden Menge Ammoniumcarbonat leicht darstellbar.

Zum Aufschluß wird 1 g des gut gepulverten Silicats mit der 10- bis 12fachen Menge Bleicarbonat vermischt. Sind keine reduzierenden Stoffe zugegen, so kann die Operation in einem Platintiegel durchgeführt werden. Der bedeckte Tiegel wird allmählich mit einer kleinen nicht leuchtenden Flamme erwärmt, bis der größte Teil der Kohlensäure entwichen ist. Nun erhitzt man unter Anwendung einer tadellos leuchtfrei brennenden Flamme bis zum Schmelzen der Masse und sorgt dafür, daß nur das unterste Drittel des Tiegels wirklich zum Glühen kommt.

Nach 10 bis 15 min andauerndem Schmelzen ist der Aufschluß beendet, und der Tiegelinhalt wird in eine Schale gegossen oder der Tiegel in kaltem Wasser abgeschreckt, damit sich der Schmelzkuchen besser von der Wandung abtrennen kann. Die zerkleinerte Masse wird dann in eine Porzellanschale gebracht, mit heißem Wasser begossen und unter Zufügung genügender Menge konzentrierter Salpetersäure gelöst, indem man die harten Teilchen des Kuchens mit dem Glasstabe zerdrückt. Man verdampft auf dem Wasserbade zur Staubtrockne, durchfeuchtet mit 20 ml konzentrierter Salpetersäure, verdampft von neuem zur Trockne und scheidet die Kieselsäure ab (s. S. 127).

Das von Kieselsäure befreite Filtrat versetzt man mit überschüssiger konzentrierter Salzsäure zur Abscheidung der Hauptmenge des Bleies, filtriert das Bleichlorid ab und dampft das Filtrat auf dem Wasserbade zur Trockne ein. Dann fügt man dem Rückstand 30 ml verdünnte Salzsäure und ebensoviel Wasser hinzu, erwärmt, filtriert nach dem Abkühlen von dem noch ausgeschiedenen Bleichlorid ab und sättigt das Filtrat zuletzt mit Schwefelwasserstoff, um es vollkommen bleifrei zu erhalten.

§ 12. Der Aufschluß von Siliciden, Karbiden, Nitriden und Boriden.

Einige dieser Verbindungen sind praktisch bedeutsam. Mit der Analyse ähnlicher Substanzen muß deshalb gerechnet werden. Der Aufschluß aller dieser ihrer Zusammensetzung nach verschiedenen binären Verbindungen kann zusammen betrachtet werden, da ihr Verhalten verschiedenen Aufschlußmitteln gegenüber sehr ähnlich ist. Durch ihr äußeres Aussehen, ihren Glanz und die gut ausgeprägte Kristallisationsfähigkeit sind sie den Metallen mehr oder weniger ähnlich und stehen ihrem chemischen Verhalten nach den intermetallischen Verbindungen nahe.

1. Aufschluß von Siliciden.

Dem chemischen Verhalten nach erinnern die Silicide an die Elemente, aus denen sie bestehen, außer daß sie sich etwas widerstandsfähiger gegenüber den Reagenzien erweisen. So können sie z. B. oxydiert werden, nur verläuft dieser Prozeß hier langsamer als im Falle der Oxydation des Metalls und des Siliciums allein. Säuren wirken nur auf die Silicide des Lithiums und der Erdalkalimetalle unter Entwicklung von Siliciumwasserstoff (Silanen) ein. Auf die Silicide der übrigen Metalle wirken Säuren überhaupt nicht oder nur sehr langsam ein. Diese Säurewiderstandsfähigkeit wird auch auf die Metalle übertragen, mit denen die Silicide legiert werden, und zwar steigt die Widerstandsfähigkeit mit dem Siliciumgehalt. Zum Aufschluß werden gebraucht: das Zusammenschmelzen mit alkalischen Flußmitteln oder das Erhitzen mit Bleioxyd.

Siliciumhaltige Legierungen, z. B. mit Al, können verhältnismäßig leicht mit Säuren aufgeschlossen werden (Lisan, Norwitz).

a) **Zusammenschmelzen mit alkalischen Flußmitteln.** Natriumperoxyd, geschmolzene Ätzalkalien und Carbonate der Alkalimetalle (mit einer Kaliumnitratzugabe) zerstören die Silicide, wenn sie genügend zerkleinert sind, wobei die Metalle und das Silicium oxydiert werden. Die oxydierende Wirkung der Ätzalkalien erklärt sich dadurch, daß diese in geschmolzenem Zustande mit dem Sauerstoff der Luft Peroxyde bilden, die dann auch als Oxydationsmittel wirken:

$$SiCu_2 + 2KOH + 2O_2 = K_2SiO_3 + 2CuO + H_2O.$$

Das Zusammenschmelzen mit der 4- bis 6fachen Menge der Ätzalkalien erfolgt am besten in Silbertiegeln. Über den Gebrauch von $KNaCO_3$ und Na_2O_2 zu demselben Zweck s. S. 99 bis 102. Die geschmolzenen Nitrate der Alkalimetalle wirken auf die Silicide ebenso energisch.

b) **Aufschluß mit Bleioxyd.** Diese Methode eignet sich gut zum Aufschluß von Carborund und anderen Siliciden. Dabei können die Bestandteile nicht nur qualitativ nachgewiesen, sondern auch quantitativ bestimmt werden (Treadwell).

Man beschickt ein Schiffchen aus dünnem Nickelblech mit einer Mischung von 0,5 g des feingepulverten Silicides und 15 g Bleiglätte (PbO), schiebt das Schiffchen mit der Mischung in eine 20 cm lange Röhre von schwer schmelzbarem Glase und verdrängt die Luft durch Einheiten von Stickstoff, der zuerst eine Waschflasche mit Kalilauge passiert hat, bis vorgelegtes Barytwasser keine Trübung mehr gibt. Nun erhitzt man, ohne den Stickstoffstrom zu unterbrechen, das Schiffchen, bis der ganze Inhalt geschmolzen ist. Das Silicid wird dabei vollständig aufgeschlossen:

$$SiC + 5PbO = PbSiO_3 + 4Pb + CO_2.$$

Eine Trübung des Barytwassers zeigt die Anwesenheit des Kohlenstoffs an. Das Schiffchen wird dann samt Inhalt mit Salpetersäure behandelt, wobei metallisches Blei und Nickel gelöst und das Bleisilicat unter Abscheidung von Kieselsäure zersetzt wird. Man verdampft im Wasserbade zur Trockne, befeuchtet den Eindampfrückstand mit konzentrierter Salpetersäure, fügt heißes Wasser hinzu und filtriert die Kieselsäure ab. Handelt es sich nur um den Nachweis des Kohlenstoffs, so erhitzt man das Gemisch in einem Porzellanschiffchen im Sauerstoffstrom, wobei das entstandene Blei wieder in Bleioxyd verwandelt wird, so daß man nur 10 g PbO zu verwenden braucht.

2. Aufschluß von Carbiden.

Ein Teil der Carbide kann durch Wasser oder verdünnte Säuren zersetzt werden. Die säurewiderstandsfähigen Carbide lassen sich aber durch Zusammenschmelzen mit Natriumperoxyd, Ätzalkalien oder Alkalicarbonaten zersetzen, genau so, wie schon bei den Siliciden erwähnt. Die stattfindende Reaktion kann beispielsweise folgendermaßen ausgedrückt werden:

$$SiC + 4\,KOH + 2\,O_2 = K_2SiO_3 + K_2CO_3 + 2\,H_2O\,.$$

Um die stürmisch verlaufende Reaktion zu dämpfen, muß langsam erhitzt werden. Wird Na_2O_2 oder KOH gebraucht, so werden diese geschmolzen, und die aufzuschließende Substanz wird nach und nach in die Schmelze gebracht.

Die Carbide können auch durch Erhitzen mit einer etwa 20fachen Menge Bleichromat oxydiert werden: die entweichende Kohlensäure wird zum Nachweis des Kohlenstoffs gebraucht (Mühlhäuser). Die Operation wird ebenso wie bei den Siliciden durchgeführt.

Hochschmelzende Carbide lassen sich mit $KHSO_4$ und H_2SO_4 (mit Selenoxychlorid-Zugaben) aufschließen (Redmond, Phragmen).

3. Aufschluß von Nitriden.

Diejenigen der Nitride, deren Aufbau vom Ammoniak durch Vertauschung des Wasserstoffs gegen Metall abgeleitet werden kann, lassen sich größtenteils durch Wasser oder Ätzkalium unter Ammoniakentwicklung zersetzen. Es existieren jedoch Nitride, die nicht als einfache Abkömmlinge des Ammoniaks betrachtet werden können, wie z. B. W_2N_3, ZrN, NbN u. a., und die sich manchmal durch große Resistenz Wasser und Säuren gegenüber auszeichnen. Durch Zusammenschmelzen mit alkalischen Flußmitteln (Na_2O_2, KOH) können diese ebenso wie die Silicide aufgeschlossen werden. Es entwickelt sich hier ebenfalls Ammoniak.

Beim Erhitzen an der Luft verbrennen die Nitride größtenteils unter Entwicklung von Stickstoff zu entsprechenden Metalloxyden.

4. Aufschluß von Boriden.

Ebenso wie alle anderen in diesem Abschnitt angeführten binären Verbindungen werden auch die Boride durch Zusammenschmelzen mit alkalischen Flußmitteln, Na_2O_2, KOH oder $KNaCO_3$ (Wedekind), zersetzt:

$$2\,SiB_6 + 10\,NaOH + 11\,O_2 = 2\,Na_2SiO_3 + 3\,Na_2B_4O_7 + 5\,H_2O\,.$$

Das Zusammenschmelzen und das weitere Bearbeiten der Schmelze wird durchgeführt wie auf S. 97 bis 102 erwähnt. Ebenso energisch wirken auch geschmolzene Nitrate und das Bleichromat.

Borhaltige Stähle oder andere Verbindungen können mit HCl unter Zusatz von H_2O_2 oder durch Schmelzen mit Na_2O_2 aufgeschlossen werden (Kelly, Conrad).

§ 13. Die Zerstörung organischer Stoffe.

Wenn die Analysensubstanz organische Stoffe enthält, so sind diese, um Schwierigkeiten bei der Analyse vorzubeugen, in der Mehrzahl der Fälle zuerst zu vernichten. Durch Erhitzen kann das nur in Einzelfällen erfolgen, wenn keine flüchtigen Verbindungen, wie Quecksilber, Arsen, deren Verbindungen und andere Substanzen zugegen sind, und wenn der organische Stoff leicht und vollständig verascht. Die Vernichtung der organischen Substanz wird deshalb am besten auf nassem Wege vorgenommen. Von den am meisten gebräuchlichen Verfahren seien folgende erwähnt:

1. Veraschung auf trockenem Wege.

Eine Verbrennung der organischen Substanz in einem Arbeitsgange führt meist nicht zum Ziele, weil die sich anreichernde Asche, besonders wenn sie alkalireich und somit leicht schmelzbar ist, die organische Substanz einschließt und die vollkommene Verbrennung hindert oder sich bei allzu hoch gesteigerter Temperatur zum Teil selbst verflüchtigt (Biltz). Man beginnt die Versuche in einem Platin- oder Quarzschälchen zunächst mit möglichst kleiner Flamme, bis die Hauptmenge verbrannt ist, kocht die Masse mit Wasser aus, entfernt dadurch die Hauptmenge der unverbrennlichen Salze, filtriert und verascht den Filterinhalt vollkommen, was nunmehr leicht und schnell gelingt. Der Rückstand wird mit dem ersten wäßrigen Auszuge eingedampft, mit Salzsäure abgeraucht (Kieselsäureabscheidung) und die Analyse wie üblich ausgeführt.

2. Die Zerstörung der organischen Substanz mit Salzsäure und Kaliumchlorat.

Diese von Fresenius und v. Babo empfohlene Methode wird besonders dann gebraucht, wenn größere Mengen (100 bis 500 g) organischer Substanzen aus der Tier- oder Pflanzenwelt stammend, zwecks Feststellung der darin befindlichen unorganischen Stoffe zu zersetzen sind. Die aktiven Elemente sind hier während der Zersetzung das Chlor und der Sauerstoff, die sich als Resultat der Einwirkung der Salzsäure auf das Kaliumchlorat bilden

$$KClO_3 + HCl \rightarrow HClO_3 + KCl; \qquad 3\,HClO_3 \rightarrow HClO_4 + H_2O + 2\,ClO_2 \genfrac{}{}{0pt}{}{\nearrow Cl_2}{\searrow 2\,O_2}$$

und stark oxydierend wirken. Durch diese Behandlung mit Salzsäure und Kaliumchlorat werden die in irgendeinem Untersuchungsobjekt vorhandenen Metalle in anorganische Salze, meist in Chloride und Sulfate, übergeführt, die entweder gelöst, oder die, wie Silberchlorid, Bariumsulfat u. a., als schwerlösliche Verbindungen ausgefällt werden.

Ausführung. Zu dem in einer Porzellanschale oder in einem Glaskolben befindlichen Untersuchungsmaterial fügt man so viel reine Salzsäure vom spez. Gew. 1,10 bis 1,12, daß ihr Gewicht dem Gewicht des in dem Gemenge enthaltenen Trockenrückstandes etwa gleichkommt oder etwas größer ist, und so viel Wasser, daß das Ganze die Beschaffenheit eines dünnen Breies bekommt. Die zugesetzte Salzsäure soll keinesfalls mehr als ein Drittel der im ganzen vorhandenen Flüssigkeit betragen. Man fügt zu derselben gleich anfangs etwa 2 g Kaliumchlorat oder Chlorsäure, wenn man kein Kaliumion in die Masse bringen will (Sonnenschein und Jeserich) und erwärmt auf dem Wasserbade. Man setzt in Zwischenräumen von etwa 5 bis 10 min weiteres Kaliumchlorat in Anteilen von 0,5 bis 2 g unter häufigem Umschütteln oder Umrühren hinzu, so daß das Chlor mit der zu zerstörenden Masse in möglichst innige Berührung kommt, und fährt in dieser Weise fort, bis die organischen Stoffe größtenteils gelöst sind, bis also der Schalen- bzw. Kolbeninhalt eine klare oder trübe weingelb gefärbte Flüssigkeit bildet und bis auf erneuten Zusatz von Kaliumchlorat und bei fortgesetztem Erwärmen keine wesentliche Veränderung des Gemisches mehr eintritt. Das verdampfende Wasser ist dabei von Zeit zu Zeit zu ersetzen. Besonders Fett und Fettsäuren sind äußerst widerstandsfähig gegen die Einwirkung des Chlors.

Ist die Zerstörung der organischen Substanz beendigt, so verdünnt man mit heißem Wasser, fügt zur vollständigen Abscheidung etwa vorhandener unlöslicher Sulfate einige Tropfen verdünnte Schwefelsäure hinzu, schüttelt oder rührt um und gießt die erkaltete Flüssigkeit durch ein angefeuchtetes Filter. Enthält das Filtrat nicht zu viel freie Salzsäure, so kann es direkt mit Schwefelwasserstoff auf Kationen weiter geprüft werden. Anderenfalls muß es in einer Porzellanschale auf einem Wasserbade fast zur Trockne eingedampft werden, um die freie Salzsäure größtenteils zu entfernen.

Der unlösliche Rückstand des ursprünglichen Untersuchungsobjektes kann außer Fett oder Fettsäuren noch Silberchlorid, Bariumsulfat, Bleisulfat u. a. Stoffe enthalten. Man spült ihn gründlich mit Wasser aus, trocknet, verreibt dann mit etwa der dreifachen Menge einer Mischung aus 2 Teilen Salpeter und 1 Teil Natriumcarbonat und trägt dieses Gemisch nach und nach in einen glühenden Porzellantiegel ein. Hierbei werden die noch unzersetzten organischen Stoffe unter Verpuffung und Feuererscheinung durch den Salpeter oxydiert, von dem man zuletzt, wenn alles in den Tiegel eingetragen ist, noch etwa $^1/_2$ g zugibt. Die geschmolzene Masse weicht man nach dem Erkalten mit heißem Wasser auf und arbeitet weiter, wie auf S. 98 näher beschrieben.

Vintilesco hat diese Methode modifiziert und empfiehlt folgenden Arbeitsgang: Man vermischt 200 g des fein zerkleinerten Untersuchungsmaterials, z. B. Organteile, in einer Porzellanschale mit 10% seines Gewichtes an Kaliumchlorat und erhitzt dieses Gemisch so lange auf einem Wasserbade, bis die Ammoniakentwicklung aufgehört hat. Hierauf gibt man unter fleißigem Umrühren alle 5 bis 10 min reine konzentrierte Salzsäure vom spez. Gew. 1,19 in Mengen von je 5 ml, im ganzen 25 bis höchstens 40 ml, hinzu und erhitzt weiter bis zum Aufhören der Chlorentwicklung, was etwa 40 min in Anspruch nimmt. Nun versetzt man das Gemisch mit 10 bis 20 ml reiner Salpetersäure, spez. Gew. 1,385, und läßt die Schale unter zeitweiligem Umrühren einige Zeit auf dem Wasserbade stehen, damit der größte Teil der Säure verdampft. Von der organischen Substanz bleiben unter diesen Arbeitsbedingungen nur etwa 10%, meist aus Fett und Fettsäuren bestehend, unzerstört, d. h. ungelöst. Dieser Rest wird mit Soda und Salpeter, wie eben erwähnt, oxydiert.

3. Die Zerstörung mit rauchender Salpetersäure und Schwefelsäure.

Die auf Metalle zu prüfende Substanz wird in einer Porzellanschale mit einem Gemisch von rauchender Salpetersäure (10 Teile) und konzentrierter Schwefelsäure ($^1/_2$ bis 1 Teil) allmählich übergossen, und zwar so, daß immer nur Mengen von 1 bis 2 ml des Säuregemisches nach Aufhören der jedesmal eintretenden Reaktion hinzugesetzt werden (Lockemann). Bei Anwendung von 20 g Untersuchungsmaterial genügen zum Aufschluß meist 10 bis 20 ml des Säuregemisches. Alsdann wird auf einem Wasserbade erhitzt, bis die anfangs dunkelgelbe, breiige Masse sich braun färbt. Hierauf wird unter Zusatz von 30 g eines aus gleichen Teilen bestehenden Gemisches von Kalium- und Natriumnitrat zur Trockne verdampft. Beim Eindampfen dieses Gemisches resultieren gelbe Kristalle, die zur weiteren Zerstörung der organischen Substanz in kleinen Mengen in eine in einem Tiegel befindliche Schmelze von 5 g Kaliumsalpeter, unter vorsichtigem Erwärmen mit kleiner Flamme, eingetragen werden. Die Schmelze wird nach Vorschrift der S. 98 weiter bearbeitet.

Ein ähnliches Verfahren zum Aufschluß organischer Stoffe wird auch von Kahane empfohlen, nur wird hier statt des Kaliumnatriumnitrats, wenn die Temperatur nach dem Eindampfen 180 bis 190° erreicht hat, tropfenweise 60%ige

Überchlorsäure hinzugefügt, die dann die noch übriggebliebenen organischen Stoffe schnell oxydiert. Auf diese Weise gelingt es, in $1^1/_2$ Stunden etwa 200 g tierische Gewebe zu vernichten.

Es sind aber auch Verfahren ausgearbeitet worden, nach denen organische Stoffe tierischer und pflanzlicher Herkunft mit Schwefelsäure allein aufgeschlossen werden können, ebenso wie das bei der Stickstoffbestimmung nach KJELDAHL der Fall ist. Zur Beschleunigung des Prozesses werden hierbei der Mischung noch verschiedene Stoffe, wie HgO, $KHSO_4$, in kleineren Mengen hinzugegeben (HALENKE, GRAS und GINTL); zum gleichen Zweck hat sich in letzter Zeit auch das Selen bewährt (LAURO, SREENIVASAN und SADASIVAN).

4. Die Zerstörung organischer Stoffe mit einem Gemenge von Salpeter- und Überchlorsäure.

NOYES und BRAY schlagen zur Vernichtung organischer Stoffe das Behandeln der Analysensubstanz mit Salpeter- und Überchlorsäure vor. Der größte Teil organischer Substanzen, wie Papier, Sägespäne, weinsaure Salze u. a., werden schon in hohem Maße durch Erwärmen mit konzentrierter HNO_3 und $HClO_4$ auf einem Wasserbade zerstört. Wird dabei das Verdampfen bis zum Erscheinen der weißen $HClO_4$-Dämpfe fortgesetzt, so erhält man eine durchsichtige, leicht gefärbte Flüssigkeit. Allerdings erfordern manche Stoffe, wie z. B. Paraffin, zu ihrer vollständigen Zersetzung eine 2- bis 3fache Wiederholung der Operation. Die Anwendung dieser Methode besitzt mehrere Vorzüge, besonders in Hinsicht auf den erweiterten Analysengang, der auch die seltenen Elemente einschließt: 1. Im Vergleich zur Schwefel-Salpetersäure-Mischung werden viele der oft vorkommenden organischen Substanzen durch Überchlor- und Salpetersäure schneller oxydiert und in geringerem Grade verkohlt; 2. bei Verwendung von Schwefelsäure bilden sich im Falle der Gegenwart der entsprechenden Ionen die schwerlöslichen Sulfate des Bariums, Strontiums, Calciums, Bleies und Chroms, die im weiteren Gange der Analyse durch zusätzliche Operationen meistens in Lösung gebracht werden müssen, während bei Anwendung der Überchlorsäure das einzige sich bildende schwerlösliche Salz des Kaliums durch heißes Wasser leicht in Lösung gebracht werden kann; 3. muß bei Verwendung von Schwefelsäure der Prozeß bei höherer Temperatur durchgeführt werden, was mit größeren Quecksilberverlusten verbunden sein kann. Als einziger Einwand gegen das Überchlorsäureverfahren könnte die Möglichkeit von Explosionen gelten, die aber auch nur bei unsachgemäßer Arbeit auftreten. Die Versuche zeigen, daß diese Gefahr jedoch *vollkommen ausgeschaltet* werden kann, wenn die Analysensubstanz *zuerst mit konzentrierter Salpeter- und Überchlorsäure auf einem Wasserbade*, statt auf freier Flamme, *erwärmt wird*, und zwar unter ständigem Hinzufügen von HNO_3, bis sich die Reaktion beruhigt hat.

Ausführung. In eine Porzellanschale wird von der zu analysierenden Substanz eine Menge gebracht, die nach dem Ausglühen etwa 1 g Asche liefert. Man fügt dann allmählich 5 ml 9 n $HClO_4$ (1,54) hinzu, erwärmt auf dem Wasserbade und tropft dann vorsichtig 1 ml 16 n HNO_3 (1,42) in die Mischung. Nach dem Zudecken der Schale mit einem Uhrglase wird das Erwärmen auf dem Wasserbade (nicht auf freiem Feuer!) unter weiterem allmählichem Hinzufügen von 1 bis 3 ml 16 n HNO_3 so lange fortgesetzt, bis die Entwicklung der Stickoxyde aufhört. Das Erhitzen der zugedeckten Schale wird dann auf einem Drahtnetz über einer kleinen Flamme weiter fortgesetzt, bis weiße Dämpfe der $HClO_4$ reichlich zu entweichen beginnen; die Flamme verkleinert man jedoch, wenn die Reaktion zu stürmisch wird. Überhaupt ist das Erwärmen so zu führen, daß eine trotz aller Vorsichtsmaßregeln möglicherweise eintretende Explosion keinen Schaden anrichten und keinen Unglücksfall hervorrufen kann. Das Erwärmen wird bis zur Beendigung der Reaktion bei der Temperatur des sichtbaren Verdampfens der $HClO_4$ fortgesetzt. Beobachtet man hierbei eine Verkohlung, so müssen nach Abkühlung der Mischung zu dieser noch 1 bis 2 ml 16 n HNO_3 und 3 ml 9 n $HClO_4$ hinzugefügt, und es muß von neuem bis zur Temperatur der Verdampfung der $HClO_4$ erhitzt werden. Die Operation wird bis zum Verschwinden des verkohlten Rückstandes wiederholt. Zuletzt wird die Flüssigkeit bis auf 1 bis 2 ml eingedampft und die erhaltene Lösung wie gewöhnlich weiter analysiert.

Bemerkungen. 1. Bei Anwendung von $HClO_4$ oder H_2SO_4 können sich das Germanium als Chlorid und das Osmium, wenn es nicht als Metall vorliegt, als OsO_4, durch Oxydation in Gegenwart von HNO_3 gebildet, verflüchtigen. Dasselbe kann auch mit dem Ruthenium geschehen, das, falls es nicht als Metall vorliegt, durch die $HClO_4$ bis zum flüchtigen RuO_4 oxydiert werden kann.

2. Die Wirksamkeit der beschriebenen Methode ist aus der zuletzt angeführten Tabelle 2 zu sehen. Zu den dort angegebenen Mengen verschiedener organischer Stoffe wurden 5 ml 9 n $HClO_4$ und 1 ml 16 n HNO_3 hinzugefügt, jede Mischung wurde auf dem Wasserbade erwärmt und dann allmählich 1 bis 3 ml 16 n HNO_3 dazugetan. Alsdann wurden die Schalen auf freiem Feuer bis zum Erscheinen reichlicher weißer $HClO_4$-Dämpfe erhitzt. War die Flüssigkeit aber hiernach dunkel gefärbt, so wurde die Operation 1 bis 2mal wiederholt.

Tabelle 2.

Der gebrauchte organische Stoff	Einwaage in g	Geschwindigkeit der Zersetzung	Grad der Zersetzung nach dem ersten Erhitzen	Zahl der wiederholten Operationen
Watte	0,1	sehr schnell	vollständig	eine
Tabak	0,2	sehr schnell	fast vollständig	zwei
Filtrierpapier	0,8	sehr schnell	fast vollständig	zwei
Kartoffelstärke	0,2	sehr schnell	fast vollständig	zwei
Glycerin	2,5	sehr schnell	vollständig	eine
Holzspäne	1,0	sehr schnell	fast vollständig	zwei
Weinsäure	1,2	langsamer	vollständig	eine
Paraffin	0,5	langsam	sehr unvollständig	drei

Literatur.

ADOLPH, W. H.: Am. Soc. **37**, 2506 (1915). — ANGENOT, H.: (a) Angew. Ch. **17**, 1275 (1904); (b) Angew. Ch. **19**, 140 (1906). — ARCHIBALD, A. K., u. M. E. MCLEOD, An. Chem. **24**, 222 (1952).

BACON, F. R., u. D. T. STARKS: An. Ed. **17**, 230 (1945). — BAKER, I., u. G. MARTIN: An. Ed. **17**, 488 (1945). — BEAMISH, F. E., u. MCBRYDE: An. Chem. **25**, 1613 (1953). BERZELIUS, J. J.: Pogg. Ann. **1**, 169 (1824). — BENZ, E.: Angew. Ch. **15**, 297 (1902). — BILTZ, H., u. W. BILTZ: Ausführung qualitativer Analysen, 4. Aufl. Leipzig 1942. — BÖCKMANN, F.: Fr. **21**, 90 (1882). — BONG, G.: Bl. [2] **29**, 50 (1878); durch Fr. **18**, 270 (1879). — BORNTRÄGER, H.: Fr. **39**, 361 (1900). — BÖTTGER, W.: Qualitative Analyse, 7. Aufl. Leipzig 1925. — BRUNCK, O., u. R. HÖLTJE: Angew. Ch. **45**, 331 (1932).

CLASSEN, A.: Handbuch der analytischen Chemie, II. Teil. 7. Aufl. Stuttgart 1920. — CONRAD, A. L., u. M. S. VIGLER: An. Chem. **21**, 585 (1949). — COREY, R. B., u. M. L. JACKSON: An. Chem. **25**, 625 (1953).

DONATH, E.: Fr. **19**, 23 (1880).

ELVING, P. J., u. P. C. CHAO: An. Chem. **21**, 507 (1949). — ERBER, W.: Angew. Ch. **50**, 382 (1937).

FERGUSON, J. B.: J. ind. eng. Chem. **10**, 941 (1918). — FERGUSON, J. D.: Eng. Min. Journ. **106**, 356 (1919); durch C. **90** II, 320 (1919). — FISCHER, J.: Ch. Fabr. **11**, 406 (1938). — FISCHER, N. W.: Pogg. Ann. **6**, 43 (1826). — FOWLER, R. M.: An. Chem. **24**, 196 (1952). — FRESENIUS, C. R.: Anleitung zur quantitativen chemischen Analyse, 6. Aufl. Braunschweig 1875. I. Bd.; Anleitung zur qualitativen chemischen Analyse, 17. Aufl. Braunschweig 1919. — FRESENIUS, C. R., u. L. v. BABO: A. **49**, 287 (1844).

General Safety Committee: „Guide for safety in the chemical laboratory“, New York 1954. — GILCHRIST, R.: Am. Soc. **45**, 2820 (1923); An. Chem. **25**, 1617 (1953). — GLASER, C.: Ch. Z. **18**, 1448 (1894); durch Fr. **34**, 594 (1895). — GOETZ, C. A., H. DIEHL u. C. C. HACH: An. Chem. **21**, 1520 (1949). — GUTBIER, A.: Lehrbuch der qualitativen Analyse. Stuttgart 1921.

HÄGG, G.: Z. physik. Chem. B. **29**, 192 (1935). — HALENKE, A., O. GRAS u. W. GINTL: Fr. **40**, 566 (1901). — HAMPE, W.: Ch. Z. **11**, 19 (1887). — HART, P.: Chem. N. **27**, 183 (1873). — HEMPEL, W.: (a) Z. anorg. Ch. **16**, 24 (1898); (b) Z. anorg. Ch. **3**, 193 (1893); (c) Fr. **20**, 496 (1881). — HERRMANN, H., C. RAMMELSBERG u. FR. MOHR: Fr. **7**, 291 (1868). — HILLEBRAND, W. F.: Am. Soc. **24**, 362 (1902). — HILLEBRAND, W. F., u. G. E. F. LUNDELL: Applied Inorganic Analysis. New York 1929. — HILLER, H.: Angew. Ch. **37**, 255 (1924). — HINRICHSEN, F. W.: Z. anorg. Ch. **58**, 83 (1908). — HINTZ, E., u. H. WEBER: (a) Fr. **36**, 27 (1897); (b) Fr. **45**, 43 (1906). — HOEHNEL, M.: Ar. **232**, 225 (1894). — HOFFMANN, H. O.: Chem. N. **62**, 57 (1890). — HOFFMANN, R.: Fr. **6**, 366 (1867). — HOLTHOFF, C.: Fr. **23**, 499 (1884). — HÜNERLEIN, R.: Angew. Ch. **51**, 539 (1938).

IKENBERG, L., J. L. MARTIN u. W. J. BOYER: An. Chem. **25**, 1340 (1953).

JANNASCH, P., u. J. LOCKE: Z. anorg. Ch. **6**, 321 (1894); **8**, 364 (1895).

KAHANE, E.: C. r. **193**, 1018 (1931); durch C. **103** I, 1272 (1932). — KELLY, M. W.: An. Chem. **23**, 1335 (1951). — KNUBLAUCH, O. J.: Gasbel. **55**, 833 (1912); durch C. **83** II, 1491 (1912). — KOLBECK, F.: CF. Plattners Probierkunst mit dem Lötrohr. Leipzig 1907.

LAWRENCE SMITH, J.: (a) Am. J. Sci **40**, 248 (1865); (b) Am. J. Sci **50**, 269 (1871); A **159**, 82 (1871). — LAURO, M. F.: Ind. eng. Chem. Anal. Edit. **3**, 401 (1931). — LEIDIÉ, E., u. QUENNESSEN: Bl. [3] **27**, 179 (1902). — LISAN, P., u. H. L. KATZ: An. Chem. **19**, 252 (1047). — LOCKEMANN, G.: Angew. Ch. **18**, 419 (1905). — LUNDELL, G. E. F., u. H. B. KNOWLES: Am. Soc. **42**, 1439 (1920). — LUNGE-BERL: 7. Aufl. 1922, Bd. II, S. 506.

MÄKINEN, E.: Z. anorg. Ch. **74**, 74 (1912). — MC ALPINE, R. K., u. B. A. SOULE: Qualitative Chemical Analysis, S. 317. London 1933. — MARIGNAC, C., u. W. GIBBS: Fr. **3**, 399 (1864). — MARVIN, G. C., u. W. C. SCHUMB: Am. Soc. **52**, 547 (1930). — MEYERHOFFER, W.: Ph. Ch. **38**, 306 (1901); **53**, 513 (1905). — MORSE, H. N., u. W. C. DAY: Fr. **22**, 84 (1883). — MUEHLBERG, W. F.: Ind. eng. Chem. **17**, 690 (1925). — MÜHLHÄUSER, O.: Fr. **32**, 564 (1893). — MÜLLER, J. A.: Bl. [3] **25**, 1004 (1901); durch C **73** I, 224 (1902). — MYLIUS, F., u. K. DIETZ: B. **31**, 3187 (1898). — MYLIUS, F., u. A. MAZZUCHELLI: Z. anorg. Ch. **89**, 1 (1914).

NEUMANN, B.: Ch. Z. **24**, 888 (1900). — NORWITZ, G.: An. Chem. **20**, 182 (1948). — NOYES, A. A., u. W. C. BRAY: (a) A System of Qualitative Analysis for the Rare Elements. New York 1927; (b) Am. Soc. **29**, 158 (1907).

OETTEL, F.: Ch. Z. **20**, 19 (1896). — OPLINGER, G.: An. Chem. **19**, 444 (1947).

POWELL, A. R., u. W. R. SCHOELLER: Analyst. **44**, 397 (1919). — PHRAGMEN, G., u. R. TREJE: Jernkontorets Ann. **124**, 511 (1940).

RAHM, J. N.: An. Chem. **24**, 1832 (1952). — REDMOND, J. C., L. GERST u. W. O. TOUHEY: An. Ed. **18**, 24 (1946). — ROSE, H., u. R. FINKENER: Handbuch der analytischen Chemie, 6. Aufl., Bd. 2. Leipzig 1871. — RÜDISÜLE, A.: Nachweis, Bestimmung und Trennung der chemischen Elemente Bd. V, S. 1051.

SANDELL, E. B.: An. Chem. **19**, 63 (1947); (a) An. Chem. **18**, 163, 166 (1946). — SCHMIDT, F., u. B. RASSOW: Angew. Ch. **37**, 333 (1924). — SCHWARZ, M.: Metallurgie **11**, 80 (1914); durch C. **85** I, 1124 (1914). — SCOTT, W. W.: Ind. eng. Chem. **16**, 703 (1924); (a) „Standard Methods of Chemical Analysis", S. 451 (1918). — SEARS, G. W.: Am. Soc. **48**, 343 (1926). — SEARS, G. W., u. L. QUILL: Am. Soc. **47**, 923 (1925). — SIGGIA, S., u. M. MAISCH: An. Chem. **20**, 235 (1948). — SIMPSON, E. S.: Chem. N. **99**, 243 (1909). — SONNENSCHEIN u. JESERICH, P.: durch Fr. **22**, 472 (1883). — SPIELHACZEK, H.: Fr. **118**, 161 (1939). — SREENIVASAN, A., u. V. SADASIVAN: Fr. **116**, 244 (1939). — STRAUMANIS, M. E.: Am. Soc. **71**, 679 (1949); **72**, 4027 (1950); Z. anorgan. Chem. **265**, 209 (1951); (a) Z. anorgan. Chem. **278**, 33 (1955).

TRAVERS, A.: Chim. Ind. **2**, 385 (1919). — TREADWELL, F. P.: Kurzes Lehrbuch der analytischen Chemie. 10. Aufl., Bd. I. Leipzig 1919.

VINTILESCO, J.: Buletinul de Chemie **17**, 99 (1915); durch C. **87** I, 234 (1916).

WADA, J., u. T. NAKAZONO: Sci. Pap. Inst. Tôkyô. I, 144 (1923). — WALTON, J. H.: Am Soc. **29**, 481 (1907); durch C. **78** II, 268 (1907). — WEBSKY, M.: Fr. **11**, 121 (1872). — WEDEKIND, E.: B. **46**, 1202 (1913). — WEISS, L., u. M. LANDECKER: Z. anorg. Ch. **64**, 65 (1909). — WENGER, P., u. E. ROGOVINE: Helv. **10**, 244 (1927). — WERTHER, G.: J. pr. **91**, 321 (1864). — WILLARD, H. H., u. W. E. CAKE: Am. Soc. **42**, 2208 (1920). — WOGRINZ, A.: Analytische Chemie der Edelmetalle. Stuttgart 1936. — WÖHLER, F.: Pogg. Ann. **2**, 350 (1824). — WUNDER, M., u. V. THÜRINGER: Fr. **52**, 740 (1913).

ZIEGLER, A.: Fr. **31**, 558 (1892).

Qualitative Trennungen der Kationen und Anionen.

Von K. Stegemann, Berlin.

Inhaltsübersicht.

I. Allgemeiner Teil.

A. Die Anforderungen, die an einen qualitativen Trennungsgang gestellt werden.

Ein systematischer qualitativer Trennungsgang hat zwei verschiedene Aufgaben zu erfüllen: Einmal dient er dazu, von einem unbekannten Stoff die Zusammensetzung qualitativ zu ermitteln, zum andern steht er in Fach- und Hochschulen am Anfang der chemischen Grundausbildung. Durch einen Trennungsgang mit ausgesuchten Kationen und Anionen soll der Anfänger in das Gebiet der

Chemie eingeführt werden, wobei er die notwendige handwerkliche Geschicklichkeit erwirbt und eine umfassende Stoffkenntnis erhält.

Im ersten Fall dient also der Trennungsgang ausschließlich dazu, festzustellen, aus welchen Komponenten sich ein Stoff oder ein Stoffgemisch zusammensetzt. Zusätzlich soll die qualitative Analyse eine ungefähre Abschätzung der Mengenverhältnisse der einzelnen Komponenten ermöglichen. Vielfach hat sie nur die Aufgabe, eine quantitative Bestimmung vorzubereiten. Man kann für solch eine qualitative Analyse entweder einen sogenannten vollständigen Trennungsgang benutzen oder auch ein Schema, das mit einigen wenigen Trennungen auskommt. Bei einem vollständigen Trennungsgang werden meist alle verschiedenen Ionenarten zunächst gruppenweise abgeschieden, dann einzeln isoliert und mittels einfacher Nachweisreaktionen identifiziert. Bei einem modernen kurzen Trennungsschema verzichtet man auf die Isolierung der einzelnen Ionenarten. Durch einige wenige Trennungen werden die Ionen gruppenweise abgeschieden und innerhalb der Gruppe mittels Spezialreagenzien nebeneinander nachgewiesen. Immer wieder kann man feststellen, daß bei sogenannten vollständigen Trennungsgängen einige Ionen nicht nur an einer Stelle, sondern an zwei oder sogar drei Stellen nachzuweisen sind. Dies ist durch unvollständige Abtrennung und Mitfällung bedingt; die Nachweismöglichkeit wird hierdurch begrenzt. Bei einem kurzen Trennungsgang ist die Gefahr der unvollständigen Abtrennung bedeutend geringer, da man mit wenigen Trennungen auskommt. Dafür muß man aber die betreffenden Spezialreagenzien besitzen und mit ihnen vertraut sein. Ist dies nicht der Fall, so wähle man lieber einen ausführlichen Trennungsgang und identifiziere die einzelnen Ionenarten mit den allgemein üblichen Reagenzien, die in jedem anorganischen Laboratorium vorhanden sind. Stellt man jedoch die Bedingung, daß in einem Gemenge jeder vorliegende Bestandteil wenigstens in einer Konzentration von 0,1% einwandfrei nachgewiesen werden muß, so kommt man bei Anwendung eines vollständigen Trennungsganges gerade für die Ionen, die an mehreren Stellen im Trennungsgang erscheinen, nicht mit den üblichen Reagenzien aus, sondern muß sehr empfindliche Nachweisreaktionen anwenden.

Anders liegen die Verhältnisse bei der sogenannten Schulanalyse. Hier soll der Student bzw. Praktikant neben dem Analysieren die Zusammenhänge in der Chemie erkennen lernen. Dazu eignet sich besonders gut der klassische Trennungsgang mittels Sulfidfällungen. Durch ihn lernt der Anfänger, sauber zu trennen und die abgetrennten Ionen mittels einfacher Nachweisreaktionen aufzufinden. Da es sich in den meisten Fällen um vom Lehrer gemischte Analysen handelt, sind die einzelnen Stoffe fast immer in zum Nachweis ausreichender Menge vorhanden. Die Anwendung einer Vielzahl von Spezialreagenzien ist nicht im Sinne einer guten Grundausbildung; außerdem zeigen sie meist nicht den gewünschten Erfolg. Da es sich im allgemeinen um Anfänger im ersten Ausbildungsjahr handelt, beherrschen sie weder Konstitution noch Wirkungsweise der verschiedenen Spezialreagenzien. So kann es vorkommen, daß Anfänger in einer reinen Zinkblende mit Spezialreagenzien die verschiedensten Kationen nachweisen, nur nicht das Zink! Dagegen können sie ohne weiteres den Nachweis des Zinks mit gelbem Blutlaugensalz verstehen und auch ausführen. Anders liegen jedoch die Verhältnisse, wenn ein Praktikant, der den klassischen Trennungsgang beherrscht, in einem Praktikum für Fortgeschrittene mit den modernen Methoden der qualitativen Analyse vertraut gemacht werden soll. Dann zeigt es sich, was moderne Spezialreagenzien in der Hand von geübten Analytikern zu leisten vermögen.

Die nachfolgend beschriebenen Trennungsgänge sind *nicht* für den *schulmäßigen Unterricht* im Anfängerpraktikum, sondern für rein analytische Arbeiten gedacht. Demzufolge ist die Auswahl der Kationen und Anionen den Erfordernissen der Praxis angepaßt. Die klassische Schulanalyse umfaßt nur eine begrenzte Anzahl von Kationen, die sich gut in das Schema einpassen. Dazu wird meist noch in einem besonderen Kapitel eine Anzahl von Kationen und Anionen, die fälschlich als „selten" bezeichnet werden, behandelt. Diese in vielen Praktikumsbüchern benutzte Einteilung ist für den Unterricht richtig, für rein analytische Arbeiten jedoch nicht zu gebrauchen. In neueren Arbeiten über qualitative Trennungsgänge ist hierüber des öfteren geschrieben worden. So haben LUNDELL und HOFFMANN 1949 eine Aufstellung veröffentlicht, aus der zu ersehen ist, mit welcher ungefähren Häufigkeit die einzelnen Elemente in den verschiedenen analytischen Untersuchungslaboratorien analysiert werden. LUNDELL und HOFFMANN teilen die Elemente in vier Gruppen:

Gruppe A. Elemente, die oft bestimmt werden. Hierzu gehören: H, Na, K, Mg, Ca, Ti, V, Cr, Mo, W, Mn, Fe, Ni, Cu, Zn, Al, Sn, Pb, Sb — C, Si, P, O, S und Cl.

Gruppe B. Elemente, die weniger oft bestimmt werden. Hierzu gehören: Zr, Co, Ag, Au — F.

Gruppe C. Elemente, die nur gelegentlich bestimmt werden. Hierzu gehören: Li, Be, Sr, Ba, Nb, Ta, Rh, Ir, Pd, Pt, Cd, Hg, Se, Te, Bi — B, Br und J.

Gruppe D. Elemente, die nur sehr selten bestimmt werden. Hierzu gehören: Rb, Cs, Ra, Sc, Y, La, Lanthaniden, Ac, Akteniden, Hf, Th, Re, Ru, Os, Ga, In, Tl, Ge — Edelgase.

Die gleiche Aufstellung wurde auch von QUEROL und WILSON übernommen, jedoch mit der Einschränkung, daß wahrscheinlich die Elemente Ce, Th und U bedeutend häufiger bestimmt werden, als in der Aufstellung von LUNDELL und HOFFMANN angegeben.

Aus dieser Aufstellung ist ersichtlich, daß die allgemein üblichen Trennungsgänge nicht ohne weiteres zu verwenden sind. Sie legen aus didaktischen Gründen Wert auf die Trennung der Erdalkalien und der Kupfergruppe, vernachlässigen aber stark die Elemente Ti, V, Mo, W und Zr. Will man weiterhin die alten Trennungsgänge — unter denen nicht nur der Sulfidtrennungsgang, sondern auch der Phosphat-, der Carbonat- und der Hydroxydtrennungsgang zu verstehen sind — verwenden, so müssen sie wenigstens so erweitert werden, daß sie alle Elemente der Gruppe A und B, nach Möglichkeit noch die der Gruppe C umfassen. Wo dies nicht der Fall ist, soll wenigstens bekannt sein, an welcher Stelle des Trennungsganges die nicht in dem betreffenden Schema berücksichtigten Elemente in Erscheinung treten und wie sie dort erkannt werden können. Ebenfalls muß bekannt sein, ob sie den Nachweis anderer Kationen stören oder sogar die Anwesenheit anderer Kationen vortäuschen.

Im übrigen stellt keiner dieser Trennungsgänge eine starre Arbeitsvorschrift, nach der unbedingt gearbeitet werden muß, dar. Jeder Trennungsgang ist vielmehr ein Vorschlag, nach dem gearbeitet werden kann, wobei die Arbeitsvorschriften für den jeweils vorliegenden Fall entsprechend abgeändert werden müssen. Für den Gang einer qualitativen Analyse ist folgendes zu empfehlen: Zuerst wird eine Reihe von Vorprüfungen durchgeführt; man erhält hierdurch ein ungefähres Bild von der Zusammensetzung der Probe. Nach den Ergebnissen der Vorprüfungen (auch Vorproben genannt), wählt man ein für den speziellen Fall passendes Trennungsschema aus. Konnte bei einer ersten Analyse die Zusammensetzung der Probe nicht einwandfrei geklärt werden, so ist bei der zweiten Analyse der Trennungsgang derart abzuändern, daß die fraglichen Kationen oder Anionen besonders herausgearbeitet werden. Hierzu sollen alle möglichen Verfahren, die zum Ziele führen können, angewendet werden.

Die Abhandlung über qualitative Trennungen gliedert sich wie folgt:

I. Allgemeiner Teil.
  A. Einführung.
  B. Probeentnahme und Aufbereitung der Probe.
  C. Vorprüfungen (Vorproben).

II. Trennungsgänge und Einzelnachweise der Kationen.
  A. Trennungsgang nach NOYES und BRAY.
  B. Trennungsgänge mittels Sulfidfällungen.
    a) Unter Verwendung von Schwefelwasserstoff.
    b) Unter Verwendung von schwefelhaltigen Verbindungen, die in saurer, neutraler oder alkalischer Lösung Sulfidionen bilden.
  C. Trennungsgänge ohne Sulfidfällungen.
  D. Einzelnachweise der Kationen.

III. Trennungsgänge der Anionen.

In den einzelnen Abschnitten werden neben den gewöhnlichen Trennungsgängen, die fast alle im Halbmikroverfahren angegeben sind, auch Trennungsgänge für die qualitative Mikroanalyse angegeben. Die ausführlich beschriebenen Trennungsgänge enthalten alle Angaben, die zur Durchführung der Analyse erforderlich sind. Die nur kurz skizzierten Trennungsgänge dienen lediglich zur Übersicht. Soll nach einem solchen Trennungsgang gearbeitet werden, so ist es erforderlich, die Originalarbeit einzusehen. Sind von den Verfassern die Niederschläge bzw. Filtrate besonders bezeichnet, so ist diese Bezeichnung übernommen worden. In einigen Fällen, wo in der Originalarbeit die Niederschläge bzw. Filtrate nicht besonders bezeichnet waren, erwies es sich als vorteilhaft, eine Bezeichnung einzuführen.

Literatur:

LUNDEL, G. E. F., und J. J. HOFFMANN: Outlines of Methods of Chemical Analysis. J. Wiley and Sons. New York 1949.

QUEROL, M. C. ALRAREZ und C. L. WILSON: Mikrochemie (Mikrochem.) **36/37**, 224 (1951).

B. Probeentnahme und Aufbereitung der Probe.

Ist von einer größeren Menge eines Materials, wie z. B. eines Gesteins, eines Erzes oder einer Legierung, eine Analyse anzufertigen, so muß zunächst dem Material eine Durchschnittsprobe entnommen werden. Dabei versteht man unter Durchschnittsprobe eine Teilmenge des Materials, die in ihrer Zusammensetzung der durchschnittlichen Zusammensetzung des gesamten Materials entspricht. Die Probeentnahme wird in vielen Fällen nicht vom Chemiker selbst, sondern von besonders hierfür ausgebildeten Technologen vorgenommen. Sollen auf Grund der Analyse wichtige betriebliche oder wirtschaftliche Berechnungen vorgenommen werden, so ist auf sachgemäße Probeentnahme größter Wert zu legen. Liegt das zu untersuchende Material in einer Menge von einigen Doppelzentnern vor, so ist als Probe eine Menge von ungefähr 30 kg zu entnehmen. Soll jedoch von mehreren Tonnen eines Materials eine Analyse hergestellt werden, dann muß die Durchschnittsprobe eine Menge von ungefähr 300 kg umfassen. Einfach ist eine Probenahme bei Flüssigkeiten, schwieriger ist sie bei pulverigem Material und am schwierigsten bei grobstückigem Gut. Soll von letzterem eine Probe entnommen werden, so ist darauf zu achten, daß sowohl von den groben Stücken wie von den kleinen Stücken wie von dem stets vorhandenen feinen Pulver ein entsprechender Anteil in die Probe gelangt. Besonders schwierig gestaltet sich die Probeentnahme bei grobstückigem Material, in dem die einzelnen Bestandteile sehr ungleichmäßig verteilt sind, wie z. B. bei Edelmetallerzen. Man muß eine um so größere Probe entnehmen, je größer und je ungleichmäßiger die Stücke sind. Dies erfolgt entweder mit einer Handschaufel oder durch einen mechanischen Probeentnehmer. Bei ruhendem Material muß man von den verschiedensten Stellen und möglichst auch aus dem Inneren Proben entnehmen. Die Einzelproben werden gesammelt und ergeben, gut vermischt, die Rohdurchschnittsprobe. Lagert das zu untersuchende Material in einem Speicher und hat es außerdem noch verschiedene Korngröße, so ist eine genaue Probeentnahme ohne Umschaufelung des Materials sehr schwierig. Dagegen ist es leicht, eine Probenahme beim Verladen durchzuführen. Eine Reihe von Einzelproben wird während der Dauer der Verladung entnommen und zur Rohdurchschnittsprobe vereinigt.

Aus der Rohdurchschnittsprobe ist nun die Laboratoriumsprobe im Gewicht von ungefähr 5 kg herzustellen. Hierzu wird die gesamte Rohprobe bis auf Walnußgröße mechanisch zerkleinert, was entweder in Brechern oder Mühlen oder von Hand geschieht. Beim Zerkleinern von Hand wird die Probe auf einer rostfreien, glatten Eisenplatte ausgebreitet und mittels eines schweren Eisenhammers zerstoßen. Hierbei ist darauf zu achten, daß auch sehr harte Bestandteile der Probe mit zerschlagen werden. Nach dem Zerkleinern wird die Rohprobe gut durchgemischt. Hierzu schaufelt man das Gut zu einem Kegel auf, wobei die Schaufel stets über der Spitze des Kegels entleert wird, so daß das Probegut sich nach allen Seiten gleichmäßig verteilt. Ist die Rohprobe durch mehrmaliges Aufschaufeln zu Kegeln gleichmäßig durchgemischt, erfolgt das Einengen der Probe. Dieses kann entweder mechanisch durch einen Probeteiler oder von Hand geschehen. Beim Teilen der Probe von Hand wird das Probegut gleichmäßig 5 bis 10 cm hoch, entweder im Viereck oder in einem Kreis, ausgebreitet. Kreis oder Viereck werden symmetrisch geviertelt. Zwei gegenüberliegende Abschnitte werden entfernt. Die übrigbleibende Menge wird weiter mechanisch zerkleinert, nach dem Kegel-Verfahren gut durchgemischt, dann geteilt. Dieses wird so lange fortgesetzt, bis etwa 1 bis 5 kg Probesubstanz übrigbleiben. Die Korngröße soll nun nicht mehr als 3 mm betragen. Die so erhaltene Laboratoriumsprobe wird in mehrere Pulvergläser abgefüllt. Die Gläser werden verschlossen und, wenn erforderlich, versiegelt. Die so vorbehandelte Probe erhält dann der Chemiker, um sie zu analysieren.

Besondere Vorsichtsmaßregeln sind bei der Aufbereitung zur Laborprobe dort anzuwenden, wo beim Zerkleinern der Probe durch Wasseraufnahme oder Wasserabgabe wie auch durch Oxydation eine Veränderung des Materials eintreten kann. In einigen Industriezweigen ist die Art der Probeentnahme gesetzlich geregelt, wie z. B. in der Kaliindustrie, oder sie ist in Normvorschriften festgelegt, dies ist z. B. der Fall bei der Probenahme von körnigen und von staubförmigen Brennstoffen.

Zur Durchführung der Analyse ist es erforderlich, die Laborprobe zu pulverisieren. Eine harte, spröde Probe wird zunächst im Stahlmörser weiter zerkleinert, um danach im Achatmörser staubfein gepulvert zu werden. Bei sehr harten Substanzen ist es möglich, daß etwas Kieselsäure aus der Achatschale abgerieben wird, jedoch ist dies nur dann von Bedeutung, wenn Spuren von Kieselsäure nachgewiesen werden sollen. Ferner muß der Analytiker berücksichtigen, daß unter Umständen noch Eisen, Zink und Kupfer in die Analyse eingeschleppt wurden. Eisen aus den Zerkleinerungswerkzeugen, Zink und Kupfer aus den Drahtsieben, die bei der Aufbereitung der Probe benutzt wurden. Ist die Substanz weich und leicht zu zerreiben, so kann zum Zerkleinern auch ein Porzellanmörser verwendet werden.

Soll ein Chemiker von einer größeren, grobstückigen Probe eine Analyse herstellen, so muß er die gesamte Probe zerkleinern, gut durchmischen und einengen, bis eine Menge von ungefähr 50 g resultiert. Hiervon wird dann eine Analyse ausgeführt.

Sind Metalle oder Legierungen zu analysieren, so benutzt man, wenn möglich, Bohrspäne. Um eine gute Durchschnittsprobe zu erhalten, muß eine größere Anzahl von Bohrungen an den verschiedensten Stellen des Materials ausgeführt werden. Es ist anzustreben, die Bohrungen durch das Material hindurchzuführen. Die Metallspäne, die von der Metalloberfläche stammen, werden nicht verwendet, da die Oberfläche des Metalls sich durch äußere Einflüsse verändert haben kann.

C. Vorprüfungen (Vorproben).

Vor Beginn des systematischen Trennungsganges ist es stets vorteilhaft, sich durch Vorprüfungen einen Überblick über die ungefähre Zusammensetzung der Analysenprobe zu verschaffen. Unter Vorprüfungen, auch Vorproben genannt, versteht man Reaktionen, die mit kleinen Mengen der festen Analysensubstanz vor Beginn des eigentlichen Trennungsganges durchgeführt werden. Sie dienen dazu, eine Reihe von Anionen und Kationen direkt aus der Analysenprobe nachzuweisen. Die Ergebnisse der Vorproben können wertvolle Hinweise über die Zusammensetzung der zu analysierenden Substanzprobe ergeben, so daß es oft auf Grund der Vorprüfungen möglich ist, den systematischen Trennungsgang wesentlich zu vereinfachen. Bleibt beim Lösen der Analysenprobe ein unlöslicher Rückstand zurück, so kann dieser mit Hilfe von Vorprüfungen entweder sofort identifiziert werden oder es kann wenigstens entschieden werden, welcher Aufschluß hier am günstigsten ist. Einige Ionen – es handelt sich hauptsächlich um Anionen – können durch Vorproben sicherer nachgewiesen werden als im systematischen Trennungsgang. Allgemein muß jedoch gesagt werden, daß die Vorprüfungen keine so empfindlichen Nachweisreaktionen darstellen wie die speziellen Identifikationsreaktionen, die im Trennungsgang angewendet werden. Werden mit einer Analysenprobe, die sich aus vielen Komponenten zusammensetzt, Vorprüfungen durchgeführt, so können sich die Nachweise der einzelnen Bestandteile stören oder überdecken. Man kann daher durch Vorprüfungen die Hauptbestandteile einer unbekannten Substanz ermitteln, nicht jedoch mit Sicherheit die Nebenbestandteile. Diese werden eindeutig, notfalls durch Anreicherung, im systematischen Trennungsgang erfaßt. Vorprüfungen sollen den Trennungsgang vorbereiten, nicht ersetzen. Man darf den Wert der Vorprüfungen nicht über-, aber auch nicht unterschätzen.

Zur Durchführung der Vorprüfungen benutzt man die feste, fein pulverisierte Analysenprobe. Soll eine Flüssigkeit analysiert werden, so ist ein Teil hiervon auf dem Wasserbad zur Trockne einzudampfen. Hierbei ist zu berücksichtigen, daß es Stoffe gibt, die mit Wasser flüchtig sind oder sich beim Eindampfen zersetzen. Mit dem Trockenrückstand werden die Vorprüfungen ausgeführt. Bei Metallen bzw. Legierungen fallen die Vorprüfungen auf Anionen fort, ausgenommen die Proben auf solche Nichtmetalle, die Bestandteile einer Legierung sein können, wie Schwefel, Phosphor, Stickstoff, Kohlenstoff und Silicium.

Bei der qualitativen Analyse einer Probe sind vor Durchführung des systematischen Trennungsganges nachfolgende Vorprüfungen auszuführen:

a) Erhitzen im einseitig geschlossenen Glühröhrchen.
b) Erhitzen auf Kohle (Lötrohrprobe).
c) Herstellung einer Phosphorsalz- oder Boraxperle.
d) Erhitzen der Substanz mit verdünnter und konzentrierter Schwefelsäure.
e) Flammenfärbung.

Außerdem gibt es noch eine Reihe von Nachweisreaktionen auf bestimmte Kationen bzw. Anionen, die sich ebenfalls als Vorprüfungen eignen. Die Durchführung derartiger Vorprüfungen ist ausführlich im Abschnitt „Bedeutung und Ausmaße der Vorproben“ behandelt. Es werden daher an dieser Stelle nur die wichtigsten Vorprüfungen kurz aufgeführt.

a) Erhitzen im einseitig geschlossenen Glühröhrchen.[1]

Als Glühröhrchen verwendet man ein einseitig geschlossenes, starkwandiges Glasrohr, etwa 6 bis 10 cm lang. Der Durchmesser soll 8 bis 10 mm betragen. In das gut gesäuberte und vollkommen trockene Röhrchen wird eine kleine Menge der zu untersuchenden Substanz eingefüllt. Bleibt beim Einfüllen etwas Substanz an der Wandung hängen, ist die Wandung am besten mittels dünner Streifen Filtrierpapiers zu reinigen. Das Glühröhrchen wird zuerst über kleiner Flamme vorsichtig erhitzt, wobei es fast waagerecht zu halten ist. Zeigt die Probe hierbei keine Veränderung, ist die Temperatur zu steigern, bis das Glasröhrchen zu glühen beginnt. Auf nachfolgende Reaktionen ist während des Erhitzens zu achten:

1. Abgabe von Wasser.
2. Abgabe von flüchtigen Zersetzungsprodukten.
3. Bildung eines Sublimates.
4. Änderung der Farbe der Probe während des Erhitzens.
5. Verkohlung der Probe.

1. Abgabe von Wasser.

Beim Erhitzen der Probe entweicht das Wasser dampfförmig. Der Wasserdampf kondensiert sich am oberen, kälteren Teil des Röhrchens. Hierbei kann es sich um:

a) oberflächlich adsorbiertes,

b) im Kristall mechanisch eingeschlossenes,

c) chemisch gebundenes oder

d) erst beim Zerfall der Substanz aus den Zersetzungsprodukten gebildetes Wasser handeln.

a) Fast alle Proben geben beim Erhitzen etwas Wasser ab, da die Substanzen beim Pulverisieren leicht Feuchtigkeit anziehen.

b) Es gibt Salze, die beim Auskristallisieren Mutterlauge einschließen. Werden solche Kristalle erhitzt, so verdampft das eingeschlossene Wasser, der gebildete Wasserdampf zersprengt die Kristallhülle. Man nennt das mechanisch eingeschlossene Wasser „Dekrepitationswasser", den Vorgang des Zerplatzens der Kristalle „Dekrepitieren".

c) Verbindungen enthalten vielfach Wasser chemisch gebunden. Dies ist z. B. bei kristallwasserhaltigen Salzen und bei Komplexen, in denen neben anderen Liganden auch Wasser als Komplexbildner auftritt, der Fall. Bei Wasserabgabe verändern die Substanzen vielfach ihre Form und ihre Farbe.

d) Ferner gibt es noch eine Reihe von Stoffen, die sich beim Erhitzen unter Wasserbildung zersetzen. Hierzu gehören z. B. Hydroxyde wie $Ca(OH)_2$, Ammoniumsalze wie $(NH_4)_2CO_3$, saure Salze wie $KHSO_4$ und Peroxydhydrate wie $Na_2B_4O_7 \cdot H_2O_2$.

Bilden sich Wassertropfen, so ist zu prüfen, ob die Tropfen alkalische oder saure Reaktion zeigen. Alkalische Reaktion deutet auf Ammoniumsalze, saure Reaktion auf das Vorhandensein von flüchtigen Säuren oder deren Salzen hin.

Bei der Untersuchung von Silicaten ist zu beachten, daß die Abgabe des Kristallwassers oft erst bei starkem Erhitzen einsetzt. Bei diesen hohen Temperaturen kondensiert sich das Wasser nicht in großen Tropfen, sondern in feinsten Tröpfchen, die oft nur mit einer Lupe erkannt werden können und daher leicht der Beobachtung entgehen.

2. Abgabe von flüchtigen Zersetzungsprodukten.

Entwickelt sich beim Erhitzen ein Gas, so ist dieses durch Feststellung seiner physikalischen wie chemischen Eigenschaften zu identifizieren. Hat man das Gas analysiert, so kann man Rückschlüsse auf die Verbindungen, aus denen es sich durch Zersetzung gebildet haben kann, ziehen.

---

[1] Näheres siehe S. 26.

Tabelle 1. Erhitzen im Glühröhrchen. Bildung flüchtiger Zersetzungsprodukte

Farbe	Geruch	Chemische Eigenschaften	Art des Gases	Kann sich gebildet haben aus
farblos	ohne	glimmender Span flammt auf	O_2	Chloraten, Bromaten, Jodaten, Peroxyden, Nitraten, Edelmetalloxyden
farblos	ohne	trübt Barytwasser, Trübung löslich in Essigsäure	CO_2	Carbonaten-, Oxalaten, (org. Verbindungen)
farblos	ohne	brennt mit blauer Flamme	CO	Oxalaten, Formiaten u. a. org. Verbindungen
farblos	stechender, an bittere Mandeln erinnernder Geruch	brennt mit pfirsichblütenfarbener Flamme. Der Saum der Flamme ist bläulich gefärbt	$(CN)_2$	Cyaniden
farblos	typischer Geruch nach bitteren Mandeln	brennt mit rötlicher Flamme	HCN	Cyaniden
farblos	stechend, nach verbranntem Schwefel riechend	trübt Barytwasser, Trübung in Essigsäure nicht löslich, wäßrige Lösung zeigt saure Reaktion, bläut Jodatstärkepapier, Überschuß entfärbt wieder	SO_2	Sulfiten, Schwermetallsulfaten, Sulfiden bei Luftzutritt
farblos	stechend, nach HCl riechend	bildet mit Ammoniak Nebel, wäßrige Lösung zeigt saure Reaktion	HCl	Chloriden
farblos	nach faulen Eiern riechend	brennt mit blauer Flamme, schwärzt Bleiacetatpapier	H_2S	wasserhaltigen Sulfiden u. Thiosulfaten
farblos	nach NH_3	wäßrige Lösung farblos, Reaktion alkalisch. Bildet mit HCl weiße Nebel	NH_3	Ammonsalzen, wasserhaltigen Cyanverbindungen, stickstoffhaltigen org. Verbindungen
farblos	brenzlicher Geruch	brennt mit leuchtender Flamme	Kohlenwasserstoffe u. a. org. Verbindungen	Organischen Verbindungen, wie z. B. org. Säuren und deren Salze
farblos	nach Knoblauch	bildet dunklen Metallspiegel	Arsendampf	Metallarseniden und anderen Arsenverbindungen
gelbgrün	stechend nach Chlor riechend	wäßrige Lösung zeigt saure Reaktion	Cl_2	Chloriden, gemischt mit oxydierenden Stoffen
braunrot	beißend, reizt die Schleimhäute	färbt Stärkepapier orangerot	Br_2	Bromiden, gemischt mit oxydierenden Stoffen
violett	stechend	färbt Stärkepapier tiefblau	J_2	Jodiden mit oxydierenden Stoffen
braun	stechend	wäßrige Lösung farblos, zeigt saure Reaktion	NO_2	Nitraten oder Nitriten

3. Bildung eines Sublimats.

Tabelle 2. Erhitzen im Glühröhrchen. Es bildet sich ein Sublimat mit nachfolgenden Eigenschaften.

Farbe und Form des Sublimats	Verhalten der Probe beim Erhitzen Eigenschaften des Sublimats	Sublimat kann sich gebildet haben aus
weiß	Probe zersetzt sich teilweise beim Erhitzen, hierbei tritt Geruch nach NH_3 auf. Oft scheidet sich nur wenig Sublimat ab	Ammoniumsalzen schwacher, flüchtiger Säuren, wie z. B. $(NH_4)_2CO_3$
weiß	Es bildet sich ein weißes Sublimat, ohne daß beim Erhitzen ein Geruch nach Ammoniak auftritt. Wird jedoch das abgeschiedene Sublimat mit wenig Soda und Wasser vermengt und erhitzt, bildet sich NH_3	Ammoniumsalzen starker, flüchtiger Säuren, wie z. B. NH_4Cl. Einige stickstoffhaltige, organische Verbindungen geben die gleiche Reaktion
weiß feinkristallin	Beim langsamen Erwärmen der Probe bilden sich kleine Oktaeder. Sie zeigen hohe Lichtbrechung. (Mit der Lupe betrachten)	As_2O_3 [subl. 321° C]
weiß glänzende Nadeln	Probe schmilzt beim Erhitzen zu einer gelben Flüssigkeit. Beim Erhitzen über den Schmelzpunkt tritt Sublimation ein	Sb_2O_3 [Fp. 655° C]
weiß	Probe schmilzt vor dem Sublimieren zu einer gelben Flüssigkeit. Sublimat schwer flüchtig	$PbCl_2$ [Fp. 498° C]
weiß nadelförmig	Probe bildet beim Erhitzen über den Schmelzpunkt dichte Nebel. Sublimat färbt sich beim vorsichtigen Erhitzen mit Soda rot (HgO). Bei starkem Erhitzen verflüchtigt sich das Sublimat, an entfernte kühlere Stellen des Röhrchens setzt sich ein grauer Beschlag ab (Hg)	$HgCl_2$[1] [Fp. 277° C] [Kp. 304° C]
weiß kristallin	Substanz schmilzt vor dem Sublimieren, bildet beim Sublimieren stechend riechende Dämpfe	Oxalsäure [sublimiert etwas oberhalb 100° C]
weiß kristallin	Das Sublimat scheidet sich in Form von Nadeln oder Säulen ab, die sich oft an den Rändern rötlich färben	SeO_2 [subl. 316° C]
weiß blättchenförmig	Probe sublimiert in der Nähe des Schmelzpunktes. Das Sublimat scheidet sich in schwach gelblich schimmernden Blättchen ab	MoO_3 [Fp. 795° C]
heiß: gelb kalt: weiß	Probe sublimiert, ohne vorher zu schmelzen, mit bloßem Auge ist keine Kristallform erkennbar	Hg_2Cl_2 [subl. 384° C]
heiß: rotgelb kalt: gelb	Verbindung schmilzt, ehe sie sublimiert, zu einer roten Flüssigkeit	Arsensulfiden wie einigen Metallsulfarseniden (FeAsS)
heiß: schwarz kalt: rotbraun	Probe sublimiert erst bei höheren Temperaturen	Sb_2S_3

[1] Alle Quecksilberverbindungen geben, mit Soda und KCN vermengt und im Glühröhrchen erhitzt, ein Sublimat von elementarem Quecksilber.

Tabelle 2. (Fortsetzung)

Farbe und Form des Sublimats	Verhalten der Probe beim Erhitzen Eigenschaften des Sublimats	Sublimat kann sich gebildet haben aus
kalt: gelb	Aus dem Dampf der Probe kondensieren sich rotbraune Tröpfchen, die beim Erkalten zu einer gelben undurchsichtigen Masse erstarren	Schwefel [Kp. 445° C]. Dieser kann sich bei der Zersetzung von Sulfiden, Thiosulfaten sowie schwefelreichen Metallsulfiden bilden. (Pyrit)
gelb	Sublimat wird nach einiger Zeit oder durch Reiben mit einem Holzspatel rot	HgJ_2[1] [Kp. 354° C]
schwarz	Die Farbe des Sublimats schlägt beim Reiben mit einem Holzspatel in Rot um	HgS[1] [subl. 580° C]
grauschwarz bzw. kleine graue Kügelchen	Das grauschwarze Sublimat kann mit einem Holzspatel zu einer glänzenden Kugel vereinigt werden	Quecksilber [Kp. 357° C] Amalgame, einige Quecksilberverbindungen
dunkler Metallspiegel	Sublimat zeigt am Rand vielfach einen weißen Saum, läßt sich leicht verflüchtigen, hierbei tritt Geruch nach Knoblauch auf	Arsen[2] [subl. 616° C]
schwarzer Metallspiegel	Das Sublimat scheidet sich in Form eines Metallspiegels dicht hinter der Erhitzungsstelle ab. Spiegel zeigt oft einen braunen Rand (CdO)	Cadmium [Kp. 765° C] Cadmiumlegierungen
schwarzer Metallspiegel	Erst bei höheren Temperaturen bildet sich als Sublimat ein schwarzer Metallspiegel, der oft einen weißen Rand zeigt (ZnO), dicht hinter der Erhitzungsstelle	Zink [Kp. 906° C] Zinklegierungen
schwarz	Aus der Probe entweicht beim Erhitzen veilchenblauer Dampf. Es tritt der typische Geruch nach Jod auf	Jod [Kp. 183° C] Bildung auch aus Jodverbindungen möglich
schwarz	Neben dem schwarzen Sublimat kann sich noch ein zusammenhängendes weißes Sublimat von SeO_2 bilden sowie ein rötlicher Beschlag, der die gesamte Wandung des Glühröhrchens bedeckt. Es tritt Geruch nach Rettich auf	Selen [Kp. 685° C] Bildung auch aus Selenverbindungen möglich

4. Änderung der Farbe der Probe während des Erhitzens.

Es gibt Substanzen, die ohne zu schmelzen, bei mäßigem Erhitzen ihre Farbe ändern. Es kann sich hierbei um eine Modifikationsänderung, wie z. B. beim Quecksilberjodid, oder um eine Zersetzung, wie z. B. beim Eisen(II)-carbonat, handeln.

---

[1] Alle Quecksilberverbindungen geben, mit Soda und KCN vermengt und im Glühröhrchen erhitzt, ein Sublimat von elementarem Quecksilber.

[2] Antimon gibt unter gleichen Bedingungen keinen Spiegel.

Tabelle 3. Erhitzen im Glühröhrchen. Farbänderung beim Erhitzen.

Farbe der Analysenprobe			Farbänderung deutet auf nachfolgende Verbindungen hin
vor dem Erhitzen	während des Erhitzens	nach dem Erkalten	
weiß	gelb	weiß	ZnO oder zersetzliche Zinksalze
weiß	gelbbraun	hellgelb bis braungelb	SnO_2 oder zersetzliche Zinnsalze
weiß	gelb, es bildet sich ein weißes Sublimat	hellgelb bis weiß, daneben weißes Sublimat	MoO_3 oder Ammoniumisopolymolybdate
weingelb oder weiß	dunkelorange	grüngelb bis gelb	WO_3 oder Ammoniumisopolywolframate
orangegelb bis ziegelrot oder weiß	ockerfarben	ockerfarben	V_2O_5 oder Ammoniumvanadate
weiß bis grau	dunkelbraun	braun	Eisen(II)-carbonat
gelb bis rötlichgelb oder weiß	braunrot. Probe schmilzt bei Rotglut (884°)	gelb bis rötlichgelb	PbO oder zersetzliche Blei(II)-salze
braun oder weiß	dunkelbraun	rotbraun bis hellbraun	CdO oder zersetzliche Cadmiumsalze
grau, bräunlich hellrosa	dunkelbraun	braun	MnO, $MnCO_3$ und andere zersetzliche Mangan(II)-salze
hellrot oder weiß	dunkelrot, bei starkem Erhitzen grauschwarzer Beschlag von Hg	hellrot, dazu Beschlag von Quecksilber	HgO oder zersetzliche Quecksilber(II)-salze, $HgNO_3$
leuchtend rot	braun, bei starkem Erhitzen braunrote Schmelze	nicht geschmolzener Anteil: hellrot, erstarrte Schmelze: rötlichgelb	Pb_3O_4 (geschmolzener Anteil besteht aus PbO)
rostrot	stahlgrau	rostrot	Fe_2O_3
gelb oder braun	goldgelb oder gelbbraun	gelb, beim Zerreiben gelbe Flitter	Gold oder Goldsalze
rot	gelb (bei 126° C)	gelb, wandelt sich in rot um	HgJ_2
gelb	orange (bei 35°)	wandelt sich in gelb um	$Ag[HgJ_4]$
rot	braunviolett (bei 71°)	braun, wandelt sich in rot um	$Cu[HgJ_4]$
gelb	dunkelorange (bei 670°)	dunkelrot, wird langsam gelb	K_2CrO_4 (schmilzt bei 970° C)
gelb oder orange	dunkelgrün, Probe quillt auf	grün bis dunkelgrün	$(NH_4)_2CrO_4$ oder $(NH_4)_2Cr_2O_7$
gelb	rot, bei Sauerstoffzutritt: dunkelbraun	rotgelb, bei Sauerstoffzutritt: braun	CdS (Sauerstoffzutritt Bildung von CdO)
farbig	schwarz unter gleichzeitiger Abgabe gasförmiger Zersetzungsprodukte	schwarz	zersetzliche Schwermetallsalze, wie Hydroxyde, Carbonate, Nitrate usw.

5. Verkohlung der Probe.

Eine Verkohlung der Probe tritt ein, wenn die Analysensubstanz organische Bestandteile enthält. Weiterhin können bei der Anwesenheit von organischer Substanz noch folgende Reaktionen auftreten:

a) Es entwickelt sich ein brennbares, nach verbranntem Zucker riechendes Gas (empyreumatische Dämpfe).

b) Im Glühröhrchen kondensiert sich Wasser, welches saure oder alkalische Reaktion zeigt.

c) Es bilden sich teerartige Destillationsprodukte, die sich an den kälteren Teilen des Glühröhrchens absetzen.

d) Während der Verkohlung tritt ein Geruch nach angesengter Haut auf. Die Probe kann stickstoffhaltige, organische Stoffe enthalten, wie z. B. Aminosäuren.

e) Beim Glühen bildet sich aus der Probe ein Metall, es tritt nur geringe oder gar keine Verkohlung ein. In diesem Fall kann es sich um leicht reduzierbare Schwermetallsalze organischer Säuren handeln.

Kann nach dem Glühen in der Probe Carbonat nachgewiesen werden, jedoch nicht in der ursprünglichen Probe, so deutet dies auf Alkali-, Erdalkali- und Thalliumsalze organischer Säuren hin.

b) Erhitzen auf Kohle (Lötrohrprobe).[1]

Die Lötrohrprobe wird wie folgt durchgeführt: Mit einem Messer oder einem Kohlenbohrer wird auf der Oberfläche einer guten Holzkohle eine kleine Vertiefung hergestellt. In diese Grube wird entweder eine kleine Menge der fein pulverisierten Analysenprobe oder eine fein zerriebene Mischung von ungefähr 0,1 g Analysensubstanz und 0,3 bis 0,5 g wasserfreier Soda eingefüllt. Die in die Vertiefung der Kohle eingefüllte Probe wird nun mit einem Tropfen Wasser angefeuchtet und mit der reduzierenden Flamme des Lötrohres erhitzt. Hierbei können folgende Reaktionen eintreten:

a) Die Kohle beginnt beim Erhitzen der reinen Probe wie auch der Mischung lebhaft zu brennen:

Die Substanz enthält sauerstoffabgebende Stoffe, wie z. B. Chlorat, Nitrat, Permanganat oder Chromat.

b) Während des Erhitzens ist ein typischer Geruch wahrzunehmen:

Geruch nach SO_2: Probe enthält Schwefel oder schwefelhaltige Verbindungen.

Geruch nach NH_3: Probe enthält Ammoniumverbindungen.

Geruch nach Knoblauch: Probe enthält Arsen oder arsenhaltige Verbindungen.

Geruch nach Rettich: Probe enthält Selen oder selenhaltige Verbindungen.

c) Die reine Probe, ohne Zusatz von Soda, auf Kohle erhitzt, schmilzt. Die Schmelze wird entweder von der Kohle aufgesogen oder bildet eine Perle.

Es handelt sich hierbei meist um Alkalisalze.

d) Beim Glühen ohne Sodazusatz bildet sich ein weißer, unschmelzbarer Rückstand, der folgende Reaktionen zeigt:

1. Wird der unschmelzbare, weiße Rückstand nach dem Erkalten mit verdünnter Kobaltnitratlösung angefeuchtet und danach in der Oxydationsflamme geglüht, so kann die Masse eine typische Farbe annehmen, und zwar bei Anwesenheit von:

Zn, Ti, Sn, Sb oder Zr	grün	Mg oder Ta	rosa
Al oder Si	blau	Ca, Ba oder Sr	grau

(Zn = Rinmans Grün, Ti = gelbgrün, Sn = blaugrün, Sb = schmutziggrün, Zr = olivgrün; Al = hell- bis dunkelblau, Rückstand unschmelzbar, Si = hell- bis dunkelblau, Rückstand schmelzbar; Mg = schwach rosa, Ta = heiß: hellgrau und kalt: fleischrot; Ca, Ba und Sr = grau; Borate, Phosphate und Silicate geben unter gleichen Versuchsbedingungen ebenfalls blaue Massen, die jedoch zum Teil geschmolzen sind.)

[1] Näheres siehe S. 30.

2. Reagiert der Rückstand nach dem Anfeuchten mit Wasser alkalisch, so kann es sich um Verbindungen des La, Ba, Ca, Sr, Mg oder Be handeln.

3. Leuchtet die Masse beim Glühen hell auf, so kann es sich um Verbindungen des Al, Mg, Ca, Ba und Sr handeln.

4. Ein grüner, nicht geschmolzener Rückstand deutet auf eine Chromverbindung hin. Bildet sich eine rote, unschmelzbare Schlacke, so kann es sich um Verbindungen des Galliums handeln. Eine grüne, geschmolzene Masse deutet auf Manganat, eine gelbe geschmolzene Masse auf Chromat oder auf Schwefelverbindungen hin.

e) Die Analysenprobe, gemischt mit Soda, bildet beim Glühen auf Kohle ein Metallkorn oder graue Metallflitter. Um eine gute Reduktionswirkung zu erzielen, kann der Substanz-Sodamischung etwas Kohlepulver, Kaliumoxalat oder Kaliumcyanid zugesetzt werden.

1. Metallkörner (ohne Beschlag) liefern:

Gold: Metallkorn gelb, duktil, schwer schmelzbar (Fp. 1063° C).

Kupfer: Metallkorn rot, geschmeidig, schwer schmelzbar (Fp. 1084° C). Es bilden sich oft nur rote Flitter, oder es entsteht schwammiges Metall. Während des Erhitzens färbt sich die Flamme grün.

Silber: Metallkorn weiß, glänzend, duktil, nicht leicht schmelzbar (Fp. 960,5° C). Oft bildet sich ein geringer bräunlicher Oxydbeschlag.

Germanium: Metallkorn glänzend (Fp. 958° C), bildet einen weißen Oxydrauch, wird hierdurch in tanzende Bewegung versetzt.

2. Graue Metallflitter, die durch Schlemmen isoliert werden können, liefern:

a) Eisen, Kobalt und Nickel (Fp. über 1450° C). Metallflitter sind magnetisch, können so abgetrennt und durch Perlenprobe identifiziert werden.

b) Wolfram und Platinmetalle (Fp. zwischen 1550° und 3300° C). Metallflitter sind unmagnetisch, sie sind durch spezielle Nachweisreaktionen zu identifizieren.

c) Die mit Soda gemischte Probe wird auf Kohle zum Metall reduziert. Das reduzierte Metall verdampft, oxydiert sich am äußeren Rand der Flamme wieder und schlägt sich auf der Kohle nieder. Um einen farbigen Beschlag deutlicher erkennen zu können, kann an Stelle der Kohle auch eine Gipsplatte verwendet werden.

Beschlag (ohne Metallkorn) kann sich gebildet haben aus:

Zink: Beschlag heiß gelb, kalt weiß, entsteht in der Nähe der Probe, läßt sich nur schwer verflüchtigen. Mit verdünnter Kobaltnitratlösung befeuchtet und oxydierend erhitzt bildet sich Rinmans Grün.

Cadmium: Beschlag rotbraun, zum Teil in verschiedenen Farben schillernd (sog. Pfauenauge).

Arsen: Beschlag weiß, entsteht in einigem Abstand von der Probe, kann leicht verflüchtigt werden, hierbei tritt ein typischer, knoblauchartiger Geruch auf.

Selen: Beschlag grau, typischer Geruch nach Rettich.

Tellur: Beschlag weiß mit rotgelbem Saum, außerdem bildet sich ein weißer Rauch.

d) Die mit Soda gemischte Probe wird auf Kohle zum Metall reduziert. Das entstehende Metall oxydiert sich am äußeren Rand der Flamme nur zum Teil unter Bildung eines Beschlages.

Metallkorn mit Beschlag kann sich gebildet haben aus:

Blei: Metallkorn grauweiß, sehr leicht schmelzbar (Fp. 327,4° C). Beschlag gelb, zum Teil mit weißem Saum, kann verflüchtigt werden.

Indium: Metallkorn bleiähnlich, doch leichter als Blei schmelzbar (Fp. 156,4° C). Beschlag gelb.

Tabelle 4. Phosphorsalz- und Boraxperlen.

Phosphorsalzperle				Sub-stanz	Boraxperle			
Oxydationsperle		Reduktionsperle			Oxydationsperle		Reduktionsperle	
heiß	kalt	heiß	kalt		heiß	kalt	heiß	kalt
gelbrot bis braungelb	hellbraun bis farblos	gelb bis gelbgrün	grünlich bis grau-farblos	Fe	gelbrot bis gelbgrün[1]	farblos bis gelb	grünlich	grünlich bis farblos
blau bis dunkelblau[1]	blau bis dunkelblau[1]	blau bis dunkelblau[1]	blau (bei starker Reduktion: grau)	Co[B]	blau bis dunkelblau[1]	blau bis dunkelblau[1]	blau bis dunkelblau[1]	blau (bei starker Reduktion: grau)
gelbbraun bis tiefrot	rotgelb bis gelb	gelblich oder grau	gelblich oder grau	Ni[B]	braunrot bis braun	gelb bis rotbraun	fast farblos oder grau	fast farblos oder grau
amethystrot	amethystrot bis braun	farblos	farblos	Mn[B]	amethystrot	amethystrot bis braun	farblos	farblos
erst rötlich, dann smaragdgrün	smaragdgrün	sattes Grün	sattes Grün	Cr[B]	rötlich bis dunkelgelb	grünlich bis grün	grün	grün
bräunlich bzw. gelblich[2]	gelblich bzw. farblos[2]	braun bis braungrün	grün	Mo[P]	gelbbraun bzw. gelblich[2]	gelbgrün bzw. farblos[2]	braun	braunschwarz undurchsichtig
hellgelb bis farblos	farblos	braungrün	blau blutrot[3]	W[P]	gelblich bis farblos	fast farblos	gelb bis schwachgelb	hellgelb bis hellbraun
gelb	gelb bis braun	bräunlich bis grün	hellgrün	V[P]	dunkelgelb	gelb	bräunlich	grün
gelb	gelbgrün	grün	grün	U[P]	gelb bis orange	gelb mit grüner Fluorescenz	grün bis schwarzgrün[1]	gelblichgrün bis grün
grün bis grüngelb	blaugrün bis blau	farblos-grünlich-grau	grau bis rotbraun tiefrot, undurchsichtig[4]	Cu[B]	grün	blaugrün bis blau	farblos bis grau	rötlich tiefrot[4], undurchsichtig
gelb bis opalfarbig[3]	weiß-trübe	grau	grau	Ag	gelb-opalfarbig[5]	weiß-trübe	grau	grau
farblos bis schwach gelblich	fast farblos	gelblich	violett blutrot[3]	Ti[P]	gelblich	farblos	gelb	gelbbraun bis schwach violett

farblos	farblos	violett bis blau[1]	violett bis braun[1] blutrot[3]	Nb	farblos	farblos	violett bis blau[1]	violett, blau oder braun[1]
gelborange	blaßgrün bis gelbgrün	farblos	farblos (Skelettbildung)	Ce [B]	gelborange	blaßgelb bis gelbgrün	farblos	farblos (Skelettbildung)
gelbgrün	helles Gelbgrün	gelbgrün	helles Gelbgrün	Pr	hellgrün	olivgrün	hellgrün	olivgrün
fast farblos	schwach violett	fast farblos	ganz schwach rotviolett	Nd	fast farblos	ganz schwach violett	fast farblos	ganz schwach violett

Weitere Perlreaktionen:

Pd	Perle färbt sich in der Reduktionsflamme durch kolloidal gelöstes Palladium schwarz.
Pt	Reduktionsperle im durchfallenden Licht rotbraun, im reflektierten Licht milchig trübe.
Au	Oxydationsperle farblos, bei Anwendung sehr großer Substanzmengen rubinrot.
Ga	Oxydationsperle farblos, nach Zusatz von $Co(NO_3)_2$-Lösung und erneutem Glühen: blaugrün bis olivgrün.
In	Perlen farblos, Reduktionsperle nach Zusatz von Zinn grau.
Ba, Sr	Perlen farblos, auch bei geringer Konzentration an Barium und Strontium emailweiß. Diese Farbe bildet sich gut aus, wenn das Glühen in der Oxydationsflamme mehrmals unterbrochen wird (Flattern).
Alkalien, Al, Zn, Cd, Pb, Ti, Ca, Mg	Oxydationsperlen farblos, sind bei geringer Konzentration an Substanz nach dem Erkalten klar durchsichtig bei hoher Konzentration emailweiß.
Be, Zr, Ta, Ge	Perlen farblos, zeigen jedoch Skeletbildung wie SiO_2.
Pb, Bi, Cd, Zn, Sn, Sb	Reduktionsperlen grau.

B Boraxperle charakteristischer als Phosphorsalzperle.
P Phosphorsalzperle charakteristischer und empfindlicher als Boraxperle.

[1] Farbe richtet sich nach der Konzentration an zugesetzter Substanz.
[2] Farbe nur bei guter Oxydationsflamme, die frei von reduzierenden Bestandteilen ist.
[3] Farbton nach Zusatz von wenig $FeSO_4$ und nochmaligem reduzierendem Erhitzen.
[4] Farbton nach Zusatz von Zinnfolie oder $SnCl_2$.
[5] Farbton nur bei Anwendung sehr großer Substanzmengen.

Wismut: Metallkorn silberglänzend, spröde, Bruchflächen zeigen einen rötlichen Schimmer. Metall ist leicht schmelzbar (Fp. 271° C). Beschlag heiß orange, kalt zitronengelb, kann verflüchtigt werden.

Zinn: Metallkorn weiß, geschmeidig, leicht schmelzbar (Fp. 231,8° C). Metallkorn bildet sich nur in guter Reduktionsflamme oder nach Zusatz von Reduktionsmitteln wie $Na_2C_2O_4$ oder KCN. Beschlag heiß schwach gelb, kalt weiß, entsteht dicht neben der Probe, kann nicht verflüchtigt werden.

Antimon: Metallkorn matt, dunkel, spröde, gut sichtbar nur bei Rotglut. Es ist leicht schmelzbar (Fp. 630° C). Beschlag weiß, mit bläulichem Saum, leicht sublimierbar.

Molybdän: Metall graues Pulver. Beschlag heiß gelblich, kalt weiß. Wird eine Stelle des Beschlages kurz mit der Reduktionsflamme erhitzt, so bildet sich ein blauer Fleck von Mo_3O_8.

Silber: Metallkorn weiß glänzend, nicht leicht schmelzbar (Fp. 960,5° C). Beschlag bräunlich. Es bildet sich nur sehr wenig Beschlag.

Weitere Reaktionen beim Glühen auf Kohle bzw. auf einer Gipsplatte.

Wird die Probe mit KJ und Schwefel gemischt und dann auf Kohle oder besser auf einer Gipsplatte mit dem Lötrohr erhitzt, so bildet sich bei Wismut ein ziegelroter, bei Blei ein gelber, bei Antimon ein orangegelber, bei Arsen ein leicht flüchtiger hellgelber und bei Selen ein rotbrauner Beschlag.

Zur Erkennung von Schwefelverbindungen dient die Heparprobe. Zur Durchführung der Heparprobe wird die zu untersuchende Substanz mit Soda gemischt, auf Kohle reduzierend geglüht. Die erkaltete Schmelze wird auf ein Silberblech aufgetragen und angefeuchtet. Enthielt die Probe irgendwelche Schwefelverbindungen, so entsteht auf dem Silberblech ein schwarzer Fleck von Ag_2S. Hierbei muß jedoch beachtet werden, daß auch Selen- und Tellurverbindungen eine ähnliche Reaktion geben. Außerdem können Schwefelverbindungen, die vielfach im Leuchtgas enthalten sind, beim reduzierenden Glühen auf Kohle Sulfid bilden.

c) Phosphorsalz- und Boraxperlen.[1]

Zur Darstellung der Perlen verwendet man entweder Phosphorsalz [$NaNH_4HPO_4$ 4 H_2O] oder Borax [$Na_2B_4O_7 \cdot 10\ H_2O$]. Zunächst entwässert man etwas Phosphorsalz oder Borax am Platindraht oder Magnesiastäbchen in der Flamme und schmilzt das Salz zu einem Tropfen zusammen. Man läßt den Tropfen außerhalb der Flamme erstarren, bringt an den noch heißen Tropfen etwas von der zu untersuchenden Substanzprobe und schmilzt die Perle in der Flamme noch einmal gut durch. Je nachdem, ob die Perle im Oxydationsraum oder im Reduktionsraum der Flamme geglüht wird, erhält man eine Oxydations- oder Reduktionsperle. Um eine gute Reduktionswirkung zu erzielen, kann der Perle etwas $SnCl_2$ zugesetzt werden. Die Perlen zeigen häufig im heißen und im kalten Zustand eine verschiedene Färbung. Phosphorsalz- und Boraxperle mit der gleichen Analysenprobe unter gleichen Bedingungen hergestellt, zeigen in den meisten, jedoch nicht in allen Fällen dieselbe Farbe. Ferner ist der Farbton von der Menge der zugesetzten Verbindung sowie von der Glühdauer und Glühtemperatur abhängig. Bei Verwendung von Phosphorsalz ist die Reduktionsperle schwieriger zu erhalten als die Boraxperle. Dagegen kann Phosphorsalz eine größere Substanzmenge auflösen. Enthält die Analysenprobe mehrere Kationen, die farbige Perlen bilden, so zeigen die Perlen entweder schlecht erkennbare Mischfarben oder die Farbe eines Kations überdeckt die anderen Farben. In solchen Fällen ist die Identifizierung auf Grund der Farbe der Salzperlen schwierig bzw. nicht möglich. In der Tabelle 4 auf S. 156 sind die Farben der wichtigsten Phosphorsalz- und Boraxperlen zusammengestellt.

[1] Näheres siehe S. 42.

d) Erhitzen der Substanz mit verdünnter bzw. konz. Schwefelsäure.[1]

Entwickelt sich beim Übergießen der Analysensubstanz mit verdünnter oder konzentrierter Schwefelsäure in der Kälte oder nach dem Erwärmen ein Gas, so ist dieses zu identifizieren. Ist dies geschehen, so kann man Rückschlüsse auf die Verbindungen ziehen, aus denen es sich durch Einwirkung der Schwefelsäure gebildet haben kann.

Tabelle 5. Erhitzen der Probe mit 2 n H_2SO_4. Es entwickelt sich ein Gas[1] mit nachfolgenden Eigenschaften:

Farbe des Gases	Geruch des Gases	Chemische Eigenschaften des Gases	Art des Gases	Kann sich gebildet haben aus:
farblos	ohne	trübt $Ba(OH)_2$, Trübung löslich in Essigsäure	CO_2	Carbonaten
farblos	ohne	unterhält die Verbrennung	O_2	Alkali- und Erdalkaliperoxyden
farblos	stechend, riecht nach verbranntem Schwefel	trübt $Ba(OH)_2$, Trübung unlöslich in Essigsäure, bläut Jodatstärkepapier, Überschuß entfärbt wieder	SO_2	Sulfiten, Thiosulfaten (bei Thiosulfaten trübt sich die Lösung durch Schwefelabscheidung)
farblos	nach faulen Eiern riechend	brennt mit blauer Flamme, schwärzt Bleiacetatpapier	H_2S	löslichen Sulfiden
farblos	Geruch nach bitteren Mandeln	brennt mit rötlicher Flamme. Vorsicht, Gas nicht einatmen	HCN	Cyaniden
farblos	nach Essig	—	CH_3COOH	Acetaten
braun	stechend	wäßrige Lösung farblos, zeigt saure Reaktion. (Wassertropfen am Glasstab)	NO_2	Nitriten
grünlich	stechend	wäßrige Lösung (Wassertropfen am Glasstab) reagiert sauer	Cl_2	Hypochloriten

[1] Bei einigen Verbindungen tritt beim Erwärmen mit 2 n H_2SO_4 nur eine schwache, beim Erwärmen mit konz. H_2SO_4 jedoch eine starke Gasentwicklung auf. Diese Verbindungen sind nicht in Tab. 5, sondern in Tab. 6 aufgeführt.

Vor der Prüfung mit konz. Schwefelsäure ist folgendes zu beachten:

Bevor die Analysenprobe mit konz. Schwefelsäure geprüft wird, muß festgestellt werden, ob sie bereits mit 2 n H_2SO_4 reagiert. Ist dies der Fall, so ist es ratsam, die Probe nicht direkt mit konz. H_2SO_4 zu versetzen, da hierbei eine lebhafte Reaktion einsetzen kann. Man fügt vielmehr zur Probe zunächst 2 n H_2SO_4 und erst nach Beendigung der Reaktion konz. H_2SO_4 hinzu. Dann wird vorsichtig erhitzt und die Reaktion der Analysenprobe gegen konz. H_2SO_4 untersucht.

[1] Näheres siehe S. 17.

Tabelle 6. Erhitzen der Probe mit konz. H_2SO_4. Es entwickelt sich ein Gas mit nachfolgenden Eigenschaften.

Farbe des Gases	Geruch des Gases	Chemische Eigenschaften des Gases	Art des Gases	Kann sich gebildet haben aus
farblos	ohne	trübt $Ba(OH)_2$, Trübung löslich in Essigsäure	CO_2	Carbonaten, Oxalaten, Cyanaten
farblos	ohne	brennt mit blauer Flamme	CO	Oxalaten, Cyaniden
farblos	stechend, riecht nach verbranntem Schwefel	trübt $Ba(OH)_2$, Trübung unlöslich in Essigsäure, bläut Jodatstärkepapier, Überschuß entfärbt wieder	SO_2	Sulfiten, Thiosulfaten, Rhodaniden (oder stammt aus der zugefügten konz. H_2SO_4[1])
farblos	nach faulen Eiern riechend	brennt mit blauer Flamme, schwärzt Bleiacetatpapier	H_2S	Sulfiden
farblos	Geruch nach bitteren Mandeln	brennt mit rötlicher Flamme. Vorsicht, Gas nicht einatmen	HCN	Cyaniden
farblos	stechend, nach HCl riechend	bildet mit Ammoniak Nebel, wäßrige Lösung (Wassertropfen) zeigt saure Reaktion	HCl	Chloriden
farblos	ohne	unterhält die Verbrennung	O_2	Peroxyden, Chromaten, Permanganaten
farblos	stechend	ätzt Glas, geätztes Glas wird von konz. H_2SO_4 nicht benetzt (Tröpfchenprobe)	HF SiF_4	Fluoriden Silicofluoriden[2]
farblos	brenzlicher Geruch	Rückstand wird schwarz, es tritt Verkohlung der Probe ein	empyreumatische Dämpfe	Tartraten
gelbgrün	stechend, nach Chlor riechend	wäßrige Lösung (Wassertropfen) zeigt saure Reaktion	Cl_2	Hypochloriten bzw. Chloriden mit stark oxydierenden Substanzen
hellbraun bis braun	beißend, die Schleimhäute reizend	färbt Stärkepapier orangerot, wäßrige Lösung zeigt saure Reaktion	$HBr + Br_2$	Bromiden
violett	stechend	färbt Stärkepapier blau	J_2	Jodiden
braun	stechend	wäßrige Lösung (Wassertropfen) farblos, zeigt saure Reaktion	NO_2	Nitraten, Nitriten
gelb	stechend, chlorähnlich	Gas explodiert beim Erwärmen. Vorsicht!	ClO_2	Chloraten
braun bis rotbraun	stechend	löst sich in einem Tropfen NaOH mit gelber Farbe (Chromnachweis)	CrO_2Cl_2	Chromaten und Chloriden
violett		Bildung einer dunklen, öligen Flüssigkeit, Dämpfe verpuffen unter Bildung brauner Flocken (MnO_2). Vorsicht!	Mn_2O_7	Permanganaten

[1] Enthält die Analysensubstanz Metalle, org. Substanzen, Kohle, elementaren Schwefel oder Sulfide, so reduzieren diese die konz. Schwefelsäure zu SO_2.

[2] SiF_4 kann sich auch dann bilden, wenn die Probe nur Fluorid enthält. Es entsteht durch Einwirkung des gebildeten Fluorwasserstoffs auf die Silicate des Gefäßmaterials.

e) Flammenfärbung[1].

Die Färbung, die einige Substanzen einer nichtleuchtenden Flamme erteilen, wird ebenfalls als Vorprobe benutzt. Da sich die Chloride am leichtesten verdampfen lassen, wird die Probe vor dem Einbringen in die Flamme mit Salzsäure angefeuchtet. Sulfate werden vorteilhaft zunächst im Reduktionsraum der Flamme reduziert, dann mit HCl angefeuchtet und im Oxydationsraum der Flamme erhitzt. Die Prüfung erfolgt mit einem Platindraht oder mit einer Platinpinzette. Vor Beginn der Prüfung ist der Platindraht oder die Pinzette so lange auszuglühen, bis sie der nichtleuchtenden Flamme keinerlei Färbung mehr erteilen. Magnesiastäbchen können nur dann verwendet werden, wenn durch Blindprobe erwiesen ist, daß sie keine die Flamme färbenden Stoffe enthalten. Pulverförmige sowie leicht schmelzende Substanzen werden am Platindraht bzw. Magnesiastäbchen in die Flamme eingeführt. Hierzu wird der Platindraht erhitzt und noch heiß mit der Analysenprobe in Berührung gebracht, wodurch etwas Substanz am Draht haften bleibt. Diese wird mit Salzsäure angefeuchtet, dann in der Flamme erhitzt. Nichtschmelzende, grobstückige Substanzen werden mit der Platinpinzette gefaßt, in Salzsäure eingetaucht und dann in die Flamme gebracht. Nur in wenigen Fällen kann direkt aus der Flammenfärbung auf das Vorhandensein bestimmter Elemente geschlossen werden. Wird jedoch das farbige Licht spektral zerlegt, können einzelne Elemente auf Grund ihrer charakteristischen Linien mit Sicherheit erkannt werden. Gute Dienste leistet hierzu bereits ein Taschenspektroskop. In der nachfolgenden Zusammenstellung sind die Elemente, die der Flamme eine typische Färbung erteilen, geordnet nach der Flammenfarbe, zusammengestellt. Für einige Substanzen sind die Wellenlängen der stärksten Linien, soweit sie mit dem Taschenspektroskop erkannt werden können, in mμ angegeben.

1. Flammenfärbung: gelb.

Natrium: Flammenfärbung: gelb bis orangegelb. (Eine starke gelbe Linie [Doppellinie] bei 589,0 und 589,6.) Da schon unwägbar kleine Mengen die charakteristisch gelbe Flammenfarbe hervorrufen, enthält eine Probe Natrium als wesentlichen Bestandteil nur dann, wenn die Flammenfärbung über längere Zeit sehr intensiv ist. Andernfalls handelt es sich nur um Spuren von Natrium.

2. Flammenfärbung: rot.

Strontium: Flammenfärbung: purpurrot. (Zahlreiche Banden, mehrere rote Linien, scharfe, rote Linien bei 686,3, 674,7 und 662,8, breite, orangefarbene Linie bei 606,0, charakteristische blaue Linie bei 460,7. Das Spektrum enthält keine grünen Linien.) Die Flammenfärbung entsteht erst allmählich, bleibt dann aber, im Gegensatz zur Lithiumflamme, längere Zeit bestehen.

Lithium: Flammenfärbung: karminrot. (Starke, rote Linie bei 670,8, schwächere, orangefarbene Linie bei 610,3.) Zum Unterschied von Strontium färbt sich bei Lithium die Flamme sofort karminrot, die Flammenfärbung hält jedoch nicht lange an.

Calcium: Flammenfärbung: gelblichrot. (Zahlreiche Banden im Roten, Gelben und Grünen, starke, rote Linie bei 646,2, starke, rotorange Doppellinie bei 620,3 und 618,2, orange Linie bei 606,9, zwei gelbe breite Linien bei 575 und 581, eine breite, grüne Linie bei 554,4, eine blauviolette, schwierig zu erkennende Linie bei 422,7.)

3. Flammenfärbung: violett.

Kalium: Flammenfärbung: violett. Kalium kann neben Natrium nur erkannt werden, wenn die Flamme durch ein Didymglas (Sonnenbrille mit Neophangläsern)

[1] Näheres siehe S. 46.

betrachtet wird. Kobaltgläser eignen sich nicht so gut hierfür. (Starke, dunkelrote Linie bei 769,4, schwache, rote Linie bei 693,9 sowie eine schwache, aber für Kalium charakteristische violette Linie bei 404,4, die jedoch mit den meisten Taschenspektroskopen nicht zu sehen ist.)

Rubidium: Flammenfärbung: violett. (Zwei dunkelrote Linien bei 795,0 und 781,1, drei orangefarbene Linien bei 629,8 bis 620,6 und zwei violette Linien bei 421,5 und 420,2, dazu sehr schwache Banden im Gelbgrünen bis Grünblauen.)

Cäsium: Flammenfärbung: violett. (Eine orangefarbene Linie bei 621,3, eine gelbe Linie bei 601,0, eine grüne Linie bei 563,5 und zwei starke, violette Linien bei 459,3 und 455,5, dazu schwache, breite Bänder im Roten, Gelbgrünen und Grünblauen.)

Indium: Flammenfärbung: violettblau. (Eine blaue Linie bei 451,1 und eine etwas schwächere, violette Linie bei 401,1.)

4. Flammenfärbung: grün bis blau.

Barium: Flammenfärbung: gelbgrün. (Das Spektrum besteht aus vielen Banden im Roten, Gelben, Grünen und Grünblauen. Dazu kommen einige breite helle gelbe und rote Linien und eine Schar von grünen Linien. —[Linie bei 553,5 (grün) ist nicht zum Bariumnachweis geeignet, da sie mit der Calciumlinie bei 554,4 zusammenfällt.]

Thallium: Flammenfärbung: grasgrün. (Starke, grüne Linie bei 535,0, die jedoch schnell verschwindet.)

Kupfer: Flammenfärbung: smaragdgrün. (Schwaches, orangegelbes Band bei 650 bis 600, zahlreiche, grüne Linien bzw. Bänder, scharfe, grüne Linien bei 551, 539 und 531, dazu mehrere schwache, blaue Linien.)

Borsäure: Flammenfärbung: grün. Zum Nachweis Probe mit CaF_2 und konz. H_2SO_4 verrühren, Probe in den Saum der Flamme bringen. Hierbei bildet sich BF_3, welches die Flamme grün färbt. (Spektrum besteht aus einer Reihe von Banden und Linien im Orangegelben, Grünen und Grünblauen.)

Arsen: Flammenfärbung: fahlgrün bis fahlblau. (Im Spektrum viele Banden im Grünen und Grünblauen, die zu einem Kontinuum zusammenfließen.)

Antimon: Flammenfärbung: fahlgrün bis fahlblau. (Im Spektrum ganz schwache, diffuse, grüne und grünblaue Banden.)

Blei: Flammenfärbung: fahlblau. (Im Spektrum nur ganz schwache, diffuse, blaugrüne Banden.)

Selen: Flammenfärbung: bläulich. (Im Spektrum im Gelben eine Reihe von unscharfen, schwachen Banden, im Grünen und Blauen stärkere Banden, die fast ein Kontinuum bilden.)

Tellur: Flammenfärbung: fahlblau. (Im grünblauen Teil des Spektrums diffuse Banden, die beinahe ein Kontinuum bilden.)

Molybdän: Flammenfärbung: fahlgrün. (Molybdän bildet von Orange bis Grünblau ein kaum unterbrochenes, kontinuierliches Spektrum, das sich erst allmählich ausbildet.)

Vanadin: Flammenfärbung: fahlgrün. (Im Spektrum ganz schwache, diffuse, gelbgrüne und grüne Banden.)

f) Weitere Vorproben.

Oxydationsschmelze. Zur Durchführung der Oxydationsschmelze schmilzt man einige mg der Vorprobe mit der sechsfachen Menge wasserfreier Soda und Kaliumnitrat in einem Mikrotiegel, in einer Magnesiarinne oder auf einem Platinblech. Eine grüne bis grünblaue Schmelze zeigt Mangan an, eine gelbe Schmelze Chrom.

Erhitzen mit NaOH oder CaO unter Zusatz von wenig Wasser. Eine kleine Menge der Probe wird mit einem Überschuß von festem NaOH oder CaO zerrieben, mit wenig Wasser befeuchtet und, falls erforderlich, vorsichtig erwärmt. Mit einem über die Probe zu haltenden Streifen Lackmus- oder Kurkumapapier prüft man, ob sich Ammoniak entwickelt. Ist dies der Fall, so kann die Analyse Ammoniumsalze, Cyanide oder Cyanate enthalten.

Lösen und Abrauchen mit konz. H_2SO_4. Nach kurzem Erhitzen der Probe mit konz. Schwefelsäure färbt sich bei Anwesenheit von elementarem *Selen* die Schwefelsäure durch Bildung von $SeSO_3$ grün, bei Anwesenheit von Tellur durch Bildung von $TeSO_3$ rot. Wird die grüne bzw. rote Lösung mit Wasser verdünnt, so scheidet sich elementares Selen bzw. Tellur aus.

Bleibt nach dem Abrauchen der Analysenprobe mit konz. H_2SO_4 ein blauer Rückstand, so enthält die Probe *Molybdän.*

MARSHsche Probe. Hierzu wird in ein kleines Reagensglas arsenfreies Zink, verd. Schwefelsäure, etwas Kupfersulfat und eine Spatelspitze der Analysenprobe eingefüllt. Das Reagensglas wird mit einem einfach durchbohrten Korkstopfen, durch den ein Glasrohr mit ausgezogener Spitze hindurchgeführt ist, verschlossen. Der sich entwickelnde Wasserstoff wird angezündet. (Vorsicht, zunächst Bildung von Knallgas.) Bei Anwesenheit von Arsen oder Antimon brennt der Wasserstoff mit fahlblauer Flamme. Hält man die Flamme gegen ein kaltes glasiertes Porzellanschälchen, so bildet sich bei Anwesenheit von *Arsen*, *Antimon* oder *Germanium* ein schwarzer Beschlag.

Leuchtprobe. Probe auf Zinn. Die auf Zinn zu prüfende Substanz wird in einem Porzellantiegel mit 5 ml 20%ige Salzsäure und etwas Zink versetzt. Hierdurch werden Zinn(IV)-Verbindungen zu Zinn(II)-Verbindungen reduziert mit Ausnahme von natürlichem Zinnstein. Wird in die Lösung ein mit kaltem Wasser gefülltes Reagensglas eingetaucht und dieses dann in eine Bunsenflamme gehalten, so bildet sich bei Anwesenheit von Zinn um das Reagensglas ein blauer Flammenmantel.

Vorproben auf Anionen: Es ist ratsam, vor Beginn des systematischen Trennungsganges auf Anionen zu prüfen. Da Fluorid, Phosphat und organische Säuren den Trennungsgang oft nicht unerheblich stören, muß auf jeden Fall zunächst auf diese Anionen geprüft werden.

II. Trennungsgänge und Einzelnachweise der Kationen.

A. Trennungsgang nach NOYES und BRAY.

Bei diesem 1927 in New York veröffentlichten Trennungsgang handelt es sich um ein Schema, das praktisch alle Elemente, die als Kationen auftreten können, umfaßt. Metalle, die als Anionenkomplexe vorliegen, werden auch erfaßt, ebenfalls die Phosphorsäure. Der Gang der Analyse ist in der sehr umfangreichen Originalarbeit ausführlich beschrieben. Die einzelnen Arbeitsgänge sind in kleine Abschnitte eingeteilt und fortlaufend mit Nummern versehen. Sie sind mit P (=Procedures) bezeichnet und durchlaufend von P 1 bis P 172 numeriert. Den einzelnen Gruppen sind allgemeine Erläuterungen vorangestellt. Auf Komplikationen, die unter gewissen Bedingungen eintreten können, wird bei den verschiedenen Arbeitsgängen in besonderen Anmerkungen hingewiesen. Die Brauchbarkeit des Trennungsganges wird durch ein ausführliches und umfangreiches Versuchsmaterial bewiesen. Der Trennungsgang hat den Nachteil, daß er zu umfangreich ist. Die einzelnen

Arbeitsgänge sind zum Teil sehr umständlich und zeitraubend. Im Verlauf des Analysenganges ist es mehrmals erforderlich, zur Entfernung störender Anionen die Analysenprobe bzw. Niederschläge mit Überchlorsäure abzurauchen. Es wird sogar einige Male verlangt, daß bis zur Trockne einzudampfen ist. Dies kann unter Umständen zu Explosionen führen, worauf auch im Original besonders hingewiesen wird. Anderseits ist dieser Trennungsgang jedoch praktisch der einzige, der alle Elemente behandelt, die in einem Kationentrennungsgang vorkommen können. Einige Gruppentrennungen, wie eine ganze Reihe Einzelabtrennungen und -nachweise sind in neuere Trennungsgänge übernommen worden. Von BENEDETTI-PICHLER und Mitarbeitern wurden für die einzelnen Gruppen mikrochemische Trennungsverfahren ausgearbeitet (s. S. 184).

Eine Abweichung von der Durchführung einer gewöhnlichen Analyse besteht noch darin, daß es für diesen Trennungsgang nicht erforderlich ist, zunächst die Probe irgendwie in Lösung zu bringen. Die feste Analysenprobe wird bei diesem Verfahren direkt der Trennung unterworfen.

Da bei den Arbeitsgängen die Abtrennung nicht immer vollständig erfolgt, wurde bei nur teilweiser Fällung von NOYES und BRAY nachfolgende Bezeichnung eingeführt. Es bedeutet:

* An dieser Stelle wird die Hauptmenge des betreffenden Elements gefunden.

† An dieser Stelle werden kleinere Mengen des betreffenden Elements gefunden.

‡ An dieser Stelle wird ein Teil oder die gesamte Menge des betreffenden Elements nur dann gefunden, wenn gewisse andere Elemente vorhanden sind.

Nachfolgende Tabelle gibt eine allgemeine Übersicht über den Trennungsgang nach NOYES und BRAY.

Tabelle 7. Trennungsschema nach NOYES und BRAY.

Teil A.

P 1—4. Vorbereitung der Analysenprobe. Abtrennung der Kieselsäure als SiF_4. Vorbehandlung der Probe mit konz. HBr und Br_2. Abtrennung der Selengruppe durch Destillation.

<table>
<tr><td rowspan="4">Destillat von P 4:
Selengruppe
Se, As u. Ge
[P 21—P 25]
(Tab. 9)</td><td colspan="3">Destillationsrückstand von P 4:
P 5. Destillationsrückstand wird mit konz. HNO_3 destilliert.</td></tr>
<tr><td rowspan="3">Destillat von P 5:
Osmium
Nachweis von Os: P 5</td><td colspan="2">Destillationsrückstand von P 5:
P 5a. Destillationsrückstand von P 5 wird mit $HClO_4$ destilliert</td></tr>
<tr><td rowspan="2">Destillat von P 5a:
Ruthenium
Nachweis von Ru: P 5a</td><td>Destillationsrückstand von P 5a:
P 6. Destillationsrückstand mit Ameisensäure kochen, filtrieren.</td></tr>
<tr><td>Rückstand von P 6: Teil B.
Filtrat von P 6: Teil C.</td></tr>
</table>

Teil B.

Rückstand von P 6 kann enthalten: Wolfram-, Tantal- und Goldgruppe, Silber sowie den sogenannten unlöslichen Rückstand.

P 7. Rückstand von P 6 mit 50%iger HF behandeln, filtrieren.

Rückstand von P 7: Goldgruppe, Silber und unlöslicher Rückstand. P 8. Rückstand von P 7 mit Sodalösung kochen, filtrieren, Filtrat verwerfen, Rückstand mit $HClO_4$ behandeln und abfiltrieren.	Filtrat von P 7: Wolfram- und Tantalgruppe. P 30. Das Filtrat von P 7 wird zur Vertreibung der Flußsäure mit konz. H_2SO_4 abgeraucht und nach Neutralisation mit NH_4OH mit $(NH_4)_2S$ versetzt.
Filtrat von P 8 wird mit Filtrat von P 6 vereinigt und unter P 61 weiter verarbeitet (s. Teil C der allgemeinen Übersicht).	Rückstand von P 30: *Tantalgruppe*: *‡Ti, Ta, Nb, ‡Bi, ‡V, ‡Zr. [P 41—P 49] Tab. 11.
Rückstand von P 8: Goldgruppe, Silber unlöslicher Rückstand. P 9. Rückstand von P 8 mit Königswasser behandeln.	Filtrat von P 30: *Wolframgruppe*: Sb, Sn, W, ‡Te, ‡V, *Mo. [P 31—P 40] Tab. 10.

Filtrat von P 9: *Goldgruppe*. Hg, Au, Pt, ‡Ir, Pd, ‡Rh. [P 51—P 57] Tab. 12.	Rückstand von P 9: Silber und unlöslicher Rückstand. P 9 a. Rückstand von P 9 mit Ammoniak extrahieren.
	Filtrat von P 9a: *Silber*.
	Rückstand von P 9a: Sogenannter unlöslicher Rückstand, ist nach P 10—P 11 (Tab. 8) aufzuschließen.

Teil C.

Die vereinigten Filtrate von P 6 und P 8 können enthalten: Thallium-, Tellur-, Kupfer-, Aluminium-, Nickel-, Zirkon-, Erdalkali- und Alkaligruppe sowie die Gruppe der seltenen Erden.

P 61 Zu den vereinigten Filtraten von P 6 und P 8 wird HBr zugefügt.

Rückstand von P 61: *Thalliumgruppe* Ag, Tl, *Pb [P 61—P 63] Tab. 13.	Filtrat von P 61: restliche Gruppen. P 71. Filtrat von P 61 wird auf eine bestimmte Konzentration an $HClO_4$ gebracht, dann H_2S eingeleitet und filtriert.

Rückstand von P 71: Tellur- und Kupfergruppe	Filtrat von P 71: Aluminium-, Zirkon-, Nickel-, Erdalkali- und Alkaligruppe sowie die Gruppe der seltenen Erden
Tellurgruppe: Te, Mo, Ir, Rh [P 72 bis P 77] Tab. 14.	P 91. Im Filtrat von P 71 wird auf Eisen und Phosphat geprüft.
Kupfergruppe: Cu, Cd, Bi, Pb [P 81—P 85] Tab. 15.	P 92. Im Filtrat von P 71 H_2S verkochen, mit Brom oxydieren und nach Zusatz von $Fe(NO_3)_3$ zur Phosphatabtrennung mit Ammoniumacetat fällen.

Rückstand von P 92: Zirkongruppe, Teile der Aluminiumgruppe und der Gruppe der seltenen Erden, Gallium (und Eisen). (Rückstand von P 92 enthält nur bei Anwesenheit von Phosphat seltene Erden.)	Filtrat von P 92: Nickelgruppe, Teile der Aluminiumgruppe, der Gruppe der seltenen Erden, Erdalkaligruppe und Alkaligruppe.

Tabelle 7. (Fortsetzung.)

Rückstand von P 92:

P 93. Rückstand von P 92 in HCl lösen und mit Äther extrahieren.

Ätherschicht von P 93: $GaCl_3$ und $FeCl_3$. Galliumnachweis nach P 94. *Gallium.*

Wäßrige Schicht von P 93: Teile der Aluminiumgruppe, Zirkongruppe und seltene Erden (Co, Ni, Zn).

P 95. Wäßrigen Auszug mit HNO_3 abrauchen, mit NaOH und Na_2O_2 kochen.

Rückstand von P 95: Zirkongruppe, seltene Erden (Spuren von Co, Ni und Zn), wird mit Rückstand von P 123 unter P 131 weiterverarbeitet.

Filtrat von P 92:

P 96. Filtrat von P 92 mit NH_4OH alkalisch machen und H_2S einleiten.

Rückstand von P 96: Nickel- und Aluminiumgruppe, seltene Erden, Zn.

P 97. Rückstand von P 96 in HNO_3 lösen, mit NaOH—Na_2O_2 fällen.

Filtrat von P 97 mit Filtrat von P 95 vereinigen.

Filtrat von P 96: Erdalkali- und Alkaligruppe.

P 151. Filtrat von P 96 mit HCl abrauchen, mit Wasser aufnehmen und mit $(NH_4)_2CO_3$ fällen.

Rückstand von P 151: *Erdalkaligruppe.* [P 152 bis P 158] Tab. 20.

Filtrat von P 151: *Alkaligruppe.* Li, Na, K, Rb, Cs [P 161 bis P 172] Tab. 21.

Vereinigte Filtrate von P 93 und P 97: *Aluminiumgruppe*: Cr, U, V, W, Al, Zn, Be P 121. [P 101 bis P 116] Tab. 16.

Rückstand von P 97: Nickelgruppe, seltene Erden und Zn.

P 121. Rückstand von P 97 mit HNO_3 und $KClO_4$ kochen.

Rückstand von P 121: MnO_2. *Mangan* (Mangannachweis P 122).

Filtrat von P 121: Zn, Co, Ni und seltene Erden.

P 123. Filtrat essigsauer machen und H_2S einleiten.

Filtrat von P 123: seltene Erden

P 123a. Im Filtrat von P 123 H_2S verkochen, die seltenen Erden mit NH_4OH fällen, Niederschlag mit Rückstand von P 95 vereinigen und unter P 131 weiteranalysieren.

Rückstand von P 123: *Nickelgruppe*: Zn, Co, Ni [P 124 bis P 125] Tab. 17.

P 131. Rückstand von P 95 und P 123 in HCl lösen und mit HF kochen.

Filtrat von P 131: *Zirkongruppe* In, Zr, Ti, Zn, Co und Ni [P 132 bis P 135] Tab. 18.

Rückstand von P 131: *Seltene Erden.* Sc, In und seltene Erden. [P 141 bis P 149] Tab. 19.

Vollständiger Trennungsgang nach Noyes und Bray.

In der nachfolgenden Arbeitsvorschrift werden die einzelnen Arbeitsgänge unter der gleichen Nummernfolge, wie bei Noyes und Bray angegeben, beschrieben. Auf die zahlreichen Anmerkungen und Hinweise, die in der Originalarbeit enthalten sind, kann hier jedoch nicht näher eingegangen werden. Die einzelnen Gruppentrennungen sind, wie im Original, tabellarisch zusammengestellt. In vielen Fällen war es möglich, die Vorschriften für die einzelnen Arbeitsgänge gleich in die jeweilige Tabelle mit einzuarbeiten.

Vorbereitung der Analysenprobe (P 1 bis P 4).

P 1. Handelt es sich um eine feste, metallische Analysenprobe, so wird diese durch Hämmern, Feilen, Fräsen oder durch Zerschlagen im Stahlmörser zerkleinert. Zur Analyse werden hiervon 0,5 g nach P 2 weiterbehandelt.

Soll eine feste, nichtmetallische Analysenprobe untersucht werden, so stellt man zunächst mittels Lupe oder Mikroskop fest, ob die Probe homogen oder heterogen ist. Farbe, Gestalt und Geruch werden bestimmt. Dann werden 2,5 g im Achatmörser pulverisiert, bis sich die Probe nicht mehr körnig anfühlt. Hiervon werden 0,5 bis 1,0 g nach P 2 weiterbehandelt.

Ist die Analysenprobe flüssig, so werden der Geruch und die Reaktion gegen Indicatorpapier festgestellt. Die Probe wird auf dem Wasserbad zur Trockne eingedampft und der feste Rückstand nach P 2 weiteranalysiert.

Handelt es sich bei der Analysenprobe um eine Flüssigkeit oder um eine nichtmetallische, feste Substanz, so ist vor Beginn der Trennung ein Teil des Eindampfrückstandes bzw. der festen Probe einer trockenen Destillation in einem Glühröhrchen zu unterwerfen. Hierbei ist festzustellen, ob bei der Erhitzung Gasentwicklung, Wasserabgabe, Verfärbung, Sublimation oder Zersetzung eintritt. Weist die Vorprobe auf die Anwesenheit organischer Substanz hin, so ist diese durch Kochen mit einer Mischung von Überchlorsäure und Salpetersäure zu zerstören. Hierzu werden ungefähr 2,5 g der pulverisierten Analysenprobe mit 5 ml 9 n $HClO_4$ auf dem Wasserbad erhitzt. Man gibt 4 ml 16 n HNO_3 tropfenweise hinzu und erhitzt so lange, bis sich keine nitrosen Gase mehr bilden. Danach wird über freier Flamme erhitzt, bis $HClO_4$-Dämpfe entweichen (Vorsicht, Explosionsgefahr). Sollte sich nach dem Abkühlen zeigen, daß die organische Substanz noch nicht vollständig zerstört ist, muß nach Zusatz von 1 bis 2 ml 16 n HNO_3 noch einmal auf dem Wasserbad erhitzt werden. Dann ist die Salpetersäure durch Kochen über freier Flamme vollständig zu vertreiben. Die überchlorsaure Lösung wird gemeinsam mit eventuell noch vorhandenem Rückstand nach P 2 analysiert.

P 2. Von der nach P 1 vorbehandelten Analysenprobe werden 0,5 bis 1 g in einem kleinen Rundkolben mit Rückflußkühler und Tropftrichter mit 5 ml Bromwasser gekocht. Dann werden langsam durch den Tropftrichter 10 ml 9 n HBr zugefügt und weiter erhitzt. Entfärbt sich die Lösung beim Erhitzen, so wird etwas Brom zugegeben. Nun wird der Rückflußkühler durch einen absteigenden Kühler ersetzt und die Lösung nach Zugabe von 0,5 ml Bromwasser und einigen Tropfen Brom bei 50 bis 60° destilliert. Das Destillat wird in wenig Wasser aufgefangen. Nach dem Abkühlen wird der Kolbeninhalt filtriert, der Rückstand erst mit 9 n HBr, danach mit heißem Wasser gewaschen. Destillat, Filtrat und Waschwasser werden vereinigt und unter P 4 weiterverarbeitet, der Rückstand unter P 3.

P 3. Dieser Arbeitsgang dient nur dazu, den Rückstand weiteraufzuschließen. Hierzu wird dieser mit 3 bis 10 ml 27 n HF 15 Min. lang auf dem Wasserbad erhitzt, dann werden 3 ml 9 n $HClO_4$ und 2 ml 16 n HNO_3 zugegeben, weiter auf dem Wasserbad erhitzt und über freier Flamme zur Trockne eingedampft. Der Rückstand wird mit Wasser aufgenommen und gemeinsam mit Destillat, Filtrat und Waschlösung von P 2 unter P 4 weiterverarbeitet. (Durch die Behandlung mit Flußsäure werden die Silicate aufgeschlossen, die Kieselsäure entweicht als SiF_4.)

Abtrennung der Selen- und Osmiumgruppe (P 4 bis P 9).

P 4. Die aus Destillat, Filtrat und Waschlösung von P 2 bestehende Lösung und der nach P 3 weiteraufgeschlossene Rückstand werden in einen Destillierkolben mit absteigendem Kühler eingefüllt; die Vorlage muß mit Eis gekühlt werden. Es wird destilliert, bis nur noch 3 ml Lösung im Kolben zurückbleiben. Der Rückstand im Kolben wird unter P 5 weiterverarbeitet. Das Destillat enthält die Selengruppe; sie umfaßt die Elemente Selen, Arsen und Germanium und wird nach P 21 analysiert.

P 5. Wenn mit der Anwesenheit von Osmium und Ruthenium gerechnet werden muß, ist nach P 5a weiterzuarbeiten, sonst nach P 5b.

P 5a. Zum Destillationsrückstand von P 4 im Kolben werden 4 ml 16 n HNO_3 und 3 ml Wasser gegeben. Die eisgekühlte Vorlage enthält 10 ml 6 n NaOH. Es wird zunächst so lange destilliert, bis sich keine Bromdämpfe mehr entwickeln. Dann gibt man in die Vorlage etwas festes Na_2O_2 und destilliert weiter. Bei Anwesenheit von *Osmium* ist das Destillat gelb gefärbt.

Nachweis auf Osmium. Zum Destillat Alkohol zugeben, den gebildeten schwarzen Niederschlag abfiltrieren, in HCl lösen und in die salzsaure Lösung in der Wärme Schwefelwasserstoff einleiten. Schwarzer Niederschlag zeigt *Osmium* an (OsS_2).

Nach Abtrennung des Osmiums durch Destillation werden in den Destillierkolben 5 ml 9 n $HClO_4$ eingefüllt, worauf erneut destilliert wird, bis nur noch 3 ml Lösung im Kolben zurückbleiben. Die Vorlage enthält 12 ml 6 n NaOH. Bei Anwesenheit von Ruthenium färbt sich das Destillat orange bis dunkelrot. Bildet sich in ihm ein roter Niederschlag, so ist Quecksilber mit überdestilliert. Der Niederschlag wird abfiltriert, identifiziert, danach verworfen. Nachdem das gesamte Ruthenium überdestilliert ist, wird zum rotgefärbten Destillat Alkohol zugefügt. Ein schwarzer Niederschlag zeigt *Ruthenium* an (Bildung von Ru_2O_{3-4}).

P 5b. Bei Abwesenheit von Osmium und Ruthenium wird der Rückstand im Kolben (von P 4) nach Zusatz von 4 ml 16 n HNO_3 bis zur Hälfte eingedampft, bis im Kolben noch ungefähr 3 ml an Lösung und Rückstand vorhanden sind. Der Kolbeninhalt wird nach P 6 weiterverarbeitet.

Abtrennung der Wolfram-, Tantal- und Goldgruppe. Teilweise Abtrennung der Alkalien (P 6 bis P 9).

P 6. Der im Kolben verbliebene Rückstand von P 5 wird mit 10 ml 12 n $HCHO_2$ (Ameisensäure) am Rückflußkühler 15 Min. lang gekocht. Bildet sich ein Niederschlag oder bleibt ein Rückstand, so wird er abfiltriert und mehrmals mit heißem Wasser ausgewaschen, um eventuell auskristallisierte Alkaliperchlorate zu lösen. Das Filtrat wird auf 10 bis 12 ml eingedampft und gekühlt. Bildet sich hierbei ein Niederschlag, so besteht er aus Alkaliperchloraten ($KClO_4$, $RbClO_4$ und $CsClO_4$). Der Niederschlag wird abfiltriert, mit eiskalter $HClO_4$ gewaschen und gemeinsam mit dem Filtrat von P 161 unter P 162 weiterverarbeitet. Das Filtrat wird unter P 61, der Rückstand, der sich beim Kochen mit Ameisensäure gebildet hat, unter P 7 weiterverarbeitet.

P 7. Der Rückstand von P 6 wird 10 Min. lang auf dem Wasserbad mit 5 bis 10 ml 27 n HF erhitzt, dann filtriert. Das Filtrat enthält die Wolfram- und die Tantalgruppe und wird nach P 30 analysiert. Analyse des Rückstandes unter P 8.

P 8. Der Rückstand von P 7 wird mit 50 ml 2 n Na_2CO_3 und 10 g fester Soda 15 Min. lang gekocht, dann filtriert. Filtrat und Waschwasser werden verworfen. Der Rückstand, der die Fluoride nunmehr als Carbonate enthält, wird mit 10 ml 3 n $HClO_4$ behandelt und filtriert: Das Filtrat wird mit dem Filtrat von P 6 vereinigt und unter P 61 weiterverarbeitet, Rückstand weiter nach P 9.

P 9. Rückstand von P 8 wird mit 3 bis 9 ml 16 n HNO_3 und 1 bis 3 ml 12 n HCl 10 Min. auf dem Wasserbad erhitzt, danach auf 0,5 bis 1,0 ml eingedampft und nach Zugabe von 12 ml Wasser filtriert. Das Filtrat enthält die Goldgruppe, die unter P 51 analysiert wird und die Elemente: Quecksilber, Gold, Platin, Iridium, Palladium und Rhodium umfaßt (Tab. 12).

P 9a. Der Rückstand von P 9 wird mit 10 ml 15 n NH_4OH extrahiert und der ammoniakalische Auszug mit Essigsäure angesäuert. Ein weißer Niederschlag zeigt *Silber* an (AgCl; weitere Nachweisreaktionen s. S. 288).

Bleibt nach dem Extrahieren mit Ammoniak noch ein unlöslicher Rückstand, so ist dieser nach P 10 und P 11 zu behandeln.

Aufschluß des unlöslichen Rückstandes (P 10 bis P 11).

Der unlösliche Rückstand von P 9 kann enthalten:

Oxyde des Al, Cr, Ti, Zr, Sn; Sulfate des Ba, Cr; Fluoride des Ca, Th; Phosphate des Ti, Zr, Th, Ce u. a.; Kohlenstoff; metallisches Ir, Rh; Silicate verschiedener Metalle; Platinlegierungen und Legierungen aus Fe, Si, Cr und W.

Nichtmetallischer Rückstand wird nach P 10, metallischer Rückstand nach P 11 behandelt.

Tabelle 8.

P 10. Nichtmetallischen Rückstand mit 10 g $K_2S_2O_7$ schmelzen, Schmelze in kaltem Wasser lösen, filtrieren. Rückstand mit 12 n HCl erwärmen, filtrieren. Beide Filtrate vereinigen. (Filtrat mit F I, Rückstand mit R I bezeichnet.)

R I	F I
R I: Si, W, Ta, Nb, Sn als Oxyde; Ir, Rh, Pb, Ba Sr, Ca, Cr als Sulfate; nichtgelöste Silicate.	F I: As-, Te-, Cu-, Al-, Ni- und Zr-Gruppe sowie seltene Erden. Sn und Sb.
Rückstand R I wird wie unter P 7 beschrieben mit HF behandelt. (Rückstand hiervon mit R II, Filtrat mit F II bezeichnet.)	Wasserstoffionenkonzentration mittels HCl auf 9fach normal bringen, danach Lösung mit H_2S sättigen, abfiltrieren. (Rückstand = R IV, Filtrat = F IV.)

R II: PbF_2, SrF_2, CaF_2, $BaSO_4$, $Cr_2(SO_4)_3$, SiO_2, Silicate, Ir, Rh u. a.	F II: Si, W, Ta, Nb als komplexe Fluoride.
R II nach P 8 mit Sodalösung kochen, filtrieren, Filtrat verwerfen. Rückstand kann bestehen aus: SnO_2, $PbCO_3$, $BaCO_3$, $SrCO_3$, $CaCO_3$, $Cr(OH)_3$ bzw. $Cr_2(SO_4)_3$, Ir, Rh, Silicaten. Der Rückstand wird nach P 8 mit $HClO_4$ behandelt. (Filtrat = F III, Rückstand = R III.)	F II, wie unter P 30 beschrieben, untersuchen.

F III	R III
F III: Pb^{++}, Ba^{++}, Sr^{++}, Ca^{++}.	R III: $Cr_2(SO_4)_3$, Ir, Rh, Silicate, SnO_2.
F III wird wie unter P 71, 81 und 151 analysiert.	R III wird, wie unter P 11 beschrieben, mit Na_2O_2 geschmolzen.

R IV: Sb, Sn-, Se-, Te- und Cu-Gruppe.	F IV: Al-, Ni-, Zr-Gruppe, wie seltene Erden.
R IV wie unter P 2 bis 4 mit HBr destilliert. Destillat = D V, Rückstand = R V.	analysieren nach P 90.

D V: Se-Gruppe.	R V: Sb-, Sn-, Te- und Cu-Gruppe.
Destillat nach P 21 untersuchen.	R V erst mit HNO_3, dann mit $HClO_4$ abrauchen, danach mit 12 n Ameisensäure kochen, wie unter P 5 bis 6 beschrieben. (Filtrat = F VI, Rückstand = R VI.)

R VI: Sb_2O_4, SnO_2	F VI: Cu- und Te-Gruppe.
in HCl lösen, nach P 33 analysieren.	nach P 70 untersuchen.

P 11: Der nicht aufgeschlossene Rückstand von P 10, bzw. der metallische Rückstand von P 9, wird mit 3 bis 5 g Na_2O_2 im Nickeltiegel 3 bis 20 Min. geschmolzen. Die Schmelze wird in HCl gelöst, die Lösung, wie unter P 10, Filtrat I beschrieben, analysiert.

Tabelle 9. Analyse der Selengruppe (P 21 bis P 25).

Destillat von P 4 kann enthalten: $SeBr_4$, $GeBr_4$ und H_3AsO_4, gelöst in HBr und Br_2.

P 21. Zum Destillat unter Kühlung tropfenweise $Na_2S_2O_4$-Lösung zugeben, bis alles Brom zerstört ist. Danach 1 ml einer 3 m $NH_2OH \cdot HCl$-Lösung zugeben, 5 Min. auf dem Wasserbad kochen, filtrieren.

Rückstand von P 21: Se.	Filtrat von P 21. H_3AsO_4, $GeBr_4$.
Ein roter Niederschlag, der langsam schwarz wird, *elementares Selen.*	P 22. Zum Filtrat von P 21 10 bis 20 ml 6 n H_2SO_4 zufügen, mit H_2S sättigen und erhitzen. Der Niederschlag, der aus den Sulfiden von Arsen und Germanium bestehen kann, wird abfiltriert, das Filtrat verworfen.

P 23. Sulfidniederschlag von P 22 in 6 bis 18 ml 6 n NH_4OH lösen, zur Lösung 2 bis 6 m 27 n HF zugeben, nach dem Abkühlen die Lösung mit H_2S sättigen.

Rückstand von P 24. As_2S_5, As_2S_3.	Filtrat von P 24. H_2GeF_6.
P 24. Rückstand in NH_4OH lösen, zur Trockne eindampfen, mit HNO_3 abrauchen und mit Wasser aufnehmen. Die Lösung enthält das Arsen als H_3AsO_4. Zur Lösung NH_4OH und $Mg(NO_3)_2$ zufügen.	P 25. Filtrat mit H_2SO_4 zur Trockne eindampfen, mit Wasser aufnehmen und H_2S einleiten. Ausgefälltes GeS_2 abfiltrieren, Filtrat verwerfen. GeS_2 in NH_4OH lösen, mit HF abrauchen, um eventuell vorhandenes SiO_2 abzutrennen, mit verd. HF aufnehmen und mit K_2CO_3 versetzen.
Weißer Niederschlag von $MgNH_4AsO_4$. *Arsen.* Niederschlag abfiltrieren mit $AgNO_3$ behandeln. Roter Niederschlag von As_3AsO_4.	Grauweißer Niederschlag von K_2GeF_6. *Germanium.*

Abtrennung der Tantalgruppe und Analyse der Wolframgruppe

(P 30 bis P 40).

P 30. Das flußsäurehaltige Filtrat von P 7 wird mit 4 ml 18 n H_2SO_4 versetzt und eingedampft, bis sich SO_3-Nebel entwickeln. Nach dem Abkühlen wird die stark schwefelsaure Lösung mit 5 ml Wasser aufgenommen, mit ungefähr 6 ml 15 n NH_4OH neutralisiert und mit 10 ml 6 m $(NH_4)_2S$ auf dem Wasserbad in einer Druckflasche erwärmt. Das Filtrat enthält die Wolframgruppe als Thiosalze. Analyse der Wolframgruppe unter P 31 bis P 40 (Tab. 10). Der Rückstand enthält die Tantalgruppe als Oxyde, Phosphate und Sulfide; er wird unter P 41 bis P 59 (Tab. 11) analysiert.

Tabelle 10. Analyse der Wolframgruppe.

Filtrat von P 30 kann enthalten: Thiosalze von Sb, Sn, W, *Mo, ‡Te und ‡V sowie $(NH_4)_2HPO_4$.

P 31. Thiosalzlösung langsam in 30 bis 40 ml 6 n H_2SO_4 eingießen und filtrieren.

Rückstand von P 31: Sb_2S_5, SnS_2, WS_3, MoS_3, TeS_2, V_2S_5.

P 32. Rückstand im H_2S-Strom trocknen, danach mit 10 ml 12 n HCl behandeln.

Filtrat von P 32: $SbCl_3$, $SnCl_2$.	Rückstand von P 32: WS_2, MoS_2, Te, V_2S_3.	
P 33. Filtrat mit Wasser auf 35 ml verdünnen, H_2S einleiten.	P 35. Rückstand mit 2 bis 4 ml 12 n HCl und 2 bis 4 ml zur Trockne eindampfen, mit 6 ml 6 n NH_4OH aufnehmen und filtrieren. Filtrat mit 5 bis 10 ml 12 n HCl 15 Min. auf dem Wasserbad kochen, 20 bis 40 ml 2 n HCl zugeben, aufkochen und filtrieren.	
Orangeroter Niederschlag: Sb_2S_3 *Antimon.*		
Filtrat von P 33: $SnCl_2$.	Rückstand von 35: H_2WO_4.	Filtrat von P 35: H_2MoO_4, H_2TeO_3, $VOCl_2$.
Zum Filtrat 6 ml 15 n NH_4OH zufügen, abkühlen, mit H_2S sättigen (teilweise Neutralisation). Brauner Niederschlag: SnS *Zinn.*	P 36. Rückstand in NH_4OH lösen, zur Trockne eindampfen, mit Wasser aufnehmen, $SnCl_2$ zufügen. Blauer Niederschlag: $W_2O_3 \cdot xWO_3$ *Wolfram.*	P 37. Filtrat auf das 3 fache Volumen verdünnen, in der Kälte mit H_2S sättigen, in einer Druckflasche 30 Min. unter Druck kochen, abkühlen und filtrieren.

Filtrat von P 31: H_3PO_4, ‡H_2WO_4.

P 40. In einem Teil des Filtrates H_2S vorkochen, mit $(NH_4)_2MoO_4$ auf Phosphat prüfen.

Wenn Nachweis positiv, kann Filtrat noch Wolfram enthalten.

Filtrat mehrmals mit H_2SO_4 und 16 n HNO_3 abrauchen, mit 12 n HCl aufnehmen und mit $SnCl_2$ auf Wolfram prüfen.

Blaue Farbe: $W_2O_3 \cdot xWO_3$ *Wolfram.*

Rückstand von P 37: MoS_3, Te.	Filtrat von P 37: $VOCl_2$.
P 38. Rückstand in 2 ml 16 n HNO_3 und 4 ml 12 n HCl lösen, zur Trockne eindampfen, in 6 ml n HCl lösen, von eventuell bleibendem Rückstand abfiltrieren, Filtrat mit KSCN-Lösung und granuliertem Zink versetzen, filtrieren. Filtrat rot: $MoO(SCN)_3$ **Molybdän.* Rückstand schwarz: Te ‡*Tellur.*	Filtrat mit 2 ml 16 n HNO_3 eindampfen, mit 6 n NH_4OH aufnehmen, mit H_2S sättigen. Lösung violett-rot. $(NH_4)_3VS_4$. ‡*Vanadin.*

Analyse der Tantalgruppe [P 41 bis P 49].

Tabelle 11.

Rückstand von P 30 kann enthalten: *TiO_2, Ta_2O_5, Nb_2O_5, ‡Bi_2S_3, ‡Phosphate oder ‡Vanadate von Titan und Zirkon.

P 41. Rückstand von P 30 wird mit 30 ml 3 n Na_2CO_3 und 15 g Salicylsäure 2 Stunden lang gekocht. Das hierbei verdunstende Wasser wird ständig ersetzt.

Filtrat von P 41: salicylsaures Titan, H_3VO_4, H_3PO_4. (Wenn Filtrat farblos, kein Titan vorhanden.)

P 42. Filtrat auf 40 bis 60 ml eindampfen, mit 6 ml 18 n H_2SO_4 versetzen, Salicylsäure ausäthern, Ätherschicht verwerfen, Lösung auf 15 ml eindampfen, 10 ml 6 n NaOH zugeben, aufkochen, filtrieren.

Rückstand von P 42: TiO_2.

P 43. Rückstand mit 5 bis 10 ml heißer 6 n H_2SO_4 und 2 bis 3 ml 1 m H_2O_2 versetzen. Orangegelbe bis orangerote Lösung. $[Ti(O_2)]SO_4$. **Titan.*

Isolierung des Titans. Hierzu wird die Lösung mit 3 bis 6 ml 6 n H_2SO_4 eingedampft, bis SO_3-Nebel auftreten, mit 5 ml H_2O und 10 ml m Na_2HPO_4 versetzt und filtriert. Ein gebildeter weißer Niederschlag besteht aus $Zr(HPO_4)_2$. Zum Filtrat Na_2SO_3 zufügen und nach einer halben Stunde den gebildeten weißen Niederschlag von $Ti(HPO_4)_2$ abfiltrieren.

Filtrat von P 42: Na_3VO_4, Na_3PO_4.

P 44a. Prüfung auf PO_4^{3-}. Ein Teil des Filtrates mit 6 n HNO_3 ansäuern, dann mit $(NH_4)_2MoO_4$ auf *Phosphat* prüfen.

Prüfung auf VO_4^{3-}. Rest des Filtrates mit 6 n HCl stark ansäuren, H_2S einleiten, filtrieren, mit NH_4OH alkalisch machen und H_2S einleiten. Violettrote Lösung: $(NH_4)_3VS_4$. *Vanadin.*

Rückstand von P 41: Ta_2O_5, Nb_2O_5, ZrO_2, $Zr(HPO_4)_2$, Bi_2S_3.

P 45. Niederschlag von P 41 wird mit 1 ml 27 n HF, 1 bis 2 ml 18 n H_2SO_4 und 0,5 ml 16 n HNO_3 langsam zur Trockne eingedampft. Ist hierdurch die organische Substanz noch nicht restlos zerstört, ist das Abrauchen mit HNO_3 — H_2SO_4 zu wiederholen. Der Rückstand wird mit 2 bis 5 g K_2CO_3 und 0,1 g KNO_3 geschmolzen, die Schmelze wird in kaltem Wasser gelöst.

Filtrat von 45: K_2TaO_4, K_3NbO_4, K_2HPO_4.

P 46. Filtrat auf 25 ml verdünnen, SO_2 einleiten, kochen, filtrieren.

Im Filtrat mit Ammonmolybdat auf PO_4^{3-} prüfen.

Rückstand von P 46: Ta_2O_5, Nb_2O_5.

P 47. Rückstand in 2 ml 27 n HF lösen, 1 ml 16 n HNO_3 zugeben u. zur Trockne eindampfen. Rückstand mit 2 ml 27 n HF und 0,5 g festem K_2CO_3 aufnehmen und über kleiner Flamme vollkommen zur Trockne eindampfen, danach mit 2 bis 3 ml Wasser aufnehmen, aufkochen und stehenlassen, nach einiger Zeit filtrieren.

Rückstand von 45: ZrO_2, Bi_2O_3.

P 49. Schmelzrückstand mit $K_2S_2O_7$ schmelzen, Schmelze in heißem Wasser lösen, in die klare Lösung H_2S einleiten.

Schwarzer Niederschlag: Bi_2S_3. *Wismut* (identifizieren nach P 81).

Im Filtrat H_2S verkochen, erst H_2O_2, danach Na_2HPO_4 zugeben. Weißer Niederschlag: $Zr(HPO_4)_2$. *Zirkon.*

Rückstand von P 47: $2\,K_2TaF_7 \cdot Ta_2O_3$.

Grauweißer, viscoser Niederschlag *Tantal.*

Filtrat von P 47: K_2NbOF_5.

P 48. Filtrat von P 47 wird mit 1 bis 2 ml 18 n H_2SO_4 zur Trockne eingedampft, mit 5 ml Wasser aufgenommen, mit 6 n NH_4OH alkalisch gemacht, aufgekocht und mit 6 n H_2SO_4 angesäuert. Weißer Niederschlag von Nb_2O_5. *Niob.*

Niederschlag von Nb_2O_5 in HF lösen, mit H_2SO_4 abrauchen, mit HCl aufnehmen und über eine mit Zinkgranalien gefüllte Säule (Zinkredukter nach Jones) geben. Es bildet sich hierbei $NbCl_3$. Zur reduzierten Lösung $HgCl_2$ zugeben. Bei Anwesenheit von $NbCl_3$ bildet sich ein weißer Niederschlag von Hg_2Cl_2.

Analyse der Goldgruppe [P 51 bis P 57].

Tabelle 12.

Filtrat von P 9 kann enthalten: Hg, Au, Pt, ‡Ir, Pd und ‡Rh als Chloride.

P 51. [Vorprobe auf Gold: Ein Teil des Filtrates wird stark verdünnt und mit $SnCl_2$-Lösung versetzt. Bei Anwesenheit von Gold bildet sich CASSIUSscher Goldpurpur. Quecksilber bildet mit $SnCl_2$ einen grauen Niederschlag, der abfiltriert werden kann.]
Filtrat von P 9 wird zweimal mit 10 ml Essigsäureäthylester extrahiert. Beide Extrakte werden unter P 52 gesondert weiterverarbeitet.

Esterschicht von P 51: $HgCl_2$, $AuCl_3$.

P 52. Zuerst Esterschicht der zweiten Extraktion mit 8 ml einer 3 n NH_4OH ausschütteln, abtrennen, dann mit der gleichen NH_4OH-Lösung den ersten Esterextrakt ausschütteln und abtrennen. Esterschichten werden vereinigt.

Esterschicht von P 52: $AuCl_3$.	Wäßrige Schicht von P 52: $(NH_4)_2HgCl_4$.
P 53. Ester mit 3 n HCl ausschütteln, wäßrige Schicht verwerfen, Ester zur Trockne eindampfen, mit Königswasser abrauchen, mit 5 ml H_2O aufnehmen, 2 ml 6 n NaOH und 0,5 ml 1 m KJ zugeben und erhitzen. Purpurfarbener oder roter Niederschlag: Au. *Gold.*	P 54. Zur wäßrigen Schicht 2 ml 6 n NaOH und 0,5 ml 1 n KJ zufügen. Roter Niederschlag von: $HgO \cdot HgJNH_2$. *Quecksilber.*

Wäßrige Schicht von P 51: H_2PtCl_6, H_2IrCl_6, H_2PdCl_4, H_3RhCl_4.

P 55. Wäßrige Schicht von P 51 mit 5 ml 12 n HCl zur Trockne eindampfen. Ist der Rückstand farblos, so enthält er keine Platinmetalle, er kann in diesem Fall verworfen werden. Ein gefärbter Rückstand wird mit 1 ml H_2O und 2 Tropfen 6 n HCl gelöst, etwas festes NH_4Cl zugegeben, erwärmt und abfiltriert. Rückstand mit NH_4Cl-Lösung waschen. [Rückstand gelb = Platin, Rückstand schwarz = Ir, Rückstand rotbraun = Platin und Iridium.]

Rückstand von P 55: $(NH_4)_2PtCl_6$, $(NH_4)_2IrCl_6$.	Filtrat von P 55: $(NH_4)_2PdCl_6$, $(NH_4)_3RhCl_6$.
Rückstand in bedeckter Kasserolle mit 10 bis 20 ml 12 n HCl und 0,5 bis 1,0 ml 16 n HNO_3 während 30 Min. auf 80° erwärmen, dann auf dem Wasserbad zur Trockne eindampfen. Rückstand mit 5 ml H_2O und 2 cm^3 $NaHCO_3$ aufnehmen, erhitzen, nach dem Abkühlen mit 1 ml mit Brom, gesättigtem Bromwasser und 0,5 ml 1 m $NaHCO_3$ versetzen, 5 bis 10 Min. erhitzen, filtrieren.	In das Filtrat von P 55 Chlorgas einleiten und 30 Min. stehenlassen, roten Niederschlag abfiltrieren. Roter Niederschlag: $(NH_4)_2PdCl_6$. *Palladium.*

Schwarzer Niederschlag: IrO_2. *Iridium.* [Nach P 77 als $(NH_4)_2IrCl_6$ identifizieren.]	Filtrat wie unter P 55 beschrieben behandeln: Gelber Niederschlag: $(NH_4)_2PtCl_6$. *Platin.*	Im Filtrat Chlor verkochen, wenn Filtrat farblos, enthält Lösung kein Rhodium, Filtrat verwerfen, wenn Filtrat rot oder orange: ‡*Rhodium.* [Nach P 78 als $[Rh(NH_3)_3Cl]Cl_2$ identifizieren.]

Abtrennung und Analyse der Thalliumgruppe [P 61 bis P 63].

P 61. Zu den vereinigten perchlorathaltigen Filtraten von P 6 und P 8 werden 2 bis 4 ml 2 n HBr gegeben und nach 5 Min. Stehen filtriert. Das Filtrat wird nach P 70 verarbeitet. Der Rückstand, der die Thalliumgruppe darstellt, wird nach P 62 analysiert.

Tabelle 13. Analyse der Thalliumgruppe.

Rückstand von P 61 kann enthalten: AgBr, ThBr, *$PbBr_2$.

P 62. Rückstand wird erst mit heißem Wasser, dann mit Bromwasser extrahiert.

<table>
<tr><td rowspan="3">Rückstand von P 61: AgCl.

Rückstand in NH_4OH lösen, mit HNO_3 ansäuern.
Gelber Niederschlag: AgBr.
Silber.</td><td colspan="2">Filtrat von P 61: $TlBr_3$, $PbBr_2$.</td></tr>
<tr><td colspan="2">P 62. Filtrat mit 2 ml 6 n H_2SO_4 versetzen, filtrieren.</td></tr>
<tr><td>Rückstand von P 62: $PbSO_4$.

Rückstand in CH_3COONH_4 lösen, K_2CrO_4 zufügen, gelber Niederschlag: $PbCrO_4$. *Blei.</td><td>Filtrat von P 62: $Tl_2(SO_4)_3$.

Zum Filtrat H_2SO_3 und KJ zufügen, gelber Niederschlag: TlJ. Thallium.</td></tr>
</table>

Abtrennung der Tellur- und Kupfergruppe [P 70 bis P 71].

P 70. Das Filtrat von P 61 wird eingedampft, bis der Überschuß an HBr verkocht ist. Dann wird die Lösung mit 10 ml Wasser verdünnt und entweder durch Zusatz von Ammoniak oder von Salzsäure auf eine Wasserstoffionenkonzentration von 9 Milliäquivalent pro ml eingestellt.

P 71. In die nach P 70 vorbehandelte und erhitzte Lösung wird bis zur Sättigung Schwefelwasserstoff eingeleitet. Es wird auf 100 ml verdünnt und noch einmal mit Schwefelwasserstoff gesättigt. Der Sulfidniederschlag wird abfiltriert und gut mit Schwefelwasserstoffwasser gewaschen. Enthält die Probe Molybdän oder Iridium, so muß, damit diese vollständig abgeschieden werden, das Filtrat auf 5 ml eingedampft werden. Nach Zusatz von 10 ml 6 n HCl wird noch einmal Schwefelwasserstoff bis zur Sättigung eingeleitet. Hierdurch werden die letzten Anteile von Molybdän und Iridium gefällt. Der Sulfidniederschlag wird abfiltriert, und beide Sulfidfällungen werden gemeinsam nach P 72 analysiert. Sie enthalten die Tellur- und Kupfergruppe. Rückstand wird weiterverarbeitet nach P 72, das Filtrat nach P 91.

Abtrennung der Kupfergruppe und Analyse der Tellurgruppe [P 72 bis P 77].

Tabelle 14.

Rückstand von P 71 kann enthalten: Tellur- und Kupfergruppe. Te, Mo, Ir, Rh, Cu, Cd, Bi und Pb als Sulfide.

P 72. Rückstand von P 71 wird mit 5 bis 10 ml 12 n HCl und 1 bis 2 ml 16 n HNO_3 aufgenommen und durch Erwärmen gelöst. Danach wird zur Trockne eingedampft, der Rückstand mit 6 ml 12 n HCl aufgenommen und die Lösung kalt mit SO_2 gesättigt. Dann wird ohne zu filtrieren die Lösung mit 20 ml Wasser verdünnt, erneut mit SO_2 gesättigt und filtriert.

Rückstand von P 72: Schwarzer Rückstand elementares *Tellur*.	Filtrat von P 72: Mo, Ir, Rh, Bi, Pb, Cu und Cd als Chloride. P 73. Filtrat von P 72 mit 2 ml 16 n HNO_3 zur Trockne eindampfen, Rückstand mit 10 ml 6 n HCl aufnehmen und ohne zu filtrieren zweimal mit Äther extrahieren.

Ätherische Schicht von P 73: $MoO_3 \cdot 2\,HCl$.	Wäßrige Schicht von P 73: Ir, Rh, Bi, Pb, Cu und Cd als Chloride.
P 74.	P 75 bzw. 81.

Tabelle 14. (Fortsetzung.)

Ätherische Schicht von P 73:	Wäßrige Schicht von P 73:
P 74. Äther abdampfen, Rückstand mit 5 ml 6 n HCl aufnehmen und etwas granuliertes Zink zugeben. Die Lösung färbt sich bei Anwesenheit von Molybdän rot: $MoO(SCN)_3$. In die rote Lösung wird H_2S eingeleitet: Brauner Niederschlag: MoS_{2-3}. *Molybdän.*	Ist auf Iridium oder Rhodium zu prüfen, so muß nach P 75 verfahren werden. Sind Iridium und Rhodium jedoch auszuschließen, so kann sofort nach P 81 (Analyse der Kupfergruppe) weiter analysiert werden. P 75. Die wäßrige Schicht von P 73 wird zur Trockne eingedampft, der Rückstand mit 1 ml 6 n Essigsäure, 1 ml Wasser und 5 ml 3 m $NaNO_2$ aufgenommen und auf 60 bis 70° erwärmt. Zur warmen Lösung werden nacheinander erst 4 ml 6 n NaOH, dann 5 ml Wasser zugefügt. Der gebildete Niederschlag wird abfiltriert. Er enthält die Kupfergruppe als Hydroxyde. Analyse der Kupfergruppe: P 81 (Tab. 15).

Filtrat von P 75: $Na_3[Ir(NO_2)_6]$ und $Na_3[Rh(NO_2)_6]$.

P 76. Filtrat von P 75 mit 5 ml 12 n HCl zur Trockne eindampfen, Rückstand mit 15 ml H_2O und 2 ml 3 m Na_2CO_3 aufnehmen und auf dem Wasserbad aufkochen. Nach dem Abkühlen 2 ml 3 m Na_2CO_3 und einige Tropfen Brom zugeben, Lösung aufkochen und filtrieren. Ist Filtrat gefärbt, muß noch einmal nach Bromzusatz aufgekocht und filtriert werden. Dieser Vorgang ist zu wiederholen, bis Filtrat farblos ist. Das farblose Filtrat wird verworfen.
Blauer Niederschlag: IrO_2. Grüner Niederschlag: RhO_2.

P 77. Trennung Iridium — Rhodium. Rückstand von P 76 in 5 ml 9 n HBr lösen, mit 5 ml 12 n HCl und 1 ml 16 n HNO_3 zur Trockne eindampfen und Rückstand mit 5 ml Wasser aufnehmen. Lösung mit Chlorgas sättigen, danach zur Lösung 3 ml 3 n NH_4Cl zufügen und filtrieren.
Schwarzer Rückstand: $(NH_4)_2[IrCl_6]$. *Iridium.*

Filtrat von P 77: Bei Anwesenheit von $(NH_4)_3[RhCl_6]$ ist das Filtrat rot gefärbt.

P 78. Filtrat von P 77 mit 3 ml 15 n NH_4OH zur Trockne eindampfen, mit 2 bis 3 ml 6 n HCl aufnehmen und so viel Wasser zugeben, bis das ausgeschiedene NH_4Cl gelöst ist.
Hellgelber Niederschlag: $[Rh(NH_3)_5Cl]Cl_2$. *Rhodium.*

Analyse der Kupfergruppe [P 81 bis P 85].

Tabelle 15.

Rückstand von P 75 kann enthalten: $Bi(OH)_3$, $Pb(OH)_2$, $Cu(OH)_2$ und $Cd(OH)_2$.

P 81. Der Rückstand von P 75 bzw. von P 73 ist in 5 ml 16 n HNO_3 zu lösen. Nach Zugabe von 3 ml 18 n H_2SO_4 wird eingedampft, bis sich SO_3-Nebel bilden. Lösung wird nach dem Abkühlen mit 2 ml 18 n H_2SO_4 und 10 ml Wasser aufgenommen und filtriert. Der Rückstand wird mit 2 n H_2SO_4 gewaschen.

Rückstand von P 81: Weiß $PbSO_4$.	Filtrat von P 81: $Bi_2(SO_4)_3$, $CuSO_4$, $CdSO_4$.
Der weiße Rückstand wird nach P 63 identifiziert. Gelber Niederschlag: $PbCrO_4$. *Blei.*	P 82. Zum Filtrat von P 81 wird 6 n NH_4OH im Überschuß zugegeben, bis sich die ausgefällten Hydroxyde von Kupfer und Cadmium wieder gelöst haben. Der bleibende Niederschlag wird abfiltriert.

Rückstand von P 82: Weiß $Bi(OH)_3$.	Filtrat von P 82: $[Cu(NH_3)_4]SO_4$, $[Cd(NH_3)_4]SO_4$.
P 83. Der weiße Rückstand von P 82 wird als $Bi(OH)_3$ identifiziert durch Umsetzung mit Natriumstannit. Ein schwarzer Niederschlag von Bi zeigt: *Wismut.*	Ist das Filtrat von P 82 blau gefärbt, so enthält die Analyse Kupfer. Kupfer und Cadmium werden nebeneinander nachgewiesen. Nachweis von Kupfer: P 84. Nachweis von Cadmium: P 85.

P 84. Ein Teil des Filtrates wird mit 6n Essigsäure angesäuert und mit $K_4[Fe(CN)_6]$ versetzt. Ein roter Niederschlag zeigt *Kupfer* ($Cu_2[Fe(CN)_6]$), ein weißer *Cadmium* ($Cd_2[Fe(CN)_6]$) an.

P 85. Der Rest des Filtrates von P 82 wird bis zur völligen Entfärbung mit 3n KCN versetzt. In die farblose Lösung wird H_2S eingeleitet. Ein gelber Niederschlag zeigt *Cadmium* (CdS) an. In Lösung bleibt $K_3[Cu(CN)_4]$.

Abtrennung der Aluminium-, Nickel- und Zirkongruppe sowie der Gruppe der seltenen Erden. Nachweis von Eisen, Gallium und Phosphat [P 91 bis P 97].

Das Filtrat von P 71 enthält die Aluminium-, Nickel-, Zirkon-, Erdalkali- und Alkaligruppe sowie die Gruppe der seltenen Erden. Außerdem enthält es noch Eisen und Gallium sowie Phosphat.

P 91. Nachweis von Eisen und Phosphat. In einem kleinen Teil des Filtrates von P 71 wird zunächst der Schwefelwasserstoff verkocht, danach die Lösung mit einigen Tropfen 6 n HNO_3 eingedampft. Der Rückstand wird mit 6 n HCl aufgenommen und die salzsaure Lösung mit Äther, der mit 6 n HCl gesättigt ist, ausgeschüttelt. (Es ist besser, den Äther mit gasförmiger Salzsäure zu sättigen.)

a) Ätherische Schicht: Der Äther wird verdampft, der Rückstand mit 6 n HCl aufgenommen und in der salzsauren Lösung mittels KSCN auf Eisen geprüft. Bei Anwesenheit von *Eisen* färbt sich die Lösung durch Bildung von $Fe(SCN)_3$ tiefrot (weitere Nachweise s. S. 297).

b) Wäßrige Schicht: Zur wäßrigen Schicht wird 1 ml einer mit konz. HNO_3 angesäuerten Ammonmolybdatlösung zugegeben. Ein gelber Niederschlag von: $(NH_4)_3[PO_4(Mo_3O_9)] \cdot aq$ zeigt *Phosphat* an.

P 92. Acetat-Phosphat-Trennung. Im Filtrat von P 71 wird zuerst der Schwefelwasserstoff verkocht, dann die Lösung mit etwas Brom aufoxydiert. Überschüssiges Brom wird verdampft. Die Lösung wird nun mit 4 ml 6n NH_4OH aufgekocht, und zur heißen Lösung werden 15 ml 3 m Ammoniumacetat zugefügt. Bildet sich hierbei kein Niederschlag, so enthält die Probe kein Eisen, Aluminium, Gallium, Titan und Zirkon. Unbeschadet, ob sich in der Lösung ein Niederschlag gebildet hat oder nicht, werden nach dem Abkühlen 3 ml 3 m $Fe(NO_3)_3$ in kleinen Anteilen zugefügt. Ballt sich nun beim Aufkochen der Niederschlag schlecht zusammen, so werden einige Tropfen 3 m $(NH_4)_2HPO_4$ zugefügt. Es wird noch einmal aufgekocht, dann filtriert.

Der Niederschlag kann außer Eisen noch Gallium, Chrom, Vanadin, Wolfram, Aluminium, Indium, Zirkon, Titan, Zink, Kobalt, Nickel, Beryllium und Uran als Hydroxyde, basische Acetate, Phosphate oder Vanadate enthalten sowie seltene Erden, letztere jedoch nur, wenn die Probe Phosphat enthält. Der Niederschlag wird nach P 93 weiter untersucht.

Im Filtrat können sich befinden: Mangan, Zink, Kobalt, Nickel, Uran, Beryllium, seltene Erden, Erdalkalien und Alkalien sowie unter bestimmten Bedingungen auch Chrom. Das Filtrat wird weiteranalysiert nach P 96.

P 93. Extraktion von Eisen und Gallium. Der Rückstand von P 92 wird in 5 bis 10 ml 6 n HCl gelöst, auf 1 ml eingedampft, mit 10 ml 6 n HCl verdünnt und mit Äther, der an HCl gesättigt ist, extrahiert. Die salzsaure Lösung muß so oft mit Äther extrahiert werden, bis die ätherische Schicht nach dem Durchschütteln farblos bleibt. Sie enthält $FeCl_3$ und $GaCl_3$ und wird nach P 94, die wäßrige Schicht nach P 95 analysiert.

P 94. Nachweis von Gallium. Ätherische Schicht zur Trockne eindampfen, Rückstand mit 3 ml 6 n HCl aufnehmen und die salzsaure Lösung mit 0,5 bis 1,0 ml Quecksilber durchschütteln. Hierdurch wird $FeCl_3$ zu $FeCl_2$ reduziert. Lösung filtrieren, Filtrat mit Äther, der an HCl gesättigt ist, extrahieren. Die wäßrige Schicht enthält $FeCl_2$; sie wird verworfen. Die ätherische Schicht enthält $GaCl_3$ sowie Spuren von $FeCl_2$. Sie wird zur Trockne eingedampft, der Rückstand mit wenig Wasser aufgenommen und das Eisen mit 3 n NaOH ausgefällt und abfiltriert. Das Filtrat wird tropfenweise mit Essigsäure versetzt. Bei Anwesenheit von Gallium bildet sich hierbei ein weißer, gelatinöser Niederschlag von $Ga(OH)_3$. *Gallium.* (Weitere Nachweisreaktionen s. S. 299.)

P 95. Die salzsaure, wäßrige Schicht der Ätherextraktion von P 93 wird mit 5 ml 16 n HNO_3 zur Trockne eingedampft, der Rückstand mit 5 ml Wasser aufgenommen. Die Lösung wird, ohne zu filtrieren, mit 3 n NaOH stark alkalisch gemacht, dann wird unter Umrühren 0,5 g festes Na_2O_2 zugefügt, mit Wasser auf 40 ml verdünnt, aufgekocht und filtriert.

Das Filtrat wird mit dem Filtrat von P 97 vereinigt. Es enthält die Aluminiumgruppe und wird unter P 101 weiter analysiert. Der Rückstand enthält die Zirkongruppe, er wird nach P 131 analysiert.

P 96. Das Filtrat der Acetatabtrennung von P 92 wird mit 6 n NH_4OH ammoniakalisch gemacht, bis die Lösung deutlich nach Ammoniak riecht. Danach wird aufgekocht, heiß mit Schwefelwasserstoff gesättigt und filtriert. Das Filtrat enthält die Erdalkali- und Alkaligruppe. Es wird nach P 151, der Rückstand nach P 97 analysiert.

P 97. Der Rückstand von P 96 wird in 5 ml 6 n HNO_3 gelöst, vom ausgeschiedenen Schwefel abfiltriert, mit 6 n NaOH alkalisch gemacht. Nach Zugabe von 0,5 g festen Na_2O_2 wird aufgekocht und filtriert. Das Filtrat wird mit dem von P 95 vereinigt und, wie unter P 101 beschrieben, untersucht. Es enthält die Aluminiumgruppe. Der Rückstand von P 97 enthält die Nickelgruppe und die Gruppe der seltenen Erden. Er wird nach P 121 analysiert.

Analyse der Aluminiumgruppe [P 101 bis P 116].

Tabelle 16.

<table>
<tr><td colspan="4">Die vereinigten Filtrate der beiden $NaOH$-Na_2O_2-Trennungen von P 95 und P 97 können enthalten: Na_2CrO_4, Na_3VO_4, $Na[Al(OH)_4]$, $Na[Be(OH)_3]$, $Na_2U_2O_7$, $Na[Zn(OH)_3]$, Na_2HPO_4.</td></tr>
<tr><td colspan="4">P 101. Die beiden vereinigten Filtrate werden mit 6 n HNO_3 neutralisiert, mit H_2O auf 100 ml verdünnt und mit 1 ml 1 m H_2O_2 und 1 g festem $NaHCO_3$ versetzt, dann in einer geschlossenen Druckflasche 15 bis 20 Min. lang erhitzt. Nach dem Abkühlen wird filtriert.</td></tr>
<tr><td colspan="2">Filtrat von P 101: Na_2CrO_4, Na_3VO_4, Na_2WO_4, $Na_4[UO_2(CO_3)_3]$, Na_2HPO_4.</td><td colspan="2">Rückstand von P 101: $Al(OH)_3$, $ZnCO_3$, $BeCO_3$, [‡Uranylvanadat; ‡Uran, mitgefällt durch Al.]</td></tr>
<tr><td colspan="2">P 102. Das Filtrat von P 101 wird, nachdem es mit 6 n HNO_3 neutralisiert ist, mit 1 ml 3 m $Pb(NO_3)_2$ versetzt. Der Niederschlag wird abfiltriert.</td><td colspan="2" rowspan="2">P 111. Der Rückstand von P 101 wird in 5 ml 6 n HCl gelöst, dann werden 10 ml Äther, der an HCl-Gas gesättigt ist, zugefügt. Die Lösung bleibt an einem kühlen Ort einige Zeit stehen. Bei Anwesenheit von Aluminium bildet sich ein weißer kristalliner Niederschlag, der abfiltriert wird.</td></tr>
<tr><td>Rückstand von P 101: gelb, $PbCrO_4$.</td><td>Filtrat von P 102: $UO_2(NO_3)_2$, H_3VO_4, $Pb(NO_3)_2$, $H_3[PO_4(W_3O_9)_4 \cdot aq$.</td></tr>
<tr><td rowspan="2">P 103.</td><td rowspan="2">P 104.</td><td>Rückstand von P 111: Weiß: $AlCl_3 \cdot 6\,H_2O$.</td><td>Filtrat von P 111: $ZnCl_2$, $BeCl_2$, [†$AlCl_3$, ‡UO_2Cl_2, ‡$VOCl_2$].</td></tr>
<tr><td>P 112.</td><td>P 113.</td></tr>
</table>

Tabelle 16. (Fortsetzung.)

Rückstand von P 101: gelb $PbCrO_4$.	Filtrat von P 102: $UO_2(NO_3)_2$, H_3VO_4, $Pb(NO_3)_2$, $H_3[PO_4(W_3O_9)_4] \cdot aq$.
P 103. Rückstand von P 101 in 3n HNO_3 lösen und mit Äther und H_2O_2 auf Chrom prüfen. Färbt sich die Ätherschicht blau, enthält die Probe Chrom. CrO_5 *Chrom.*	P 104. Im Filtrat von P 102 wird durch Einleiten von H_2S das Pb als PbS gefällt und abfiltriert. H_2S wird verkocht, das reduzierte Vanadin mit Br_2 aufoxydiert. Die Lösung wird auf 40 ml eingedampft, mit 6 n NH_4OH neutralisiert und mit 5 ml Essigsäure und 5 ml 1 m Na_2HPO_4 versetzt. Niederschlag abfiltrieren und mit 1 m NH_4NO_3 waschen.

Rückstand von P 104:	Filtrat von P 104: H_3VO_4, $H_3[PO_4(W_3O_9)_4]$ aq.
P 105. Rückstand von P 104 in heißer 6 n HCl lösen, auf 0,2 ml eindampfen 10 ml 5 m NaCl, danach 5 ml 1 m $K_4[Fe(CN)_6]$ hinzufügen. Dunkelbrauner Niederschlag. $K_2(UO_2)[Fe(CN)_6]$. *Uran.*	P 106. Filtrat von P 104 mit 6 n NH_4OH neutralisieren, danach 5 ml 6 n NH_4OH im Überschuß hinzuzugeben. Die Lösung mit H_2S sättigen. Enthält die Probe Vanadin, so ist die Lösung violett gefärbt $[(NH_4)_3VS_4]$. Bei Anwesenheit von Wolfram ist die Lösung gelb gefärbt $[(NH_4)_2WS_4)$. Lösung mit 6 n HNO_3 ansäuern u. filtrieren.

Rückstand von P 106: V_2S_{4-5}.	Filtrat von P 106: $H_3[PO_4(W_3O_9)_4]$ aq $VO(NO_3)_2$
Schwarzen Rückstand in 6 n HNO_3 lösen, H_2O_2 hinzufügen: Orangerote Lösung. $H_3[VO_2(O_2)_2]$. *Vanadin.*	[Filtrat von P 106 kann nur dann Wolfram enthalten, wenn bei P 91 Phosphat nachgewiesen wurde]. P 107. Durch Zusatz von NH_4OH und $Mg(NO_3)_2$ wird das Phosphat ausgefällt, danach die Lösung eingedampft und der Rückstand mit 6 n HNO_3 aufgenommen. Bei Anwesenheit von Wolfram bildet sich hierbei ein gelber Rückstand von H_2WO_4. *Wolfram* (identifizieren n. P 36)

Rückstand von P 111: $AlCl_3 \cdot 6\,H_2O$.	Filtrat von P 111: $ZnCl_2$, $BeCl_2$, [†$AlCl_3$, ‡UO_2Cl_2, ‡$VOCl_2$].
P 112. Rückstand in 2 ml 6n-HNO_3 lösen, mit einigen Tropfen einer 0,05 m $Co(NO_3)_2$ versetzen, 5 ml 3 m Na_2CO_3 zugeben und filtrieren. Der Niederschlag wird kräftig geglüht. Glührückstand: Blau. x CoO. Al_2O_3. *Aluminium.*	P 113. Filtrat von P 111 auf 2 bis 3 ml eindampfen, mit 20 ml H_2O aufnehmen und 6 n NH_4OH zufügen, bis die Lösung deutlich nach Ammoniak riecht. Danach Lösung aufkochen und filtrieren.

Rückstand von P 113: $Be(OH)_2$, $(NH_4)_2U_2O_7$, [‡Uranylvanadat, ‡Al, ‡Zn].	Filtrat von P 113: $Zn(NH_3)_4Cl_2$.
P 115. Rückstand von P 113 in 5 ml 3 n Essigsäure lösen, zur Trockne eindampfen, Trockenrückstand in 5 bis 10 ml Eisessig lösen und wieder bis zur Trockne eindampfen. Dieser Rückstand wird nun mit Chloroform extrahiert.	P 114. Filtrat von P 113 mit Essigsäure ansäuern, H_2S einleiten. Weißer Niederschlag: ZnS. ZnS in 6 n HNO_3 lösen und wie unter P 112 mit $Co(NO_3)_2$ prüfen. (ZnO · x CoO). *Zink.*

Rückstand von P 115: U, V, Al, Zn, †Be.	Chloroformlösung v. P 115: basisches Berylliumacet.
P 116. Rückstand von P 115 mit 20 bis 25 ml 1%iger $NaHCO_3$ digerieren, danach abfiltrieren.	P 115a. Filtrat eindampfen, mit 6 n HNO_3 aufnehmen und 6 n NH_4OH zufügen. Weißer Niederschlag: $Be(OH)_2$. *Beryllium.*

Filtrat von P 116. U und V. Nachweis auf Uran s. P 105. *Uran.*	Rückstand von P 116: Der Rückstand enthält Spuren von: Al, Zn, Be und Fe. (Rückstand ist zu verwerfen.)

Analyse der Nickelgruppe. Abtrennung der seltenen Erden [P 121 bis P 125].

Tabelle 17.

Der Rückstand von P 97 kann enthalten: $MnO(OH)_2$, $Co(OH)_3$, $Ni(OH)_2$, ‡Zn als Manganit oder Hydroxyd und seltene Erden als Hydroxyde.

P 121. Rückstand von P 97 wird in 5 bis 20 ml 6 n HCl gelöst, filtriert und zur Trockne eingedampft. Der entstandene Rückstand wird mit 5 ml 16 n HNO_3 aufgenommen, erneut zur Trockne eingedampft, dann mit 10 ml 16 n HNO_3 und 0,5 g $KClO_3$ 1 bis 2 Min. lang erhitzt. Bildet sich hierbei kein Niederschlag, so enthält die Probe kein Mangan. Es kann sofort nach P 123 weiter gearbeitet werden. Bildet sich ein schwarzer Niederschlag, so ist die Probe manganhaltig. In diesem Fall wird unter Erhitzen so lange $KClO_3$ hinzugefügt, bis alles Mangan ausgefallen ist. Der Niederschlag wird abfiltriert.

Rückstand von P 121: MnO_2.

P 122. Rückstand von P 121 in 5 ml 6 n HNO_3 und 2 ml 3 m H_2O_2 lösen, 3 g festes Natriumwismutat zugeben und erhitzen. Es bildet sich eine purpurfarbene Lösung: $HMnO_4$. *Mangan.*

Filtrat von P 121: Co, Ni, Zn und seltene Erden als Nitrate.

P 123. Zum Filtrat von P 121 wird 6 n NH_4OH zugesetzt, bis die Lösung alkalisch reagiert. Bildet sich hierbei kein Niederschlag, so enthält die Probe keine seltenen Erden. In diesem Fall wird die Lösung mit H_2S gesättigt, der Sulfidniederschlag abfiltriert und nach P 124 weiter verarbeitet. Das Filtrat wird verworfen. Bildet sich beim Versetzen mit NH_4OH ein Niederschlag, so wird dieser mit 3 n Essigsäure gerade wieder aufgelöst. Dann wird die Lösung mit 3 g Ammoniumacetat versetzt und mit H_2S gesättigt. Der Niederschlag wird abfiltriert.

Rückstand von P 121: ZnS, CoS und NiS.

Rückstand weiß: Analyse enthält kein Co und Ni. Auf Zn nach P 114 prüfen. Rückstand schwarz: nach P 124 analysieren.

P 124. Rückstand von P 123 wird mit 10 bis 30 ml kalter 1 n HCl digeriert, der Rückstand abfiltriert.

Filtrat von P 123: Seltene Erden.

P 123a. Im Filtrat H_2S verkochen, durch Zugabe von 6 n NH_4OH die seltenen Erden als Hydroxyde ausfällen und abfiltrieren. Der Rückstand wird zusammen mit dem Rückstand von P 95 unter P 131 analysiert. Filtrat ist zu verwerfen.

Filtrat von 124: $ZnCl_2$ [$^+CoCl_2$, $^+NiCl_2$].

P 124a. Filtrat mit 6 n NaOH alkalisch machen, 2 g Na_2O_2 zugeben, aufkochen und filtrieren. Rückstand besteht aus $Co(OH)_3$ und $Ni(OH)_2$. Er wird mit dem Rückstand von P 124 gemeinsam verarbeitet.

Filtrat von P 124a wird mit $(NH_4)_2S$ versetzt. Weißer Niederschlag: ZnS. ‡*Zink.* [Identifizieren nach P 114.]

Rückstand von P 124: CoS und NiS.

P 125. Die vereinigten Niederschläge von P 124 und 124a werden unter Zusatz von 1 g $KClO_3$ in 5 bis 10 ml 6 n HCl gelöst. Die Lösung wird zur Trockne eingedampft, der Trockenrückstand mit 5 ml 1 n Essigsäure aufgenommen und mit 3 ml 3 m KNO_2 versetzt. Gelber Niederschlag: $K_2[Co(NO_2)_6]$. *Kobalt.*

Gelben Niederschlag abfiltrieren, im Filtrat mit 1 ml einer 1%igen alkoholischen Lösung von $(CH_3)_2C_2(NOH)_2$. [Dimethylglyoxin] auf Nickel prüfen. Roter Niederschlag: *Nickel.*

Abtrennung der Zirkongruppe von den seltenen Erden und Analyse der Zirkongruppe (P 131 bis P 135).

Der Hydroxydniederschlag der $NaOH$-Na_2O_2-Trennung von P 95 kann enthalten: In, Zr, Ti, Zn, Co, Ni und seltene Erden. Der Rückstand der Trennung P 123a enthält nur seltene Erden, ebenfalls als Hydroxyde. Beide Hydroxydniederschläge werden vereinigt und unter P 131 weiter verarbeitet.

P 131. *Abtrennung der seltenen Erden.* Die vereinigten Niederschläge von P 95 und P 123a werden in 5 bis 10 ml 6 n HCl gelöst und nach Zugabe von 0,5 ml 27 n HF auf dem Wasserbad 10 Min. lang gekocht. Bildet sich kein Niederschlag, so enthält die Probe keine seltenen Erden, die Lösung kann nach P 132 weiter behandelt werden. Bildet sich ein Niederschlag, so wird er abfiltriert. Der Niederschlag enthält die seltenen Erden sowie Spuren von Indium; er wird nach P 141 analysiert.

Analyse der Zirkongruppe [P 132 bis P 135].

Tabelle 18.

<table>
<tr><td colspan="3">Filtrat von P 131 kann enthalten: In, Zr, Ti, Zn, Co und Ni als Fluoride.</td></tr>
<tr><td colspan="3">P 132. Filtrat von P 131 mit 6 n NH_4OH neutralisieren, danach mit 6 n HF schwach ansäuern. Lösung mit H_2S sättigen, Sulfidniederschlag abfiltrieren.</td></tr>
<tr><td>Rückstand von P 132: In_2S_3, ZnS, †CoS, †NiS.</td><td colspan="2">Filtrat von P 132: H_2ZrF_6, H_2TiF_6, CoF_2, NiF_2.</td></tr>
<tr><td rowspan="2">P 133. Rückstand von P 132 in 3 ml 6 n HCl lösen, notfalls unter Zusatz einiger Tropfen 6 n HNO_3, H_2S verkochen, vom ausgeschiedenen Schwefel abfiltrieren und Filtrat mit 6 n NH_4OH alkalisch machen. Bei Anwesenheit von Indium bildet sich ein weißer Niederschlag, der abfiltriert wird. Das Filtrat, das geringe Mengen von Zn, CO und Ni enthält, wird verworfen. Niederschlag in 6 n Essigsäure lösen, Lösung mit H_2S sättigen. Gelber Niederschlag: In_2S_3. *Indium.*</td><td colspan="2">P 134. Filtrat von P 132 mit 3 ml 6 n H_2SO_4 eindampfen, bis sich SO_3-Nebel entwickeln. Lösung nach dem Erkalten mit 5 ml Wasser aufnehmen, 10 ml 1 m H_2O_2 und 10 ml 1 m Na_2HPO_4 zugeben, Niederschlag abfiltrieren.</td></tr>
<tr><td>Rückstand von P 134: Weiß. $Zr(HPO_4)_2$. *Zirkon.*</td><td>Filtrat von P 134: Orange. $[Ti(O_2)]^{++}$. Filtrat mit Na_2SO_3-Lösung behandeln. Weißer Niederschlag: $Ti(HPO_4)_2$. *Titan.*</td></tr>
</table>

Analyse der seltenen Erden [P 141 bis 145].

Tabelle 19.

<table>
<tr><td colspan="2">Der Rückstand von P 131 kann enthalten: Sc, ‡In und seltene Erden als Fluoride.</td></tr>
<tr><td colspan="2">P 141. Der Fluoridniederschlag von P 131 wird mit 10 ml 16 n NH_4OH und 5 ml 27 n HF erhitzt, nach dem Abkühlen wird vom nichtgelösten Rückstand abfiltriert.</td></tr>
<tr><td>Bleibender Rückstand von P 131: InF_3 und Fluoride der seltenen Erden.</td><td>Filtrat von P 131: $NH_4[ScF_6]$.</td></tr>
<tr><td>P 143. Rückstand von P 131 mit 2 ml 18 n H_2SO_4 erhitzen, bis sich SO_3-Nebel bilden, erkaltete Lösung mit 5 ml Wasser verdünnen und mit einem Überschuß von 6 n NH_4OH das Indium als $In(OH)_3$ und die seltenen Erden als Hydroxyde fällen. Der Hydroxydniederschlag wird abfiltriert, das Filtrat verworfen. Der Niederschlag wird in 6 n Essigsäure gelöst und die Lösung mit H_2S gesättigt.
Gelber Niederschlag: In_2S_3. *Indium.*

P 143a. Das ausgefällte In_2S_3 wird abfiltriert, das Filtrat enthält die seltenen Erden. Filtrat nach Zugabe von 1 ml 16 n HNO_3 zur Trockne eindampfen, Trockenrückstand mit 3 ml 16 n HNO_3 aufnehmen und nach Hinzufügen von 0,5 g festes $KClO_3$ aufkochen. Zur erkalteten Lösung 2 ml 0,35 m KJO_3 zufügen, Niederschlag abfiltrieren und mit 0,35 m KJO_3 auswaschen.</td><td>P 142. Filtrat von P 131 mit 2 ml 18 n H_2SO_4 abrauchen, bis sich SO_3-Nebel bilden, erkaltete Lösung mit 10 ml Wasser aufnehmen, mit 6 n NH_4OH alkalisch machen. Bei Anwesenheit von Scandium bildet sich hierbei $Sc(OH)_3$. Der Niederschlag wird abfiltriert, in 6n HCl gelöst, die Lösung zur Trockne eingedampft und der Rückstand mit Wasser aufgenommen. Ein Tropfen 27 n HF fällt aus dieser Lösung einen weißen Niederschlag, der in NH_4F-Lösung löslich ist. ScF_3. *Scandium.*</td></tr>
<tr><td>Rückstand von P 143a: $Th(JO_3)_4$, [weiß], $Ce(JO_3)_4$ [gelb].</td><td>Filtrat von P 143: Restliche seltene Erden.</td></tr>
</table>

Tabelle 19. (Fortsetzung.)

Rückstand von P 143a:

P 144. Zum Rückstand von P 143 2 ml 1 m H_2O_2 und 3 ml 16 n HNO_3 zufügen und zum Kochen erhitzen. Nach dem Abkühlen 2 ml 0,35 m KJO_3 zugeben, gebildeten Niederschlag abfiltrieren.

Rückstand von P 144: Weiß: $Th(JO_3)_4$.	Filtrat von P 144: $Ce(JO_3)_3$.
P 145. Rückstand von P 144 mit 2 ml 6 n HCl zur Trockne eindampfen, Rückstand mit 5 ml Wasser aufnehmen, 2 ml 1 m H_2O_2 zugeben und 5 bis 10 Min. lang auf 60 bis 70° erhitzen. Weißer Niederschlag: $ThO_2 \cdot H_2O_2$. *Thorium.*	P 146. Filtrat von P 144 mit 6 n NH_4OH alkalisch machen. Bei Anwesenheit von Cer bildet sich ein gelber Niederschlag von $CeO_2 \cdot H_2O_2$. *Cer.*

Filtrat von P 143:

P 147. Filtrat von P 143 mit 6 n NH_4OH alkalisch machen. Bildet sich kein Niederschlag, so enthält die Lösung keine weiteren seltenen Erden.

Bildet sich ein Niederschlag, so wird er abfiltriert, das Filtrat wird verworfen. Niederschlag mit 5 ml 6 n HCl zur Trockne eindampfen, Trockenrückstand in 5 ml Wasser lösen und zur Lösung 5 ml einer 50%igen K_2CO_3-Lösung zufügen. Ein sich bildender Niederschlag wird abfiltriert und mit Wasser ausgewaschen.

Rückstand von P 147: Lanthan-Untergruppe (La, Pr, *Nd, *Sm, *Eu) (Yttrium-Untergruppe) als: $KMe(CO_3)_2$.

P 147a. Niederschlag von P 147 mit 6 n HNO_3 vom Filter lösen.

Filtrat von P 147: Yttrium-Untergruppe (Y, Gd, Tb, Dy, Ho, Er, Tm, Yb, Cp (Lu), alle als: $KMe(CO_3)_2$. Außerdem noch: †Nd, †Sm, †Eu.

P 147b. Filtrat von P 147 mit 5 ml 6 n HCl aufkochen, mit 6 n NH_4OH alkalisch machen und die ausgeschiedenen Hydroxyde abfiltrieren. Das Filtrat wird verworfen.

P 148. Niederschlag von P 147b mit 6 n HCl vom Filter lösen, Lösung zur Trockne eindampfen, Rückstand mit 1,5 ml 90%ige Essigsäure aufnehmen, 5 ml 6 n NH_4OH zufügen und erhitzen. Beim Abkühlen scheidet sich ein kristalliner Niederschlag ab. Niederschlag abfiltrieren.

Rückstand von P 148: Nd, Sm, Eu (‡Yttrium-Untergruppe).	Filtrat von P 148: Yttrium-Untergruppe.
P 148a. Rückstand von P 148 mit 6 n HNO_3 lösen und mit 3 ml Wasser verdünnen.	P 148b. Filtrat von P 148 mit 6 n NH_4OH alkalisch machen. Weißer oder rötlicher Niederschlag: *Yttrium-Untergruppe.*

Salpetersaure Lösung von P 147a mit der von P 148a vereinigen, mit 6 n NH_4OH alkalisch machen, aufkochen und filtrieren. Das Filtrat wird verworfen, der Rückstand nach P 149 analysiert.

P 149. Rückstand mit 6 n HNO_3 vom Filter lösen, salpetersaure Lösung zur Trockne eindampfen. Zum Trockenrückstand 2 Tropfen 6 n HNO_3, 2 bis 3 Tropfen Wasser und 7 g $NaNO_3$ zufügen und 5 Stunden lang auf einem Schwefelbad erhitzen. Erkaltete Schmelze mit soviel kaltem Wasser ausziehen, bis $NaNO_3$ gerade gelöst ist. Lösung vom Schmelzrückstand abfiltrieren. (Filtrat = I.)

Filtrat I (wäßriger Auszug von P 145): *La, †Nd, †Sm.

Filtrat I mit 6 n NH_4OH versetzen, bis Lösung alkalisch reagiert, ausgefällten Hydroxydniederschlag abfiltrieren, Filtrat verwerfen, Niederschlag mit 5 ml 50%iger K_2CO_3-Lösung 2 Stunden lang auf dem Wasserbad erhitzen, danach filtrieren.

Rückstand: Weiß: $KLa(CO_3)_2$. *Lanthan.*	Filtrat: Nd, Sm. *Neodym, Samarium.*

In Wasser nicht löslicher Anteil der Schmelze von P 145 ist mit einer Mischung von 5 ml 3 m-CH_3COONa und 2 ml 3 n CH_3COOH zu extrahieren. [Acetatauszug = Filtrat II.]

Filtrat II. Mit 6 n NH_4OH alkalisch machen, Niederschlag abfiltrieren, Filtrat verwerfen, Rückstand: **Neodym*, **Samarium*, †*Lanthan*, ‡*Praseodym* (‡Yttrium-Untergruppe.)	In Acetatlösung unlöslicher Rückstand: Braun: PrO_2. *Praseodym.* Rückstand in 6 n HCl lösen, seltene Erden mit 6 n NH_4OH ausfällen, abfiltrieren. *Praseodym*, †*Lanthan*, ‡*Neodym.*

Abtrennung und Analyse der Erdalkaligruppe [P 151 bis P 158].

Im Filtrat von P 96 können Metalle der Erdalkali- und der Alkaligruppe enthalten sein.

P 151. Abtrennung der Erdalkaligruppe. Filtrat wird mit 5 ml 6 n HCl zur Trockne eingedampft, die Ammoniumsalze werden durch Erhitzen vertrieben. Der Trockenrückstand wird mit 5 bis 10 ml Wasser aufgenommen, Verunreinigungen müssen notfalls abfiltriert werden. Zur Lösung werden 5 ml 3 m $(NH_4)_2CO_3$ und 5 ml Alkohol zugefügt, dann wird erhitzt. Der gebildete Niederschlag, der die Erdalkaligruppe enthält, wird abfiltriert und nach P 152 analysiert. Das Filtrat enthält die Alkaligruppe, deren Analyse nach P 161 durchgeführt wird.

Analyse der Erdalkaligruppe [P 152 bis P 158].

Tabelle 20.

Ammoniumcarbonatfällung von P 151 kann enthalten: $BaCO_3$, $SrCO_3$, $CaCO_3$ und $MgCO_3$.

P 152. Rückstand von P 151 in 5 bis 10 ml 6 n Essigsäure lösen, zur Lösung 3 ml 3 m Ammoniumacetat zufügen, dann 3 ml 3 m K_2CrO_4. Der Niederschlag wird abfiltriert.

<table>
<tr><td>Rückstand von P 152: Gelb, $BaCrO_4$.</td><td colspan="2">Filtrat von P 152: Sr, Ca, Mg (und CrO_4^{2-}).</td></tr>
<tr><td>P 153. Rückstand von P 152 in 6 n HCl lösen, zur Trockne eindampfen, Rückstand mit 6 n Essigsäure aufnehmen, 3 m Ammoniumacetat zufügen und mit 3 m K_2CrO_4 versetzen. Gelber Niederschlag: $BaCrO_4$. *Barium*.</td><td colspan="2">P 154. Filtrat von P 152 mit 6 n NH_4OH gerade neutralisieren, 5 ml C_2H_5OH zufügen und Niederschlag abfiltrieren.</td></tr>
<tr><td></td><td>Rückstand von P 154: Gelb: $SrCrO_4$, $(CaCrO_4)$ [1].</td><td>Filtrat von P 154: Ca und Mg.</td></tr>
<tr><td></td><td>P 155. Rückstand von P 154 mit 5 ml 3 m $(NH_4)_2CO_3$ und 5 ml 3 m $K_2C_2O_4$ kochen, filtrieren, Filtrat verwerfen.</td><td>P 156. Filtrat von P 154 mit 3 ml $K_2C_2O_4$ versetzen, Niederschlag abfiltrieren.</td></tr>
<tr><td colspan="2">Rückstand von P 155: $SrCO_3$ (CaC_2O_4).</td><td>Rückstand von P 156: CaC_2O_4 (MgC_2O_4) [1].</td></tr>
<tr><td colspan="2">P 155a. Rückstand von P 155 wird mit 5 ml 3 n Essigsäure digeriert, danach filtriert.</td><td>P 157a. Rückstand von P 156 in 6 n H_2SO_4 lösen, mit Alkohol versetzen. Weißer Niederschlag: $CaCO_4$. *Calcium*.</td></tr>
<tr><td>Filtrat von P 155a: Sr als Acetat.</td><td>Rückstand von P 155a: CaC_2O_4.</td><td>Filtrat von P 156: Mg.</td></tr>
<tr><td>Zum Filtrat von P 155a 2 ml 3 m Na_2SO_4 zufügen. Weißer Niederschlag: $SrSO_4$. *Strontium*.</td><td>*Calcium*. Identifizieren nach P 157a.</td><td>P 158. Zum Filtrat von P 156 3 m Na_2HPO_4 zufügen. Weißer Niederschlag: $MgNH_4PO_4$. *Magnesium*.</td></tr>
</table>

[1] $CaCrO_4$ bzw. MgC_2O_4 fällt nur dann in Spuren aus, wenn Calcium bzw. Magnesium in großem Überschuß vorhanden ist.

Analyse der Alkaligruppe [P 161 bis P 172].

Tabelle 21.

Das Filtrat von P 151 kann enthalten: Na, Li, K, Rb und Cs als Chloride oder Sulfate.

P 161. Filtrat von P 151 zur Trockne eindampfen, danach zur Vertreibung der Ammoniumsalze bis zum Glühen erhitzen, nach dem Erkalten mit wenig Wasser aufnehmen und tropfenweise 1 m $Pb(NO_3)_2$ zufügen. Es bildet sich hierbei ein Niederschlag von $PbSO_4$, der abfiltriert und verworfen wird.

P 162. Filtrat mit H_2S sättigen, PbS abfiltrieren und verwerfen. Filtrat nach Zusatz von 5 ml 9 n $HClO_4$ zur Trockne eindampfen und mit 5 ml C_2H_5OH aufnehmen.

Filtrat von P 162: $NaClO_4$ und $LiClO_4$.

P 163. Filtrat von P 162 mit HCl-Gas sättigen.

Rückstand von P 163: NaCl.

P 164. Rückstand von P 163 in wenig Wasser lösen, 1 ml 3 m $Mg(CH_3COO)_2$ und 1 ml 3 m (UO_2) $(CH_2COO)_2$ zufügen: Grüngelber Niederschlag. $NaMg(UO_2)$ $(CH_3COO)_9$. *Natrium.*

Filtrat von P 163: Li.

P 165. Filtrat von P 163 unter Zusatz von HNO_3 zur Trockne eindampfen (Vorsicht!), Rückstand mit 3 ml Alkohol aufnehmen, 2 ml 15 n NH_4OH und 1 ml 3 m Na_2HPO_4 zufügen: Weißer Niederschlag. Li_3PO_4. *Lithium.*

Rückstand von P 162: $KClO_4$, $RbClO_4$ u. $CsClO_4$.

P 166. Rückstand von P 162 mit 5 bis 10 ml 3 m $Na_3[Co(NO_2)_6]$ digerieren, Rückstand abfiltrieren, Filtrat verwerfen.

Rückstand von P 166: $K_3[Co(NO_2)_6]$, $Rb_3[Co(NO_2)_6]$ und $Cs_3[Co(NO_2)_6]$.

P 166a. Rückstand von P 166 mit 1 ml 9 n $NaNO_2$ versetzen, zur Trockne eindampfen, Trockenrückstand glühen. Glührückstand mit 5 ml Wasser aufnehmen, mit Essigsäure neutralisieren, aufkochen und vom ungelöst bleibenden Kobaltoxyd abfiltrieren. Rückstand ist zu verwerfen.

Filtrat von P 166a: KNO_2, $RbNO_2$, $PbNO_2$ und $CsNO_2$.

P 167. Filtrat von P 166a mit 1 bis 2 ml einer mit $Bi(NO_3)_3$ gesättigten 4 n Essigsäure versetzen, nach 30 Min. filtrieren.

Filtrat von P 167: KNO_2 u. $(NaNO_2)$.

P 168. Zum Filtrat von P 167 0,3 m $Co(NO_3)_2$ zufügen: Gelber Niederschlag von $K_2Na[Co(NO_2)_6]$. *Kalium.*

Rückstand von P 167: $Rb_2Na[Bi(NO_2)_6]$ und $Cs_2Na[Bi(NO_2)_6]$.

P 169. Rückstand von P 167 im Überschuß von 16 n HCl lösen, aufkochen, konzentrierte, salzsaure Lösung von $SbCl_3$ tropfenweise zugeben und gebildeten Niederschlag nach 30 Min. abfiltrieren.

Filtrat von P 169: RbCl, CsCl, ($BiCl_3$ und $SbCl_3$).

P 170. Filtrat von P 169 mit H_2S sättigen, Sulfidniederschlag abfiltrieren und verwerfen. Filtrat zur Trockne eindampfen, Trockenrückstand mit 1 ml gesättigte $NaHC_4H_4O_6$ behandeln. (NaH-tartrat.)

Rückstand von P 169: *$Cs_3[SbCl_6]$.

Cäsium.

Rückstand von P 170: $RbHC_4H_4O_6$.

P 171. Rückstand in 9 m $NaNO_2$ lösen, $Bi(NO_3)_3$-Reagenslösung zufügen (siehe P 166a): Gelber Niederschlag von $Rb_2Na[Bi(NO_2)_6]$. *Rubidium.*

Filtrat von P 170: CsCl.

P 172. Filtrat mit 3 ml H_2O und 1 ml 1 n Silicowolframsäure versetzen, dann 30 Min. stehenlassen. Feiner weißer Niederschlag von $Cs_8[Si(W_2O_7)_6]$. *Cäsium.*

Erweiterung des Trennungsganges nach Noyes und Bray durch die Mikrogruppentrennungen nach Benedetti-Pichler.

Als Erweiterung des Trennungsganges von Noyes und Bray brachten A. A. Benedetti-Pichler und Mitarbeiter vom Jahre 1936 ab eine Reihe von Arbeiten heraus, in denen für einige der Gruppen Mikrotrennungsgänge ausgearbeitet sind. Hierbei sind zum größten Teil die von Noyes und Bray ausgearbeiteten Trennungsverfahren beibehalten, jedoch der mikrochemischen Arbeitsweise angepaßt. In einigen Fällen wurden ganz neue Gruppentrennungen gewählt. Die einzelnen Kationen werden durch typische Mikroreaktionen nachgewiesen. In den verschiedenen Abhandlungen werden die mikrochemischen Arbeitsmethoden sehr ausführlich behandelt.

Als erste Arbeit in dieser Reihe erschien 1936 ein Mikroanalysengang der Thalliumgruppe. Es handelt sich hierbei um das unter P 61 beschriebene Schema (Tab. 13). Der Nachweis des Silbers erfolgt mikrochemisch als AgBr, der des Thalliums als TlJ. Der Nachweis des Bleis wird jedoch nicht wie unter P 62 beschrieben als $PbCrO_4$, sondern als Tripelsalz: Kalium-Kupfer-Bleinitrit, $K_2CuPb(NO_2)_6$, durchgeführt (Durchführung s. S. 291).

Die zweite Veröffentlichung umfaßt die Ammonsulfidgruppe. In dieser Arbeit wird der mikrochemische Nachweis von Gallium in der ätherischen Lösung von P 93 und die mikroanalytische Trennung des Rückstandes der Ammonsulfid-Trennung von P 96 behandelt. Zum Mikronachweis des Galliums wird die Ätherschicht von P 93 gemäß P 94 behandelt und Gallium mittels $K_4[Fe(CN)_6]$ identifiziert (Durchführung s. S. 300). Nach Benedetti-Pichler kann mit dieser Nachweisreaktion noch ein Teil Gallium neben tausend Teilen Eisen erfaßt werden. — Die Aufteilung des Rückstandes von P 96 in die Nickel- und Aluminiumgruppe sowie die Aufteilung der Gruppe der seltenen Erden sind praktisch die gleichen wie bei Noyes und Bray. Es wird hier nur die Abscheidung des Mangans mittels $KClO_4$ und HNO_3, wie unter P 121 (Tab. 7 C) beschrieben, vor der $NaOH$-Na_2O_2-Trennung (s. P 97) vorgenommen. Für die Analyse des Filtrates der $NaOH$-Na_2O_2-Trennung wird ein abgeändertes Verfahren angewendet: Die Auftrennung der Aluminiumgruppe in die beiden Untergruppen mittels $NaHCO_3$-Lösung wird ähnlich wie unter P 101 in Tab. 16 beschrieben. Im Rückstand von P 101, der aus $Al(OH)_3$, $ZnCO_3$, $BeCO_3$ und Spuren Uran bestehen kann, wird in einer ausführlich erklärten Mikrofällungsapparatur das Aluminium als $AlCl_3 \cdot 6\,H_2O$ abgeschieden. Aus der Lösung wird in einer Mikroelektrosierzelle das Zink elektrolytisch gefällt und als Zink-Kupfermercurirhodanid identifiziert (Durchführung s. S. 300). Die Trennung von Beryllium und Uran erfolgt über das basische Berylliumacetat (s. P 115). Beryllium wird mit Chinalizarin (Durchführung s. S. 298), Uran mit $K_4[Fe(CN)_6]$ (Durchführung s. S. 299) mikroanalytisch nachgewiesen. Zur Analyse des Filtrates von P 101 wird ein neuer Weg gewählt: In einem Teil des Filtrates wird Chrom, wie unter P 102 und P 103 beschrieben, nachgewiesen. Um Wolfram einwandfrei neben Chrom, Uran, Vanadin und Phosphat nachzuweisen, ist es erforderlich, Chrom vollständig abzutrennen, was über das Chromylchlorid geschieht. Das Filtrat von P 101 wird zur Trockne eingedampft und nach Zusatz von einigen Tropfen einer 5 m NaCl- und 70%iger $HClO_4$-Lösung im Mikrotiegel und Aluminiumblock auf 210° erhitzt. Bei großen Chrommengen muß diese Umsetzung noch einmal wiederholt werden. Dieses Verfahren, Chrom als Chromylchlorid abzutrennen, nimmt nur wenig Zeit in Anspruch. Im Rückstand wird Wolfram durch Behandeln mit Schwefelsäure abgeschieden und mittels Stannochlorid-Salzsäure nachgewiesen (Durchführung s. S. 295). Die Abtrennung des Vanadins erfolgt mittels einer 3%igen wäßrigen Kupferronlösung unter Eiskühlung. Das ausgefällte Vanadinkupferron wird abfiltriert und mit einer Schwefelsäure-Überchlorsäure-Mischung bei 205° zerstört, der Rückstand mit Wasser aufgenommen, ammoniakalisch gemacht und das Vanadin als V_2S_5 isoliert. Im Filtrat der Vanadinfällung wird das überschüssige Kupferron zerstört, das Uran in essigsaurer Lösung als Uranylammoniumphosphat gefällt und mittels $K_4[Fe(CN)_6]$ nachgewiesen. In der sehr umfangreichen Arbeit wird noch ein kürzeres Schema beschrieben, das angewendet werden kann, wenn ein Wolframnachweis nicht erforderlich ist. Außerdem werden für die meisten beschriebenen Analysenverfahren Erfassungsgrenzen mitgeteilt.

Die dritte Arbeit dieser Reihe befaßt sich mit der Mikroanalyse der Selengruppe. Hierbei wird nur insofern von dem unter P 21 (Tab. 9) beschriebenen Trennungsgang abgewichen, als die Trennung von Arsen und Germanium mittels Magnesiamixtur in weinsaurer Lösung durchgeführt wird. In dieser Arbeit wird auch beschrieben, wie man mit Hilfe eines Wechselstromsummers das Ausflocken von Niederschlägen, die sonst leicht übersättigte Lösungen bilden, bewerkstelligen kann.

Die Analyse der Alkaligruppe, die als vierte Veröffentlichung dieser Reihe erschien, zeigt nur folgende Abweichung von dem in Tab. 21 gezeigten Schema: Zur Trennung von Kalium, Rubidium und Cäsium vom Natrium und Lithium wird nicht Überchlorsäure, sondern Platinchlorwasserstoffsäure verwendet. Die Niederschläge von K_2PtCl_6, Rb_2PtCl_6 und Cs_2PtCl_6 werden schwach geglüht, wodurch die Hexachloroplatinate in Alkalichloride und elementares Platin zerlegt werden. Die Alkalichloride werden in Wasser gelöst und vom Platin abfiltriert. Im Filtrat wird das Cäsium mittels $HBiJ_4$ als rotes kristallines $CsBiJ_4$ gefällt und abgetrennt. Nach Abscheidung des Cäsiums kann jetzt das Rubidium vom Kalium mittels $NaNO_2$ und $Bi(OH)_3$ in essigsaurer Lösung wie unter P 167 beschrieben, abgetrennt werden.

Die fünfte Arbeit dieser Reihe befaßt sich mit der Abtrennung und dem Nachweis von Osmium und Ruthenium. Hier wurde der Trennungsgang nach NOYES und BRAY beibehalten und nur den mikrochemischen Arbeitsmethoden angepaßt. Zur Identifizierung des Osmiums wurden typische Mikro- und Tüpfelreaktionen, wie mit Thioharnstoff bzw. mit Benzidinhydrochlorid und $K_4[Fe(CN)_6]$, herangezogen.

Auch bei der Trennung der Erdalkalien wurde von BENEDETTI-PICHLER die von NOYES und BRAY aufgestellte Gruppentrennung (Tab. 20) verwendet. Ebenso sind die Nachweisreaktionen die gleichen, mit Ausnahme des Nachweises von Strontium, welches als ein Tripelnitrit von Kalium, Kupfer und Strontium $K_2CuSr(NO_2)_6$, identifiziert wird. Zur besseren Erkennung der Kristallformen von $BaSO_4$, $SrSO_4$, $CaSO_4 \cdot 2\,H_2O$ und $NH_4MgPO_4 \cdot 6\,H_2O$ unter dem Mikroskop sind in der Originalarbeit halbseitige Mikroaufnahmen beigefügt.

Auch die letzte Arbeit dieser Reihe schließt sich eng an das von NOYES und BRAY gegebene Schema an. Es handelt sich hierbei um die Trennung der Tellur- und Kupfergruppe. Wiederum werden die Erfassungsgrenzen der einzelnen Elemente mitgeteilt.

Somit haben die Arbeiten von BENEDETTI-PICHLER und Mitarbeitern gezeigt, daß das Trennungsschema von NOYES und BRAY sehr leistungsfähig ist und auf mikroanalytisches Arbeiten übertragen werden kann.

Literatur:

ALSTODT, Bert S., u. A. A. BENEDETTI-PICHLER: Ind. eng. Chem. Anal. Edit. **11**, 294 (1939); (Tellur- und Kupfergruppe) [C. 1939 II, 2819].

BENEDETTI-PICHLER, A. A., u. W. F. SPIKES: Mikrochemie **19**, 239 (1936); (Thalliumgruppe) [C. 1936 II, 2573]. — BENEDETTI-PICHLER, A. A., u. W. F. SPIKES: Mikrochemie. Festschrift

Hans Molisch 3 (1936); (Ammoniumsulfidgruppe) [C. 1938 I, 378]. — Benedetti-Pichler, A. A.: Fr. 70, 268 (1927); (Mikroelektrolysierzelle) [C. 1927 I, 2113]. — Benedetti-Pichler, A. A., u. I. K. Rachele: Ind. eng. Chem. Anal. Edit. 9, 589 (1937); (Selengruppe) [C. 1938 II, 1452]. — Benedetti-Pichler, A. A., u. I. T. Bryant: Ind. eng. Chem. Anal. Edit. 10, 107 (1938); (Alkaligruppe) [C. 1938 II, 3278]. — Benedetti-Pichler, A. A., u. I. R. Rachele: Mikrochemie 24, 16 (1938); (Osmium und Ruthenium) [C. 1938 II, 3778]. — Benedetti-Pichler, A. A., W. C. Crowell u. C. Donahoe: Ind. eng. Chem. Anal. Edit. 11, 117 (1939); (Erdalkalien) [C. 1940 I, 2205].

Noyes, Arthur A., u. W. C. Bray: A system of qualitative Analysis for the rare elements. The McMillan Company. New York 1927.

B. Trennungsgänge mittels Sulfidfällungen.

a) Der Schwefelwasserstoff-Trennungsgang.

Dieser Trennungsgang beruht auf der verschiedenen Löslichkeit der Metallsulfide im sauren, neutralen oder alkalischen Medium. In seinen Grundzügen wurde er bereits 1840 von Fresenius aufgestellt. Je nach dem Verhalten der Sulfide unterscheidet man vier Gruppen:

a) In diese Gruppe gehören die Sulfide, die aus 0,2 bis 2 n HCl mit Schwefelwasserstoff ausgefällt werden und sich mit Hilfe von Alkalisulfiden bzw. Alkalien nicht lösen lassen, z. B. Bleisulfid, Kupfersulfid und Cadmiumsulfid.

b) Die Sulfide dieser Gruppe sind ebenfalls aus salzsaurer Lösung ausfällbar. Sie lassen sich jedoch durch Alkalisulfide bzw. Alkalien in Lösung bringen. Zu ihnen gehören z. B. die Sulfide von Arsen und Antimon.

c) Es folgen die Sulfide, die mit Schwefelwasserstoff zwar nicht aus saurer, wohl aber aus neutraler und alkalischer Lösung abgeschieden werden können. Hierzu gehören: Kobalt-, Nickel-, Zink- und Eisensulfid. Man fällt sie aus neutraler Lösung mit Hilfe von Schwefelammonium.

d) Zu dieser Gruppe gehören die Sulfide, welche in saurer, neutraler und alkalischer Lösung löslich sind. Die Erdalkali- und Alkalisulfide gehören hierher.

Durch dieses verschiedene Verhalten der einzelnen Metallsulfide ergibt sich folgendes Trennungsschema:

Nach Abtrennung der I. Gruppe, der sogenannten Salzsäuregruppe, mittels Salzsäure wird aus salzsaurer Lösung mit gasförmigem Schwefelwasserstoff die II. Gruppe, die sogenannte Schwefelwasserstoffgruppe, ausgefällt. Durch Behandeln des Sulfidniederschlages mit gelbem Schwefelammonium geht ein Teil der Sulfide in Lösung. Die in Schwefelammonium unlöslichen Sulfide bilden die Untergruppe IIa, der lösliche Anteil besteht aus der Untergruppe IIb. Die Untergruppe IIa wird auch Kupfergruppe, die Untergruppe IIb auch Arsen-Zinngruppe genannt. Aus dem Filtrat der II. Gruppenfällung wird, nach Verkochen des Schwefelwasserstoffs und Neutralisation mit Ammoniak, mittels Schwefelammonium die III. Gruppe, die sogenannte Schwefelammoniumgruppe (Ammonsulfidgruppe), ausgefällt. Der Niederschlag der III. Gruppe besteht aus einem Sulfid-Hydroxydgemisch. Im Filtrat der Schwefelammoniumfällung werden nach Entfernung der überschüssigen Ammoniumsalze die Erdalkalien mittels Ammoniumcarbonat gefällt. Zugefügtes Ammoniumchlorid verhindert ein Mitfällen des Magnesiums. Der Niederschlag der Erdalkalien bildet die IV. Gruppe. Im Filtrat verbleiben Magnesium und die Alkalien.

Tab. 22 zeigt den schematischen Gang des sogenannten Schwefelwasserstoff-Trennungsganges unter Verwendung der 22 bei den Schulanalysen gebräuchlichen Kationen.

Tabelle 22. Einfacher Sulfid-Trennungsgang nach Fresenius. Dieser Trennungsgang berücksichtigt nur die für einfache Schulanalysen üblichen 22 Kationen (As, Sb, Sn, Hg, Bi, Pb, Cu, Cd, Fe, Mn, Co, Ni, Al, Cr, Zn, Mg, Ca, Sr, Ba, K, Na).

Abtrennung der I. Gruppe (Salzsäuregruppe): Zur neutralen oder salpetersauren Analysenlösung wird HCl zugefügt, der gebildete, weiße Niederschlag wird abfiltriert.

Niederschlag N I.: AgCl, Hg_2Cl_2 und $PbCl_2$.	Filtrat L I: Enthält die restlichen Gruppen.
Niederschlag N I wird als I. Gruppe (Salzsäuregruppe) bezeichnet. [Analyse der I. Gruppe: Tab. 22a (S. 187).]	Abtrennung der II. Gruppe. (Schwefelwasserstoffgruppe.) Filtrat L I wird auf eine Salzsäurekonzentration von 2 Mol pro Liter gebracht, erhitzt und heiß mit H_2S gesättigt. Dann Lösung verdünnen, noch einmal mit H_2S sättigen, Niederschlag abfiltrieren.

<table>
<tr><td colspan="2">Niederschlag N II: II. Gruppe (H_2S-Gruppe).</td><td>Filtrat L II: restl. Gruppen.</td></tr>
<tr><td colspan="2">Aufteilung der II. Gruppe in die beiden Untergruppen. Niederschlag N II wird mit gelbem Schwefelammonium digeriert, dann filtriert (s. A_{10}, S. 195).</td><td rowspan="3">Abtrennung der III. Gruppe. (Schwefelammoniumgruppe.) Filtrat L II wird mit Ammoniak fast neutralisiert, dann wird mit geringem Überschuß an $(NH_4)_2S$ die III. Gruppe ausgefällt, erwärmt und heiß abfiltriert. Niederschlag gut auswaschen.</td></tr>
<tr><td>Rückstand N IIb: Untergruppe IIb (Kupfergruppe): HgS, PbS, Bi_2S_3, CuS u. CdS.</td><td>Filtrat LIIa: Untergruppe IIa (Arsen-Zinngruppe) $[AsS_4]^{3-}$, $[SbS_4]^{3-}$ und $[SnS_3]^{2-}$.</td></tr>
<tr><td>Analyse der Kupfergruppe: Tab. 22c (S. 188).</td><td>Analyse der Arsen-Zinngruppe. Tab. 22b (S. 188).</td></tr>
</table>

Niederschlag N III: III. Gruppe (Schwefelammoniumgruppe). CoS, NiS, FeS, MnS, ZnS, $Cr(OH)_3$, $Al(OH)_3$.	Filtrat L III: Erdalkalien und Alkalien.
Rückstand N III wird als III. Gruppe, Schwefelammoniumgruppe oder Ammoniumsulfidgruppe bezeichnet. Analyse der III. Gruppe: Tab. 22d (S. 189).	Filtrat L III mit HCl ansäuern, zur Trockne eindampfen, Ammonsalze abrauchen, Rückstand mit verd. HCl aufnehmen, NH_4Cl zufügen, mit $(NH_4)_2CO_3$-Lösung fällen, heiß abfiltrieren.

Niederschlag N IV: IV. Gruppe (Erdalkaligruppe).	Filtrat L IV: Mg und Alkaligruppe.
Analyse der IV. Gruppe: Tab. 22e (S. 190).	Analyse der Alkalien u. Mg: Tab. 22f (S. 190).

Tabelle 22a. Analyse der Salzsäuregruppe (I. Gruppe).

Der Niederschlag N I der HCl-Fällung kann enthalten: AgCl, Hg_2Cl_2 und $PbCl_2$.
Der Niederschlag wird mit Wasser ausgekocht und heiß filtriert. Der auf dem Filter zurückbleibende Rückstand wird mit heißem Wasser ausgewaschen.

<table>
<tr><td colspan="2">Rückstand: AgCl und Hg_2Cl_2.</td><td>Filtrat: Pb^{++}.</td></tr>
<tr><td colspan="2">Rückstand wird mit Ammoniak digeriert.</td><td rowspan="4">Im Filtrat wird Blei als $PbSO_4$ abgeschieden und als $PbCrO_4$ identifiziert (s. A_5 S. 193). Blei.</td></tr>
<tr><td>Rückstand: Hg + Hg (NH_2)Cl.</td><td>Filtrat: $[Ag(NH_3)_2]^+$.</td></tr>
<tr><td>Schwarzer Rückstand zeigt Quecksilber an.</td><td>Filtrat ansäuern, Bildung eines weißen Niederschlages zeigt Silber an.</td></tr>
<tr><td colspan="2">S. auch A_7 und A_8 auf S. 193).</td></tr>
</table>

Tabelle 22b. Analyse der Arsen-Zinngruppe (Untergruppe IIa).

Das Filtrat L IIa kann enthalten: $[AsS_4]^{3-}$, $[SbS_4]^{3-}$ und $[SnS_3]^{2-}$.

Filtrat L IIa mit verdünnter Salzsäure ansäuern, filtrieren, Filtrat verwerfen.

Rückstand enthält: As_2S_5, Sb_2S_5 und SnS_2.

Trennung des Arsens vom Antimon und Zinn kann nach zwei verschiedenen Verfahren erfolgen: a) durch Erwärmen mit konz. HCl und b) durch Digerieren mit konz. $(NH_4)_2CO_3$.

a) Trennung durch Erwärmen mit konz. HCl. Das Sulfidgemisch wird einige Minuten mit konz. HCl gekocht, hierbei gehen Antimon und Zinn in Lösung.

Rückstand: As_2S_5 (und Schwefel).	Filtrat: Sb^{3+} und Sn^{4+}.
Der Rückstand wird entweder mit konz. HNO_3 abgeraucht und mit Wasser aufgenommen oder in ammoniakalischem Wasserstoffperoxyd gelöst. Der Nachweis des Arsens erfolgt durch Fällung als $Mg(NH_4)AsO_4$ mittels Magnesiamischung (s. A_{17} auf S. 197).	Die Bestimmung von Antimon und Zinn kann gemäß A_{14a} und A_{15a} oder A_{14b} und A_{15b} oder A_{14c} und A_{15c} erfolgen (s. S. 196).

b) Trennung durch Digerieren mit konz. Ammoniumcarbonatlösung. Das Sulfidgemisch wird einige Minuten unter gelindem Erwärmen mit einer konz. $(NH_4)_2CO_3$-Lösung digeriert, dann wird vom Unlöslichen abfiltriert.

Filtrat: Gemisch von $[AsO_3]^{3-}$ und $[AsS_3]^{3-}$.	Rückstand: Sb_2S_5 und SnS_2.
Filtrat wird mit H_2O_2 versetzt und aufgekocht. Es bildet sich hierbei: $[AsO_4]^{3-}$. Nachweis von Arsen wie unter A_{17} beschrieben (s. S. 197).	Rückstand wird in konz. Salzsäure gelöst. In der Lösung werden Antimon und Zinn, wie unter A_{14} und A_{15} beschrieben, bestimmt (s. S. 196).

Tabelle 22c. Analyse der Kupfergruppe (Untergruppe IIb).

Rückstand N IIb kann enthalten: HgS, PbS, Bi_2S_3, CuS und CdS.

Rückstand N IIb wird mit verd. HNO_3 (1 Teil konz. HNO_3 und 2 Teile H_2O) bei mäßiger Wärme digeriert, dann abfiltriert.

Rückstand: HgS.	Filtrat: Pb^{2+}, Bi^{3+}, Cu^{2+} und Cd^{2+}.
Rückstand in Königswasser lösen, zur Trockne eindampfen, mit Wasser aufnehmen. (Nachweisreaktionen s. A_{25} S. 199.)	Filtrat mit 1 bis 2 ml konz. H_2SO_4 eindampfen, bis sich weiße SO_3-Nebel bilden. Rückstand mit 2 bis 4 ml verd. H_2SO_4 aufnehmen, vom unlöslichen, weißen Rückstand abfiltrieren.

Rückstand: $PbSO_4$.	Filtrat: Bi^{3+}, Cu^{2+} und Cd^{2+}.
Rückstand in ammoniakalischer Tartratlösung lösen, Blei als $PbCrO_4$ fällen. *Blei.* (Durchführung s. A_5 S. 193.)	Filtrat bis zur stark alkalischen Reaktion mit Ammoniak versetzen. Der sich hierbei bildende Niederschlag wird abfiltriert.

Rückstand: $Bi(OH)SO_4$.	Filtrat: Cu^{2+} und Cd^{2+}.
Mit alkalischer Stannitlösung oder Thioharnstoff auf *Wismut* prüfen. (Durchführung s. S. 291.)	Ist das Filtrat blau gefärbt, so enthält die Probe Kupfer. Kupfer und Cadmium werden nebeneinander nachgewiesen. Probe auf Kupfer: Filtrat schwach ansäuern, mit $K_4[Fe(CN)_6]$ prüfen. Rotbrauner Niederschlag zeigt *Kupfer* an. Probe auf Cadmium: Filtrat bis zur Entfärbung mit KCN versetzen, dann mit H_2S sättigen. Gelber Niederschlag zeigt *Cadmium* an (s. A_{28} u. A_{29} S. 200.)

Abtrennung der Phosphorsäure.

Vor Abtrennung der Schwefelammoniumgruppe mittels Ammoniumsulfid ist zu prüfen, ob die Analysenprobe Phosphat enthält. Die Prüfung auf Phosphat erfolgt zweckmäßig im Filtrat L II. Enthält die Analyse Phosphat, so muß dieses vor Ausfällung der Schwefelammoniumgruppe entfernt werden. (Hierzu s. den Abschnitt: Entfernung der Phosphorsäure S. 212.)

Tabelle 22d. Analyse der Schwefelammoniumgruppe [III. Gruppe].

Niederschlag N III kann enthalten: CoS, NiS, FeS, MnS, ZnS, $Cr(OH)_3$ und $Al(OH)_3$.

Niederschlag N III mit kalter 2 n HCl digerieren, bis keine H_2S-Entwicklung mehr stattfindet, dann filtrieren und den Rückstand mit verd. HCl waschen.

Rückstand: CoS und NiS.	Filtrat: Fe^{2+}, Al^{3+}, Cr^{3+}, Mn^{2+} und Zn^{2+}. (Spuren Ni^{2+}.)
Kobalt und Nickel werden nebeneinander nachgewiesen, und zwar: *Kobalt* mit KSCN, Äther und Amylalkohol, *Nickel* mit Dimethylglyoxim, wie unter A_{55} beschrieben (s. S. 204).	Filtrat mit einigen Tropfen konz. HNO_3 versetzen, freie Säure zum größten Teil verkochen, Lösung mit Na_2CO_3 fast neutralisieren. Eine Mischung von gleichen Teilen 30%iger NaOH und 3%igem H_2O_2 herstellen und unter Umrühren Analysenlösung in diese Mischung einfließen lassen. Bis zum beginnenden Sieden erhitzen, dann filtrieren, Niederschlag erst mit stark verd. NaOH, dann mit warmem Wasser gut auswaschen.

Rückstand: $Fe(OH)_3$ und $MnO(OH)_2$.	Filtrat: $[Al(OH)_4]^-$, $[Zn(OH)_3]^-$ und CrO_4^{2-}.
Eisen und Mangan werden nebeneinander nachgewiesen. Hierzu wird ein Teil des Niederschlages in HCl gelöst, und das *Eisen* mit KSCN oder mit $K_4[Fe(CN)_6]$ nachgewiesen. (Durchführung s. S. 297.) Zur Prüfung auf *Mangan* wird ein Teil des Niederschlages in konz. HNO_3 gelöst, mit etwas festem PbO_2 versetzt und erwärmt. Violettfärbung zeigt Mangan an. (Weitere Nachweise s. S. 300.)	Im Filtrat durch Kochen überschüssiges H_2O_2 vollständig zerstören. Dann auf je 10 ml Lösung 2 g festes NH_4Cl zufügen und einige Minuten auf dem Wasserbad erhitzen. Es bildet sich ein Niederschlag von $Al(OH)_3$, der abfiltriert wird. [Blindprobe mit der verwendeten NaOH anstellen, ob diese kein Aluminium enthält.] Man kann aber auch, zur Ausfällung des $Al(OH)_3$, die Lösung erst mit HCl bis zur sauren Reaktion, dann mit NH_4OH bis zur alkalischen Reaktion versetzen und 3 bis 5 Min. auf dem Wasserbad erhitzen.

Niederschlag: $Al(OH)_3$.	Filtrat: CrO_4^{2-} und $[Zn(NH_3)_6]^{2+}$.
Im Niederschlag wird mit Alizarin S oder mittels der Thenards-Blau-Reaktion auf *Aluminium* geprüft. (Ausführung siehe S. 296.)	Bei Anwesenheit von Chromat ist das Filtrat gelb gefärbt. In einem kleinen Teil des Filtrats wird nach dem Ansäuern mit verd. H_2SO_4 mit H_2O_2 und Äther auf *Chrom* geprüft (Durchführung s. S. 298). Bei Anwesenheit von Chrom wird das Filtrat mit Essigsäure angesäuert und mit $BaCl_2$ versetzt. Der gebildete Niederschlag wird abfiltriert.

Niederschlag: $BaCrO_4$ und Spuren von $BaSO_4$.	Filtrat: Zn^{2+}.
Niederschlag in verd. H_2SO_4 lösen, $BaSO_4$ abfiltrieren, im Filtrat auf *Chrom* mit H_2O_2 und Äther prüfen.	Filtrat mit Natriumacetat puffern, H_2S einleiten. Bei Anwesenheit von *Zink* bildet sich ein weißer Niederschlag von ZnS, gemischt mit S. Niederschlag in verd. HCl lösen, mit $K_4[Fe(CN)_6]$ auf Zink prüfen (Durchführung s. A_{56} auf S. 205).

Tabelle 22e. Analyse der Erdalkaligruppe (IV. Gruppe).

Niederschlag N IV kann enthalten: $BaCO_3$, $SrCO_3$ und $CaCO_3$.

Der Niederschlag N IV wird in wenig Essigsäure gelöst. Die Lösung wird mit Natriumacetat gepuffert, erhitzt und mit $K_2Cr_2O_7$-Lösung versetzt. Der gebildete Niederschlag wird abfiltriert.

Niederschlag: $BaCrO_4$.	Filtrat: Sr^{2+}, Ca^{2+} und CrO_4^{2+}.
Im Niederschlag durch Flammenfärbung auf *Barium* prüfen (weitere Nachweise s. S. 302).	Filtrat mit Sodalösung kochen, gebildeten Niederschlag abfiltrieren, Filtrat verwerfen.

Niederschlag: $SrCO_3$ und $CaCO_3$.

Der Niederschlag wird in wenig verd. HCl gelöst. Ein kleiner Teil der Lösung wird mit Gipswasser versetzt. Bildet sich hierbei ein weißer, feinkristalliner Niederschlag, so enthält die Probe *Strontium*. (Der Niederschlag bildet sich oft erst nach längerer Zeit.) Enthält die Probe Strontium, so wird das gesamte Filtrat mit einigen ml einer konz. $(NH_4)_2SO_4$-Lösung versetzt, aufgekocht und filtriert.

Niederschlag: $SrSO_4$ und etwas $CaSO_4$.	Filtrat: Ca^{2+}.
Im Niederschlag auf *Strontium* durch Flammenfärbung prüfen (weitere Nachweise s. S. 302).	Filtrat mit Ammoniumoxalat-Lösung versetzen. Ein weißer Niederschlag zeigt *Calcium* an. Er wird durch Flammenfärbung identifiziert. (Da die Lösung viel Ammoniumsalze enthält, entsteht der Niederschlag oft erst nach längerer Zeit.) Weitere Nachweise s. S. 301.

Tabelle 22f. Nachweis des Magnesiums und der Alkalien.

Filtrat L IV kann enthalten: Mg^{2+}, Na^+ und K^+.

Filtrat L IV zur Trockne eindampfen, Ammoniumsalze vorsichtig abrauchen, Rückstand in wenig verd. Essigsäure lösen, filtrieren und in der Lösung Magnesium, Kalium und Natrium nebeneinander nachweisen.

Magnesium mit NH_4Cl, Na_2HPO_4 und NH_4OH als $Mg(NH_4)PO_4$. Der Niederschlag muß unter dem Mikroskop als $Mg(NH_4)PO_4$ identifiziert werden, er darf nicht mit Calciumphosphat verwechselt werden (weitere Nachweise s. S. 302).

Natrium bei Anwesenheit von Magnesium mit Magnesium-Uranylacetat, bei Abwesenheit von Magnesium und Calcium auch mit Kalium-hexahydroxo-antimonat (V) $[K[Sb(OH)_6]]$ (weitere Nachweise s. S. 303).

Kalium mit Natrium-hexanitro-kobaltat (III) oder mit Überchlorsäure (Durchführung sowie weitere Nachweise s. S. 303).

Im Laufe der Zeit hat dieses klassische Trennungsschema eine Reihe von Änderungen erfahren. Durch Hinzunahme der sogenannten seltenen Elemente wurde es so erweitert, daß es modernen Anforderungen entspricht.

In der Abscheidung und Analyse der I. Gruppe (Salzsäuregruppe) hat sich durch Hinzunahme des Elementes Thallium kaum etwas geändert. Da in den meisten Fällen die Analysensubstanz in Salzsäure gelöst wird, verbleibt die I. Gruppe zunächst im Rückstand und wird mit diesem gemeinsam analysiert. Auch die Analyse der II. Gruppe (Schwefelwasserstoffgruppe) kann trotz Aufnahme einer Reihe weiterer Elemente mit Hilfe des alten Trennungsschemas vorgenommen werden. Neben der Verwendung von gelbem Schwefelammonium haben sich zur Aufteilung der II. Gruppe in die beiden Untergruppen IIa (Kupfergruppe) und IIb (Arsen-

Zinngruppe) Natriumsulfid wie auch Natronlauge bewährt. Die Ausfällung der III. Gruppe (Schwefelammoniumgruppe) mittels Schwefelammonium wird dagegen nur noch selten durchgeführt. Durch die Arbeiten von FISCHER und Mitarbeitern wurde für den erweiterten Trennungsgang die Fällung der III. Gruppe mit Hilfe von Ammoniak, die bereits früher bekannt war, so verbessert, daß sie für weite Kreise gebräuchlich geworden ist. Nachdem Urotropin in der quantitativen Analyse als Fällungsreagens zu guten Ergebnissen geführt hatte, wurde es in die qualitative Analyse übernommen. So wird im „Lehrbuch für das anorganisch-chemische Praktikum" von W. JANDER (Leipzig 1939) die Ammoniakgruppe mittels Urotropin ausgefällt. Aufbauend auf diese Arbeiten wurde 1942 von LOHRER eine kombinierte Urotropin-Ammoniaktrennung der III. Gruppe herausgebracht, die außer den üblichen Kationen noch Be, W, V, Zr, Ti, La und Phosphat behandelt.

Da in diesem Trennungsgang bei Anwesenheit von Phosphationen die Erdalkalien schon mit der Schwefelammoniumgruppe ausfallen können, sind verschiedene Verfahren zur Entfernung der Phosphationen ausgearbeitet worden. Die Abtrennung muß spätestens mit der Ausfällung der III. Gruppe erfolgen, wie dies bei der Ammoniaktrennung nach FISCHER oder bei der Urotropin-Ammoniaktrennung nach LOHRER der Fall ist. Wird die III. Gruppe mittels Schwefelammonium ausgefällt, ist es erforderlich, die Phosphationen vorher abzutrennen. Dies geschieht entweder mittels frisch gefällter Zinnsäure oder nach dem Eisenchlorid-Acetatverfahren. In den letzten Jahren ist mehrfach vorgeschlagen worden, die Phosphationen aus dem sauren Filtrat der II. Gruppenfällung mit Hilfe von Titan- oder Zirkonsalzen zu entfernen. Beide Verfahren liefern gute Ergebnisse.

Außer Phosphat können noch andere Anionen den Trennungsgang empfindlich stören, so daß sie ebenfalls zu entfernen sind.

Durchführung des vollständigen Schwefelwasserstoff-Trennungsganges (nach JANDER-WENDT).

Dieses aufgeführte Trennungsschema ist in einzelne Arbeitsgänge unterteilt, die fortlaufend numeriert und mit A_1 bis A_{67} bezeichnet sind. In den einzelnen Gruppen werden nachfolgende Elemente behandelt:

I. Gruppe (Salzsäuregruppe): Ag, Hg, Pb und Tl.
IIa. Gruppe (Kupfergruppe): Cu, Hg, Pb, Bi, Cd und Pd.
IIb. Gruppe (Arsen-Zinngruppe): As, Sb, Sn, Pt, Au, Mo, Se, Te und Ge.
III. Gruppe (Ammonsulfidgruppe): Co, Ni, Fe, Mn, Cr, Al, Zn, Be, Zr, Ti, U, In, Ga, Ta, Nb, La, V und W.
IV. Gruppe (Erdalkaligruppe): Ba, Ca und Sr.
V. Gruppe (Magnesium-Alkaligruppe): Mg, Na, K, Li, Rb und Cs.

Nicht berücksichtigt werden in diesem Schema die Platinmetalle, mit Ausnahme von Platin und Palladium, sowie die Lanthaniden.

Vorbereitung der Analysenprobe (A_1 bis A_2).

A_1. Ist die Analysenprobe fest (liegt ein Metall oder ein Mineral vor), so versucht man zunächst, sie in verdünnter Salzsäure zu lösen. Bringt man die Substanz hierdurch nicht in Lösung, so versucht man, die Probe in konz. Salzsäure, dann in verd. Salpetersäure und zuletzt mit Hilfe von Königswasser zu lösen.

A_{1a}. Bei einer metallischen Analysenprobe führt in einigen Fällen konz. Schwefelsäure besser zum Ziel. Die Verwendung der in der quantitativen Analyse gebräuchlichen Mischsäure, bestehend aus konz. Schwefelsäure und konz. Phosphorsäure, ist wegen des schädlichen Einflusses letzterer für eine qualitative Analyse nicht angebracht.

A_{1b}. Bei einigen Mineralien ist die Anwendung einer Mischung von konz. Salpetersäure und Brom oder konz. Salzsäure und Kaliumchlorat als Lösungsmittel vorteilhaft. Zu beachten ist, daß die Mineralien in vielen Fällen einen in Säuren unlöslichen Rückstand enthalten, der aufgeschlossen werden muß. Es ist daher nicht erforderlich, zu versuchen, die Analysenprobe mit Hilfe von Lösungsmitteln vollständig in Lösung zu bringen. In jedem Fall ist es gerade bei Mineralien vorteilhaft, sich durch Vorproben einen ungefähren Einblick in die vorliegende Substanz zu verschaffen.

A_{1c}. Besteht die Probe aus einem Salzgemisch, so versucht man, sie zunächst mit Hilfe von Wasser zu lösen. Ist sie zum Teil oder ganz in Wasser unlöslich, so werden Säuren in obiger Reihenfolge als Lösungsmittel benutzt. Bei einem Salzgemisch ist es oft vorteilhaft, den wäßrigen Auszug und den säurelöslichen Anteil getrennt zu verarbeiten.

In allen Fällen muß bei der Benutzung von Salpetersäure oder Königswasser als Lösungsmittel die Salpetersäure durch mehrmaliges Eindampfen mit Salzsäure vor dem Ausfällen der Schwefelwasserstoffgruppe entfernt werden.

A_2. *Erkennung und Entfernung störender Anionen.* Außer Phosphaten können noch Oxalate, Tartrate, Citrate, Cyanide, Fluoride und Borate sowie weitere organische Verbindungen den Kationentrennungsgang erheblich stören. Es ist daher erforderlich, diese störenden Anionen rechtzeitig zu ermitteln und abzutrennen.

A_{2a}. *Phosphat.* Die Prüfung und Abtrennung erfolgt zweckmäßig im Filtrat der II. Gruppenfällung. Sie wird auf S. 212 ausführlich beschrieben. Beim Arbeiten nach A_{30} bis A_{53} ist eine gesonderte Abtrennung von Phosphat nicht erforderlich.

A_{2b}. *Oxalat.* Da die Erdalkalioxalate im neutralen und alkalischen Medium schwerlöslich sind, fallen sie bei Anwesenheit von Oxalationen zusammen mit der III. Gruppenfällung aus. Die Oxalsäure muß daher spätestens vor Ausfällung der III. Gruppe zerstört werden. Hierzu werden im Filtrat der II. Gruppenfällung nach Verkochen des Schwefelwasserstoffs einige Tropfen 30%iges Wasserstoffperoxyd, das phosphat- und sulfatfrei sein muß, zugefügt. Durch Kochen wird zuerst die Oxalsäure, dann das überschüssige Wasserstoffperoxyd zerstört.

Wird die oxalathaltige Analysenprobe mit konz. Schwefelsäure abgeraucht, so wird das Oxalat ebenfalls zerstört. Dieses Verfahren hat jedoch den Nachteil, daß hierdurch die Erdalkalien in unlösliche Sulfate übergeführt werden, die aufgeschlossen werden müssen.

A_{2c}. *Tartrate, Citrate, kompl. Cyanide und andere organische Verbindungen.* Diese Verbindungen können sämtlich durch Erhitzen von 1 bis 2 g der Analysenprobe mit einer Mischung von 2 bis 3 g Ammoniumpersulfat und 1 bis 2 ml konz. Schwefelsäure zerstört werden. Das Abrauchen soll bei möglichst tiefen Temperaturen geschehen, damit sich die gebildeten Sulfate nicht in wasserfreie Oxyde umwandeln. Auch hierbei müssen die gebildeten Erdalkalisulfate aufgeschlossen werden.

A_{2d}. Wie die Oxalate sind auch die *Fluoride* der Erdalkalien in neutraler und alkalischer Lösung schwer löslich und fallen bei der III. Gruppentrennung mit aus. Außerdem werden in saurer Lösung durch Fluoride die Glas- und Porzellangefäße angegriffen, wodurch fremde Ionen, wie Na^+, Ca^{2+} und Al^{3+}, eingeschleppt werden können. Zur Entfernung der Fluoridionen wird die Analysenprobe vorsichtig im Platin- oder Bleitiegel mit konz. Schwefelsäure abgeraucht. Bei Verwendung eines Bleitiegels muß beachtet werden, daß etwas Blei in Lösung gehen kann.

A_{2e}. *Borate.* Auch bei Anwesenheit von Boraten besteht die Gefahr, daß sich die Erdalkalien zusammen mit der III. Gruppe als Borate abscheiden. Durch Zugabe eines großen Überschusses an festem Ammoniumchlorid vor der Ausfällung der III. Gruppe kann man dies vermeiden, doch entsteht hierdurch der Nachteil, daß vor Ausfällung der Erdalkalien als Carbonate eine große Menge Ammoniumsalze durch Abrauchen vertrieben werden muß. Man kann jedoch die Borsäure auch durch vorsichtiges Erhitzen der Analysenprobe mit 1 ml Methylalkohol und 1 bis 2 ml konz. Schwefelsäure vertreiben.

Hat man die Probe entweder allein oder unter Zusatz von etwas festem Ammoniumsulfat mit konz. Schwefelsäure abgeraucht (bei Anwesenheit von Boraten unter Zusatz von Methylalkohol), so wird der Rückstand mit verd. Schwefelsäure unter Zusatz von 1 bis 2 ml Alkohol aufgenommen. Mit der schwefelsauren Lösung wird, nachdem der Alkohol verkocht wurde, der Kationentrennungsgang durchgeführt. Durch dieses Verfahren bleiben die Erdalkalien und das Blei vollständig im Rückstand. Das Blei wird aus dem Rückstand mittels ammoniakalischer Tartratlösung, das Calcium mittels heißer halbkonz. Salzsäure herausgelöst. Auf Barium und Strontium ist im alkalischen Aufschluß zu prüfen.

Ausfällung und Analyse der I. Gruppe (Salzsäuregruppe). [A_3 bis A_8]

A_3. Ein Ausfällen dieser Gruppe ist nur möglich, wenn die Analysenprobe in Wasser oder Salpetersäure gelöst wurde. War die Substanz in Salzsäure vollständig löslich, so entfällt in diesem Falle die I. Gruppe. Bleibt ein Rückstand, so ist dieser auf die Salzsäuregruppe zu prüfen (Analyse des in Salzsäure unlöslichen Rückstandes s. unter A_{71}, S. 209).

Zur Ausfällung der I. Gruppe fügt man zur Analysenlösung in der Kälte tropfenweise so lange verd. Salzsäure hinzu, wie sich noch ein Niederschlag bildet. Dieser kann folgende Chloride enthalten: AgCl, Hg_2Cl_2, TlCl und $PbCl_2$.

Hg_2Cl_2 und TlCl werden nur dann gefunden, wenn die Analysenprobe nicht unter Verwendung von Oxydationsmitteln gelöst wurde. $PbCl_2$ scheidet sich nicht quantitativ ab, da es nur mäßig schwer löslich ist. Der lösliche Anteil gelangt in die II. Gruppe, die Schwefelwasserstoffgruppe.

Der Niederschlag wird abfiltriert und mit kaltem Wasser gewaschen. Analyse des Niederschlages unter A_4 bis A_8, Analyse des Filtrates, welches die II., III., IV. und V. Gruppe enthält, unter A_9 bis A_{70}.

A_4. Der Niederschlag von A_3, der aus den Chloriden AgCl, Hg_2Cl_2, TlCl und $PbCl_2$ bestehen kann, wird mit Wasser aufgekocht, heiß filtriert, der Rückstand mit heißem Wasser ausgewaschen. Das Filtrat enthält Pb^{2+} und Tl^{+}, es wird nach A_5 und A_6 weiterverarbeitet. Im Rückstand bleibt AgCl und Hg_2Cl_2. Analyse des Rückstandes unter A_7 bis A_8.

A_5. *Abscheidung des Bleis.* Zum Filtrat von A_4 fügt man 0,5 bis 1 ml konz. Schwefelsäure und dampft die Lösung ein, bis sich weiße SO_3-Nebel bilden. Dann wird mit 1 bis 2 ml verd. Schwefelsäure aufgenommen und filtriert. Ein weißer Rückstand ($PbSO_4$) zeigt Blei an. Er wird durch ammoniakalische Tartratlösung oder durch konz. Ammoniumacetatlösung gelöst. Aus dieser Lösung kann das Blei mittels K_2CrO_4 als gelbes Bleichromat ($PbCrO_4$) gefällt werden (weitere Nachweisreaktionen auf Blei s. S. 290).

A_6. *Nachweis des Thalliums.* Das Filtrat von A_5 enthält Thallium gelöst. Das Filtrat wird zur Trockne eingedampft und im Rückstand spektralanalytisch auf Thallium geprüft (weitere Nachweisreaktionen auf Thallium s. S. 299).

A_7. Die Analyse des Rückstandes von A_4 kann entweder nach A_{7a} oder nach A_{7b} erfolgen.

A_{7a}. Nachweis von Quecksilber. Der Rückstand von A_4 wird mit halbkonz. Ammoniak digeriert, dann filtriert. Bei Anwesenheit von Quecksilber färbt sich der Rückstand schwarz [Hg + $Hg(NH_2)Cl$].

A_{8a}. Nachweis von Silber. Im Filtrat A_{7b} befindet sich Silber als lösliches Komplexsalz. Durch Ansäuern des Filtrates mit Salpetersäure bildet sich bei Anwesenheit von Silber weißes AgCl zurück. — Beim Einleiten von Schwefelwasserstoff in die ammoniakalische Lösung entsteht, wenn die Analysenlösung Silber enthält, ein schwarzer Niederschlag von Ag_2S. Der Sulfidniederschlag wird abfiltriert und in konz. Salpetersäure gelöst. Bei Anwesenheit von Silber scheidet sich aus der verdünnten, salpetersauren Lösung bei Zugabe von Chloridionen ein weißer Niederschlag aus (weitere Nachweisreaktionen auf Silber s. S. 288).

A_{7b}. Der Rückstand von A_4 wird mit 1 bis 2 ml konz. Salpetersäure versetzt und gelinde erwärmt. Hierdurch wird vorhandenes Quecksilber(I)-salz oxydiert, das in Lösung geht, während AgCl nicht verändert wird. Es wird auf das doppelte Volumen verdünnt und abfiltriert. Im Filtrat ist auf Quecksilber zu prüfen (Nachweisreaktionen auf Quecksilber s. S. 289).

A_{8b}. Der Rückstand von A_{7b} wird mit Ammoniak behandelt. In der ammoniakalischen Lösung wird, wie unter A_{8a} beschrieben, auf Silber geprüft.

Tabelle 23. Analyse der I. Gruppe (Salzsäuregruppe). [A_4 bis A_8]

Rückstand von A_3 kann enthalten: AgCl, Hg_2Cl_2, TlCl und $PbCl_2$.

A_4 Rückstand von A_3 mit heißem Wasser behandeln, filtrieren.

Rückstand von A_4: AgCl und $HgCl_2$.	Filtrat von A_4: Pb^{2+} und Tl^+.
Rückstand von A_4 nach A_{7a} mit Ammoniak behandeln und abfiltrieren.	Filtrat von A_4 mit H_2SO_4 nach A_5 behandeln, $PbSO_4$ abfiltrieren.
Rückstand von A_{7a} schwarz: *Quecksilber*. Filtrat von A_{4a}: *Silber*. [Nachweis von Quecksilber nach A_{7a}, von Silber nach A_{8a}. Trennung von Quecksilber und Silber auch nach A_{7b}.]	Rückstand von A_5: *Blei*. Filtrat von A_5: *Thallium*. [Nachweis von Blei nach A_5, von Thallium nach A_6.]

Die Ausfällung der II. Gruppe (Schwefelwasserstoffgruppe). [A_9]

A_9. Durch Zufügen von konz. Salzsäure oder Wasser wird das Filtrat von A_3, das nitratfrei sein soll (s. A_{1c}, S. 192) auf eine Salzsäurekonzentration von ungefähr 2 Mol pro Liter gebracht. Die Lösung wird erhitzt und heiß mit gasförmigem Schwefelwasserstoff gesättigt. Man läßt die Lösung unter mehrfachem Umschütteln erkalten, dann wird sie auf das doppelte Volumen verdünnt und nochmals mit Schwefelwasserstoff gesättigt. Eine kleine Probe wird nun auf das fünffache Volumen verdünnt, wobei mit Indicatorpapier zu prüfen ist, ob der p_H-Wert nicht größer als 2 ist, und mit Schwefelwasserstoff gesättigt. Bildet sich hierbei kein weiterer Niederschlag, so wird die gesamte Lösung bis auf einen p_H-Wert von ungefähr 2 verdünnt und mit Schwefelwasserstoff gesättigt. Der gebildete Sulfidniederschlag wird abfiltriert und mit schwefelwasserstoffhaltigem Wasser gewaschen.

A_{9a}. Enthält die Analyse *Molybdän*, so färbt sich die salzsaure Lösung beim Einleiten von Schwefelwasserstoff zunächst blau, dann braun. Muß man auf größere Mengen Molybdän (durch Vorproben gefunden) schließen, so ist es zweckmäßig

die filtrierte Lösung von A_9 auf ein kleines Volumen einzudampfen, 1 bis 2 ml konz. Salzsäure zuzugeben und die Lösung mit Schwefelwasserstoff zu sättigen. Dann wird die Lösung in einer Druckflasche 15 Min. lang auf dem Wasserbad erhitzt. Entsteht hierbei ein Niederschlag, so wird er abfiltriert, mit schwefelwasserstoffhaltigem Wasser gewaschen und zusammen mit dem Niederschlag von A_9 unter A_{10} weiterverarbeitet.

Filtrat und Waschwasser von A_9 bzw. A_{9a} werden vereinigt. Diese Lösung, die die III., IV. und V. Gruppe enthält, wird unter A_{30} weiter analysiert.

Aufteilung der II. Gruppe in die Untergruppe IIa (Arsen-Zinngruppe) und IIb (Kupfergruppe). [A_{10}]

A₁₀. Der Sulfidniederschlag von A_9 wird in einer Porzellanschale mit 5 bis 10 ml gelbem Schwefelammonium bei 60° 5 bis 10 Min. lang digeriert. Hierbei darf nicht zum Sieden erhitzt werden. [Da nur Zinn(IV)-sulfid ein lösliches Thiosalz bildet, muß zur Trennung gelbes Schwefelammonium, welches Zinn(II)- zu Zinn(IV)-sulfid oxydiert, verwendet werden.]

Ein beim Digerieren verbleibender Niederschlag wird abfiltriert und mit ammoniumsulfidhaltigem Wasser gut gewaschen. Er enthält die Untergruppe IIb (Kupfergruppe) und wird nach A_{23} bis A_{29} analysiert. Filtrat und Waschwasser werden vereinigt und als Untergruppe IIa (Arsen-Zinngruppe) nach A_{11} bis A_{22} weiterbehandelt.

Analyse der Untergruppe IIa (Arsen-Zinngruppe). [A_{11} bis A_{22}]

A₁₁. Das Filtrat von A_{10} kann die Elemente Arsen, Antimon, Zinn, Molybdän, Germanium, Gold, Platin, Selen und Tellur in Form ihrer Thiosalze gelöst enthalten. Da sowohl Kupfersulfid wie Wismutsulfid zu einem kleinen Prozentsatz in gelbem Schwefelammonium löslich sind, können im Filtrat auch geringe Mengen von Kupfer und Wismut anwesend sein, worauf bei der Analyse dieser Gruppe zu achten ist. Das Filtrat von A_{10} wird tropfenweise mit verd. Schwefelsäure versetzt, bis die Lösung gegen Indicatorpapier schwach sauer reagiert. Hierdurch werden sämtliche Thiosalze bis auf das des Germaniums zersetzt. Es bilden sich die Sulfide der genannten Elemente, mit Ausnahme von Selen und Tellur, die elementar ausfallen, zurück. Der gebildete Sulfidniederschlag wird abfiltriert, mit schwefelwasserstoffhaltigem Wasser gewaschen und unter A_{13} analysiert. Bei Anwesenheit von Molybdän, Platin oder Gold ist er braunschwarz gefärbt. Das Filtrat, welches noch Germanium enthält, wird unter A_{12} weiterbehandelt.

A₁₂. *Bestimmung des Germaniums.* Das Filtrat von A_{11} wird mit konz. Salzsäure bis zur stark sauren Reaktion versetzt. Ein gebildeter Niederschlag, der aus Germaniumsulfid vermischt mit Schwefel bestehen kann, wird abfiltriert und mit konz. Ammoniak oder mit konz. Ammoniumcarbonat digeriert. Hierbei geht vorhandenes Germanium in Lösung. Nach Abfiltrieren des Schwefels wird die ammoniakalische Lösung mit Salzsäure angesäuert und mit Schwefelwasserstoff gesättigt. Ein sich hierbei bildender weißer Niederschlag von GeS_2 zeigt Germanium an (weitere Nachweisreaktionen s. S. 295).

A₁₃. Der Sulfidniederschlag von A_{11} wird einige Min. lang mit konz. Salzsäure gekocht. Hierbei lösen sich nur die Sulfide des Antimons und des Zinns. Es wird vom Ungelösten abfiltriert, der Rückstand nach A_{16} weiterbehandelt. Das Filtrat, das Antimon und Zinn enthalten kann, wird unter A_{14} und A_{15} weiter analysiert.

A_{14}. Im Filtrat von A_{13} wird der Überschuß an Salzsäure verkocht; dann wird mit einigen ml Wasser verdünnt. Der Nachweis von Antimon und Zinn kann nach einem der nachfolgenden Verfahren geschehen:

A_{14a}. *Nachweis von Antimon und Zinn.* In die schwach salzsaure Lösung werden ein Platin- und ein Zinkblech, die sich beide berühren, eingetaucht. Schwarzer Belag auf dem Platin zeigt Antimon an, während sich Zinn als Metallschwamm am Zink abscheidet. Zur vollständigen Abscheidung beider Metalle überläßt man diesen Versuch ungefähr eine Stunde lang sich selbst. Dann wird das Platinblech herausgenommen, während das Zinkblech sich zum größten Teil aufgelöst hat. Am Platin abgeschiedenes Antimon wird mit einigen Tropfen konz. Salpetersäure abgelöst, die salpetersaure Lösung mehrmals mit Salzsäure abgeraucht und der nitratfreie Rückstand mit verd. Salzsäure aufgenommen. In der salzsauren Lösung kann das Antimon z. B. mittels Schwefelwasserstoff als Sb_2S_5 nachgewiesen werden (weitere Nachweisreaktionen auf Antimon s. S. 293).

A_{15a}. Der ausgeschiedene Zinnschwamm wird abfiltriert und in konz. Salzsäure gelöst. In der Lösung wird das Zinn mit Hilfe von $HgCl_2$ nachgewiesen (Durchführung des Nachweises wie weitere Nachweisreaktionen auf Zinn s. S. 294).

A_{14b}. In das schwach salzsaure Filtrat von A_{14} bringt man einen blanken Eisendraht oder Eisennagel. Ist Antimon anwesend, so setzt es sich nach einiger Zeit als schwarzer Beschlag am Eisen ab oder bildet dort einen schwarzen Metallschwamm. Das abgeschiedene Antimon wird vom Eisen entfernt und in Königswasser gelöst. Die Lösung wird zur Trockne eingedampft, der Rückstand mit verd. Salzsäure aufgenommen und nach A_{14a} auf Antimon geprüft.

A_{15b}. Bei Benutzung von Eisen als Reduktionsmittel wird das Zinn nur bis zum Zinn(II)-salz reduziert. Nach Entfernung des Antimons wird im schwach salzsauren Filtrat, wie unter A_{16} beschrieben, identifiziert.

A_{14c}. Die Lösung von A_{14} wird mit überschüssiger Ammoniumoxalat-Lösung versetzt, zum Sieden erhitzt und mit Schwefelwasserstoff gesättigt. Bei Anwesenheit von Oxalationen wird Zinn komplex gebunden, so daß sich nur ein Niederschlag von Antimonsulfid bildet. Dieser Sulfidniederschlag wird abfiltriert und im Filtrat auf Zinn geprüft. — Bei ungenügendem Oxalatzusatz wird auch SnS gefällt, bei einem sehr großen Überschuß dagegen kann auch das Antimon in Lösung gehalten werden.

A_{15c}. Zum Nachweis von Zinn wird das Filtrat von A_{14c} mit etwas granuliertem Zink versetzt. Bei Anwesenheit von Zinn wird dieses zum Metall reduziert. Es scheidet sich als Metallschwamm ab, der abfiltriert und in Salzsäure gelöst wird. In der salzsauren Lösung wird das Zinn, wie unter A_{15a} beschrieben, nachgewiesen.

A_{16}. *Abtrennung des Arsens.* Der Rückstand von A_{13} wird mit konz. Ammoniumcarbonatlösung digeriert. Hierdurch löst sich Arsensulfid. Die Ammoniumcarbonatlösung wird abfiltriert und unter A_{17} weiter bearbeitet, der Rückstand wird unter A_{18} analysiert. Ergab die Prüfung nach A_{12}, daß die Probe Germanium enthält, so ist zur Abtrennung des Arsens wie folgt zu verfahren: Beim Ausfällen der Sulfide mit verd. Schwefelsäure kann etwas Germaniumsulfid mit abgeschieden werden. Dies geht beim Digerieren mit konz. Ammoniumcarbonatlösung ebenfalls in Lösung. Es kann vom Arsen durch fraktionierte Sulfidfällung getrennt werden. Bei Anwesenheit von Germanium wird das ammoniumcarbonathaltige Filtrat noch einmal mit Salzsäure bis zur sauren Reaktion versetzt und zur vollständigen Ausfällung des Arsen- bzw. Germaniumsulfids mit Schwefelwasserstoff gesättigt. Der Sulfidniederschlag wird abfiltriert und, wie unter A_{11} beschrieben, mit verd. Schwefelsäure behandelt. Hierbei fällt dann praktisch nur noch Arsensulfid aus. Es wird abfiltriert, in konz. Ammoniumcarbonatlösung gelöst und nach A_{17} identifiziert.

A_{17}*. *Nachweis von Arsen. Im ammoncarbonathaltigen Filtrat von A_{16} wird das Arsen mit Magnesiamixtur als Magnesiumammoniumarsenat ausgefällt. Der Niederschlag wird abfiltriert und entweder mikroskopisch oder mittels der MARSHschen Probe identifiziert. (Durchführung des Nachweises sowie weitere Nachweisreaktionen s. S. 292.)

A_{18}*. *Nachweis von Platin. Der Rückstand von A_{16} wird in Königswasser gelöst, mehrmals mit Salzsäure bis zur vollständigen Entfernung der Salpetersäure auf dem Wasserbad abgeraucht, dann mit verd. Salzsäure aufgenommen. Die Lösung enthält Platin als H_2PtCl_6, Gold als $HAuCl_4$, Selen als H_2SeO_3, Tellur als H_2TeO_3 und Molybdän als MoO_2Cl_2. Diese Lösung wird mit konz. Kaliumchloridlösung versetzt. Ein sich hierbei bildender gelber, kristalliner Niederschlag zeigt Platin an [K_2PtCl_6]. Der Niederschlag wird abfiltriert und das *Platin* mit Dimethylglyoxim identifiziert.

A_{19}*. *Nachweis von Gold. Das schwach salzsaure Filtrat von A_{18} wird erwärmt und tropfenweise mit einer konz. Oxalsäurelösung versetzt. Bei Anwesenheit von Gold färbt sich die Lösung zunächst rot bzw. rötlichblau, dann braun. Nach einiger Zeit scheidet sich Gold als braunes Pulver ab. Es wird abfiltriert und identifiziert (Nachweisreaktionen s. S. 294).

A_{20}*. *Nachweis von Molybdän. Das Filtrat von A_{19} wird mit konz. Salzsäure stark angesäuert und durch Hinzufügen von Zinkgranalien reduziert. Bei Anwesenheit von Molybdän färbt sich die Lösung zunächst blau, dann grün und zuletzt braun. Sind Selen oder Tellur zugegen, so werden diese ebenfalls reduziert und in elementarer Form abgeschieden. Der gebildete Niederschlag wird abfiltriert und unter A_{21} weiterbehandelt. Im Filtrat kann das Molybdän nachgewiesen werden (Nachweisreaktionen s. S. 295).

A_{21}*. *Nachweis von Selen. Der Rückstand von A_{20}, der aus elementarem Selen oder Tellur bestehen kann, wird mit verd. Salzsäure gewaschen, dann in konz. Salpetersäure gelöst. Die Lösung wird auf dem Wasserbad zur Trockne eingedampft und der Rückstand mit einigen ml rauchender Salzsäure aufgenommen. In diese stark salzsaure Lösung wird in der Hitze gasförmiges SO_2 eingeleitet. Ein sich hierbei bildender roter Niederschlag wird abfiltriert und als Selen identifiziert (Nachweisreaktionen s. S. 294). Das Filtrat wird unter A_{22} weiter analysiert.

A_{22}*. *Nachweis von Tellur. Das Filtrat von A_{21} wird auf dem Wasserbad zur Trockne eingedampft, der Rückstand wird mit verd. Salzsäure aufgenommen und mit SO_2-Gas gesättigt. Ein sich hierbei bildender schwarzer Niederschlag zeigt Tellur an. Er wird abfiltriert und als Tellur identifiziert (Nachweisreaktionen s. S. 295).

Tabelle 24. Abtrennung und Analyse der II. Gruppe (H_2S-Gruppe). [A_3 bis A_4]

In das salzsaure Filtrat von A_3 wird nach A_9 H_2S eingeleitet, die ausgefällten Sulfide werden abfiltriert.

Rückstand von A_9: II. Gruppe (H_2S-Gruppe).	Filtrat von A_9: restliche Gruppen.
Rückstand von A_9 wird nach A_{10} mit gelbem Schwefelammonium digeriert, dann wird die Lösung vom Ungelösten abfiltriert.	Filtrat von A_9 wird unter A_{30} weiter analysiert.
Rückstand von A_{10}: Untergruppe IIb (Kupfergruppe).	Filtrat von A_{10}: Untergruppe IIa (Arsen-Zinngruppe).
Analyse der Untergruppe IIb s. Tab. 24a [A_{23} bis A_{29}].	Analyse der Untergruppe IIa s. Tab. 24a [A_{11} bis A_{22}].

Tabelle 24a. Analyse der Untergruppe IIa (Arsen-Zinngruppe) [A_{11} bis A_{22}].,

Filtrat von A_{10} kann enthalten: $[SbS_4]^{3-}$, $[SnS_3]^{2-}$, $[PtS_3]^{3-}$, $[AuS_2]^{-}$, $[MoS_4]^{2-}$, $[SeS_3]^{2-}$, $[TeS_3]^{2-}$, $[AsS_4]^{3-}$ und $[GeS_3]^{3-}$.

Filtrat von A_{10} nach A_{11} tropfenweise mit verd. Schwefelsäure versetzen, bis die Lösung gegen Indicatorpapier schwach sauer reagiert. Der gebildete Niederschlag wird abfiltriert.

Rückstand von A_{11}: Sb_2S_5, SnS_2, PtS_2, Au_2S, MoS_3, Se, Te und As_2S_5.	Filtrat von A_{11}: $[GeS_3]^{3-}$.
Der Sulfidniederschlag von A_{11} wird nach A_{13} mit konz. Salzsäure gekocht, danach wird vom Ungelösten abfiltriert.	Im Filtrat von A_{11} nach A_{12} auf *Germanium* prüfen.

Rückstand von A_{13}: PtS_2, Au_2S, MoS_3, Se, Te und As_2S_5.	Filtrat von A_{13}: Sb^{3+}, Sn^{4+}.
Der Rückstand von A_{13} wird nach A_{16} mit konz. Ammoniumcarbonatlösung digeriert.	Im Filtrat von A_{13} wird nach A_{14} und A_{15} auf *Antimon* und *Zinn* geprüft.

Rückstand von A_{16}: PtS_2, Au_2S, MoS_3, Se, Te.	Filtrat von A_{16}: $[AsO_3]^{3-}$ ($[AsS_3]^{3-}$).
Rückstand von A_{16} wird nach A_{18} in Königswasser gelöst, zur Trockne eingedampft, mit verd. HCl aufgenommen und mit konz. NaCl-Lösung versetzt. Ein gebildeter gelber Niederschlag wird abfiltriert.	Im Filtrat von A_{16} wird nach A_{17} mit Magnesiamixtur auf *Arsen* geprüft.

Rückstand von A_{18}: $K_2[PtCl_6]$.	Filtrat von A_{18}: $[AuCl_4]^{-}$, $[MoO_2]^{2+}$, $[SeO_3]^{2-}$, $[TeO_3]^{2-}$.
Im Rückstand von A_{18} mit Dimethylglyoxim auf *Platin* prüfen.	Das schwach saure Filtrat von A_{18} wird nach A_{19} mit einer konz. Oxalsäurelösung versetzt und erwärmt. Nach einiger Zeit bildet sich ein brauner Niederschlag, der abfiltriert wird.

Rückstand von A_{19}: Au (elementar).	Filtrat von A_{19}: $[MoO_2]^{2+}$, $[SeO_3]^{2-}$ und $[TeO_3]^{2-}$.
Rückstand von A_{19} als *Gold* identifizieren.	Filtrat von A_{19} nach A_{20} mit konz. HCl und Zinkgranalien versetzen. Bei Anwesenheit von *Molybdän* färbt sich die Lösung erst blau, dann grün und zuletzt braun. Ein entstandener Niederschlag wird abfiltriert.

Rückstand von A_{20}: Se und Te (elementar).	Filtrat von A_{20}: Mo^{3+}.
Rückstand von A_{20} nach A_{21} in konz. HNO_3 lösen, zur Trockne eindampfen, Rückstand mit 34%iger HCl aufnehmen, in der Hitze SO_2 einleiten. Gebildeter roter Niederschlag wird abfiltriert.	(Weitere Nachweisreaktionen auf Molybdän auf S. 295.)

Rückstand von A_{21}: Se (elementar, rot).	Filtrat von A_{21}: $[TeO_3]^{2-}$.
Rückstand von A_{21} als *Selen* identifizieren.	Filtrat von A_{21} nach A_{22} zur Trockne eindampfen, mit Wasser aufnehmen und SO_2 einleiten. Schwarzen Niederschlag abfiltrieren und als *Tellur* identifizieren.

Analyse der Untergruppe IIb (Kupfergruppe). [A_{23} bis A_{29}]

A_{23}. Der Rückstand von A_{10} kann enthalten: HgS, PbS, Bi_2S_3, CuS, CdS und PdS sowie geringe Mengen von elementarem Gold und von Sulfiden der Platinmetalle. Elementares Gold wird gebildet durch teilweise Reduktion der Goldionen in heißer, saurer Lösung mittels Schwefelwasserstoff. Da die Sulfide der Platinmetalle nur schwer in gelbem Schwefelammonium löslich sind, kann beim Digerieren mit Ammoniumpolysulfid ein Teil derselben ungelöst zurückbleiben.

Der Rückstand von A_{10} wird auf dem Wasserbad 3 bis 5 Min. lang mit 33%iger Salpetersäure (1 Teil konz. HNO_3 und 2 Teile Wasser) digeriert, dann filtriert. Das Filtrat wird unter A_{26}, der Rückstand unter A_{24} analysiert.

A_{24}. *Abtrennung und Nachweis von Palladium.* Der Rückstand von A_{23}, der aus HgS und PdS sowie Spuren von Gold und von Sulfiden der Platinmetalle bestehen kann, wird in Königswasser gelöst, auf dem Wasserbad zur Trockne eingedampft und mit stark verd. Salzsäure aufgenommen. Diese Lösung wird in der Kälte tropfenweise mit einer konz. Lösung von KCl versetzt. Ein brauner Niederschlag zeigt Palladium an ($K_2[PdCl_4]$). Der Niederschlag, der noch andere Platinmetalle enthalten kann, wird abfiltriert und in Salzsäure gelöst. In der salzsauren Lösung wird das Palladium mittels Dimethylglyoxim nachgewiesen. Das Filtrat wird unter A_{25} weiterbehandelt.

A_{25}. *Nachweis von Quecksilber.* Das Filtrat von A_{24} enthält Quecksilber(II)-salz sowie Spuren von Gold. Im Filtrat wird das Quecksilber entweder durch Amalgamierung eines Kupferbleches oder mittels $SnCl_2$-Lösung nachgewiesen (Durchführung der Nachweisreaktionen s. S. 289).

A_{26}. *Abtrennung und Nachweis von Blei.* Zum Filtrat von A_{23} werden 1 bis 2 ml konz. Schwefelsäure zugefügt, dann wird soweit eingedampft, bis sich weiße SO_3-Nebel bilden. Der erkaltete Rückstand wird mit 2 bis 4 ml verd. Schwefelsäure aufgenommen. Unlösliches wird abfiltriert. Ein weißer Rückstand deutet auf Blei hin ($PbSO_4$). Er wird, wie unter A_5 beschrieben, untersucht. Das schwefelsaure Filtrat wird unter A_{27} weiterbehandelt.

A_{27}. *Abtrennung und Nachweis von Wismut.* Das Filtrat von A_{26} wird mit konz. Ammoniak stark alkalisch gemacht. Ein sich dabei bildender Niederschlag wird abfiltriert, das Filtrat wird unter A_{28} weiter analysiert.

Der Niederschlag wird auf Wismut geprüft. Hierbei muß beachtet werden, daß an dieser Stelle eine Reihe weiterer Stoffe mit ausfallen, wenn bei den vorangegangenen Arbeitsgängen unsauber gearbeitet wurde. Zum Beispiel können ausfallen:

$(Hg_2ONH_2)_2SO_4$, wenn die Salpetersäure zum Lösen der Sulfide bei A_{23} zu konzentriert war (z. B. 1:1).

$Pb(OH)_2$, wenn bei A_{26} entweder beim Abrauchen mit konz. Schwefelsäure die Salpetersäure nicht vollständig vertrieben wurde, oder wenn der Rückstand nach dem Abrauchen mit konz. Schwefelsäure nicht mit verd. Schwefelsäure, sondern mit viel Wasser, vielleicht sogar noch heiß, aufgenommen wurde.

$Sn(OH)_2$, wenn beim Digerieren des Sulfidniederschlages der II. Gruppenfällung in Ammoniumpolysulfid das gefällte SnS nicht vollständig in $[SnS_3]^{2-}$ umgewandelt wurde.

$Al(OH)_3$, $Fe(OH)_3$ oder $Cr(OH)_3$, wenn der Sulfidniederschlag der II. Gruppenfällung ungenügend ausgewaschen wurde.

Zum Nachweis von Wismut wird ein Teil des Niederschlages mit alkalischer Stannitlösung übergossen. Bei Anwesenheit von Wismut färbt er sich tiefschwarz. Von den oben angeführten Stoffen zeigt nur Quecksilber die gleiche Reaktion. Zur Prüfung, ob es sich um Wismut oder Quecksilber handelt, wird der schwarze Niederschlag in Glühröhrchen erhitzt. Wenn er nicht flüchtig ist, liegt Wismut vor.

Es empfiehlt sich, den Rest des Niederschlages von A_{27} in Säure zu lösen und in der Lösung auf Wismut zu prüfen (Nachweisreaktionen auf Wismut s. S. 291).

***A_{28}*. *Probe auf Kupfer*.** Ist das Filtrat von A_{28} blau gefärbt, so enthält die Probe Kupfer. Ein Teil des Filtrates wird mit Essigsäure angesäuert und mit $K_4[Fe(CN)_6]$ auf Kupfer geprüft. Ein rotbrauner Niederschlag zeigt Kupfer an. Selbst wenn im Filtrat von A_{28} keine Blaufärbung zu erkennen ist, kann die Probe kleine Mengen von Kupfer enthalten (weitere Nachweisreaktionen s. S. 290).

***A_{29}*. *Probe auf Cadmium*.** Ein weiterer Teil des Filtrates von A_{27} wird, wenn es blau gefärbt ist, bis zur Entfärbung mit KCN versetzt. In die farblose Lösung wird Schwefelwasserstoff eingeleitet. Ein sich hierbei bildender gelber Niederschlag zeigt Cadmium an (CdS) (weitere Nachweisreaktionen s. S. 292).

Bildet sich beim Einleiten von Schwefelwasserstoff ein dunkelbraun bis schwarz gefärbter Niederschlag, so wurden die Elemente der Kupfergruppe nur unvollkommen voneinander getrennt. Die Trennung ist zu wiederholen.

Tabelle 24b. Analyse der Untergruppe IIb (Kupfergruppe).

<table>
<tr><td colspan="4">Rückstand von A_{10} kann enthalten: HgS, PdS, PbS, Bi_2S_3, CuS und CdS sowie geringe Mengen von elementarem Gold.</td></tr>
<tr><td colspan="4">Rückstand von A_{10} wird nach A_{23} mit 33%iger HNO_3 bei mäßiger Wärme behandelt, dann filtriert.</td></tr>
<tr><td colspan="2">Rückstand von A_{23}: HgS, PdS (und Au).</td><td colspan="2">Filtrat von A_{23}: Pb^{2+}, Bi^{3+}, Cu^{2+} und Cd^{2+}.</td></tr>
<tr><td colspan="2">Rückstand von A_{23} wird nach A_{24} in Königswasser gelöst, zur Trockne eingedampft und mit stark verd. HCl aufgenommen. Lösung mit KCl versetzen, filtrieren.</td><td colspan="2">Filtrat von A_{23} nach A_{26} mit Schwefelsäure eindampfen, bis sich weiße SO_3-Nebel bilden. Nach dem Abkühlen mit verd. H_2SO_4 aufnehmen und filtrieren.</td></tr>
<tr><td>Rückstand von A_{24}: $K_2[PdCl_4]$.</td><td>Filtrat von A_{24}: Hg^{2+} und $[AuCl_4]^-$.</td><td>Rückstand von A_{26}: $PbSO_4$ (weiß).</td><td>Filtrat von A_{25}: Bi^{3+}, Cu^{2+} und Cd^{2+}.</td></tr>
<tr><td>Rückstand in HCl lösen und mit Dimethylglyoxim auf Palladium prüfen.</td><td>Im Filtrat von A_{24} nach A_{25} auf Quecksilber prüfen.</td><td>Im Rückstand von A_{26} nach A_5 auf Blei prüfen.</td><td>Das Filtrat von A_{26} wird nach A_{27} mit konz. Ammoniak stark alkalisch gemacht, dann filtriert.</td></tr>
</table>

<table>
<tr><td>Rückstand von A_{27}: $Bi(OH)SO_4$.</td><td>Filtrat von A_{27}: $[Cu(NH_3)_4]^{2+}$ und $[Cd(NH_3)_6]^{2+}$.</td></tr>
<tr><td>Im Rückstand von A_{27} auf Wismut prüfen.</td><td>Bei Anwesenheit von Kupfer ist das Filtrat von A_{27} blau gefärbt. Im Filtrat nach A_{28} mit $K_4[Fe(CN)_6]$ in essigsaurer Lösung auf Kupfer und nach A_{29} mit H_2S nach Zusatz von KCN auf Cadmium prüfen.</td></tr>
</table>

Ausfällung der Untergruppe III a durch Hydrolysentrennung mit Urotropin. [A_{30} bis A_{34}]

Die nachfolgende Hydrolysentrennung der III. Gruppe ist in ihren Grundzügen von Fischer und Mitarbeitern aufgestellt. Sie wurde von Lohrer durch Einführung von Urotropin als Fällungsreagens abgeändert. Im Lehrbuch der analytischen Chemie von G. Jander und H. Wendt wurde diese Gruppentrennung noch um die Elemente Gallium, Indium, Tantal und Niob erweitert. Diese Hydrolysentrennung mit Urotropin arbeitet zuverlässiger als die Trennung mit Schwefelammonium (s. S. 187), sie liefert auch bessere Ergebnisse als die Hydrolysentrennung mit Ammoniak oder Ammoniumacetat. Deshalb wird an dieser Stelle nur die Hydrolysentrennung mit Urotropin beschrieben.

A_{30}. Das Filtrat der II. Gruppenfällung (Filtrat von A_9) wird durch Kochen vom Schwefelwasserstoff befreit, zur Oxydation von Fe^{2+} zu Fe^{3+} mit einigen Tropfen konz. Salpetersäure versetzt und auf 40 ml eingeengt.

A_{31}. *Prüfung auf Eisen.* In einem kleinen Teil der Lösung von A_{30} wird mit KSCN auf Eisen geprüft. Rotfärbung zeigt Eisen an. Dieser Nachweis kann gestört werden:

1. durch viel Kobalt neben wenig Eisen,

2. durch Anwesenheit einer größeren Menge Nitrat, wenn z. B. zuviel konz. HNO_3 im Arbeitsgang A_{30} zugefügt wurde,

3. durch Molybdän, welches mit der II. Gruppenfällung nicht quantitativ abgeschieden wurde,

4. durch Anwesenheit von viel Titan.

Ist daher der Eisennachweis nicht eindeutig, so wird ein weiterer kleiner Teil der Lösung auf dem Wasserbad zur Trockne eingedampft. Der Rückstand wird mit konz. oder rauchender Salzsäure aufgenommen und mit Äther, der mit Salzsäuregas oder rauchender Salzsäure gesättigt wurde, extrahiert. Die Ätherschicht wird abgetrennt und in ihr mit Kaliumrhodanid auf Eisen geprüft. Der so durchgeführte Nachweis kann nur noch von Molybdän, das ebenfalls in die Ätherschicht geht, gestört werden. In diesem Falle muß Eisen mit Natronlauge abgetrennt werden.

A_{32}. Um Phosphat, Vanadat und Wolframat bei der Urotropinfällung quantitativ abzuscheiden, fügt man zur Lösung von A_{30}, falls die Analyse kein oder nur wenig Eisen enthält, einige ml einer 5%igen FeCl-Lösung hinzu. Dann wird die Analysenlösung mit konz. Ammoniumcarbonatlösung soweit neutralisiert, bis ein sich an der Eintropfstelle bildender Niederschlag beim Umrühren der Analysenlösung sich gerade nicht mehr auflöst. Um die zur Neutralisation erforderliche Menge von konz. Ammoniumcarbonatlösung auszumessen, gibt man diese aus einem Meßzylinder hinzu. Zur Ausfällung der Gruppe IIIa soll die Analysenlösung bei einem Volumen von 40 bis 50 ml ungefähr 1 bis 1,5 g Ammoniumsalze enthalten. Entspricht die durch Neutralisation gebildete Menge an Ammoniumsalzen nicht der geforderten, so wird zur Lösung eine entsprechende Menge festes Ammoniumchlorid zugefügt. Der gebildete Niederschlag wird mit einem Tropfen Salzsäure wieder gelöst. Die Lösung wird nach A_{33} weiterbehandelt.

A_{33}. *Urotropintrennung.* Die nach A_{32} vorbereitete Lösung wird aufgekocht und mit einer 10%igen Urotropinlösung, welche vorher mit verd. Salzsäure gegen Methylrot neutralisiert wurde, bis zur vollständigen Fällung des Hydroxydniederschlages versetzt. Er wird heiß abfiltriert und mit heißem Wasser mehrmals gewaschen. Der Niederschlag kann nachfolgende drei- und mehrwertige Hydroxyde enthalten: $Al(OH)_3$, $Fe(OH)_3$, $Cr(OH)_3$, $Ga(OH)_3$, $In(OH)_3$, $La(OH)_3$ [sowie Hydroxyde der seltenen Erden], $TiO_2 \cdot aq$, $ZrO_2 \cdot aq$, $Nb_2O_5 \cdot aq$, $Ta_2O_5 \cdot aq$, sowie $Be(OH)_2$, $(NH_4)_2U_2O_7$, $FePO_4$, $FeVO_4$ und $Fe_2(WO_4)_3$. Der Niederschlag wird nach A_{35} weiterverarbeitet. Im Filtrat verbleibt die Gruppe IIIb, die aus den Elementen Mangan, Zink, Nickel und Kobalt besteht, die Erdalkali- und die Magnesium-Alkaligruppe sowie geringe Mengen von Beryllium und Lanthan. Zur Abtrennung dieser beiden Elemente wird das Filtrat nach A_{34} weiterbehandelt.

A_{34}. Das Filtrat von A_{33} wird auf 5 bis 10 ml eingedampft und kalt in das zwei- bis dreifache Volumen warmen, konz. Ammoniaks eingegossen und kurz aufgekocht. Bildet sich hierbei ein Niederschlag, so wird er sofort abfiltriert und mit dem Niederschlag von A_{33} vereinigt. Das Filtrat von A_{34} wird unter A_{53} analysiert.

Analyse der Untergruppe IIIa. (Urotropingruppe). [A_{35} bis A_{52}]

A₃₅. *Abtrennung des Eisens und des Galliums.* Der Niederschlag von A_{33} wird mit etwa 6 ml warmer, konz. Salzsäure gelöst, mit 4 ml Wasser verdünnt und ungeachtet einer Trübung zweimal mit 10 ml Äther, der mit Salzsäuregas oder mit rauchender Salzsäure gesättigt ist, extrahiert. Hierzu kann ein Tropftrichter mit Hahn und eingeschliffenem Stopfen verwendet werden. Die wäßrige Schicht wird abgetrennt und unter A_{37} weiterverarbeitet. Die ätherische Schicht wird nach A_{36} auf Gallium geprüft.

A₃₆. *Bestimmung des Galliums.* Die Ätherschicht von A_{35} enthält das gesamte Gallium, den größten Teil des Eisens sowie kleine Mengen von Thallium, Molybdän, Wolfram, Vanadin und Zink. Zur Prüfung auf Gallium wird die ätherische Schicht mit 5 bis 10 ml verd. Salzsäure versetzt, der Äther durch Hindurchblasen von Luft vertrieben und das Eisen mit einigen ml schwefliger Säure reduziert. Der Überschuß an SO_2 wird verkocht. Aus der salzsauren Lösung wird Gallium mittels Urotropinlösung gefällt. Ein sich bildender Niederschlag von $Ga(OH)_3$ wird abfiltriert und in verd. Salzsäure gelöst. In der Lösung wird mit Chinalizarin auf Gallium geprüft (Durchführung der Nachweisreaktion s. S. 300).

A₃₇. *Natronlauge-Wasserstoffperoxyd-Trennung.* Die wäßrige Schicht von A_{35} wird zur Vertreibung des gelösten Äthers auf dem Wasserbade erhitzt, dann in eine frisch bereitete Lösung von gleichen Teilen 30%iger Natronlauge und 3%igem Wasserstoffperoxyd unter Erwärmen langsam eingegossen. Unter Umrühren wird bis zum beginnenden Sieden weiter erhitzt. Ein entstandener Niederschlag wird abfiltriert, erst mit warmer, verd. Natronlauge, dann mit warmem Wasser gewaschen. Das Waschwasser wird verworfen. Der ausgefällte Niederschlag kann folgende Hydroxyde enthalten: $ZrO_2 \cdot aq$, $TiO_2 \cdot aq$, $La(OH)_3$, $Nb_2O_5 \cdot aq$ sowie Spuren von Eisen. Er wird unter A_{38} analysiert. Das Filtrat, in welchem sich die Ionen: PO_4^{3-}, VO_3^-, WO_4^{2-} $[In(OH)_4]^-$, $[Al(OH)_3]^-$, $[Be(OH)_3]^-$, CrO_4^{2-} und UO_6^{2-} befinden können, wird nach A_{43} weiterbehandelt.

A₃₈. *Nachweis von Zirkon.* Der Niederschlag von A_{37} wird in 3 bis 5 ml konz. Salzsäure gelöst. Die Lösung wird auf die Hälfte eingedampft, zunächst mit 2 ml konz. Salzsäure, danach mit 1 ml einer 0,2 m Na_2HPO_4-Lösung versetzt. Ein ausgefällter Niederschlag, der aus Zirkonphosphat sowie einer gewissen Menge Titanphosphat bestehen kann, wird abfiltriert. Das Filtrat wird unter A_{39} weiterbehandelt. Der Niederschlag wird in verd. Schwefelsäure suspendiert und mit Wasserstoffperoxyd versetzt. Färbt sich die Lösung orangerot, so enthält die Probe *Titan.* Zersetzt sich der weiße Niederschlag durch Zugabe von überschüssigem Wasserstoffperoxyd unter Bildung einer orangerot gefärbten Lösung vollständig, so besteht er nur aus Titanphosphat. Bleibt ein weißer Rückstand, so ist auch *Zirkon* anwesend. Es empfiehlt sich, bei Anwesenheit von Titan auf Zirkon mit Alizarin S zu prüfen (Durchführung s. S. 298).

A₃₉. *Nachweis von Titan.* Das Filtrat von A_{38} wird auf ein Drittel seines Volumens eingedampft und kalt unter Umrühren in eine Mischung von 2 bis 5 ml 3%igem Wasserstoffperoxyd und 4 ml konz. Ammoniak gegossen. Ein entstandener Niederschlag wird rasch durch ein weitporiges Filter gegeben und so lange ausgewaschen, bis das Waschwasser gegen Indicatorpapier neutral reagiert. Der Rückstand kann bestehen aus: $La(OH)_3$, $Ta_2O_5 \cdot aq$, $Nb_2O_5 \cdot aq$, sowie Spuren von $Fe(OH)_3$ und $TiO_2 \cdot aq$. Er wird unter A_{40} weiterverarbeitet. Das Filtrat ist bei Anwesenheit von *Titan* orangerot gefärbt. Sollte die orangerote Farbe nicht deutlich erkennbar sein (z. B. bei kleinen Mengen Titan), so wird das Filtrat auf dem Wasserbad zur Trockne eingedampft, mit wenig verd. Schwefelsäure aufgenommen und mit einigen Tropfen Wasserstoffperoxyd versetzt. Tritt hierbei keine orangerote Färbung auf, so enthält die Probe kein Titan (weitere Nachweise s. S. 298).

A₄₀. *Nachweis von Lanthan.* Der Rückstand von A_{39} wird mit 1 bis 3 ml 1 n HCl heiß gelöst. Die Lösung wird in einem Quarzglas mit 1 bis 3 ml 2 n HF versetzt und aufgekocht. Ein weißer Niederschlag besteht aus Lanthanfluorid (oder aus Fluoriden der seltenen Erden). Der Niederschlag wird abfiltriert und in ihm *Lanthan* bzw. seltene Erden nachgewiesen. Das Filtrat wird unter A_{41} weiterverarbeitet.

A_{41}. *Nachweis von Tantal.* Das Filtrat von A_{40} wird mit 0,5 bis 1 g festem Kaliumcarbonat versetzt, mit 1 bis 3 ml Wasser verdünnt, 5 bis 10 Min. gekocht, dann abgekühlt. Hierbei bildet sich bei Anwesenheit von *Tantal* ein weißer Niederschlag von Kaliumoxytantalfluorid (Nachweisreaktion s. S. 296). Das Filtrat wird unter A_{42} weiterverarbeitet.

A_{42}. *Nachweis von Niob.* Das Filtrat von A_{41} kann enthalten: Nb^{5+} sowie Spuren von $[FeF_6]^{3-}$ und $[TiF_6]^{2-}$. Zum Nachweis von Niob wird die Lösung mit konz. HCl und Zink reduziert, worauf sie sich bei Anwesenheit von *Niob* braunviolett färbt (Nachweisreaktion s. S. 296).

A_{43}. Das Filtrat von A_{37} der NaOH-H_2O_2-Trennung wird mit Salzsäure schwach angesäuert und auf das halbe Volumen eingeengt. Auf je 20 ml der Lösung werden 3 ml 2 n HCl und 2 bis 5 ml schweflige Säure zugefügt. Die Lösung muß deutlich nach SO_2 riechen. Sie wird aufgekocht, so lange weitererhitzt, bis das überschüssige SO_2 verkocht ist und mit 0,5 g festem $Na_2S_2O_4$ (Natriumdithionit) versetzt. Danach wird mit Natronlauge stark alkalisch gemacht, wiederum aufgekocht und von dem entstandenen Niederschlag heiß abfiltriert. Der Niederschlag wird mit warmem Wasser, dem etwas verd. Natronlauge und Natriumsulfitlösung zugefügt wurde, gewaschen. Er kann bestehen aus: $V(OH)_3$, $Cr(OH)_3$ und $U(OH)_4$ und wird nach A_{44} analysiert. Im Filtrat, das nach A_{49} weiterbehandelt wird, können sich befinden: WO_4^{2-}, PO_4^{3-}, $[In(OH)_4]^-$, $[Al(OH)_4]^-$ und $[Be(OH)_3]^-$.

A_{44}. Der Niederschlag von A_{43} wird in Salzsäure unter Zusatz einiger Tropfen HNO_3 gelöst. Die Lösung wird zur Trockne eingedampft, der Rückstand mit 5 bis 10 ml 10%iger HCl, eventuell unter Erwärmen aufgenommen. Zur erkalteten Lösung fügt man 2 bis 4 g festes KSCN hinzu und extrahiert dreimal mit Äther. Die ätherischen Schichten, die das Uran sowie Spuren von Vanadin aufgenommen haben, werden abgetrennt und vereinigt. Die wäßrige Schicht wird unter A_{46} analysiert. In der ätherischen Schicht wird nach A_{45} auf Uran geprüft.

A_{45}. *Nachweis von Uran.* Aus der ätherischen Schicht von A_{44} wird der Äther auf dem Wasserbad vertrieben und der Rückstand in einem Tiegel bis zur vollständigen Zersetzung der Rhodanverbindungen geglüht. Bei Anwesenheit von Vanadin fügt man zum Rückstand vor dem Glühen etwas festes Ammonchlorid, da Vanadin als Chlorid leicht flüchtig ist. Der erkaltete Rückstand wird mit wenig konz. Salpetersäure aufgenommen, auf dem Wasserbad zur Trockne eingedampft, mit 1 bis 3 ml 0,5 bis 1 n HCl wieder gelöst und mit $K_4[Fe(CN)_6]$ auf Uran geprüft. Bei seiner Anwesenheit entsteht ein rotbrauner Niederschlag (weitere Nachweisreaktionen s. S. 298).

A_{46}. Die wäßrige Schicht von A_{44} wird zur Vertreibung des gelösten Äthers auf dem Wasserbad erwärmt. Dann fügt man zur Zerstörung des Rhodanids tropfenweise konz. Salpetersäure hinzu, bis die Gasentwicklung beendet ist. Die Lösung wird mit 2 n NaOH alkalisch gemacht und auf dem Wasserbade 5 Min. gekocht. Ein entstehender grüner Niederschlag zeigt die Anwesenheit von Chrom an. Er wird heiß abfiltriert, mit heißem Wasser chloridfrei gewaschen und unter A_{47} auf Chrom geprüft. Das Filtrat wird nach A_{48} weiterbehandelt.

A_{47}. *Nachweis von Chrom.* Der grüne Niederschlag von A_{46} wird in heißer, verd. Schwefelsäure gelöst, die Lösung mit etwas festem Ammoniumpersulfat versetzt und aufgekocht. Hierbei färbt sie sich gelb. *Chrom* wird als blaues Chromperoxyd mit Äther und H_2O_2 nachgewiesen (Durchführung u. weitere Nachweisreaktionen s. S. 297).

A₄₈. *Nachweis von Vanadin.* Das Filtrat von A_{46}, welches noch Vanadin enthalten kann, wird mit konz. Ammoniak alkalisch gemacht, dann mit Schwefelwasserstoff gesättigt. Bei Anwesenheit von *Vanadin* färbt sich die Lösung durch Bildung von $[VS_4]^{3-}$ rotviolett (Nachweisreaktionen s. S. 296).

A_{49}. Zum Filtrat von A_{43} werden ungefähr 2 bis 3 Tropfen 5%ige $FeCl_3$-Lösung zugefügt. Die Lösung wird aufgekocht und in der Siedehitze so lange mit einer gesättigten $BaCl_2$-Lösung versetzt, wie sich noch ein Niederschlag bildet. Dieser wird abfiltriert, gut ausgewaschen und unter A_{50} weiteranalysiert. Das Filtrat, welches $[In(OH)_4]^-$, $[Al(OH)_4]^-$ und $Be(OH)_3]^-$ enthalten kann, wird nach A_{51} weiterbehandelt.

A_{50}. *Nachweis von Phosphat und Wolfram.* Ein Teil des Niederschlages von A_{49}, der außer $BaSO_4$ noch $Ba_3(PO_4)_2$ sowie $BaWO_4$ enthalten kann, wird mit 1 bis 3 ml verd. Salpetersäure aufgekocht und vom Unlöslichen abfiltriert. Das Filtrat wird auf etwa 1 ml eingedampft und mit Ammoniummolybdat auf *Phosphat* geprüft. Der Rest des Niederschlages wird in einem Porzellantiegel geglüht. Der Glührückstand wird mit 2 bis 3 ml konz. Schwefelsäure aufgenommen und bis zur Bildung von SO_3-Nebeln abgeraucht. Zur erkalteten Lösung fügt man 1 ml einer Lösung von 10 g Hydrochinon in 100 ml konz. Schwefelsäure. Bei Anwesenheit von *Wolfram* entsteht eine Rotfärbung (weitere Nachweisreaktionen s. S. 295).

A_{51}. *Nachweis von Indium.* Das Filtrat von A_{49} wird mit 0,5 ml 30%igem H_2O_2 kurz aufgekocht, mit konz. Salzsäure schwach angesäuert und vom eventuell ausgeschiedenen Bariumsulfat abfiltriert. Die Lösung wird mit Acetat gepuffert und mit Schwefelwasserstoff gesättigt. Ein gelber Niederschlag von In_2S_3 zeigt *Indium* an. Er wird abfiltriert, in Salzsäure gelöst und das Indium mittels Chinalizarin nachgewiesen (Durchführung des Nachweises s. S. 300).

A_{52}. *Nachweis von Aluminium und Beryllium.* Im Filtrat von A_{51} wird der Schwefelwasserstoff verkocht, und Aluminium und Beryllium werden nebeneinander nachgewiesen. Auf Aluminium wird mit Alizarin, auf Beryllium mit Chinalizarin geprüft (Nachweisreaktionen s. S. 296 und S. 299).

Ausfällung und Analyse der Untergruppe IIIb (Ammoniumsulfidgruppe). [A_{53} bis A_{57}]

A_{53}. Das Filtrat von A_{34} wird auf ein kleines Volumen eingeengt, ammoniakalisch gemacht und mit farblosem Schwefelammonium versetzt. Ein sich bildender Niederschlag kann aus den Sulfiden von Kobalt, Nickel, Mangan und Zink bestehen. Er wird abfiltriert, mit schwach ammoniumsulfidhaltigem Wasser gründlich ausgewaschen und nach A_{54} weiterverarbeitet. Das Filtrat soll farblos oder schwach gelblich gefärbt sein. Ist es gelbbraun bis braunschwarz gefärbt, so enthält es kolloid gelöstes Nickelsulfid. In diesem Fall wird das Filtrat mit Ammoniumacetat oder mit Papierschnitzeln versetzt und aufgekocht. Hierdurch flockt Nickelsulfid aus und kann abfiltriert werden. Beim Fällen mit frisch zubereitetem Schwefelammonium bildet sich im allgemeinen kein kolloides Nickelsulfid. Das Filtrat, in welchem sich die Erdalkalien befinden, wird unter A_{58} weiterbehandelt.

A_{54}. *Abtrennung des Kobalts und Nickels.* Der Sulfidniederschlag von A_{53} wird mit kalter 2 n Salzsäure digeriert, bis die Schwefelwasserstoffentwicklung beendet ist. Dann wird von einem bleibenden Rückstand abfiltriert. Ist dieser schwarz, so kann er aus den Sulfiden von Kobalt und Nickel bestehen; er wird nach A_{55} analysiert. Ist der Niederschlag weiß, so handelt es sich um ausgefallenen Schwefel; er wird verworfen. Das Filtrat kann Mangan und Zink enthalten und wird unter A_{56} weiterverarbeitet.

A_{55}. *Bestimmung von Kobalt und Nickel.* Der Rückstand von A_{54} wird in verd. Essigsäure unter Zusatz einiger Tropfen 30%igen Wasserstoffperoxyds gelöst. In der Lösung wird nebeneinander auf Kobalt und Nickel geprüft. Hierzu wird ein Teil der Lösung mit Kaliumrhodanid, Äther und Amylakohol versetzt. Bei Anwesenheit von *Kobalt* färbt sich die Alkohol-Ätherschicht tiefblau. Spuren von Eisen, die noch zugegen sein können, werden durch Natriumfluorid maskiert (weitere Nachweisreaktionen s. S. 301).

Ein zweiter Teil der Lösung wird mit Ammoniak alkalisch gemacht und mit Dimethylglyoxim versetzt. Ein roter Niederschlag zeigt *Nickel* an. Bei viel Kobalt neben wenig Nickel ist dieser Versuch oft nicht eindeutig. Man macht in diesem Falle die Lösung stark alkalisch, fügt zwecks Oxydation von Co(II) zu Co(III) Wasserstoffperoxyd hinzu, verkocht den Überschuß an Wasserstoffperoxyd und fügt zur Lösung Dimethylglyoxim hinzu. Ist die Bildung eines Niederschlages auch jetzt noch schlecht zu erkennen, so filtriert man ab. Bleibt auf dem Filter ein roter Niederschlag zurück, so enthält die Probe Nickel (weitere Nachweisreaktionen s. S. 301). [Gealterte Sulfidniederschläge von Kobalt und Nickel lösen sich schlecht in H_2O_2-haltige Essigsäure. In diesem Falle benutzt man Königswasser als Lösungsmittel].

***A_{56}*. *Nachweis von Zink*.** Das Filtrat von A_{54} wird mit Ammoniak neutralisiert, mit Essigsäure schwach angesäuert und mit wenig Natriumacetat gepuffert. Ein beim Einleiten von Schwefelwasserstoff ausfallender Niederschlag besteht aus Zinksulfid, gemischt mit etwas Schwefel. Er wird abfiltriert und mit verd. Schwefelwasserstoffwasser gründlich gewaschen. Das Filtrat, in welchem sich noch Mangan befinden kann, wird unter A_{57} weiterbehandelt. Der Niederschlag wird in verd. Salzsäure gelöst. Die Lösung wird mit Natriumacetat gepuffert und mit $K_4[Fe(CN)_6]$ versetzt. Bei Anwesenheit von *Zink* entsteht ein weißer Niederschlag von $K_2Zn_3[Fe(CN)_6]_2$ (weiterer Nachweis auf Zink s. S. 300).

***A_{57}*. *Nachweis auf Mangan*.** Das Filtrat von A_{56} wird mit Natronlauge alkalisch gemacht, mit etwas Wasserstoffperoxyd versetzt und erwärmt. Ein sich hierbei bildender Niederschlag besteht aus $MnO(OH)_2$. Er wird abfiltriert, chloridfrei gewaschen und in konz. Salpetersäure gelöst (weitere Nachweisreaktionen s. S. 300).

Tabelle 25. Abtrennung und Analyse der Untergruppe IIIa.

Im Filtrat von A_9 wird nach A_{30} der Schwefelwasserstoff verkocht und durch Zusatz von einigen Tropfen konz. HNO_3 Fe(II) zu Fe(III) oxydiert. In einem kleinen Teil der Lösung wird, wie unter A_{31} beschrieben, mit KSCN auf Eisen geprüft. Dann werden nach A_{32} zur Lösung einige ml einer $FeCl_3$-Lösung zugefügt. Der Überschuß an Säure wird mit Ammoniumcarbonat neutralisiert. Nach Zusatz von etwas NH_4Cl wird nach A_{33} mit Urotropinlösung gefällt. Der Niederschlag wird abfiltriert, das Filtrat wie unter A_{34} in konz. NH_4OH eingegossen. Bildet sich hierbei ein Niederschlag, so wird dieser abfiltriert und mit dem von A_{33} vereinigt.

Vereinigte Niederschläge von A_{33} und A_{34} enthalten außer $Fe(OH)_3$ die Untergruppe IIIa: $Ga(OH)_3$, $FePO_4$, $Fe_2(WO_4)_3$, $In(OH)_3$, $Al(OH)_3$, $Be(OH)_2$, $FeVO_4$, $Cr(OH)_3$, $(NH_4)_2U_2O_7$, $ZrO_2 \cdot aq$, $TiO_2 \cdot aq$, $La(OH)_3$, $Ta_2O_5 \cdot aq$ und $Nb_2O_5 \cdot aq$.	Filtrat von A_{34} enthält: Untergruppe IIIb, Erdalkalien und Alkalien. (Abtrennung der Untergruppe IIIb s. Tab. 26.)
Niederschlag nach A_{34} in HCl lösen und Lösung ausäthern.	

Ätherische Schicht von A_{34}: $GaCl_3$ und $FeCl_3$ (Spuren von Tl, Mo, W, V und Zn).	Wäßrige Schicht von A_{34}: PO_4^{3-}, WO_4^{2-}, In^{3+}, Al^{3+}, Be_4^{+}, VO_2^{-}, Cr^{3+}, UO_2^{2+}, Zr^{4+}, Ti^{4+}, La^{3+}, Ta^{5+} und Nb^{5+} (Spuren Fe^{3+}).
In der ätherischen Schicht von A_{35} nach A_{36} auf *Gallium* prüfen.	Wäßrige Schicht von A_{35} nach A_{37} neutralisieren und in eine Mischung von 30%igem NaOH + 3%igem H_2O_2 einfließen lassen. Niederschlag abfiltrieren.

Niederschlag von A_{37}: $ZrO_2 \cdot aq$, $TiO_2 \cdot aq$, $La(OH)_3$, $Ta_2O_5 \cdot aq$, $Nb_2O_5 \cdot aq$ [und Spuren $Fe(OH)_3$].	Filtrat von A_{35}: PO_4^{3-}, WO_4^{2-}, VO_3^{-}, CrO_4^{2-}, $[In(OH)_4]^-$, $[Al(OH)_4]^-$, $[Be(OH)_3]^-$.
Analyse des Niederschlages von A_{37} s. Tab. 25a.	Analyse des Filtrates von A_{37} s. Tab. 25b.

Tabelle 25a. Analyse des Niederschlages von A_{37}.

Niederschlag von A_{37} kann enthalten: $ZrO_2 \cdot aq$, $TiO_2 \cdot aq$, $La(OH)_3$, $Ta_2O_5 \cdot aq$, $Nb_2O_5 \cdot aq$ sowie Spuren von $Fe(OH)_3$.

Niederschlag von A_{37} nach A_{38} in konz. HCl lösen und mit Na_2HPO_4 fällen.

Niederschlag von A_{38}: $Zr_3(PO_4)_4$ sowie ein Teil des Titans als $Ti_3(PO_4)_4$.	Filtrat von A_{38}: La^{3+}, Ta^{5+}, Nb^{5+}, (restliches) Ti^{4+} sowie Fe^{3+}.
Niederschlag von A_{38} nach A_{38} auf *Titan* und *Zirkon* prüfen.	Filtrat von A_{38} nach A_{39} eindampfen, dann mit NH_4OH und H_2O_2 versetzen, gebildeten Niederschlag abfiltrieren.

Niederschlag von A_{39}: $La(OH)_3$, $Ta_2O_5 \cdot aq$, $Nb_2O_5 \cdot aq$ [Spuren von $Fe(OH)_3$ und TiO_2].	Filtrat von A_{39}: orange bei Anwesenheit von *Titan*, $Ti(O_2)^{2+}$.
Rückstand von A_{39} nach A_{46} in wenig verd. HCl lösen, dann mit verd. HF fällen, Niederschlag abfiltrieren.	(s. A_{39}.)

Niederschlag von A_{40}: LaF_3.	Filtrat von A_{40}: Ta^{5+}, Nb^{5+} und Spuren von Fe und Ti.
Im Niederschlag von A_{40} *Lanthan* oder seltene Erden nachweisen.	Filtrat von A_{40} nach A_{41} mit festem K_2CO_3 versetzen, verdünnen, aufkochen und filtrieren.

Rückstand: Kaliumoxytantalfluorid. *Tantal* (A_{41}).	Filtrat: Nb^{5+} [Fe, Ti]. Im Filtrat nach A_{42} auf *Niob* prüfen.

Tabelle 25b. Analyse des Filtrates von A_{37}.

Filtrat von A_{37} kann enthalten: PO_4^{3-}, WO_4^{2-}, VO_3^-, CrO_4^{2-}, $[In(OH)_4]^-$, $[Al(OH)_4]^-$ und $[Be(OH)_3]^-$.

Filtrat von A_{37} nach A_{43} mit HCl ansäuern, mit Natriumdithionit reduzieren und mit NaOH fällen.

Niederschlag von A_{43}: $V(OH)_3$, $Cr(OH)_3$, $U(OH)_4$.	Filtrat von A_{43}: PO_4^{3-}, WO_4^{2-}, $[In(OH)_4]^-$, $[Al(OH)_4]^-$, $[Be(OH)_3]^-$.
Niederschlag von A_{43} nach A_{44} in $HCl–HNO_3$ lösen, zur Trockne eindampfen, mit HCl aufnehmen, KSCN zufügen und ausäthern.	Filtrat von A_{43} nach A_{49} mit $BaCl_2$ fällen, Niederschlag abfiltrieren.

Niederschlag von A_{43}:

Ätherschicht von A_{44}: $(UO_2)(SCN)_2$ (gelb).	Wäßrige Schicht von A_{44}: VO_3^-, Cr^{3+}.
In der ätherischen Schicht von A_{44} nach A_{45} auf *Uran* prüfen.	Wäßrige Schicht von A_{44} nach A_{46} mit NaOH fällen, gebildeten grünen Niederschlag abfiltrieren.

Niederschlag von A_{46}: $Cr(OH)_3$ (grün).	Filtrat von A_{46}: VO_3^- (farblos).
Niederschlag nach A_{47} auf *Chrom* prüfen.	Filtrat nach A_{48} auf *Vanadin* prüfen.

Filtrat von A_{43}:

Niederschlag von A_{49}: $Ba_3(PO_4)_2$, $BaWO_4$.	Filtrat von A_{49}: $[In(OH)_4]$, $[Al(OH)_4]^-$, $[Be(OH)_3]^-$.
Im Niederschlag von A_{49} wird nach A_{50} auf *Phosphat* und *Wolfram* geprüft.	Filtrat von A_{49} wird nach A_{51} mit verd. HCl angesäuert und mit H_2S gesättigt.

Niederschlag von A_{51}: In_2S_3 (gelb).	Filtrat von A_{51}: $[Al(OH)_4]^-$, $[Be(OH)_3]^-$.
Gelben Niederschlag nach S. 300 identifizieren. *Indium*.	Im Filtrat von A_{51} nach A_{52} auf *Aluminium* und *Beryllium* prüfen.

Tabelle 26. Abtrennung und Analyse der Untergruppe IIIb.

Das Filtrat A_{34} der Urotropinfällung wird nach A_{53} ammoniakalisch gemacht, mit NH_4Cl versetzt und mit $(NH_4)_2S$ gefällt.

Niederschlag von A_{53}: Untergruppe IIIb.	Filtrat von A_{53}: Erdalkalien und Alkalien.
Untergruppe IIIb kann enthalten: MnS, ZnS, NiS und CoS. Sulfidniederschlag von A_{53} wird nach A_{54} in der Kälte mit 2 n-HCl digeriert.	Analyse der Erdalkalien und Alkalien s. A_{58} bzw. Tab. 27.

Rückstand von A_{54}: NiS und CoS.	Filtrat von A_{54}: Mn^{2+} und Zn^{2+}.
Im Rückstand von A_{54} werden *Nickel* und *Kobalt* nach A_{55} nebeneinander nachgewiesen.	Filtrat von A_{54} wird nach A_{56} mit NH_4OH neutralisiert, mit Essigsäure angesäuert und mit H_2S gesättigt. Der gebildete Niederschlag wird abfiltriert.

Niederschlag: ZnS.	Filtrat: Mn^{2+}.
Im Niederschlag nach A_{56} auf *Zink* prüfen.	Im Filtrat nach A_{57} auf *Mangan* prüfen.

Abtrennung und Analyse der Erdalkalien [A_{58} bis A_{61}].

A_{58}. Das Filtrat von A_{53} wird mit konz. HCl angesäuert, durch Kochen vom Schwefelwasserstoff befreit und vom ausgeschiedenen Schwefel abfiltriert. Bleibt die Lösung auch nach dem Filtrieren milchig trübe, so ist Schwefel kolloid gelöst. Er wird durch Kochen der Lösung mit einigen Filterschnitzeln ausgeflockt, dann abfiltriert.

Die Lösung wird auf dem Wasserbad zur Trockne eingedampft und durch Abrauchen auf dem Sandbad von den Ammoniumsalzen befreit. Der Rückstand wird mit verd. Salzsäure aufgenommen, die Lösung notfalls filtriert. Dann wird die salzsaure Lösung mit einer Spatelspitze festem Ammoniumchlorid versetzt, erwärmt und mit verd. Ammoniak schwach alkalisch gemacht. Es wird bis zur vollständigen Fällung eines entstehenden Niederschlages konz. Ammoniumcarbonatlösung zugefügt, kurz aufgekocht und heiß filtriert. Der Niederschlag, der aus $BaCO_3$, $SrCO_3$ und $CaCO_3$ bestehen kann, wird gut ausgewaschen und nach A_{59} analysiert. Das Filtrat, in dem sich Magnesium und die Alkalien befinden können, wird weiterverarbeitet nach A_{62}.

A_{59a}. Ein Teil des Carbonatniederschlages von A_{58} wird spektralanalytisch auf Barium, Calcium und Strontium geprüft (s. hierzu: Vorprüfungen S. 161).

A_{59b}. *Trennung der Erdalkalien nach dem Chromat-Sulfatverfahren. Nachweis von Barium.* Der Niederschlag von A_{58} wird in wenig heißer Essigsäure gelöst, die Lösung mit Natriumacetat gepuffert und in der Siedehitze mit konz. $K_2Cr_2O_7$-Lösung versetzt. Bildet sich hierbei ein gelber Niederschlag von $BaCrO_4$, so enthält die Probe *Barium*. Der Niederschlag wird abfiltriert und mittels Flammenfärbung auf Barium geprüft (weitere Bariumnachweise s. S. 302). Das Filtrat wird unter A_{60} weiteranalysiert.

A_{60}. Das Filtrat von A_{59}, in dem sich außer Chromat noch Ca^{2+} und Sr^{2+} befinden können, wird mit einer Sodalösung aufgekocht. Ein sich hierbei bildender Niederschlag, der aus den Carbonaten von Strontium und Calcium bestehen kann, wird abfiltriert und gut ausgewaschen. Das Filtrat wird verworfen. Der Niederschlag wird in verd. Salzsäure gelöst. In der Lösung wird unter A_{61} nebeneinander auf Calcium und Strontium geprüft.

***A*$_{61}$**. *Nachweis von Strontium und Calcium.* Ein Teil der Lösung von A_{60} wird mit Gipswasser versetzt. Ein weißer Niederschlag, der oft erst nach längerer Zeit feinkristallin ausfällt, zeigt die Anwesenheit von *Strontium* an (weiteren Nachweis auf Strontium mit Natriumrhodizonat s. S. 302).

Zur Prüfung auf Calcium wird ein Teil der Lösung von A_{60} mit etwas festem Ammoniumchlorid versetzt, dann wird $K_4[Fe(CN)_6]$-Lösung zugefügt. Ein weißer Niederschlag von $Ca(NH_4)_2[Fe(CN)_6]$ zeigt *Calcium* an.

Soll Calcium mittels Ammoniumoxalat nachgewiesen werden, so ist es erforderlich, erst das gesamte Strontium mittels $(NH_4)_2SO_4$ als $SrSO_4$ zu fällen. Hierdurch wird ein Teil des Calciums ebenfalls als $CaSO_4$ gefällt. Es bleibt jedoch stets so viel Calcium in Lösung, daß es mit Ammoniumoxalat nachgewiesen werden kann (weitere Nachweise auf Calcium s. S. 301).

Bestimmung von Magnesium und den Alkalien [A_{62} bis A_{67}].

***A*$_{62}$**. *Abtrennung und Bestimmung von Magnesium.* Das Filtrat von A_{58} wird mit Ammoniak auf einen p_H-Wert von 9 bis 11 eingestellt und mit einer 3%igen alkoholischen Lösung von Oxychinolin bis zur vollständigen Ausfällung eines entstehenden Niederschlages versetzt. Der grüngelbe Niederschlag, der abfiltriert wird, zeigt Magnesium an. Das Filtrat wird unter A_{63} weiterbehandelt. Das Oxinat wird durch Glühen zerstört, der Rückstand in verd. HCl gelöst und in der Lösung mittels Ammoniak und Na_2HPO_4 auf Magnesium geprüft. Der weiße Niederschlag von $Mg(NH_4)PO_4$ wird mikroskopisch identifiziert (weitere Nachweisreaktionen auf Magnesium s. S. 302).

***A*$_{63}$**. Das Filtrat von A_{62}, in dem sich noch Alkalien befinden können, wird heiß mit einem geringen Überschuß von $HClO_4$ versetzt. Ein beim Abkühlen sich bildender Niederschlag kann aus $KClO_4$, $RbClO_4$ oder $CsClO_4$ bestehen. Er wird abfiltriert und unter A_{66} analysiert. Im Filtrat wird unter A_{64} auf Natrium und Lithium geprüft.

***A*$_{64}$**. *Prüfung auf Lithium.* Das Filtrat von A_{63} wird zur Vertreibung des größten Teiles der $HClO_4$ weitestgehend eingedampft (Vorsicht!), mit wenig Wasser aufgenommen und durch tropfenweise Zugabe von verd. KOH von der restlichen $HClO_4$ befreit. Das gebildete $KClO_4$ wird abfiltriert und das Filtrat mit einer frisch bereiteten Kaliumaluminatlösung versetzt. Bei Anwesenheit von *Lithium* bildet sich entweder sofort oder, falls die Lösung zu alkalisch ist, nach vorsichtigem Neutralisieren mit verd. HCl ein weißer Niederschlag von $LiH[AlO_2]_2$. Er wird abfiltriert und spektralanalytisch identifiziert. Im Filtrat wird nach A_{65} auf Natrium geprüft

***A*$_{65a}$**. *Prüfung auf Natrium.* Das Filtrat von A_{64} wird mit ungefähr 0,5 ml einer gesättigten $K[Sb(OH)_6]$-Lösung versetzt. Ein weißer Niederschlag zeigt die Anwesenheit von *Natrium* an (weitere Nachweisreaktionen s. S. 303).

***A*$_{65b}$**. Das Filtrat von A_{64} wird spektralanalytisch auf Natrium geprüft.

***A*$_{66}$**. *Prüfung auf Kalium.* Der Perchloratniederschlag von A_{63} wird durch starkes Glühen zersetzt, wobei sich die Chloride von Kalium, Rubidium und Cäsium bilden. Der Glührückstand wird mit wasserfreier, alkoholischer Salzsäure extrahiert. Hierbei werden RbCl und CsCl gelöst, während KCl ungelöst zurückbleibt. Dieser Anteil wird abfiltriert und spektralanalytisch auf *Kalium* geprüft (weitere Nachweise auf Kalium s. S. 303). Das Filtrat, in dem sich noch CsCl und RbCl befinden können, wird nach A_{67} weiterbehandelt.

***A*$_{67}$**. *Prüfung auf Rubidium und Cäsium.* Das Filtrat von A_{66} wird auf dem Wasserbad zur Trockne eingedampft. Der Rückstand wird spektralanalytisch auf *Rubidium* und *Cäsium* geprüft (weitere Nachweisreaktionen s. S. 304).

Tabelle 27. Abtrennung und Analyse der Erdalkalien.

Filtrat von A_{53} wird nach A_{58} mit HCl angesäuert, zur Trockne eingedampft und von Ammoniumsalzen durch Abrauchen befreit. Der Rückstand wird in verd. HCl gelöst, die Lösung mit NH_4OH ammoniakalisch gemacht und heiß mit einem Überschuß von $(NH_4)_2CO_3$ versetzt.

Niederschlag von A_{58}: $BaCO_3$, $SrCO_3$ und $CaCO_3$.	Filtrat von A_{58}: Mg^{2+} und Alkalien.
Niederschlag von A_{58} nach A_{59} in Essigsäure lösen, mit $Na(CH_3COO)$ puffern und mit K_2CrO_4 fällen, Niederschlag abfiltrieren.	Wird analysiert nach A_{62}. Tab. 28.

Niederschlag von A_{59}: $BaCrO_4$ (gelb).	Filtrat von A_{59} : Sr^{2+}, Ca^{2+} und CrO_4^{2-}
Niederschlag von A_{59} nach A_{59b} auf *Barium* prüfen.	Filtrat von A_{59} nach A_{60} mit Soda aufkochen, filtrieren, Filtrat verwerfen. Rückstand ($SrCO_3$ und $CaCO_3$) in HCl lösen.

In der nach A_{60} dargestellten, salzsauren Lösung wird nach A_{61} *Strontium* mit Gipswasser und *Calcium* mit $K_4[Fe(CN)_6]$ nachgewiesen.

Tabelle 28. Analyse von Magnesium und den Alkalimetallen.

Filtrat von A_{58} wird nach A_{62} durch Zusatz von NH_4OH auf einen p_H-Wert von 9 bis 11 gebracht und mit einer Oxychinolin-Lösung versetzt.

Niederschlag von A_{62}: $Mg(CO_9H_6N)_2 \cdot 4\,H_2O$.	Filtrat von A_{62}: K^+, Rb^+, Cs^+, Na^+ und Li^+.
Niederschlag wird nach A_{62} auf *Magnesium* geprüft.	Filtrat von A_{62} wird nach A_{63} mit $HClO_4$ schwach angesäuert, der gebildete Perchloratniederschlag wird abfiltriert.

Niederschlag von A_{63}: $KClO_4$, $RbClO_4$ und $CsClO_4$.	Filtrat von A_{63}: Li^+ und Na^+.
Niederschlag von A_{63} wird nach A_{66} verglüht, der Glührückstand wird mit alkohol. HCl extrahiert.	Filtrat von A_{63} nach A_{64} von überschüssiger $HClO_4$ befreien, $K[Al(OH)_4]$ zufügen, Niederschlag abfiltrieren.

Rückstand von A_{66}: KCl.	Filtrat von A_{66}:	Niederschlag von A_{64}: $LiH(AlO_2)_2$.	Filtrat von A_{64}: Na^+.
Im Rückstand nach A_{66} auf *Kalium* prüfen.	Im Filtrat nach A_{67} auf *Rubidium* und *Cäsium* prüfen.	Niederschlag spektralanalytisch auf *Lithium* prüfen.	Im Filtrat nach A_{65} auf *Natrium* prüfen.

A_{70}. Prüfung auf Ammonium. Die Prüfung auf *Ammonium* erfolgt nicht im Trennungsgang, sondern direkt mit der Analysenprobe. Hierzu wird diese mit einer starken Lauge zersetzt und das sich hierbei entwickelnde Ammoniakgas mit Indicatorpapier oder Kurkumapapier nachgewiesen.

A_{71}. Analyse des in Salzsäure unlöslichen Rückstandes. Ist es erforderlich, die Analysenprobe in Salzsäure zu lösen, so enthält ein hierbei zurückbleibender Rückstand noch zusätzlich die Salzsäuregruppe. Um diese von dem sog. ,,unlöslichen Rückstand" abzutrennen, wird, wie unter A_4 beschrieben, der in Salzsäure nicht lösliche Anteil mehrere Male mit heißem Wasser extrahiert. Im wäßrigen Auszug wird dann nach A_5 auf *Blei* und nach A_6 auf *Thallium* geprüft. Zur weiteren Bestimmung wird das noch verbleibende Ungelöste, wie unter A_{7b} beschrieben, mit 1 bis 2 ml konz. Salpetersäure versetzt und erwärmt. Nach Verdünnen mit einigen ml Wasser wird filtriert und im Filtrat auf *Quecksilber* geprüft (Nachweisreaktionen

auf Quecksilber s. S. 289). Da der Rückstand außer Silberchlorid noch Wolframsäure enthalten kann, muß man ihn vor Abtrennung des Silberchlorids mit Ammoniak zwei- bis dreimal mit einigen ml 2n NaOH extrahieren. In der alkalischen Lösung wird dann nach A_{50} auf *Wolfram* geprüft. Nachdem die Wolframsäure vom Rückstand abgetrennt ist, wird dieser, wie unter A_7 beschrieben, mit halbkonzentriertem Ammoniak extrahiert. Der ammoniakalische Auszug wird nach A_{8a} auf *Silber* geprüft. Einen nach dem Extrahieren mit Ammoniak bleibenden Rückstand bezeichnet man als den „unlöslichen Rückstand“. Dieser wird durch eine saure oder alkalische Schmelze aufgeschlossen.

Wurde die Analysenprobe in Salzsäure unter Zusatz von Salpetersäure gelöst, so liegt Quecksilber nur noch als leichtlösliches Quecksilber(II)-salz vor, wodurch sich die Prüfung auf Quecksilber im Rückstand erübrigt.

Anmerkungen zum Trennungsgang.

Der Analysengang kann durch die Anwesenheit bestimmter Kationen erheblich gestört werden. Einmal können sie andere Kationen dadurch vortäuschen, daß sie an deren Stelle abgeschieden werden. Zum anderen können die betreffenden Kationen aber auch andere Kationen bei Gruppentrennungen mitfällen oder deren vollständige Abscheidung verhindern. Nachfolgend einige Beispiele:

Störungen durch Silber: Wird zur Lösung einer Analysenprobe, die Silber enthält, 4n bis 6n Salzsäure verwendet, so geht ein Teil des hierbei gebildeten Silberchlorids als komplexes Anion in Lösung. Dieser Anteil gelangt als Silbersulfid in die Kupfergruppe und kann dort durch Bildung von wenig löslichem Silbersulfat Blei vortäuschen. Der Anteil, der nicht als Silbersulfat abgeschieden wird, fällt zusammen mit dem Cadmium als schwarzes Silbersulfid aus.

Störungen durch Thallium: Löst man eine Analysenprobe, die Thallium(I)-salz enthält, in Königswasser oder halbkonz. Salpetersäure, so wird hierdurch lösliches Thallium(III)-salz gebildet. Obwohl Thalliumsalze in saurer Lösung nicht als Sulfid gefällt werden, bilden sie mit Arsen-, Antimon-, Zinn-, Kupfer- und Quecksilbersulfid unlösliche Doppelsulfide. Da die drei erstgenannten Doppelsulfide im Gegensatz zu den einfachen Sulfiden nicht vollständig in Schwefelammonium löslich sind, gelangt ein Teil des Arsens, Antimons und Zinns in die Kupfergruppe. Das Thallium selbst scheidet sich als schwarzes Sulfid zusammen mit dem Cadmiumsulfid ab.

Der nicht als Doppelsulfid ausgefällte Thalliumanteil gelangt in das Filtrat der Schwefelwasserstoffällung und bleibt im weiteren Verlauf des Analysenganges beim Kobalt und Nickel.

Es ist daher bei Anwesenheit von Thallium stets erforderlich, vor Abtrennung der Schwefelwasserstoffgruppe, das Thallium als Thallium(I)-chlorid abzuscheiden. Wurde die Probe oxydierend gelöst, so muß, nachdem der Überschuß des Oxydationsmittels zerstört ist, das gebildete Thallium(III)-salz reduziert werden. Dies kann z. B. mit Hilfe von Kaliumjodid in salz- oder schwefelsaurer Lösung erfolgen. Es bildet sich hierbei fast unlösliches Thallium(I)-jodid und freies Jod, das verkocht wird.

Störungen durch Kupfer: Da Kupfersulfid etwas in gelbem Schwefelammonium löslich ist, gelangt ein Teil des Kupfers in die Arsen-Zinn-Gruppe. Hier bleibt es im Verlauf der Gruppentrennung stets beim Arsen. Wird bei der Analyse einer Probe, die nur wenig Kupfer enthält, der Sulfidniederschlag der Schwefelwasserstoffällung mit viel gelbem Schwefelammonium längere Zeit warm digeriert, so kann die gesamte Menge an vorhandenem Kupfersulfid in Lösung gehen.

Störungen durch Wolfram: Enthält die Analysenprobe Wolframate, so werden diese durch Lösen der zu analysierenden Substanz in Salzsäure, Salpetersäure oder Königswasser zersetzt unter Bildung von Wolframtrioxyd. Dieses wird, wie unter A_{71} beschrieben, aus dem in Säure unlöslichen Rückstand zusammen mit der Salzsäuregruppe abgetrennt. Beim Lösen der Analysenprobe in stark konz. Salzsäure bilden sich jedoch lösliche Oxywolframate. Diese sind nur in stark salzsaurer Lösung beständig, beim Verdünnen zersetzen sie sich unter Bildung von Wolframsäure. Wird die Probe aber unter Zusatz von Phosphorsäure gelöst, so bildet sich die leicht lösliche Phosphorwolframsäure, die, ebenso wie andere Heteropolysäuren des Wolframs, nicht durch starke Säuren zersetzt werden kann. In derartigen Fällen wird Wolfram, wie unter A_{50}, beschrieben, in der Urotropingruppe nachgewiesen. Hierbei ist darauf zu achten, daß vor Durchführung der Fällung mit Urotropin eine ausreichende Menge an Eisen(III)-salz zugegeben wird, da sonst ein Teil der Erdalkalien als Wolframate mitgefällt werden.

Störungen durch Molybdän und Vanadin und deren Abtrennung vor Durchführung des Trennungsganges: Enthält die zu analysierende Probe eine größere Menge Molybdän, so gestaltet sich die vollständige Abtrennung des Molybdäns als Sulfid überaus schwierig. In diesem Fall empfiehlt es sich, entweder das Molybdän vor Durchführung des Trennungsganges abzutrennen oder nach dem auf S. 241 beschriebenen „umgekehrten Trennungsgang“ zu arbeiten.

Vanadin gelangt stets in das Filtrat der Schwefelwasserstoffällung. Im Analysengang wird es bei der Urotropinfällung als Eisen(III)-vanadat mit abgeschieden. Der Zusatz von Eisen(III)-salz vor Ausfällung der Urotropingruppe nach A_{50} hat also die Aufgabe, nicht nur vorhandenes Phosphat, sondern auch Vanadat und Wolframat abzutrennen. Es ist daher erforderlich, auch bei Abwesenheit von Phosphat vor Abtrennung der Urotropingruppe eine ausreichende Menge an Eisen(III)-chlorid zuzufügen, da sonst Erdalkalien als Vanadate bzw. Wolframate mitgefällt werden.

Wird dagegen die III. Gruppe mit Hilfe von Ammoniumsulfid gefällt, so bleibt vorhandenes Vanadat in Lösung. Durch Ansäuern des durch gebildetes Thiovanadat braun bis rotviolett gefärbten Filtrates der Ammoniumsulfidfällung wird das Vanadin als braunes Vanadin(V)-sulfid abgeschieden. Hierbei ist zu beachten, daß durch den sich entwickelnden Schwefelwasserstoff stets etwas Thiovanadat zu löslichem Vanadylsalz reduziert wird, welches das Filtrat der Vanadin(V)-sulfidfällung schwach bläulich färbt.

Wenn durch eine Vorprüfung festgestellt wurde, daß die Analysenprobe eine größere Menge Vanadin enthält, so ist es ratsam, dieses vor Durchführung des Analysenganges abzutrennen. Molybdän sowie Vanadin können in einem Arbeitsgang abgetrennt werden, und zwar durch Erhitzen der Analysenprobe im Chlorwasserstoffstrom in Gegenwart von Ammoniumchlorid. Hierbei bilden Molybdän- wie Vanadinverbindungen leicht flüchtige Chloride. Zur Durchführung der Abtrennung wird die zu analysierende Substanz mit der doppelten Menge Ammoniumchlorid vermengt, in ein Porzellanschiffchen eingefüllt und dieses in ein waagerecht liegendes Glasrohr eingesetzt. Dann wird über das Gemisch ungefähr eine Stunde lang ein trockener Chlorwasserstrom geleitet, wobei die Probe auf ungefähr 200°C erhitzt werden soll. Die übergehenden flüchtigen Bestandteile der Probe werden in einer mit Wasser gefüllten Waschflasche, die an das Glasrohr angeschlossen ist, aufgefangen. Scheiden sich bereits an den hinteren kalten Teilen des Glasrohres Chloride ab, so sind diese ebenfalls in die Waschflasche überzutreiben. Außer Molybdän und Vanadin werden hierbei noch Arsen, Antimon, Quecksilber sowie geringe Mengen an Eisen in die Waschflasche übergeführt. Die einzelnen Elemente werden in der salzsauren Waschlösung wie folgt nachgewiesen:

Molybdän: Vorhandenes Eisen mit Ammoniak ausfällen, dann Molybdän mit Rhodanid und Zinn(II)-chlorid wie unter 20/1 auf S. 295 beschrieben, nachweisen.

Vanadin: Vorhandenes Eisen mit Ammoniak ausfällen, dann Vanadin mit Wasserstoffperoxyd wie unter 22/1 auf S. 296 beschrieben, nachweisen.

Eisen: Nach erfolgter Oxydation zu Eisen(III)-salz entweder mit Rhodanid oder mit gelbem Blutlaugensalz auf Eisen prüfen (Durchführung siehe 26/1 und 26/2 auf S. 297).

Quecksilber: Mit Hilfe eines Kupferbleches wie unter 2/1 auf S. 290 beschrieben, auf Quecksilber prüfen.

Arsen und Antimon: Mit Hilfe von Zinkgranalien in Lösung vorhandenes Arsen, Antimon oder Quecksilber niederschlagen, den gebildeten Niederschlag abfiltrieren, in Königswasser lösen, die saure Lösung mit Ammoniak fast neutralisieren, Ammoniumsulfid im Überschuß zugeben und das gebildete Quecksilber(II)-sulfid abfiltrieren. Im Filtrat wird, wie unter A_{11} bis A_{17} beschrieben, auf Arsen und Antimon geprüft.

Störungen durch Cadmium: Wird bei der Ausfällung der Schwefelwasserstoffgruppe nicht genügend stark verdünnt, so scheidet sich Cadmium nicht vollständig als Sulfid ab. Der in Lösung verbleibende Anteil gelangt im weiteren Verlauf des Analysenganges in die III. Gruppe, wo er beim Kobalt und Nickel gefunden wird. Eine quantitative Abscheidung des Cadmiums ist dann gewährleistet, wenn die Ausfällung der II. Gruppe im Umschlagspunkt des von BLOEMENDAL und VEERKAMP angegebenen Mischindikators erfolgt. (Näheres hierzu siehe auf S. 269.)

Störungen durch Mangan: Wurde die III. Gruppe mittels Ammoniumsulfid gefällt, so wird bei der anschließenden Natronlauge-Wasserstoffperoxydtrennung bei Anwesenheit von Mangan und Zink ein erheblicher Anteil des Zinks zusammen mit dem gebildeten Mangan(IV)-oxydhydrat gefällt. Beim Arbeiten nach dem Urotropinverfahren tritt diese Fehlermöglichkeit nicht auf.

Literatur:

FISCHER, Werner, und Walter DIETZ, gemeinsam mit K. BRÜNGER und H. GRIENEISEN: Angew. Ch. **40**, 719 (1936). — JANDER, G., und H. WENDT: Lehrbuch der analytischen und präparativen Chemie. Hirzel Verlag, Stuttgart 1954. — LOHRER, Walter: Fr. **124**, 1 (1942).

Verfahren zur Abtrennung der Phosphorsäure.

Bei der Ausfällung der III. Gruppe mittels NH_4OH und $(NH_4)_2S$ ist es erforderlich, die Phosphationen vorher abzutrennen. Hierzu eignen sich nachfolgende Verfahren:

1. durch Adsorption an frisch gefällte Zinnsäure.

a) Die Bildung der Zinnsäure erfolgt durch Hydrolyse von $SnCl_4$.

Man prüft im Filtrat der II. Gruppenfällung auf Phosphat. Enthält die Probe nur sehr wenig Phosphationen, so fügt man zum Filtrat einige ml einer 1 n Na_2HPO_4-Lösung hinzu. Wird jedoch in der zu untersuchenden Lösung viel Phosphat gefunden, so unterbleibt dieser Zusatz. Zum Filtrat wird nun soviel NH_4OH zugefügt, bis sich ein Niederschlag beim Umrühren gerade nicht mehr auflöst. Der Niederschlag wird durch Zusatz einiger Tropfen verd. HCl gelöst, dann wird das Filtrat erhitzt. Man fügt in der Hitze ungefähr 2 bis 3 ml einer konz. $SnCl_4$-Lösung tropfenweise hinzu. (Diese $SnCl_4$-Lösung wird dargestellt durch Auflösen von 10 g kristallisiertem $SnCl_4$ in 10 ml H_2O.) Es bildet sich ein Niederschlag von Zinnsäure, der die Eigenschaft besitzt, Phosphationen zu adsorbieren. Der Niederschlag wird abfiltriert, im Filtrat wird auf Phosphat geprüft. Ist der Nachweis noch positiv, so wird die Fällung mit 1 bis 2 ml $SnCl_4$-Lösung wiederholt. Ist das Filtrat phosphatfrei, kann die III. Gruppe mittels NH_4OH und $(NH_4)_2S$ ausgefällt werden.

b) Die Bildung der Zinnsäure erfolgt durch Auflösen von Zinn in konz. HNO_3.

Hierzu wird das stark eingeengte Filtrat mit 10 bis 20 ml konz. HNO_3 erhitzt und 1 bis 2 g granuliertes Zinn in kleinen Anteilen zugefügt. Die sich hierbei bildende Zinnsäure adsorbiert ebenfalls Phosphationen.

Die Abtrennung mit Hilfe von Zinn oder Zinnverbindungen hat den Nachteil, daß große Mengen an Chrom, Eisen und Titan mitgefällt werden. Das Verfahren mit $SnCl_4$ und H_2O liefert bessere Ergebnisse, jedoch erhält man hierbei oft schwerfiltrierbare Suspensionen.

2. als Eisenphosphat.

Die Abtrennung als $FePO_4$ erfolgt am besten bei einem p_H-Wert von ungefähr 4. Hierzu wird die Abtrennung entweder in einer essigsauren, acetatgepufferten Lösung, in einer nitrithaltigen Lösung, oder in einer salpetersauren Lösung, die durch Ammoniak auf einen pH-Wert von 4 gebracht wurde, durchgeführt.

Abtrennung als $FePO_4$ in essigsaurer Lösung.

Zur Abtrennung in essigsaurer Lösung wird im Filtrat der II. Gruppenfällung der Schwefelwasserstoff verkocht und etwa vorhandenes Eisen durch tropfenweises Zugeben von konz. HNO_3 aufoxydiert. In einem kleinen Teil des Filtrates muß mittels Rhodanid auf Eisen geprüft werden. Die Lösung wird nun mit NH_4OH schwach ammoniakalisch, dann mit Essigsäure deutlich sauer gemacht. Durch Zusatz von 10 bis 20 ml konz. $(NH_4)CH_3COO$ wird die freie Säure abgestumpft und durch tropfenweises Zugeben von $FeCl_3$-Lösung das Phosphat gefällt. Es wird so viel $FeCl_3$ zur Lösung zugefügt, bis sie über dem Niederschlag deutlich rotbraun gefärbt ist. Durch Erhitzen der Lösung auf dem Wasserbad wird das überschüssige Eisen als basisches Eisenacetat gefällt und abfiltriert. Sollte das Filtrat noch Phosphat enthalten, muß die Abtrennung noch einmal wiederholt werden.

Bei der Phosphatabtrennung als $FePO_4$ wird Chrom entweder vollständig oder zum größten Teil als $CrPO_4$ ausgefällt. Es ist daher erforderlich, im Phosphatniederschlag auf Chrom zu prüfen. Hierzu wird dieser mit $NaOH$-H_2O_2 gekocht, wodurch etwa anwesendes Chrom in Chromat übergeführt wird. Dieses ist gemäß nachzuweisen. Die Abtrennung hat den Nachteil, daß ebenfalls U, Be und seltene Erden zum Teil mitgefällt werden können.

3. als Zirkonphosphat.

Da Zirkonphosphat auch in stark saurer Lösung unlöslich ist, kann die Abtrennung im sauren Filtrat der II. Gruppenfällung erfolgen. Hierzu wird es durch Aufkochen vom Schwefelwasserstoff befreit, auf 100 ml verdünnt, mit NH_4OH neutralisiert und mit 5 ml 6 n HNO_3 angesäuert. Dann wird unter kräftigem Umrühren zur Lösung tropfenweise $ZrOCl_2$-Lösung zugefügt, bis sich kein weiterer Niederschlag mehr bildet. Anschließend wird 15 Min. auf dem Wasserbad gekocht und der Niederschlag abfiltriert. Überschüssiges Zirkon wird beim Kochen zum größten Teil mit ausgefällt, der im Filtrat verbleibende Rest stört den weiteren Trennungsgang nicht. Der Niederschlag ist oft schwer filtrierbar, jedoch werden nur geringe Mengen von Eisen und Chrom mitgerissen.

Wird dagegen die Abtrennung mit Zirkonylchlorid oder -nitrat nach Holness und Mattock in ganz schwach salzsaurer Lösung in Gegenwart von Tannin vorgenommen, so erhält man einen besser filtrierbaren Niederschlag. Durch den Tanninzusatz wird erreicht, daß das gesamte Phosphat wie das im Überschuß zugegebene Zirkonylsalz vollständig ausgefällt wird. Der in Lösung verbleibende Überschuß an Tannin wird durch Zugabe von $(NH_4)_2SnCl_6$ als Zinn-Tannin Komplex ausgefällt und abfiltriert, danach wird das überschüssige Zinnsalz aus saurer Lösung als Sulfid abgeschieden. Bei Anwendung von Tannin als Fällungsreagenz ist jedoch zu beachten, daß auch in Lösung befindliches Titansalz mitgefällt wird (siehe auch S. 240).

4. als Titanhydrogenphosphat.

Da $[TiO]HPO_4$ ebenfalls in saurer Lösung unlöslich ist, kann Phosphat mittels Titanverbindungen abgetrennt werden. Die Arbeitsweise entspricht der der Phosphatabtrennung mit Zirkonsalz.

Da Zirkon in der Analysenlösung neben Phosphat nicht vorliegen kann und Titan nur dann, wenn die Analysenlösung stark sauer ist, können sowohl Titan- wie Zirkonverbindungen zur Phosphatabtrennung verwendet werden.

5. mit Hilfe von Anionenaustauschern

Die Abtrennung des Phosphat-Ions kann auch mit Hilfe eines Anionenaustauschers erfolgen. Nach R. B. HAHN und Mitarbeiter eignet sich hierfür das stark basische Austauscherharz Amberlit IRA-400 (ROHM und HAAS, Philadelphia). Für eine Austauschersäule von 20 cm Höhe und 1 cm Durchmesser werden ungefähr 30 g Harz benötigt. Mit dieser in der Chloridform vorliegenden Harzmenge können bis zu 300 mg Phosphat ausgetauscht werden. Die Regenerierung der Säule erfolgt mittels einer gesättigten Kochsalzlösung. An Stelle von Amberlith IRA-400 können auch andere stark basische Harze wie z. B. Permutit ES (Permutit AG, Berlin) verwendet werden.

6. weitere Verfahren zur Phosphatabtrennung

In der Literatur sind noch Verfahren beschrieben, bei denen die Abtrennung des Phosphat-Ions mit Hilfe von Wismut- oder Bleisalz erfolgt. Bei Verwendung von Wismutnitrat als Fällungsreagenz werden dann gute Ergebnisse erzielt, wenn die Abtrennung in 0,5 n salpetersaurer Lösung erfolgt. Das sich hierbei abscheidende Wismutphosphat bildet einen feinkristallinen, gut filtrierbaren Niederschlag, der kaum andere Kationen einschließt. Das überschüssige Wismutsalz kann entweder aus saurer Lösung als Sulfid gefällt oder durch Verdünnen und Aufkochen der Lösung als basisches Salz abgeschieden werden. Da die Phosphatabtrennung durch anwesendes Eisen(III)-salz gestört wird, ist dieses vorher zu reduzieren, wofür zweckmäßig Schwefelwasserstoff verwendet wird.

Weniger gut eignet sich Bleisalz zur Phosphatabtrennung, da Bleiphosphat einen, andere Kationen einschließenden, schwer filtrierbaren Niederschlag bildet. Überschüssiges Bleisalz wird entweder als Sulfid oder als Sulfat abgeschieden.

Weiterhin sind zur Phosphatabtrennung noch Zinkoxyd und Ammoniummolybdat als Fällungsreagenz vorgeschlagen worden. Bei Verwendung von letzterem ist es jedoch erforderlich, den Trennungsgang geringfügig abzuändern.

Literatur:

Da die Literatur über die einzelnen Verfahren zur Abtrennung der Phosphorsäure außerordentlich umfangreich ist, können hier nur einige neuere Arbeiten zitiert werden.

Zu 1 (mit Zinnsäure).

ISHIMARU, Saburô: Sci. Rep. Tôhoku (Imp. Univ.) **24**, 448 (1935) [Teil III]. — JANDER, G., und H. WENDT: Lehrbuch der anal. und präp. Chemie. Verlag Hirzel. Stuttgart 1954. Seite 281. — RIESENFELD, E. H.: Anorg.-chem. Praktikum. Rascher Verlag Zürich. 16. Auflage.

Zu 2 (mit Eisen(III)-salz).

ISHIMARU, Saburô: l. c. **24**, 426 (1935) [Teil I] (salpetersaure Lösung). — CHARLOT, G.: Bl. [5] **4**, 676 (1937) (nitrithaltige Lösung). — JANDER, G., und H. WENDT: l. c. S. 281 (essigsaure Lösung). — NOYES, Arthur A., und W. C. BRAY: A System of qualitative Analyse for the rare elements (essigsaure Lösung). — RIESENFELD, E. H.: Anorg.-chem. Praktikum. 13. Auflage (1936) (essigsaure Lösung).

Zu 3 (mit Zirkonylsalz).

HOLNESS, H., und G. MATTOCK: Analyst **74**, 43 (1949). — ISHIMARU, Saburô: l. c. **24**, 439 (1935) [Teil II]. — JANDER, G., und H. WENDT: l. c. S. 281. — PITTMANN, Frank K. K.: Ind. eng. Chem. Anal. Edit. **12**, 514 (1940). — REILLY, J., u. M. O'BRIEN: Sci. Proc. Roy. Dublin Soc. **22**, 447 (1942) [durch C 1943 II, 151].

Zu 4 (mit Titansalzlösung).

NUTTEN, A. J., und L. SABISTAN: Analyst **74**, 139 (1949). — NUTTEN, A. J.: Anal. chim. Acta **4**, 340 (1950).

Zu 5 (mit Anionenaustauscher).

HAHN, Richard B., Ch. BACKER und R. BACKER: Anal. chim. Acta **9**, 223 (1953).

Zu 6 (weitere Verfahren).

AUGUSTI, S.: Ann. Chi., appl. **25**, 448 (1935) [Blei, durch C. 1936 I, 3545]. — BERTOGLIO, Hariett, M. LEMON, O. WEAVER u. W. BAILEY: Trans. Illionois State Acad. Sci. **45**, 56 (1952) [Zinkoxyd, durch Chem. Abstr. **47**, 7365 (1953). — GODWARD, L.W. N., u. A. M. WARD: J. chem. Soc. **1937**, 1337. — ISHIMARU, Saburô: l. c. **24**, 439 (1935) [Wismut] und **24**, 426 (1935) [Blei].

Spezielle Abtrennung und Analyse einzelner Gruppen.

Außer den Trennungen innerhalb der einzelnen Gruppen, wie sie im einfachen und im erweiterten Sulfidtrennungsgang in den Tab. 22 bis 28 beschrieben sind, wurden noch sehr viele Analysengänge ausgearbeitet, denen ein anderes Schema zugrunde liegt.

1. Verfahren zur Abtrennung und Analyse der I. und II. Gruppe.

Analysengang nach L. ROSENSTEIN.

Nach ROSENSTEIN wird zunächst eine Reihe von Schwermetallen der I. und II. Gruppe sowie Selen mit rotem Phosphor abgetrennt. Es handelt sich hierbei um die Schwermetalle Silber, Kupfer, Quecksilber, Gold, Osmium, Palladium, die mit rotem Phosphor durch Kochen in schwach salpeter- oder schwach schwefelsaurer Lösung wie folgt reagieren:

Ag^+ und Cu^{2+} werden als schwerlösliche Metallphosphide gefällt,

Hg^{2+} wie auch Hg^+ werden zum elementaren Quecksilber reduziert,

Pd^{2+}, Au^{3+} und Os^{8+} können sowohl als Phosphid ausfallen als auch zum Metall reduziert werden,

SeO_4^{2+} wird zum elementaren Selen reduziert.

Ferner reagieren noch Sn, Fe, Ir, Mo, V, Cr, Mn, Pt und Te, sofern sie in höherer Wertigkeitsstufe vorliegen, mit rotem Phosphor. Diese Elemente werden zu niedrigen Wertigkeitsstufen reduziert, verbleiben jedoch in Lösung.

Tabelle 29. Analysengang nach ROSENSTEIN.

<table>
<tr><td colspan="4">Zur schwach salpeter- oder schwach schwefelsauren Lösung der Analysenprobe wird roter Phosphor im Überschuß zugefügt. Die Lösung wird 30 Min. lang gekocht.</td></tr>
<tr><td colspan="2">Niederschlag: Ag, Cu, Hg, Au, Pd, Os und Se als Phosphide oder im elementaren Zustand.</td><td colspan="2">Filtrat: restliche Elemente der II. Gruppe, III. Gruppe, Erdalkalien, Alkalien.</td></tr>
<tr><td colspan="2">Niederschlag mit Königswasser unter Zusatz von $KClO_3$ kochen, Lösung zur Trockne eindampfen, Rückstand mit verd. HNO_3 aufnehmen, filtrieren.</td><td colspan="2">Im Filtrat mit H_2S die Sulfidgruppe ausfällen und abfiltrieren.</td></tr>
<tr><td>Rückstand: AgCl.</td><td>Filtrat: Cu^{2+}, Hg^{2+}, $[AuCl_4]^-$, $[PdCl_4]^{2-}$, $[OsCl^2]^-$, SeO_3^{2-}.</td><td>Niederschlag: Sulfide von Pb, Bi, Cd, Sn, As, Sb, Mo, Ir, Pt sowie elementares Te.</td><td>Filtrat: Eisen- und Aluminiumgruppe, Erdalkalien, Alkalien, Phosphite und Phosphate.</td></tr>
</table>

Bei der Ausfällung der III. Gruppe muß beachtet werden, daß das Filtrat der Schwefelwasserstoffällung sehr viel Phosphat enthält (s. hierzu: Abtrennung der Phosphorsäure S. 212 sowie Abtrennung der III. Gruppe mittels Phosphat S. 224).

Ausführlicher Trennungsgang der II. Gruppe nach J. L. MAYARD, H. H. BARBER und M. C. SNEED.

Diese Gruppentrennung umfaßt bis auf Germanium, das wegen seiner überaus großen Seltenheit nicht berücksichtigt wurde, alle Elemente der II. Gruppe. Die Trennung der Schwefelwasserstoffgruppe in die beiden Gruppen A und B erfolgt mittels einer NaHS-Reagenslösung, die wie folgt dargestellt wird:

1 l einer 3 n NaOH-Lösung wird mit Schwefelwasserstoff gesättigt. Zu dieser Lösung werden 4 g Schwefel und 3,5 g NaOH zugefügt. Nach 24 Stunden, in denen die Lösung mehrere Male durchgeschüttelt werden muß, wird vom ungelöst gebliebenen Schwefel abfiltriert.

In dieser Reagenslösung sind die Sulfide von Quecksilber, Arsen, Antimon, Zinn, Gold und Molybdän sowie elementares Selen und Tellur löslich.

Tabelle 30. Abtrennung der Gruppe A und B nach MAYRAD, BARBER und SNEED.

M 1. Ausfällung der II. Gruppe: Die Analysenlösung soll ein Volumen von 60 ml besitzen und 6 n an HCl sein. Jedes der nachzuweisenden Metalle muß wenigstens in einer Menge von 1 mg vorliegen. Es wird drei Stunden lang durch die auf 90° erhitzte Analysenlösung ein kräftiger H_2S-Strom geleitet. Hierbei soll die Lösung auf 30 ml eindampfen. Dann wird auf 180 ml verdünnt, auf 90° erhitzt und 15 Min. lang H_2O eingeleitet. Der Sulfidniederschlag wird abfiltriert und mit H_2S-Wasser gewaschen. Das Filtrat wird auf 5 bis 7 ml eingedampft und bei 90° mit H_2S gesättigt, noch einmal auf 100 bis 120 ml verdünnt und mit H_2S gesättigt. Der gebildete Niederschlag wird abfiltriert und mit H_2S-Wasser gewaschen. Beide Niederschläge werden vereinigt und unter M 2 weiterverarbeitet.

M 2. Trennung in die Gruppen A und B. Die vereinigten Niederschläge werden 5 Min. lang mit 40 ml der NaHS-Reagenslösung digeriert, dann wird filtriert. Der Niederschlag wird erst mit einer 1%igen NaOH-Lösung, dann mit einer 1%igen mit H_2S gesättigten NH_4NO_3 Lösung gewaschen.

Niederschlag von M 2 enthält die Gruppe A	Filtrat von M 2 enthält die Gruppe B.
Analyse der Gruppe A: Tab. 30a	Analyse der Gruppe B: Tab. 30b.

Tabelle 30a. Analyse der Gruppe A.

Der Niederschlag von M 2 kann enthalten: Sulfide von Cu, Cd, Bi, Pb, Pt, Pd, Rh, Ru, Ir und Os sowie kleine Mengen elementares Gold.

M 3-Niederschlag von M 2 in 20 ml Königswasser lösen, auf 100 ml verdünnen, 40 ml halbkonz. HNO_3 zufügen, in einen Destillierkolben umfüllen und 1 Stunde lang destillieren. Destillat in 100 ml halbkonz. HCl, die an SO_2 gesättigt ist, auffangen.

Destillat von M 3: Osmium.	Rückstand im Kolben von M 3: Cu, Cd, Bi, Pb, Pt, Pd, Rh, Ru, Ir, Au.
Destillat auf 20 ml eindampfen und mit Thioharnstoff auf *Osmium* prüfen.	M 4. Im Rückstand HNO_3 durch Abrauchen mit HCl zerstören, 5 ml H_2SO_4 zufügen und zur Trockne eindampfen, Rückstand mit 45 ml Wasser und 50 ml 10%iger $NaBrO_3$-Lösung aufnehmen und 1 Stunde destillieren. Destillat in 100 ml halbkonz. HCl, die an SO_2 gesättigt ist, auffangen.

Destillat von M 4: Ruthenium.	Rückstand von M 4: Cu, Cd, Bi, Pb, Pt, Pd, Rh, Ir, Au.
Destillat bei 90° zur Trockne eindampfen, Rückstand unter Erwärmen in 5 ml HCl lösen, mit 15 ml Wasser verdünnen, stark ammoniakalische $Na_2S_2O_3$-Lösung zufügen und aufkochen. Violettfärbung zeigt *Ruthenium* an.	M 5. Im Destillationsrückstand wird das Bromat durch mehrmaliges Abrauchen mit HCl zerstört. Der Abdampfrückstand wird mit 2 ml HCl aufgenommen, die Lösung mit Wasser auf 100 ml verdünnt. Zur Lösung werden 0,5 g festes Na_2SO_4 zugefügt, und nach 10 Min. wird der gebildete Niederschlag abfiltriert.

Niederschlag von M 5: Blei.	Filtrat von M 5: Bi, Au, Pd, Cu, Cd, Pt, Ir, Rh.
Im Niederschlag nach A_5 (S. 193) auf *Blei* prüfen.	M 6. Das Filtrat wird durch Zusatz von festem $NaHCO_3$ auf einen p_H-Wert von 3 gebracht. (Kresolrot als Indicator). Nach 15 Min. wird der gebildete Niederschlag abfiltriert.

Niederschlag von M 6: Wismut.	Filtrat von M 6: Au, Pd, Cu, Cd, Pt, Ir, Rh,

Tabelle 30a. (Fortsetzung).

Niederschlag von M 6: Wismut.	Filtrat von M 6: Au, Pd, Cu, Cd, Pt, Ir, Rh.
Niederschlag in 3 ml 3 n HNO_3 lösen und auf 18 ml verdünnen. Lösung mit Chinchonin und KJ auf *Wismut* prüfen.	M 7. Zum Filtrat 5 ml HCl zufügen, auf 90° erwärmen, 15 Min. lang SO_2 durchleiten, und eine halbe Stunde auf dem Wasserbad erhitzen. Nach dem Abkühlen den gebildeten Niederschlag durch ein hartes Filter abfiltrieren.

Niederschlag von M 7: Gold und Spuren Palladium.	Filtrat von M 7: Pd, Cu, Cd, Pt, Ir, Rh.
Niederschlag in Königswasser lösen, dann mehrmals mit HCl abrauchen. Rückstand in 12 ml 3 n HCl lösen und zur Lösung 2 ml einer 5%igen Hydrochinonlösung zufügen und aufkochen. Bildet sich hierbei ein rotbrauner Niederschlag, so enthält die Probe *Gold*. Der Niederschlag wird abfiltriert und zum sauren Filtrat etwas Dimethylglyoxim zugefügt. Ein gelber Niederschlag zeigt *Palladium* an.	M 8. Im Filtrat wird SO_2 verkocht. Nach dem Abkühlen auf Zimmertemperatur werden 3 ml einer 1%igen alkoholischen Dimethylglyoximlösung zugefügt. Nach einer halben Stunde wird ein gebildeter gelber Niederschlag, der *Palladium* anzeigt, abfiltriert. Der Niederschlag wird verworfen.

Filtrat von M 8: Cu, Cd, Pt, Rh.
M 9. Filtrat erst mit HNO_3, dann mehrmals mit HCl auf dem Wasserbad zur Trockne eindampfen, Rückstand in 20 ml HCl aufnehmen und mittels Glasfritte vom Nichtgelösten abfiltrieren. Der Rückstand wird mit heißer HCl ausgewaschen.

Rückstand von M 9: NaCl + $CdCl_2$.	Filtrat von M 9: Cu, Pt, Ir, Rh.
Teil des Rückstandes mit H_2SO_4 abrauchen, mit H_2O aufnehmen, ammoniakalisch machen und H_2S einleiten. Ein gelber Niederschlag zeigt *Cadmium* an.	M 10. Filtrat auf ein Volumen von 10 ml eindampfen, 65 ml Wasser zufügen und Lösung mit SO_2 sättigen. Mit 10 n NaOH schwach alkalisch, dann mit HCl schwach sauer machen. Zur Lösung werden 2 ml einer mit SO_2 gesättigten 5%igen NH_4SCN-Lösung zugefügt. Nach einer Stunde wird der gebildete Niederschlag abfiltriert.

Rückstand von M 10: Kupfer.	Filtrat von M 10: Pt, Ir, Rh.
Rückstand in heißer HNO_3 lösen, mit Wasser verdünnen, filtrieren und zur Trockne eindampfen. Rückstand mit verd. HCl aufnehmen und mit NH_4OH oder $K_4[Fe(CN)_6]$ auf *Kupfer* prüfen.	M 11. Im Filtrat durch Abrauchen mit HNO_3 auf dem Wasserbad das Rhodanid zerstören, Rückstand mit 15 ml HCl aufnehmen und auf dem Wasserbad erhitzen. Nach dem Abkühlen das ausgeschiedene NaCl abfiltrieren, Niederschlag mit 5 ml HCl waschen, dann verwerfen. Filtrat und Waschwasser stark eindampfen, mit Wasser auf 100 ml verdünnen, aufkochen, 10 ml 10%ige $NaBrO_3$-Lösung zufügen und durch Zusatz von festem $NaHCO_3$ auf einen p_H-Wert von 6 bringen. (Indicator: Bromkresolpurpur.) Weitere 5 ml der $NaBrO_3$-Lösung zufügen und 5 Min. lang kochen. Dann 20 ml einer 10%igen $NaHCO_3$-Lösung zufügen und 15 Min. kochen. Der gebildete Niederschlag wird abfiltriert.

Niederschlag von M 11: Rhodium und Iridium.	Filtrat von M 11: Platin.
Rückstand in 20 ml HCl unter Zusatz von 2 bis 3 Tropfen 6 n HNO_3-Lösung lösen, Lösung halbieren. a) Erste Hälfte stark ammoniakalisch machen, zur Trockne eindampfen, Rückstand mit 10 ml heißer 6 n HCl aufnehmen. Gelber Niederschlag zeigt *Rhodium* an. b) Zweiten Teil mit 5 ml H_2SO_4 bis zum Auftreten von SO_3-Nebeln eindampfen, dann einige Tropfen HNO_3 zufügen. Blaue Farbe zeigt *Iridium* an.	Im Filtrat das Bromat durch Abrauchen mit HCl auf dem Wasserbad zerstören. Rückstand in 20 ml HCl aufnehmen, aufkochen und vom ausgeschiedenen NaCl abfiltrieren. Filtrat auf 100 ml verdünnen und mit Dimethylphenylbenzylammoniumchlorid auf *Platin* prüfen.

Tabelle 30b. Analyse der Gruppe B.

Das Filtrat von M 2 kann enthalten: Thiosalze von Sb, Hg, As, Sn, Se, Te, Mo und Au.

M 12. Das Filtrat von M 2 wird mit 6 n HCl, die mit H_2S gesättigt wurde, angesäuert. Die ausgefällten Sulfide werden abfiltriert und in Königswasser gelöst. Die Lösung wird mit Wasser verdünnt, filtriert und zur Trockne eingedampft. Der Trockenrückstand wird mit 25 ml 12 n HCl aufgenommen, die Lösung wird kalt mit SO_2 gesättigt. Ein sich bildender roter Niederschlag wird abfiltriert.

Niederschlag von M 12: Selen.	Filtrat von M 12: Te, Au, Mo, As, Sb, Sn, Hg.
Der rote Niederschlag ist als *Selen* zu identifizieren (s. hierzu S. 294).	M 13. Filtrat mit dem gleichen Volumen Wasser verdünnen, auf 90° erhitzen und bei dieser Temperatur 15 Min. lang SO_2 einleiten. Ein sich hierbei bildender Niederschlag wird abfiltriert.

<table>
<tr><td colspan="2">Niederschlag von M 13: Tellur und Gold.</td><td rowspan="2">Filtrat von M 13: Sb, Sn, Hg, As, Mo.</td></tr>
<tr><td colspan="2">Niederschlag mit 15 ml halbkonz. HNO_3 behandeln, dann abfiltrieren.</td></tr>
<tr><td>Rückstand: Gold.</td><td>Filtrat: Tellur.</td><td rowspan="2">M 14. Filtrat fast zur Trockne eindampfen, Rückstand mit 15 ml n HCl aufnehmen, Lösung filtrieren, Filtrat wird mit $NaHCO_3$ fast neutralisiert, dann mit H_2S gesättigt. Der Sulfidniederschlag wird abfiltriert, das Filtrat verworfen. Beide Niederschläge werden gemeinsam mit 10 ml 12 n HCl auf 70° erhitzt, danach wird die Lösung mit H_2S gesättigt. Der gebildete Sulfidniederschlag wird abfiltriert.</td></tr>
<tr><td>Rückstand in Königswasser lösen, mit HCl mehrmals abrauchen, Rückstand mit H_2O aufnehmen und mit Tetramethyldiaminodiphenylmethan auf Gold prüfen (s. S. 294).</td><td>Filtrat zur Trockne eindampfen, Rückstand mit 3 bis 4 ml n NaOH aufnehmen, auf 90° erhitzen, SO_2 einleiten, Lösung mit HCl neutralisieren. Schwarzer Niederschlag zeigt Tellur an.</td></tr>
</table>

Niederschlag von M 14: Hg, As, Mo.	Filtrat von M 14: Sb und Sn.
M 15. Zum Niederschlag werden 25 ml 3%iges H_2O_2 zugefügt. Die Lösung wird erhitzt, dann wird tropfenweise NH_4OH zugefügt, bis die Lösung gegen Lackmus alkalisch reagiert. Anschließend wird filtriert.	Im Filtrat H_2S verkochen, dann mit Al reduzieren. Es scheidet sich elementares *Antimon* ab, das abfiltriert und identifiziert wird. Im Filtrat wird mit $HgCl_2$ auf *Zinn* geprüft.

Rückstand von M 15: Quecksilber.	Filtrat von M 15: Arsen und Molybdän.
Rückstand als *Quecksilber* identifizieren. (Siehe hierzu A_{7b} auf S. 194.)	M 17. Filtrat auf 10 ml eindampfen, Arsen mit Magnesia-Mixtur als $MgNH_4AsO_4$ ausfällen und abfiltrieren.

Niederschlag von M 16: Arsen.	Filtrat von M 16: Molybdän.
Niederschlag mit $AgNO_3$ umsetzen, brauner Niederschlag zeigt *Arsen* an.	Filtrat mit HCl ansäuern und mit Zink reduzieren, dann KSCN zufügen. Bei Anwesenheit von *Molybdän* färbt sich die Lösung rot.

Trennungsgang der II. Gruppe nach E. CHIRNOAGÀ.

Der Trennungsgang der II. Gruppe nach CHIRNOAGÀ behandelt die Elemente des klassischen Schultrennungsganges, jedoch ohne Blei. Dieses ist entweder in der I. Gruppe nachzuweisen oder in einem kleinen Teil des Filtrates der I. Gruppenfällung, wo es als $PbSO_4$ ausgefällt und identifiziert wird.

Tabelle 31. Gruppentrennung nach CHIRNOAGÀ.

Die II. Gruppe wird, wie in Tab. 22 (S. 187) beschrieben, abgetrennt. Der Niederschlag kann enthalten: die Sulfide von As, Sb, Sn, Hg, Bi, Cu, Cd (und Pb).

C 1. Der Sulfidniederschlag wird mit 20 ml 2 n $(NH_4)_2C_2O_4$ und 2 ml 2 n NH_4OH unter ständigem Umrühren bei 80 bis 90° C digeriert, dann wird vom Ungelösten abfiltriert.

Rückstand C 1: Sulfide von Sb, Sn, Hg, Bi, Cu, Cd und (Pb).	Filtrat von C 1: As (und Sb).
C 2. Rückstand in einer Porzellanschale mit 20 ml 2 n HCl und 1 bis 2 ml 3%igem H_2O_2 übergießen. Lösung unter ständigem Umrühren 2 bis 3 Min. kochen. Nach dem Abkühlen filtrieren.	Filtrat mit 2 n HCl ansäuern, im Niederschlag *Arsen* nachweisen (s. S. 292).

Rückstand von C 2: Hg, Cu, (Pb). [Spuren von Sb und Bi.]	Filtrat von C 2: Cd, Sn, Sb und Bi. [Sb und Bi nicht quantitativ.]
Rückstand wird in 5 bis 10 ml konz. HCl entweder unter Zusatz einiger ml H_2O_2 oder durch Hinzufügen von festem $KClO_3$ gelöst. In der filtrierten Lösung werden Kupfer und Quecksilber nebeneinander nachgewiesen, und zwar: *Kupfer* mittels NH_4OH [Bildung von Kupferterramminsalz] oder $K_4[Fe(CN)_6]$. *Quecksilber* mittels $SnCl_2$ (Kupfernachweis s. A_{28} [S. 200], Quecksilbernachweis s. A_{7b} [S. 194]).	a) 2 bis 3 ml des Filtrates werden stark ammoniakalisch gemacht, filtriert, mit HCl angesäuert und mit H_2S gesättigt. Gelber Niederschlag von CdS zeigt *Cadmium* an (etwa gelöstes Cu mit KCN komplex binden). b) Zu einigen ml Natriumstannitlösung werden einige Tropfen des Filtrates zugefügt. Ein schwarzer Niederschlag zeigt *Wismut* an. c) In 2 bis 3 ml des Filtrates wird mit der MARSHschen Probe *Antimon* nachgewiesen. Nach vollständiger Abtrennung des Antimons wird in der Lösung *Zinn* mit $HgCl_2$ nachgewiesen.

Analyse der II. Gruppe nach C. CÂNDEA und L. J. SAUCIÑO.

Auch hier werden nur die 8 Elemente der Schulanalyse berücksichtigt. Die Trennung in die beiden Untergruppen erfolgt durch Kochen des Sulfidniederschlages mit konz. NaOH. Hierbei gehen die Sulfide von Arsen und Antimon vollständig in Lösung, während sich Zinnsulfid nur zum Teil löst. Ungelöst bleiben die Sulfide von Quecksilber, Kupfer, Blei, Wismut und Cadmium. Vor dem Abfiltrieren wird die Lösung mit Wasser verdünnt. Aus dem Filtrat werden durch Ansäuern mit verd. HCl die Sulfide von Arsen, Antimon und Zinn wieder ausgefällt. Sie werden, wie in Tab. 22 (S. 187) beschrieben, analysiert. Die in konz. NaOH unlöslichen Sulfide werden mit 30 bis 40%iger HNO_3 behandelt. Es lösen sich die Sulfide von Blei, Wismut, Kupfer und Cadmium, während Quecksilber als HgS und Zinn als H_2SnO_3 zurückbleiben. Das Filtrat wird mit $K_2Cr_2O_7$-Lösung versetzt, die freie Säure mit Natriumacetat abgestumpft. Ein sich hierbei bildender, gelber Niederschlag kann aus $PbCrO_4$ oder $(BiO)_2CrO_4$ bestehen. Der Niederschlag wird abfiltriert und mit Natronlauge behandelt. $PbCrO_4$ geht in Lösung, $(BiO_2)CrO_4$ bleibt ungelöst zurück. Im Filtrat der Chromatfällung wird Kupfer als CuSCN abgeschieden. Nach seiner Abtrennung kann Cadmium als CdS gefällt werden.

Trennungsgang der III. Gruppe nach G. G. LONGINESCU.

Der Trennungsgang der II. Gruppe nach LONGINESCU behandelt ebenfalls nur die Elemente des klassischen Schultrennungsganges.

Tabelle 32. Gruppentrennung nach LONGINESCU.

L 1. Der ausgewaschene Sulfidniederschlag der II. Gruppe wird mit einer Mischung von 10%iger $(NH_4)_2CO_3$-Lösung und verd. NH_4OH unter ständigem Umrühren aufgekocht. Nach 5 Min. wird vom Ungelösten abfiltriert.

Rückstand von L 1: Sulfide von Sb, Sn, Hg, Bi, Cu, Cd, Pb.		Filtrat von L 1: As.
L 2. Das Sulfidgemisch wird in einer Schale mit wenig konz. Salzsäure digeriert. Hierdurch löst sich der größte Teil des Niederschlages auf. Durch Zufügen von etwas festem $KClO_3$ und vorsichtigem Erwärmen werden die in konz. HCl unlöslichen Sulfide ebenfalls gelöst. Man läßt erkalten und filtriert von ausgeschiedenen Kristallen ab.	Nachweis von *Antimon* und *Zinn* im arsenfreien Rückstand L 1. Ein Teil des Rückstandes wird mit konz. HCl und Zink behandelt, Antimon wird durch Bildung von SbH_3 nachgewiesen, Zinn in der salzsauren Lösung nach Abtrennung des Antimons mit $HgCl_2$.	Filtrat ansäuern, gelber Niederschlag zeigt *Arsen* an (Niederschlag als Arsensulfid identifizieren).

Rückstand von L 2: $PbCl_2$ (+ S).	Filtrat von L 2: Hg, Bi, Cu, Cd, Sb, Sn, (Pb).
Im Rückstand *Blei* mit KJ nachweisen.	Filtrat mit festem Na_2CO_3 fast neutralisieren, dann einen Überschuß an 8%igem NaOH zufügen und erhitzen (bis das blaue Kupferhydroxyd in schwarzes Kupferoxyd übergeht). Niederschlag warm abfiltrieren.

Rückstand von L 3: Hg, Cu, Bi und Cd.		Filtrat von L 3: Pb, Sb und Sn.
L 4. Rückstand in verd. HCl lösen, Lösung mit einem Überschuß an NH_4OH versetzen, gebildeten Niederschlag abfiltrieren.		L 5. Filtrat mit H_2SO_4 ansäuern, gebildeten Niederschlag von $PbSO_4$ abfiltrieren und als *Blei* identifizieren.
Filtrat: Cu und Cd.	Niederschlag: Bi und Hg.	Im Filtrat *Antimon* und *Zinn*, wie unter A_{14b} und A_{15a} (S. 196) beschrieben, nachweisen.
Kupfer und *Cadmium* werden im Filtrat, wie unter A_{28} und A_{29} (S. 200) beschrieben, nachgewiesen.	Niederschlag in verd. Säure lösen, $SnCl_2$ zusetzen. Bei Anwesenheit von *Quecksilber* schwarzer Niederschlag, der abfiltriert wird. Filtrat mit NaOH im Überschuß versetzen. Schwarzer Niederschlag zeigt *Wismut* an.	

Trennung der Kupfer- und Arsengruppe nach H. HOLNESS und R. F. G. TREWICK mittels LiOH.

Um eine möglichst quantitative Trennung der Kupfergruppe von der Arsengruppe zu erreichen, wird vorgeschlagen, zur Trennung nicht Alkali- bzw. Ammoniumpolysulfid oder NaOH zu verwenden, sondern eine 1%ige LiOH-Lösung, die zusätzlich noch 5% KNO_3 enthält. In dieser Lösung ist CuS unlöslich, ebenfalls gehen weder HgS noch CdS kolloid in Lösung. Löslich sind die Sulfide von Arsen, Antimon, Molybdän, Wolfram, Zinn(II) und Zinn(IV) sowie Selen und Tellur.

Analyse der II. Gruppe nach G. L. CHARBORSKI und E. PETRESCU.

Auch hier werden nur die Elemente der Schulanalyse berücksichtigt, Arsen wird gesondert nachgewiesen. Verfasser lösen den Sulfidniederschlag der II. Gruppentrennung in Königswasser, die weitere Trennung wird mittels Ammoniak durchgeführt.

Tabelle 33. Trennung der II. Gruppe nach CHARBORSKI und PETRESCU.

Sulfidniederschlag der II. Gruppe in Königswasser lösen, Salpetersäure durch Abrauchen mit HCl vertreiben. Die salzsaure Lösung im Überschuß mit NH_4OH versetzen und den gebildeten Niederschlag abfiltrieren.	
Niederschlag: $BiOCl$, $HgNH_2Cl$, $Sb(OH)_3$ und $Sn(OH)_2$.	Filtrat: $[Cu(NH_3)_4]^{2+}$, $[Cd(NH_3)_4]^{2+}$.
Niederschlag mit 25%iger Ammoniumchloridlösung digerieren, dann vom Ungelösten abfiltrieren.	Analyse s. Tab. 22c (S. 188).

Rückstand: $Sn(OH)_2$ und $BiOCl$.	Filtrat: $[Sb(OH)_4]^+$ und Hg^{2+}.	
Rückstand in HCl lösen, Zinn und Wismut nebeneinander nachweisen.	Filtrat mit H_2S sättigen, Sulfidniederschlag abfiltrieren, mit konz. Schwefelsäure erwärmen, dann filtrieren.	
	Filtrat: Sb^{3+}.	Rückstand: Hg-sulfosulfat.

2. Spezielle Abtrennung und Analyse der III. Gruppe.

Besonders zahlreich sind die Verfahren zur Abtrennung der III. Gruppe, die im klassischen Trennungsgang nach FRESENIUS mit Ammoniumsulfid ausgefällt wird (s. Tab. 22, S. 187). Die Abtrennung zunächst eines Teiles der III. Gruppe mittels Ammoniak bzw. Urotropin wird auch als Hydrolysentrennung bezeichnet. In diesem Fall wird nur die restliche Gruppe mit $(NH_4)_2S$ abgetrennt. Eine weitere Hydrolysentrennung erfolgt mit Acetat. Weiter besteht noch die Möglichkeit, die III. Gruppe, z. T. gemeinsam mit der II. Gruppe, mit Reagenzien wie Phosphaten, Hydroxyden oder Carbonaten auszufällen. Leider handelt es sich hierbei fast durchweg um ältere Arbeiten, die praktisch nur die Elemente der Schulanalyse berücksichtigen. Daher ist von diesen Gruppentrennungen nur kurz das Schema angegeben.

a) Verschiedene Analysengänge der nach Tab. 22 mit $(NH_4)_2S$ ausgefällten III. Gruppe.

Analysengang mit $NaOH-H_2O_2$ und NH_4OH und H_2O_2.

Nach diesem Schema wird der Sulfid-Hydroxydniederschlag der III. Gruppe nicht mit verd. HCl, wobei CoS und NiS ungelöst zurückbleiben, behandelt, sondern in konz. HCl unter Zusatz einiger Tropfen konz. HNO_3 gelöst.

Tabelle 34. Analysengang mit $NaOH-H_2O_2$ und NH_4OH-H_2O_2.

Die salzsaure Lösung kann enthalten: Ni^{2+}, Co^{2+}, Fe^{3+}, Mn^{2+}, Zn^{2+}, Al^{3+} und Cr^{3+}. Lösung wird fast neutralisiert, dann in eine Mischung von 30%igem NaOH und 3%igem H_2O_2 langsam eingegossen.	
Rückstand: $Fe(OH)_3$, $MnO(OH)_2$, $Ni(OH)_2$, $Co(OH)_3$.	Filtrat: $[Al(OH)_4]^-$, CrO_4^{2-}, $[Zn(OH)_3]^-$.
Rückstand in HCl lösen, Lösung in eine Mischung von konz. NH_4OH und 3%igem H_2O_2 einfließen lassen.	Analyse des Filtrates (s. Tab. 22d, S. 189)

Rückstand: $Fe(OH)_3$ und $MnO(OH)_2$.	Filtrat: Ammine von Kobalt und Nickel.
Analyse des Rückstandes (s. Tab. 22d, S. 189).	Im Filtrat werden Kobalt und Nickel nebeneinander nachgewiesen: Nickel mit Dimethylglyoxim, Kobalt mit KNO_2 oder KSCN.

Analyse des Ammoniumsulfidniederschlages nach J. KUNZ.

Nach diesem Analysengang wird Zink vor Ausfällung des Mangans als Sulfid abgetrennt. Hierdurch wird vermieden, daß das Mangan als $MnO(OH)_2$ Zink mitreißt.

Tabelle 35. Analysengang nach J. KUNZ.

Der Sulfid-Hydroxydniederschlag der III. Gruppenfällung wird mit verd. HCl digeriert.

Rückstand: CoS und NiS.	Filtrat: Zn^{2+}, Al^{3+}, Cr^{3+}, Fe^{2+}, Mn^{2+}.
Rückstand in konz. HCl unter Zusatz einiger Tropfen konz. HNO_3 lösen, mit NaOH neutralisieren, mit 2 n Essigsäure ansäuern und mit Natriumacetat abpuffern. Dann Bromwasser zufügen und auf dem Wasserbad erhitzen.	Salzsaures Filtrat mit Natriumacetlösung versetzen, bis Safrosinpapier nicht mehr entfärbt wird (entspricht einem p_H-Wert von $\sim$ 4,5), dann Filtrat mit Schwefelwasserstoff sättigen.
Niederschlag: $Co(OH)_3$ (schwarz).	Niederschlag: ZnS (weiß).
Filtrat: Ni^{2+}.	Filtrat: Al^{3+}, Cr^{3+}, Fe^{2+} und Mn^{2+}.
Im Filtrat Br_2 und Cl_2 verkochen, dann NaOH im Überschuß zufügen.	Im Filtrat H_2S verkochen, mit NaOH stark alkalisch machen und tropfenweise mit einer NaOCl-Lösung versetzen, bis KJ-Stärkepapier blau gefärbt wird.
Niederschlag: $Ni(OH)_2$ (apfelgrün).	

Niederschlag: $Fe(OH)_3$ und $MnO(OH)_2$.	Filtrat: CrO_4^{2-} und $[Al(OH)_4]^-$.
Niederschlag in heißer, halbkonz. HCl lösen, mit NaOH-Lösung neutralisieren und mit konz. Natriumacetatlösung versetzen.	Filtrat schwach essigsauer machen und aufkochen.
Niederschlag: bas. Eisenacetat.	Niederschlag: $Al(OH)_3$ (weiß).
Filtrat: Mn^{2+}	Filtrat: CrO_4^{2-}.
Filtrat mit NH_4OH und $(NH_4)_2S$ versetzen.	Filtrat mit $Pb(CH_3COO)_2$ versetzen.
Niederschlag: MnS (fleischfarben bis braun).	Niederschlag: $PbCrO_4$ (gelb).

Analysengang nach L. LEHRMANN, H. WEISBERG und E. A. KABAT.

LEHRMANN und Mitarbeiter verwenden zur Analyse des Ammonsulfidniederschlages vorwiegend organische Reagenzien. Dieser Analysengang zeigt ebenfalls den Vorteil, daß Zink vor Mangan abgetrennt wird.

Tabelle 36. Analysengang nach LEHRMANN, WEISBERG und KABAT.

Sulfid-Hydroxydniederschlag in 10 ml konz. HCl und 2 ml konz. HNO_3 lösen, Lösung auf 1 ml eindampfen, mit Wasser auf 20 ml verdünnen und mit einer 6%igen Kupferron-Lösung das Eisen vollständig ausfällen.

Niederschlag: Eisen.	Filtrat: Co^{2+}, Ni^{2+}, Zn^{2+}, Al^{3+}, Cr^{3+} und Mn^{2+}.
	Filtrat mit 5 ml 3 n-HNO_3 kurz aufkochen, mit Wasser auf 50 ml verdünnen, mit 3 g festem, wasserfreiem $NaCH_3COO$ versetzen und mit H_2S sättigen. Sulfidniederschlag abfiltrieren und mit 5%iger NH_4NO_3-Lösung auswaschen.

Niederschlag: CoS, NiS und ZnS.	Filtrat: Al^{3+}, Cr^{3+} und Mn^{2+}.

Tabelle 36. (Fortsetzung.)

Niederschlag: CoS, NiS und ZnS.	Filtrat: Al^{3+}, Cr^{3+}, Mn^{2+}.
Niederschlag in 25 ml heißer 1,5 n HCl lösen, filtrieren, Filtrat mit 3 n NH_4OH stark alkalisch machen und Nickel mit Dimethylglyoximlösung ausfällen und abfiltrieren. Bei Anwesenheit von Kobalt ist das Filtrat braun gefärbt. Filtrat wird auf 5 ml eingedampft, filtriert, mit 2 n Essigsäure angesäuert und mit einer 5%igen Oxinlösung versetzt. Ein gelber Niederschlag zeigt Zink an.	Filtrat wird mit 15 ml 3 n HCl versetzt und auf dem Wasserbad zur Trockne eingedampft. Der Rückstand wird mit 20 ml 10%iger Urotropinlösung digeriert. Lösung wird aufgekocht und filtriert.

Rückstand: $Al(OH)_3$, $Cr(OH)_3$.	Filtrat: Mn^{2+}.
Rückstand in 20 ml 2 n Essigsäure lösen.	Filtrat wird mit 6 n NaOH alkalisch gemacht, mit 1 bis 2 g Na_2O_2 versetzt und aufgekocht. Der gebildete braune Niederschlag von $MnO(OH)_2$ wird abfiltriert. Im Niederschlag wird Mangan entweder durch Oxydationsschmelze oder mittels Natriumwismutat nachgewiesen.
In einem Teil der Lösung wird mit Oxinlösung auf Aluminium geprüft.	
Ein zweiter Teil der Lösung wird mit 3 n HNO_3 angesäuert, mit $AgNO_3$ und $(NH_4)_2S_2O_8$ versetzt, auf 5 ml eingedampft. In dieser Lösung wird mit H_2O_2 oder mit Diphenylcarbazid auf Chrom geprüft.	

Analysengang nach RALUCA RIPAN.

Beim Analysengang nach RIPAN werden Mangan, Eisen, Chrom und Aluminium mit Ammoniak als Hydroxyde gefällt, während Zink als Amminkomplex in Lösung bleibt.

Tabelle 37. Analysengang nach RIPAN.

Sulfid-Hydroxydniederschlag der III. Gruppenfällung mit 10%iger HCl digerieren, dann filtrieren.

Rückstand: CoS und NiS.	Filtrat: Fe^{2+}, Mn^{2+}, Al^{3+}, Cr^{3+} und Zn^{2+}.
Nachweis wie in Tab. 22 beschrieben. (S. 187).	Das salzsaure Filtrat wird eingeengt, mit Sodalösung neutralisiert und nach Zugabe von etwas Chlorwasser mit überschüssigem Ammoniak versetzt und aufgekocht. Der gebildete Niederschlag wird abfiltriert.

Niederschlag: $Al(OH)_3$, $Cr(OH)_3$, $MnO(OH)_2$, $Fe(OH)_3$	Filtrat: $[Zn(NH_3)_4]Cl_2$.
Niederschlag mit konz. KOH aufkochen, dann filtrieren.	

Niederschlag: $Cr(OH)_3$, $MnO(OH)_2$, $Fe(OH)_3$.	Filtrat: $[Al(OH)_4]^-$.
Niederschlag wird mit konz. KOH und Chlorwasser gekocht, dann wird filtriert.	

Niederschlag: $Fe(OH)_3$, $MnO(OH)_2$.	Filtrat: CrO_4^{2-}.
Niederschlag wird in HCl gelöst, fast neutralisiert und mit einer konz. Natriumacetatlösung versetzt. Der gebildete Niederschlag wird abfiltriert.	

Niederschlag: bas. Eisenacetat.	Filtrat: Mn^{2+}.

b) Hydrolysentrennung mit Natriumacetat (bzw. Ammoniumacetat).

Trennung ist nur anwendbar bei Anwesenheit von Eisen und Abwesenheit von Chrom.

Tabelle 38. Acetattrennung.

Im Filtrat der II. Gruppenfällung H_2S verkochen, Fe(II) durch Zusatz von konz. HNO_3 zu Fe(III) aufoxydieren, Lösung mit festem Na_2CO_3 fast neutralisieren und aufkochen. Zur kochenden Lösung so lange tropfenweise Natriumacetatlösung zufügen, bis die Lösung über dem braunen Niederschlag farblos erscheint; dann wird abfiltriert.

Niederschlag: Hydroxyde und basische Acetate von Eisen und Aluminium.		Filtrat: Mn^{2+}, Zn^{2+}, Co^{2+}, Ni^{2+}, Erdalkalien und Alkalien.
Niederschlag in HCl lösen, mit NaOH fällen.		Filtrat mit $(NH_4)_2S$ behandeln.
Niederschlag: $Fe(OH)_3$.	Filtrat: $[Al(OH)_4]^-$.	

Niederschlag: MnS, ZnS, CoS und NiS.	Filtrat: Erdalkalien und Alkalien.
Niederschlag mit 2 n HCl digerieren.	

Rückstand: CoS und NiS.	Filtrat: Mn^{2+} und Zn^{2+}.	
Analyse s. Tab. 22d (s. S. 189).	Filtrat in eine Mischung von $NaOH-H_2O_2$ eingießen.	
	Niederschlag: $MnO(OH)_2$.	Filtrat: $[Zn(OH)_3]^-$.

Bei Anwesenheit von Chrom fällt ein Teil hiervon zusammen mit Eisen und Aluminium aus, der größte Teil bleibt jedoch in Lösung. Außerdem werden durch die Anwesenheit von Chrom weder Eisen noch Aluminium vollständig ausgefällt. Beryllium bleibt bei der Acetatfällung beim Aluminium.

c) Abtrennung der III. Gruppe unter Verwendung anderer Fällungsreagenzien.

1. Abtrennung mittels Phosphate.

Abtrennung und Analyse der III. und IV. Gruppe nach H. Remy. Beim Analysengang nach Remy wird als Fällungsreagens Ammoniumphosphat verwendet. Man erhält so eine Phosphatgruppe, bestehend aus Mangan, Eisen, Chrom, Aluminium, Barium, Strontium, Calcium und Magnesium. Die restlichen Metalle der III. Gruppe werden mit $(NH_4)_2S$ ausgefällt. Sie bilden die Sulfidgruppe. Da bei diesem Schema Phosphat zur Gruppenabtrennung verwendet wird, eignet es sich zur Analyse phosphathaltiger Substanzen.

Tabelle 39. Analysengang nach Remy.

Im Filtrat der II. Gruppenfällung H_2S verkochen, Fe(II) mit einigen Tropfen konz. HNO_3 zu Fe(III) aufoxydieren, aufkochen, notfalls etwas eindampfen, wenn vorher stark verdünnt wurde, dann mit festem $(NH_4)_2CO_3$, Lösung fast neutralisieren und Lösung unter lebhaftem Umrühren in ein gleiches Volumen warmen konz. Ammoniaks eingießen. Danach wird soviel Ammoniumphosphatlösung zugegeben, daß im Filtrat noch Phosphat nachweisbar ist. Der Phosphatniederschlag wird abfiltriert.

Niederschlag: Al, Cr, Fe, Ca, Sr und Ba als Phosphate, Mn und Mg als Ammoniumphosphate.	Filtrat: Zn^{2+}, Ni^{2+} und Co^{2+} als Ammoniakkomplexe, Alkalien, [CrO_4^{2-} und MnO_4^-].

Tabelle 39. (Fortsetzung.)

Niederschlag: Al, Cr, Fe, Ca, Sr und Ba als Phosphate, Mn und Mg als Ammoniumphosphate	Filtrat: Zn^{2+}, Ni^{2+} und Co^{2+} als Ammoniakkomplexe, Alkalien, [CrO_4^{2-} und MnO_4^-].
Niederschlag in wenig verd. HCl unter Erwärmen lösen, dann konz. K_2SO_4-Lösung zugeben und filtrieren.	Filtrat in der Hitze mit Ammoniumsulfid versetzen, gebildeten Niederschlag abfiltrieren.

Niederschlag: Ba, Sr und Ca als Sulfate.	Filtrat: Cr^{3+}, Al^{3+}, Mn^{2+}, Fe^{3+}, Mg^{2+} und geringe Mengen Ca^{2+}.
Niederschlag aufschließen und auf Erdalkalien untersuchen.	Filtrat aufkochen, festes Natriumacetat und NH_4Cl zufügen, filtrieren. (Im Filtrat prüfen, ob Mangan vollständig abgeschieden wurde.)

Niederschlag: Fe, Cr und Al, Phosphate, $Mn(NH_4)PO_4$.	Filtrat: Mg^{2+} und [Ca^{2+}].
Niederschlag in HCl lösen, Lösung in eine Mischung von NaOH und H_2O_2 eingießen.	Im Filtrat Calcium als Oxalat ausfällen und abfiltrieren. Abfiltrierte Lösung mit Ammoniak versetzen. Weißer, kristalliner Niederschlag zeigt Magnesium an. $Mg(NH_4)PO_4$.
Niederschlag: $Fe(OH)_3$ und $MnO(OH)_2$.	
Wird analysiert wie in Tab. 22d, S. 189, beschrieben.	
Filtrat: $[Al(OH)_4]^-$ und CrO_4^-.	
Analyse (s. Tab. 22d, S. 189).	

Filtrat: Alkalien sowie geringe Mengen Phosphat.

Niederschlag: ZnS, CoS, NiS, [MnS und $Cr(OH)_3$].
Niederschlag mit verd. HCl behandeln.

Rückstand: CoS und NiS. (Tab. 22d auf S. 189).

Filtrat: Zn^{2+}, [Mn^{2+} und Cr^{3+}].
Im Filtrat durch Zufügen von NaOH Mangan und Chrom als Hydroxydc abscheiden und abfiltrieren. Im Niederschlag auf Chrom und Mangan prüfen.
Filtrat mit Essigsäure ansäuern, H_2S einleiten. Weißer Niederschlag zeigt Zink an.

Abtrennung und Analyse der III. und IV. Gruppe nach A. J. Scheinkmann. Scheinkmann benutzt, ebenso wie Remy, zur Abtrennung der Phosphatgruppe als Fällungsreagenzien Ammoniumphosphat und Ammoniak, doch in umgekehrter Reihenfolge. Remy führt zuerst durch Zugabe eines großen Überschusses an Ammoniak die Metalle Zink, Kobalt und Nickel in die entsprechenden Ammoniakkomplexe über. Dann fällt er mit Ammoniumphosphat die Phosphatgruppe aus. Hierbei bleiben Zink, Kobalt und Nickel in Lösung. Scheinkmann dagegen gibt zum schwachsauren Filtrat der II. Gruppenfällung erst Ammoniumphosphat und fügt danach Ammoniak hinzu, und zwar nur soviel, bis die Lösung schwach alkalische Reaktion zeigt.

Tabelle 40. Analysengang nach Scheinkmann.

Filtrat der II. Gruppenfällung auf 30 bis 40 ml einengen, filtrieren, 2 bis 5 ml Ammoniumphosphatlösung zufügen, dann tropfenweise Ammoniak zugeben, bis die Lösung deutlich danach riecht.

Niederschlag: Phosphate von Al, Cr, Fe, Zn, Mn, Co, Ni; Ba, Ca, Sr und Mg.	Filtrat: Alkalien.
Niederschlag mit 2 bis 3 ml verd. Essigsäure digerieren, dann aufkochen und filtrieren.	

Rückstand: $FePO_4$, $AlPO_4$, basisches Chromphosphat.	Filtrat: Ni^{2+}, Co^{2+}, Zn^{2+}, Mn^{2+}, Ba^{2+}, Sr^{2+}, Ca^{2+} und Mg^{2+}.

Tabelle 40. (Fortsetzung.)

Rückstand: $FePO_4$, $AlPO_4$, basisches Chromphosphat.	Filtrat: Ni^{2+}, Co^{2+}, Zn^{2+}, Mn^{2+}, Ba^{2+}, Sr^{2+}, Ca^{2+} und Mg^{2+}.
Rückstand mit 2 ml NaOH und 0,5 ml 3%igem H_2O_2 aufkochen und filtrieren.	Im Filtrat mit Dimethylglyoxim auf Nickel, mit KNO_2 auf Kobalt und mit H_2S auf Zink prüfen.
	Rest des Filtrates mit Ammoniak stark alkalisch machen, Niederschlag abfiltrieren, Filtrat verwerfen.

Rückstand: $Fe(OH)_3$.	Filtrat: CrO_4^{2-}, $[Al(OH)_4]^-$.
Rückstand in HCl, lösen, mit $(NH_4)SCN$ auf Eisen prüfen.	In einem Teil des Filtrates mit H_2O_2, Äther und H_2SO_4 auf Chrom prüfen.
	Der Rest des Filtrates wird mit NH_4Cl versetzt und erhitzt. Bei Anwesenheit von Aluminium bildet sich ein weißer, flockiger Niederschlag.

Niederschlag: Phosphate von: Mn^{2+}, Mg^{2+}, Ba^{2+}, Sr^{2+}, Ca^{2+}.
Niederschlag mit 2 bis 3 ml 20%iger Ammoniumacetatlösung digerieren, dann filtrieren. Rückstand mit ammoniumacetathaltigem Wasser waschen.

Filtrat: Ca^{2+}, Ba^{2+}, und Sr^{2+}.	Rückstand: Mg und Mn als Phosphate.
Im Filtrat Barium mit Na_2SO_4 Lösung ausfällen und abfiltrieren. Filtrat mit 2n-H_2SO_4 kochen. Weißer Niederschlag zeigt Strontium an. In einem Teil des Filtrates mit $K_4[Fe(CN)_6]$ auf Calcium prüfen.	Rückstand mit 2 ml NaOH und 0,5 ml H_2O_2 aufkochen und filtrieren.

Rückstand: $MnO(OH)_2$.	Filtrat: Mg^{2+}.
Rückstand mit H_2SO_4 und PbO_2 auf Mangan prüfen.	Im Filtrat Magnesium als $Mg(NH_4)PO_4$ nachweisen.

Abtrennung und Analyse der III. und II. Gruppe nach G. J. Austin. Nach Austin werden vor Ausfällung der Phosphatgruppe die Erdalkalien als Sulfate abgetrennt. Die Phosphatfällung wird dann bei einem ganz bestimmten p_H-Wert durchgeführt.

Tabelle 41. Analysengang nach Austin.

Im Filtrat der II. Gruppenfällung die HCl-Konzentration **auf 0,2 n** bringen, dann H_2SO_4 zufügen.

Niederschlag: $BaSO_4$ und $SrSO_4$.	Filtrat: III. Gruppe, Ca^{2+} und Alkalien.
Rückstand aufschließen.	Filtrat auf einen p_H-Wert von 3,2 bis 3,4 einstellen, dann $(NH_4)_2HPO_4$ zufügen und den gebildeten Niederschlag abfiltrieren.

Niederschlag: Phosphate von Fe, Al und Cr.	Filtrat: Co^{2+}, Ni^{2+}, Zn^{2+}, Mn^{2+}, Mg^{2+}, Ca^{2+} und Alkalien.
Analyse des Rückstandes s. Tab. 40.	Filtrat auf einen p_H-Wert von 4,6 bis 4,8 einstellen, dann Lösung mit H_2S sättigen und den gebildeten Niederschlag abfiltrieren.

Niederschlag: CoS, NiS und ZnS.	Filtrat: Mn^{2+}, Mg^{2+}, Ca^{2+} und Alkalien.
Analyse des Niederschlages s. Tab. 39.	Im Filtrat H_2S verkochen, dann NaOCl zufügen und aufkochen. Der gebildete Niederschlag wird abfiltriert.

Niederschlag: $MnO(OH)_2$.	Filtrat: Mg^{2+}, Ca^{2+} und Alkalien.

Tabelle 41. (Fortsetzung.)

Niederschlag: $MnO(OH)_2$.	Filtrat: Mg^{2+}, Ca^{2+} und Alkalien.
Im Niederschlag Mangan nachweisen.	Zum Filtrat $(NH_4)_2C_2O_4$ zufügen und den gebildeten Niederschlag abfiltrieren.

Niederschlag: CaC_2O_4.	Filtrat: Mg^{2+} und Alkalien.
Im Niederschlag Calcium nachweisen.	Filtrat mit NH_4OH alkalisch machen. Ein sich hierbei bildender weißer, kristalliner Niederschlag wird abfiltriert.

Niederschlag: $Mg(NH_4)PO_4$.	Filtrat: Alkalien.
Im Niederschlag auf Magnesium prüfen.	Im Filtrat auf Alkalien prüfen.

Weitere Phosphattrennungen sind beschrieben von KRESCHKOV, SMITH, PALMIERI und STSCHIGOL und DUBINSKI.

2. Trennungen der III. Gruppe unter Verwendung von Hydroxyden oder Carbonaten.

Wird zur Fällung der III. Gruppe Alkalilauge verwendet, so bleiben Zink und Aluminium, bei Zusatz von H_2O_2 auch Chrom in Lösung, während die anderen Metalle dieser Gruppe als Hydroxyde ausfallen. Bei dieser Arbeitsweise ist es jedoch erforderlich, die Erdalkalien vorher auszufällen.

Abtrennung und Analyse der III. und IV. Gruppe nach KOMAROWSKI *und* GOREMYKIN. In der Arbeit von KOMAROWSKY und GOREMYKIN werden drei verschiedene Verfahren zur Abtrennung und Analyse der III. und IV. Gruppe angegeben. Nach der ersten Methode werden im Filtrat der II. Gruppenfällung die Erdalkalien als Sulfate abgeschieden. Dann wird im Filtrat der Sulfatfällung die Hydroxydgruppe mittels Natronlauge und Wasserstoffperoxyd ausgefällt. Durch Behandeln des Hydroxydniederschlages mit Ammoniumcarbonat werden Kobalt und Nickel in leicht lösliche komplexe Salze übergeführt. Nach dem zweiten und dritten Verfahren wird die Fällung der Hydroxydgruppe mit Natronlauge, Wasserstoffperoxyd und Natriumcarbonat vorgenommen. Hierbei werden die Erdalkalien als Carbonate gefällt. Es ist daher nicht erforderlich, die Erdalkalien vor Ausfällung der Hydroxydgruppe als Sulfate abzuscheiden.

Da die zweite und dritte Methode große Ähnlichkeit zeigen, werden nachfolgend nur das erste und das dritte Verfahren behandelt.

Tabelle 42a. Analysengang nach KOMAROWSKY und GOREMYKIN (1. Verfahren).

Zum Filtrat der II. Gruppenfällung H_2SO_4 und C_2H_5OH zufügen und den Sulfatniederschlag abfiltrieren.

Niederschlag: $BaSO_4$, $CaSO_4$ und $SrSO_4$.	Filtrat: III. Gruppe, Mg^{2+} und Alkalien.
	Filtrat nach Abdampfen des Alkohols mit Na_2CO_3 neutralisieren, dann tropfenweise mit einer Mischung von 20%igem NaOH und 3%igem H_2O_2 versetzen, aufkochen und heiß filtrieren.

Niederschlag: Hydroxyde von Fe, Mn, Ni, Co und Mg.	Filtrat: CrO_4^{2-}, $[Al(OH)_4]^-$, $[Zn(OH)_3]^-$.
Niederschlag in verd. Säuren lösen, Lösung mit $(NH_4)Cl$ und $(NH_4)_2CO_3$ versetzen, gebildeten Niederschlag abfiltrieren.	

Niederschlag: $Fe(OH)_3$ und $Mn(OH)_2$.	Filtrat: Ammoniakkomplexe von Co^{2+}, Ni^{2+} und Mg^{2+}.

Tabelle 42b. Analysengang nach KOMAROWSKY und GOREMYKIN (2. Verfahren).

Filtrat der II. Gruppenfällung mit einem Überschuß von Na_2CO_3, NaOH und H_2O_2 versetzen, Lösung aufkochen und heiß filtrieren.

Niederschlag: Hydroxydgruppe und Erdalkalien.	Filtrat: $[Al(OH)_4]^-$, $[Zn(OH)_3]^-$, CrO_4^{2-}, (Alkalien).
Niederschlag in verd. Säure lösen, Lösung mit 5 bis 10 ml einer 10%igen $NH_2OH \cdot HCl$-Lösung, 1 bis 2 ml NH_4OH und 1 g festem NH_4Cl versetzen, aufkochen und den gebildeten Niederschlag abfiltrieren.	

Niederschlag: Fe.	Filtrat: Co^{2+}, Ni^{2+}, Mn^{2+}, Mg^{2+}, Ba^{2+}, Sr^{2+} und Ca^{2+}.
	Filtrat zuerst mit konz. HNO_3, dann mit verd. HCl abrauchen, Rückstand mit Wasser aufnehmen. Lösung mit Ammoniumchlorid, Ammoniak und Wasserstoffperoxyd versetzen, aufkochen und filtrieren.

Niederschlag: $MnO(OH)_2$ [Spuren von $Fe(OH)_3$].	Filtrat: Co^{2+}, Ni^{2+}, Mg^{2+}, Ba^{2+}, Sr^{2+} und Ca^{2+}.
	Zum Filtrat $(NH_4)_2CO_3$ und NH_4OH zufügen, aufkochen und filtrieren.

Niederschlag: $BaCO_3$, $CaCO_3$ und $SrCO_3$.	Filtrat: Ammoniakkomplexe von Co^{2+}, Ni^{2+} und Mg^{2+}.

Abtrennung und Analyse der III. und IV. Gruppe nach L. LA ROSA. Beim Analysengang nach LA ROSA wird die Hydroxydgruppe mit Kalilauge ohne Zusatz von Wasserstoffperoxyd abgetrennt.

Tabelle 43. Analysengang nach LA ROSA.

Zum Filtrat der II. Gruppenfällung H_2SO_4 und C_2H_5OH zufügen, auf 40° erwärmen und den gebildeten Niederschlag abfiltrieren.

Niederschlag: $BaSO_4$ $SrSO_4$ und $CaSO_4$.	Filtrat: III. Gruppe, Mg^{2+} und Alkalien.
	Im Filtrat Alkohol verkochen, dann heiße Lösung mit Kalilauge versetzen, aufkochen und den gebildeten Niederschlag abfiltrieren.

Niederschlag: Hydroxyde von Fe, Ni, Co, Cr, Mn und Mg.	Filtrat: $[Zn(OH)_3]^-$, $[Al(OH)_4]^-$, Spuren von Mg^{2+}.

PURGOTTI hat 1912 einen Trennungsgang ohne Verwendung von gasförmigem Schwefelwasserstoff und Schwefelammonium aufgestellt. Er fällt die II. Gruppe mit P_2S_5, die III. und IV. Gruppe mit NaOH und Na_2CO_3 aus. Die Abtrennung und Analyse der III. Gruppe sind aus der schematischen Darstellung des Trennungsganges auf S. 257 ersichtlich.

Abtrennung und Analyse der III. und IV. Gruppe nach PETERSEN. In einem 1910 von PETERSEN aufgestellten Analysengang der Kationen der III. und IV. Gruppe wird nach Abtrennung von Barium und Strontium als Sulfat eine Sulfid-Hydroxyd-Carbonatgruppe mittels NaOH, Na_2CO_3 und Na_2S ausgefällt. Diese Gruppentrennung, die vor allem bei Anwesenheit von Phosphat, Borat und Oxalat angewendet werden kann, wurde von J. BOLIN und G. STARK wie auch von DE PAUW geringfügig abgeändert. Nachfolgendes Schema zeigt die Abtrennung und Analyse der III. und IV. Gruppe nach PETERSEN mit den Änderungen von BOLIN und STARK wie DE PAUW.

Tabelle 44. Analysengang nach PETERSEN.

Im Filtrat der II. Gruppenfällung H_2S verkochen, dann Na_2SO_4 zufügen und den gebildeten Niederschlag abfiltrieren. Niederschlag mit kalter verd. Na_2SO_4-Lösung auswaschen.

Niederschlag: $BaSO_4$, $SrSO_4$, Spuren $CaSO_4$.	Filtrat: III. Gruppe, Ca^{2+}, Mg^{2+} und Alkalien.
Niederschlag mit heißem Wasser digerieren, dann filtrieren. Im Filtrat auf Calcium prüfen. Rückstand aufschließen, im Aufschluß auf Barium und Strontium prüfen.	Filtrat auf 30 ml eindampfen, Na_2CO_3 im Überschuß zugeben, dann 5 bis 10 ml verd. NaOH zufügen. Entwickelt sich hierbei Ammoniak, so enthält die Analysenprobe Ammoniumsalze. Das gebildete Ammoniak wird verkocht, dann werden einige ml einer 10%igen Na_2S-Lösung zugefügt, wobei ein Überschuß an Na_2S zu vermeiden ist. Die Lösung wird aufgekocht und filtriert.

Niederschlag: CoS, NiS, FeS, MnS, ZnS, $Cr(OH)_3$, $CaCO_3$ und $MgCO_3$.	Filtrat: $[Al(OH)_4]^-$, Alkalien.
Rückstand mit H_2S-haltiger HCl (1:10) digerieren, dann vom Ungelösten abfiltrieren.	Im Filtrat auf Aluminium prüfen.

Rückstand: CoS und NiS.	Filtrat: Fe^{2+}, Mn^{2+}, Zn^{2+}, Cr^{3+}, Ca^{2+} und Mg^{2+}.
Im Rückstand auf Kobalt und Nickel prüfen. (Nach PETERSEN werden Co und Ni mit KCN, NaOH und Bromwasser getrennt.)	Filtrat mit NaOH stark alkalisch machen, Na_2CO_3 und NaOCl zufügen und 15 Min. lang in einer Porzellanschale erhitzen, dann vom gebildeten Niederschlag abfiltrieren.

Niederschlag: $Fe(OH)_3$, $MnO(OH)_2$, $CaCO_3$ und $MgCO_3$.	Filtrat: $[Zn(OH)_3]^-$, CrO_4^{2-}, Spuren von MnO_4^-.
Niederschlag mit heißer 5%iger Essigsäure, die 5%ig an Na_2HPO_4 ist, digerieren, dann vom Ungelösten abfiltrieren.	Im Filtrat auf Chrom und Zink prüfen. (Mangan vorher reduzieren.)

Rückstand: $Fe(OH)_3$ und $MnO(OH)_2$.	Filtrat: Ca^{2+} und Mg^{2+}.
Im Rückstand auf Eisen und Mangan prüfen.	Im Filtrat Calcium als Oxalat ausfällen und abfiltrieren. Im Filtrat der Oxalatfällung Magnesium als $Mg(NH_4)PO_4$ abscheiden.

Abtrennung und Analyse der III. und IV. Gruppe nach M. O. CHARMANDARJAN. Nach diesem Schema werden vor Abtrennung der III. Gruppe Barium, Strontium und Calcium als Sulfate bzw. Oxalate gefällt. Von den Elementen der III. Gruppe werden in schwach saurer Lösung Zink, Nickel und Kobalt zunächst als Oxalate mit ausgefällt, lösen sich jedoch im Überschuß des Fällungsmittels wieder auf. Nach Abtrennung der IV. Gruppe wird die Hydroxydgruppe mittels $Ba(OH)_2$ gefällt. Phosphate und Oxalate stören diesen Trennungsgang nicht.

Tabelle 45. Analysengang nach CHARMANDARJAN.

Im Filtrat der II. Gruppenfällung H_2S verkochen, die freie Säure so weit abstumpfen, bis die Lösung nur noch schwach sauer reagiert, dann Lösung erwärmen und mit $(NH_4)_2SO_4$ versetzen. Hierdurch werden Barium, Strontium und ein Teil des Calciums als Sulfat ausgefällt. Die Lösung wird ohne zu filtrieren aufgekocht, mit $(NH_4)_2C_2O_4$ im Überschuß versetzt und einige Min. lang erhitzt. Hierdurch werden das bereits gefällte $SrSO_4$ und $CaSO_4$ in SrC_2O_4 und CaC_2O_4 umgewandelt. Der Niederschlag wird abfiltriert und mit stark verd. $(NH_4)_2C_2O_4$-Lösung gewaschen.

Niederschlag: $BaSO_4$, SrC_2O_4 und CaC_2O_4.		Filtrat: III. Gruppe, Mg^{2+}, Alkalien.
Niederschlag schwach glühen. Hierdurch werden die Oxalate in Carbonate übergeführt. Der Glührückstand wird mit verd. HCl behandelt, dann wird vom Unlöslichen abfiltriert.		Filtrat zur Trockne eindampfen. Rückstand zur Entfernung der Ammoniumsalze und zur Zerstörung der Oxalsäure glühen. Glührückstand in wenig konz. HCl lösen, Lösung mit einem Überschuß an $Ba(OH)_2$ versetzen, kurz aufkochen, dann den gebildeten Niederschlag abfiltrieren. Niederschlag mit stark verd. $Ba(OH)_2$-Lösung auswaschen.
Rückstand: $BaSO_4$.	Filtrat: Ca^{2+}, Sr^{2+}.	
Im Rückstand auf Barium prüfen.	Im Filtrat auf Calcium und Strontium prüfen.	

Rückstand: III. Gruppe und Mg als Hydroxyde bzw. Phosphate, wenn die Probe Phosphat enthält.	Filtrat: Alkalien und Ba^{2+}.
Niederschlag in 2 n H_2SO_4 lösen, notfalls vom gebildeten $BaSO_4$ abfiltrieren. Zum Filtrat 12%iges NaOH und Bromwasser oder H_2O_2 im Überschuß zugeben und den gebildeten Niederschlag abfiltrieren. Der Niederschlag wird mit stark verd. NaOH ausgewaschen.	Im Filtrat Barium mit H_2SO_4 ausfällen und abfiltrieren. Im Filtrat der Bariumfällung auf Alkalien prüfen.

Niederschlag: $Mg(OH)_2$, $MnO(OH)_2$, $Fe(OH)_3$, $Ni(OH)_3$ und $Co(OH)_3$.	Filtrat: $[Al(OH)_4]^-$, $[Zn(OH)_3]^-$, CrO_4^{2-}.
Niederschlag in 2 n H_2SO_4 unter Zusatz von Oxalsäure lösen. Die Lösung wird heiß mit NH_4OH, NH_4Cl und $(NH_4)_2CO_3$ versetzt, der gebildete Niederschlag wird abfiltriert und mit verd. $(NH_4)_2CO_3$-Lösung gewaschen.	Filtrat mit n H_3PO_4 neutralisieren, dann gebildeten Niederschlag abfiltrieren.
	Niederschlag: $AlPO_4$ und $Zn_3(PO_4)_2$.
	Filtrat: CrO_4^{2-}.

Niederschlag: $Fe(OH)_3$ und $MnCO_3$.	Filtrat: Ni^{2+}, Co^{2+} und Mg^{2+} als Ammoniakate.
Im Niederschlag auf Eisen und Mangan prüfen.	Filtrat auf ein Viertel seines Volumens eindampfen. Hierbei scheiden sich Kobalt und Nickel ab, während Magnesium in Lösung bleibt. Auf Kobalt, Nickel und Magnesium wird mit den üblichen Nachweisverfahren geprüft.

3. Spezielle Abtrennung und Analyse der IV. Gruppe (Erdalkalien).

Die Abtrennung der Erdalkalien Barium, Calcium und Strontium erfolgt im klassischen Trennungsgang im Filtrat der Ammoniumsulfidfällung mittels $(NH_4)_2CO_3$. Magnesium wird durch einen Zusatz von NH_4Cl in Lösung gehalten. Im Filtrat der Carbonatfällung wird dann Magnesium als NH_4MgPO_4 gefällt. Es ist jedoch auch möglich, Magnesium zusammen mit Barium, Strontium und Calcium als Carbonat auszufällen. Wie bereits bei der Abtrennung der III. Gruppe mit Hydroxyden, Carbonaten oder Phosphaten beschrieben, können die Erdalkalien vor Ausfällung der III. Gruppe im Filtrat der II. Gruppenfällung als Sulfate oder Oxalate abgeschieden werden (s. hierzu S. 226 bis 230). Ferner können die Erdalkalien auch zusammen mit der III. Gruppe als Phosphate oder Carbonate ausgefällt werden (s. hierzu S. 224, 225 und 228).

a. Analyse der nach dem klassischen Verfahren ausgefällten IV. Gruppe.

Analyse nach dem Alkohol-Äther-Verfahren. Das Verfahren beruht auf der Tatsache, daß sowohl $Ba(NO_3)_2$ als auch $Sr(NO_3)_2$ im Gegensatz zu $Ca(NO_3)_2$, in einem Alkohol-Äther-Gemisch unlöslich sind.

Tabelle 46. Analyse der IV. Gruppe nach dem Alkohol-Äther-Verfahren.

<table>
<tr><td colspan="3">Niederschlag der IV. Gruppenfällung, der aus $BaCO_3$, $SrCO_3$ und $CaCO_3$ bestehen kann, in wenig verd. HNO_3 lösen. Lösung zur Trockne eindampfen, Trockenrückstand 10 Min. lang auf 170 bis 200°C erhitzen. Rückstand nach dem Erkalten mit einem Alkohol-Äthergemisch (1:1) behandeln, dann vom Ungelösten abfiltrieren.</td></tr>
<tr><td colspan="2">Rückstand: $Ba(NO_3)_2$ und $Sr(NO_3)_2$.
Rückstand mehrfach mit HCl abrauchen, dann einige Min. auf 170 bis 200° C erhitzen. Nach dem Erkalten Rückstand mit Alkohol extrahieren.</td><td>Filtrat: Ca^{2+}.
Filtrat zur Trockne eindampfen, Rückstand mit Wasser aufnehmen, in der Lösung auf Calcium prüfen.</td></tr>
<tr><td>Rückstand: $BaCl_2$.
Rückstand in Wasser lösen und in der Lösung auf Barium prüfen.</td><td colspan="2">Lösung: Sr^{2+}.
Lösung zur Trockne eindampfen, Rückstand mit Wasser aufnehmen und in der Lösung auf Strontium prüfen.</td></tr>
</table>

Propylalkohol-Bichromat-Trennung. An Stelle der Alkohol-Äther-Mischung kann zum Lösen des Calciumnitrates auch wasserfreier Isopropylalkohol verwendet werden.

Tabelle 47. Propylalkohol-Bichromat-Trennung[1].

<table>
<tr><td colspan="3">Erdalkalicarbonatniederschlag in wenig verd. HNO_3 lösen und Lösung zur Trockne eindampfen. Den Rückstand auf 150° erhitzen und nach dem Erkalten mit Isopropylalkohol, der durch Behandeln mit metallischem Natrium wasserfrei gemacht wurde, extrahieren.</td></tr>
<tr><td colspan="2">Rückstand: $Ba(NO_3)_2$ und $Sr(NO_3)_2$.
Rückstand mit verd. Essigsäure aufnehmen, zur Lösung Natriumacetat zufügen, dann $K_2Cr_2O_7$-Lösung im Überschuß zufügen und filtrieren.</td><td>Lösung: Ca^{2+}.
Filtrat vorsichtig zur Trockne eindampfen, Rückstand in wenig Wasser lösen und in einem Teil der Lösung mit NH_4Cl und $K_4[Fe(CN)_6]$ auf Calcium prüfen.</td></tr>
<tr><td>Niederschlag: $BaCrO_4$.
Im Rückstand Barium identifizieren (Nachweisreaktionen s. S. 302).</td><td>Filtrat: Sr^{2+} und CrO_4^{2-}.
Im Filtrat Strontium als Carbonat fällen. Niederschlag abfiltrieren, in verd. HCl lösen und in der Lösung Strontium identifizieren (Nachweisreaktionen s. S. 302).</td><td>Rest der Lösung mit 1 bis 2 Tropfen verd. H_2SO_4 versetzen. (Trübt sich hierbei die Lösung, so sind geringe Mengen an $Ba(NO_3)_2$ oder $Sr(NO_3)_2$ in Lösung gegangen. Dies geschieht nur dann, wenn der Isobuthylalkohol nicht wasserfrei ist.) Einige Tropfen der klaren schwefelsauren Lösung werden auf einem Objektträger eingedampft. Hierbei kristallisiert $CaSO_4 \cdot 2\,H_2O$ aus. Es ist an seiner typischen Kristallform leicht unter dem Mikroskop zu erkennen.</td></tr>
</table>

[1] Privatmitteilung von Herrn H. SURAWSKI: Techn. Universität, Berlin.

Analyse der IV. Gruppe nach H. H. WILLARD *und* E. W. GOODSPEED. WILLARD und GOODSPEED benutzen zur Trennung der Erdalkalien die Tatsache, daß Strontium- und Bariumnitrat im Gegensatz zu Calcium- und Magnesiumnitrat in 79%iger Salpetersäure unlöslich sind.

Tabelle 48. Analyse nach WILLARD und GOODSPEED.

Carbonatniederschlag der IV. Gruppenfällung, der Ba, Sr, Ca und Mg enthalten kann, wird in verd. HNO_3 gelöst, die Lösung zur Trockne eingedampft. Rückstand in 10 ml Wasser lösen und unter ständigem Umrühren tropfenweise 26 ml 100%ige HNO_3 zufügen. Dann Lösung 30 Min. lang stehen lassen. Niederschlag mittels Glas- oder Porzellanfritte abfiltrieren und zehnmal mit je 1 ml 80%iger HNO_3 waschen.

Niederschlag: $Ba(NO_3)_2$ und $Sr(NO_3)_2$.	Filtrat: Ca^{2+} und Mg^{2+}.
Analyse des Niederschlages s. S. 231 (Alkohol-Äther-Trennung) oder (Propylalkohol-Bichromat-Trennung).	Filtrat und Waschsäure zur Trockne eindampfen, Rückstand mit wenig Wasser aufnehmen, Calcium als Oxalat ausfällen und abfiltrieren. Im Filtrat der Calciumfällung Magnesium als NH_4MgPO_4 nachweisen.

b. Weitere Verfahren zur Abtrennung und Analyse der Erdalkalien und des Magnesiums.

Abtrennung und Analyse der Erdalkalien und des Magnesiums nach M. STSCHIGOL. Nach STSCHIGOL werden vor Ausfällung des Bariums und Strontiums als Carbonate das Magnesium als Hydroxyd und das Calcium als Ammonium-Calcium-hexacyano-ferrat(II) abgeschieden.

Tabelle 49. Analyse der IV. Gruppe nach STSCHIGOL.

Filtrat der Ammoniumsulfidfällung mit HCl ansäuern, vom ausgefallenen Schwefel abfiltrieren, zur Trockne eindampfen und Ammoniumsalze abrauchen. Rückstand in 10 ml Wasser und 1 ml n HCl aufnehmen, notfalls filtrieren und mit NH_4OH alkalisch machen, gebildeten Niederschlag abfiltrieren und mit stark verd. NH_4OH auswaschen.

Niederschlag: $Mg(OH)_2$.	Filtrat: Ba^{2+}, Sr^{2+}, Ca^{2+} und Alkalien.
Niederschlag als $Mg(OH)_2$ identifizieren.	Zum Filtrat 2 bis 3 ml ges. NH_4Cl-Lösung zufügen, Lösung aufkochen und mit 15 bis 20 ml 20%iger $K_4[Fe(CN)_6]$-Lösung versetzen. Der gebildete Niederschlag wird abfiltriert und gut ausgewaschen.

Niederschlag: $(NH_4)_2Ca[Fe(CN)_6]$.	Filtrat: Ba^{2+}, Sr^{2+} und Alkalien.
Niederschlag mit $ZnCl_2$-Lösung behandeln, dann filtrieren. Im Filtrat Calcium als Oxalat fällen.	Filtrat mit HCl genau neutralisieren, Sodalösung im Überschuß zugeben, gebildeten Niederschlag abfiltrieren und gut auswaschen.

Niederschlag: $BaCO_3$ und $SrCO_3$.	Filtrat: Alkalien, [Na^+, $[Fe(CN)_6]^{4-}$].
Niederschlag in Essigsäure lösen, Natriumacetat zufügen, dann mit $K_2Cr_2O_7$-Lösung versetzen, nach 5 Min. den gebildeten Niederschlag abfiltrieren.	Im Filtrat auf Alkalien prüfen.

Niederschlag: $BaCrO_4$.	Filtrat: Sr^{2+}.
Im Niederschlag Barium nachweisen.	Filtrat mit konz. $(NH_4)_2SO_4$-Lösung versetzen und erwärmen. Ein weißer Niederschlag zeigt Strontium an ($SrSO_4$).

Trennung der einzelnen Erdalkalien und Alkalien nach J. KUNZ. Durch Einhaltung genauer Arbeitsvorschriften werden Barium, Strontium, Calcium und Magnesium nacheinander ausgefällt und abfiltriert. Im Filtrat der Magnesiumfällung werden die Alkalien nachgewiesen.

Tabelle 50. Analysengang nach J. KUNZ.

Filtrat der $(NH_4)_2S$-Fällung bis zur Hälfte eindampfen, mit Essigsäure ansäuern, notfalls filtrieren, Lösung zur Trockne eindampfen und Ammoniumsalze durch Glühen vertreiben. Glührückstand nach dem Erkalten in 0,2 n Essigsäure lösen. Die Lösung (L_1) wird erhitzt und mit einigen Tropfen einer n $(NH_4)_2CrO_4$-Lösung versetzt. Bildet sich hierbei kein Niederschlag, auf Strontium, wie unter L_2 beschrieben, prüfen. Bildet sich ein gelber Niederschlag, so wird weiter tropfenweise $(NH_4)_2CrO_4$-Lösung zugefügt, bis Barium vollständig ausgefällt ist. Ein zu großer Überschuß an Reagenslösung ist zu vermeiden, die Lösung über dem Niederschlag darf nur ganz schwach gelb gefärbt sein. Der Niederschlag wird abfiltriert.

Niederschlag: $BaCrO_4$.	Filtrat: Sr^{2+}, Ca^{2+}, Mg^{2+}, Alkalien [und CrO_4^{2-}]. Das heiße Filtrat (L_2) mit einigen Tropfen n $(NH_4)_2SO_4$-Lösung versetzen (auf je 20 ml Filtrat 1 Tropfen Reagenslösung). Zeigt sich auch nach 10 Min. keine Fällung von $SrSO_4$, so enthält die Probe kein Strontium. In diesem Fall, wie unter L_3 beschrieben, gleich auf Calcium prüfen. Bildet sich ein weißer Niederschlag, so wird weiter tropfenweise $(NH_4)_2SO_4$-Lösung zugegeben, bis Strontium vollständig ausgefällt ist. Zur Prüfung auf Vollständigkeit der Fällung werden 0,5 bis 1 ml der Lösung durch ein Mikrofilter abfiltriert und mit 1 Tropfen der Reagenslösung versetzt. Bildet sich hierbei ein Niederschlag, so ist die Fällung noch nicht vollständig. Nach der Prüfung wird die Probe wieder mit der Hauptmenge der Lösung L_2 vereinigt. Der Niederschlag wird abfiltriert und gut ausgewaschen.
Niederschlag: $SrSO_4$.	Filtrat: Ca^{2+}, Mg^{2+}, Alkalien [und CrO_4]. Das Filtrat (L_3) wird mit einigen Tropfen konz. NH_4OH versetzt, bis es nur noch schwach sauer reagiert. Nach Zugabe von 1 bis 2 ml 2 n NH_4Cl-Lösung wird es aufgekocht und mit einigen Tropfen einer 0,5 m $(NH_4)_2C_2O_4$-Lösung versetzt. (1 Tropfen auf 20 ml Lösung.) Bei Anwesenheit von Calcium zeigt sich eine Trübung. Calcium wird in diesem Falle durch tropfenweise Zugabe der Reagenslösung vollständig ausgefällt. (Prüfung auf vollständige Ausfällung ähnlich wie bei der Abscheidung des Strontiums.) Der Niederschlag wird abfiltriert und mit kochendem Wasser ausgewaschen. Zeigte sich nach Zugabe der ersten Tropfen Reagenslösung keine Trübung, so enthält die Probe kein Calcium und es wird sofort, wie unter L_4 beschrieben, auf Magnesium geprüft.
Niederschlag: CaC_2O_4.	Filtrat: Mg^{2+}, Alkalien [und CrO_4]. Das Filtrat (L_4) wird auf ein kleineres Volumen eingedampft, mit Ammoniak neutralisiert, notfalls filtriert. Die klare, ammoniakalische Lösung wird mit einigen Tropfen einer $(NH_4)_3AsO_4$-Lösung versetzt (1 Tropfen auf 20 ml Lösung). Zeigt sich nach 10 Min. noch keine Trübung, so enthält die Probe kein oder nur Spuren von Magnesium. Bei seiner Anwesenheit wird es durch tropfenweises Zugeben der Reagenslösung vollständig ausgefällt. (Prüfung auf vollständige Ausfällung s. Strontiumfällung.) Der Niederschlag wird abfiltriert und mit ammoniakhaltigem Wasser ausgewaschen.
Niederschlag: NH_4MgAsO_4.	Filtrat: Alkalien [und CrO_4^{2-}, AsO_4^{3-}]. Das Filtrat (L_5) wird zur Trockne eingedampft und geglüht. Hierdurch werden die angewendeten Reagenzien zerstört. Nach dem Glühen bleiben zurück: Alkalichloride, etwas Cr_2O_3 und Kohle. Der Rückstand wird mit Wasser aufgenommen, die Lösung wird filtriert und im Filtrat auf Alkalien geprüft.

Trennung und Analyse der IV. Gruppe nach L. Lehrmann, M. Manes *und* J. Kramer. In der Untersuchungsreihe von Lehrman und Mitarbeitern über die Verwendung organischer Reagenzien in der qualitativen Analyse wird auch die Abtrennung der Erdalkalien behandelt. Als Fällungsmittel wird 8-Oxychinolin verwendet.

Tabelle 51. Analysengang nach Lehrman, Manes und Kramer.

Das Filtrat der $(NH_4)_2S$-Fällung wird mit Essigsäure angesäuert, auf 25 ml eingedampft und, wenn erforderlich, filtriert. Einige ml der Lösung werden mit konz. NH_4OH alkalisch gemacht und mit Oxinlösung (15%ige 8-Oxychinolinlösung in 6 n Essigsäure) versetzt. Bei Anwesenheit von Calcium oder Magnesium bildet sich ein grüngelber Niederschlag. In diesem Fall wird die gesamte Lösung mit konz. NH_4OH alkalisch gemacht. Dann wird so lange tropfenweise Oxinlösung zugefügt, bis sich kein Niederschlag mehr bildet. Es ist darauf zu achten, daß die Lösung stets alkalisch bleibt. Der Niederschlag wird abfiltriert und mit ammoniakhaltigem Wasser gewaschen. Filtrat und Waschwasser werden vereinigt.

Niederschlag: Ca-Oxinat und Mg-Oxinat.	Filtrat: Ba^{2+}, Sr^{2+} u. Alkalien.
Niederschlag in wenig heißer 3 n Essigsäure lösen. Zur heißen Lösung etwas Ammoniumsulfatlösung zufügen, um mitgefälltes Barium und Strontium abzutrennen. Die filtrierte Lösung wird erhitzt und mit 0,5 m $(NH_4)_2C_2O_4$-Lösung versetzt. Bei Anwesenheit von Calcium bildet sich ein weißer Niederschlag von CaC_2O_4. Calcium vollständig ausfällen und abfiltrieren.	Filtrat zur Trockne eindampfen und glühen. Hierdurch wird überschüssiges 8-Oxychinolin zerstört. Der Rückstand wird nach dem Erkalten in verd. HCl gelöst, notfalls filtriert, mit NH_4OH alkalisch gemacht und mit einem Überschuß an $(NH_4)_2CO_3$ versetzt. Der gebildete Niederschlag wird abfiltriert.

Niederschlag: CaC_2O_4.	Filtrat: Mg^{2+}.
Niederschlag als CaC_2O_4 identifizieren.	Im Filtrat auf Magnesium prüfen.

Niederschlag: $BaCO_3$ und $SrCO_3$.	Filtrat: Alkalien.
Niederschlag in n Essigsäure lösen, Natriumacetat zufügen und mit $K_2Cr_2O_7$-Lösung versetzen. Der gebildete Niederschlag wird abfiltriert.	Im Filtrat auf Alkalien prüfen.

Niederschlag: $BaCrO_4$.	Filtrat: Sr^{2+}.
Niederschlag als $BaCrO_4$ identifizieren.	Filtrat mit 0,5 m $(NH_4)_2C_2O_4$-Lösung versetzen. Ein weißer Niederschlag von SrC_2O_4 zeigt Strontium an.

Weitere Verfahren zur Bestimmung der Erdalkalien s. A. Noyes und W. C. Bray, Tab. 20 auf S. 182 und P. Wenger, R. Duckert und E. Ankadji, Tab. 58b auf S. 261.

4. Verfahren zur Abtrennung der Alkalien.

Oft ist es vorteilhaft, die Prüfung auf Alkalien nicht im Filtrat der IV. Gruppenfällung, sondern in einer gesonderten Probe vorzunehmen. Diese Arbeitsweise ist unerläßlich, wenn als Fällungsreagenzien für die III. Gruppe KOH, Na_2CO_3 oder Na_2HPO_4 verwendet wurden. Zur Abtrennung der Alkalien sind nachfolgende Verfahren bekannt:

Abtrennung der Alkalien mittels $Ba(OH)_2$ (*Barytauszug*). Ungefähr 1 g der Analysenprobe wird mit der vierfachen Menge $Ba(OH)_2$ in 30 ml Wasser 15 Min. lang gekocht. Das verdampfende Wasser wird ständig nachgefüllt. Hierdurch werden alle Metalle bis auf die Alkalien und geringe Mengen von Magnesium,

Strontium und Calcium als Hydroxyde gefällt oder bleiben ungelöst zurück. Das in Lösung gegangene Barium sowie die geringen Mengen an Magnesium, Calcium oder Strontium werden mittels Ammoniumcarbonat oder durch Einleiten von Kohlensäure als Carbonate gefällt und abfiltriert. Das Filtrat wird zur Trockne eingedampft, vorhandene Ammoniumsalze durch Glühen vertrieben. Der Glührückstand wird mit Wasser oder verd. Säure aufgenommen. In der Lösung wird auf Alkalien geprüft.

Soll in Silicaten auf Alkalien geprüft werden, so müssen diese zunächst durch Säure zersetzt werden. Die saure Lösung wird dann mit einem Überschuß an $Ba(OH)_2$ gekocht. Bei durch Säuren nicht zersetzbaren Silicaten ist eine Prüfung auf Alkalien mittels Barytauszug nicht möglich.

Abtrennung der Alkalien mittels basischen Magnesiumcarbonats nach M. B. Stschigol *und* N. M. Doubinski. In ihrem Trennungsgang der Kationen ohne Anwendung von Schwefelwasserstoff und Schwefelammonium beschreiben Stschigol und Doubinski ein Verfahren zur Abtrennung der Alkalien mittels basischen Magnesiumcarbonats. Hierbei werden 5 bis 10 ml der Analysenlösung mit basischem Magnesiumcarbonat gekocht. Nach Filtration befinden sich außer Alkalien nur noch geringe Mengen an Barium, Strontium und Calcium in Lösung, die mittels Ammoniak und Ammoniumcarbonat gefällt werden. Weitere Aufarbeitung des Filtrates s. Barytauszug (Trennungsgang nach Stschigol und Doubinski s. Tab. 66 auf S. 284).

Abtrennung der Alkalien mittels Oxalsäure nach V. Macri. Von der Analysenprobe wird ein neutraler Wasserauszug hergestellt. Dieser wird vorsichtig mit Oxalsäure bis zur schwach sauren Reaktion versetzt. Hierbei fallen Eisen, Chrom und Erdalkalien als unlösliche Oxalate, die die Alkalioxalate mitzufällen vermögen, aus. Der Niederschlag wird abfiltriert und geglüht. Der Glührückstand wird mit heißem Wasser extrahiert. Die Alkalimetalle lösen sich als Carbonate. Nach Angaben des Verfassers kann man mit Hilfe dieser Arbeitsweise auch das Ammoniumion abtrennen.

Weitere Verfahren zur Abtrennung der Alkalien sind beschrieben bei Hames El-Badry, F. R. M. McDonnell und C. L. Wilson, Tab. 56a auf S. 252, und bei P. Wenger, R. Duckert und E. Ankadji, Tab. 58g auf S. 265.

---

5. Mikro- und Halbmikrotrennungsgänge mittels Schwefelwasserstoff.

In einer Reihe von Arbeiten über Mikro- und Halbmikrotrennungsgänge wurde der allgemein übliche Sulfidtrennungsgang auf die Arbeitsweise der Mikroanalyse übertragen. So wird z. B. nach dem Analysengang nach K. Heller und P. Krumholz eine Chlorid-, eine Sulfid- und eine Sulfid-Hydroxyd-Gruppe mit HCl, H_2S und $(NH_4)_2S$ abgetrennt. In dieser Arbeit werden aber die Erdalkalien und die Alkalien nicht berücksichtigt. Ein ausführlicher Trennungsgang, der die Kationen der Schulanalyse umfaßt, ist von John H. Winkley, Leo K. Yanowski und Walter A. Hynes 1936 veröffentlicht worden. Auch dieser Trennungsgang hält sich eng an die klassische Gruppeneinteilung.

Dagegen zeigt der 1953 von H. Holness und K. R. Lawrence ausgearbeitete Halbmikrotrennungsgang einige Abweichungen vom üblichen Sulfid-Trennungsgang. Es werden hier Trennung und Analyse von 42 Elementen behandelt, und zwar sind außer den 24 üblichen Elementen der Schulanalyse noch die Elemente Gold, Platin, Selen, Tellur, Wolfram, Molybdän, Vanadin, Thallium, Cer (seltene Erden), Thorium, Indium, Beryllium, Uran, Titan, Zirkon, Lithium, Cäsium und Rubidium berücksichtigt.

Trennungsgang nach Holness und Lawrence.

Der Trennungsgang zeigt folgende Gruppeneinteilung:

Gruppe 1. Zur Ausfällung dieser Gruppe wird die salzsaure Analysenlösung mit Hydraziniumdichlorid versetzt. Hierbei scheiden sich die Elemente *Au*, (*Pt*), *Se und Te* in elementarer Form ab.

Gruppe 2. Aus dem Filtrat der 1. Gruppenfällung wird mittels Schwefelwasserstoff die Gruppe 2 ausgefällt. Hierzu gehören die Elemente *Pt, Hg, Pb, V, Bi, Tl, Cu, Cd, Mo, As, Sb, Sn,* (*W*) *und* (*Ag*).

Gruppe 3. Im Filtrat der Schwefelwasserstoffgruppe wird mit Ammoniumchlorid und Ammoniak die Gruppe 3 gefällt. Sie umfaßt die Elemente *Fe, Mn, Cr, Al, Zr, Ti, In, Th, U, Be, V, Tl, Ce und seltene Erden.*

Gruppe 4. Sie wird wie üblich mittels Ammoniumsulfid abgetrennt. Zu dieser Gruppe gehören die Elemente *Zn, Co und Ni.*

Gruppe 5 und 6 umfaßt die Erdalkalien, Magnesium und die Alkalien.

A. Lösen der Analysenprobe und Aufarbeitung des unlöslichen Rückstandes.

2 bis 5 mg der Analysenprobe mit 0,5 ml konz. HCl und 0,5 ml Bromwasser versetzen, erhitzen bis das freie Brom verkocht ist, 1 ml Wasser zufügen, aufkochen und vom Ungelösten abfiltrieren. Lösung mit Wasser waschen, Lösung und Waschwasser werden unter B untersucht. Rückstand wird auf einem Nickelblech mit einer halben Perle NaOH geschmolzen. Schmelze nach dem Erkalten mit 5%iger Sodalösung extrahieren. Weitere Verarbeitung zeigt nachfolgende Tabelle.

Tabelle 52a. Aufarbeitung des unlöslichen Rückstandes.

<table>
<tr><td colspan="5">Unlöslichen Rückstand mit NaOH schmelzen, Schmelze nach dem Erkalten mit 5%iger Sodalösung extrahieren.</td></tr>
<tr><td colspan="3">Rückstand R_1: Mit verd. HNO_3 kochen, dann filtrieren.</td><td colspan="2">Filtrat F_1: mit verd. HNO_3 ansäuern, im Filtrat CO_2 verkochen, hierbei auf H_2S prüfen. Lösung mit NH_4OH neutralisieren, aufkochen und filtrieren.</td></tr>
<tr><td rowspan="3">Rückstand R_2: Mit $KHSO_4$ schmelzen, Schmelze mit verd. H_2SO_4 auslaugen und in der schwefelsauren Lösung nach B auf Kationen prüfen.</td><td colspan="2">Zum Filtrat F_2 2 bis 3 Tropfen verd. HCl zufügen, Lösung erwärmen und filtrieren. Rückstand R_3, Filtrat F_3.</td><td>Rückstand R_4: mit verd. HCl aufnehmen, dann filtrieren. (Rückstand R_5, Filtrat F_5.</td><td>Im Filtrat F_4 auf Anionen prüfen.</td></tr>
<tr><td rowspan="2">Im Rückstand R_3 auf *Silber* prüfen.</td><td rowspan="2">Filtrat F_5.
Filtrat F_3 und Filtrat F_5 vereinigen, zur Trockne eindampfen, Rückstand mit 2 n HCl aufnehmen und in der Lösung nach B auf Kationen prüfen.</td><td colspan="2">Rückstand R_5: Mit $KHSO_4$ schmelzen, Schmelzrückstand mit heißer, gesättigter Ammoniumacetatlösung extrahieren.</td></tr>
<tr><td>Rückstand R_6: Ein weißer gelatineartiger Rückstand zeigt SiO_2 an.</td><td>Filtrat F_6: Im Filtrat mit Tannin auf *Tantal* und *Niob* prüfen.</td></tr>
</table>

B. Gruppentrennung.

Tabelle 52b. B 1. Abtrennung und Analyse der Gruppe 1.

2 bis 3 ml der nach A hergestellten Analysenlösung werden mit 2 bis 3 Kristallen Hydrazinchlorid versetzt, die Lösung wird aufgekocht und filtriert.

Rückstand R_7: Gruppe 1 (Au, Se, Te und [Au]).	Filtrat F_7: Gruppe 2 bis 6.
Rückstand R_7 mit einer Mischung von konz. HCl und Bromwasser (1:1) lösen. Überschüssiges Brom in der Lösung verkochen, gesättigte NH_4Cl-Lösung zufügen, Lösung zur Trockne eindampfen, Rückstand mit Wasser aufnehmen und filtrieren.	Weiterverarbeitung des Filtrates F_7 s. Tab. 52c.

Rückstand R_8: $(NH_4)_2PtCl_6$.	Zum Filtrat F_8 Oxalsäure zufügen, Lösung aufkochen, dann vom gebildeten, purpurroten Niederschlag abfiltrieren.

Rückstand R_9: Elementares Gold. Nachweisreaktionen auf Gold s. S. 294.	Zum Filtrat F_9 so viel konz. HCl zufügen, bis die Konzentration an HCl 2 n ist. Lösung mit 2 bis 3 Kristallen $NH_2OH \cdot HCl$ versetzen und aufkochen. Ein sich bildender, roter Niederschlag wird abfiltriert.

Rückstand R_{10}: Elementares Selen. Nachweisreaktionen auf Selen s. S. 294.	Zum Filtrat einige Kristalle N_2H_4—HCl zufügen und erhitzen. Ein sich bildender, schwarzer Niederschlag zeigt Tellur an. Nachweisreaktionen auf Tellur s. S. 295.

Tabelle 52c. B 2. Abtrennung der Gruppe 2 und Aufteilung in die Arsenuntergruppe und die Kupferuntergruppe.

Filtrat F_7 enthält die Elemente der 2., 3., 4., 5. und 6. Gruppe. Durch Kochen mit $N_2H_4 \cdot HCl$ wurde CrO_4^{2-} und VO_3^- reduziert, nicht jedoch Fe^{3+} und AsO_4^{3-}. Das Filtrat mit einigen Tropfen konz. HCl versetzen und erhitzen, bis die Lösung auf 1 ml eingedampft ist. Die Lösung soll hierbei einen konstanten Siedepunkt besitzen. Die siedende Lösung wird mit H_2S gesättigt. Dann werden 1 ml Wasser und 2 bis 3 Tropfen einer gesättigten NH_4Cl-Lösung zugefügt, wodurch einige komplexe Wolframsäuren als Ammoniumsalze gefällt werden. Der überschüssige Schwefelwasserstoff wird verkocht, danach die Lösung mit 1 bis 2 ml 2 n NH_4OH versetzt und aufgekocht. Die Lösung soll jetzt 0,25 n an HCl sein. Sie wird noch einmal mit H_2S gesättigt, dann wird der Niederschlag abfiltriert. Das Filtrat wird mit H_2S gesättigt und 15 Min. auf dem Wasserbad erhitzt. Ein sich hierbei bildender Niederschlag wird abfiltriert. Beide Niederschläge werden vereinigt.

Niederschlag R_{11}: Gruppe 2.	Filtrat F_{11}: Gruppe 3 bis 6.
Niederschlag wird mit einer 1% igen LiOH-Lösung, die zusätzlich noch 5%ig an KNO_3 ist, digeriert (s. hierzu: HOLNESS und TREWICK, S. 220), dann wird filtriert.	Weiterverarbeitung des Filtrates F_{11} s. Tab. 52f.

Niederschlag R_{12}: Kupferuntergruppe.	Filtrat F_{12}: Arsenuntergruppe.
Weiterverarbeitung des Niederschlages R_{12} s. Tab. 52d.	Weiterverarbeitung des Filtrates F_{12} s. Tab. 52e.

Tabelle 52d. Analyse der Kupferuntergruppe.

Rückstand R_{12}, der die Sulfide von Pt, Hg, Pb, Bi, Tl, Cu, Cd und (Ag) enthalten kann, wird mit verd. HNO_3 (1:1) erhitzt, dann wird die Lösung verdünnt und filtriert.

Rückstand R_{13}: Pt und Hg.	Filtrat F_{13}: Pb, Tl, V, Cu, Cd und (Ag).

Tabelle 52d. (Fortsetzung.)

Rückstand R_{13}: Pt und Hg.	Filtrat F_{13}: Pb, Tl, V, Cu, Cd und (Ag).
Rückstand R_{13} in konz. HCl und Bromwasser (1:1) lösen. Überschuß an Brom verkochen, zur Lösung gesättigte NH_4Cl-Lösung zufügen und Lösung zur Trockne eindampfen. Rückstand mit Wasser aufnehmen und filtrieren.	Zum Filtrat F_{13} einige Tropfen verd. Schwefelsäure zufügen und eindampfen, bis sich SO_3-Nebel bilden. Lösung verdünnen und filtrieren.

Rückstand R_{14}: $(NH_4)_2PtCl_6$.	Im Filtrat F_{14} mit verd. HCl und $SnCl_2$ auf *Quecksilber* prüfen (s. S. 289).

Rückstand R_{15}: $PbSO_4$.	Filtrat F_{15}: Tl, V, Cu, Cd und (Ag).
Nachweisreaktionen auf Pb s. S. 290.	Zum Filtrat F_{15} konz. HCl und 1 Tropfen Bromwasser zufügen und die Lösung aufkochen. Einen Kristall $N_2H_4 \cdot HCl$ zugeben, wieder aufkochen und etwas $FeCl_3$-Lösung zufügen. Dann mit NH_4OH ammoniakalisch machen, aufkochen und filtrieren.

Niederschlag R_{17}: Bi, Tl und V.	Filtrat F_{16}: Cu und Cd.
Niederschlag R_{16} in verd. HNO_3 lösen und in der Lösung auf *Wismut* (s. S. 291), auf *Thallium* (s. S. 299) und auf *Vanadin* (s. S. 296) prüfen.	Im Filtrat *Kupfer* und *Cadmium* nebeneinander nachweisen (s. hierzu S. 290 und S. 292).

Tabelle 52e. Analyse der Arsenuntergruppe.

Filtrat F_{12}, das die Elemente Mo, As, Sn, V, W und Sb als Thiosalze enthalten kann, wird mit verd. HCl angesäuert, erhitzt und filtriert. Der Niederschlag wird mit heißer, verd. NH_4OH-Lösung gewaschen.

Niederschlag F_{12}: Sulfide von Mo, As, Sn und V.	Filtrat F_{17}: Komplexe Wolframate.
Niederschlag F_{17} mit konz. HCl kochen, $MgCO_3$ zufügen, um den Schwefelwasserstoff zu vertreiben. Dann Lösung verdünnen und filtrieren.	Zum Filtrat 1%ige Tanninlösung im Überschuß und NH_4Cl zugeben und aufkochen. Dann so viel Ammoniak zufügen, bis die Lösung gegen Kongorot alkalisch reagiert. Einige Minuten lang kochen, mit HCl schwach ansäuern, dann filtrieren.

Ein schwarzbrauner Niederschlag zeigt *Wolfram* an. Nachweisreaktionen (s. S. 295).	Im Filtrat F_{21} Tannin durch Kochen mit konz. HNO_3 zerstören, dann in der Lösung auf *Silicat* und *Phosphat* prüfen.

Rückstand R_{18}: Mo, As.	Filtrat F_{18}: Sb, Sn u. V.
Rückstand mit kalter $(NH_4)_2CO_3$-Lösung extrahieren.	Filtrat mit NH_4OH neutralisieren, Oxalsäure im Überschuß zugeben, H_2S einleiten und gebildeten Sulfidniederschlag abfiltrieren.

Rückstand R_{19}: Mo.	Filtrat F_{19}: As.
Nachweisreaktionen auf Molybdän s. S. 295.	Filtrat mit verd. HCl ansäuern. Gelber Niederschlag zeigt *Arsen* an. Nachweisreaktionen auf As s. S. 292.

Niederschlag R_{20}: Sb.	Filtrat F_{20}: Sn und V.
Im Niederschlag *Antimon* nachweisen (s. hierzu S. 293).	Zum Filtrat 1%ige Tanninlösung im Überschuß zugeben, aufkochen, Ammoniak zufügen, bis die Lösung gegen Kongorot neutral reagiert. Weißer Niederschlag in saurer Lösung zeigt *Zinn* an, blauschwarzer Niederschlag in neutraler Lösung zeigt *Vanadin* an. Weitere Nachweisreaktionen s. S. 294 und S. 296.

B 3. Abtrennung und Analyse der Gruppe 3.

Im Filtrat F_{11} wird der Schwefelwasserstoff verkocht. Dann werden 1 bis 2 Tropfen konz. HNO_3 zugefügt, und die Lösung wird noch einmal aufgekocht. Einige kleine Proben werden entnommen, um in ihnen auf Phosphat, komplexe Wolframverbindungen, Fluorid, Borat, Oxalat und organische Säuren zu prüfen. (Bei Anwesenheit von Phosphat oder komplexen Wolframverbindungen s. Teil C, S. 240.) Nach Abtrennung der störenden Anionen wird in einer kleinen Probe auf *Eisen* geprüft. Dann werden zur Lösung einige Tropfen einer 1%igen $FeCl_3$-Lösung zugefügt, um vorhandenes Vanadat und Thallium vollständig auszufällen. Nach Zusatz von wenig konz. NH_4Cl-Lösung wird die Lösung aufgekocht und tropfenweise mit einer verd. NH_4OH-Lösung (1:1) versetzt, bis die Lösung gegen Lackmus neutral reagiert. Der gebildete Niederschlag (R_{22}) wird abfiltriert, er bildet die Gruppe 3. Das Filtrat L_{22} enthält die Kationen der Gruppen 4 bis 6.

Tabelle 52f. Abtrennung und Analyse der Gruppe 3.

Filtrat F_{11} wird nach Vorbehandlung mit NH_4Cl versetzt. Dann wird NH_4OH zugefügt, bis die Lösung gegen Lackmus neutral reagiert. Der gebildete Niederschlag wird abfiltriert.

Niederschlag R_{22}: Gruppe 3.	Filtrat L_{22}: Gruppen 4 bis 6.
Der Niederschlag, der die Elemente Mn, Cr, Al, Zr, Ti, In, Tl, U, Be, V, Th, Ce, seltene Erden und Eisen, das zur Ausfällung von Vanadat und Thallium zugesetzt wurde, enthalten kann, wird in verd. HCl gelöst. Dann wird Oxalsäure im Überschuß zugefügt, die Lösung wird erhitzt, dann filtriert.	Weiterverarbeitung des Filtrates s. B 4.

Niederschlag R_{23}: Ce, Th und seltene Erden.	Filtrat L_{23}: Mn, Tl, In, Be, U, Ti, Zr, Cr, Al u. V.
Niederschlag R_{23} mit wenig Wasser aufnehmen, festes $(NH_4)_2C_2O_4$ zugeben, aufkochen und filtrieren.	Im Filtrat L_{23} mit NH_4OH die Hydroxyde noch einmal ausfällen und abfiltrieren, Filtrat verwerfen. Rückstand in verd. HCl lösen, Ammoniumtartrat im Überschuß zufügen und die Lösung ammoniakalisch machen. Lösung mit H_2S sättigen, erwärmen und den gebildeten Niederschlag abfiltrieren.

Niederschlag R_{24}: Ce und seltene Erden.	Filtrat L_{24}: Th.
Im Rückstand auf *Cer* und *seltene Erden* prüfen.	Im Filtrat auf *Thorium* prüfen (s. S. 299).

Niederschlag R_{25}: Mn, Tl und In.	Filtrat L_{25}: Be, U, Ti, Zr, Cr, Al.
Rückstand in heißer verd. HNO_3 lösen, in der Lösung H_2S verkochen und nebeneinander auf *Mangan*, *Thallium* und *Indium* prüfen. Nachweisreaktionen s. S. 300, S. 299 und S. 300.	Zum Filtrat L_{25} wird 5%ige Na_2HPO_4-Lösung zugefügt. Die Lösung wird erwärmt, dann wird der gebildete Niederschlag abfiltriert.

Niederschlag R_{26}: Be und U.	Filtrat L_{26}: Ti, Zr, Cr, V und Al.
Niederschlag mit 10%iger $NaHCO_3$-Lösung digerieren.	Filtrat mit verd. Essigsäure ansäuern, aufkochen und filtrieren. Prüfen, ob Filtrat Vanadin enthält, dann verwerfen. Rückstand in Wasser suspendieren, festes Na_2O_2 zugeben und erhitzen, bis keine Gasentwicklung mehr stattfindet, dann filtrieren.

Niederschlag R_{27}: Be.	Filtrat L_{27}: U.
Im Niederschlag auf *Beryllium* prüfen. Nachweisreaktionen s. S. 299.	Im Filtrat auf *Uran* prüfen. Nachweisreaktionen s. S. 298.

Rückstand R_{28}: Ti und Zr.	Filtrat P_{28}: Cr, Al und V.

Tabelle 52f. (Fortsetzung.)

Rückstand R_{28}: Ti und Zr.		Filtrat P_{28}: Cr, Al und V.	
Rückstand in verd. HCl lösen, festes $(NH_4)_2C_2O_4$ zufügen und Lösung mit einer 1%igen Tanninlösung im Überschuß versetzen, aufkochen, dann so viel Ammoniak zugeben, bis die Lösung gegen Kongorot neutral reagiert. Der orangefarbene Niederschlag wird abfiltriert.		In einem Teil des Filtrates L_{28} auf *Aluminium* prüfen. Nachweisreaktionen s. S. 296. Zum Rest des Filtrates $BaCl_2$-Lösung zufügen und den gebildeten Niederschlag abfiltrieren, Filtrat verwerfen. Der Niederschlag wird mit verd. Essigsäure digeriert.	
Rückstand R_{29}: Ti.	Filtrat L_{29}: Zr.	Rückstand R_{30}: Cr.	Lösung F_{30}: V.
Nachweisreaktionen auf *Titan* s. S. 298.	Nachweis reaktionen auf *Zirkon* s. S. 298.	Nachweisreaktionen auf *Chrom* s. S. 297.	Nachweisreaktionen auf *Vanadin* s. S. 296.

Die Abtrennung und Analyse der Gruppen 4, 5 und 6 haben die Verfasser nicht aufgeführt. In ihrem Fall wurde auf den üblichen Sulfidtrennungsgang verwiesen.

C. Abtrennung von Phosphat und komplexen Wolframaten.

Phosphat und komplexe Wolframate sind vor Ausfällung der Gruppe 3 abzutrennen. Hierzu wird folgende Vorschrift gegeben: Zum Filtrat der 2. Gruppenfällung 2 Tropfen einer 5%igen Zirkonylchloridlösung und 2 Tropfen einer gesättigten Ammoniumchloridlösung zufügen, aufkochen, dann 10 bis 15 Tropfen einer 1%igen Tanninlösung zugeben. Die kochende Lösung tropfenweise mit 1 n Ammoniak versetzen bis sie gegen Kongorot gerade alkalisch reagiert. Noch einmal 10 Tropfen der Tanninlösung zugeben, dann 3 bis 4 Min. lang zum Sieden erhitzen. Lösung mit 1 n HCl schwach ansäuern, 5 Tropfen einer 5%igen Chinchoninlösung zufügen, noch einmal aufkochen, dann filtrieren. Niederschlag kann außer Zirkonphosphat noch Tanninkomplexe von Zirkon (weiß), Wolfram (braun), Tantal (gelb), Niob (rot) und Titan (orange) enthalten. Im Filtrat wird vor Ausfällung der Gruppe 3 das Tannin durch Abrauchen mit konz. HNO_3 zerstört.

Literatur.

AUSTIN, G. J.: Analyst **65**, 335 (1940).

BOLIN, J., u. G. STARK: Z. anorg. Ch. **103**, 69 (1918).

CANDEA, C., u. L. J. SAUCIUE: Bl. Sci. Techn. Polytechn. Timisoara **5**, 104 (1934) durch: Fr. **108**, 342 (1937). — CHARBORSKI, G. L., u. E. PETRESCU: Bl. Chim. pura apl. Soc. roman Stiinte **35**, 33 (1932) [C. **105 II**, 641 (1934)]. — CHARMANDARJAN, M. O.: Fr. **79**, 90 (1909). — CHIRNOAGÀ, EUGEN: Fr. **104**, 356 (1936).

HELLER, K., u. P. KRUMHLOZ: Mikrochemie **7**, 213 (1929). — HOLNESS, H. u. K. R. LAWRENCE: Analyst **78**, 141 (1953). — HOLNESS, H., u. R. F. G. TREWICK: Analyst **75**, 276 (1950).

KOMAROWSKY, A. S., u. W. J. GOREMYKIN: Chem. J. Ser. B. **4**, 877 (1931) [C **103 II**, 253, 1932]. — KRESCHKOW, A. P.: Chem. J. Ser. A **2** (64), 593 (1932) [C. **104 II**, 3335 (1933)]. — KUNZ, J.: Helv. **15**, 854 (1932) [III. Gruppe]. — KUNZ: J. Helv. **16**, 3 (1933) [IV. Gruppe].

LEHRMANN, L., H. WEISBERG u. E. A. KABAT: Am. Soc. **56**, 1836 (1934). — LEHRMANN, L., M. MANES u. J. KRAMER: Am. Soc. **59**, 941 (1937). — LONGINESCU, G. G.: Bl. Chem. pura apl. Bukarest **34** (1931) durch Fr. **104**, 40 (1936).

MACRI, V.: Boll. chim. farm. **75**, 166 (1936) [C. **107 II**, 1211 (1936)]. — MAYNARD, J. L., H. H. BARBER u. M. C. SNEED: J. chem. Educat. **16**, 94 (1935).

PALMIERI: Officiana **5**, 136 (1932) durch Brit. chem. Abstr. **1933**, 584. — DE PAUW: Chem. Weekbl. **17**, 191 (1920). — PETERSEN, JULIUS: Z. anorg. Ch. **67**, 253 (1910). — PURGOTTI, A.: G. **42 II** 58 (1912) [C. **83 II**, 1150 (1912)].

REMY, H.: Fr. **58**, 385 (1919). — RIPAN, RALUCA: Bl. Soc. Stiinte Cluj. Romania **6**, 280 (1931) [C. **103 I**, 1806 (1932)]. — LA ROSA, L.: Chim. e Ind. (Milano) **15**, 392 (1939) [C. **110 II**, 2569 (1939)]. — ROSENSTEIN, L.: Am. Soc. **42**, 883 (1920).

SCHEINKMANN, A. J.: Betriebslab. **4**, 425 (1935) [C. **107 II**, 509 (1936)]. — SMITH, T. B.: J. chem. Soc. **1933**, 253. — STSCHIGOL, M.: Chem. pharmaz. Ind. **5**, 29 (1934) [C. **106 II**, 254 (1935). — STSCHIGOL, M., u. DUBINSKI: Chem. J. Ser. B. 1510 (1936) [C. **108 II**, 4073 (1937)].

WILLARD, HOBARTH H., u. E. W. GOODSPEED: Ind. eng. Chem. Anal. Edit. **8**, 414 (1936). — WINKLEY, JOHN H., L. K. YANOWSKI u. W. A. HYNES: Mikrochemie **21**, 102 (1936/37).

B. Trennungsgänge mittels Sulfidfällungen unter Verwendung von schwefelhaltigen Verbindungen, die in saurer, neutraler oder alkalischer Lösung Sulfidionen bilden.

1. Trennungen unter Verwendung von Alkali- und Ammoniumsulfid.

Die Verwendung von Ammoniumsulfid oder Natriumsulfid an Stelle von gasförmigem Schwefelwasserstoff als Fällungsreagens ist fast so alt wie der klassische Trennungsgang nach FRESENIUS. Der allgemeine Gang solcher Trennungen, die oft als ,,umgekehrte Trennungsgänge'' bezeichnet werden, ist folgender:

Nach Abtrennung der Salzsäuregruppe wird das salzsaure Filtrat mit Ammoniak fast neutralisiert. Dann wird mit einem Überschuß von Schwefelammonium bzw. Natriumsulfid die Untergruppe IIb (Kupfergruppe) und die III. Gruppe (Ammoniumsulfidgruppe) ausgefällt und abfiltriert. Im Filtrat bleiben die Untergruppe IIa (Arsen-Zinngruppe), die Erdalkalien und Alkalien. Durch Ansäuern des Filtrates wird die Arsen-Zinngruppe ausgefällt. Dieses Verfahren hat den Vorteil, daß Molybdän und Vanadin bei der Fällung sofort Thiosalze bilden. Beim Ansäuern werden beide vollständig als Sulfide abgeschieden, so daß ihre Abtrennung keine Schwierigkeiten bereitet. Von Nachteil ist, daß der durch Aluminium- oder Natriumsulfid gefällte Niederschlag sehr voluminös, d. h. schlecht filtrierbar ist. Führt man jedoch dieses Schema als Halbmikro- oder Mikrotrennung durch, so bietet die Filtration des Sulfid-Hydroxyd-Niederschlages keine Schwierigkeiten mehr. Als Beispiel für einen Trennungsgang mittels Ammoniumsulfid sei der 1953 veröffentlichte Trennungsgang von I. K. TAIMI und R. P. AGARWAL genannt. Der bekannteste Trennungsgang unter Verwendung von Alkalisulfid ist der von G. VORTMANN veröffentlichte mittels Na_2S und Na_2CO_3. Der Trennungsgang von TAIMNI und AGARWAL ist in Tab. 53, der nach G. VORTMANN in Tab. 54 ausführlich behandelt.

Sulfidtrennungsgang nach I. K. TAIMNI und R. P. AGARWAL mittels $(NH_4)_2S$.

In diesem Trennungsschema werden außer den üblichen 21 Elementen noch Platin, Gold, Selen, Tellur, Molybdän, Vanadin, Wolfram, Thallium, Uran, Beryllium, Titan, Zirkon, Cer und Thorium behandelt. Die einzelnen Gruppentrennungen werden mit P I bis P VII (Procedure) bezeichnet.

P I. Vorbereitung der Analysenprobe. Ist die Analysenprobe nicht in verd. Salzsäure löslich, wird versucht, sie in Königswasser zu lösen. Die Lösung wird dann, möglichst auf dem Wasserbad, zur Trockne eingedampft, der Trockenrückstand wird mit verd. Salzsäure aufgenommen. Die salzsaure Lösung wird mit einigen Tropfen Bromwasser versetzt und aufgekocht, wodurch Quecksilber, Thallium und Zinn aufoxydiert werden. Ist nach dem Abrauchen mit Königswasser die Substanz nicht vollständig in verd. Salzsäure löslich, wird vom Unlöslichen abfiltriert und der Rückstand mehrere Male mit heißem Wasser gewaschen. Filtrat und Waschwasser werden vereinigt und unter P II verarbeitet. Der Rückstand von P I kann enthalten: AgCl, AgBr, AgJ, $BaSO_4$, $SrSO_4$, $PbSO_4$, Al_2O_3, SnO_2, Sb_2O_4, HgS, SnS_2, CaF_2, SiO_2, WO_3, TiO_2, $Zr(OH)PO_4$ und komplexe Eisencyanide. Er wird gesondert analysiert.

Tabelle 53. Sulfidtrennungsgang nach TAIMNI und AGARWAL.

P II. Die nach P I erhaltene salzsaure Analysenlösung wird unter ständigem Umrühren mit konz. Ammoniumsulfidlösung (farblosem Schwefelammonium) versetzt, bis die Lösung stark alkalisch reagiert. Der gebildete Niederschlag wird abfiltriert, erst mit Ammoniumsulfidlösung, dann mit heißem Wasser ausgewaschen. Filtrat und Waschwasser werden vereinigt und unter P III weiterverarbeitet.

Rückstand von P II: Kupfergruppe und Ammoniumsulfidgruppe als Sulfide und Hydroxyde.		Filtrat von P II: Arsen-Zinngruppe als Thiosalze, Erdalkalien und Alkalien.	
P V. Rückstand von P II wird bei Zimmertemperatur 2 bis 3 Min. lang mit 1 n HCl digeriert, dann wird vom Ungelösten abfiltriert.		P III. Zum Filtrat von P II wird so viel konz. HCl zugefügt, bis die Wasserstoffionenkonzentration 6 n ist. Die Lösung wird aufgekocht und filtriert.	
Rückstand von P V: Sulfide von Hg, Pb, Bi, Cu, Cd, Ni, Co und Tl.	Filtrat von P V: Eisen- und Aluminiumgruppe, Ce und Th.	Rückstand von P III: Sulfide von As, Mo, Pt, Au und V wie Se und Te.	Filtrat von Sb, Sn, (V), Erdalkalien, Alkalien.
Analyse: Tab. 52c (S. 243).	Analyse: Tab. 52d (S. 244).	Analyse: Tab. 52a (S. 242).	Analyse: Tab. 52b (S. 243).

Tabelle 53a. Analyse des Rückstandes von P III.

Rückstand von P III kann enthalten: As_2S_5, PtS_2, Au_2S_3, Se, Te, MoS_3 und V_2S_5.

Rückstand in Königswasser lösen, zur Trockne eindampfen, mit stark verd. HCl aufnehmen und zur Lösung tropfenweise konz. KCl-Lösung zugeben. Der gebildete gelbe, kristalline Niederschlag wird abfiltriert.

Niederschlag: $K_2[PtCl_6]$.	Filtrat: H_3AsO_4, $AuCl_3 \cdot 2H_2O$, H_2SeO_3, H_2TeO_3, H_2MoO_4, H_3VO_4. Filtrat mit NaOH alkalisch machen, Magnesiamischung zufügen und gebildeten Niederschlag abfiltrieren.
Niederschlag: $Mg(NH_4)AsO_4$.	Filtrat: $NaAuO_2$, Na_2SeO_3, Na_2TeO_3, Na_2MoO_4, Na_3VO_4. Filtrat mit Oxalsäure versetzen und auf dem Wasserbad erhitzen. Der gebildete rotbraune Niederschlag wird abfiltriert.
Niederschlag: Au	Filtrat: H_2SeO_3, H_2TeO_3, H_2MoO_4, H_3VO_4. Durch Zusatz von konz. HCl ist die Wasserstoffionenkonzentration auf 7 n einzustellen. Die kalte Lösung wird mit Na_2SO_3 versetzt, der gebildete Niederschlag wird abfiltriert.
Niederschlag: Se	Filtrat: H_2TeO_3, H_2MoO_4 und H_3VO_4. Filtrat mit Wasser verdünnen, KJ zufügen und mit Na_2SO_3 reduzieren. Der gebildete schwarze Niederschlag wird abfiltriert.
Niederschlag: Te	Filtrat: H_2MoO_4 und H_3VO_4. Im Filtrat werden Mo und V nebeneinander nachgewiesen.

Einen Teil des Filtrates mit Zink reduzieren, dann KSCN zufügen. Rotfärbung zeigt Molybdän an. Der Rest des Filtrates mit H_2O_2 versetzen. Bei Anwesenheit von Vanadin färbt sich die Lösung orangerot. (Ist Molybdän allein zugegen, so färbt sich die Lösung gelb.)

Tabelle 53b. Analyse des Filtrates von P III.

Filtrat von P III kann enthalten: Chloride von Sb, Sn, (V), Ca, Sr, Ba, Mg, Na, K, Li. (Bei Anwesenheit kleiner Mengen Vanadin ist das Filtrat hellblau gefärbt.)

P IV. Im Filtrat von P III wird H_2S verkocht, dann wird etwas H_2O_2 zugefügt, um Vanadin zum Pervanadat aufzuoxydieren. Durch Zugabe von Ammoniumsulfid werden Sb, Sn und V zuerst als Sulfide ausgefällt, dann als Thiosalze wieder gelöst. Die Lösung, die Sb, Sn und V als Thiosalze enthält, wird mit verd. HCl angesäuert, der gebildete Sulfidniederschlag abfiltriert.

Niederschlag von P IV: SnS_2, SbS_3, (V_2S_5).	Filtrat von P IV: Ca, Sr, Ba, Mg, Na, K, Li als Chloride.
Niederschlag mit 6n HCl aufkochen, dann filtrieren.	Filtrat mit NH_4OH fast neutralisieren, $(NH_4)_2CO_3$ und Alkohol zufügen, filtrieren.

Rückstand: V_2S_5.	Filtrat: Chloride von Sn u. Sb.
Rückstand in HNO_3 lösen, mit H_2O_2 auf Vanadin prüfen.	Filtrat mit met. Eisen reduzieren, dann filtrieren.

Niederschlag: Sb.	Filtrat: Sn.
Niederschlag lösen, Sb als Sulfid fällen.	Zinn mit $HgCl_2$ nachweisen.

Niederschlag: $BaCO_3$ $SrCO_3$, $CaCO_3$, $MgCO_3$.	Filtrat: Li, Na, K als Carbonate.
Analyse wird, wie auf S. 207 beschrieben, durchgeführt.	Analyse wird, wie auf S. 208 beschrieben, durchgeführt.

Tabelle 53c. Analyse des Rückstandes von P V.

Rückstand von P V kann enthalten: HgS, PbS, NiS, CoS, Bi_2S_3, CuS, CdS und (Tl_2S_3).

Rückstand von P V mit HNO_3 (1 Teil konz. HNO_3 und 2 Teile Wasser) aufkochen, dann filtrieren.

Rückstand: HgS.	Filtrat: Nitrate von Pb, Bi, Cu, Cd, Ni, Co und Tl.
	Zum Filtrat etwas konz. H_2SO_4 geben und eindampfen, bis sich SO_3-Nebel bilden, dann verdünnen und abfiltrieren.

Niederschlag: $PbSO_4$.	Filtrat: Sulfate von Bi, Cu, Cd, Ni, Co und Tl.
	Im Filtrat Tl(III) mittels H_2SO_3 zu Tl(I) reduzieren, dann NH_4OH im Überschuß zugeben und gebildeten Niederschlag abfiltrieren.

Niederschlag: $Bi(OH)SO_4$.	Filtrat: Ammoniakkomplexe von Cu, Cd, Ni und Co sowie TlOH.
	Filtrat mit HCl ansäuern, SO_2 verkochen, Tl(I) mit Bromwasser zu Tl(III) aufoxydieren, Überschuß an Brom verkochen, NH_4OH im Überschuß zugeben, gebildeten Niederschlag abfiltrieren.

Niederschlag: $Tl(OH)_3$.	Filtrat: Ammoniakkomplexe von Cu, Cd, Ni und Co.
	Zum Filtrat Salzsäure bis zur sauren Reaktion zugeben, nach Zusatz von $Na_2S_2O_3$ aufkochen und gebildeten Niederschlag abfiltrieren.

Niederschlag: CuS.	Filtrat: Chloride von Cd, Ni und Co.
	Im Filtrat SO_2 vollständig verkochen, $(NH_4)_2CO_3$ im Überschuß zufügen und den gebildeten Niederschlag abfiltrieren.

Niederschlag: $CdCO_3$.	Filtrat: Ammoniakkomplexe von Ni und Co.

Tabelle 53c. (Fortsetzung.)

Niederschlag: $CdCO_3$.	Filtrat: Ammoniakkomplexe von Ni und Co.
	Filtrat mit Essigsäure ansäuern, KNO_2 zufügen, nach 10 Min. den gebildeten Niederschlag abfiltrieren.

Niederschlag: $K_3[Co(NO_2)_6]$.	Filtrat: Ni als Acetat.
Im Niederschlag Kobalt mittels Boraxperle nachweisen.	Zum Filtrat $(NH_4)_2S$ zufügen. Schwarzer Niederschlag von NiS zeigt Nickel an.

Tabelle 53d: Analyse des Filtrates von P V.

Filtrat von P 5 kann enthalten: Chloride von Ce, Th, der Eisen- und Aluminiumgruppe. [Enthält die Analysenprobe bestimmte Anionen, wie z. B. Phosphat, Oxalat, Borat oder Fluorid, so können sich im Filtrat von P V. auch Erdalkalien befinden.]

P VI. Zum Filtrat von P V werden NaOH, Na_2O_2 und Na_2CO_3 zugefügt. Die Lösung wird aufgekocht und filtriert.

Niederschlag von P VI: Ce, Th, Eisengruppe (und Erdalkalien) als Hydroxyde (oder Phosphate usw.).	Filtrat von P VI. Aluminiumgruppe.
P VII: Niederschlag von P VI in wenig konz. HCl lösen, dann mit Wasser verdünnen, bis die Salzsäurekonzentration 0,5 n beträgt. (Methylviolett als Indicator.) Lösung mit einer konz. Lösung von Oxalsäure versetzen. Der gebildete Niederschlag wird abfiltriert.	Analyse der Aluminiumgruppe: Tab. 53e.

Niederschlag: $Ce_2(C_2O_4)_3$ und $Th(C_2O_4)_2$.	Filtrat: Mn, Fe, Ti, Zr und Tl (Erdalkalien).
Niederschlag mit konz. HNO_3 und $KClO_3$ kochen, zur Trockne eindampfen und den Rückstand mit Wasser aufnehmen. In dieser Lösung ist auf Ce und Th zu prüfen.	Filtrat zur Trockne eindampfen, mit konz. HNO_3 abrauchen, Rückstand mit HNO_3 und $KClO_3$ kochen. (Hierdurch wird die noch in der Lösung befindliche Oxalsäure zersetzt). Ein sich bildender Niederschlag wird abfiltriert.

Niederschlag: MnO_2.	Filtrat: Nitrate von Fe, Ti, Zr und Tl sowie Erdalkalien bei Anwesenheit bestimmter Anionen.
Im Niederschlag Mangan nachweisen.	Im Filtrat auf Phosphat prüfen. a) Bei Abwesenheit von Phosphat Lösung mit NH_4OH stark alkalisch machen, aufkochen und abfiltrieren. — b) Enthält das Filtrat Phosphat, mit KSCN auf Eisen prüfen, dann Phosphat durch Zusatz von $FeCl_3$ in essigsaurer Lösung fällen (s. Phosphatabtrennung S. 212), danach mit NH_4OH stark alkalisch machen, aufkochen und den Phosphat-Hydroxydniederschlag abfiltrieren.

Niederschlag: a) Bei Abwesenheit von Phosphat: Hydroxyde von Fe, Ti, Sr und Tl. b) Bei Anwesenheit von Phosphat: Basisches Eisenacetat, Phosphate von Fe, Zr und Ti, Hydroxyde von Tl, Zr und Ti.	Filtrat: bei Abwesenheit von störenden Ionen verwerfen, bei Anwesenheit von Phosphat: Erdalkalien. Analyse s. Filtrat von P IV.
Niederschlag in wenig 5 n H_2SO_4 lösen, etwas 5 n H_2SO_4 im Überschuß zufügen, notfalls filtrieren. Im Filtrat werden Tl, Fe, Zr und Ti nebeneinander nachgewiesen.	

Thallium: Zu einem Teil der Lösung KJ und Na_2SO_3 zufügen. Gelber Niederschlag von TlJ zeigt Thallium an.

Tabelle 53d. (Fortsetzung.)

Eisen: In einem Teil der Lösung mit KSCN auf Eisen prüfen. Bei Anwesenheit von Eisen färbt sich die Lösung rot.

Titan: Die Prüfung auf Titan erfolgt mit H_2O_2. Bei Anwesenheit von Titan färbt sich die Lösung gelb bis orange.

Zirkon: Ein Teil der Lösung wird auf 70 bis 80° C erhitzt und mit Na_2HPO_4 versetzt. Bei Anwesenheit von Zirkon bildet sich, oft erst nach einigen Min., ein weißer Niederschlag von $Zr(OH)PO_4$ (s. hierzu a. A_{38} und A_{39}, S. 202).

Tabelle 53e. Analyse des Filtrates von P VI.

<table>
<tr><td colspan="3">Filtrat von P VI kann enthalten: Na_2CrO_4, Na_2ZnO_2, Na_2UO_6, $NaAlO_2$ und Na_2BeO_2.</td></tr>
<tr><td colspan="3">Im Filtrat Na_2O_2 durch Kochen vollständig zerstören, nach dem Abkühlen mit verd. HNO_3 ansäuern, dann NH_4OH im Überschuß zugeben und den gebildeten Niederschlag abfiltrieren.</td></tr>
<tr><td colspan="2">Niederschlag: $Al(OH)_3$, $Be(OH)_2$, $(NH_4)_2U_2O_7$.</td><td>Filtrat: $(NH_4)_2CrO_4$, $[Zn(NH_3)_6]^{2+}$.</td></tr>
<tr><td colspan="2">Niederschlag in verd. HCl lösen, dann NaOH im Überschuß zugeben und filtrieren.</td><td>Filtrat mit Essigsäure ansäuern, $BaCl_2$ zufügen und filtrieren.</td></tr>
<tr><td>Niederschlag: $Na_2U_2O_7$.</td><td>Filtrat: $NaAlO_2$, Na_2BeO_2.</td><td>Niederschlag: $BaCrO_4$.</td></tr>
<tr><td rowspan="3">Niederschlag in Essigsäure lösen, NH_4NO_3 und Na_2HPO_4 zufügen. Weißer Niederschlag von $UO_2NH_4PO_4$. Im Niederschlag mit $K_4[Fe(CN)_6]$ auf Uran prüfen.</td><td>Filtrat mit verd. HCl ansäuern, dann festes $(NH_4)_2CO_3$ im Überschuß zufügen. Ohne zu erwärmen 10 Min. stehen lassen, dann filtrieren.</td><td rowspan="3">Filtrat: $Zn(CH_3COO)_2$. Zum Filtrat $(NH_4)_2S$ im Überschuß zufügen. Weißer Niederschlag von ZnS zeigt Zink an.</td></tr>
<tr><td>Niederschlag: $Al(OH)_3$.</td></tr>
<tr><td>Filtrat: Komplexes Be-Carbonat. Beim Kochen des Filtrates bildet sich ein weißer Niederschlag von $Be(OH)_2$.</td></tr>
</table>

Nachweis von Wolfram: Enthält die Analysenprobe Wolfram, so bildet sich bei ihrem Lösen nach P I: WO_3. Auf Wolfram ist daher nicht im Trennungsgang, sondern in dem in Säuren unlöslichen Rückstand zu prüfen. Bei Anwesenheit von Phosphat oder Silicat können kleine Mengen von Wolfram in die Analysenlösung gelangen. Im Trennungsgang gelangt ein Teil des Wolframs in das Filtrat von P III, wo es beim Antimon bleibt. Der andere Teil befindet sich im Niederschlag von P III. Hier bleibt es beim Lösen des Sulfidniederschlages in Königswasser als WO_3 zurück. Da Wolfram stets im Rückstand nachgewiesen werden kann, wurde es ins Trennungsschema nicht aufgenommen.

1b. Natriumsulfidtrennungsgänge nach G. Vortmann.

Vortmann hat drei verschiedene Trennungsgänge, bei denen jeweils Natriumsulfid als Fällungsreagens verwendet wird, ausgearbeitet. Der erste, 1908 von ihm veröffentlichte Natriumsulfidtrennungsgang entspricht weitestgehend dem auf S. 241 beschriebenen „umgekehrten Trennungsgang", nur wird hier die Sulfid-Hydroxydgruppe nicht mit Ammoniumsulfid, sondern mit Natriumsulfid gefällt. Da Quecksilber(II)-sulfid mit Natriumsulfid ein lösliches Thiosalz bildet, ergibt sich bei Verwendung von Natriumsulfid als Fällungsreagens insofern eine Abweichung vom „umgekehrten Trennungsgang", als Quecksilber in die Arsen-Zinn-Gruppe gelangt.

In dem zweiten, 1919 von VORTMANN veröffentlichten Trennungsgang wird die Fällung mit Natriumsulfid in alkalischer, carbonathaltiger Lösung vorgenommen. Hierdurch wird erreicht, daß Barium, Strontium, Calcium und Magnesium mit ausgefällt werden. Da die Alkalien in einer gesonderten Probe nachgewiesen werden müssen, ergeben sich drei Gruppen:

I. Gruppe: Das durch die $NaOH$–Na_2CO_3–Na_2S-Fällung abgeschiedene Hydroxyd-Carbonat-Sulfid-Gemisch bildet die I. Gruppe. Sie umfaßt die Elemente Ag, Tl, Pb, Cu, Bi, Cd, Co, Ni, Fe, Mn, Zn, Cr, Ti, Zr, U, Ca, Ba, Sr, Mg sowie Spuren von Hg. Durch Digerieren dieses Niederschlages mit verd. Salzsäure gelangt ein Teil in Lösung. Der in verd. Salzsäure nichtlösliche Anteil enthält die Untergruppe Ia, die salzsaure Lösung die Untergruppe Ib.

II. Gruppe: Die nach Abtrennung der I. Gruppe noch in Lösung befindlichen Metalle bilden die II. Gruppe. Es handelt sich hierbei um Hg, As, Sb, Sn, Mo, Au, Pt, V, W, Al, Be sowie Spuren von Ni und Fe. Durch Behandeln des Filtrates der I. Gruppenfällung mit Ammoniak und Ammoniumchlorid wird die II. Gruppe in die beiden Untergruppen IIa und IIb aufgeteilt. Ein Teil der in Lösung befindlichen Metalle fällt als Sulfid bzw. Hydroxyd aus (Untergruppe IIa), während die restlichen Metalle als Thiosalze in Lösung bleiben (Untergruppe IIb).

III. Gruppe: Die III. Gruppe umfaßt die Alkalien. Sie werden in einer gesonderten Probe nachgewiesen. (Siehe hierzu S. 234.)

Tabelle 54a.

Abtrennung der I. und II. Gruppe sowie der Untergruppen Ia, Ib, IIa und IIb.

<table>
<tr><td colspan="4">Die neutrale bzw. saure Analysenlösung, die außer den 24 Elementen der Schulanalyse noch Tl, Ti, Zr, Mo, V, W, Au, Pt, U und Be sowie Phosphat und organische Säuren enthalten kann, wird, um vorhandene As-, Sb-, Sn- und Hg-Verbindungen zu oxydieren, mit einigen ml Bromwasser versetzt und solange erhitzt, bis das überschüssige Brom verkocht ist. Danach wird die Lösung durch Zugabe von fester Soda neutralisiert, mit Natronlauge alkalisch gemacht und aufgekocht. Entwickelt sich hierbei Ammoniak, so enthält die Analysenprobe Ammoniumsalze. Nach vollständigem Verkochen des Ammoniaks wird unter ständigem Umrühren Natriumsulfid im Überschuß zugefügt und die Lösung einige Minuten erwärmt. Der gebildete Sulfid-Hydroxyd-Niederschlag wird abfiltriert und gut mit natriumsulfidhaltigem Wasser gewaschen.</td></tr>
<tr><td colspan="2">Niederschlag 1 enthält die I. Gruppe. Ag_2S, PbS, CuS, Bi_2S_3, CdS, CoS, NiS, FeS, Tl_2S, MnS, UO_2S, $Cr(OH)_3$, $Ti(OH)_4$, $Zr(OH)_4$, $Be(OH)_2$, $BaCO_3$, $SrCO_3$, $CaCO_3$, $Mg(OH)_2$ sowie Spuren von HgS bzw. metallischem Hg.</td><td colspan="2">Filtrat 1 enthält die II. Gruppe. Na_2HgS_2, Na_3AsS_4, Na_3SbS_4, Na_2SnS_3, Na_2MoS_4, $NaAuS_2$, Na_2PtS_3, Na_3VS_4, Na_2WS_4, Na_3AlO_3, Na_2BeO_2, wenig Na_2NiS_2 oder Na_2FeS_2 bzw. kolloidales NiS oder FeS.</td></tr>
<tr><td colspan="2">Niederschlag bei Zimmertemperatur in mit H_2S gesättigter 0,4 n HCl unter ständigem Umrühren digerieren, die Lösung vom Unlöslichen abfiltrieren, den Rückstand mit 0,4 n HCl, die mit H_2S gesättigt ist, gut auswaschen.</td><td colspan="2" rowspan="2">Filtrat erst mit festem NH_4Cl, dann mit wenig Ammoniak versetzen, erwärmen und den gebildeten Niederschlag abfiltrieren. Enthält die Lösung viel koll. NiS, so wird zur besseren Abscheidung desselben etwas frisch gefälltes ZnS zugefügt. Das Zink bleibt im weiteren Analysengang beim Al.</td></tr>
<tr><td rowspan="2">Rückstand 2 enthält die Untergruppe Ia. Ag_2S, PbS, CuS, Bi_2S_3, CdS, CoS, NiS sowie Spuren von HgS, $TlCl$ und $AgCl$.</td><td rowspan="2">Filtrat 2 enthält die Untergruppe Ib. Fe^{2+}, Mn^{2+}, Zn^{2+}, Co^{3+}, Ti^{4+}, Zr^{4+}, UO_2^{-2}, Ba^{2+}, Sr^{2+}, Ca^{2+}, Mg^{2+} sowie Spuren von Co^{2+}, Ni^{2+} und Cd^{2+} als Chloride sowie Phosphat.</td></tr>
<tr><td>Niederschlag 3 enthält die Untergruppe IIa. HgS, $Al(OH)_3$, $Be(OH)_2$ sowie Spuren von NiS, FeS, PtS_2.</td><td>Filtrat 3 enthält die Untergruppe IIb. As^{5+}, Sb^{5+}, Sn^{4+}, Mo^{6+}, Au^{3+}, Pt^{4+}, W^{6+}, V^{6+} als Thiosalze sowie wenig Be^{2+}.</td></tr>
<tr><td>Analyse der Untergruppe Ia in Tab. 54b.</td><td>Analyse der Untergruppe Ib in Tab. 54c.</td><td>Analyse der Untergruppe IIa in Tab. 54d.</td><td>Analyse der Untergruppe IIb in Tab. 54e.</td></tr>
</table>

Tabelle 54c. Analyse der Untergruppe Ib (Tab. 54d S. 248).

Filtrat 2, das Fe^{2+}, Mn^{2+}, Zn^{2+}, Cr^{3+}, Ti^{4+}, Zr^{4+}, UO_2^{2+}, Ba^{2+}, Sr^{2+}, Ca^{2+}, Mg^{2+} und Phosphat sowie geringe Mengen an Co^{2+}, Ni^{2+} und Cd^{2+} enthalten kann, wird bis zur Vertreibung des Schwefelwasserstoffs gekocht. Durch Zugabe von festem Na_2CO_3 wird die Lösung alkalisch gemacht, dann werden einige ml Bromwasser zugefügt, die Lösung gelinde erwärmt und ein gebildeter Niederschlag abfiltriert.

Niederschlag 6: MnO_2.aq, $FeCO_3$, $ZnCO_3$, $Cr(OH)_3$, $Ti(OH)_4$, $Zr(OH)_4$, $BaCO_3$, $SrCO_3$, $CaCO_3$, $Mg(OH)_2$, Phosphat sowie geringe Mengen Co, Ni und Cd als basische Carbonate.

Ein kleiner Teil des Niederschlages 6 wird getrocknet und danach mit $KHSO_4$ geschmolzen. Die Schmelze wird in kalter Verd. H_2SO_4 gelöst und in der Lösung auf *Titan* und *Zirkon* geprüft. (Siehe hierzu A_{38} und A_{39} auf S. 202.)

Ein zweiter kleiner Teil des Niederschlages wird in HNO_3 gelöst und in der salpetersauren Lösung mit Ammoniummolybdat auf Phosphat geprüft.

A. Probe enthält Phosphat. Rest des Niederschlages 6 in kalter HCl lösen und in einem Teil der Lösung mit $K_4[Fe(CN)_6]$ auf *Eisen* prüfen. Dann Phosphat in essigsaurer Lösung als $FePO_4$ wie unter 2 auf S. 213 beschrieben, abtrennen. Der Niederschlag, der außer Eisen noch Titan und Zirkon enthalten kann, wird verworfen.

B. Probe enthält. Rest des Niederschlages 6 in kalter HCl lösen, Lösung mit Na_2CO_3 neutralisieren, Ammoniumacetat zugeben und aufkochen. Bei Anwesenheit von *Eisen* bildet sich ein rotbrauner Niederschlag, der abfiltriert wird. Den Niederschlag, der außer Eisen noch Titan und Zirkon enthalten kann, in HCl lösen und in der Lösung mit auf Eisen prüfen.

Filtrat 6: CrO_4^{2-}, MnO_4^- und $[UO_2(CO_3)_3]^{4-}$.

Ein Teil des Filtrates 6 wird mit Alkohol reduziert. Bei Anwesenheit von *Mangan* bildet sich ein dunkelbrauner Niederschlag. (Weitere Nachweisreaktionen s. S. 300.)

Einen zweiten Teil des Filtrates mit Essigsäure ansäuern und Bleiacetat zufügen. Bei Anwesenheit von *Chrom* entsteht ein gelber Niederschlag, Niederschlag abfiltrieren und als Bleichromat identifizieren (s. S. 297).

Rest des Filtrates mit Essigsäure ansäuern und $K_4[Fe(CN)_6]$ zufügen. Bei Anwesenheit von *Uran* bildet sich ein brauner Niederschlag.

Filtrat der Phosphat- bzw. der Eisenabtrennung: Mn^{2+}, Zn^{2+}, Ba^{2+}, Sr^{2+}, Ca^{2+}, Mg^{2+} sowie geringe Mengen an Co^{2+}, Ni^{2+} und Cd^{2+}.

Filtrat ammoniakalisch machen, Bromwasser zufügen und erhitzen. Ein sich hierbei bildender brauner Niederschlag wird abfiltriert.

Niederschlag: $MnO_2 \cdot aq$.

Niederschlag in konz. HNO_3 lösen, Lösung mit etwas PbO_2 versetzen und erwärmen. Violettfärbung zeigt *Mangan* an.

Filtrat: Ba^{2+}, Sr^{2+}, Ca^{2+}, Mg^{2+}, Zn^{2+} sowie Spuren von Co^{2+}, Ni^{2+} und Cd^{2+}.

Filtrat mit $(NH_4)_2CO_3$ versetzen, aufkochen und den gebildeten Niederschlag abfiltrieren.

Niederschlag: $BaCO_3$, $SrCO_3$ und $CaCO_3$.

Im Niederschlag nach A_{59b} bis A_{61} oder nach B. 3. (s. S. 230) auf *Barium*, *Strontium* und *Calcium* prüfen.

Filtrat: Mg^{2+}, Zn^{2+} sowie Spuren von Co^{2+}, Ni^{2+} und Cd^{2+} als Amminkomplexe.

Filtrat mit Na_2S versetzen und gebildeten Niederschlag abfiltrieren.

Niederschlag: ZnS sowie Spuren von CoS, NiS und CdS.

Niederschlag in HNO_3 lösen, H_2S verkochen, NaOH und Bromwasser zufügen und aufkochen, danach den gebildeten Niederschlag abfiltrieren.

Filtrat: Mg^{2+}.

Im Filtrat nach A_{62} auf *Magnesium* prüfen.

Niederschlag: geringe Mengen von $Co(OH)_3$, $Ni(OH)_2$ und $Cd(OH)_2$.

Niederschlag verwerfen.

Filtrat: ZnO_2^{2-}.

Filtrat mit Na_2S. Ein weißer Niederschlag zeigt *Zink* an.

Tabelle 54b. Analyse der Untergruppe Ia.

Rückstand 2, der Ag_2S, PbS, CuS, Bi_2S_3, CdS, CoS, NiS sowie geringe Mengen von HgS, TlCl und AgCl enthalten kann, wird mit 5 n HNO_3 (1 Teil konz. HNO_3 und 2 Teile H_2O) in der Hitze digeriert, dann nach Verdünnen mit Wasser filtriert.

Rückstand 4: HgS, AgCl sowie Spuren von $PbSO_4$.	Filtrat 4: Ag^+, Pb^{2+}, Cu^{2+}, Bi^{3+}, Cd^{2+}, Ni^{2+} und Tl^+.
Rückstand 4 mit ammoniakalischer Ammoniumacetatlösung digerieren, dann filtrieren.	Filtrat 4 mit HCl versetzen, erwärmen und abfiltrieren.

Rückstand: HgS u. AgCl.	Filtrat: Pb^{2+}.
Im Rückstand nach A_{7a} bis A_{8b} (S. 194) auf *Quecksilber* und *Silber* prüfen.	Im Filtrat nach A_5 (S. 193) auf Blei prüfen.

Niederschlag: AgCl und TlCl.	Filtrat 5: Cu^{2+}, Bi^{3+}, Cd^{2+}, Co^{2+}, Ni^{2+} und Pb^{2+}.
Im Niederschlag nach A_6 (S. 193) auf *Thallium* und nach A_{8a} (S. 194) auf *Silber* prüfen.	Enthielt Filtrat 4 HNO_3 im Überschuß, so ist auch im Filtrat 5 auf Thallium zu prüfen. Filtrat 5, wie unter A_{26} (S. 199) beschrieben, mit H_2SO_4 versetzen, eindampfen, mit verd. H_2SO_4 aufnehmen und filtrieren.

Rückstand: $PbSO_4$.	Filtrat: Cu^{2+}, Bi^{3+}, Cd^{2+}, Co^{2+} und Ni^{2+}.
Im Rückstand nach A_5 (S. 193) auf *Blei* prüfen.	Filtrat nach A_{27} (S. 199) mit Ammoniak stark alkalisch machen und gebildeten Niederschlag abfiltrieren.

Niederschlag: $Bi(OH)_3$.	Filtrat: Cu^{2+}, Cd^{2+}, Co^{2+} und Ni^{2+} als Aminkomplexe.
Im Rückstand nach A_{27} (S. 199) auf *Wismut* prüfen.	Filtrat mit H_2SO_4 ansäuern, $Na_2S_2O_3$ zufügen, Lösung aufkochen und gebildeten Niederschlag, der aus CuS und S besteht, abfiltrieren.

Niederschlag: CuS.	Filtrat: Cd^{2+}, Co^{2+} und Ni^{2+}.
Niederschlag in HNO_3 lösen und in der salpetersauren Lösung *Kupfer* nachweisen. (Siehe hierzu S. 290.)	Filtrat ammoniakalisch machen, festes NH_4Cl zufügen und unter Zusatz von H_2O_2 erwärmen. Nach dem Erkalten mit Wasser auf das dreifache Volumen verdünnen, dann mit NaOH alkalisch machen und gebildeten Niederschlag abfiltrieren.

Niederschlag: $Ni(OH)_2$ und $Cd(OH)_2$.	Filtrat: $[Co(NH_3)_6]_2(SO_4)_3$.
Niederschlag in verd. HCl lösen. In der Lösung mit H_2S auf *Cadmium* und nach A_{55} (S. 204) mit Dimethylglyoxim auf *Nickel* prüfen.	Filtrat aufkochen. Schwarzer Niederschlag von $Co(OH)_3$ zeigt *Kobalt* an. Niederschlag abfiltrieren und mittels Boraxperle identifizieren.

Tabelle 54d. Analyse der Untergruppe IIa.

Niederschlag 3, der HgS, $Al(OH)_3$ und $Be(OH)_2$ sowie Spuren von NiS, FeS und PtS_2 enthalten kann, mit verd. HNO_3 unter gelindem Erwärmen digerieren, danach vom Ungelösten abfiltrieren.

Rückstand: HgS sowie Spuren von PtS_2.	Filtrat: Al^{3+}, Be^{2+} sowie Spuren von Ni^{2+} und Fe^{3+}.
Rückstand mit Königswasser abrauchen, mit verd. HCl aufnehmen, nach A_{25} (S. 199) auf *Quecksilber* und nach A_{18} (S. 197) auf *Platin* prüfen.	Filtrat mit NaOH alkalisch machen und den gebildeten Niederschlag abfiltrieren.

Niederschlag: $Ni(OH)_2$ u. $Fe(OH)_3$.	Filtrat: Na_2BeO_2 und Na_3AlO_3.
Niederschlag in HCl lösen, in der Lösung mit $K_4[Fe(CN)_6]$ auf *Eisen* (s. S. 297) und mit Dimethylglyoxim auf *Nickel* (s. S. 301) prüfen.	Im Filtrat nach A_{52} (S. 204) auf *Aluminium* und *Beryllium* prüfen. [Wurde zum Filtrat 1 zur besseren Abscheidung von koll. NiS ZnS zugefügt, so enthält die Lösung noch zusätzlich Na_2ZnO_2. Hierdurch wird jedoch der Nachweis auf Aluminium wie auf Beryllium nicht gestört.]

Tabelle 54e. Analyse der Untergruppe IIb.

Filtrat 3, das As^{5+}, Sb^{5+}, Sn^{4+}, Mo^{6+}, W^{6+}, V^{5+}, Pt^{4+} und Au^{3+} als Thiosalze sowie Spuren von BeO_2^{2+} enthalten kann, mit H_2SO_4 ansäuern und den sich hierbei abscheidenden Niederschlag abfiltrieren.

Niederschlag: As_2S_5, Sb_2S_5, SnS_2, Au_2S_3, PtS_2, WS_3, MoS_3 und V_2S_5.	Filtrat: Be^{2+} sowie Spuren von Mo- und V-Verbindungen in niederen Wertigkeitsstufen. [Bei Anwesenheit org. Säuren auch Al^{3+} und Cr^{3+}.]
Niederschlag mit HCl (1 : 1) digerieren, dann vom Ungelösten abfiltrieren.	Filtrat mit Bromwasser versetzen, aufkochen, dann ammoniakalisch machen und nach erneutem Aufkochen filtrieren.

Rückstand: As_2S_5, Au_2S_3, PtS_2, MoS_3, WS_3 und V_2S_5.	Filtrat: $SbCl_3$ und $SnCl_4$	Niederschlag: $Be(OH)_2$, $[Al(OH)_3$ und $Cr(OH)_3]$.	Filtrat: Spuren von Mo u. V.
Mit einem Teil des Niederschlages eine Boraxreduktionsperle herstellen. Bei Anwesenheit von Mo, W oder V ist diese grünblau gefärbt.	Im Filtrat nach A_{14a} bis A_{15c} auf *Antimon* und *Zinn* prüfen.	Im Niederschlag nach A_{52} (S. 204) auf *Beryllium* [und bei Anwesenheit von org. Substanzen nach A_{52} (S. 204) auf *Aluminium* und nach A_{47} (S. 203) auf *Chrom*] prüfen.	Filtrat verwerfen.
Rest des Niederschlages mit HNO_3 abrauchen, mit NH_4OH aufnehmen und vom Ungelösten abfiltrieren.			

Rückstand: Au und Pt (metallisch).	Filtrat: AsO_4^{2-}, MoO_4^{2-}, $V_2O_7^{4-}$ und WO_4^{2-}.
Rückstand in Königswasser lösen, in der Lösung nach A_{18} (S. 197) auf *Platin* und nach A_{19} (S. 197) auf *Gold* prüfen.	In einem Teil des Filtrates nach A_{17} (S. 197) mit Magnesiamixtur auf *Arsen* prüfen.
	Bei positiver Perlreaktion Rest des Filtrates ansäuern und gebildeten gelben Niederschlag abfiltrieren.

Niederschlag: WO_3.	Filtrat: MoO_2^{2+} und VO^{2+}.
Im Niederschlag nach A_{50} (S. 294) auf *Wolfram* prüfen.	In einem Teil des Filtrates mit Hilfe von $SnCl_2$ und KSCN auf Molybdän prüfen (s. hierzu S. 294). Im Rest des Filtrates nach Abtrennung des Molybdäns als MoS_3 mit H_2O_2 auf *Vanadin* prüfen (s. hierzu S. 296).

Der dritte, 1932 von VORTMANN veröffentlichte Trennungsgang stellt insofern eine Abweichung von den anderen Alkali- bzw. Ammoniumsulfidtrennungsgängen dar, als hierbei die Sulfide wie Sulfosalze nicht in Lösung, sondern in einer Schmelze gebildet werden. Der Trennungsgang, der mit einfachen Mitteln verhältnismäßig schnell durchgeführt werden kann, gliedert sich in folgende vier Abschnitte:

I. Analysenprobe mit Natriumcarbonat und Schwefel schmelzen und erkaltete Schmelze mit Wasser digerieren (s. Tab. 54f).
II. Den in Wasser unlöslichen Anteil der Schmelze analysieren (s. Tab. 54g).
III. Den in Wasser löslichen Anteil der Schmelze analysieren (s. Tab. 54f).
IV. Alkalien in einer gesonderten Probe bestimmen (s. hierzu S. 234).

Tabelle 54f. Die Sulfidschmelze.

Analysenprobe (20 bis 50 mg) mit der 6- bis 8fachen Menge eines Gemisches von gleichen Teilen Schwefel und Na_2CO_3 vermischen und in einem kleinen Reagensglas bis zum ruhigen Schmelzen erhitzen. Hierbei verdampft ein Teil des Schwefels und bildet ein gelbes Sublimat. Ist jedoch das entstehende Sublimat schwarz gefärbt, so enthält die Probe Quecksilber oder Tellur, während ein rotbraunes Sublimat auf Selen hinweist; Sublimat gesondert untersuchen. Nach dem Erkalten der Schmelze diese mit natriumsulfidhaltigem Wasser auslaugen, den hierbei zurückbleibenden Rückstand abfiltrieren und mit natriumsulfidhaltigem Wasser auswaschen.

[Die Sulfidschmelze kann auch auf Kohle vor dem Lötrohr durchgeführt werden. Hierbei wird die Substanzprobe zweckmäßig mit Na_2CO_3 und entwässertem $Na_2S_2O_3$ vor dem Glühen vermischt.]

Rückstand: Sulfide, Oxyde, Carbonate, Phosphate und Sulfate. Analyse s. Tab. 54g.	Filtrat: Sulfosalze, Aluminat und Beryllat. Analyse s. Tab. 54f.

Tabelle 54g. Untersuchung des in Wasser unlöslichen Teiles der Schmelze.

Der in Wasser unlösliche Teil der Schmelze kann CuS, Ag_2S, PbS, Bi_2S_3, Tl_2S, FeS, MnS, ZnS, CoS, NiS, UO_2S, Cr_2O_3, TiO_2, ZrO_2, ThO_2, CeO_2 sowie andere seltenen Erden, Pt, $CaCO_3$, $SrCO_3MgCO_3$, außerdem wenig $BaCO_3$, $BaSO_4$, SiO_2 wie auch nicht aufgeschlossene Silicate und bei Anwesenheit von Phosphat auch Al^{3+}, Be^{2+}, Ca^{2+} und Mg^{2+} als Phosphate enthalten. — Rückstand in Wasser suspendieren, festes NH_4NO_3 bzw. NH_4Cl zufügen, einige Minuten lang kochen und danach filtrieren.

Rückstand	Filtrat
Rückstand: Sulfide, Oxyde, $BaSO_4$ und Pt. (Bei Anwesenheit von Phosphat auch Ca^{2+}, Mg^{2+}, Al^{3+} und Be^{2+} als Phosphate.) Sulfide abrösten, dann Probe mit der mehrfachen Menge an $K_2S_2O_8$ vermischen und bis zum ruhigen Fluß schmelzen (1. Persulfatschmelze). Nach dem Erkalten Schmelze mit warmem Wasser digerieren, dann vom Ungelösten abfiltrieren.	Filtrat: Sr^{2+}, Ca^{2+}, Mg^{2+} und geringe Mengen Ba^{2+}.

Rückstand	Filtrat
Rückstand: $BaSO_4$, Sulfate bzw. Kaliumdoppelsulfate von Pb^{2+}, Bi^{3+} und Ce^{4+}; SiO_2; nicht aufgeschlossene Silicate und Pt. Rückstand mit warmer, konz. Lösung von Ammoniumacetat digerieren, dann filtrieren.	Filtrat: Cu^{2+}, Ag^{+}, Cd^{2+}, Tl^{+}, Fe^{3+}, Mn^{2+}, Zn^{2+}, Co^{2+}, Ni^{2+}, UO_2^{2+}, Ti^{4+}, Zr^{4+} und bei Anwesenheit von Phosphat noch Al^{3+}, Be^{2+}, Ca^{2+} und Mg^{2+}. Filtrat mit KJ versetzen und gebildeten Niederschlag abfiltrieren.

Rückstand	Filtrat	Niederschlag	Filtrat
Rückstand: $BaSO_4$, SiO_2, Pt und Silicate.	Filtrat: Pb^{2+}, Bi^{3+} und Ce^{2+}.	Niederschlag: AgJ u. TlJ.	Filtrat: Restliche Kationen. Filtrat mit festem Na_2CO_3 und wenig $K_2S_2O_8$ versetzen, aufkochen und filtrieren.

Rückstand	Filtrat
Rückstand: Carbonate, Hydroxyde und Phosphate. Rückstand mit verd. NaOH digerieren, dann vom Ungelösten abfiltrieren.	Filtrat: CrO_4^- und $[UO_2(CO_3)_3]^{4-}$.

Rückstand	Filtrat
Rückstand: Cu^{2+}, Cd^{2+}, Fe^{3+}, Mn^{2+}, Co^{2+} und Ni^{2+} als Carbonate bzw. Hydroxyde, bei Anwesenheit von Phosphat auch Al^{3+}, Be^{2+}, Ca^{2+} und Mg^{2+} als Phosphate. Im Rückstand die einzelnen Kationen auf trockenem Wege nebeneinander nachweisen.	Filtrat: AlO_3^{3-}

Tabelle 54h. Untersuchung des in Wasser löslichen Teiles der Schmelze.

Der in Wasser lösliche Teil der Schmelze kann As^{5+}, Sb^{5+}, Sn^{4+}, Mo^{6+}, W^{6+}, V^{5+}, Au^{3+}, Se^{4+} und Te^{4+} als Thiosalze, AlO_3^{3-}, BeO_2^{2-} und Silicat sowie Spuren von NiS und FeS enthalten. — Zum Filtrat H_2O_2 zufügen, erwärmen und den gebildeten Niederschlag abfiltrieren.

Niederschlag	Filtrat
Niederschlag: NiS und FeS.	Filtrat: Thiosalze, AlO_3^{3-}, BeO_2^{2-} und Silicat. Zum Filtrat festes NH_4Cl und NH_4OH zufügen, Lösung erwärmen und gebildeten Niederschlag abfiltrieren.

Niederschlag	Filtrat
Niederschlag: $Al(OH)_2$, $Be(OH)_2$ u. SiO_2.	Filtrat: Sulfosalze von As^{5+}, Sb^{5+}, Sn^{4+}, Mo^{6+}, W^{6+}, V^{5+}, Au^{3+}, Se^{4+} und Te^{4+}. Filtrat mit HCl ansäuern, gebildeten Niederschlag abfiltrieren und Filtrat verwerfen. Niederschlag, wie in Tab. 54g beschrieben, abrösten und mit $K_2S_2O_8$ schmelzen (2. Persulfatschmelze). Erkaltete Schmelze mit warmem Wasser digerieren, dann filtrieren.

Niederschlag	Filtrat
Niederschlag: Sb^{5+}, Sn^{4+}, W^{6+}, als Oxyde, Au und Pt. Niederschlag mit HCl digerieren, dann vom Ungelösten abfiltrieren.	Filtrat: As^{5+}, Mo^{6+}, V^{5+}, Te^{4+} und Se^{4+}. In einem Teil des Filtrates nach A_{17} (S. 197) mit Magnesiamixtur auf Arsen prüfen. Rest des Filtrates mit HCl versetzen, Na_2SO_3 hinzufügen und gelinde erwärmen, dann gebildeten Niederschlag abfiltrieren.

Rückstand	Filtrat
Rückstand: Au, Pt und WO_3.	Filtrat: Sb^{3+} und Sn.

Niederschlag	Filtrat
Niederschlag: Se und Te.	Filtrat: reduzierte V- und Mo-Verbindungen.

2. Trennungen unter Verwendung von Thiosulfat.

Trennungsgang mittels Thiosulfat nach E. Defrance.

Thiosulfat bildet in schwach saurer Lösung mit einer Reihe von Elementen wie Arsen, Antimon, Zinn, Molybdän, Platin, Kupfer, Wismut und Quecksilber, wenn diese in Ionenform vorliegen, Sulfide. Diese Tatsache verwendet Defrance zur Ausfällung der II. Gruppe.

Tabelle 55. Thiosulfattrennungsgang nach E. Defrance.

Analysenlösung mit HCl versetzen, gebildeten Chloridniederschlag abfiltrieren.

Niederschlag	Filtrat
Niederschlag: I. Gruppe. (Ag, Hg (I), Pb und Tl (I) als Chloride.]	Filtrat: II., III., IV., V. und VI. Gruppe. Zum Filtrat, in dem die Säurekonzentration ungefähr 1,5 bis 2n sein soll, wird 10%ige $Na_2S_2O_3$-Lösung im Überschuß zugefügt. Die Lösung wird erwärmt und der gebildete Niederschlag abfiltriert.
Niederschlag: As, Sb, Sn, Mo, Pt, Bi, Cu und Hg als Sulfide.	Filtrat: Restliche Metalle. Filtrat mit NH_4Cl und NH_4OH im Überschuß versetzen, gebildeten Niederschlag abfiltrieren.
Niederschlag: Fe, Al, Cr, U, Pb, Ce, Th und (Sn) als Sulfide und Hydroxyde. (Bei Anwesenheit von Phosphat auch Erdalkalien.)	Filtrat: Erdalkalien, Zn, Alkalien, Mn, Ni und Co. Filtrat mit $(NH_4)_2CO_3$ im Überschuß versetzen.
Niederschlag: Erdalkalien als Carbonate.	Filtrat: Zn, Mn, Ni und Co als Amminkomplexe, Alkalien. Filtrat mit NaOH und H_2O_2 (oder Bromwasser) versetzen, Ammoniak durch Kochen vertreiben und den Niederschlag abfiltrieren.
Niederschlag: Mn, Ni und Co als Hydroxyde.	Filtrat: $[Zn(OH)_3]^-$ und Alkalien.

Mikrotrennungsgang ohne Verwendung von Schwefelwasserstoff nach Hamed El-Badry, Francis R. M. Mc Donnell und Cecil L. Wilson.

Dieser Mikro- bzw. Halbmikrotrennungsgang stellt eine Erweiterung des 1945 von R. Belcher und F. Burton veröffentlichten Trennungsganges um die Elemente Cer, Molybdän, Thorium, Titan, Wolfram, Uran, Vanadin und Zirkon dar. Obwohl es sich hierbei um einen schwefelwasserstoffreien Trennungsgang handelt, wurde auf eine Sulfidfällung nicht verzichtet. So werden die Elemente Arsen, Antimon, Zinn, Quecksilber, Kupfer und Wismut als IV. Gruppe durch Erhitzen der schwach salzsauren Lösung mit Thiosulfat als Sulfide gefällt. Der Trennungsgang sieht folgende Gruppeneinteilung vor:

I. Gruppe. Die I. Gruppe umfaßt die Alkalien. Sie werden in einer gesonderten Probe bestimmt. (Abtrennung und Analyse der Alkalien in Tab. 55a.)

II. Gruppe. Zur Abscheidung der II. Gruppe wird die Analysenlösung mit HCl versetzt. Die II. Gruppe umfaßt die Elemente Pb, Hg(I), Ag und W. (Abtrennung und Analyse der II. Gruppe in Tab. 55b.)

III. Gruppe. Zur Abtrennung der III. Gruppe wird zum salzsauren Filtrat der II. Gruppenfällung Na_2SO_4 und Alkohol hinzugegeben. Die III. Gruppe enthält die Elemente Ti, Zr, Th, Ce und Pb, Sr, Ba und Ca. Die ersten vier Metalle, die die Untergruppe IIIa bilden, werden aus dem Niederschlag der III. Gruppenfällung mit Wasser herausgelöst. Die restlichen vier Metalle bilden die Untergruppe III b. (Abtrennung der III. Gruppe in Tab. 56c, Analyse der Untergruppe IIIa in Tab. 55d, Analyse der Untergruppe IIIb in Tab. 55e.)

IV. Gruppe. Im Filtrat der III. Gruppenfällung werden die Elemente As, Sb, Sn, Hg, Cu und Bi mittels Thiosulfat in schwach salzsaurer Lösung als Sulfide gefällt. Sie bilden die IV. Gruppe. (Abtrennung und Analyse der IV. Gruppe in Tab. 55f.)

V. Gruppe. Das Filtrat der IV. Gruppenfällung wird stark ammoniakalisch gemacht und mit Ammoniumcarbonat im Überschuß versetzt. Hierdurch werden die Metalle Al, Fe, der größere Anteil des Mangans und die noch in Lösung befindlichen Mengen an Sn, Ti und Zr als Hydroxyde bzw. Carbonate gefällt. Sie bilden die V. Gruppe. (Abtrennung und Analyse der V. Gruppe in Tab. 55g.)

VI. Gruppe. Die als Amminkomplexe nach der Abtrennung der V. Gruppe noch in Lösung befindlichen Metalle bilden die VI. Gruppe. Es handelt sich um Zn, V, U, Ni, Co, Cd, Mg und kleine Mengen von Mn. (Analyse der VI. Gruppe in Tab. 55h.)

Tabelle 56a. Abtrennung und Analyse der Alkalien.

3 bis 4 Tropfen der Analysenlösung mit einigen Tropfen 10 n HCl zur Trockne eindampfen, Rückstand mit heißem Wasser aufnehmen, zentrifugieren.	
Rückstand R_1 verwerfen.	Lösung S_1 mit neutraler Bleiacetatlösung im Überschuß versetzen, Lösung erwärmen und zentrifugieren.
Rückstand R_2 verwerfen.	Lösung S_2 mit Ammoniumphosphatlösung im Überschuß versetzen, Lösung aufkochen und nach dem Erkalten zentrifugieren.
Rückstand R_3 verwerfen.	Lösung S_3 etwas eindampfen, dann in zwei Teile teilen. Teil 1 wird mit Lösung S_4, Teil 2 mit Lösung S_5 bezeichnet.

Lösung S_4. Zur Lösung S_4 $ZnCO_3$ im Überschuß zufügen, 2 bis 3 Min. lang auf 100° erhitzen, gut durchmischen, dann zentrifugieren.		Lösung S_5. Zur Lösung S_5 2 n NaOH im Überschuß zugeben, aufkochen, bis Ammoniak vollständig vertrieben ist, mit Essigsäure schwach ansäuern und mit $Na_3[Co(NO_2)_6]$ mit Na-2-chloro-3-nitrotoluol-5-sulfonat oder mit Dipikrylamin auf *Kalium* prüfen (Durchführung s. S. 303).
Rückstand R_4 verwerfen.	Lösung S_6. In der Lösung S_6 mit Uranylacetat oder mit Zinkuranylacetat auf *Natrium* prüfen (Durchführung s. S. 303).	

Tabelle 56b. Abtrennung und Analyse der II. Gruppe.

3 bis 4 Tropfen der Analysenlösung mit 10 n HCl versetzen, 5 Min. lang auf 100° erhitzen und nach dem Abkühlen zentrifugieren. Die Lösung wird mit S_7, der Rückstand mit R_5 bezeichnet.		
Lösung S_7 auf das halbe Volumen eindampfen, verdünnen und zentrifugieren.		Rückstand R_5 mit R_6 vereinigen.
Lösung S_8 enthält die Gruppen III, IV, V und VI. Weiterverarbeitung der Lösung S_8 s. Tab. 56c.	Rückstand R_6 mit R_5 vereinigen.	
	Die vereinigten Rückstände R_5 und R_6 enthalten die II. Gruppe. Sie werden so oft mit heißem Wasser extrahiert, bis das Filtrat mit $K_2Cr_2O_7$ keine Fällung mehr gibt.	

Lösung S_9. In der Lösung mit Dithizon oder KJ auf *Blei* prüfen (s. hierzu S. 291, s. a. S_{23} in Gruppe III B.)	Rückstand R_7 mit 0,9 n NH_4OH extrahieren, dann zentrifugieren. Extraktion mit NH_4OH noch einmal wiederholen, Extrakte vereinigen.
Lösung S_{10} mit 10 n-HCl versetzen, bis sich ein Niederschlag bildet. Niederschlag mit NH_4OH wieder lösen, dann 10%ige KJ-Lösung im Überschuß zufügen und zentrifugieren.	Rückstand R_8. Bei Anwesenheit von *Quecksilber* ist der Rückstand schwarz gefärbt. Rückstand in Bromwasser und Brom lösen, Überschuß an Brom verkochen und Quecksilber mit Kupferblech nachweisen (s. hierzu S. 289).
Lösung S_{11}. In der Lösung mit $SnCl_2$ oder Zinkstaub auf *Wolfram* prüfen (s. hierzu S. 295).	Rückstand R_9 in 5%iger KCN-Lösung auflösen, dann mit Dimethylaminobenzylidenrhodamin auf *Silber* prüfen (Durchführung s. S. 289).

Tabelle 56c. Abtrennung der III. Gruppe.

Lösung S_8 auf das ursprüngliche Volumen von 3 bis 5 Tropfen eindampfen, gleiche Menge einer gesättigten Na_2SO_4-Lösung und 12 bis 15 Tropfen Alkohol zufügen, Lösung erwärmen und nach dem Abkühlen zentrifugieren.

Lösung S_{12} enthält die Gruppen IV, V und VI. Analyse der Lösung S_{12} s. Tab. 56f.	Rückstand R_{10} dreimal mit 6 bis 10 Tropfen Wasser extrahieren.	
	Lösung S_{13} enthält die Untergruppe IIIa. Analyse der Untergruppe IIIa s. Tab. 56d.	Rückstand R_{11} enthält die Untergruppe IIIb. Analyse der Untergruppe IIIb s. Tab. 56e.

Tabelle 56d. Analyse der Untergruppe IIIa.

Zur Lösung S_{13}, die Ti, Zr, Ce und Th enthalten kann, wird NH_4OH im Überschuß zugefügt, dann wird zentrifugiert.

Lösung S_{14} wird mit NH_4Cl und $(NH_4)_2CO_3$ versetzt, dann wird zentrifugiert.

- Lösung S_{15} verwerfen.
- Rückstand R_{13} mit Rückstand R_{18} in Untergruppe IIIb vereinigen ($BaCO_3$ und $SrCO_3$).

Rückstand R_{12} in heißer 2 n HCl lösen, nach dem Erkalten mit der gleichen Menge Wasser verdünnen, gesättigte $H_2C_2O_4$-Lösung zufügen, gut durchmischen, dann zentrifugieren.

Lösung S_{16} wird 5 Min. lang mit gesättigter Natronlauge digeriert, dann wird zentrifugiert.

- Lösung S_{17} verwerfen.
- Rückstand R_{15} auswaschen, in heißer 2 n HCl lösen, Lösung in 2 Teile teilen.
  - Lösung S_{18}. Einen Teil der Lösung mit der doppelten Menge 10 n HNO_3 und der gleichen Menge einer gesättigten KJO_3-Lösung versetzen. Ein weißer Niederschlag zeigt *Thorium* an. Niederschlag abzentrifugieren, mit 10 n HCl aufnehmen und zur Trockne eindampfen. Rückstand in Wasser lösen und mit Alizarin Thorium nachweisen. (Durchführung s. S. 299.) [Siehe auch S_{49}, Gruppe V.]
  - Lösung S_{19}. Einen Teil der Lösung mit verd. H_2SO_4 versetzen, H_2O_2 und NH_4OH zufügen. Ein beim Erwärmen sich bildender flockiger Niederschlag zeigt *Zirkon* an. In einem weiteren Teil der Lösung kann mit Alizarin ebenfalls auf Zirkon geprüft werden (s. hierzu S. 298, s. a. S_{30} in Gruppe V).

Rückstand R_{14} wird mit verd. Oxalsäure, die etwas HNO_3 enthält, ausgewaschen. Rückstand 5 Min. lang mit 10%iger Natronlauge digerieren, dann zentrifugieren.

- Lösung S_{20} verwerfen.
- Rückstand R_{16} mit Wasser waschen, dann in heißer 2 n HNO_3 lösen, Lösung in 2 Teile teilen.
  - Lösung S_{21}. In der Lösung mit H_2O_2 oder Benzidin auf *Cer* prüfen.
  - Lösung S_{22}. In der Lösung mit H_2O_2 auf *Titan* prüfen oder Lösung zur Trockne eindampfen, Rückstand mit Wasser aufnehmen und mit Brenzkatechin auf Titan prüfen (Durchführung s. S. 298).

Tabelle 56e. Analyse der Untergruppe IIIb.

Rückstand R_{11}, der Pb, Ca, Sr und Ba enthalten kann, wird mit heißer 10%iger Ammoniumacetatlösung extrahiert.

Lösung S_{23}. In der Lösung, wie unter S_9 beschrieben, auf *Blei* prüfen.	Rückstand R_{17} mit 10%iger Sodalösung unter Erwärmen 5 Min. lang digerieren, nach dem Erkalten zentrifugieren.

Lösung S_{24}.	Rückstand R_{18}.

Tabelle 56e. (Fortsetzung.)

Lösung S_{24} verwerfen.	Rückstand R_{18} mit Rückstand R_{13} der Gruppe IIIa vereinigen, dann in 2 n HNO_3 lösen, Lösung vorsichtig zur Trockne eindampfen, ohne hierbei die Nitrate zu zerstören. Nach dem Erkalten Rückstand zweimal mit Alkohol extrahieren.

Lösung S_{25} zur Trockne eindampfen, Rückstand mit Wasser aufnehmen und in der Lösung mit $(NH_4)_4[Fe(CN)_6]$ oder $(NH_4)_2C_2O_4$ auf *Calcium* prüfen (Ausführung s. S. 301).	Rückstand R_{19} zweimal mit 10 n HCl zur Trockne eindampfen, dann Rückstand zweimal mit Alkohol extrahieren.

Lösung S_{26} zur Trockne eindampfen, Rückstand mit Wasser aufnehmen und in der Lösung mit Natriumrhodizonat oder $K_2Cr_2O_7$ auf *Strontium* prüfen (s. hierzu S. 302).	Rückstand R_{20} in Wasser lösen und in der Lösung mit Natriumrhodizonat oder K_2Cr_2 O_7 auf *Barium* prüfen (s. S. 302).

Tabelle 56f. Abtrennung und Analyse der IV. Gruppe.

Die Lösung S_{12} enthält die IV., V. und VI. Gruppe. Lösung S_{12} wird zur Vertreibung des Alkohols zur Trockne eingedampft. Zum Trockenrückstand werden einige Kriställchen Weinsäure zugefügt, dann wird mit soviel Ammoniak aufgenommen, bis die Lösung schwach alkalisch reagiert. Lösung mit 2 n HCl versetzen, bis sich ein gebildeter Niederschlag gerade wieder aufgelöst hat bzw. die Lösung schwach sauer reagiert. Danach soviel ml 10%ige Na_2S_2 O_3-Lösung zufügen, wie das Volumen der schwach ammoniakalischen Lösung betrug, aufkochen und nach 3 Min. zentrifugieren.

Die abgetrennte Lösung wird mit S_{27}, der Rückstand mit R_{21} bezeichnet.

Lösung S_{27} auf ein kleines Volumen eindampfen, dann zentrifugieren.			Rückstand R_{21} mit Rückstand R_{24} und Rückstand R_{23} weiterverarbeiten.
Lösung S_{28} mit Lösung S_{29} vereinigen.	Rückstand R_{22} mit wenig 2 n H_2SO_4 kurz digerieren, dann zentrifugieren.		
	Lösung S_{29} mit Lösung S_{28} vereinigen.	Rückstand R_{29} mit Rückstand R_{21} und Rückstand R_{24} vereinigen.	
Lösung S_{28} und S_{29} mit der doppelten Menge an 10 n HCl und der gleichen Menge an 10%igem $Na_2S_2O_3$ versetzen, 3 Min. lang erhitzen, dann zentrifugieren.			
Lösung S_{29} enthält die V. und VI. Gruppe. Analyse nach Tab. 55g.	Rückstand R_{24} mit Rückstand R_{21} und Rückstand R_{28} vereinigen.		
	Rückstand R_{21}, R_{23} und R_{24} mit einigen Tropfen Wasser und etwas $(NH_4)_2CO_3$ versetzen, durchmischen und abzentrifugieren.		

Lösung S_{31} mit 2 n HCl ansäuern, dann zentrifugieren.		Rückstand R_{25} auswaschen, mit heißer Sodalösung 10 Min. lang digerieren, dann zentrifugieren.
Lösung S_{32} verwerfen.	Rückstand R_{26} mit HNO_3 abrauchen, Rückstand mit verd. HNO_3 aufnehmen und mit Ammoniummolybdat auf *Arsen* prüfen oder Rückstand R_{26} mit Natronlauge und Aluminium reduzieren. Bei Anwesenheit von Arsen bildet sich AsH_3 (s. S. 292).	

Lösung S_{33}.	Rückstand R_{27} auswaschen, mit 8 n HNO_3 digerieren, dann zentrifugieren. Die abgetrennte Lösung wird mit S_{39}, der Rückstand mit R_{31} bezeichnet.	
	Lösung S_{39}.	Rückstand R_{31}.

Tabelle 56f. (Fortsetzung.)

Lösung S_{33} mit 2 n HCl versetzen, bis sich ein Niederschlag bildet. Der Niederschlag wird abzentrifugiert.	Lösung S_{39} mit NH_4OH versetzen und zentrifugieren.		Rückstand R_{31}, wie unter R_8 beschrieben, lösen und in der Lösung mit Anilin und $SnCl_2$ oder mit einem Kupferblech auf *Quecksilber* prüfen (s. hierzu S. 289).
	Lösung S_{40}. In der Lösung mit α-Benzoinoxim (Cupron) oder mit Rubeanwasserstoff auf *Kupfer* prüfen (s. hierzu S. 290).	Rückstand R_{32} lösen, dann in der Lösung mit Harnstoff oder mit Dimethylglyoxim auf *Wismut* prüfen (s. S. 291).	

Lösung S_{34} mit einigen Tropfen 10 n HCl digerieren, dann zentrifugieren.		Rückstand R_{28} mit warmer 10 n HCl extrahieren.	
Lösung S_{35} verwerfen.	Rückstand R_{29} mit Rückstand R_{30} vereinigen.	Rückstand R_{30} mit Rückstand R_{29} vereinigen.	Lösung S_{36}. Lösung in zwei Teile teilen.
Rückstand (R_{29} und R_{30}) in heißer 2 n HNO_3 lösen, Lösung mit NH_4OH neutralisieren. In der Lösung mit KSCN und $SnCl_2$ oder mit Phenylhydrazin auf *Molybdän* prüfen (Durchführung s. S. 295).			

Lösung S_{37}. In der Lösung mit Kakothelin oder mit $HgCl_2$ auf *Zinn* prüfen (Durchführung s. S. 294, s. a. S_{44} in der V. Gruppe).	Lösung S_{38}. In der Lösung mit Rhodamin B auf *Antimon* prüfen (s. S. 293). Zur Prüfung auf Antimon kann auch 1 Tropfen der Lösung S_{38} mit 2 Tropfen Wasser verdünnt und auf ein Silberblech aufgetragen werden. Fügt man etwas Zinnfolie hinzu, so bildet sich bei Anwesenheit von Antimon ein schwarzer Fleck.

Tabelle 56g. Abtrennung und Analyse der V. Gruppe.

Die Lösung S_{30}, die die V. und VI. Gruppe enthält, wird auf ein kleines Volumen eingedampft. Dann wird sie mit 2 bis 4 Tropfen 36 n H_2SO_4 versetzt, erhitzt, bis weiße Nebel auftreten, mit 2 bis 3 Tropfen 16 n HNO_3 versetzt und wiederum bis zum Auftreten weißer Nebel erhitzt. Diese Arbeitsvorschrift wird so lange wiederholt, bis die Lösung nicht mehr trübe ist. Die klare Lösung wird zur Trockne eingedampft, der Trockenrückstand mit 2 bis 3 Tropfen 16 n HNO_3 aufgenommen. Dann wird noch einmal zur Trockne eingedampft und anschließend über der großen Flamme des Mikrobrenners erhitzt. Nach dem Erkalten wird der Rückstand mit heißer 2 n HCl digeriert, dann wird zentrifugiert. Die abgetrennte Lösung wird mit S_{41}, der Rückstand mit R_{33} bezeichnet.

Lösung S_{41} mit NH_4OH im Überschuß versetzen, 3 bis 4 Tropfen Ammoniumcarbonatlösung zufügen, erwärmen und zentrifugieren.		Rückstand R_{33} oxydierend lösen, in der Lösung mit $Pb(NO_3)_2$ oder Diphenylcarbazid auf *Chrom* prüfen (s. hierzu S. 297).
Lösung S_{42} enthält die VI. Gruppe. Analyse der VI. Gruppe s. Tab. 55h.	Rückstand R_{34} auswaschen, mit 2 n Natronlauge digerieren, dann zentrifugieren.	

Lösung S_{43} in zwei Teile teilen.		Rückstand R_{35} in heißer 5 n HCl lösen, etwas reines Silber zufügen, unter ständigem Rühren 5 Min. auf 80° C erhitzen, dann zentrifugieren.
Lösung S_{44}. In der Lösung, wie unter S_{37} in der IV. Gruppe beschrieben, auf *Zinn* prüfen.	Lösung S_{45}. In der Lösung mit Aluminon oder mit Alizarin auf *Aluminium* prüfen (s. hierzu S. 296).	

Zur Lösung S_{46} einige Kriställchen Weinsäure zufügen, Lösung ammoniakalisch machen, dann Ammoniumsulfid zugeben. Lösung aufkochen, nach 5 Min. zentrifugieren.	Rückstand R_{36} verwerfen.
Lösung S_{47}.	Rückstand R_{37}.

Tabelle 56g. (Fortsetzung.)

Lösung S_{47} abwechselnd mit H_2SO_4 und HNO_3 abrauchen. Hierdurch werden die Weinsäure und überschüssiges Ammoniumsulfid zerstört. Lösung zur Trockne eindampfen, Rückstand in heißer 2 n HCl lösen, zur Lösung NH_4OH im Überschuß hinzufügen und zentrifugieren.

Lösung S_{48} verwerfen.	Rückstand R_{38} in heißer 2 n HCl lösen, Lösung in 2 Teile teilen.

Rückstand R_{37} mit verd. $(NH_4)_2S$-Lösung, die zusätzlich noch NH_4NO_3 enthält, waschen. Rückstand in kalter 2 n HNO_3 lösen, Lösung in 2 Teile teilen.

Lösung S_{51} mit einem Tropfen H_2O_2 versetzen und aufkochen. In der Lösung mit $K_4[Fe(CN)_6]$ oder KSCN auf *Eisen* prüfen (s. hierzu S. 297).	Lösung S_{52}. In der Lösung mit Natriumwismutat oder mit Benzidin auf *Mangan* prüfen (s. hierzu S. 300).

Lösung S_{49}. In der Lösung, wie unter S_{18} in Gruppe III beschrieben, auf *Titan* prüfen.	Lösung S_{50}. In der Lösung, wie unter S_{19} in Gruppe III beschrieben, auf *Zirkon* prüfen.

Tabelle 56h. Analyse der VI. Gruppe.

Lösung S_{42}, die Zn, V, U, Ni, Co, Cd, Mg und Teile von Mn enthalten kann, mit 16 n HNO_3 ansäuern und umrühren, bis keine CO_2-Entwicklung mehr stattfindet. Zur Lösung erst NH_4OH bis zur alkalischen, dann 2 n HNO_3 bis zur schwach sauren Reaktion zufügen und neutrale Bleiacetatlösung im Überschuß zugeben. Die Lösung wird umgerührt und mit einem Tropfen verd. NH_4OH versetzt. Nach erneutem Umrühren NH_4OH im Überschuß zufügen, durchrühren und zentrifugieren. Die abgetrennte Lösung wird mit S_{53}, der Rückstand mit R_{32} bezeichnet.

Lösung S_{53} mit Waschwasser von R_{32} vereinigen.

Zur Lösung S_{53} und dem Waschwasser von R_{32} 2 n Natronlauge im Überschuß zugeben. In der Lösung Ammoniak verkochen, dann zentrifugieren.

Lösung S_{54}. In der Lösung mit $K_2[Hg(SCN)_4]$ oder mit $K_2[Hg(SCN)_4]$ und $CoSO_4$ auf *Zink* prüfen[1] (s. S. 300).	Rückstand R_{40} waschen, in heißer 2 n HCl lösen, etwas H_2SO_3 zufügen, aufkochen u. SO_2 durch Hindurchblasen von Luft vertreiben. Zur Lösung NH_4OH und H_2O_2 im Überschuß zugeben, erwärmen und nach 5 Min. zentrifugieren.

Rückstand R_{32} mit heißem Ammoniak, das zusätzlich etwas NH_4Cl gelöst enthält, auswaschen. Waschwasser mit S_{53} vereinigen.

Rückstand noch einmal mit heißem Ammoniak und NH_4Cl waschen, dann zum Rückstand einige Tropfen 2 n H_2SO_4 zufügen, gut durchmischen und zentrifugieren.

Lösung S_{61} in 2 Teile teilen.		Rückstand R_{43} mit einigen Tropfen 3 n H_2SO_4 und H_2SO_3 aufnehmen, erwärmen, dann SO_2 verkochen und zentrifugieren.
Lösung S_{62}. In der Lösung mit H_2O_2 od. mit Tannin auf *Vanadin* prüfen (s. S. 296).	Lösung S_{63}. In der Lösung mit Oxychinolin oder $K_4[Fe(CN)_6]$ auf *Uran* prüfen[2] (s. S. 298).	

Lösung S_{64}. In der Lösung nach S_{52}, V. Gruppe, auf *Mangan* prüfen.	Rückstand R_{44} verwerfen.

Zur Lösung S_{55} Natronlauge im Überschuß zufügen und in der Lösung Ammoniak verkochen, dann zentrifugieren.	Rückstand R_{41}. Im Rückstand, wie unter S_{52} in der V. Gruppe beschrieben, auf *Mangan* prüfen.

Lösung S_{56}.	Rückstand R_{42}.

[1] Bei Anwesenheit von Vanadin ist der Zinknachweis durch Fällen des Zinks als ZnS nicht eindeutig. In diesem Fall mit $K_2[Hg(SCN)_4]$ auf Zink prüfen.

[2] Bei Anwesenheit von viel Vanadin neben wenig Uran ist der Urannachweis mit $K_4[Fe(CN)_6]$ nicht eindeutig. Uran ist dann mit 8-Oxychinolin zu identifizieren.

Tabelle 56 h. (Fortsetzung.)

Lösung S_{56} verwerfen.	Rückstand R_{42} in heißer 2 n Essigsäure lösen, 1 bis 2 Tropfen H_2SO_3 zufügen, überschüssiges SO_2 verkochen und Lösung in vier Teile teilen.		
Lösung S_{57}. In der Lösung m. Dimethylglyoxim oder mit Rubeanwasserstoff auf *Nickel* prüfen (s. S. 301).	Lösung S_{58}. In der Lösung mit $K_2[Hg(SCN)_4]$ oder mit α-Nitroso-β-naphthol auf *Kobalt* prüfen (s. S. 301).	Lösung S_{59}. In der Lösung mit $K_2[Hg(SCN)_4]$ oder mit $(NH_4)_2S$ auf *Cadmium* prüfen. (Bei Anwesenheit von Co und Ni KCN im Überschuß zugeben.) Gebildetes CdS in 2 n HCl lösen und mit Diphenylcarbazid Cadmium nachweisen (s. S. 292).	Lösung S_{60}. In der Lösung mit Titangelb oder mit p-Nitrobenzol-azo-α-naphthol (Magneson II) auf *Magnesium* prüfen. Auch hierbei vorher Co und Ni durch KCN komplex binden (s. S. 302).

3. Trennungen unter Verwendung von Phosphorpentasulfid.

Nach einem Vorschlag von A. PURGOTTI kann zur Ausfällung der II. Gruppe auch Phosphorpentasulfid verwendet werden, das in saurer Lösung bei 60° zu Schwefelwasserstoff hydrolysiert. Dieses Verfahren hat jedoch den Nachteil, daß Phosphationen in den Trennungsgang gelangen. Daher muß zur Abtrennung der III. und IV. Gruppe ein besonderes Schema angewendet werden.

Tabelle 57. Analysengang nach PURGOTTI.

Die neutrale Analysenlösung, die ungefähr 0,5 g Analysensubstanz enthalten soll, wird mit HCl versetzt, der gebildete Niederschlag abfiltriert.

Niederschlag: I. Gruppe.	Filtrat: II., III., IV. und V. Gruppe.
	Zum schwach sauren Filtrat 3 bis 4 g P_2S_5 zufügen, Lösung kurze Zeit auf 60° C erwärmen, dann kaltes Wasser zufügen, um Hydrolyse des P_2S_5 zu unterbrechen. Der gebildete Sulfidniederschlag wird abfiltriert.

Niederschlag: II. Gruppe und P_2S_5.		Filtrat: III., IV. und V. Gruppe.
Niederschlag in Ammoniak eintragen, Suspension aufkochen, dann filtrieren (NH_4OH und P_2S_5 bilden $(NH_4)_2S$).		Filtrat mit etwas konz. Salpetersäure versetzen und auf das halbe Volumen eindampfen. Zur Lösung Soda im Überschuß zugeben, dann 10 bis 20 ml 20%ige Natronlauge zufügen und das in Lösung befindliche Ammoniak verkochen. Danach 15 ml NaOCl-Lösung zufügen und Lösung einige Zeit lang kochen. (Sollte sich hierbei Permanganat bilden, so ist dieses mit Alkohol zu reduzieren.) Der gebildete Niederschlag wird abfiltriert.
Rückstand: Kupfergruppe.	Filtrat: Arsen-Zinngruppe.	

Niederschlag: Fe, Mn, Co, Ni, Mg, Ba, Sr und Ca als Phosphate, Carbonate usw.	Filtrat: Zn, Al, Cr, Be und V.
Rückstand mit einer Mischung von 1 Teil 2 n NH_4Cl-Lösung und 4 Teilen 2 n $(NH_4)_2CO_3$-Lösung unter Erwärmen digerieren, dann vom Ungelösten abfiltrieren.	

Niederschlag: Fe, Mn, Ba, Sr und Ca als Phosphate usw.	Filtrat: Co, Ni und Mg als Amminkomplexe.
Niederschlag in HCl lösen, Lösung mit Schwefelsäure (1:1) und Alkohol versetzen und gebildeten Niederschlag abfiltrieren.	

Niederschlag: $BaSO_4$, $SrSO_4$ und $CaSO_4$.	Filtrat: Fe und Mn.

4. Trennungen unter Verwendung von Derivaten der Thiokohlensäure.

Schon bald nach Aufstellung des Schwefelwasserstoff-Trennungsganges durch FRESENIUS wurde versucht, an Stelle des Schwefelwasserstoffs Thioverbindungen der Kohlensäure zu setzen. So schlugen HAGEN und KLEIN bereits 1887 vor, zur Durchführung der Sulfidfällungen Kalium- bzw. Ammoniumsulfocarbonat wie auch sulfocarbaminsaures Ammonium zu verwenden. 1898 veröffentlichte VOGTHERR seine Vorschrift zur Herstellung von Ammoniumdithiocarbonatlösungen, die im gewöhnlichen Sulfidtrennungsgang an Stelle von Schwefelwasserstoff und von Schwefelammonium genommen werden können. Jedoch bürgerten sich diese, wie auch andere Verfahren, die auf Thioverbindungen der Kohlensäure beruhten, im qualitativen Trennungsgang nicht ein. Dagegen fanden sie Eingang in die quantitative Analyse; dort finden Diäthylthiocarbonate zur Bestimmung von Metallen, vor allem in der Kolorimetrie, Verwendung. Von neueren Arbeiten, die sich mit der Anwendung von Thioderivaten der Kohlensäure in der qualitativen Analyse befassen, sind vor allem drei zu nennen:

1. 1945 veröffentlichten WENGER, DUCKERT und ANKADJI nach umfangreichen Vorarbeiten einen allgemeinen qualitativen Trennungsgang, der praktisch alle irgendwie vorkommenden Kationen umfaßt, und der als Fällungsmittel Kaliumäthylxanthogenat verwendet.

2. Fünf Jahre später brachten GLEU und SCHWAB ihre Untersuchungen über die Fällbarkeit von Kationen durch disubstituierte Dithiocarbamate, Carbate genannt, heraus.

3. 1952 zeigten WIBERG und BAUER, wie an Stelle von Schwefelwasserstoff das leicht zugängliche Ammoniumsalz der Monothiocarbaminsäure benutzt werden kann.

Bei den hier erwähnten Verbindungen handelt es sich um Derivate der Kohlensäure, die folgenden Aufbau zeigen:

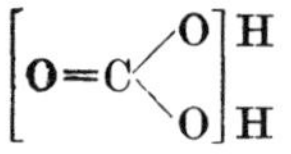

$$\left[O{=}C\begin{smallmatrix}\diagup O\\ \diagdown O\end{smallmatrix}\right]\begin{matrix}H\\H\end{matrix}$$

Kohlensäure

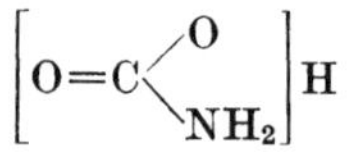

$$\left[O{=}C\begin{smallmatrix}\diagup O\\ \diagdown NH_2\end{smallmatrix}\right]H$$

Carbaminsäure

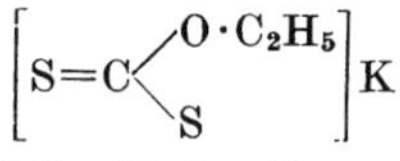

$$\left[S{=}C\begin{smallmatrix}\diagup O\cdot C_2H_5\\ \diagdown S\end{smallmatrix}\right]K$$

Kaliumäthylxanthogenat

$$\left[O{=}C\begin{smallmatrix}\diagup S\\ \diagdown NH_2\end{smallmatrix}\right]NH_4$$

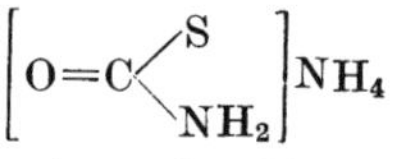

Ammoniumthiocarbaminat

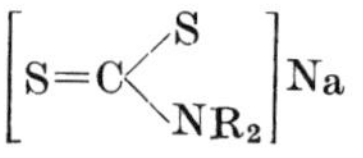

$$\left[S{=}C\begin{smallmatrix}\diagup S\\ \diagdown NR_2\end{smallmatrix}\right]Na$$

Disubstituiertes Natriumdithiocarbaminat

Zu 1. Allgemeiner Trennungsgang nach P. WENGER, R. DUCKERT und E. ANKADJI unter Verwendung von Kaliumäthylxanthogenat.

Dieser Trennungsgang benutzt die Tatsache, daß eine Reihe von Kationen mit Kaliumäthylxanthogenat in saurer Lösung schwer lösliche und sehr beständige Metallxanthogenate bilden. Diese Xanthogenatgruppe entspricht im Schwefelwasserstofftrennungsgang der II. Gruppe. Ebenso wie letztere, kann auch die Xanthogenatgruppe durch Behandeln mit Alkali in zwei Untergruppen aufgeteilt werden. Da ein Überschuß des Fällungsmittels nur oxydativ zerstört werden kann und sich hierbei Sulfat bildet, ist es erforderlich, die Erdalkalien vor der Ausfällung der Xanthogenatgruppe abzutrennen. Das Trennungsschema sieht sechs Gruppentrennungen vor. Innerhalb jeder Gruppe werden nur eine oder zwei Abtrennungen durchgeführt. Nach Möglichkeit werden die einzelnen Kationen nebeneinander, in vielen Fällen durch Mikro- oder Tüpfelreaktionen, nachgewiesen. Da Phosphat den Analysengang stört, muß es entfernt werden, entweder gleich zu Beginn der Analyse oder vor bzw. gleich nach der Fällung der Xanthogenatgruppen. Das Trennungsschema selbst zeigt folgenden Aufbau:

Tabelle 58. Schema des Trennungsganges nach WENGER, DUCKERT und ANKADJI unter Verwendung von K-äthylxanthogenat.

Die neutrale, salpetersaure oder überchlorsaure Analysenlösung wird mit HCl behandelt, der Niederschlag wird abfiltriert.

Niederschlag P_1: Ag, Hg (I), Tl (I) und (Pb) als Chloride *1. Gruppe* (Chloridgruppe).	Lösung S_1: Lösung wird mit Schwefelsäure aufgekocht und filtriert.
Niederschlag P_2: Pb, Ba, Sr und Ca als Sulfate *2. Gruppe* (Sulfatgruppe).	Lösung S_2: Die saure Lösung mit K-xanthogenatlösung versetzen, warm abfiltrieren.
Niederschlag P_3: Hg (II), Cu, Bi, As, Sb, Sn, Au, Rh, Pd, (Os), Pt, Se, Te, Mo, Re, Ni und Co als Xanthogenate (Xanthogenatgruppe). *3. Gruppe* Xanthogenatgruppe wird durch Kochen mit Lauge in die beiden Untergruppen 3a und 3b aufgeteilt.	Lösung S_3: Filtrat wird mit Lauge alkalisch gemacht, gekocht und filtriert.
Niederschlag P_4: Cd, Ge, Fe, Cr U, Ce, Y, Th, Ti, Tl, In, Sc, Mn, Mg (Hydroxydgruppe). *4. Gruppe:*	Lösung S_4: Ru, Os, Ir, V, Al, Be, (In), Ga, Zn, (Ca), (Li, Na, Rb, Cs). *5. Gruppe:*

6. Gruppe: Li, Na, K, Rb und Cs. Gruppe wird aus der Analysenlösung direkt isoliert und analysiert.

Vorbereitung der Analysenprobe.

a) *Probe besteht aus Mineralien.* Die Substanz wird in konz. Salzsäure gelöst. Ist die Analysenprobe ganz oder zum Teil in konz. Salzsäure unlöslich, wie z. B. bei Apatit oder Monazitsand, so wird sie in konz. Schwefelsäure gelöst. Der Überschuß an Säure wird durch Abrauchen auf dem Sandbad vertrieben.

b) *Probe besteht aus einer Legierung.* Zum Lösen kann Salzsäure, Salpetersäure oder Königswasser, ebenfalls Schwefelsäure verwendet werden.

c) *Probe besteht aus einem Salzgemisch anorganischer Säuren.* Man versucht zuerst stets, das Salz oder Salzgemisch in Wasser zu lösen. Ist es in Wasser nicht oder nur zum Teil löslich, so wird der unlösliche Bestandteil mit Salzsäure, Salpetersäure oder, wenn erforderlich, mit Königswasser behandelt. Wird die Substanz in einer Säure gelöst, so bleiben eine Reihe von Anionen als Oxyde zurück, wie z. B. SiO_2, WO_3 oder TiO_2. Enthält die Probe Salze der Phosphorsäure, so wird der Trennungsgang gestört, Phosphorsäure ist daher abzutrennen (s. S. 266).

d) *Probe enthält Salze organischer Säuren.* Bei Anwesenheit von Salzen organischer Säuren empfiehlt es sich, diese oxydativ zu zerstören, entweder durch Abrauchen mit einer oxydierenden Säure oder durch Schmelzen mit Na_2O_2 bzw. einer Mischung von Na_2O_2 und Na_2CO_3.

e) *Probe enthält metallorganische Verbindungen.* Hierbei ist es unbedingt erforderlich, die organische Substanz durch eine alkalische Oxydationsschmelze zu zerstören.

f) *Probe enthält unlösliche Substanzen.* Die unlösliche Substanz wird entweder durch eine alkalische Schmelze (NaOH, Na_2O_2 oder Na_2CO_3) oder durch eine saure Schmelze ($KHSO_4$ oder $K_2S_2O_7$) aufgeschlossen.

Abtrennung und Analyse der 1. Gruppe (Chloridgruppe).

Die Analysenlösung kann die zu untersuchenden Kationen als Nitrate, Perchlorate, Chloride und, in besonderen Fällen, als Sulfate enthalten. Sind auch Chloridionen zugegen, so können bis auf geringe Mengen Blei keine Kationen der 1. Gruppe anwesend sein.

Enthält die Analysenlösung keine Chloridionen, so wird sie zur Abtrennung der ersten Gruppe in der Kälte mit 2 n HCl bis zur vollständigen Fällung der Chloride versetzt. Der Niederschlag wird abfiltriert und mit kaltem Wasser gewaschen. Enthält die Probe nur wenig Blei, so ist es vorteilhaft, die Hauptmenge des Bleis in der 2. Gruppe als Sulfat zu fällen. In diesem Falle wird vor dem Abfiltrieren der Chloridgruppe die Lösung mit dem Niederschlag erhitzt und heiß filtriert. Der Niederschlag wird mit heißem Wasser ausgewaschen.

In Tab. 58a ist die Analyse der 1. Gruppe aufgeführt. Der Chloridniederschlag ist mit P_1, das Filtrat, das die übrigen Gruppen enthält, mit S_1 bezeichnet.

Tabelle 58a. Analyse der 1. Gruppe (Chloridgruppe).

Niederschlag N_1 kann enthalten: AgCl, Hg_2Cl_2, TlCl und ($PbCl_2$).
Niederschlag N_1 wird mit heißem Wasser extrahiert.[1]

Lösung $S_{1,1}$: Pb^{2+}.	Rückstand $P_{1,1}$: AgCl, Hg_2Cl_2 und TlCl.
Blei wird mit Thioharnstoff nachgewiesen (Durchführung s. S. 291).	Rückstand $P_{1,1}$ wird mit 2,5 n Ammoniak extrahiert, dann wird vom Unlöslichen abfiltriert[2].

Lösung $S_{1,2}$: $[Ag(NH_3)_2]^+$.	Rückstand $P_{1,2}$: Hg_2Cl_2 und TlCl.
Aus der Lösung $S_{1,2}$ wird mit 2,5 n HNO_3 das AgCl ausgefällt und abzentrifugiert. Der Nachweis des *Silbers* erfolgt durch katalytische Reduktion von Ce(IV)-Salzen (Durchführung s. S. 289).	Hg und Tl werden nebeneinander nachgewiesen.
	Nachweis des *Quecksilbers* erfolgt durch $SnCl_2$ und Anilin (Durchführung s. S. 289).
	Nachweis des *Thalliums* erfolgt durch $[BiJ_4]^- + S_2O_3^{2-}$.

[1] Beim Extrahieren des Niederschlages N_1 mit heißem Wasser wird ebenfalls TlCl gelöst. Thallium wird daher zusammen mit Blei in Lösung $S_{1,1}$ gefunden (s. hierzu auch Tab. 23, S. 194). [Anmerkung des Verfassers.]

[2] Enthält die Probe kein Quecksilber, so ist eine Abtrennung des Silbers vom Thallium nicht erforderlich.

Abtrennung und Analyse der 2. Gruppe (Sulfatgruppe).

Zur Abtrennung der 2. Gruppe wird zum Filtrat S_1 so lange 10 n H_2SO_4 zugefügt, bis sich kein Niederschlag mehr bildet. Dann wird aufgekocht und der Sulfatniederschlag abfiltriert. Calcium vollständig abzuscheiden ist nicht erforderlich, da es den weiteren Gang der Analyse nicht stört. Es muß jedoch so viel erfaßt werden, wie für einen einwandfreien Nachweis erforderlich ist. Der Sulfatniederschlag wird mit P_2, das Filtrat, das die übrigen Gruppen enthält, mit S_2 bezeichnet. Tab. 58b zeigt den Gang der Analyse der 2. Gruppe.

Tabelle 58b. Analyse der 2. Gruppe (Sulfatgruppe).

Niederschlag P_2 kann enthalten: $PbSO_4$, $BaSO_4$, $SrSO_4$, $CaSO_4$.

Niederschlag P_2 wird mit heißem Wasser extrahiert.

Rückstand $P_{2,1}$: $PbSO_4$, $BaSO_4$, $SrSO_4$.	Lösung $S_{2,1}$: Ca^{++}. Beim Abkühlen der Lösung kristallisiert $CaSO_4 \cdot 2\,H_2O$ aus. Die Abscheidung kann durch Zugabe eines Tropfens verd. Schwefelsäure beschleunigt werden. Niederschlag wird unter dem Mikroskop identifiziert als: $CaSO_4 \cdot 2\,H_2O$. *Calcium.*
Rückstand $P_{2,1}$ wird mit einer 10%igen Natriumacetatlösung digeriert, dann filtriert.	

Rückstand $P_{2,2}$: $BaSO_4$ und $SrSO_4$.	Lösung $S_{2,2}$: Pb^{++}.
Um den Rückstand $P_{2,2}$ von noch vorhandenem $CaSO_4$ und $PbSO_4$ zu befreien, wird er mehrmals mit heißem Wasser extrahiert. Dann wird er mit einer 2 bis 3 n Na_2CO_3-Lösung aufgekocht und filtriert. Das Filtrat wird verworfen, der Rückstand $P_{2,3}$ wird mit verd. Salzsäure behandelt. Es wird vom Unlöslichen abfiltriert.	In der Lösung $S_{2,2}$ wird *Blei* entweder mit Thioharnstoff oder mit K_2CrO_4 nachgewiesen (Durchführung s. S. 290).

Rückstand $P_{2,4}$: $BaSO_4$.	Filtrat $S_{2,4}$: Sr^{++}.
Rückstand $P_{2,4}$, der frei von $SrSO_4$ sein muß, wird in einem Platin- oder Nickeltiegel mit Soda geschmolzen. Die Schmelze wird mit Wasser ausgelaugt, der Rückstand in 2 n HCl gelöst und das Barium nach Zusatz von etwas $KMnO_4$-Lösung als $BaSO_4$ gefällt.	Im Filtrat $S_{2,4}$ wird mit rhodizonsaurem Natrium auf *Strontium* geprüft (Durchführung s. S. 302)
Bei Anwesenheit von *Barium* bildet sich das violettgefärbte Doppelsalz: $BaSO_4 \cdot KMnO_4$.	$BaSO_4$ wird beim Kochen mit Sodalösung kaum angegriffen, stört daher nicht. Dagegen muß Blei, das ebenfalls mit rhodizonsaurem Natrium reagiert, vollständig abgetrennt werden.

Fällung der 3. Gruppe (Xanthogenatgruppe) und Aufteilung der 3. Gruppe in die beiden Untergruppen 3a und 3b.

Da die Xanthogenatfällung am besten bei einer Wasserstoffionenkonzentration von 2 bis 3 Mol pro Liter erfolgt, wird das Filtrat S_2 mittels HCl oder H_2SO_4 auf diese Konzentration an Wasserstoffionen gebracht. Die Lösung wird erhitzt und die 3. Gruppe durch Zugabe von festem Kaliumäthylxanthogenat gefällt. Man kann an Stelle von festem Kaliumäthylxanthogenat auch eine konz. wäßrige Lösung benutzen. Der Xanthogenatniederschlag P_3 wird warm abfiltriert und mit warmer 0,1 n HCl gewaschen. Das Filtrat S_3 enthält die übrigen Gruppen.

Zur Trennung der 3. Gruppe in die beiden Untergruppen wird der Niederschlag P_3 mit 10 ml 5 n NaOH aufgenommen, Lösung und Rückstand werden 15 Min. lang auf dem Wasserbad erhitzt und anschließend 10 ml Wasser zugefügt. Dann wird filtriert und der Niederschlag mit warmem Wasser gewaschen.

Das Filtrat $S_{3,1}$ enthält die Elemente: Hg, As, Sb, Sn, Pt, Mo, Se, Te und (Au) als Thiosalze. Es bildet die Untergruppe 3b.

Der Niederschlag $P_{3,1}$ enthält die Metalle: Cu, Bi, Re, Co und Ni als Sulfide und Au, Rh, Pd, Os und Pt im elementaren Zustand. Er bildet die Untergruppe 3a.

Tabelle 58c. Analyse der Untergruppe 3a.

Niederschlag $P_{3,1}$ kann enthalten: CuS, Bi_2S_3, Re_2S_3, CoS, NiS, Au, Rh, Pd, Os und Pt.

Niederschlag $P_{3,1}$ wird mit 1 n HNO_3 behandelt. Hierbei lösen sich CuS und Bi_2S_3. Der unlösliche Rückstand wird abfiltriert.

Rückstand $P_{3,2}$: Re_2S_3, CoS, NiS, Au, Rh, Pd, Pt und (Os).

Der Rückstand $P_{3,2}$ wird mit 10 n HCl behandelt. Hierbei lösen sich die Sulfide von Kobalt, Nickel und Rhenium auf, während die Edelmetalle ungelöst zurückbleiben.
Der unlösliche Rückstand wird abfiltriert.

Filtrat $S_{3,2}$: Cu^{2+} und Bi^{3+}.

Cu und Bi werden nebeneinander nachgewiesen, und zwar:
Wismut mit Thioharnstoff (s. S. 291).
Kupfer mit Rubeanwasserstoffsäure oder mit $(NH_4)_2[Hg(CNS)_4]+Zn(CH_3COO)_2$ (s. S. 290).

Rückstand $P_{3,3}$: Au, Rh, Pd, Pt und (Os).

Der Rückstand $P_{3,3}$ wird in wenig Königswasser gelöst und vorsichtig auf dem Wasserbad zur Trockne eingedampft. Hierbei dürfen die Acidokomplexe nicht zerstört werden. Der so erhaltene Rückstand wird in 2 n HCl gelöst, tropfenweise mit einer konz. NH_4Cl-Lösung versetzt und der gebildete Niederschlag abzentrifugiert.

Filtrat $S_{3,3}$: Re^{3+}, Co^{2+} und Ni^{2+}.

Re, Co und Ni werden nebeneinander nachgewiesen, und zwar:
Rhenium durch katalytische Reduktion von TeO_4^{2-} mit $SnCl_2$ (s. S. 301).
Kobalt mit KOCN oder $(NH_4)_2[Hg(SCN)_4] + Zn^{2+}$ (s. S. 301).
Nickel mit Dimethylglyoxim (s. S. 301).

Rückstand $P_{3,4}$: $(NH_4)_2[PtCl_4]$, $(NH_4)_2[OsCl_6]$.

Nachweis von *Osmium*: Rückstand mit HCl behandeln. Hierbei löst sich etwas vom Osmiumsalz, so daß es mit β-Naphthylaminhydrochlorid nachgewiesen werden kann.
Nachweis von *Platin*: Wenn wenig Os vorhanden ist, kann mit KJ direkt auf Platin geprüft werden.

Filtrat $L_{3,4}$: Au^{3+}, Rh^{3+}, Pd^{2+}.

Filtrat $L_{3,4}$ wird in der Kälte mit Hydroxylammoniumchlorid oder -sulfat behandelt. Man läßt einige Zeit stehen (nicht länger als eine Stunde), dann wird abfiltriert.

Rückstand $P_{3,5}$: Au.

Rückstand $P_{3,5}$ in wenig Königswasser lösen, zur Trockne eindampfen, mit verd. HCl aufnehmen. *Gold* wird nachgewiesen durch: Tetramethyldiaminodiphenylmethan (s. S. 294).

Filtrat $L_{3,5}$: Rh^{3+} und Pd^{2+}.

Die schwach salzsaure Lösung $L_{3,5}$ wird mit Dimethylglyoxim versetzt. Ein gelber Niederschlag zeigt *Palladium* an.

Der gelbe Niederschlag $P_{3,6}$ wird abfiltriert, das Filtrat $L_{3,6}$ enthält das *Rhodium*.
Da es für dieses Element keine charakteristische Nachweisreaktion gibt, ist es erforderlich, es aus stark salzsaurer Lösung mit Zink elementar abzuscheiden. Das abgeschiedene Metall wird durch Schmelzen mit $KHSO_4$ in Lösung gebracht. Der Nachweis erfolgt durch Reduktion mit $SnCl_2$, das mit Rhodium einen sehr beständigen, rotbraunen Purpur gibt.

Tabelle 58d. Analyse der Untergruppe 3b.

Das Filtrat $L_{3,1}$ kann die Elemente Hg, As, Sb, Sn, Pt, Mo, Se, Te und (Au) als Thiosalze enthalten.

Das Filtrat $L_{3,1}$ wird mit verd. HCl angesäuert, der Niederschlag $P_{3,7}$, der aus HgS, As_2S_3 (As_2S_5), Sb_2S_3 (Sb_2S_5), SnS (SnS_2), PtS_2, MoS_3, Au, Se und Te besteht, wird abfiltriert, das Filtrat $L_{3,7}$ verworfen.

Niederschlag $P_{3,7}$ wird mit 10 n HCl gekocht, bis sich kein H_2S mehr entwickelt. Dann wird mit dem gleichen Volumen Wasser verdünnt und filtriert.

Rückstand $P_{3,8}$: Se, Te, Au und Sulfide von As, Pt, Mo und Hg.	Filtrat $S_{3,8}$: Sn^{2+}, (Sn^{4+}) und Sb^{3+}.
Der Rückstand $P_{3,8}$ wird mit 7,5 n NH_4OH digeriert. Hierdurch gehen die Sulfide von Arsen, Platin und Molybdän in Lösung, während HgS wie elementares Selen, Tellur und Gold nicht gelöst werden. Der Rückstand wird abfiltriert.	Im Filtrat $S_{3,8}$ werden Antimon und Zinn nebeneinander nachgewiesen, und zwar: *Antimon* mit 9-Methyl-2,3,7-trihydroxy-6-fluoron (s. S. 293). *Zinn* mittels Flammenfärbung (Fluoreszenz) oder mit Kakothelin (s. S. 294).

Rückstand $P_{3,9}$: HgS, Se, Te und Au.	Filtrat $S_{3,9}$: As, Pt und Mo als Thiosalze.
Zur Abtrennung des *Goldes* wird der Rückstand $P_{3,9}$ in Alkalisulfidlösung digeriert. Hierdurch lösen sich HgS, Se und Te auf, das ungelöst zurückbleibende Gold wird abfiltriert. (Da Gold an dieser Stelle nicht in größerer Menge vorkommt, ist eine Abtrennung im allgemeinen nicht erforderlich.) Rückstand $P_{3,9}$ mit 5 n NaOH und Br_2 kochen, roten Niederschlag abfiltrieren.	Im Filtrat werden As, Mo und Pt nebeneinander nachgewiesen, und zwar: *Arsen* durch Reduktion zu AsH_3 und Nachweis mittels $HgCl_2$-Papier. (Vorher Thiosalze mit H_2O_2 zersetzen; Durchführung s. S.292.) *Platin* mit Rubeanwasserstoffsäure. (Platin wird meist in der Untergruppe 3a nachgewiesen.) *Molybdän* mit Kaliumäthylxanthogenat (s. S. 295).

Rückstand $P_{3,10}$: HgO und Selen.	Filtrat $S_{3,10}$: $[TeO_3]]^{2-}$, (Hg^{2+}).
Rückstand $P_{3,10}$ wird in 1 n HNO_3 kalt gelöst. Zur salpetersauren Lösung wird $SnCl_2$-Lösung zugefügt. Ein roter Niederschlag zeigt *Selen* an (elementares Se). Enthält die Probe kein Selen, so wird die Lösung mit 1 n NaOH alkalisch gemacht. Ein schwarzer Niederschlag zeigt *Quecksilber* an (elementares Hg). Enthält die Analyse Selen, so ist es erforderlich, das Quecksilber durch Aktivierung von Aluminium nachzuweisen.	Filtrat $S_{3,10}$ mit 3 n HCl ansäuern, dann einige Kriställchen NaH_2PO_2 (Natriumhypophosphit) zugeben. Ein schwarzer Niederschlag zeigt *Tellur* an (elementares Te).

Abtrennung und Analyse der 4. Gruppe (Hydroxydgruppe).

Das salzsaure Filtrat S_3 der Xanthogenabtrennung enthält einen Überschuß des Fällungsmittels. Man fügt daher Kalilauge bis zur alkalischen Reaktion hinzu und erhitzt 15 Min. lang, wodurch das überschüssige Xanthogenat unter Bildung von K_2S zersetzt wird. In der Lösung bildet sich ein Niederschlag P_4, der aus einem Gemisch von Sulfiden und Hydroxyden besteht. Er wird abfiltriert und bildet die 4. Gruppe. Das Filtrat S_4 enthält die durch Chlorid, Sulfat, Xanthogenat, Alkalisulfid und Hydroxyd nicht fällbaren Kationen. Sie werden als 5. Gruppe bezeichnet.

Tabelle 58e. Analyse der 4. Gruppe.

Niederschlag P_4 kann enthalten: CdS, GeS_2, FeS, UO_2S, Tl_2S_3, In_2S_3, MnS und $Cr(OH)_3$, $Ce(OH)_4$, $Y(OH)_3$, $Ti(OH)_4$, $Th(OH)_4$, $Sc(OH)_3$, $Mg(OH)_2$ sowie Hydroxyde der seltenen Erden.

Niederschlag P_4 wird in 5 n HCl gelöst, H_2S wird verkocht. Zur notfalls filtrierten, salzsauren Lösung wird etwas NH_4Cl zugefügt und mit 3 bis 4 n NH_4OH im Überschuß gefällt. Der gebildete Niederschlag wird abfiltriert.

Niederschlag $P_{4,1}$: Hydroxyde von Ge, Fe, Cr, U, Ce, *R*, Ti und Th.

Um Uran neben Eisen nachzuweisen, ist es erforderlich, Uran abzutrennen. Hierzu wird Niederschlag $P_{4,1}$ in der Kälte in konz. Ammoniumcarbonat-Lösung digeriert, dann wird abfiltriert. Filtrat: $S_{4,2}$, Niederschlag: $P_{4,2}$.

Im Filtrat $S_{4,2}$ wird auf *Uran* mit $K_4[Fe(CN)_6]$ geprüft (Durchführung s. S. 298).

Niederschlag $P_{4,2}$ wird mit wenig verd. HF behandelt, die schwach saure Lösung wird abfiltriert (kein großer Überschuß an HF, da sonst Sc in Lösung geht).

Filtrat $S_{4,1}$: Cd, Tl, Mn und Mg als lösliche Ammine.

Die vier Kationen werden nebeneinander nachgewiesen.

Cadmium mit Cadion (p-Nitrodiazoaminoazobenzol).

Mangan durch katalytische Oxydation in saurer Lösung (Durchführung s. S. 300).

Magnesium mit Magneson II (p-Nitrobenzol-azo-α-naphthol) (Durchführung s. S. 302).

Thallium. In schwach saurer Lösung mit KJ zu Tl(I) reduzieren, freies Jod verkochen, Thallium nachweisen mit Phosphormolybdän- und Bromwasserstoffsäure.

Rückstand $P_{4,3}$: Ce, Y, Th, Sc und seltene Erden als Hydroxyde.

Rückstand $P_{4,3}$ wird in 3 n HCl gelöst, zur Lösung Oxalsäure im Überschuß zugefügt und der Oxalatniederschlag abfiltriert.

Niederschlag $P_{4,4}$ enthält: Ce, Y, Th und die seltenen Erden als Oxalate. Sie werden nebeneinander nachgewiesen, und zwar:

Cer nach Oxydation von Ce(III) zu Ce(IV) mit PbO_2, Nachweis mit p-Phenetidin.

Ceriterden durch mikroskopischen Nachweis mit Weinsäure.

Yttererden durch mikroskopischen Nachweis mit Milchsäure.

Lanthan durch Farbreaktion des Lanthanhydroxyds mit Jod.

Europium mit Kakothelin nach Reduktion mit Zink.

Thorium mit Kaliumjodat in stark salpetersaurer Lösung (Durchführung s. S. 299).

Das Filtrat $S_{4,4}$ enthält: $[Sc(C_2O_4)_3]^{3-}$ Im Filtrat wird auf *Scandium* mit einer Lösung von Koschenille geprüft.

Filtrat $S_{4,3}$: Ge, Fe, Cr, Ti und Zr als Fluoride.

Filtrat $S_{4,3}$ wird mit Natronlauge im Überschuß versetzt, erhitzt, dann festes Na_2O_2 zugefügt. Die Lösung wird aufgekocht und heiß filtriert.

Niederschlag $P_{4,5}$ enthält: $Fe(OH)_3$, $In(OH)_3$. Eisen und Indium werden nebeneinander nachgewiesen, und zwar:

Eisen entweder mit 5-Sulfosalicylsäure oder mit α, α'-Dipyridyl oder mit o-Phenanthrolin, letztere beiden erst nach Reduktion, z. B. mit Hydroxylamin (Durchführung der Nachweisreaktionen s. S. 297).

Indium mit Chinalizarin nach Maskierung des Eisens durch Fluoridionen (Durchführung s. S. 300).

Filtrat $S_{4,5}$ enthält: GeO_3^{2-}, CrO_4^{2-} und TiO_3^{2-} sowie Spuren von In. Es ist jedoch nicht erforderlich, im Filtrat auf Indium zu prüfen. Im Filtrat $S_{4,5}$ werden Ce, Cr und Ti nebeneinander nachgewiesen, und zwar:

Germanium entweder mit Mannit und Phenolphthalein oder mit Chinalizarin (Durchführung s. S. 295).

Chrom durch Bildung von blauem Chromperoxyd (Durchführung s. S. 297).

Titan bei Anwesenheit von Chrom mit Chromotropsäure oder mit H_2O_2. Bei Anwesenheit von Chrom ist Titan erst durch Arsensäure und Zirkonylchlorid zu fällen, dann mit H_2O_2 nachzuweisen (Durchführung s. S. 298).

Tabelle 58f. Analyse der 5. Gruppe.

Filtrat S_4 kann enthalten: Ru, Os, Ir, V, Al, Be, Ga und Zn als Alkalisalze sowie Spuren von Ca und In und die Alkalien.

Filtrat S_4 wird mit 3 n HCl angesäuert, dann mit 3 n NH_4OH wieder alkalisch gemacht. Der gebildete Niederschlag wird abfiltriert.

Niederschlag $P_{5,1}$: $Al(OH)_3$, $Be(OH)_2$, $Ga(OH)_3$ und $[In(OH)_3]$.	Filtrat $S_{5,1}$: Ru, Os, Ir, V und Zn als Alkalisalze, Alkalimetalle sowie Spuren von Ca.
Al, Be, Ga und In werden nebeneinander nachgewiesen, und zwar: *Berryllium*: Der Nachweis mit Acetylaceton, als Mikroreaktion unter dem Mikroskop durchgeführt, ist spezifisch für Be auch neben Al. *Indium* ist in der 4. Gruppe nachzuweisen. Es kann jedoch auch an dieser Stelle durch Urotropin und KSCN identifiziert werden (s. S. 300). *Aluminium* und *Gallium*. Nach Angabe der Verfasser gibt es keinen speziellen Nachweis für Al bzw. Ga, wenn beide nebeneinander vorliegen. Man kann sowohl Al wie Ga mit CsCl und $KHSO_4$ nachweisen als $CsAlSO_4 \cdot 12\ H_2O$ bzw. $CsGaSO_4 \cdot 12\ H_2O$ oder mit Alizarin S (s. S. 297 und S. 299).	Ru, Os, Ir, V und Zn werden nebeneinander nachgewiesen. Auf Calcium wurde bereits in der 2. Gruppe geprüft. Die Prüfung auf Alkalien erfolgt in einer besonderen 6. Gruppe. *Ruthenium*: mit Rubeanwasserstoffsäure. *Osmium*: mit Thioharnstoff. *Iridium*: durch Behandeln mit Schwefelsäure—Salpetersäure. *Vanadin*: Durch die Xanthogenatfällung wurde Vanadin reduziert. Da bei den weiteren Arbeitsgängen keine Oxydation erfolgt, liegt es auch im Filtrat S_4 noch als Vanadat (I) vor. Der Nachweis erfolgt mittels $FeCl_3$ und Dimethylglyoxim (Durchführung s. S. 296). *Zink*: mit $(NH_4)_2[Hg(CNS)_4]$ unter Zusatz von Kupfer- oder Kobaltsalz (s. S. 300).

Anmerkung: Gallium kann neben Aluminium mittels Chinalizarin nachgewiesen werden. Aluminium, das ebenfalls mit Chinalizarin reagiert, kann durch Zusatz von NaF maskiert werden. Beryllium liefert eine ähnliche Reaktion (Durchführung s. S. 299). Zur Abtrennung des Galliums vom Aluminium benutzt man mit Vorteil die Extrahierbarkeit des $GaCl_3$ aus stark salzsaurer Lösung mit Äther oder die des Galliumoxinats mit Chloroform bei einem $p_H = 2$.

Abtrennung und Analyse der 6. Gruppe (Alkalien).

Es ist vorteilhaft, die Prüfung auf Alkalien nicht im systematischen Trennungsgang, sondern in einer gesonderten Probe vorzunehmen. Hierzu wird die Analysensubstanz in HCl, H_2SO_4, HNO_3 oder $HClO_4$ gelöst. Aus dieser Lösung, die mit S_6 bezeichnet wird, müssen alle Metallionen bis auf die der Alkalien ausgefällt werden.

Tabelle 58g. Abtrennung und Analyse der 6. Gruppe (Alkalien).

Die Lösung S_6 wird mit NH_4OH und $(NH_4)_2CO_3$ im Überschuß versetzt und filtriert, der Rückstand wird verworfen. Das Filtrat, welches außer Alkalien noch einige Ammine wie $[Cu(NH_3)_4]^{2+}$ $[Co(NH_3)_6]^{3+}$ und $[Ni(NH_3)_4]^{2+}$ und komplex gelöstes $[UO_2]^{2+}$ enthält, wird mit $(NH_4)_2S$ versetzt und filtriert.

Niederschlag $P_{6,1}$: wird verworfen.	Filtrat $S_{6,1}$ enthält Alkalien sowie Spuren von anderen Metallen. Es wird mit HCl angesäuert, zur Trockne eingedampft und zur Vertreibung der Ammoniumsalze auf 400 bis 500° erhitzt. Der Rückstand wird mit Wasser aufgenommen, filtriert, mit HCl angesäuert und zur Trockne eingedampft. Der Trockenrückstand wird mit abs. Alkohol extrahiert.

Rückstand $P_{6,2}$:	Alkoholische Lösung $S_{6,2}$:

Tabelle 58g. (Fortsetzung.)

Rückstand $P_{6,2}$: Na, K, Rb.	Alkoholische Lösung $S_{6,2}$: Li und Cs.
Rückstand $P_{6,2}$ wird mit wenig Wasser aufgenommen. In dieser Lösung werden Na, K und Rb nebeneinander nachgewiesen. Hierfür ist erforderlich, daß sie in ungefähr gleicher Menge vorliegen. *Natrium* mit Zinkuranylacetat (s. S. 303). *Kalium* mit $Na_3[Co(NO_2)_6]$ und $AgNO_3$ (s. S. 303). *Rubidium* mit $AuBr_3$ und AgBr (s. S. 303).	Li und Cs können nebeneinander nachgewiesen werden, und zwar: *Lithium* mit Dinatriumphosphat in schwach alkalischer Lösung (s. P 165 auf S. 183). *Cäsium* mit $K_4[Fe(CN)_6]$ und $Pb(CH_3COO)_2$.

Die Prüfung auf *Ammonium* erfolgt, wie üblich, mit der Analysenprobe. Hierzu wird diese mit einer starken Lauge zersetzt und das sich entwickelnde Ammoniakgas mit Indicatorpapier nachgewiesen. Der Nachweis kann jedoch auch mit Mangan- und Silbernitrat erfolgen.

Nicht berücksichtigt wurden von den Verfassern: *Wolfram, Niob, Tantal, Zirkon* und *Hafnium.* Alle sechs Elemente werden in saurer Lösung durch Kaliumäthylxanthogenat nicht gefällt.

Abtrennung der Phosphorsäure.

Wie bereits bei der Vorbehandlung der Analysenprobe beschrieben, ist es günstig, organische Anionen, wie z. B. Oxalat, durch Glühen oder durch Behandeln mit oxydierenden Säuren zu zerstören. Schwieriger ist die Entfernung von Phosphationen. Ihre Abtrennung erfolgt am besten als $Zr_3(PO_4)_4$ oder $Pb_3(PO_4)_2$ und kann im Filtrat der 2. Gruppenfällung (Sulfatgruppe) vorgenommen werden. Da jedoch die Anionen AsO_4^{3-} und MoO_4^{2-} mitausfallen, muß im Phosphatniederschlag auch auf diese Ionen geprüft werden. Es ist auch möglich, die Phosphationen nach Abtrennung der 3. Gruppe (Xanthogenatgruppe) im Filtrat S_4 bei einem p_H-Wert von ungefähr 4 mit Bleisalz abzutrennen. In diesem Falle müssen die Bleiionen in einem Überschuß, der nach dem Abfiltrieren des Bleiphosphatniederschlages mit verd. Schwefelsäure wieder ausgefällt wird, zugegen sein. Vor Ausfällung der 4. Gruppe (Hydroxydgruppe) wird zum Filtrat noch einmal etwas Kaliumäthylxanthogenat zugefügt.

Zu 2. Verwendung von disubstituierten Dithiocarbamaten als Fällungsreagens nach K. Gleu und R. Schwab.

Bei Verwendung von Kaliumäthylxanthogenat wurden die Metalle in saurer Lösung als Xanthogenate gefällt und durch Kochen mit Lauge in Sulfide übergeführt. Anders liegen die Verhältnisse bei Verwendung von disubstituierten Dithiocarbamaten, die nach Gleu und Schab als „Carbate" bezeichnet werden. Die Fällung der Metallcarbate muß in alkalischer, neutraler oder ganz schwach saurer Lösung erfolgen. Die gefällten Metallcarbate werden durch Säurezusatz unter Bildung von Schwefelkohlenstoff, Amin und Metallsalz zersetzt; sie können also nicht in die entsprechenden Metallsulfide übergeführt werden.

Als Fällungsreagens verwenden die Verfasser eine 1 m Natrium-Carbatlösung. Wird die Analysenlösung hiermit versetzt, so fallen die Schwermetallcarbate flockig aus und sind im Gegensatz zu den Xanthogenaten gut filtrierbar. Sie sind auch beständiger als die Xanthogenate. Da die Schwermetallcarbate in organischen Lösungsmitteln wie Äther, Amylalkohol, Essigester und anderen leicht löslich sind, kann die Abtrennung durch Ausschütteln erfolgen. Ein Überschuß an Reagens kann durch Ansäuern und Aufkochen leicht zerstört werden. Hierbei bilden sich Schwefelkohlenstoff, der verkocht werden kann, Natronlauge, die mit der Säure ein Alkalisalz bildet, und freies Amin. Letzteres stört den weiteren Analysengang nicht.

Die Darstellung der Natriumcarbate erfolgt aus sekundären Aminen, Schwefelkohlenstoff und Natriumhydroxyd, gelöst in Alkohol nach:

$$R_2N—H + CS_2 + NaOH \rightarrow R_2N—C\begin{smallmatrix}=S\\ —S—Na\end{smallmatrix} + H_2O.$$

In der Arbeit sind sieben verschiedene Natriumcarbate, die sich je von einem anderen Amin ableiten, beschrieben. Für diese Natriumsalze, die alle sehr gut kristallisieren, wurden von den Verfassern nachfolgende abgekürzte Bezeichnungsweisen vorgeschlagen: Bei Verwendung von Dimethylamin bildet sich ein Na-m-Carbat, bei Diäthylamin ein Na-a-Carbat, bei Piperidin ein Na-p-Carbat, bei Pyrrolidin ein Na-t-Carbat, bei Piperazin ein Na-n-Carbat, bei Morpholin ein Na-o-Carbat und bei Thiazan ein Na-s-Carbat.

Zur Fällung können alle sieben Carbate verwendet werden, doch bestehen gewisse Unterschiede in der Löslichkeit der gefällten Carbate und in ihrer Beständigkeit gegen Säuren. In der Arbeit ist kein eigentlicher Trennungsgang angegeben, jedoch wird eine Einteilung der Kationen in vier Gruppen vorgenommen:

a) Kationen, die in seignettesalzhaltiger Natronlauge bei einem p_H-Wert von 14 unlösliche Carbate bilden. Hierzu gehören: Co^{III}, Ni, Cu, Au, Pt und die Pt-Metalle, Cd, Tl^{I}, Tl^{III} und Pb. Diese Gruppe wird als „NaOH-Gruppe" bezeichnet.

b) Kationen, die in ammoniakalischer Seignettesalzlösung bei einem p_H-Wert von 9 unlösliche Carbate bilden. Hierzu gehört die gesamte NaOH-Gruppe sowie Mn^{II}, Mn^{III}, Fe^{II}, Fe^{III}, Co^{II}, Zn, In, Sn^{II}, Sb^{III}, Bi und Te^{IV}. Diese Gruppe wird als „Ammoniak-Gruppe" bezeichnet.

c) Kationen, die in essigsaurer Seignettesalzlösung bei einem p_H-Wert von 5 unlösliche Kationen bilden. Hierzu gehört die NaOH-Gruppe, die Ammoniak-Gruppe und V^{IV}, V^{V}, Nb, Cr^{III}, Mo^{VI}, U^{VI}, Ga, Sn^{IV}, As^{III} und Se^{IV}.

d) Kationen, die mit Carbaten keine Fällung liefern. Hierzu gehören: Be, Mg, Ca, Ba, Sr, seltene Erden, Ti^{III}, Ti^{IV}, Zr, Th, U^{IV}, Ta, W, Re, Al, Ge, Se^{VI}, (As^{V}, Sb^{V} und Te^{VI}). Wird eine essigsaure, seignettesalzhaltige As^{V}-, Sb^{V}- oder Te^{VI}-Lösung mit Carbaten erwärmt, so bildet sich nach einiger Zeit ein Niederschlag, da Reduktion zu niederen Wertigkeitsstufen einsetzt.

Nach Angaben der Verfasser eignet sich für eine Hauptgruppenfällung in heißer, seignettesalzhaltiger, ammoniakalischer Lösung am besten Na-n-Carbat (Ausgangsamin ist hierbei Piperazin). Die n-Carbate sind besonders schwer löslich und scheiden sich in der Hitze als flockiger, gut filtrierbarer Niederschlag ab. Gute Ergebnisse erhält man auch bei Verwendung von Na-p-Carbat (Ausgangsamin: Piperidin).

Zu 3. Verwendung von Thiocarbaminaten an Stelle von Schwefelwasserstoff nach E. Wiberg und R. Bauer.

Thiocarbaminate zerfallen in saurer Lösung in die freie Thiocarbaminsäure, die wiederum im Gleichgewicht steht mit CO_2 und H_2S. Wird zu einer sauren Schwermetallsalzlösung Ammoniumthiocarbaminat zugefügt, so werden die durch Hydrolyse gebildeten Sulfidionen fortlaufend verbraucht, d. h., das Thiocarbaminat wird vollständig zersetzt unter Bildung von Sulfid, CO_2 und NH_4Cl. Die Wasserstoffionenkonzentration bleibt während des Reaktionsverlaufes konstant. Die Verfasser formulieren die Umsetzungsreaktionen wie folgt:

$$NH_4(NH_2COS) + 2\,HCl \rightarrow 2\,NH_4Cl + COS$$

$$COS + H_2O \rightleftarrows CO_2 + H_2S$$

$$CuCl_2 + H_2S \rightarrow CuS + 2\,HCl.$$

Bei der Fällung ist jedoch darauf zu achten, daß kein Kohlenoxysulfid entweicht oder daß Oxydation des gebildeten Schwefelwasserstoffs einsetzt. Es hat sich gezeigt, daß die besten Ergebnisse bei einem p_H-Wert von 0,7 bis 0,3 erhalten werden. Dies entspricht einer 0,2 bis 0,5 n HCl.

Von den Thiocarbaminaten ist das Ammoniumsalz leicht zugänglich. Seine Darstellung erfolgt durch Einleiten von COS in mit trockenem Ammoniak gesättigten absoluten Alkohol. Nach einigen Stunden scheidet sich das Ammoniumthiocarbaminat als schwach gelbliches Kristallpulver ab. Es wird abfiltriert, mit absolutem Alkohol und dann mit Äther gewaschen.

Zur Ausfällung der II. Gruppe wird das salzsaure Filtrat der I. Gruppenfällung auf einen p_H-Wert von 0,7 bis 0,3 gebracht. Dann werden in der Kälte ungefähr 400 mg Ammoniumthiocarbaminat in kleinen Anteilen zugegeben. Hierbei darf keine Gasentwicklung einsetzen. Es bildet sich eine Reihe hellfarbiger Thiocarbaminate, die sich im Verlauf von 15 Min. in die entsprechenden Sulfide umwandeln. Der Sulfidniederschlag wird abfiltriert. Er enthält alle Elemente der II. Gruppe bis auf Cadmium. Zum Filtrat werden noch einmal 100 mg Ammoniumthiocarbaminat zugefügt, dann wird vorsichtig erwärmt. Bei Anwesenheit von Cadmium bildet sich ein gelber Niederschlag von CdS. Beim Entstehen des gelben Niederschlages wird sofort mit dem Erwärmen aufgehört. Man läßt die Lösung noch 2 Min. stehen, dann wird filtriert. Wird das so erhaltene Filtrat gekocht, so bildet sich bei Anwesenheit von Zink ein weißer Niederschlag von ZnS. Die anderen Metallsulfide der III. Gruppe durch längeres Kochen des Filtrates auszufällen, ist ebenfalls möglich, doch ist hier eine Fällung mit Ammoniumsulfid vorzuziehen.

Man kann zur Fällung der II. Gruppe — nach Zusatz von Ammoniumthiocarbaminat — die Lösung auch sofort erhitzen. Hierbei fallen alle Elemente der II. Gruppe zusammen mit Zink als Sulfide aus. Der Sulfidniederschlag wird abfiltriert und mit 0,2 n HCl digeriert: Nur Zinksulfid löst sich.

Das Arbeiten mit Thiocarbaminaten hat den Vorteil, daß 1. kein Geruch nach Schwefelwasserstoff auftritt, 2. die Niederschläge in gut filtrierbarer Form anfallen, 3. keine störenden Ionen, wie z. B. Phosphat oder Sulfat, in die Analysenlösung eingeschleppt werden, 4. der p_H-Wert während der Fällung sich nicht ändert und 5. ein Überschuß an Fällungsreagens durch Kochen in saurer Lösung leicht zerstört werden kann.

5. Trennung unter Verwendung von Derivaten der Essigsäure.

Thioessigsäure.

Die Verwendung von Thioessigsäure als Fällungsreagens der II. Gruppe wurde von R. Schiff und N. Tarugi vorgeschlagen. Von Ettore Selvatici wurde das Verfahren aufgegriffen. Er veröffentlichte 1909 ein Schema zur Abtrennung der II. Gruppe, in welchem das salzsaure Filtrat der I. Gruppenfällung mit Thioessigsäure versetzt wird. Danach wird die Lösung aufgekocht und nach dem Erkalten der gebildete Sulfidniederschlag abfiltriert. Im Filtrat wird durch Zusatz von Thioessigsäure auf Vollständigkeit der Fällung geprüft. In neueren Arbeiten wird jedoch mehrfach darauf hingewiesen, daß sich Thioessigsäure als Fällungsreagens der II. Gruppe nicht eignet (s. z. B. H. Bloemendal und Th. A. Veerkamp).

Thioacetamid.

Obwohl N. W. Wawilow bereits 1928 vorschlug, Thioacetamid in der qualitativen Analyse zur Ausfällung der Metallsulfide zu verwenden, und F. W. Iwanow 1935 mitteilte, daß mittels Thioacetamid Schwermetalle in pharmazeutischen Präparaten nachgewiesen werden können, fand es bis 1949 kaum irgendwelche Beachtung. Erst durch eine kurze Notiz von H. H. Barber und E. Grzeskowiak wurde das Interesse an dieser Substanz geweckt. Die umfassenden Untersuchungen von H. Flaschka und H. Jakobljevich erwiesen die Brauchbarkeit von Thioacetamid in der qualitativen und quantitativen Analyse. Auch in einigen neueren Arbeiten, wie z. B. von T. Lipice und M. Pryszcewska oder von H. Bloemendal und Th. A. Veerkamp, wird gezeigt, daß Thioacetamid den Schwefelwasserstoff und das Schwefelammonium im qualitativen Trennungsgang ersetzen kann. H. Bloemendal und Th. A. Veerkamp geben für seine Verwendung in der qualitativen Analyse folgende Arbeitsvorschrift an:

Nach Abtrennung der I. Gruppe wird das ungefähr 2 n salzsaure Filtrat mit einem kleinen Überschuß einer 2%igen wäßrigen Thioacetamidlösung versetzt und 5 Min. lang auf dem Wasserbad erhitzt. Dann wird zur Lösung ein Indicator, der bei einem p_H-Wert von ungefähr 0,5 umschlägt, zugefügt. (Nachfolgender Mischindicator wird empfohlen: 0,3 g Hämatoxylin und 0,06 g Methylviolett B werden in 100 ml 20%igem wäßrigem Isopropylalkohol gelöst.) Die Lösung wird tropfenweise mit Ammoniak versetzt, bis der Indicator umschlägt, dann 2 Min. stehengelassen. Der gebildete Sulfidniederschlag wird abfiltriert. Zur Ausfällung der III. Gruppe wird das Filtrat zunächst mit HCl, dann mit Thioacetamidlösung versetzt, danach erwärmt, mit Ammoniak deutlich alkalisch gemacht und 10 Min. lang auf dem Wasserbad erhitzt. Der gebildete Sulfid-Hydroxydniederschlag wird abfiltriert.

Soll jedoch die Fällung der III. Gruppe mittels Urotropin oder Ammoniak vorgenommen werden, so ist das Filtrat der II. Gruppenfällung mit einigen Tropfen konz. HNO_3 aufzukochen. Hierdurch wird noch vorhandenes Thioacetamid zerstört.

Beim Arbeiten mit Thioacetamid erhält man gut filtrierbare Niederschläge, ferner tritt kein Geruch nach Schwefelwasserstoff auf, und es werden keine störende Anionen in die Analysenlösung eingeschleppt.

6. Trennung unter Verwendung weiterer Thioverbindungen.

Die gleichen guten Ergebnisse erzielt man mit Thioformamid; es kann genau so verwendet werden wie Thioacetamid. Dagegen zeigen Thioharnstoff, Thioglykol, Thioessigsäure, Thiosalicylsäure sowie Thiophosphate nach Bloemendal und Veerkamp keine befriedigenden Ergebnisse.

Literatur.

Barber, H. H., u. E. Grzeskowiak: Anal. Chem. **21**, 192 (1949). — Belcher, R., u. F. Burton: Metallurgia Manchester **31**, 317 (1945) und **32**, 37 (1945). — Bloemendal, H., u. Th. A. Veerkamp: Chem. Weekbl. **1953**, 147.

Defrance, E.: J. Pharm. Belge **13**, 771 (1931).

El-Badry, H., F. R. M. McDonnell u. C. L. Wilson: Anal. Chem. Acta **4**, 440 (1950).

Flaschka, H., u. H. Jakobljevich: Anal. Chem. Acta **4**, 247, 351, 356, 482, 486 (1950).

Gleu, K., u. R. Schwab: Angew. Ch. **62**, 320 (1950).

Hager, H., u. J. Klein: Fr. **26**, 629 (1887).

Iwanow, F. W.: Sowjet Pharmaz. (russ.) **5**, 16 (1934) durch C. **106**, II, 1883 (1935).

Lipice, T., u. M. Pryszczesska: Przemysl Chem. **7**, (30), 349 (1951) durch C. **124**, IV, 4418 (1953).

Purgotti, A.: G. **42**, II, 58 (1912).

Selvatici, Ettore: Boll. chim. farm. **47**, 73 (1908). — Schiff, R., u. N. Tarugi: B. **27**, 3437 (1894).

TAIMI, J. K., u. R. P. AGARWAL: Anal. chim. Acta **9**, 20 (1953).

VOGTHERR, M.: B. **8**, 228 (1889). — VORTMANN, G.: Allgemeiner Gang der qualitativen chem. Analyse ohne Anwendung von Schwefelwasserstoff. Verlag Deuticke, Leipzig u. Wien. 1. Aufl. 1908 [1. Na_2S-Trennungsgang.]; 2. Aufl. 1919 u. 3. Aufl. 1923 [2. Na_2S-Trennungsgang]; Fr. **87**, 190 (1932) u. Qualitative chem. Analyse anorg. Gemenge mit einfachsten Hilfsmitteln. Verlag Chemie 1933. [3. Na_2S-Trennungsgang].

WAWILOW, N. W.: Mitt. der nordkaukas. staatl. Univ. in Rostow Don **III** (XV) (1928) durch Petraschenj. Fr. **106**, 330 (1936). — WENGER, P., R. DUCKERT u. E. ANKADJI: Helv. **28**, 1316, 1992 (1945). — WIBERG, E., u. R. BAUER: Angew. Ch. **64**, 270 (1952).

C. Trennungsgänge ohne Sulfidfällungen.

Die sogenannten „sulfidfreien Trennungsgänge“ zeigen untereinander einen ähnlichen Aufbau. Zunächst wird wie beim Sulfidtrennungsgang nach FRESENIUS die Salzsäuregruppe mittels Salzsäure abgeschieden, falls die Analysenprobe nicht in dieser Säure gelöst wurde. Dann werden entweder Blei, Barium, Strontium und Calcium als Sulfate oder Zinn und Antimon als Oxyde abgetrennt. Im ersten Fall wird das Filtrat der Chloridfällung mit Na_2SO_4 oder H_2SO_4 und Alkohol versetzt. Im zweiten Fall wird es zwei- bis dreimal mit konz. HNO_3 bis zur Trockne eingedampft, dann mit verd. HNO_3 aufgenommen. — Nach Abtrennung dieser Elemente als Chloride, Sulfate oder Oxyde erfolgt die Hauptfällung. Hierzu können als Fällungsreagenzien Alkaliphosphate, Alkali- und Erdalkalihydroxyde, Alkalicarbonate, Ammoniak mit und ohne Zusatz von NH_4Cl sowie organische Fällungsreagenzien, wie z. B. Pyridin oder benzoesaures Natrium, verwendet werden. Werden Alkalisalze als Fällungsreagenzien benutzt, so müssen die Alkalien in einer gesonderten Probe nachgewiesen werden. Obwohl eine ganze Reihe von sulfidfreien Trennungsgängen bekannt ist, konnte doch keiner von ihnen den üblichen Sulfidtrennungsgang ablösen. In den meisten Fällen umfaßt die Hauptgruppe zu viele Kationen, die weiter aufgeteilt werden müssen, und der gebildete Niederschlag ist nur schwer filtrierbar.

Die veröffentlichten sulfidfreien Trennungsgänge behandeln mit wenigen Ausnahmen nur die üblichen Elemente der Schulanalyse. Anders liegen die Verhältnisse bei den sulfidfreien Mikro- und Halbmikrotrennungsgängen. Während bei einer gewöhnlichen Analyse zur Abtrennung von Zinn und Antimon das Filtrat zwei- bis dreimal mit ungefähr 10 ml konz. HNO_3 abgeraucht werden muß, sind für die gleiche Operation bei einer Mikroanalyse nur 5 bis 10 Tropfen konz. HNO_3 erforderlich. Der Niederschlag der Hauptgruppe ist bei einer gewöhnlichen Analyse sehr voluminös und schlecht filtrierbar, weshalb das Auswaschen dieses Niederschlages meist nicht unerhebliche Schwierigkeiten macht. Bei einer Mikroanalyse hingegen bereitet das Abzentrifugieren und Auswaschen eines voluminösen Niederschlages keine Schwierigkeiten. So sind einige sulfidfreie Mikro- und Halbmikrotrennungsgänge veröffentlicht, die gute Ergebnisse liefern.

Nachfolgend einige der bekanntesten sulfidfreien Trennungsgänge.

1. Fällungen mittels Alkali- und Erdalkalihydroxyden, mit und ohne Verwendung von Alkalicarbonaten.

Trennungsgang nach A. B. LEWIN.

Als Beispiel für eine Abtrennung der Hauptgruppe mittels Kaliumhydroxyd sei ein 1936 von A. B. LEWIN veröffentlichter Trennungsgang genannt. Nach Abtrennung einer Chlorid- und einer Sulfatgruppe wird mit Kaliumhydroxyd und Wasserstoffperoxyd eine Hydroxydgruppe gefällt. Im Filtrat verbleiben nur die amphoteren Metalle. Die weitere Trennung der Hydroxydgruppe wird mit $(NH_4)HCO_3$ durchgeführt. Der Trennungsgang behandelt nur die 24 Elemente der Schulanalyse.

Tabelle 59. Trennungsgang nach A. B. LEWIN.

<table>
<tr><td colspan="3">Neutrale oder salpetersaure Analysenlösung mit HCl versetzen, gebildeten Niederschlag abfiltrieren.</td></tr>
<tr><td>Niederschlag: Ag, Hg^{I} und Pb. Chloridgruppe.</td><td colspan="2">Filtrat: Sulfat- und Hydroxydgruppe, amphotere Metalle und Alkalien.
Filtrat mit H_2SO_4 versetzen, erhitzen und den gebildeten Niederschlag abfiltrieren.</td></tr>
<tr><td>Niederschlag: Pb, Ba, Sr und (Ca). Sulfatgruppe.</td><td colspan="2">Filtrat: Hydroxydgruppe, amphotere Metalle und Alkalien.
Filtrat mit KOH und H_2O_2 im Überschuß versetzen, aufkochen und den gebildeten Niederschlag abfiltrieren.</td></tr>
<tr><td>Niederschlag: Mg, Fe, Mn, Co, Hg, Cu, Bi, Cd und (Ca) als Hydroxyde.
Niederschlag mit verd., heißer KOH waschen, dann mit kalter 0,5 n HCl digerieren und sofort filtrieren.</td><td colspan="2">Filtrat: Al, Zn, Cr, Sn, As und Sb als Anionen.
Filtrat mit konz. HCl ansäuern, zur Trockne eindampfen, Rückstand nach dem Erkalten in wenig Sodalösung aufnehmen und vom Ungelösten abfiltrieren.</td></tr>
<tr><td></td><td>Niederschlag: Al, Zn, Sn, Sb.</td><td>Filtrat: Cr, As, Alkalien.</td></tr>
<tr><td>Niederschlag: $MnO(OH)_2$ und $Co(OH)_3$.</td><td colspan="2">Filtrat: Mg, Fe, Ni, Hg, Cu, Bi, Cd, (Ca), (Co), (Mn) als Chloride.
Zur Lösung $(NH_4)HCO_3$ im großen Überschuß zufügen, Lösung aufkochen und filtrieren.</td></tr>
<tr><td>Niederschlag: Cd, (Ca), (Bi), (Mn).</td><td colspan="2">Filtrat: Mg, Fe, Ni, Hg, Cu, Bi und (Co).
Filtrat mit HCl aufkochen, dann NH_4OH im Überschuß zugeben und filtrieren.</td></tr>
<tr><td>Niederschlag: Fe, Bi und Hg.</td><td colspan="2">Filtrat: Ni, Cu und (Co).</td></tr>
</table>

Der Trennungsgang nach C. J. BROCKMAN.

Dieser Trennungsgang zeigt nur insofern von dem unter 1a beschriebenen Schema nach LEWIN eine Abweichung, als der Hydroxydniederschlag der $KOH\text{-}H_2O_2$-Fällung nach dem Lösen in Säure nicht mit Ammoniumbicarbonat, sondern mit Ammoniumphosphat und Ammoniak getrennt wird. Hierbei werden die Metalle Mn, Fe, Bi und Mg als Phosphate gefällt, während Cu, Hg, Co, Ni und Cd in Lösung bleiben.

Der Trennungsgang nach A. VALENTE DE CONTO.

Obwohl VALENTE DE CONTO zur Ausfällung der Hauptgruppe KOH und K_2CO_3 benutzt, zeigt sein Trennungsschema den gleichen Aufbau wie das von C. J. BROCKMAN. Er trennt nacheinander eine Chlorid-, eine Sulfat- und eine Hydroxyd-Carbonatgruppe ab. In Lösung bleiben die amphoteren Metalle und die Alkalien. Die Hydroxyd-Carbonatgruppe wird in Säure gelöst und mit Hilfe von Ammoniak und Ammoniumphosphat getrennt.

Der Analysengang nach BROCKMAN und der nach VALENTE DE CONTO berücksichtigen nur die 24 Elemente der Schulanalyse.

Mikrotrennungsgang nach E. M. Gerstenzang.

Bei dem 1934 aufgestellten Trennungsgang wird die Hauptgruppe mit K_2CO_3 und KOH unter Zusatz von H_2O_2 oder Brom abgetrennt.

Tabelle 60. Analysengang nach Gerstenzang.

Analysenlösung, die die 24 Schulelemente enthalten kann, wird mit HCl versetzt.

Niederschlag: Chloridgruppe. (Pb, Ag und Hg^{I}.)	Filtrat: restliche Gruppen.
	Filtrat mit K_2CO_3, KOH und H_2O_2 oder Brom versetzen.

Niederschlag: Hg, Bi, Mn, Fe, Pb, Ca, Sr, Ba, Mg, Cu, Cd, Ni und Co als Hydroxyde oder Carbonate.	Filtrat: Sb, Sn, Al, Zn, Cr und As als Anionen.	
Rückstand in HCl lösen, notfalls unter Zusatz von H_2O_2. Zur Lösung wird NH_4OH und H_2O_2 im Überschuß zugefügt und erhitzt.	Filtrat mit HCl ansäuern, dann NH_4OH im Überschuß zugeben.	
	Niederschlag: Sb, Sn, Al.	Filtrat: Zn, Cr, As.

Niederschlag: Hg, Bi, Mn, Fe und Pb.	Filtrat: Ca, Sr, Ba, Mg, Cu, Cd, Ni und Co.
	Filtrat mit Na_2HPO_4 versetzen.

Niederschlag: Ca, Sr, Ba und Mg.	Filtrat: Cu, Cd, Ni und Co als Ammine.
	Filtrat mit KOH und Brom versetzen.

Niederschlag: Cu, Cd, Ni und Co als Hydroxyde.	Filtrat: verwerfen.

Praktisch das gleiche Schema wird von Fidel Zelada zur Durchführung seines 1942 veröffentlichten Trennungsganges verwendet.

Trennungsgang nach J. G. Berditschewski und J. G. Wasserberg.

Verfasser benutzen zur Abtrennung der Hauptgruppe $Ba(OH)_2$ als Fällungsreagens. Die Analyse verläuft folgendermaßen:

Tabelle 61. Analysengang nach Berditschewski und Wasserberg.

Analysenlösung, die die 24 Elemente der Schulanalyse enthalten kann, wird mit HCl versetzt.

Niederschlag 1: Ag, Hg (I) und Pb.	Filtrat 1: restliche Elemente.
	Filtrat mit H_2SO_4 versetzen und aufkochen.

Niederschlag 2: Ba, Sr, Ca und (Pb)	Filtrat 2: restliche Elemente.
	Zum Filtrat $Ba(OH)_2$ im Überschuß zufügen, dann Lösung 15 bis 20 Min. lang kochen.

Niederschlag 3:	Filtrat 3:

Tabelle 61. (Fortsetzung.)

Niederschlag 3: Hg(II), Bi, Cu, Cd, Sn, Sb, Fe, Co, Ni, Zn, Mn, Al, Cr, Mg und Ba als Hydroxyde oder Bariumsalze.	Filtrat 3: Alkalien, NH_4^+, (Al), (Zn) und Ba.
Niederschlag in HCl lösen, Barium als Sulfat fällen und abfiltrieren. Filtrat der Ba-Fällung mit Soda fast neutralisieren, mit Natriumacetat abpuffern und $Na_2S_2O_3$ zufügen. Lösung 20 bis 30 Min. lang kochen, dann filtrieren.	Im Filtrat erst mit H_2SO_4 Ba ausfällen, dann Al durch Zusatz von NH_4OH und NH_4Cl abscheiden. Im Filtrat der Al-Fällung auf Zn und Alkalien prüfen.

Niederschlag 5: Hg, Bi, Cu, Sn, As, Sb und Co als Sulfide, Fe, Cr und (Al) als bas. Acetate.	Filtrat 5: Cd, Ni, Mn, Mg, (Zn) und (Al).
Niederschlag mit 2 n HCl digerieren.	

Rückstand 8: Sulfide von Hg, Bi, Cu, Sn, As, Sb und Co.	Filtrat 8: Fe, Cr, Al.
Rückstand wird mit Natronlauge digeriert.	

Rückstand 9: Sulfide von Hg, Bi, Cu und Co.	Filtrat 9: As, Sb, Sn.

Der Trennungsgang vermeidet eine Verwendung von Schwefelwasserstoff, trennt aber die Hydroxydgruppe mittels einer Sulfidfällung.

Ein weiterer Trennungsgang, der als Fällungsreagens KOH und K_2CO_3 verwendet, ist 1918 von ALMKVIST beschrieben worden. In ihm wird das Fällungsreagens gleich zur Analysenlösung, und zwar im Überschuß hinzugegeben.

Trennungsgang nach E. H. SWIFT und C. NIEMANN.

Der Halbmikrotrennungsgang nach SWIFT und NIEMANN wurde 1945 erstmalig veröffentlicht. Nach diesem Schema kann eine ganze Reihe von Kationen und Anionen nicht nur verhältnismäßig schnell qualitativ nachgewiesen, sondern auch quantitativ bestimmt werden, da schon bei den einzelnen Gruppentrennungen die Kationen wie Anionen weitestgehend quantitativ abgetrennt werden. In Abweichung von den anderen allgemein üblichen Trennungsgängen wird bei diesem die Analysenprobe vor dem Lösen mit Natriumperoxyd und Rohrzucker vermischt und dann in einer WURZSCHMIDTschen Bombe geschmolzen. Durch Auslaugen der erkalteten Schmelze mit Wasser gehen die amphoteren basischen und die sauren Elemente in Lösung, während die nicht amphoteren basischen Elemente im Rückstand verbleiben. In den Tabellen 62a bis 62d sind nur die Arbeitsgänge beschrieben, die zur Durchführung einer qualitativen Analyse erforderlich sind, während die quantitativen Bestimmungen, die vielfach kolorimetrisch durchgeführt werden, nicht mit aufgenommen wurden. Der Trennungsgang gliedert sich in folgende vier Abschnitte:

I. Natriumperoxydschmelze und Abtrennung der nicht amphoteren basischen Elemente von den amphoteren basischen und den sauren Elementen (Tab. 62a).

II. Analyse der nicht amphoteren basischen Elemente (Tab. 62b).

III. Analyse der amphoteren basischen Elemente (Tab. 62c bis 62e).

IV. Analyse der sauren Elemente (Tab. 62f bis 62g).

Tabelle 62a. Natriumperoxydschmelze.

Analysenprobe mit einer Mischung von 3 Teilen Na_2O_2 und 1 Teil Rohrzucker in einer Mikro- bzw. Halbmikro-Parr-Bombe (WURZSCHMIDTsche Bombe) aus rostfreiem Stahl, innen platiniert, wie von ELEK und HILL angegeben, schmelzen. Nach dem Erkalten Schmelze mit Wasser aufnehmen und so lange kochen, bis überschüssiges Peroxyd zerstört ist. Zur Lösung $N_2H_4 \cdot H_2O$ zufügen und erwärmen, hierdurch erfolgt Reduktion von JO_3^- und JO_4^- zu J^-. Überschuß an $N_2H_4 \cdot H_2O$ durch Zugabe von H_2O_2 zerstören, dann überschüssiges Peroxyd verkochen. Lösung zentrifugieren und Zentrifugat auf 40 bis 50 ml verdünnen.

Rückstand: nicht amphotere basische Elemente	*Zentrifugat:* amphotere basische Elemente	und saure Elemente.
Ag_2O *Eisengruppe:* Fe_2O_3, TiO_2 und MnO. *Cadmiumgruppe:* $Cd(OH)_2$ und $Ni(OH)_2$. *Erdalkaligruppe:* $Mg(OH)_2$, $BaCO_3$, $SrCO_3$ und $CaCO_3$. Rückstand kann gelegentlich noch geringe Mengen an SnO_2, $Na_2H_4TeO_6$, $NaSb(OH)_6$, CuO und PbO_2 enthalten.	*Selengruppe:* SeO_4^{2-} und $H_4TeO_6^{2-}$. H_2S-*Gruppe:* $Cu(OH)_4^{2-}$, $Pb(OH)_4^{2-}$, $Zn(OH)_4^{2-}$, AsO_4^{3-}, $Sb(OH)_6^-$, $Sn(OH)_6^{2-}$, CrO_4^{2-}, $Al(OH)_4^-$ und K^+, sowie kolloidales $Cd(OH)_2$ und $Fe(OH)_3$.	*Halogengruppe:* J^-, Br^- und Cl^-. *Arsengruppe:* AsO_4^{3-}, CrO_4^{2-}, $H_4TeO_6^{2-}$ und PO_4^{3-}. *Schwefelgruppe:* SeO_4^{2-}, SO_4^{2-} und $H_2BO_3^-$ sowie F^-, NO_3 und SiO_3^-.
Analyse des Schmelzrückstandes: Tab. 62b.	Analyse der amphoteren basischen Elemente: Tab. 62c bis 62e.	Analyse der sauren Elemente: Tab. 62f und 62g.

Tabelle 62b. Analyse des Schmelzrückstandes

Der in Wasser unlösliche Teil der Schmelze kann Ag_2O, Fe_2O_3, TiO_2, MnO_2, $Cd(OH)_2$, $Ni(OH)_2$, $Mg(OH)_2$, $BaCO_3$, $SrCO_3$ und $CaCO_3$, sowie geringen Mengen an SnO_2, $Na_2H_4TeO_6$, CuO und PbO_2 enthalten, letztere jedoch nur dann, wenn die Analysenprobe zu einem großen Teil aus Sn-, Te-, Sb-, Cu- bzw. Pb-Verbindungen besteht.
Rückstand mit 9 n HCl digerieren, danach zentrifugieren.

Rückstand: AgCl, $[SnO_2]$ und geringe Mengen an $BaCl_2$.	Lösung: $FeCl_4^-$, $TiCl_6^{2-}$, Mn^{2+}, $CdCl_4^{2-}$, Ni^{2+}, Mg^{2+}, Ba^{2+}, Sr^{2+} und Ca^{2+} [sowie H_6TeO_6, $SbCl_6^-$, $CuCl_4^{2-}$ und $PbCl_4^{2-}$].
Im Rückstand auf *Silber* prüfen (s. S. 288).	Zur Lösung $N_2H_4 \cdot H_2O$ zufügen, Lösung verdünnen, bis die Säurekonzentration 3 n beträgt, erhitzen und zentrifugieren.

Rückstand: [Te].	Lösung: $FeCl_4^-$, $TiCl_6^{2-}$, Mn^{2+}, $CdCl_4^{2-}$, Ni^{2+}, Mg^{2+}, Ba^{2+}, Sr^{2+} und Ca^{2+} [sowie $SbCl_6^-$, $CuCl_4^{2-}$ und $PbCl_4^{2-}$].
	Lösung verdünnen, mit H_2S sättigen und zentrifugieren.

Rückstand: [CuS und Sb_2S_3].	Lösung: Fe^{2+}, $TiCl_2^{2-}$, Mn^{2+}, $CdCl_4^{2-}$, Ni^{2+}, Mg^{2+}, Sr^{2+}, Ba^{2+} und Ca^{2+} [sowie $PbCl_4^{2-}$].
	In der Lösung H_2S verkochen, dann NaOH, H_2O_2 und K_2CO_3 zur Lösung zufügen und zentrifugieren.

Rückstand: Fe_2O_3, TiO_2, MnO_2, $Cd(OH)_2$, $Ni(OH)_2$, $Mg(OH)_2$, $BaCO_3$, $SrCO_3$ und $CaCO_3$.	Lösung: geringe Mengen von $[Ti(OH)_5OOH]^{2-}$ [sowie $Pb(OH)_4^{2-}$].
Rückstand mit Essigsäure und $(NH_4)CH_3COO$ behandeln, dann zentrifugieren.	

Rückstand: FeO, TiO und MnO_2 (Eisengruppe).	Lösung: Cd^{2+}, Ni^{2+}, Mg^{2+}, Ba^{2+}, Sr^{2+} und Ca^{2+}.
Rückstand in HCl lösen und in der Lösung mit KSCN auf *Eisen* (s. S. 297), mit H_2O_2 auf *Titan* (s. S. 298) und mit $NaBiO_3$ auf *Mangan* (s. S. 300) prüfen.	Filtrat mit H_2O sättigen, dann zentrifugieren.

Rückstand: CdS und NiS (Cadmiumgruppe).	Lösung: Mg^{2+}, Ba^{2+}, Sr^{2+} und Ca^{2+}.

Tabelle 62b. (Fortsetzung.)

Rückstand: CdS und NiS (Cadmiumgruppe).	Lösung: Mg^{2+}, Ba^{2+}, Sr^{2+} und Ca^{2+}.
Rückstand in HNO_3 unter Zusatz von $HClO_4$ lösen, Lösung unter Verwendung von Methylorange als Indikator neutralisieren. Dimethylglyoxim im Überschuß zufügen und zentrifugieren. — Roter Rückstand zeigt *Nickel* an. — Zentrifugat mit $HClO_4$ ansäuern, Na_2S zufügen, gelber Niederschlag zeigt *Cadmium* an.	Zur Lösung im Überschuß NaOH und Na_2CO_3 zufügen und zentrifugieren, Zentrifugat verwerfen. — Rückstand, der $Mg(OH)_2$, $BaCO_3$, $SrCO_3$ und $CaCO_3$ enthalten kann, in HCl lösen, in der Lösung CO_2 verkochen, dann durch Hinzufügen von NaOH, HCl und NH_4OH Lösung auf einen p_H-Wert von 2,6 bringen, danach zentrifugieren.

Rückstand: $Mg(OH)_2$.	Lösung: Ba^{2+}, Sr^{2+}, und Ca^{2+}.
Im Rückstand auf *Magnesium* prüfen (s. S. 302).	Die Lösung mit NaOH versetzen und erhitzen, bis NH_3 verkocht ist, dann mit Essigsäure ansäuern. $K_2Cr_2O_7$ zufügen und zentrifugieren.

Rückstand: $BaCrO_4$.	Lösung: Sr^{2+} und Ca^{2+}.
Im Rückstand auf *Barium* prüfen (s. S.302).	Zur Lösung NH_4OH im Überschuß zufügen, dann C_2H_5OH zugeben und zentrifugieren.

Rückstand: $SrCrO_4$.	Lösung: Ca^{2+}.
Im Rückstand auf *Strontium* prüfen (s. S. 302).	In der Lösung Alkohol verkochen, dann zur Lösung $K_2C_2O_4$ zufügen und zentrifugieren. Zentrifugat verwerfen, im Rückstand auf *Calcium* prüfen (s. S. 302).

Tabelle 62c. Analyse der amphoteren basischen Elemente I.

Der in Wasser lösliche Teil der Schmelze kann außer den sauren Elementen noch SeO_4^{2-}, $H_4TeO_6^{2-}$, $Cu(OH)_4^{2-}$, $Pb(OH)_4^{2-}$, $Zn(OH)_4^{2-}$, AsO_4^{3-}, $Sb(OH)_6^-$, $Sn(OH)_6^{2-}$, CrO_4^{2-}, $Al(OH_4^{2-}$ und K^+, sowie unter Umständen noch geringe Mengen an kolloidalem $Cd(OH)_2$ und $Fe(OH)_3$ enthalten.

Von der auf 50 ml verdünnten Lösung 10 ml mit $HClO_4$ im Überschuß versetzen, Lösung stark eindampfen, dann HBr und $NH_2OH \cdot HCl$ zufügen, aufkochen und zentrifugieren.

Rückstand: Se.	Lösung: H_6TeO_6, $CuBr_4^{2-}$, $PbBr_4^{2-}$, $ZnBr_4^{2-}$, H_3AsO_4, $SbBr_6^-$, $SnBr_4^{2-}$, Cr^{3+}, $AlBr_4^-$ [sowie $CdBr_4^{2-}$ und $FeBr_4^-$].
Im Rückstand auf *Selen* prüfen (s. S. 294).	Zur Lösung 1 m $N_2H_4 \cdot HClO_4$ zufügen, Lösung erhitzen und zentrifugieren.

Rückstand: Te.	Lösung: $CuBr_4^{2-}$, $PbBr_4^{2-}$, $ZnBr_4^{2-}$, H_3AsO_4, $SbBr_6^-$, $SnBr_4^{2-}$, Cr^{3+}, $AlBr_4^-$ und K^+ [sowie $CdBr_4^{2-}$ und $FeBr_4^-$].
Im Rückstand auf *Tellur* prüfen (s. S. 295).	Lösung erhitzen und mit H_2S sättigen, danach mit NaOH fast neutralisieren und erneut mit H_2S sättigen; durch Zugabe von NH_4CH_3COO Lösung auf einen p_H-Wert von 3 bringen, dann Lösung aufkochen und erneut H_2S einleiten, nach dem Erkalten noch einmal mit H_2S sättigen, dann zentrifugieren.

Rückstand: CuS, PbS, ZnS, As_2S_5, As_2S_3, Sb_2S_3, Sb_2S_5 und SnS_2 [sowie CdS].	Lösung: Cr^{3+}, Al^{3+} und K^+ [sowie Fe^{3+}].
Rückstand mit K_2S und KOH digerieren, dann zentrifugieren.	Lösung mit NH_4OH im Überschuß versetzen, aufkochen und zentrifugieren.

Rückstand: CuS, PbS, ZnS u. [CdS].	Lösung: AsS_4^{3-}, SbS_4^{3-} und SnS_3^{2-}	Rückstand: $Cr(OH)_3$ u. $Al(OH)_3$ [sowie $Fe(HO)_3$].	Lösung: K^+.
Analyse des Rückstandes: Tab. 62d.	Analyse der Lösung: Tab. 62e.	Im Rückstand auf *Chrom* (s. S.297) und auf *Aluminium* (s. S. 296) prüfen.	In der Lösung mit $Na_3[Co(NO_2)_6]$ auf *Kalium* prüfen.

Tabelle 62d. Analyse der amphoteren basischen Elemente II.

Der nach dem Digerieren mit K_2S und KOH verbleibende Rückstand kann CuS, PbS und ZnS sowie unter Umständen geringe Mengen an CdS enthalten.
Rückstand mit 4,5 n H_2SO_4 warm digerieren, Lösung im Eisbad kühlen und zentrifugieren.

Rückstand: CuS und $PbSO_4$.	Lösung: Zn^{2+} [sowie Cd^{2+}].
Rückstand in 6 n HCl unter Zusatz von $KClO_3$ lösen, Lösung verdünnen bis zur Säurekonzentration 2,4 n, H_2S einleiten und zentrifugieren.	Lösung bis zur schwach sauren Reaktion mit NaOH versetzen, dann H_2S einleiten und zentrifugieren.

Rückstand: CuS.	Lösung: $PbCl_4^{2-}$.
Im Rückstand auf *Kupfer* prüfen (s. S. 290).	In der Lösung H_2S verkochen, p_H-Wert der Lösung durch Zugabe von NaOH und Essigsäure auf 3 bis 4 bringen, dann $K_2Cr_2O_7$ zufügen und zentrifugieren.

Rückstand: $PbCrO_4$.	Lösung: verwerfen.
Im Rückstand auf *Blei* prüfen (s. S. 290).	

Rückstand: [CdS].

Lösung: Zn^{2+}.
Lösung durch Zugabe von NH_4CH_3COO auf einen p_H-Wert von 3 bringen, H_2S einleiten und zentrifugieren.

Rückstand: ZnS.
Im Rückstand auf *Zink* prüfen (s. S. 300). — [Lösung verwerfen.]

Tabelle 62e. Analyse der amphoteren Elemente III.

Die beim Digerieren des Sulfidniederschlages mit K_2S und KOH erhaltene Lösung kann AsS_4^{3-}, SbS_4^{3-} und SnS_3^{2-} enthalten.
Lösung mit verd. H_2SO_4 ansäuern und zentrifugieren, Zentrifugat verwerfen, Rückstand mit 12 n HCl digerieren, hierbei H_2S einleiten, anschließend zentrifugieren.

Rückstand: As_2S_3 und As_2S_5.	Lösung: $SbCl_4^-$ und $SnCl_6^{2-}$.
Im Rückstand auf *Arsen* prüfen (s. S. 292).	Lösung mit Oxalsäure versetzen, verdünnen, mit H_2S sättigen und zentrifugieren.

Rückstand: Sb_2S_3.	Lösung: $Sn(C_2O_4)_3^{2-}$.
Im Rückstand auf *Antimon* prüfen (s. S. 293).	Lösung nach Zusatz von H_2SO_4 und HNO_3 aufkochen, verdünnen, H_2S einleiten, zentrifugieren, Zentrifugat verwerfen und im Rückstand auf *Zinn* prüfen (s. S. 294).

Tabelle 62f. Analyse der sauren Elemente I.

Der in Wasser lösliche Teil der Schmelze kann außer den amphoteren, basischen Elementen noch J^-, Br^-, Cl^-, CrO_4^{2-}, $H_4TeO_6^{2-}$, AsO_4^{3-}, PO_4^{3-}, SeO_2^{2-}, SO_4^{2-}, $H_2BO_3^-$ sowie F^-, NO_3^- und SiO_3^{2-} enthalten. [F^-, NO_3^- und SiO_3^{2-} werden nicht im Trennungsgang, sondern gesondert nachgewiesen.]
Von der auf 50 ml verdünnten Lösung 10 ml nach Ansäuern mit $HClO_4$ mit $AgNO_3$ im Überschuß versetzen und zentrifugieren.

Rückstand: AgJ, AgBr und AgCl. (Halogengruppe.)	Lösung: Arsen- und Schwefelgruppe.
Rückstand mit NH_4OH und NaOH aufnehmen, amalgamiertes Zink zufügen und kräftig schütteln, Hg zufügen, wieder durchschütteln und zentrifugieren.	Analyse der Arsen- und Schwefelgruppe: Tab. 62g.

Rückstand: Ag und Hg.	Lösung: J^-, Br^- und Cl^-.
Rückstand verwerfen.	Lösung nach Verkochen des NH_3 mit $HClO_4$ ansäuern, dann CCl_4 und $NaNO_2$ zufügen, durchschütteln und beide Schichten trennen.

CCl_4-Schicht: J_2.	Wäßrige Schicht: Br^- und Cl^-.
In der CCl_4-Schicht: auf *Jod* prüfen.	In der wäßrigen Lösung NO bzw. NO_2 verkochen, dann CCl_4 und $KMnO_4$ zufügen, Lösung durchschütteln und beide Schichten trennen.

CCl_4-Schicht: Br_2.	Wäßrige Schicht: Cl^-.
In der CCl_4-Schicht auf *Brom* prüfen.	In der wäßrigen Schicht auf *Chlorid* prüfen.

Tabelle 62g. Analyse der sauren Elemente II.

Das Zentrifugat der Ag^+-Fällung kann $HCr_2O_7^-$, H_6TeO_6, H_3AsO_4, H_3PO_4, $HSeO_4^-$, HSO_4^- und H_3BO_3 enthalten.
Durch Zugabe von Na_2CO_3 den pH-Wert der Lösung auf 6 bis 7 bringen, dann zentrifugieren.

Rückstand: Ag_2CrO_4, $Ag_2H_4TeO_6$, Ag_3AsO_4 und Ag_3PO_4.	Lösung: SeO_4^{2-}, SO_4^{2-} und H_3BO_3.
Rückstand in $HClO_4$ lösen, HCl zufügen und zentrifugieren.	Lösung mit HCl versetzen und zentrifugieren.

Linker Zweig:

Rückstand: AgCl. (Rückstand verwerfen.)

Lösung $HCr_2O_7^-$, $H_4TeO_6^{2-}$, H_3AsO_4 und H_3PO_4.

In einem Teil der Lösung auf *Chromat* prüfen (s. S. 297). Rest der Lösung mit $N_2H_4 \cdot H_2O$ versetzen, aufkochen und zentrifugieren.

Rückstand: Te.	Lösung: H_3AsO_3 u. H_3PO_4.
Im Rückstand auf *Tellur* prüfen (s. S. 295).	Lösung mit H_2S sättigen, dann zentrifugieren.

Rückstand: As_2S_3.	Lösung H_3PO_4.
Im Rückstand auf *Arsen* prüfen (s. S. 292).	Im Filtrat mit Ammoniummolybdat auf *Phosphat* prüfen.

Rechter Zweig:

Rückstand: AgCl. (Rückstand verwerfen.)

Lösung: SeO_4^{2-}, SO_4^{2-} und H_3BO_3.

Lösung mit HBr und $NH_2OH \cdot HCl$ versetzen und zentrifugieren.

Rückstand: Se.	Lösung: HSO_4^- und H_3BO_3.
Im Rückstand auf *Selen* prüfen (s. S. 294).	Lösung mit $BaCl_2$ und NaOH versetzen, dann zentrifugieren.

Rückstand: $BaSO_4$.	Lösung: H_3BO_3.
Im Rückstand auf *Sulfat* prüfen.	In der Lösung auf *Borsäure* prüfen.

2. Trennungen mittels Phosphat.

Trennungsgang nach W. J. Petraschenj.

Als Beispiel eines Trennungsganges mittels Phosphat sei der von Petraschenj genannt. Er behandelt nur die Elemente der Schulanalyse mit Ausnahme von Arsen. Arsen tritt nach Angabe des Verfassers in Analysen vorwiegend als Anion auf. Es ist deshalb nicht als Kation, sondern als Anion nachzuweisen. Nachfolgende Tabelle zeigt kurz skizziert den Analysengang.

Tabelle 63. Analysengang nach Petraschenj I.

Analysenprobe in Wasser oder verd. Salpetersäure lösen, notfalls vom unlöslichen Rückstand abfiltrieren, dann Lösung 2- bis 3mal mit konz. Salpetersäure zur Trockne eindampfen, Rückstand mit verd. Salpetersäure aufnehmen und vom Ungelösten abfiltrieren.

Rückstand I: Oxyde von Sn und Sb.	Filtrat I: restliche Elemente.
Rückstand mit Soda-Schwefel schmelzen, erkaltete Schmelze in Wasser lösen und in der Lösung auf Sn und Sb prüfen.	Zum Filtrat HCl zufügen, bis sich kein Niederschlag mehr bildet, dann filtrieren.

Niederschlag II: AgCl und $PbCl_2$.	Filtrat II: restliche Elemente:

Tabelle 63. (Fortsetzung.)

Niederschlag II: AgCl und $PbCl_2$.	Filtrat II: restliche Elemente.
Niederschlag wird wie üblich analysiert.	Zum sauren Filtrat etwas NH_4Cl zufügen, dann Ammoniumphosphat im Überschuß zugeben und Lösung mit konz. Ammoniak stark alkalisch machen. Lösung wird auf 60 bis 70° erwärmt. Nachdem sich der Niederschlag abgesetzt hat, wird filtriert.

Niederschlag III: Mg, Ca, Sr, Ba, Al, Cr, Fe, Mn, Bi und (Pb).	Filtrat III: Alkalien, Zn, Ni, Co, Hg, Cu, Cd, (Cr, Al, Fe).
Niederschlag in HCl lösen, zur Lösung festes Na_2CO_3 in geringem Überschuß zugeben, etwas Bromwasser zufügen und 10 bis 15 Min. lang erwärmen, dann filtrieren.	Weiterverarbeitung s. Tab. 63a.

Niederschlag IV: Mg, Ca, Sr, Ba, Al, Fe, Mn, Bi und (Pb).	Filtrat IV: CrO_4^{2-}.
Niederschlag mit verd. Essigsäure und 0,5 n Na_2HPO_4 (1:1) digerieren.	

Rückstand V: Al, Fe, Mn, Bi und (Pb).	Filtrat V: Mg, Ba, Sr und Ca.
Rückstand in verd. HCl lösen, konz. H_2SO_4 zufügen und eindampfen, bis sich SO_3-Nebel bilden. Zur Lösung verd. Schwefelsäure zufügen und filtrieren.	In der Lösung Barium als $BaCrO_4$, dann Strontium als $SrSO_4$ und Calcium als CaC_2O_4 fällen. Im Filtrat der Oxalatfällung auf Magnesium prüfen.

Niederschlag: Pb.	Filtrat: Al, Fe, Mn und Bi.
	Zum Filtrat Na_2HPO_4 im Überschuß zugeben, dann verd. NH_4OH bis zur schwach alkalischen Reaktion zufügen. Der gebildete Niederschlag wird abfiltriert und ohne zu erwärmen mit 2 n Essigsäure und 0,5 n Na_2HPO_4 digeriert (1:1).

Rückstand: Al, Fe und Bi.	Filtrat: Mn.
Rückstand mit 0,5 n HNO_3 und 0,5 n Na_2HPO_4 (2:1) digerieren.	

Rückstand: Bi.	Filtrat: Al und Fe.

Tabelle 63a. Analysengang nach PETRASCHENJ II.

Filtrat III kann enthalten: Alkalien, Ni, Co, Cu, Zn, Cd, Hg, (Cr), (Fe) und (Al) sowie Phosphat. Zur Lösung wird $BaCl_2$ Lösung zugefügt, bis sich kein Niederschlag mehr bildet, dann wird filtriert.

Niederschlag: Fe, Al, Cr und Ba.	Filtrat: Alkalien, Zn, Ni, Co, Hg, Cu, Cd, (Ba).
Niederschlag in HCl lösen, Barium als Sulfat fällen. Im Filtrat der Bariumfällung auf Fe, Al und Cr prüfen.	Im Filtrat Barium als Sulfat fällen und abfiltrieren. Im Filtrat der Bariumfällung Quecksilber durch Zusatz von Hydrazinsulfat ausfällen.

Niederschlag: Hg.	Filtrat: Alkalien, Zn, Ni, Co, Cu und Cd.

Tabelle 63a. (Fortsetzung.)

Niederschlag: Hg.	Filtrat: Alkalien, Zn, Ni, Co, Cu und Cd. Filtrat mit HCl ansäuern, dann zum Filtrat NH_4J zufügen und den gebildeten Niederschlag abfiltrieren.
Niederschlag: Cu.	Filtrat: Alkalien, Zn, Ni, Co und Cd. Zur Vertreibung der Ammoniumsalze Filtrat zur Trockne eindampfen und glühen. Rückstand in HCl lösen. In einem Teil der Lösung auf Natrium prüfen. Rest der Lösung mit Soda im Überschuß versetzen und gebildeten Niederschlag abfiltrieren.
Niederschlag: Zn, Ni, Co und Cd. Niederschlag mit NaOH digerieren.	Filtrat: Alkalien.
Rückstand: Ni, Co und Cd. Ni, Co und Cd werden nebeneinander nachgewiesen.	Filtrat: Zn.

Trennungsgang nach M. B. Rane und K. Konlaish.

Der Analysengang nach Rane und Konlaish zeigt einen ähnlichen Aufbau wie der nach Petraschenj. Nur werden hier vor Abtrennung der Phosphatgruppe noch die Erdalkalien und Blei als Sulfate abgeschieden. So enthält nach Rane und Konlaish die Phosphatgruppe nur die Metalle Fe, Al, Cr, Bi, Mn, Mg und (Ca). Das Filtrat der Phosphatgruppentrennung zeigt die gleiche Zusammensetzung wie bei Petraschenj.

Trennungsgang nach Khoroshkin.

Khoroshkin fällt die Phosphatgruppe mittels Na_2HPO_4, NH_4Cl und NH_4OH aus. Da er Zinn und Antimon vorher nicht als Oxyde abscheidet, werden beide Metalle in der Phosphat-Hydroxydgruppe mitausgefällt. Auch dieser Trennungsgang zeigt einen ähnlichen Aufbau wie der nach Petraschenj bzw. der nach Rane und Konlaish.

3. Trennungen mittels Ammoniak.

Trennungsgang nach Hermann Eicher.

Nach dem Analysengang von Eichler werden nach Abtrennung von Zinn und Antimon als Oxyde und von Silber, Blei und Quecksilber(I) als Chloride die Metalle Quecksilber(II), Wismut, Mangan, Eisen, Chrom und Aluminium mittels Ammoniak und Ammoniumchlorid als Oxydhydrate gefällt. Im einzelnen zeigt der Trennungsgang folgende Gruppentrennung.

Tabelle 64. Analysengang nach Eichler.

Analysenlösung, die die 24 Elemente der Schulanalyse enthalten kann, wird mit konz. HNO_3 zur Trockne eingedampft. Der Rückstand wird mit verd. HNO_3 aufgenommen, dann wird filtriert.	
Niederschlag: Gruppe I. Sn und Sb als Oxyde.	Filtrat: Gruppe II bis V. Filtrat der I. Gruppenfällung mit HCl versetzen, gebildeten Niederschlag abfiltrieren.
Niederschlag: Gruppe II.	Filtrat: Gruppe III, IV und V.

Tabelle 64. (Fortsetzung.)

Niederschlag: Gruppe II.	Filtrat: Gruppe III, IV und V.
HgCl, $PbCl_2$ und AgCl.	Filtrat der II. Gruppenfällung in zwei Teile teilen.

<table>
<tr><td colspan="2">Teil 1 des Filtrates der II. Gruppenfällung. Lösung mit Schwefelsäure versetzen und gebildeten Niederschlag abfiltrieren.</td><td rowspan="3">Teil II des Filtrates der II. Gruppenfällung. Lösung erhitzen und zur heißen Lösung NH_4Cl und NH_4OH im Überschuß zufügen. Der gebildete Hydroxydniederschlag wird abfiltriert.</td></tr>
<tr><td>Niederschlag: Gruppe III. Erdalkalisulfate.</td><td>Filtrat in zwei Teile teilen.</td></tr>
<tr><td>Teil I: mit NaOH die restlichen Metalle fällen, abfiltrieren und im Filtrat auf K und Li prüfen.</td><td>Teil II: mit KOH die restlichen Metalle fällen, abfiltrieren und im Filtrat auf Na prüfen.</td></tr>
</table>

<table>
<tr><td colspan="2">Niederschlag: Gruppe IV.
Hg(II), Bi, Mn, Fe, Al, Cr, (Sn und Sb).</td><td colspan="2">Filtrat: Gruppe V.
Cu, Cd, Co, Ni, As, Zn, Ba, Ca, Sr, Mg, Alkalien.</td></tr>
<tr><td colspan="2">Niederschlag in HCl lösen, Lösung mit NaOH und H_2O_2 (oder Brom) versetzen und aufkochen.</td><td colspan="2">Filtrat ansäuern, dann mit NaOH im Überschuß versetzen.</td></tr>
<tr><td>Niederschlag:
Gruppe IVa.
Fe, Mn, Bi und Hg(II).</td><td>Filtrat: Gruppe IVb.
Al, Cr, (Sb, Sn) als Anionen.</td><td>Niederschlag:
Gruppe Va.
Cu, Cd, Co und Ni [Mg, Ba, Sr].</td><td>Filtrat: Gruppe Vb.
As, Zn als Anionen, [Ba, Ca, Sr, Mg und Alkalien].</td></tr>
</table>

Ein Mikrotrennungsgang für Kationen ohne Sulfidfällung von M. C. Alvarez Querol und C. L. Wilson.

Bei diesem Schema handelt es sich um einen reinen Mikrotrennungsgang, der außer Vanadin alle Kationen, die häufig analysiert werden, umfaßt. Gearbeitet wird mit 3 bis 4 Tropfen Analysenlösung. Die Kationen werden durch Gruppenfällungen in vier Gruppen eingeteilt. Innerhalb der Gruppen werden jeweils mehrere Elemente nebeneinander nachgewiesen. Auf Alkalien wird in einer gesonderten Probe geprüft. Die Abtrennung der Alkalien erfolgt nach der gleichen Methode, wie sie bei El-Badry, McDonnel und Wilson in Tab. 56a auf S. 252 beschrieben ist.

Tab. 65a zeigt den Trennungsgang nach Querol und Wilson in schematischer Zusammenstellung.

Tabelle 65a. Gruppenabtrennung.

<table>
<tr><td colspan="2">Zur Analysenlösung HCl zufügen und zentrifugieren.</td></tr>
<tr><td rowspan="2">Rückstand R I_1: Gruppe I.
[Ag, Hg, Pb und W.]
Analyse: Tab. 65b.</td><td>Lösung F I_1: Gruppe II, III und IV.</td></tr>
<tr><td>Lösung F I_1 zur Trockne eindampfen, zweimal mit konz. HNO_3 abrauchen, Rückstand mit heißer, 1%iger HNO_3 aufnehmen, zentrifugieren.</td></tr>
<tr><td rowspan="2">Rückstand R II_1: Gruppe II.
[Sn, Sb, Ti und Mo].
Analyse: Tab. 65c.</td><td>Lösung F II_1: Gruppe III und IV.</td></tr>
<tr><td>Lösung F II_1 mit Na_2SO_4 und Alkohol versetzen, gebildeten Niederschlag abzentrifugieren.</td></tr>
<tr><td>Rückstand R III_1: Gruppe III.</td><td>Lösung F III_1: Gruppe IV.</td></tr>
</table>

Tabelle 65a. (Fortsetzung.)

Rückstand R III_1: Gruppe III [Ca, Sr, Ba, Pb, (Zr)]. Analyse: Tab. 65d.	Lösung F III_1: Gruppe IV.	
	Lösung F III_1 mit NH_4Cl und NH_4OH versetzen, erwärmen und gebildeten Niederschlag abzentrifugieren.	
	Rückstand R IV_1: Untergruppe IV A. [Fe, Al, Cr, Mn, Bi und Zr.] Analyse: Tab. 65e.	Lösung F IV_1: Untergruppe IV B [Cu, Hg, Mg, Cd, Zn, Ni und Co]. Analyse: Tab. 65f.

Tabelle 65b. Abtrennung und Analyse der Gruppe I.

Zu 3 bis 4 Tropfen der Analysenlösung 2 bis 3 Tropfen HCl (1 :1) zufügen, im Block auf 95° erhitzen, dann zentrifugieren.

Rückstand R I_1: Gruppe I Pb, Ag, W und Hg[1].	Filtrat F I_1: Gruppe II, III und IV.
Rückstand zweimal mit einem Tropfen Wasser waschen. Waschwasser mit Filtrat F I_1 vereinigen. Dann Rückstand dreimal mit 10%iger Ammoniumacetatlösung extrahieren.	Weiterverarbeitung des Filtrates F I_1 in Tab. 65c.

Rückstand R I_2: Ag, W und Hg.	Lösung F I_2: Pb.
Rückstand mit Wasser waschen, Waschwasser verwerfen, dann Rückstand zweimal mit NH_4OH extrahieren.	In der Lösung F I_2 mit $K_2Cr_2O_7$ oder mit Dithizon auf *Blei* prüfen. Durchführung s. S. 290.

Rückstand R I_3: Hg.	Lösung F I_3: Ag und W.
Rückstand R I_3 ist stets schwarz gefärbt. Er zeigt an, daß die Probe Quecksilber enthält, und daß das Hg (I) nicht vollständig zu Hg (II) oxydiert wurde[1].	Lösung mit HCl ansäuern. Der sich hierbei bildende Niederschlag wird abzentrifugiert und in 5%iger KCN-Lösung gelöst. Die Lösung wird in zwei Teile geteilt.

In einem Teil der Lösung mit p-Dimethyl-amino-azo-benzalrhodamin auf *Silber* prüfen (Durchführung s. S. 288).	Im Rest der Lösung mit KSCN und $SnCl_2$ auf *Wolfram* prüfen (Durchführung s. S. 295).

Tabelle 65c. Abtrennung und Analyse der Gruppe II.

Filtrat F I_1 zur Trockne eindampfen[2], Rückstand mit 2 Tropfen konz. HNO_3 aufnehmen und Lösung im Heizblock bei 105° zur Trockne eindampfen (durch das Arbeiten im Heizblock wird verhindert, daß sich durch Überhitzung unlösliche, basische Salze bilden). Das Abrauchen mit 2 Tropfen konz. HNO_3 noch einmal wiederholen. Rückstand mit 3 bis 4 Tropfen heißer, 1%iger HNO_3 extrahieren, dann Rückstand zweimal mit heißem Wasser waschen. Lösung und Waschwasser vereinigen.

Rückstand R II_1: Gruppe II.	Filtrat F II_1: Gruppe III und IV.

[1] Es ist bei Mikroanalysen vorteilhaft, vor Beginn der Trennung Hg(I) zu Hg(II) zu oxydieren.

[2] Arsen muß gesondert nachgewiesen werden, da es sich beim Abrauchen mit HCl vollständig verflüchtigt. (Spuren von Arsen können sich im Rückstand R II_1 befinden.

Tabelle 65c. (Fortsetzung.)

Rückstand R II_1: Gruppe II Sn, Sb, Ti und Mo[1].	Filtrat F II_1: Gruppe III und IV.
Rückstand R II_1 in einer heißen Mischung von 2 n-HCl und 2n HNO_3 (1:1) lösen, Lösung in vier Teile teilen.	Weiterverarbeitung des Filtrates F II_1 in Tab. 65d.

In Teil 1 der Lösung mit Zinnfolie oder mit Rhodamin B auf *Antimon* prüfen (s. S. 293).
In Teil 2 der Lösung mit $FeCl_3$, Weinsäure und Dimethylglyoxim auf *Zinn* prüfen (s. S. 294).
In Teil 3 der Lösung mit H_2O_2 oder mit Chromotropsäure auf *Titan* prüfen (s. S. 298).
In Teil 4 der Lösung mit $SnCl_2$ und KSCN oder mit Äthylacetat und $Na_2S_2O_3$ auf *Molybdän* prüfen (s. S. 295).

Tabelle 65d. Abtrennung und Analyse der Gruppe III.

Lösung F II_1 wird auf das ursprüngliche Volumen eingedampft, mit dem gleichen Volumen gesättigter Na_2SO_4-Lösung und dem vierfachen Volumen an Alkohol versetzt und nach 2 bis 3 Min. zentrifugiert.

Filtrat F III_1: Gruppe IV.	Rückstand R III_1: Ca, Sr, Ba, Pb und (Zr).
Weiterverarbeitung des Filtrates F III_1: Tab. 65e.	Rückstand dreimal mit kaltem Wasser waschen, dann zentrifugieren.

Lösung F III_2: Ca, (Sr) und (Zr).	Rückstand R III_2: Pb, Ba und Sr.
Lösung F III_2 mit NH_4OH digerieren.	Rückstand R III_2 mit 10%iger Ammoniumacetatlösung digerieren.

Filtrat F III_3: Ca und (Sr).	Rückstand R III_3: (Zr).
Im Filtrat mit $K_4[Fe(CN)_6]$ auf *Calcium* (s. S. 301) und mit Na-rhodizonat oder $K_2Cr_2O_7$ auf *Strontium* prüfen (s. S. 302).	Rückstand in kalter 2 n HCl lösen. In der Lösung mit Alizarin oder mit Phosphat auf *Zirkon* prüfen (s. S. 298).

Filtrat F III_4: Pb.	Rückstand R III_4: Ba, Sr.
Im Filtrat F III_4 mit $K_2Cr_2O_7$ oder mit Dithizon auf *Blei* prüfen (s. hierzu S. 290).	Rückstand R III_4 mit 10%iger Sodalösung kochen, dann zentrifugieren.

Rückstand R III_5: Ba und Sr.	Filtrat F III_5: verwerfen.
Rückstand in Essigsäure lösen, Lösung in zwei Teile teilen.	

In dem einen Teil der Lösung mit $K_2Cr_2O_7$ oder mit Na-rhodizonat auf *Barium* prüfen (s. hierzu S. 302).	In dem anderen Teil der Lösung mit Na-rhodizonat auf *Strontium* prüfen (s. S. 302).

Tabelle 65e. Aufteilung der Gruppe IV in die Untergruppen IV A und IV B und Analyse der Untergruppe IV A.

In der Lösung F III_1 Alkohol verkochen, hierbei auf ein Drittel des ursprünglichen Volumens eindampfen. Zur Lösung erst einige Kristalle NH_4Cl, dann NH_4OH bis zur alkalischen Reaktion zugeben und 5 bis 6 Min. lang im Block auf 90° C erhitzen. Hierbei wandelt sich lösliches $Mn(OH)_2$ in unlösliches $MnO(OH)_2$ um. Anschließend wird die Lösung zentrifugiert.

Lösung F IV_1: Untergruppe IV B.	Rückstand R IV_1: Untergruppe IV A.

[1] Bei Anwesenheit von Molybdän kann ein Teil desselben in das Filtrat F II_1 gelangen.

Tabelle 65e. (Fortsetzung.)

Lösung F IV_1: Untergruppe IV B.	Rückstand R IV_1: Untergruppe IV A. Hydroxyde von Fe, Al, Cr, Zr, Mn und Bi.
Weiterverarbeitung der Lösung FIV_1 in Tab. 65f.	Zum Rückstand R IV_1 6 n NaOH und H_2O_2 zufügen und 2 bis 3 Min. erhitzen, dann zentrifugieren.

Filtrat F IV_2: $[Al(OH)_4]^-$ und CrO_4^{2-}.	Rückstand R IV_2: Hydroxyde von Fe, Mn, Bi und Zr.
Im Filtrat F IV_2 mit Alizarin S oder mit Cs_2SO_4 auf *Aluminium* (s. S. 296) und mit H_2O_2 und H_2SO_4 auf *Chrom* (s. S. 297) prüfen.	Rückstand in 3 n HCl lösen und auf Eisen, Mangan, Wismut und Zirkon prüfen. *Eisen:* mit $K_4[Fe(CN)_6]$ oder mit KSCN (s. S. 297). Es kann auch in der Ausgangsanalysenlösung direkt auf Fe(II) mit o-Phenanthrolin geprüft werden. *Mangan:* mit $(NH_4)_2S_2O_8$ oder mit Natriumwismutat (s. S. 300). *Wismut:* mit Thioharnstoff oder mit $SnCl_2$, KOH und Bleiacetat (s. S. 291). *Zirkon:* mit Phosphat oder mit Alizarin (s. S. 298).

Tabelle 65f. Analyse der Untergruppe IV B.

Lösung F IV_1 kann enthalten: Amminkomplexe von Ni, Co, Zn, Cu und Cd, wie Hg, Mg und Spuren von MnO_4^-. Zur Lösung werden einige Tropfen Na_2HPO_4 zugefügt, dann wird zentrifugiert.

Rückstand R IV B_1: Mg.	Filtrat F IV B_1: Hg, Cu, Co, Zn, Cd und Ni.
Rückstand in 5%iger Essigsäure lösen. In der Lösung mit Magneson auf *Magnesium* prüfen (s. S. 302).	Im Filtrat F IV B_1 mit Dimethylglyoxim auf *Nickel* prüfen. Enthält die Probe Nickel, dann dieses mit Dimethylglyoxim vollständig ausfällen und abzentrifugieren.

Filtrat F IV B_2: Hg, Cu, Co, Zn und Cd.	Rückstand R IV B_2: Ni verwerfen.
Im Filtrat Hg, Cu, Co, Zn und Cd nebeneinander nachweisen, und zwar: *Quecksilber* mit $SnCl_2$ und Anilin (s. S. 289). *Kupfer* durch katalytische Entfärbung von Eisen(III)-thiosulfat (s. S. 290). *Kobalt, Zink* und *Cadmium* können unter dem Mikroskop durch Umsetzung mit $K_2[Hg(SCN)_4]$ nebeneinander nachgewiesen werden (s. hierzu CHAMOT und MASON S. 139).	

Trennungsgang nach M. B. STSCHIGOL und N. M. DOUBINSKI.

Verfasser fällen die Hauptgruppe mittels Soda und Ammoniak aus. Störende Anionen wie Phosphat und Oxalat brauchen nicht entfernt zu werden, organische Substanzen werden im Trennungsgang zerstört. Auch dieser Trennungsgang behandelt nur die Elemente der Schulanalyse. Er zeigt folgende Gruppentrennung:

Tabelle 66. Trennungsgang nach STSCHIGOL und DOUBINSKI.

Neutrale oder schwach salpetersaure Analysenlösung mit HCl versetzen und kalt filtrieren.

Niederschlag I: AgCl, HgCl, $PbCl_2$.	Filtrat I: Filtrat zur Trockne eindampfen, zweimal mit Salpetersäure (Dichte 1,4) abrauchen. (Hierdurch wird evtl. vorhandene organische Substanz zerstört.) Rückstand mit stark verd. Salpetersäure, die etwas gelöstes Ammoniumnitrat enthält, aufnehmen, vom Ungelösten abfiltrieren.

Niederschlag II: SnO_2, und Sb_2O_4.	Filtrat II: Filtrat erhitzen, gesättigte Sodalösung im Überschuß zufügen, dann gesättigte Ammoniumchloridlösung zugeben. Lösung unter Umrühren in ein gleiches Volumen konz. Ammoniak eingießen. Lösung aufkochen, dann filtrieren.

Niederschlag III: Carbonate und Hydroxyde von (Pb), Bi, Fe, Mn, Al, Cr, Ba, Sr, Ca, ($MgNH_4PO_4$, $MgNH_4AsO_4$).	Filtrat III: Ammine von Hg, Cu, Cd, Co, Ni, Zn, (Mg) und Alkalien.	
Niederschlag gut auswaschen. Zum Niederschlag Natronlauge und Na_2O_2 hinzufügen, Mischung 5 Min. lang kochen, dann vom Ungelösten abfiltrieren.	Zum Filtrat 15%ige Natronlauge zufügen, im Filtrat Ammoniak verkochen, dann gebildeten Niederschlag abfiltrieren.	
	Niederschlag IV: Co, Ni, Hg, Cu und Cd.	Filtrat IV: Zn.

Niederschlag III_1: Bi, Fe, Mn, Ba, Sr, Ca, (Mg) als Hydroxyde und Carbonate.	Filtrat III_1: (Pb), Cr, Al als Anionen.
Niederschlag in 30%iger Essigsäure lösen, zur Lösung Na_2HPO_4 zufügen, dann den gebildeten Niederschlag abfiltrieren.	

Niederschlag III_1A: $BiPO_4$, $Fe(OH)_3$, $MnO(OH)_2$.	Filtrat III_1A: Ba, Sr, Ca, (Mg) und PO_4^{3-}.

Die Alkalien werden in einer gesonderten Probe nachgewiesen (s. hierzu S. 234).

Weitere Trennungsgänge, die Ammoniak als Fällungsreagens benutzen, wurden von E. EBLER, von SACCARDI und GIULIANI und von D. STROHAL veröffentlicht.

4. Trennung mittels organischer Reagenzien.

Trennung mittels Pyridin-Rhodanid nach J. T. DOBBINS, E. C. MARKHAM und H. L. EDWARD.

Dieser 1939 veröffentlichte Trennungsgang baut sich auf der verschiedenartigen Reaktionsfähigkeit des Pyridins auf. Nachfolgende Eigenschaften des Pyridins werden zum Trennen der Elemente benutzt:

1. Die Basizität einer wäßrigen Pyridinlösung ist groß genug, um z. B. die Metalle Eisen, Wismut, Blei, Aluminium, Chrom, Antimon und Zinn als Hydroxyde zu fällen.

2. Pyridin bildet mit einer Reihe von Kationen komplexe Ionen, die mit dem Rhodanid-Ion schwerlösliche Salze bilden. Hierzu gehören z. B. Mangan, Kupfer, Kobalt, Nickel, Cadmium und Zink.

3. Die unlöslichen Metall-Pyridin-Rhodanidkomplexe werden durch Ammoniak unter Bildung der entsprechenden Amminkomplexe leicht zerlegt, mit Ausnahme von Mangan-tetrapyridinrhodanid. Letzteres bildet mit Ammoniak Manganhydroxyd.

Auch dieser Trennungsgang behandelt nur die 24 Schulelemente. Die Gruppentrennungen werden wie folgt durchgeführt:

Tabelle 67. Trennungsgang nach DOBBINS, MARKHAM und EDWARD.

Enthält die neutrale oder schwach salpetersaure Analysenlösung Chromat oder Permanganat, so wird dieses vorher durch Zugabe von Wasserstoffperoxyd reduziert. Dann wird zur Lösung HCl zugefügt und der gebildete Niederschlag abfiltriert.

Niederschlag: Gruppe I. AgCl, $PbCl_2$, $HgCl_2$.	Filtrat: Gruppe II bis V.
	Zum Filtrat einige Tropfen konz. Salpetersäure zufügen und die Lösung erhitzen. Hierdurch werden As, Sb, Sn und Fe aufoxydiert. In einem Teil des Filtrates wird mit Ammoniummolybdat auf Arsen und mit Zinn(II)-chlorid auf Quecksilber geprüft. Rest des Filtrates wird erst mit Ammoniak bis zur schwach alkalischen, dann mit Salzsäure bis zur schwach sauren Reaktion versetzt. Zur schwach sauren Lösung wird Pyridin-Rhodanid-Reagenslösung im Überschuß zugegeben. Der gebildete Niederschlag wird abfiltriert. (Reagenslösung: 10 g NH_4SCN in 100 ml H_2O lösen, zur Lösung 10 ml reines Pyridin zufügen.)

Niederschlag: Gruppe III.		Filtrat: Gruppe IV und V.	
Fe, Bi, Pb, Al, Cr, Sb, Sn als Hydroxyde, Cu, Co, Ni, Cd, Zn und Mn als Py-SCN-Komplexe. Rückstand mit verd. NH_4OH, der etwas NH_4Cl und H_2O_2 enthält, unter Erwärmen digerieren, dann filtrieren.		Filtrat mit NH_4OH alkalisch machen, $(NH_4)_2CO_3$ zufügen, Lösung erwärmen, dann gebildeten Niederschlag abfiltrieren.	
Niederschlag: Gruppe III A. Fe, Bi, Mn, Pb, Cr, Al, Sn, Sb.	Filtrat: Gruppe III B. Cu, Co, Ni, Zn, Cd.	Niederschlag: Gruppe IV. Ba, Sr, Cd.	Filtrat: Gruppe V. Mg, Alkalien.

Trennung mittels Phosphat-Milchsäure und Pyridin-Rhodanid nach J. T. DOBBINS und GILREATH.

Der zweite von DOBBINS ausgearbeitete und 1945 veröffentlichte Trennungsgang stellt eine Verbindung eines Phosphat- und eines Pyridin-Rhodanid-Trennungsganges dar. Er unterscheidet sich jedoch von den bisher besprochenen Phosphattrennungsgängen dadurch, daß bei ihm die Fällung mit Ammoniumphosphat in Gegenwart von Milchsäure vorgenommen wird. Hierdurch wird erreicht, daß nur Blei, Wismut, Eisen und Chrom als Phosphate abgeschieden, während Zink, Aluminium und Mangan durch den eingestellten p_H-Wert nicht gefällt werden. Andere Metalle, die sonst als Phosphate gefällt werden, wie z. B. Kupfer, Nickel und Kobalt, bilden mit der Milchsäure sehr stabile Komplexe. Diese Komplexbildung ist beim Antimon und Quecksilber sogar so stark, daß beide in das Filtrat der Pyridin-Rhodanid-Fällung gelangen. Tab. 68 zeigt das Schema des Trennungsganges.

Tabelle 68. Trennungsgang nach DOBBINS und GILREATH.

Neutrale bzw. salpetersaure Analysenlösung mit HCl versetzen und filtrieren.

Niederschlag: Pb, Ag und Hg (I).	Filtrat: Restliche Kationen.
	Filtrat mit Milchsäure und $(NH_4)H_2PO_4$ versetzen, hierbei Lösung auf einen p_H-Wert von 4 bringen und filtrieren.

Niederschlag: Pb, Bi, Fe und Cr als Phosphate, Sn als β-Zinnsäure.	Filtrat: Alkalien, Erdalkalien, Zn, Al, Mn, Cd, As sowie Cu, Ni, Co, Hg und Sb, letztere als Milchsäurekomplexe.
	Filtrat mit NH_4OH versetzen und filtrieren.

Niederschlag: Al, Mn, Ba, Sr, Ca und Mg als Phosphate.	Filtrat: Cu, Ni, Co, Zn und Cd als Amminkomplexe, Hg und Sb als Milchsäurekomplexe und Alkalien.
	Filtrat nach Verkochen des Ammoniaks mit Essigsäure ansäuern, Pyridin-Rhodanid-Reagens zufügen und filtrieren.

Niederschlag: Cu, Zn, Ni, Co und Cd.	Filtrat: Hg, Sb, As und Alkalien.

Trennungsgang nach PHILIP W. WEST, MAURICE M. VICK und ARTHUR L. LE ROSEN.

In dem 1953 von WEST, VICK und LE ROSEN veröffentlichten Lehrbuch der qualitativen Analyse wird als einziger Kationtrennungsgang ein sulfidfreier Hydrolysentrennungsgang unter Verwendung von benzoesaurem Natrium behandelt. Auch hier werden nur die üblichen Elemente der Schulanalyse behandelt. Der Analysengang zeigt nachfolgende Gruppenabtrennung und Analyse der einzelnen Gruppen.

Tabelle 69. Analysengang nach WEST, VICK und LEROSEN (Halbmikro).

2 ml der unbekannten Analysenlösung werden nach (A, O) erhitzt, heiß mit 3 Tropfen 6 n HCl versetzt und heiß zentrifugiert.

Niederschlag (B, 0): Gruppe der Chloride Hg_2Cl_2 und AgCl. Analyse des Niederschlages wie üblich.	Filtrat (A, 1): Zum Filtrat 6 n NH_4OH zufügen, bis der pH-Wert der Lösung 3 bis 4 beträgt. Zur Lösung 2 Tropfen 0,5 m benzoesaures Ammonium zufügen, erhitzen, dann 5 Tropfen 0,5 m benzoesaures Natrium zugeben, Lösung aufkochen und zentrifugieren. Rückstand mit 6 n NH_4OH waschen, bis die Waschlösung chloridfrei ist. Waschlösung verwerfen.

Niederschlag (C, 0): Gruppe der basischen Benzoate. (Fe, Al, Cr, Sn, Bi, Sb.) Weiterverarbeitung s. Tab. 69a.	Filtrat (A, 2): Zum Filtrat 5 Tropfen gesättigte NaF-Lösung zufügen, 5 Min. stehenlassen, dann zentrifugieren.

Niederschlag (D, 0): Gruppe der Fluoride. (Pb, Mg, Ba, Sr und Ca als Fluoride.) Weiterverarbeitung s. Tab. 69b.	Filtrat (A, 3): Filtrat mit 6 n NaOH alkalisch machen, in der Lösung Ammoniak verkochen, 1 ml 6 n NaOH zufügen, kräftig umrühren, dann zentrifugieren. Rückstand mit 1 ml Wasser waschen. Lösung und Waschwasser vereinigen.

Niederschlag (E, 0): Gruppe der Hydroxyde. (Co, Cu, Cd, Ni, Mn, Fe und Hg.) Weiterverarbeitung s. Tab. 69c.	Filtrat (A, 4): Gruppe der amphoteren Elemente. (Sn, As und Zn als Anionen.) Weiterverarbeitung s. Tab. 69d.

Die Alkalien werden in einer gesonderten Probe nachgewiesen.

Tabelle 69a. Analyse der Gruppe der basischen Benzoate.

Niederschlag (C, 0) kann enthalten: $Fe(OH)Bz_2$, $Cr(OH)Bz_2$, $Al(OH)Bz_2$, H_2SnO_3, BiOCl und SbOCl. Der Niederschlag wird mit 10 Tropfen 6 n HNO_3 aufgenommen, die Lösung erwärmt und zentrifugiert. Der Rückstand wird zweimal mit 6 n HNO_3 gewaschen.

Niederschlag (C, 1): H_2SnO_3 und SbOCl.		Filtrat (C, 4): Bi^{3+}, Al^{3+}, Fe^{3+} und Cr^{3+}.
Niederschlag mit 5 Tropfen 6 n NH_4OH und 5 Tropfen 1 m $KNaC_4H_4O_6$ erwärmen, dann zentrifugieren.		Filtrat mit 6 n NaOH alkalisch machen, dann 3 Tropfen 6 n NaOH im Überschuß zufügen und zentrifugieren.
Niederschlag (C, 2): H_2SnO_3.	Filtrat (C, 3): $K(SbO)C_4H_4O_6$.	

Niederschlag (C, 5): $Bi(OH)_3$ und $Fe(OH)_3$.	Filtrat (C, 6): AlO_2^- u. CrO_2^-.

Tabelle 69b. Analyse der Gruppe der Fluoride.

Niederschlag (D, 0) kann enthalten: PbF_2, MgF_2, BaF_2, SrF_2 und CaF_2. Niederschlag dreimal mit 10 Tropfen 3 m Ammoniumacetat extrahieren.

Rückstand (D, 2): MgF_2, BaF_2, SrF_2 und CaF_2.	Filtrat (D, 1): Pb^{2+}.
Niederschlag in 3 Tropfen 12 n HCl und 10 Tropfen gesättigter H_3BO_3 lösen. Lösung mit festem NH_4Cl sättigen, mit 15 n NH_4OH alkalisch machen, 1 Tropfen 15 n NH_4OH im Überschuß zugeben. Lösung aufkochen, 5 Tropfen Ammoniumcarbonatlösung zugeben und nach 3 Min. zentrifugieren.	

Niederschlag (D, 4): $BaCO_3$, $SrCO_3$ und $CaCO_3$.	Filtrat (D, 1): Mg^{2+}.
Niederschlag in 6 n CH_3COOH lösen, 2 Tropfen Essigsäure im Überschuß zufügen, zur Lösung 3 Tropfen 3 m NH_4CH_3COO und 2 Tropfen 1 m K_2CrO_4 zufügen und gebildeten Niederschlag abzentrifugieren.	

Niederschlag (D, 5): $BaCrO_4$.	Filtrat (D, 6): Sr^{2+} und Ca^{2+}, (CrO_4^{2-}).
	Lösung mit 6 n NH_4OH alkalisch machen, 1 Tropfen 1 m K_2CrO_4 und 2 ml Äthylalkohol zufügen, dann zentrifugieren.

Niederschlag (D, 7): $SrCrO_4$.	Filtrat (D, 8): Ca^{2+}.

Tabelle 69c. Analyse der Gruppe der Hydroxyde.

Niederschlag (E, 0) kann enthalten: $Co(OH)_2$, $Ni(OH)_2$, $Cu(OH)_2$, $Cd(OH)_2$, $Mn(OH)_2$, $Fe(OH)_2$ und HgO. — Niederschlag in 6 n HCl lösen, zur Lösung 15 n HN_4OH im Überschuß zufügen, gebildeten Niederschlag abzentrifugieren und den Rückstand mit 10 Tropfen 3 n NH_4OH waschen. Lösung und Waschammoniak vereinigen.

Niederschlag (E, 1): $Mn(OH)_2$, $Fe(OH)_2$ und $HgNH_2Cl$.	Filtrat (E, 2): Ammine von Cu^{2+}, Co^{2+}, Ni^{2+} und Cd^{2+}.
Niederschlag in 6 n HNO_3 lösen, in der salpetersauren Lösung auf Mangan, Eisen und Quecksilber prüfen.	Filtrat mit 12 n HCl ansäuern, Lösung aufkochen, dann so lange Na_2SO_3 in kleinen Anteilen zufügen, bis sich die Farbe des Filtrates nicht mehr ändert, danach 1 ml 1 m NH_4SCN zur siedenden Lösung zufügen. Der gebildete Niederschlag wird abzentrifugiert.

Niederschlag (E, 3): $Cu_2(SCN)_2$.	Filtrat (E, 4): $[Co(SCN)_6]^{4-}$, $[Cd(SCN)_4]^{2-}$ und $[Ni(SCN)_4]^{2-}$.
	Um zu prüfen, ob die Probe Kobalt enthält, werden zu einem Tropfen des Filtrates (E, 4) 10 Tropfen C_2H_5OH zugefügt. Bei Anwesenheit von Kobalt färbt sich die Lösung blau. Enthält die Probe kein Kobalt, wird nach (E, 6) weitergearbeitet. Bei Anwesenheit von Kobalt Lösung zur Trockne eindampfen, Rückstand mit 10 Tropfen einer gesättigten KCl-Lösung aufnehmen, mit Essigsäure ansäuern, 2 Tropfen Essigsäure im Überschuß zufügen und mit 5 Tropfen 6 m KNO_2-Lösung versetzen. Nach 10 Min. wird der gebildete Niederschlag abfiltriert.

Niederschlag (E, 5): $K_3[Co(NO_2)_6]$.	Filtrat (E, 6): Ni^{2+} und Cd^{2+}.
	Zum Filtrat ein gleiches Volumen 6 n NH_4OH zufügen, dann 1 ml Dimethylglyoximlösung zugeben und den gebildeten Niederschlag abzentrifugieren.

Niederschlag (E, 7): $Ni(C_4H_7O_2N_2)_2$.	Filtrat (E, 8): Cd^{2+}.

Tabelle 69d. Analyse der Gruppe der amphoteren Elemente.

Filtrat (A, 4) kann enthalten: SnO_2^{2-}, AsO_2^- und ZnO_2^{2-}. Filtrat mit 12 n HCl ansäuern und auf 2 ml eindampfen. Zur Lösung 1 ml 15 n NH_4OH zufügen, gut durchmischen, dann zentrifugieren. Rückstand mit 10 Tropfen 3 n NH_4OH waschen. Lösung und Waschammoniak gemeinsam weiterverarbeiten.	
Niederschlag (F, 0): $Sn(OH)_2$.	Filtrat (F, 1): AsO_2^- und $Zn(NH_3)_4^{2+}$.
	Im Filtrat auf Arsen und Zink prüfen.

Literatur.

ALMKVIST, GUSTAV: Z. anorg. Ch. **103**, 221 (1918).

BERDITSCHEWSKI, L. G., u. I. G. WASSERBERG: Ukrain. chem. J. **9**, 161 (1934) durch C. **106 II**, 1921 (1935). — BROCKMAN: J. chem. Educat. **16**, 133 (1939).

CHAMOT, E. M., u. C. M. MASON: Handbook of Chemical Microscopy. John Wiley and Sons. New York 1950.

DOBBINS, J. T., E. C. MARKHAM u. H. L. EDWARD: J. chem. Educat. **16**, 94 (1939). — DOBBINS, J. T. u. GILREATH: J. chem. Educat. **22**, 119 (1945) durch MCDONNEL u. WILSON: Metallurgia **40**, 339 (1949).

EBLER, E.: Z. anorg. Ch. **48**, 61 (1905). — EICHLER, HERMANN: Öst. Ch. Z. **39**, 185 (1936). — ELEK, A., u. D. W. HILL: J. Am. Soc. Agron. **55**, 2550 (1933).

GERSTENZANG, E. M.: J. chem. Educat. **11**, 369 (1934).

KHOROSHKIN: Acta Univ. Veronigiesis (USSR.) **10**, 95 (1993) durch MCDONNEL u. WILSON: Metallurgia **40**, 62 (1949).

LEWIN, A. B.: Fr. **105**, 328 (1936).

PETRASCHENJ, W. J.: Fr. **106**, 330 (1936).

QUEREL, M. C. ALVAREZ u. C. L. WILSON: Mikrochemie (Mikrochem.) **36/37**, 224 (1951).

RANE, M. B., u. K. KONLAISH: J. Indian chem. Soc. **14**, 46 (1937).

SACCARDI u. GIULIANI: Chim. e Ind. (Milano) [Chim. Ind. Agric. biol.] **11**, 306 (1935) durch MC DONNEL und WILSON: Metallurgia **40**, 116 (1949). — STROHAL, D.: Arh. Hemiju Farmaciju [Arch. Chim. Pharmac. Zagreb] **2**, 77 (1928) u. **4**, 14 (1930) durch C. **99 II**, 698 (1928) u. C. **102 I**, 1321 (1931). — STSCHIGOL, M. B., u. N. M. DOUBINSKI: Ann. Chem. anal. **18**, 257 (1936) u. Chem. J. Ser. B **9**, 1510 (1936) durch C. **108 I**, 1483 (1937) u. C. **108 II**, (1937). — SWIFT, ERNEST H., u. CARL NIEMANN: Anal. Chem. **26**, 539 (1954).

VALENTE DE CONTE, A.: Quim. e Ind. [Sao Paulo] **8**, 1601 (1940) durch C. **35**, 3551 (1941).

WEST, PHILIPP W., MAURICE M. VICK u. ARTHUR L. LEROSEN: Qualitative Analysis and analytical chemical separations. The MacMillan Company. New York 1953.

ZELADA, FIDEL: An. Argentina **30**, 29 (1942) durch MCDONNEL u. WILSON. Metallurgia **40**, 63 (1949).

D. Einzelnachweise der Kationen.

In der nachfolgenden Zusammenstellung sind nur diejenigen Nachweisreaktionen beschrieben, die von den betreffenden Autoren bei den einzelnen Trennungsgängen angegeben sind. Weitere Nachweisreaktionen der einzelnen Elemente sind im Teil II des Handbuches der analytischen Chemie ausführlich beschrieben.

Die Numerierung der einzelnen Elemente ist dem Werk: Tabellen der Reagenzien für anorganische Analyse, erster Bericht der „Internationalen Kommission für neue analytische Reaktionen und Reagenzien" der „Union internationale de Chemie" 1938, entnommen.

1. Silber.

1/1. Nachweis durch Fällung als AgCl, AgBr oder AgJ.

Zur salpetersauren Probelösung wird a) HCl oder Alkalichlorid, b) HBr oder Alkalibromid bzw. c) HJ oder Alkalijodid zugefügt. Bei Anwesenheit von Silber bildet sich bei a) ein weißer Niederschlag von AgCl, bei b) ein gelblichweißer Niederschlag von AgBr und bei c) ein gelber Niederschlag von AgJ. Sowohl AgCl wie AgBr und AgJ färben sich im Licht langsam schwarz.

AgCl ist löslich in: KCN, $Na_2S_2O_3$, NH_4OH und $(NH_4)_2CO_3$.
AgBr ist löslich in: KCN, $Na_2S_2O_3$ und merklich löslich in NH_4OH.
AgJ ist löslich in: KCN und $Na_2S_2O_3$.

Aus der Lösung der Silberhalogenide in KCN, $Na_2S_2O_3$, NH_4OH bzw. $(NH_4)_2CO_3$ wird durch Zusatz von verd. HNO_3 wieder Silberhalogenid, durch Zusatz von Sulfid Silbersulfid gefällt.

1/2. Mikroanalytischer Nachweis als Ag_2CrO_4 (nach GEILMANN 37/3).

Die heiße, schwach salpetersaure Probelösung wird mit $K_2Cr_2O_7$ versetzt. Bei Anwesenheit von Silber bilden sich gelbe bis blutrote, trikline Kristalltafeln.

1/3. Nachweis mit p-Dimethylaminobenzylidenrhodanin (nach FEIGL I/56).

Filtrierpapier (Whatman 120 oder Schleicher & Schüll Nr. 601) wird mit einer gesättigten Lösung von p-Dimethylaminobenzylidenrhodanin in Aceton getränkt und getrocknet. Auf das so vorbereitete Papier wird ein Tropfen der schwach sauren Probelösung aufgetragen. Bei Anwesenheit von Silber bildet sich ein rotvioletter Niederschlag. Der Nachweis kann dadurch empfindlicher gestaltet werden, daß nach dem Tüpfeln das Reagenspapier mit Aceton ausgewaschen wird. Hierdurch wird das gelbbraun gefärbte Reagens herausgelöst.

1/4. Nachweis durch katalytische Reduktion von Cer(IV)-salzen (nach FEIGL I/59).

In zwei nebeneinanderliegenden Vertiefungen einer Tüpfelplatte werden je 3 Tropfen einer Cer(IV)-Reagenslösung [0,25 g $(NH_4)_2[Ce(NO_3)_6]$ in 1 ml verd. HNO_3 lösen, Lösung mit Wasser auf 100 ml auffüllen] und 2 Tropfen verd. HCl gegeben. In eine der Vertiefungen wird 1 Tropfen der Probelösung und in die andere 1 Tropfen Wasser gegeben. Bei Anwesenheit von Silber wird die Cer(IV)-Lösung entfärbt. Die Entfärbung erfolgt um so schneller, je höher die Silberkonzentration ist.

2. Quecksilber.

2/1. Reduktion zum Metall mittels Kupfer.

Wird ein Kupferblech in eine neutrale oder saure Quecksilbersalzlösung eingetaucht, so bildet sich auf dem Kupferblech ein grauer Beschlag von elementarem Quecksilber, der beim Verreiben mit einem Tuch silberglänzend wird.

2/2. Nachweis mit $SnCl_2$ und Anilin (nach FEIGL I/63).

1 Tropfen der zu untersuchenden Probe wird auf Tüpfelpapier aufgetragen und mit je einem Tropfen einer frisch hergestellten $SnCl_2$-Lösung und Anilin angetüpfelt. Bei Anwesenheit von Quecksilber färbt sich der Fleck schwarz. (Der Nachweis wird durch größere Mengen Silber gestört, nicht jedoch durch Wismut.)

2/3. Nachweis mittels NaOH und KJ (nach A. NOYES und W. BRAY P 52).

1 ml der Probelösung mit HCl ansäuern, dann Ammoniak im Überschuß zugeben. Zur Lösung 2 ml 6 n NaOH und 0,5 ml 1 n KJ zufügen. Bei Anwesenheit von Quecksilber(II) bildet sich ein roter Niederschlag von $HgO \cdot HgJNH_2$ (s. Tab. 12 auf S. 173).

2/4. Nachweis mit Diphenylcarbazon (nach FEIGL I/62).

Tüpfelpapier mit einer 1%igen alkohol. Lösung von Diphenylcarbazon tränken, dann einen Tropfen der zu untersuchenden Probelösung auftragen. Bei Anwesenheit von Quecksilber bildet sich ein violetter bis blauer Fleck aus.

3. Kupfer.

3/1. Nachweis mit $K_4[Fe(CN)_6]$.

$K_4[Fe(CN)_6]$ fällt rotbraunes $Cu_2[Fe(CN)_6]$, unlöslich in verd. Säuren, löslich in Ammoniak. Hierbei färbt sich die Lösung dunkelblau.

3/2. Nachweis mit Rubeanwasserstoffsäure (nach Feigl I/83).

Als Tüpfelreaktion: 1 Tropfen der neutralen Probelösung auf Papier auftragen, über Ammoniak räuchern und mit 1 Tropfen Reagenslösung antüpfeln. Bei Anwesenheit von Kupfer bildet sich ein schwarzer Fleck. (Reagenslösung: 0,5%ige alkoholische Lösung von Rubeanwasserstoffsäure.)

Kobalt und Nickel geben ähnliche Reaktionen. Nachweis sehr empfindlich, daher Blindprobe mit 1 Tropfen dest. Wasser erforderlich.

3/3. Nachweis mit $(NH_4)_2[Hg(SCN)_4]$.

Als Mikroreaktion (nach Geilmann 33/1.)

Zum neutralen oder schwach essigsauren Probetropfen wird 1 Tropfen der Reagenslösung zugefügt. Bei Anwesenheit von Kupfer bilden sich moosgrüne Büschel oder weidenblattartige Einzelkristalle.

Als Tüpfelreaktion unter Zusatz von Zinkacetat (nach Feigl I/89).

Die Reaktion kann sowohl auf Filtrierpapier als auch auf einer Tüpfelplatte durchgeführt werden. Hierzu wird 1 Tropfen der Probelösung mit einem Tropfen einer 1%igen Zinkacetatlösung und mit einem Tropfen der Reagenslösung versetzt. Bei Anwesenheit von Kupfer bildet sich auf Papier ein rosa bis tiefvioletter Fleck aus. Auf der Tüpfelplatte ist die Bildung eines violetten Niederschlages nach dem Absitzen auf der weißen Unterlage gut zu erkennen. Reagenslösung: 8 g $HgCl_2$ und 9 g NH_4SCN in 100 ml Wasser lösen. Der Nachweis wird gestört durch Eisen(III), Kobalt und Nickel. Eisen(III) kann jedoch durch Zusatz von Alkalifluorid oder -oxalat maskiert werden.

3/4. Nachweis mit Benzoinoxim [Cupron] (nach Feigl I/79).

Als Tüpfelreaktion: 1 Tropfen der schwach sauren Probelösung wird auf Filtrierpapier aufgetragen, mit 1 Tropfen einer 5%igen alkoholischen Lösung von Benzoinoxim angetüpfelt und über Ammoniak geräuchert. Bei Anwesenheit von Kupfer färbt sich der Fleck grün. Damit andere durch Ammoniak fällbare Ionen nicht stören, wird vor dem Räuchern 1 Tropfen einer 10%igen Seignettesalzlösung zugefügt.

3/5. Nachweis durch katalytische Beschleunigung der Eisen(III)-salz-Thiosulfat-Reaktion (nach Feigl I/76).

In zwei nebeneinanderliegenden Vertiefungen einer Tüpfelplatte werden je 1 Tropfen der Probelösung bzw. 1 Tropfen dest. Wasser mit je einem Tropfen einer $Fe(SCN)_3$-Lösung (1,5 g $FeCl_3$ und 2 g KSCN in 100 ml Wasser lösen) und 3 Tropfen einer 0,1 n $Na_2S_2O_3$-Lösung versetzt. Bei Anwesenheit von Kupfer wird die Probelösung sofort entfärbt, während die kupferfreie Vergleichslösung erst nach ungefähr 2 Min. entfärbt wird.

4. Blei.

4/1. Nachweis durch Fällung als $PbCrO_4$.

K_2CrO_4 und $K_2Cr_2O_7$ fällen aus essigsaurer, mit Acetat gepufferter Lösung gelbes $PbCrO_4$. Dies ist löslich in Salpetersäure und Natronlauge, dagegen unlöslich in ammoniakalischer Tartratlösung.

4/1a. Nachweis als Mikroreaktion (nach GEILMANN 36/1).

Zur heißen, schwach salpetersauren Lösung wird ein Körnchen $K_2Cr_2O_7$ hinzugefügt. Bei Anwesenheit von Blei bilden sich dünne, durchsichtige, gelbe Stäbchen. Es stören alle aus saurer Lösung fällbaren Chromate.

4/2. Nachweis durch Fällung als PbJ_2.

KJ fällt gelbes PbJ_2, löslich im Überschuß des Fällungsmittels, aus heißem Wasser umkristallierbar.

Als Mikroreaktion (nach GEILMANN 43/3).

Heiße Probelösung mit einem Körnchen KJ versetzen. Bei Anwesenheit von Blei bilden sich gelbe, sechsseitige Blättchen.

4/3. Nachweis mit Dithizon [Diphenylthiocarbazon] (nach FEIGL I/70).

1 Tropfen der Probelösung wird in einem kleinen Reagensglas mit einem Tropfen der Reagenslösung (1 bis 2 mg Dithizon in 100 ml CCl_4) gut durchgeschüttelt. Bei Anwesenheit von Blei färbt sich die grüne Reagenslösung ziegelrot. Silber-, Kupfer-, Nickel-, Zink- und Cadmiumionen können durch Zusatz von KCN maskiert werden.

4/4. Nachweis mit Thioharnstoff (nach C. MAHR).

Probetropfen mit HNO_3 abrauchen, Rückstand mit 1 Tropfen 2 n HNO_3 aufnehmen und festes $CS(NH_2)_2$ eintragen. Bei Anwesenheit von Blei bilden sich lange, farblose, sechsseitige Nadeln, die vielfach büschelartig verwachsen sind. Da die Kristalle einen hohen Brechungsindex besitzen, erscheinen sie fast schwarz. Silbersalz stört, andere Salze wie die des Kupfers und Wismuts verringern die Empfindlichkeit des Nachweises.

4/5. Nachweis als Kalium-Kupfer-Bleihexanitrit (nach STREBINGER, S. 13).

Essigsauren Probetropfen mit $Cu(CH_3COO)_2$, gelöst in Essigsäure, und festem KNO_2 versetzen. Bei Anwesenheit von Blei scheiden sich aus der tiefgrünen Flüssigkeit kleine schwarze Würfel ab (s. auch Kalium).

5. Wismut.

5/1. Nachweis mit Stannitlösung unter Zusatz von Bleisalz (nach FEIGL I/73).

Als Tüpfelreaktion: Zu 1 Tropfen der schwach salzsauren Probelösung werden auf der Tüpfelplatte 1 Tropfen einer gesättigten $PbCl_2$-Lösung und 2 Tropfen einer Stannitlösung zugefügt. Bei Anwesenheit von Wismut bildet sich sofort ein schwarzer Niederschlag. Enthält die Probe nur kleine Mengen Wismut, so entsteht nach 1 bis 3 Min. eine braunschwarze Fällung, die allmählich immer dichter wird. Da Stannitlösung auch $PbCl_2$-Lösung langsam reduziert, ist parallel ein Blindversuch durchzuführen.

Stannitlösung: Hierzu werden 2 Teile einer 25%igen Natronlauge mit 2 Teilen einer Lösung von 5 g $SnCl_2$ in 5 ml konz. HCl und 95 ml Wasser gemischt (s. hierzu auch A_{27} auf S. 199).

5/2. Nachweis mit Dimethylglyoxim (nach H. KUBINA und J. PLICHTA).

Zur chloridhaltigen Probelösung (notfalls NaCl zufügen) einige Tropfen einer 1%igen alkoholischen Lösung von Dimethylglyoxim zufügen, dann Ammoniak bis zur stark alkalischen Reaktion zugeben. Bei Anwesenheit von Wismut bildet sich ein gelber Niederschlag. Es stören Blei und Nickel sowie alle Kationen, die mit Ammoniak unlösliche Hydroxyde bilden.

5/3. Nachweis mit Thioharnstoff (nach C. F. MILLER).

Zur neutralen oder schwach salpetersauren Probelösung werden einige Tropfen einer 15%igen Thioharnstofflösung zugefügt, dann wird 25%ige HNO_3 im Überschuß zugegeben. Bei Anwesenheit von Wismut färbt sich die Lösung hellgelb. Es stören Eisen und Osmium.

6. Cadmium.

6/1. Nachweis mit Diphenylcarbazid (nach FEIGL I/94).

a) im Reagensglas: Zur neutralen oder schwach essigsauren Probelösung einige Tropfen einer alkoholischen Diphenylcarbazidlösung zufügen. Bei Anwesenheit von Cadmium bildet sich ein violetter Niederschlag. Saure Analysenlösungen sind mit Acetat zu puffern.

b) auf Filtrierpapier: Filtrierpapier wird mit alkoholischer Diphenylcarbazidlösung getränkt und getrocknet. Dann wird 1 Tropfen der Probelösung auf das Papier aufgetragen und 1 bis 2 Min. über Ammoniak geräuchert. Blauviolettfärbung des Fleckes zeigt Cadmium an.

6/2. Mikrochemischer Nachweis als $Cd[Hg(SCN)_4]$ (nach GEILMANN 34/2).

1 Tropfen der neutralen, höchstens schwach sauren Probelösung wird mit einem Tropfen einer Lösung von 3 g $HgCl_2$ und 3,3 g NH_4SCN in 5 ml Wasser vermischt. Bei Anwesenheit von Cadmium bilden sich farblose, orthorhombische Prismen. Es stören vor allem Zink, Kupfer und Kobalt.

6/3. Nachweis als Cadmiumsulfid.

Ammoniakalische Probelösung mit 20%iger KCN-Lösung im Überschuß versetzen, dann einige Tropfen einer ungefähr 20%igen Na_2S-Lösung (gesättigte Lösung) zufügen. Bei Anwesenheit von Cadmium bildet sich ein gelber Niederschlag.

7. Arsen.

7/1. Nachweis durch Fällung mit Ammoniummolybdat.

Ammoniummolybdat fällt aus Arsenatlösung in der Hitze einen gelben kristallinen Niederschlag, der in starken Säuren unlöslich ist, sich jedoch leicht in Alkalien löst. Phosphat stört.

7/2. Nachweis durch Fällung mittels Magnesiamixtur.

Aus ammoniakalischer, ammoniumchloridhaltiger Arsenatlösung fällt Magnesiumsalz einen weißen kristallinen Niederschlag aus. Phosphat gibt die gleiche Reaktion.

7/3. Nachweis mit $AgNO_3$.

Aus neutraler Arsenatlösung fällt $AgNO_3$ schokoladenbraunes Ag_3AsO_4, aus neutraler Arsenitlösung gelbes Ag_3AsO_3. Zur Durchführung des Versuches wird die saure Probelösung mit $AgNO_3$ versetzt und mit Ammoniak überschichtet. Bei Anwesenheit von Arsenat bildet sich an der Überschichtungsstelle ein brauner Ring, bei Anwesenheit von Arsenit ein gelber Ring.

7/4. Nachweis durch Reduktion zu AsH_3 und Umsetzung des gebildeten Arsenwasserstoffs mit $AgNO_3$, $AuCl_3$ bzw. $HgCl_2$.

In ein kleines Reagensglas werden einige Tropfen der zu untersuchenden Lösung, etwas arsenfreies Zink sowie 0,5 bis 1,0 ml verd. Schwefelsäure eingefüllt. In den oberen Teil des Glases wird ein Wattebausch, der als Filter dient, eingeschoben. Über die Öffnung des Glases legt man einen Streifen Filtrierpapier, der mit $AgNO_3$-Lösung, mit $AuCl_3$-Lösung oder mit $HgCl_2$-Lösung getränkt ist. Hierbei können nachfolgende Reaktionen eintreten:

a) *Filtrierpapier, mit $AgNO_3$-Lösung getränkt*. Bei Verwendung einer verd. $AgNO_3$-Lösung (1 Teil $AgNO_3$ auf 4 Teile Wasser) bildet sich bei Anwesenheit von Arsen ein grauer Fleck. Wird jedoch eine konz. Silbernitratlösung verwendet (1 Teil $AgNO_3$ auf 1 Teil Wasser), so entsteht bei Anwesenheit von Arsen ein zitronengelber Fleck, der durch Betupfen mit Wasser schwarz wird. Durch Antimon, Sulfide, Phosphide und Quecksilbersalze wird der Nachweis gestört. (Bei Anwesenheit von Quecksilbersalzen scheidet sich Quecksilber auf dem Zink ab und verhindert die Bildung von Wasserstoff.)

b) *Filtrierpapier, mit einer 1%igen Lösung von $AuCl_3$ getränkt*. Bei Anwesenheit von Arsen bildet sich nach 10 bis 15 Min. langem Stehen im Dunkeln ein blauer bis blaurötlicher Fleck von elementarem Gold. Es ist erforderlich, sich durch eine Blindprobe von der Reinheit der Reagenzien zu überzeugen.

c) *Filtrierpapier, mit einer verd. $HgCl_2$-Lösung getränkt*. Bei Anwesenheit von Arsen bildet sich ein gelber Fleck, der bei weiterer Einwirkung von AsH_3 braun wird. Der gebildete gelbbraune Niederschlag ist in 80%igem Alkohol unlöslich.

Der Nachweis wird durch größere Mengen Antimon gestört. Bei seiner Anwesenheit bildet sich ebenfalls ein brauner Fleck aus, der jedoch in 80%igem Alkohol löslich ist. Ist sehr viel Antimon neben nur wenig Arsen vorhanden, so versagt die Probe.

8. Antimon.

8/1. Nachweis durch Reduktion zu elementarem Antimon.

Zur Durchführung der Prüfung auf Antimon legt man ein Körnchen Zink auf ein Platinblech und gibt einige Tropfen der stark sauren Analysenlösung, die jedoch keine Nitrationen enthalten soll, hinzu. Bei Anwesenheit von Antimon bildet sich nach 5 bis 30 Min. am Platin ein samtschwarzer Beschlag. Dieser ist löslich in konz. HCl und HNO_3 wie auch in $(NH_4)_2S_x$.

Enthält die Analysenlösung noch zusätzlich Zinn, so schlägt sich dieses als Zinnschwamm am Zink ab.

Die Reduktion zu elementarem Antimon kann auch durch andere unedle Metalle, wie z. B. Eisen oder Zinn (Zinnfolie), erfolgen.

8/2. Nachweis mit Rhodamin B (nach Feigl I/102).

Bei Verwendung von Rhodamin B als Reagenslösung ist es erforderlich, daß Antimon als Antimon(V)-salz vorliegt. Ist dies nicht der Fall, wird die Analysenlösung durch Zugabe von $NaNO_2$ aufoxydiert. Dann wird zu 1 ml der Reagenslösung (0,01 g Rhodamin B, gelöst in 100 ml Wasser) 1 Tropfen der stark salzsauren Analysenlösung zugefügt. Bei Anwesenheit von Antimon(V)-salz schlägt die Farbe der Reagenslösung von hellrot (fluorescierend) nach violett um.

8/3. Nachweis mit 9-Methyl-2, 3, 7-trihydroxy-6-fluoron (nach Feigl I/101).

Ein Tropfen der frisch hergestellten Reagenslösung (0,017 g 9-Methyl-2, 3, 7-trihydroxy-6-fluoron in einer Mischung von 5 ml 2 n HCl und 5 cm³ 95%igem Äthylalkohol gelöst) wird auf Filtrierpapier aufgetragen. Den Tropfen läßt man an der Luft eintrocknen. So präpariertes Reagenspapier ist haltbar, während sich die alkoholische Reagenslösung beim Stehen zersetzt. Dann wird der gelbe Fleck auf dem Filtrierpapier mit einem Tropfen der Analysenlösung, die 1 n an HCl sein soll, und mit zwei Tropfen einer HCl-H_2O_2-Mischung (6% H_2O_2 in 1 n-HCl) angetüpfelt. Bei Anwesenheit von Antimon(III)-salz schlägt die gelbe Farbe des Fleckes in rot um.

9. Zinn.

9/1. Nachweis mit Kakothelin (nach FEIGL I/104).

Filtrierpapier wird mit einer gesättigten, wäßrigen Lösung von Kakothelin getränkt und getrocknet. Bevor das Reagenspapier ganz trocken ist, wird 1 Tropfen der Analysenlösung auf das Papier aufgetragen. Bei Anwesenheit von Zinn bildet sich auf dem gelben Reagenspapier ein roter Kreis oder Ring, der von einer farblosen Zone umgeben ist.

9/2. Nachweis mit $HgCl_2$ und Anilin (nach FEIGL I/107).

Filtrierpapier mit einer gesättigten $HgCl_2$-Lösung tränken und trocknen. Dann einen Tropfen der nicht zu sauren Probelösung, in der das Zink als Zink(II)-salz vorliegen muß, auf das Reagenspapier auftragen und mit einem Tropfen Anilin antüpfeln. Bei Anwesenheit von Zinn färbt sich der Tropfen schwarz. Enthält die Analysenprobe das Zinn als Zinn(IV)-salz, so ist es vorher zu reduzieren, z. B. mit metallischem Magnesium.

9/3. Nachweis durch Reduktion von Eisen(III)-salzen.

Eisen(III)-salze werden durch Zinn(II)-salze zu Eisen(II)-salzen reduziert. Die gebildeten Eisen(II)-salze können entweder mittels ammoniakalischer Dimethylglyoximlösung oder mittels α, α'-Dipyridyl nachgewiesen werden (s. Eisen 26/5 und 26/4 auf S. 297).

9/4. Nachweis mittels Leuchtprobe (s. S. 163).

10. Gold.

10/1. Durch Reduktion zu elementarem Gold.

Oxalsäure, schweflige Säure und Eisen(II)-salze reduzieren in schwach saurer Lösung Gold(III)-Verbindungen zu elementarem Gold. Hierbei färbt sich die Lösung zuerst rot oder blau, dann scheidet sich das Gold als braunes Pulver ab.

KJ reduziert in alkalischer Lösung zu elementarem Gold. Die goldhaltige Lösung nimmt unmittelbar eine sattbraune bis goldgelbe Färbung an. Es erfolgt dann sofort eine Abscheidung eines dunkelgelben bis braunen Niederschlages.

10/2. Nachweis mit Tetramethyldiaminodiphenylmethan (nach R. J. CARNEY).

Zur Durchführung des Nachweises werden 2,5 g der Base in 10 ml Zitronensäure (1 : 1) gelöst und auf 500 ml aufgefüllt. Zu 1 ml dieser Lösung werden einige Tropfen der Analysenlösung zugefügt. Bei Anwesenheit von Gold tritt eine lichtblaue bis purpurne Farbe auf. Die Goldkonzentration soll hierbei ungefähr 0,02 g in 100 ml Lösung betragen.

11 bis 16. Ruthenium, Rhodium, Palladium, Osmium, Iridium und Platin.

Nachweisreaktionen s. Handbuch der Analytischen Chemie Band VIIIb, β (Platinmetalle), sowie H. J. FRASER.

17. Selen.

17/1. Nachweis durch Reduktion zu elementarem Selen.

Selenite werden in stark salzsaurer Lösung durch SO_2 und $FeSO_4$ in schwefelsaurer Lösung durch Hydrazinsulfat und in sehr verdünnter salzsaurer Lösung durch Thioharnstoff zu rotem Selen reduziert.

17/2. Nachweis mit Jodwasserstoffsäure (nach FEIGL 317).

1 Tropfen einer konz. Jodwasserstoffsäure wird auf Filtrierpapier aufgetragen und mit einem Tropfen der sauren Probelösung angetüpfelt. Bildet sich hierbei ein brauner Fleck, so werden auf diesen einige Tropfen einer 5% igen Thiosulfatlösung gegeben. Wird der Fleck wieder entfärbt, so enthält die Probe keine Selen. Dagegen ist der Nachweis positiv, wenn nach der Behandlung mit Thiosulfat ein rotbrauner Fleck bestehen bleibt. — An Stelle einer konz. Jodwasserstoffsäure kann auch eine Mischung aus konz. HCl und konz. KJ-Lösung verwendet werden.

18. Tellur.

18/1. Durch Reduktion zu elementarem Tellur.

Tellurite werden in schwach salzsaurer Lösung durch SO_2, in ammoniakalischer Lösung durch Hydrazinsulfat und in alkalischer Lösung durch $SnCl_2$ zu schwarzem Tellur reduziert. Die Reduktion kann ebenfalls mit NaH_2PO_2 (Natriumhypophosphit) durchgeführt werden.

19. Germanium.

19/1. Nachweis durch Fällen als Sulfid.

Schwefelwasserstoff fällt aus sehr stark saurer Lösung weißes, mit Schwefel vermischtes, GeS_2 aus, das in Ammoniumsulfid löslich ist (s. hierzu auch A_{12} auf S. 195).

19/2. Nachweis durch Komplexbildung mit Mannit (nach FEIGL I/107).

Ein Tropfen der Analysenlösung, die schwach saure Reaktion zeigen soll, wird mit einem Tropfen Phenolphthaleinlösung versetzt. Dann wird 0,01 n NaOH zugefügt, bis der Indicator gerade umschlägt. Wird nun festes Mannit hinzugegeben, so verblaßt die Rotfärbung oder verschwindet vollständig. (Germanat bildet mit Mannit eine komplexe Verbindung, die sauer reagiert.)

19/3. Nachweis als K_2GeF_6 (s. hierzu Tab. 9 auf S. 170).

20. Molybdän.

20/1. Nachweis mit KSCN und $SnCl_2$ [bzw. Zink und HCl] (nach FEIGL I/110).

Auf mit Salzsäure (1 : 1) getränktes Filtrierpapier wird ein Tropfen der Probelösung und 1 Tropfen einer KSCN-Lösung aufgetragen. Dann wird $SnCl_2$-Lösung zugegeben. Bei Anwesenheit von Molybdän bildet sich ein zinnoberroter Fleck. (Nachweis mit Zink und Salzsäure s. Tab. 10 auf S. 171.)

20/2. Nachweis mit Phenylhydrazin (nach FEIGL I/112).

Man gibt auf der Tüpfelplatte zu einem Tropfen der Probelösung einen Tropfen der Reagenslösung [Lösung von Phenylhydrazin in Eisessig (1:2)]. Bei Anwesenheit von Molybdän färbt sich der Tropfen rot.

20/3. Nachweis mit Kaliumxanthogenat (nach FEIGL I/111).

Man versetzt auf der Tüpfelplatte einen Tropfen der möglichst neutralen Analysenlösung mit etwas festem Kaliumxanthogenat. Dann werden 1 bis 2 Tropfen 2 n HCl zugefügt. Bei Anwesenheit von Molybdän färbt sich der Tropfen rosa bis violett.

21. Wolfram.

21/1. Nachweis mit Zinn(II)-chlorid (nach FEIGL I/115).

Zwei Tropfen der sauren Probelösung werden auf der Tüpfelplatte mit fünf Tropfen einer 25%igen Lösung von $SnCl_2$ in konz. HCl versetzt. Bei Anwesenheit von Wolfram färbt sich die Lösung sofort oder nach einigen Min. blau.

Die Reduktion kann auch im Reagensglas mittels Zink und HCl durchgeführt werden.

21/2. Nachweis mittels Hydrochinon s. A_{50} auf S. 204.

22. Vanadin.

22/1. Nachweis mit Wasserstoffperoxyd (nach FEIGL I/118).

Ein Tropfen der Analysenlösung auf der Tüpfelplatte mit einem Tropfen einer 20%igen Schwefelsäure verrühren, nach einigen Minuten 1 bis 2 Tropfen einer 1%igen Wasserstoffperoxydlösung zufügen. Bei Anwesenheit von Vanadin färbt sich die Lösung rosenrot bis rot.

22/2. Nachweis mittels Eisen(III)-salz und Dimethylglyoxim (nach FEIGL I/118).

Ein Tropfen der Analysenlösung wird mit zwei Tropfen konz. HCl bis auf das halbe Volumen eingedampft. Dann werden ein Tropfen einer 1%igen $FeCl_3$-Lösung und drei Tropfen einer 1%igen alkoholischen Dimethylglyoximlösung zugefügt. Durch Zusatz von Ammoniak wird die Lösung alkalisch gemacht, worauf sie sich bei Anwesenheit von Vanadin durch Bildung von Eisen(II)-dimethylglyoxim rot färbt. An Stelle von Dimethylglyoxim kann auch α, α'-Dipyridyl verwendet werden.

22/3. Nachweis mit Tannin (nach L. MOSER und J. SINGER).

Zu 1 ml der neutralen oder schwach sauren Analysenlösung werden 5 Tropfen einer gesättigten Natriumacetatlösung und 1 bis 2 Tropfen einer 80% igen Essigsäure zugefügt. Die Lösung wird erhitzt und heiß mit einigen Tropfen einer 10% igen Gerbsäurelösung versetzt. Bei Anwesenheit von Vanadin bildet sich ein tiefblauer, voluminöser Niederschlag.

22/4. Nachweis als $(NH_4)_3VS_4$ s. P 37 auf S. 171.

23. Niob.

23/1. Nachweis durch Reduktion.

Niob(V)-Lösungen werden durch Zink oder Zinn in salzsaurer Lösung unter Blau- bzw. Braunfärbung reduziert.

23/2. Nachweis durch KSCN nach Reduktion.

Analysenlösung mit Zink und HCl reduzieren und zur schwach sauren Lösung KSCN zufügen. Bei Anwesenheit von Niob färbt sich die Lösung goldgelb. Titan und Tantal geben unter gleichen Versuchsbedingungen keine Reaktion.

23/3. Nachweis als Niobpentoxyd (s. hierzu P 48 auf S. 172).

24. Tantal.

24/1. Nachweis als Kaliumtantaloxyfluorid (s. hierzu P 47 auf S. 172 bzw. A_{41} auf S. 203).

24/2. Nachweis als Natriumtantalat (nach GEILMANN 31/1).

Schwach alkalische Probelösung mit NaCl versetzen. Bei Anwesenheit von Tantal bilden sich in der Kälte hexagonale Tafeln, in der Hitze monokline Prismen mit schiefen Endflächen aus. Nachweis wird durch Niob gestört.

25. Aluminium.

25/1. Nachweis mit Alizarinsulfosäure [Alizarin S] (nach FEIGL I/176).

Einen Tropfen der alkalischen Lösung auf der Tüpfelplatte mit einem Tropfen der Reagenslösung versetzen (0,1%ige Lösung von alizarinsulfosaurem Natrium). So lange tropfenweise Essigsäure zufügen, bis die Violettfärbung verschwunden ist. Dann noch einen weiteren Tropfen Essigsäure hinzufügen. Bei Anwesenheit von Aluminium bildet sich eine rote Färbung oder eine rote Fällung.

25/2. Nachweis mit Aurintricarbonsäure [Aluminon] (nach FEIGL I/181).

Filtrierpapier wird mit einer 0,1%igen Lösung von Aluminon (Ammoniumsalz der Aurintricarbonsäure), die zusätzlich noch 1% Ammoniumacetat enthält, getränkt und getrocknet. Dann wird ein Tropfen der Analysenlösung auf das präparierte Papier aufgetragen und über Ammoniak geräuchert. Bei Anwesenheit von Aluminium bildet sich eine Rotfärbung oder ein roter Niederschlag.

25/3. Nachweis mit Cäsiumsulfat (nach GEILMANN 16/5b).

Zur chlorid- oder sulfathaltigen Analysenlösung festes Cs_2SO_4 zufügen. Impfstrich. Es bilden sich glasklare Oktaeder.

25/4. Nachweis durch Bildung von Thenards Blau (s. P 111 auf S. 178).

25/5. Nachweis mit Morin (nach FEIGL I/175).

a) Einen Tropfen der alkalischen Probelösung mit 2 n Essigsäure ansäuern und mit einem Tropfen einer gesättigten Lösung von Morin in Methylalkohol versetzen. Bei Anwesenheit von Aluminium fluoresziert die Lösung grün.

b) Filtrierpapier mit frisch hergestellter Morinlösung tränken, trocknen, mit einem Tropfen der schwach sauren Probelösung versetzen und erneut trocknen, dann den Fleck mit 2 n HCl antüpfeln. Bei Anwesenheit von Aluminium fluoresziert der Fleck im UV-Licht hellgrün.

26. Eisen.

26/1. Nachweis mit gelbem Blutlaugensalz (nach FEIGL I/153).

Zu einem Tropfen der Probelösung wird auf der Tüpfelplatte oder auf Filtrierpapier ein Tropfen einer $K_4[Fe(CN)_6]$-Lösung zugefügt. Bei Anwesenheit von Eisen(III) bildet sich ein blauer Niederschlag.

26/2. Nachweis mit Kaliumrhodanid (nach FEIGL I/156).

Zu einem Tropfen der Probelösung wird auf der Tüpfelplatte ein Tropfen einer 1%igen KSCN-Lösung zugefügt. Bei Anwesenheit von Eisen(III)-salz färbt sich die Lösung intensiv rot.

26/3. Nachweis mit o-Phenanthrolin (nach SAYWELL und CUNNINGHAM).

Einen Tropfen der Probelösung mit einem Tropfen einer 2%igen wäßrigen Hydrochloridlösung versetzen. Bei Anwesenheit von Eisen(II) färbt sich die Lösung rot. [Eisen(III) vorher mit Hilfe von Bisulfit reduzieren.]

26/4. Nachweis mit α, α'-Dipyridyl (nach FEIGL I/154).

Einen Tropfen der (mineralsauren) Probelösung mit einem Tropfen einer 2%igen Lösung von α, α'-Dipyridyl in Alkohol versetzen. Bei Anwesenheit von Eisen(II) färbt sich die Lösung rot.

26/5. Nachweis mit Dimethylglyoxim (nach FEIGL I/156).

Zu einem Tropfen der Probelösung etwas feste Weinsäure, einen Tropfen einer 1%igen alkoholischen Lösung von Dimethylglyoxim und 1 bis 2 Tropfen verd. NaOH zufügen. Bei Anwesenheit von Eisen(II) färbt sich die Lösung rot.

27. Chrom.

27/1. Durch Fällung als Bleichromat (nach GEILMANN 36/1) [s. 4/1a auf S. 291].

27/2. Nachweis mit Diphenylcarbazid nach Überführung in Chromat (nach FEIGL I/159).

Ein Tropfen der sauren Probelösung wird mit einem Tropfen Bromwasser und 2 bis 3 Tropfen 2 n KOH auf der Tüpfelplatte gut vermischt. Dann wird etwas festes Phenol und ein Tropfen einer 1%igen alkoholischen Diphenylcarbazidlösung zugefügt und mit 2 n H_2SO_4 angesäuert. Bei Anwesenheit von Chrom schlägt die Rotfärbung in eine blauviolette Färbung um.

27/3. Nachweis mit Wasserstoffperoxyd.

Die alkalisch oxydierte Analysenprobe mit verd. Schwefelsäure ansäuern, mit Äther überschichten und Wasserstoffperoxyd hinzufügen. Bei Anwesenheit von Chrom färbt sich die Lösung blau. Die blaue Farbe kann durch Äther ausgeschüttelt werden.

28. Uran.

28/1. Nachweis mit Kalium-hexacyano-ferrat (II) (nach FEIGL I/194).

Filtrierpapier mit einer 3%igen Lösung von $K_4[Fe(CN)_6]$ tränken und trocknen und einen Tropfen der schwach sauren Probelösung auf das Reagenspapier aufgetragen. Bei Anwesenheit von Uran bildet sich ein brauner Fleck.

28/2. Nachweis mit 8-Oxychinolin (nach BERG).

Zu einem ml der schwach sauren bzw. neutralen Probelösung 5 Tropfen einer gesättigten Natriumacetatlösung und einige Tropfen einer frisch bereiteten, 1% igen alkoholischen Lösung von 8-Oxychinolin zufügen, dann auf etwa 80° C erwärmen. Bei Anwesenheit von Uran bildet sich sofort oder nach einigen Minuten ein rotbrauner Niederschlag. [Fe(II)- und Eisen(III)-salze stören den Nachweis.]

29 bis 34. Cer, Lanthan, Neodym, Praseodym, Samarium und Yttrium.

Nachweisreaktionen s. Handbuch der Analytischen Chemie II. Teil Band III (Elemente der dritten Gruppe).

35. Titan.

35/1. Nachweis mit Wasserstoffperoxyd (nach FEIGL I/186).

Ein Tropfen der sauren Analysenlösung mit einem Tropfen einer 3%igen Wasserstoffperoxydlösung versetzen. Bei Anwesenheit von Titan färbt sich die Lösung intensiv gelb (s. auch A_{39} auf S. 202).

35/2. Nachweis mit Chromotropsäure (nach FEIGL I/187).

Zu einem Tropfen der Probelösung wird ein Tropfen einer 5%igen Lösung vom Natriumsalz der Chromotropsäure zugegeben. Bei Anwesenheit von Titan färbt sich die Lösung rotbraun.

35/3. Nachweis mit Brenzkatechin (nach FEIGL I/186).

Filtrierpapier mit einer 10%igen wäßrigen Lösung von Brenzkatechin tränken, dann einen Tropfen der schwefelsauren Analysenlösung auftragen. Bei Anwesenheit von Titan bildet sich ein intensiv gelbrot gefärbter Fleck. (Nur frisch hergestellte Reagenslösung verwenden.)

36. Zirkon.

36/1. Nachweis durch Fällung als Zirkonphosphat.

Aus stark salzsaurer Lösung fällt bei Zugabe von Na_2HPO_4 Zirkonphosphat als weißer, flockiger Niederschlag aus. Ähnliche Reaktionen geben nur Hafnium und z. T. Titan (s. hierzu A_{38} auf S. 202).

36/2. Nachweis mit Alizarin (nach FEIGL I/190).

Einen Tropfen der neutralen Analysenlösung mit einem Tropfen einer alkoholischen Alizarinlösung versetzen und aufkochen. Dann einen Tropfen 1 n HCl zufügen. Bei Anwesenheit von Zirkon bildet sich eine intensive Rotviolettfärbung bzw. ein rotviolett gefärbter Niederschlag.

37. Hafnium.

37/1. Nachweis mit Aluminon (nach Yoe).

Schwach saure bzw. neutrale Analysenlösung mit einigen Tropfen einer 0,1 % igen wäßrigen Aluminonlösung versetzen, bei Anwesenheit von Hafnium färbt die Lösung sich rötlich. Nachweis wird durch andere Kationen gestört.

38. Thorium.

38/1. Nachweis mit Kaliumjodat (nach Jander-Wendt).

Zur stark salpetersauren Lösung KJO_3-Lösung zufügen. Bei Anwesenheit von Thorium bildet sich ein weißer, kristalliner Niederschlag.

38/2. Nachweis mit Alizarin (nach F. Pavelka).

Filtrierpapier mit einer alkoholischen Lösung von Alizarin tränken und trocknen, einen Tropfen der schwach sauren Probelösung auf das so vorbereitete Papier auftragen, dann Papier über Ammoniak räuchern und im Trockenschrank trocknen. Hierbei zerfällt die violette Ammoniumalizarinverbindung. Bei Anwesenheit von Thorium bildet sich ein roter Farbfleck aus, Aluminium gibt die gleiche Reaktion.

38/3 Nachweis als $ThO_2 \cdot H_2O_2$ s. P 145 auf S. 181.

39. Beryllium.

39/1. Nachweis mit Chinalizarin (nach Feigl I/183).

Zu einem Tropfen der Analysenlösung einen Tropfen einer frisch hergestellten, gesättigten, alkoholischen Lösung von Chinalizarin zufügen, dazu einen Tropfen verd. Ammoniak oder Natronlauge. Bei Anwesenheit von Beryllium färbt sich die Lösung blau (Blindversuch anstellen).

39/2. Nachweis mit Morin (nach Feigl I/182).

Einen Tropfen der neutralen oder schwach sauren Probelösung mit drei Tropfen einer kalt gesättigten Lösung von Dinatriumäthylendiamintetraessigsäure (Komplexon III) in Ammoniak (1 : 10) und einen Tropfen einer 0,02% igen Lösung von Morin in Aceton versetzen, gebildeten Niederschlag abfiltrieren, und mit Komplexonlösung, Wasser und Aceton auswaschen. Bei Anwesenheit von Beryllium zeigt das Filter im UV-Licht eine grün-gelb fluoreszierende Zone.

40. Thallium.

40/1. Nachweis als Thalliumjodid (nach Feigl I/146).

Ein Tropfen der schwach sauren Analysenlösung wird mit einem Tropfen einer 10%igen KJ-Lösung versetzt. Dann wird ein Tropfen einer 2%igen $Na_2S_2O_3$-Lösung zugefügt. Ein bleibender gelber Niederschlag zeigt Thallium an (siehe auch P 62 auf S. 174).

40/2. Nachweis als Thallium(I)-thiocarbonat (nach Jander-Wendt).

1 bis 2 ml der Probelösung mit 5 bis 6 Tropfen CS_2 versetzen, NH_4OH im geringen Überschuß und $(NH_4)_2S$ zufügen und vorsichtig erhitzen. Bei Anwesenheit von Thallium bildet sich ein schwarzer Niederschlag von Tl_2S, der sich beim Erwärmen rot färbt (Bildung von Tl_2CS_3).

41. Scandium.

41/1. Nachweis als ScF_3 (s. P 142 auf S. 180).

42. Gallium.

42/1. Mikrochemisch als Cäsium-Galliumsulfat (nach Geilmann 16/5).

Zur Chlorid- oder Sulfatlösung festes Cs_2SO_4 geben. Impfstrich. Es bilden sich glasklare Oktaeder. Aluminium gibt die gleiche Reaktion.

42/2. Nachweis mit Chinalizarin.

Zu 1 ml der neutralen Analysenlösung werden 1 ml einer gesättigten NH_4Cl-Lösung und 12 bis 15 Tropfen einer Chinalizarinlösung zugefügt (Reagenslösung: 0,5 g Chinalizarin in 10 ml konz. NH_4OH lösen). Bei Anwesenheit von Gallium bildet sich ein feiner blauvioletter Niederschlag. (Beryllium liefert unter den gleichen Bedingungen einen kornblumenblauen Niederschlag. Aluminium kann durch Zusatz von NaF in Lösung gehalten werden.)

Indium gibt die gleiche Reaktion.

42/3. Nachweis mit $K_4[Fe(CN)_6)]$.

Zur stark salzsauren Probelösung einige Tropfen einer $K_4[Fe(CN)_6]$-Lösung zufügen. Bei Anwesenheit von Gallium bildet sich ein weißer bis blauweißer Niederschlag. Nachweis wird durch eine Reihe von Kationen gestört.

43. Indium.

43/1. Nachweis mit Chinalizarin (s. 42/2).

43/2. Durch Fällung als In_2S_3 (s. P 133 auf S. 180).

42/3. Nachweis mit Urotropin und Rhodanid (nach MARTINI).

Schwach salpetersauren Probetropfen mit einem Tropfen einer gesättigten NH_4SCN-Lösung gut vermischen, dann 1 bis 2 Tropfen einer gesättigten Urotropinsulfatlösung langsam zufließen lassen. Bei Anwesenheit von Indium bilden sich weiße bis rötlichweiße, hexagonale Kristalle, die sich oft zu Rosetten vereinigen (s. auch GEILMANN 14/4).

44. Zink.

44/1. Nachweis mit Alkaliquecksilberrhodanid mit und ohne Zusatz von Kobaltsalz (nach FEIGL I/173).

Ein Tropfen der neutralen Analysenlösung wird mit einem Tropfen einer Ammonium-Quecksilberrhodanidlösung (Herstellung s. 3/3 auf S. 290) versetzt. Bei Anwesenheit von Zink bildet sich ein weißer Niederschlag. Der Nachweis wird jedoch bedeutend empfindlicher, wenn vor Zugabe der Alkalirhodanidlösung ein Tropfen einer 0,02%igen Kobaltsulfatlösung zugefügt wird. Es bildet sich dann sofort oder nach 1 bis 2 Min. ein blauer Niederschlag. Enthält die Probe kein Zink, so bildet sich nach etwa 3 Min. ein blauer Niederschlag von $Co[Hg(SCN)_4]$. Es ist daher zweckmäßig, parallel einen Blindversuch durchzuführen.

44/2. Nachweis als Rinmans Grün (s. hierzu P 114 auf S. 114).

44/3. Nachweis mit H_2S in acetatgepufferter Lösung sowie mit Kaliumhexacyano-ferrat(II) (s. A_{56} auf S. 205).

45. Mangan.

45/1. Nachweis durch katalytische Oxydation zu Permanganat in saurer Lösung (nach FEIGL I/165).

Ein Tropfen der Analysenlösung wird mit einem Tropfen konz. Schwefelsäure und einem Tropfen 0,1%iger $AgNO_3$-Lösung vermengt. Dann wird etwas festes Ammoniumpersulfat zugefügt und vorsichtig erwärmt. Bei Anwesenheit von Mangan färbt sich die Lösung violett.

45/2. Oxydation in saurer Lösung mit PbO_2 oder Natriumbismutat.

a) Ein Tropfen der Probelösung wird mit 1 bis 2 ml konz. HNO_3 und einer Spatelspitze manganfreiem PbO_2 versetzt, erhitzt und mit Wasser verdünnt. Bei Anwesenheit von Mangan zeigt sich nach dem Absitzen eine violette Färbung. (Chlorid-Ionen stören.)

b) Ein Tropfen der Probelösung wird mit 1 bis 2 ml verd. HNO_3 und etwas festem Natriumbismutat ($NaBiO_3$) gekocht. Bei Anwesenheit von Mangan färbt sich die Lösung violett.

45/3. Nachweis mit Benzidin (nach FEIGL I/167).

Ein Tropfen der Analysenlösung wird auf Filtrierpapier aufgetragen und mit einem Tropfen einer 0,05 n Kalilauge (oder Natronlauge) sowie einem Tropfen Benzidinlösung (0,05 g Benzidinbase oder -chlorhydrat in 10 ml Essigsäure lösen und mit Wasser auf 100 ml auffüllen, notfalls filtrieren) angetüpfelt. Bei Anwesenheit von Mangan färbt sich die Stelle blau.

46. Rhenium.

46/1. Nachweis durch katalytische Reduktion von Natriumtellurat (nach N. S. POLUEKTOV).

Ein Tropfen der Analysenlösung wird auf der Tüpfelplatte mit einem Tropfen einer $SnCl_2$-Lösung (10 g $SnCl_2 \cdot 2\,H_2O$ in 2 ml konz. HCl lösen) und dann mit einem Tropfen einer 1%igen Natriumtelluratlösung versetzt. Bei Anwesenheit von Rhenium zeigt sich nach 1 bis 2 Min. eine schwarze Trübung.

47. Kobalt.

47/1. Nachweis mittels Alkaliquecksilberrhodanid unter Zusatz von Zinksalz (s. hierzu 44/1 auf S. 300).

47/2. Nachweis mit α-Nitroso-β-Naphthol (nach FEIGL I/137).

Auf Filtrierpapier einen Tropfen der neutralen oder schwach sauren Analysenlösung auftragen und mit einem Tropfen einer α-Nitroso-β-Naphthol-Lösung antüpfeln (1 g α-Nitroso-β-Naphthol in 50 ml Eisessig lösen, mit Wasser auf 100 ml verdünnen). Bei Anwesenheit von Kobalt bildet sich ein brauner Fleck.

47/3. Nachweis mittels Rhodanid.

Ausführung s. A_{55} auf S. 204.

An Stelle von Rhodanid kann nach B. J. F. DORRINGTON und A. M. WARD auch Cyanat verwendet werden.

47/4. Nachweis als $K_3[Co(NO_2)_6]$ (s. P 125 auf S. 179).

48. Nickel.

48/1. Nachweis mit Dimethylglyoxim (nach FEIGL I/141.)

Ein Tropfen der Analysenlösung wird mit einem Tropfen 1%iger alkoholischer Lösung von Dimethylglyoxim auf der Tüpfelplatte oder auf Filtrierpapier angetüpfelt, dann wird 1 Tropfen verd. Ammoniaks zugefügt. Bei Anwesenheit von Nickel bildet sich ein roter Niederschlag.

48/2. Nachweis mit Rubeanwasserstoffsäure (nach FEIGL I/145).

Ein Tropfen der Analysenlösung wird auf Filtrierpapier aufgetragen, mit Ammoniak geräuchert und mit einem Tropfen 1%iger alkoholischer Rubeanwasserstoffsäure angetüpfelt. Bei Anwesenheit von Nickel bildet sich ein violetter Ring oder ein blauschwarzer Fleck.

49. Calcium.

49/1. Nachweis mit Ammonium-hexacyano-ferrat(II) (nach FEIGL I/207).

Ein Tropfen der Analysenlösung wird mit einem Tropfen einer konz. Lösung von $(NH_4)_4[Fe(CN)_6]$ und einem Tropfen Alkohol versetzt. Bei Anwesenheit von Calcium bildet sich ein weißer Niederschlag. Es empfiehlt sich, den Versuch auf einer schwarzen Platte durchzuführen.

49/2. Mikrochemischer Nachweis als $CaSO_4 \cdot 2\,H_2O$ (nach GEILMANN 7/5).

Neutrale oder schwach saure Analysenlösung mit einem Tropfen 2 n H_2SO_4 versetzen und eindunsten. Es bilden sich in konz. Lösung Nadelbüschel, sonst monokline Nadeln und Prismen mit schiefen Endflächen.

49/3. Nachweis mit Ammoniumoxalat.

Zur neutralen oder schwach essigsauren Analysenlösung Ammoniumoxalatlösung hinzufügen. Bei Anwesenheit von Calcium bildet sich ein weißer, kristalliner Niederschlag, der in Essigsäure unlöslich ist, sich jedoch in starken Säuren löst.

50. Strontium.

50/1. Nachweis mittels Natriumrhodizonat (nach FEIGL I/206).

Filtrierpapier wird mit einer gesättigten Lösung von K_2CrO_4 getränkt und getrocknet. Dann wird ein Tropfen der Analysenlösung auf das Kaliumchromatpapier aufgetragen und mit einer 5%igen Lösung von Natriumrhodizonat angetüpfelt. Bei Anwesenheit von Strontium bildet sich ein brauner Fleck. Barium stört hierbei nicht, da es als $BaCrO_4$ ausgefällt wird.

50/2. Mikrochemischer Nachweis als $SrCrO_4$ (nach GEILMANN 8/4).

Die neutrale Analysenlösung mit K_2CrO_4 versetzen. Bei Anwesenheit von Strontium bilden sich gelbe Nadeln bzw. Nadelbüschel. Bei der Verwendung einer essigsauren Analysenlösung diese nach Zugabe von K_2CrO_4 noch Ammoniakdämpfen aussetzen.

50/3. Mikrochemischer Nachweis als $SrSO_4$ (nach GEILMANN 8/3).

Aus der Analysenlösung $SrSO_4$ ausfällen, abfiltrieren und aus heißer konz. Schwefelsäure umkristallisieren. Es bilden sich körnige, linsenförmige Kristalle.

51. Barium.

51/1. Nachweis mit Natriumrhodizonat (nach FEIGL I/203).

Ein Tropfen der neutralen oder schwach essigsauren Analysenlösung wird auf Filtrierpapier aufgetragen und mit einem Tropfen einer 5%igen wäßrigen Natriumrhodizonatlösung angetüpfelt. Bei Anwesenheit von Barium bildet sich ein brauner bis rotbrauner Fleck. Da Strontium die gleiche Reaktion liefert, wird der braune Fleck mit verd. HCl (1:20) angetüpfelt. Verschwindet er, so enthält die Analysenprobe kein Barium, sondern nur Strontium. Färbt sich jedoch der Fleck leuchtendrot, so enthält die Probe Barium.

51/2. Mikrochemischer Nachweis als $BaCrO_4$ (nach GEILMANN 9/3).

Zu einem Tropfen der essigsauren Analysenlösung wird etwas festes $K_2Cr_2O_7$ hinzugefügt. Es bilden sich kleine hellgelbe Täfelchen mit rechteckigem oder rhombischem Querschnitt.

52. Magnesium.

52/1. Nachweis mit p-Nitrobenzol-azo-α-naphthol (Magneson II) (nach FEIGL I/211).

Ein Tropfen der Analysenlösung wird mit zwei Tropfen der Reagenslösung (0,001 g p-Nitrobenzol-azo-α-naphthol in 100 ml 2 n NaOH) versetzt. Bei Anwesenheit von Magnesium schlägt die rotviolette Reagenslösung in blau um, bzw. bei Anwesenheit von viel Magnesium bildet sich ein blauer Niederschlag. Färbt sich jedoch die Lösung gelb, so war die Analysenlösung zu sauer. Sie muß dann durch Zusatz von Lauge alkalisch gemacht werden.

52/2. Nachweis mit Titangelb.

Ein Tropfen der Analysenlösung wird mit zwei Tropfen einer 0,1 %igen wäßrigen Lösung von Titangelb versetzt. Dann wird verd. NaOH bis zur alkalischen Reaktion zugefügt. Bei Anwesenheit von Magnesium schlägt der gelbbraune Farbton in rot um.

52/3. Mikronachweis als $MgNH_4PO_4 \cdot 6\ H_2O$ nach GEILMANN 6/5, 6.

Ein Tropfen der salzsauren Analysenlösung wird mit $(NH_4)_2HPO_4$-Lösung und etwas NH_4Cl versetzt, danach wird ein Tropfen konz. Ammoniak zugefügt. Bei Anwesenheit von Magnesium bilden sich farblose, orthorhombische Kristalle, zum Teil in Form von scherenartigen, X-förmigen Kreuzen. Aus konzentrierten Lösungen bilden sich farnblattartige, sechsstrahlige Sternchen.

53. Lithium.

53/1. Nachweis durch Fällung als Li_3PO_4 (s. P 165 auf S. 183).

53/2. Nachweis durch Fällung als $LiH[AlO_2]_2$ (s. A_{64} auf S. 208).

54. Natrium.

54/2. Mikronachweis als Natrium-Uranylacetat (nach GEILMANN 1/3, 4).

Ein Tropfen der Analysenlösung wird zur Trockne eingedampft und mit einem Tropfen einer schwach essigsauren Lösung von Uranylacetat versetzt. Bei Anwesenheit von Natrium bilden sich hellgelbe, gut ausgebildete Tetraeder.

54/1. Mikronachweis als Natrium-Zink-Uranylacetat (nach GEILMANN 2/1, 2).

Ein Tropfen der konz. neutralen Probe mit einem Tropfen der Reagenslösung versetzen. (Reagenslösung: 9,5 g ZnO in 16 g Eisessig und 44 ml Wasser unter Erwärmen lösen, dann 7 g Uranylacetat in 4,2 g Eisessig und 43 ml Wasser lösen, beide Lösungen vermischen und nach 12 Stunden filtrieren.) Bei Anwesenheit von Natrium bilden sich hellgelbe, mäßig lichtbrechende, monokline Kristalle.

54/3. Mikronachweis als Natrium-Magnesium-Uranylacetat (nach GEILMANN 1/5, 6).

Ein Tropfen der konz. neutralen Analysenlösung mit einem Tropfen der Reagenslösung versetzen. (Reagenslösung: 5 g MgO in 18 g Eisessig und 25 ml Wasser lösen, Lösung auf 50 ml auffüllen, dann 4,3 g Uranylacetat in 3 g Eisessig und 50 ml Wasser lösen. Beide Lösungen vermischen und nach 12 Stunden filtrieren.) Bei Anwesenheit von Natrium bilden sich schwach gelbliche, glasklare, rhomboedrische Kristalle.

54/4. Nachweis mittels $K[Sb(OH)_6]$.

Ausführung s. $A_{65\,a}$ auf S. 208.

55. Kalium.

55/1. Nachweis mit Natriumkobaltinitrit und Silbernitrat nach FEIGL I/215.

Ein Tropfen der neutralen oder essigsauren Analysenlösung wird, möglichst auf einer schwarzen Tüpfelplatte, mit etwas festem $Na_3[Co(NO_2)_6]$ versetzt. Dann wird ein Tropfen einer 0,05 %igen $AgNO_3$-Lösung zugegeben. Bei Anwesenheit von Kalium bildet sich ein gelber Niederschlag bzw. eine gelbe Trübung.

55/2. Nachweis mit Dipikrylamin nach FEIGL I/216.

Ein Tropfen der neutralen Analysenlösung wird auf Filtrierpapier aufgetragen und noch feucht mit der Reagenslösung angetüpfelt. (Reagenslösung: 0,2 g Dipikrylamin mit 2 ml 1 n Sodalösung und 20 ml Wasser aufkochen und nach dem Erkalten filtrieren.) Bei Anwesenheit von Kalium bildet sich ein orangeroter Fleck, der auch nach Zugabe von 1 bis 2 Tropfen 2 n HCl nicht verschwindet.

56. Rubidium.

56/1. Nachweis als Rubidium-Silber-Goldchlorid (nach GEILMANN 4/4).

Der chlorid- oder nitrathaltige Probetropfen (nicht sulfathaltig) wird eingedunstet. Dann läßt man vom Rand her den Reagenstropfen eindiffundieren. Es bilden sich blutrote rhombische Prismen oder Täfelchen. (Reagenslösung: 100 mg Gold in Königswasser lösen und mit HCl abrauchen, dann 25 mg frisch gefälltes AgCl und 2,5 ml konz. HCl zufügen, lösen und Lösung mit 2,5 ml Wasser verdünnen.)

56/2. Nachweis als $Rb_2Na[Bi(NO_2)_6]$.

Ausführung s. P 171 auf S. 183.

57. Cäsium.

57/1. Nachweis mit 1-Silico-12-Molybdänsäure.

Zur Analysenlösung stark saure 1-Silico-12-Molybdänsäurelösung hinzufügen. Bei Anwesenheit von Cäsium bildet sich ein gelber, kristalliner Niederschlag. Rubidium gibt die gleiche Reaktion (s. auch P 172 auf S. 183).

57/2. Nachweis als $Cs_3[SbCl_6]$.

Ausführung s. P 169 auf S. 183.

Literatur.

BERG, R.: J. pr. **115**, 178 (1927).

CARNEY, ROBERT: Am. Soc. **34**, 32 (1912).

DORRINGTON, B. J. F., u. A. M. WARD: Analyst **54**, 327 (1929).

FEIGL, FRITZ: Spottests. I. Inorganic Applications. Elsevier Publishing Company, Amsterdam, Houston, London und New York 1954. — FRASER, H. J.: Amer. Mineralogists **22**, 1016 (1937) durch C. **109 I**, 3503 (1938).

GEILMANN, WILHELM: Bilder zur qualitativen Mikroanalyse anorganischer Stoffe, Verlag Chemie.

JANDER, G., u. H. WENDT: Lehrbuch der analytischen und präparativen Chemie. Hirzel Verlag Stuttgart 1952.

KUBINA, H., u. J. PLICHTA: Fr. **72**, 11 (1927).

MAHR, C.: Mikrochemie **26**, 67 (1939). — MARTINI, ARDOINO: Mikrochemie **6**, 28 (1928). — MILLER, C. F.: Chemist-Analyst **23**, 8 (1934). — MOSER, L., u. J. SINGER: M. **48**, 678 (1927).

PAWELKA, F.: Mikrochemie **7**, 442 (1929). — POLUEKTOW, N. S.: Chem. J. Ser. B **9**, 2312 (1936) durch Chem. Abstr. **1937**, 4617.

STREBINGER, R.: Praktikum der qualitativen chem. Analyse. Verlag Franz Deuticke Wien 1943. — SAYWELL, L. G., u. B. B. CUNNINGHAM: Ind. eng. Chem. Anal. Edit. **9**, 67 (1937).

YOE, J. H.: Am. Soc. **54**, 1022 (1932).

III. Trennungsgänge der Anionen.

Im Gegensatz zu den Kationentrennungsgängen, die seit über 100 Jahren die Grundlage für die Analyse der Kationen bilden, sind die Anionentrennungsgänge erst jüngeren Datums. Dieses mag darin begründet sein, daß ein Anionentrennungsgang mit wenigen Ausnahmen nur im Falle einer Schulanalyse durchgeführt werden muß. Bei den üblichen, qualitativen Analysen, z. B. von Erzen, Gesteinen, Schlacken usw., hat man es zwar mit einerVielzahl von Kationen, doch in den meisten

Fällen nur mit wenigen Anionen zu tun. Diese können ohne große Schwierigkeiten nebeneinander nachgewiesen werden. Wird der Analytiker vor die Aufgabe gestellt, verschiedene Säuren des Schwefels oder des Phosphors in einer Probe zu bestimmen, so ist gleichfalls die Auswahl der möglichen Anionen begrenzt. Aus diesem Grunde sind auch in der neueren Zeit nur relativ wenig Anionentrennungsgänge veröffentlicht worden. Von diesen ähneln sich die wirklich brauchbaren sehr.

Zum anderen ist mehrfach der Versuch unternommen worden, die Anionen ohne Trennung mittels spezifischer Nachweisreaktionen nebeneinander nachzuweisen. Doch behandeln diese Arbeiten meist nur eine begrenzte Anzahl von Anionen.

Ebenso wie man sich vor Beginn der Kationenanalyse einen ungefähren Überblick durch Vorproben verschaffen soll, ist auch bei der Analyse der Anionen eine Reihe von Prüfungen durchzuführen. Hierdurch kann die Zahl der möglichen Anionen, auf die geprüft werden muß, bedeutend eingeschränkt werden. Nachfolgende Zusammenstellung zeigt eine Anzahl von Vorproben, die z. T. dem Lehrbuch der analytischen Chemie von JANDER-WENDT, z. T. der Arbeit von JULES M. ODERKERKEN entnommen. (Bei Anionen, die in der Aufstellung eingeklammert sind, tritt die Reaktion nur ein, wenn sie wenigstens in einer Konzentration von 100 mg pro ml vorhanden sind. Bei allen anderen aufgeführten Anionen ist die Reaktion bereits positiv, wenn die Konzentration des Anions 1 mg pro ml beträgt.)

Vorproben auf Anionen.

1. Oxydationsmittelreaktion. Reagens: KJ.

Reagenslösung. 1 Teil 10%ige Essigsäure und 1 Teil 10%ige KJ-Lösung.

Ausführung. Zu 1 ml der Reagenslösung werden einige Tropfen der Probelösung bzw. des mit Essigsäure neutralisierten Sodaauszuges zugefügt. Dann wird entweder etwas Chloroform oder etwas Stärkelösung zugegeben. Bei Anwesenheit von: ClO^-, (ClO_3^-), NO_2^-, H_2O_2, BrO_3^-, JO_3^-, $S_2O_8^{2-}$, (CrO_4^{2-}), (AsO_4^{3-}) und ($[Fe(CN)_6]^{3-}$) wird entweder die Chloroformschicht rot oder die Stärkelösung blau gefärbt.

2. Reduktionsmittelreaktion a. Reagens: J.

Reagenslösung. 1 Teil Jodlösung und 1 Teil 10%ige Essigsäure. (Jodlösung: 100 ml H_2O, 1 g KJ und 25 mg Jod.)

Ausführung. Man versetzt 1 ml Reagenslösung entweder mit etwas Chloroform oder mit Stärkelösung und schüttelt gut durch. Zu dieser Lösung werden einige Tropfen der neutralen Probelösung oder des mit Essigsäure neutralisierten Sodaauszuges hinzugefügt. Entfärbung der Lösung deutet auf: S^{2-}, $(S_2O_3)^{2-}$, $(SO_3)^{2-}$, $(CN)^-$, $(SCN)^-$, $[Fe(CN)_6]^{3-}$), $[Fe(CN)_6]^{4-}$) und $(AsO_3)^{3-}$. (N_2H_4 und NH_2OH entfärben ebenfalls.)

3. Reduktionsmittelreaktion b. Reagens: $KMnO_4$.

Reagenslösung. 1 Teil 0,1%ige $KMnO_4$-Lösung und 2 Teile 2 n H_2SO_4.

Ausführung. Zu 1 ml der Reagenslösung gibt man einige Tropfen der Probelösung oder des neutralisierten Sodaauszuges. Bei Anwesenheit von: Br^-, J^-, S^{2-}, $(S_2O_3)^{2-}$, $(SO_3)^{2-}$, $(NO_2)^-$, $(SCN)^-$, $(C_2O_4)^{2-}$, $(C_4H_4O_6)^{2-}$, H_2O_2, $(S_2O_8)^{2-}$ und $[Fe(CN)_6]^{4-}$ tritt Entfärbung ein.

4. Bariumfällungsreaktion a. Reagens: $Ba(CH_3COO)_2$, essigsauer.

Reagenslösung. 1 Teil 10%ige $Ba(CH_3COO)_2$-Lösung und 1 Teil 10%ige Essigsäure.

Ausführung. Zu 1 ml der Reagenslösung werden einige Tropfen der Probelösung oder des mit Essigsäure neutralisierten Sodaauszuges zugefügt. Es bildet sich ein weißer Niederschlag oder durch Schwefelabscheidung eine weiße Trübung bei

Anwesenheit von: F^-, S^{2-}, $(S_2O_3)^{2-}$, $(SO_3)^{2-}$, $(SO_4)^{2-}$, $(JO_3)^-$, $(CrO_4)^{2-}$, $([Fe(CN)_6]^{3-})$, $([Fe(CN)_6]^{4-})$ und $[SiF_6]^{2-}$.

5. Bariumfällungsreaktion b. Reagens: $BaCl_2$, salzsauer.

Reagenslösung. 1 Teil 10%ige $BaCl_2$-Lösung und 2 Teile verd. HCl.

Ausführung. Zu 1 ml der Reagenslösung werden einige Tropfen der Probelösung oder des mit HCl neutralisierten Sodaauszuges zugefügt. Bei Anwesenheit von $(SO_4)^{2-}$, $[SiF_6]^{2-}$ und (F^-) bildet sich ein weißer, in HCl unlöslicher Niederschlag.

6. Silberfällungsreaktion. Reagens: $AgNO_3$, salpetersauer.

Reagenslösung. 1 Teil 10%ige $AgNO_3$-Lösung und 1 Teil 5 n HNO_3.

Ausführung. Zu 1 ml der Reagenslösung werden einige Tropfen der neutralen Probelösung oder des mit HNO_3 neutralisierten Sodaauszuges zugefügt. Bei Anwesenheit von: Cl^-, Br^-, J^-, $(ClO)^-$, $(SO_3{}^{2-})$, $(SO_4{}^{2-})$, $(CN)^-$, $(SCN)^-$, $(SiO_3)^{2-}$, $(BrO_3)^-$, $(JO_3)^-$, $(CrO_4)^-$, $[Fe(CN)_6]^{3-}$, $[Fe(CN)_6]^{4-}$ und $(S_2O_3)^{2-}$ bildet sich ein weißer Niederschlag, der bei $(S_2O_3)^{2-}$ schwarz wird.

Tabelle 70. Vorprüfungen auf Anionen.

Anion	1. KJ essigsauer	2. J essigsauer	3. $KMnO_4$ H_2SO_4	4. $Ba(CH_3COO)_2$ CH_3COOH	5. $BaCl_2$ HCl	6. $AgNO_3$ HNO_3
Cl^-	—	—	—	—	—	+
Br^-	—	—	+	—	—	+
J^-	—	—	+	—	—	+
F^-	—	—	—	+	+	+
ClO^-	+	—	—	—	—	—
ClO_3^-	(+)	—	—	—	—	—
ClO_4^-	—	—	—	—	—	—
S^-	—	+	+	(+)	—	—
$S_2O_3^{2-}$	—	+	+	(+)	—	+
SO_3^{2-}	—	+	+	(+)	—	(+)
SO_4^{2-}	—	—	—	+	+	(+)
NO_2^-	+	—	+	—	—	—
NO_3^-	—	—	—	—	—	—
BO_3^{3-}	—	—	—	—	—	—
CN^-	—	(+)	—	—	—	+
SCN^-	—	(+)	+	—	—	+
CH_3COO^-	—	—	—	—	—	—
$C_2O_4^{2-}$	—	—	+	—	—	—
$C_4H_4O_6^{2-}$	—	—	+	—	—	—
SiO_3^{2-}	—	—	—	—	—	(+)
PO_4^{3-}	—	—	—	—	—	—
H_2O_2	+	—	+	—	—	—
BrO_3^-	+	—	—	—	—	(+)
JO_3^-	+	—	—	+	—	+
$S_2O_8^{2-}$	+	—	+	—	—	—
CO_3^{2-}	—	—	—	—	—	—
CrO_4^{2-}	(+)	—	—	+	—	+
WO_4^{2-}	—	—	—	—	—	—
AsO_4^{3-}	(+)	—	—	—	—	—
MoO_4^{2-}	—	—	—	—	—	—
$Fe(CN)_6^{3-}$	(+)	(+)	—	(+)	—	+
$Fe(CN)_6^{4-}$	—	(+)	+	(+)	—	+
MnO_4^-	+	—	—	—	—	—
AsO_3^{3-}	—	+	—	—	—	—
$[SiF_6]^{2-}$	—	—	—	—	+	—
VO_4^{3-}	—	—	—	—	—	—
SeO_3^{2-}	—	—	—	—	—	—
TeO_3^{2-}	—	—	—	—	—	—
N_2H_4	—	+	—	—	—	—
NH_2OH	—	+	—	—	—	—

Anionentrennungsgang nach JANDER-WENDT.

1. Herstellung eines Sodaauszuges.

Ungefähr 1 g der fein gepulverten Analysenprobe wird mit 25 ml einer 1 m Na_2CO_3-Lösung 10 Min. lang gekocht, dann wird filtriert. Dieses Filtrat stellt den sogenannten Sodaauszug dar. Mit ihm wird nachfolgender Trennungsgang durchgeführt.

Vor Durchführung der Trennung wird eine Probe des Sodaauszuges vorsichtig mit Salzsäure neutralisiert. Hierbei kann sich ein Niederschlag bilden. Verschwindet dieser Niederschlag wieder beim stärkeren Ansäuern, so handelt es sich um Oxydhydratniederschläge amphoterer Elemente, wie z. B. Aluminium, Blei, Vanadin oder Molybdän. Löst sich jedoch der Niederschlag nicht in Salzsäure auf, so kann es sich um Wolfram- oder Kieselsäure handeln, wie auch um fein verteilten Schwefel, gebildet durch Zersetzung von Thiosalzen. Ein solcher Niederschlag ist abzufiltrieren und zu identifizieren.

2. Gruppeneinteilung.

I. Gruppe [$Ca(NO_3)_2$-Gruppe]. Hierzu gehören: CO_3^{2-}, F^-, $C_2O_4^{2-}$, SiO_3^{2-}, BO_3^{3-}, AsO_3^{3-}, SO_3^{2-}, AsO_4^{3-}, PO_4^{3-}, $C_4H_4O_6^{2-}$, ($[SiF_6]^{2-}$) sowie VO_4^{3-}, WO_4^{2-}, MoO_4^{2-}, SeO_3^{2-} und TeO_3^{2-}.

II. Gruppe [$Ba(NO_3)_2$-Gruppe]. Hierzu gehören: CrO_4^{2-}, SO_4^{2-} und $[SiF_6]^{2-}$.

III. Gruppe [$Zn(NO_3)_2$-Gruppe]. Hierzu gehören: S^{2-}, CN^-, $[Fe(CN)_6]^{4-}$, $[Fe(CN)_6]^{3-}$.

IV. Gruppe ($AgNO_3$-Gruppe). Hierzu gehören: Cl^-, Br^-, J^-, SCN^- und $S_2O_3^{2-}$.

V. Gruppe (Ag_2SO_4-Gruppe). Hierzu gehören: ClO_3^-, BrO_3^- und JO_3^-.

VI. Gruppe (lösliche Gruppe). Hierzu gehören: ClO_4^-, NO_2^- und CH_3COO^-.

3. Abtrennung und Analyse der $Ca(NO_3)_2$-Gruppe.

Sodaauszug auf 50 ml verdünnen, 2 ml 4 n NaOH zufügen, dann tropfenweise 1 m $Ca(NO_3)_2$-Lösung zufügen, bis sich bei weiterer Zugabe kein Niederschlag mehr bildet. Niederschlag abfiltrieren und zweimal mit 10 ml Wasser waschen. Filtrat und Waschwasser vereinigen. Filtrat 5 Min. lang kochen. Bildet sich hierbei wieder ein Niederschlag, diesen abfiltrieren und mit dem Hauptniederschlag vereinigen. Der gefällte Calciumniederschlag ist sehr umfangreich, da das gesamte Carbonat des Sodaauszuges mit abgeschieden wird. Der Niederschlag wird nitratfrei gewaschen, das Waschwasser verworfen.

Der Niederschlag der $Ca(NO_3)_2$-Fällung kann außer CO_3^{2-} noch F^-, $C_2O_4^{2-}$, SiO_3^{2-}, BO_3^{3-}, SO_3^{2-}, AsO_3^{3-}, AsO_4^{3-}, PO_4^{3-}, $C_4H_4O_6^{2-}$, $[SiF_6]^{2-}$, VO_4^{3-}, WO_4^{2-}, MoO_4^{2-}, SeO_3^{2-} und TeO_3^{2-} enthalten.

Niederschlag so lange mit wenig Essigsäure digerieren, bis keine CO_2-Entwicklung mehr erfolgt, dann vom Ungelösten abfiltrieren.

Rückstand: CaC_2O_4, CaF_2, Ca_2SiO_4, ($Ca[SiF_6]$), $CaMoO_4$ und H_2WO_4.

Filtrat: BO_3^{3-}, SO_3^{2-}, SeO_3^{2-}, TeO_3^{2-}, AsO_3^{3-}, AsO_4^{3-}, PO_4^{3-}, $C_4H_4O_6^{2-}$ und VO_4^{3-}.

Analyse des Rückstandes. Rückstand mit verd. H_2SO_4 digerieren, dann vom Ungelösten abfiltrieren.

a) Im Rückstand mittels Ätz- oder Kriechprobe auf Fluor prüfen. Die Probe auf Fluor kann auch mit Zirkon-Alizarinlack durchgeführt werden. Im Rückstand ist außer auf Fluor auch noch auf $[SiF_6]^{2-}$ zu prüfen.

b) Im Filtrat mit $KMnO_4$ auf Oxalat und mit Ammoniummolybdat auf Silicat prüfen.

Analyse des Filtrates. Filtrat ist bei Anwesenheit von VO_4^{3-} gelb gefärbt.

a) In einem Teil des Filtrates ist mit konz. H_2SO_4 und Methanol oder mit Kurkumapapier auf BO_3^{3-} zu prüfen. (Bei Anwesenheit von Molybdän kann auf Borat nicht mit Kurkumapapier geprüft werden.)

b) Zur Prüfung auf SO_3^{2-} ein Teil des Filtrates vorsichtig mit NaOH neutralisieren, dann mit $ZnSO_4$, $K_4[Fe(CN)_6]$ und Nitroprussidnatrium auf SO_3^{2-} prüfen. Die Probe auf SO_3^{2-} kann auch mittels Malachitgrün erfolgen (der Sulfitnachweis wird durch SeO_3^{2-} und TeO_3^{2-} gestört). Bei Anwesenheit von Selen und Tellur ist es vorteilhaft, direkt im Sodaauszug auf Sulfit zu prüfen.

c) Zur Prüfung auf Arsenit muß vorher Sulfit durch Kochen zerstört werden. In der sulfitfreien Lösung wird mit Jodlösung und Stärke oder mit $AgNO_3$ und NH_4OH (Bildung eines gelben Ringes) auf AsO_3^{3-} geprüft.

d) Die Prüfung auf Arsenat erfolgt entweder mittels $AgNO_3$ und NH_4OH (Bildung eines braunen Ringes) oder durch KJ und Stärke in stark salzsaurer Lösung.

e) In einem Teil des Filtrates ist mit Ammoniummolybdat und Benzidin auf Phosphat zu prüfen. Arsenat stört diesen Nachweis nicht.

f) Zum Nachweis von Tartrat müssen Arsenit, Arsenat und Phosphat vorher entfernt werden. Arsenat und Phosphat werden mit Ammoniummolybdat, Arsenit mit H_2S gefällt und abfiltriert. Im Filtrat ist dann mit Resorcin oder mit Gallussäure auf Tartrat zu prüfen.

4. Abtrennung und Analyse der $Ba(NO_3)_2$-Gruppe.

Das schwach alkalische Filtrat der I. Gruppenfällung wird in der Kälte mit 0,25 m $Ba(NO_3)_2$-Lösung versetzt. Der gebildete Niederschlag wird abfiltriert und nitratfrei gewaschen. Das Filtrat wird zum Sieden erhitzt. Bei Anwesenheit von $S_2O_8^{2-}$ bildet sich hierbei ein Niederschlag. Dieser wird abfiltriert und als Persulfat identifiziert. Das Filtrat enthält die Gruppen III bis VI.

Der in der Kälte ausgefallene Niederschlag kann enthalten: $BaCrO_4$, $BaSO_4$ und $Ba[SiF_6]$. Der Niederschlag wird in der Kälte mit verd. HCl digeriert, dann wird vom Ungelösten abfiltriert. Bei Anwesenheit von Chromat ist das Filtrat gelb gefärbt. Der Rückstand wird mit konz. HCl gekocht. Hierbei geht $Ba[SiF_6]$ in Lösung, während $BaSO_4$ ungelöst zurückbleibt. Aus der Lösung wird das $Ba[SiF_6]$ durch Neutralisieren mit NaOH wieder ausgefällt. Es wird abfiltriert und durch Ätz- oder Kriechprobe identifiziert.

5. Abtrennung und Analyse der $Zn(NO_3)_2$-Gruppe.

Zum Filtrat der II. Gruppenfällung wird zur Ausfällung der III. Gruppe 0,5 g festes Na_2CO_3 zugefügt und unter Umrühren 0,5 m $Zn(NO_3)_2$-Lösung hinzugegeben, bis sich bei weiterer Zugabe von Fällungslösung kein Niederschlag mehr bildet. Der weiße bis gelbbraune Niederschlag wird abfiltriert und nitratfrei gewaschen. Das Filtrat enthält die Gruppen IV bis VI. Der Niederschlag kann enthalten: ZnS, $Zn(CN)_2$, $K_2Zn_3[Fe(CN)_6]_2$ und $Zn_3[Fe(CN)_6]_2$.

a) In einem Teil des Niederschlages wird mit HCl und Bleiacetatpapier auf Sulfid und mit H_2SO_4 und Benzidin-Kupferacetatpapier oder mit $FeCl_3$ und NaS_x auf Cyanid geprüft.

b) Der Rest des Niederschlages wird in HCl gelöst. Durch Kochen HCN und H_2S entfernen. In der Lösung mit $FeCl_3$ oder mit $CuSO_4$ auf $[Fe(CN)_6]^{4-}$ und mit $FeSO_4$ auf $[Fe(CN)_6]^{3-}$ prüfen.

6. Abtrennung und Analyse der $AgNO_3$-Gruppe.

Das Filtrat der III. Gruppenfällung [$Zn(NO_3)_2$-Gruppe] wird mit verd. Ammoniak bis zur schwach alkalischen Reaktion versetzt. Dann wird noch 1 ml Ammoniak im Überschuß zugegeben und tropfenweise 5%ige $AgNO_3$-Lösung bis Vollständigkeit der Fällung hinzugefügt. Die Lösung wird erwärmt und vorsichtig unter ständigem Umrühren mit verd. HNO_3 bis zur schwach sauren Reaktion versetzt. Nach dem Absitzen wird dieser sofort abfiltriert und mit Wasser gewaschen. (Bei Anwesenheit von Thiosulfat wird nicht erst ammoniakalisch gemacht, sondern das Filtrat der III. Gruppenfällung sofort mit $AgNO_3$-Lösung versetzt.)

Das Filtrat enthält die Gruppen V und VI, während der Niederschlag aus AgCl, AgBr, AgJ, AgSCN und $Ag_2S_2O_3$ bestehen kann.

a) Färbt sich der Niederschlag sofort unter Zersetzung dunkel, so enthält die Analyse Thiosulfat.

b) Ein Teil des Niederschlages wird in 5 ml einer stark verd. $FeCl_3$-Lösung suspendiert. Wird die Aufschlemmung mit HCl angesäuert und gut durchgemischt, so färbt sie sich bei Anwesenheit von Rhodanid blutrot.

c) Zur Prüfung auf Halogene wird der Niederschlag der $AgNO_3$-Gruppe 15 bis 20 Min. lang mit $(NH_4)_2S_x$ digeriert, dann wird die Mischung 5 bis 10 Min. lang gekocht. Es bildet sich hierbei Ag_2S, während Cl^-, Br^-, J^-, SCN^- und $S_2O_3^{2-}$ in Lösung gehen. Die Lösung wird filtriert und mit verd. H_2SO_4 angesäuert. Durch Aufkochen wird Thiosulfat zerstört. Durch Zugabe von $CuSO_4$ und Pyridin wird das Rhodanid ausgefällt. In Lösung verbleiben nur die Halogenide, auf die mit Chlorwasser bzw. mit $AgNO_3$ und $K_3[Fe(CN)_6]$ geprüft werden kann.

7. Abtrennung und Analyse der Ag_2SO_4-Gruppe.

Das schwach saure Filtrat der IV. Gruppenfällung ($AgNO_3$-Gruppe) wird bis fast zur Trockne eingedampft, wodurch das Nitrat zerstört wird. Der Rückstand wird mit verd. H_2SO_4 aufgenommen und anschließend H_3SO_3 hinzugefügt. Die in Lösung befindlichen ClO_3^--, BrO_3^-- und JO_3^--Ionen werden durch Aufkochen reduziert und anschließend mit Ag_2SO_4 gefällt. Hierzu kann notfalls auch $AgNO_3$ verwendet werden, nur wird in diesem Falle wiederum Nitrat in die Lösung eingeführt.

8. Lösliche Gruppe.

Im Filtrat der V. Gruppenfällung (Ag_2SO_4-Gruppe) verbleiben noch ClO_4^- und CH_3COO^-. Zuerst werden die Kationen der Fällungsreagenzien durch Zusatz von Sodalösung gefällt und abfiltriert.

a) Ein Teil des Filtrates wird nach Zusatz von $FeSO_4$ und NaOH erhitzt. Hierdurch wird in Lösung befindliches ClO_4^- zu Cl^- reduziert. Dieses wird wie üblich mit $AgNO_3$ nachgewiesen. — Der Nachweis auf ClO_4^- kann auch mittels Methylenblau durchgeführt werden.

b) Ein anderer Teil des Filtrates wird bis fast zur Trockne eingedampft. Im Rückstand wird entweder mit konz. H_2SO_4 und C_2H_5OH oder mit der Kakodylreaktion auf Acetat geprüft.

Anmerkung: In diesem wie in allen anderen hier genannten Anionentrennungsgängen ist Cyanat nicht berücksichtigt. Da Cyanat keine typischen Fällungsreaktionen gibt, ist in Gruppe VI (Lösliche Gruppe) auf Cyanat zu prüfen.

Weitere Anionentrennungsgänge.

Trennungsgang nach CH. MALEN und P. BEVILLARD (1953).

Eine Reihe von Anionen werden durch Vorversuche gefunden. Diese bilden die I. Gruppe. Sie enthält: CO_3^{2-}, NO_3^-, ClO^-, BrO^- und CH_3COO^-. Es handelt sich hierbei um Anionen, die entweder durch die Fällungsreagenzien zusätzlich eingeführt werden oder die flüchtig sind bzw. sich während der Analyse leicht zersetzen können. — Der Trennungsgang sieht nachfolgende Gruppeneinteilung vor:

Tabelle 71.

I. Gruppe	(Vorversuch)	CO_3^{2-}, NO_3^-, ClO^-, BrO^- und CH_3COO^-
II. Gruppe	Li-Gruppe	F^-, SiO_3^{2-}, PO_4^{3-}. AsO_3^{-3} und (CO_3^{2-})
III. Gruppe	Ca-Gruppe	$C_2O_4^{2-}$, JO_3^-, MoO_4^{2-}, WO_4^{2-}, AsO_4^{3-}, SO_3^{2-} und BO_3^{3-}
IV. Gruppe	Ba-Gruppe	CrO_4^{2-}, $[SiF_6]^{2-}$, SO_4^{2-}, $S_2O_3^{2-}$, BrO_3^{2-}, $[Fe(CN)_6]^{4-}$
V. Gruppe	Zn-Gruppe	CN^-, $[Fe(CN)_6]^{3-}$, $[Fe(CN)_6]^{4-}$ und S^{2-}
VI. Gruppe	Pb-Gruppe	Cl^-, Br^-, J^-, $S_2O_3^{2-}$, $HCOO^-$ (Formiat)
VII. Gruppe	Lösliche Gruppe	MnO_4^-, Hypophosphit, NO_2^-, ClO_3^-, (NO_3^-), CH_3COO^-, $HCOO^-$

Trennungsgang nach J. T. DOBBINS und H. A. LJUNG (1935).

Der Trennungsgang nach DOBBINS und LJUNG zeigt folgende Gruppeneinteilung (die im Schema nicht aufgeführten Anionen wurden nicht berücksichtigt):

Tabelle 72.

Ca-Gruppe	CO_3^{2-}, F^-, $C_2O_4^{2-}$, AsO_3^{3-}, AsO_4^{3-}, PO_4^{3-}, $C_4H_4O_6^{2-}$
Ba-Gruppe	CrO_4^{2-} und SO_4^{2-}
Zn-Gruppe	CN^-, BO_3^{3-}, $[Fe(CN)_6]^{3-}$, $[Fe(CN)_6]^{4-}$ und S^{2-}
Ag-Gruppe	$S_2O_3^-$, SCN^-, J^-, Br^- und Cl^-
Lösliche Gruppe	ClO_3^-, NO_2^-, CH_3COO^-, (NO_3^- aus der Urlösung prüfen).

Trennungsgang nach TING-PING CHAO (1939).

Tabelle 73. Gruppeneinteilung nach TING-PING CHAO.

Ca-Gruppe	CO_3^{2-}, SO_3^{2-}, $C_2O_4^{2-}$, F^-, SiO_3^{2-}, PO_4^{3-}, (AsO_4^{3-} und $C_4H_4O_6^{2-}$)
Ba-Gruppe	SO_4^{2-}, CrO_4^{2-} und (SO_3^{2-})
Ni-Gruppe	S^{2-}, CN^-, $[Fe(CN)_6]^{3-}$, $Fe(CN)_6]^{4-}$ und (AsO_3^{3-})
Ag-Gruppe	$S_2O_3^{2-}$, SCN^-, J^-, Br^-, Cl^-, (BO_3^{3-}, AsO_4^{3-} und AsO_3^{3-})
Lösliche Gruppe	ClO_3^-, ClO^-, NO_2^-, CH_3COO^- und (BO_3^{3-})

Auf NO_3^-, CO_3^{2-} und vorteilhaft auch auf $C_4H_4O_6$ ist direkt in der Ursubstanz zu prüfen.

Trennungsgang nach E. UMBLIA (1935).

Der Trennungsgang nach UMBLIA sieht folgende Einteilung vor:

I. Gruppe. In der Ursubstanz wird direkt auf CO_3^{2-}, CH_3COO^-, CrO_4^{2-}, S^{2-}, $[Fe(CN)_6]^{3-}$ und $[Fe(CN)_6]^{4-}$ geprüft.

II. Gruppe. Es werden die in Wasser, Essigsäure und Mineralsäure unlöslichen Bariumsalze gefällt. Unlöslich sind

a) in Mineralsäure: SO_4^{2-} und SiF_6^{2-},

b) in Essigsäure: SO_3^{2-}, $C_2O_4^{2-}$, CO_3^{2-}, F^-, ($S_2O_3^{2-}$ und BrO_3^-),

c) in Wasser: PO_4^{3-}, AsO_4^{3-}, AsO_3^{3-}, SiO_3^{2-}, BO_2^- und $C_4H_4O_6^{2-}$.

III. Gruppe. Es werden die in Mineralsäure unlöslichen Ag-Salze gefällt. Hierzu gehören J^-, Br^-, Cl, CN^-, CNS^-, JO_3^- und (BrO_3^-).

IV. Gruppe. Es werden die in Essigsäure unlöslichen Zinksalze gefällt. Hierzu gehören S^{2-}, $[Fe(CN)_6]^{3-}$ und $[Fe(CN)_6]^{4-}$.

V. Gruppe. Hierzu gehören die Anionen, die durch die Fällungsreagenzien der Gruppen II bis IV nicht gefällt wurden. Es handelt sich um die Anionen ClO_4^-, ClO_3^- und NO_3^-.

Die Gruppe II wird in einem Teil, die Gruppen III bis V werden in dem Rest der Analysenlösung nachgewiesen.

Trennungsgang nach F. POZNA und E. MIGRAY.

Tabelle 74. Gruppentrennung nach POZNA und MIGRAY (1936).

I. $Ba(NO_3)_2$-Gruppe	CO_3^{2-}, $S_2O_3^{2-}$, SO_3^{2-}, SO_4^{2-}, JO_3^-, PO_4^{3-}, $B_4O_7^{4-}$, SiO_3^{2-}, F^- (sowie As, Sb, Cr, Mo und W als Anionen)
II. $ZnSO_4$-Gruppe	S^{2-}, CN^-, $[Fe(CN)_6]^{3-}$ und $[Fe(CN)_6]^{4-}$
III. $AgNO_3$-Gruppe	Cl^-, Br^-, J^- und SCN^-
IV. Lösliche Gruppe	(Filtrat von III) ClO_3^-, CH_3COO^-
V. Ursubstanz	NO_3^-, NO_2^- und CO_3^{2-}

Literatur.

CHAO, TING-PING: J. chem. Educat. **16**, 376 (1939).

DOBBINS, J. T., u. H. A. LJUNG: J. chem. Educat. **12**, 586 (1935).

JANDER, G., u. H. WENDT: Lehrbuch der analytischen und präparativen Chemie. Hirzel Verlag. Stuttgart 1952.

MALEN, CH., u. P. BEVILLARD: Anal. chim. Acta **8**, 493 (1953).

ODEKERKEN, JULES M.: Fr. **131**. 165 (1950).

POZNA, F., u. E. MIGRAY: Ann. Chim. appli **26**, 83 (1936) durch C. **107 II**, 138 (1936).

UMBLIA, E.: Keem. Teated **2**, 79 (1935) durch C. **106 II**, 2408 (1935).

Zeitfracht Medien GmbH
Ferdinand-Jühlke-Straße 7
99095 Erfurt, Deutschland
produktsicherheit@kolibri360.de